U0036786

深智數位
股份有限公司

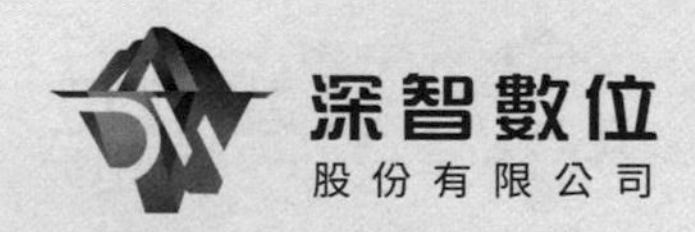
深智數位
股份有限公司

前言

GPT 的啟示

ChatGPT 石破天驚，GPT-4 的問世又引發了進一步的轟動，GPT-5 即將到來……它們的影響遠遠超出了大家的預期和想像。有觀點認為，ChatGPT 是通用人工智慧的 Singularity（奇點）。無獨有偶，2022 年，微軟發佈了一篇論文 *Singularity: Planet-Scale, Preemptive and Elastic Scheduling of AI Workloads*，介紹其全域分散式排程服務，作者包括 Azure 的 CTO Mark Russinovich。而 Azure 與 OpenAI 合作，重新設計了超級電腦，在 Azure 雲端上為 OpenAI 訓練超大規模的模型。該論文將 Azure 的全域分散式排程服務命名為 Singularity，可見其深意。

GPT-3 模型的參數量是 1750 億個，研發這個規模的大型模型，是一個極其複雜的系統工程，涵蓋了演算法、算力、網路、儲存、巨量資料、框架、基礎設施等多個領域。微軟 2020 年發佈的資訊稱，其計畫為 OpenAI 開發的專用超級電腦包括 28.5 萬個 CPU、1 萬個 GPU。市場調查機構 TrendForce 的報告則指出，ChatGPT 需要 3 萬個 GPU。在 OpenAI 官網和報告中都提到，GPT-4 專案的重點之一是開發一套可預測、可擴展的深度學習堆疊和基礎設施（Infrastructure）。與之對應的是，在 OpenAI 研發團隊的 6 個小組中，有 5 個小組的工作涉及 AI 工程和基礎設施。

OpenAI 沒有提供 GPT-4 的架構（包括模型大小）、硬體、資料集、訓練方法等內容，這非常令人遺憾，但是我們可以從微軟發佈的論文入手，來研究 GPT-4 這座冰山在水下的那些深層技術堆疊。從論文可以看出，GPT 使用的底層技術並沒有那麼「新」，而是在現有技術基礎之上進行的深度打磨，並從不同角度對現有技術進行了拓展，做到工程上的極致。比如 Singularity 在 GPU 排程方面，就有阿里巴巴 AntMan 的影子。再比如 Singularity 從系統角度出發，使用 CRIU 完成任務先佔、遷移的同時，也巧妙解決了彈性訓練的精度一致性問題。

AI 的黃金時代可能才剛剛開啟，各行各業的生產力革命也會相繼產生。誠然，OpenAI 已經佔據了領先位置，但是接下來的 AI 賽道會風起雲湧，企業勢必會在其中扮演極其重要的角色，也會在深度學習堆疊和基礎設施領域奮起直追。然而，「彎道超車」需要建立在技術沉澱和產品實力之上，我們只有切實地紮根於現有的分散式機器學習技術系統，並進行深耕，才能為更好的創新和發展打下基礎。大家都已在路上，沒有人直接掌握著通向未來的密碼，但面對不可阻擋的深層次的資訊革命和無限的發展機遇，我們必須有所準備。

複雜模型的挑戰

為了降低在大型態資料集上訓練大型模型的計算成本，研究人員早已轉向使用分散式運算系統結構（在此系統結構中，許多機器協作執行機器學習方法）。人們建立了演算法和系統，以便在多個 CPU 或 GPU 上並行化機器學習（Machine Learning，ML）程式（多裝置並行），或在網路上的多個計算節點並行化機器學習訓練（分散式並行）。這些軟體系統利用最大似然理論的特性來實現加速，並隨著裝置數量的增加而擴展。理想情況下，這樣的並行化機器學習系統可以透過減少訓練時間來實現大型模型在大型態資料集上的並行化，從而實現更快的開發或研究迭代。

然而，隨著機器學習模型在結構上變得更加複雜，對大多數機器學習研究人員和開發人員來說，即使使用 TensorFlow、PyTorch、Horovod、Megatron、DeepSpeed 等工具，撰寫高效的並行化機器學習程式仍然是一項艱鉅的任務，使用者需要考慮的因素太多，比如：

- 系統方面。現有系統大多是圍繞單一並行化技術或最佳化方案來建構的，對組合多種策略的探索不足，比如不能完全支持各種混合並行。

- 性能方面。不同並行化策略在面對不同的運算元時，性能差異明顯。有些框架未考慮叢集物理拓撲（叢集之中各個裝置的算力、記憶體、頻寬有時會存在層級的差距），使用者需要依據模型特點和叢集網路拓撲來選擇或調整並行化策略。
- 易用性方面。很多系統需要開發人員改寫現有模型，進行手動控制，比如添加通訊基本操作，控制管線等。不同框架之間彼此割裂，難以在不同並行策略之間遷移。
- 可用性方面。隨著訓練規模擴大，硬體薄弱或設計原因會導致單點故障機率隨之增加，如何解決這些痛點是個嚴重問題。

總之，在將分散式並行訓練系統應用於複雜模型時，「開箱即用」通常會導致低於預期的性能，求解最佳並行策略成為一個複雜度極高的問題。為了解決這個問題，研究人員需要對分散式系統、程式設計模型、機器學習理論及其複雜的相互作用有深入的了解。

本書是筆者在分散式機器學習領域學習和應用過程中的總結和思考，期望能造成拋磚引玉的作用，帶領大家走入 / 熟悉分散式機器學習這個領域。

本書的內容組織

PyTorch 是大家最常用的深度學習框架之一，學好 PyTorch 可以很容易地進入分散式機器學習領域，所以全書以 PyTorch 為綱進行穿插講解，從系統和實踐的角度對分散式機器學習進行整理。本書架構如下。

第 1 篇　分散式基礎

本篇首先介紹了分散式機器學習的基本概念、基礎設施，以及機器學習並行化的技術、框架和軟體系統，然後對集合通訊和參數伺服器 PS-Lite 進行了介紹。

第 2 篇　資料並行

資料並行（Data Parallelism）是深度學習中最常見的技術。資料並行的目的是解決計算牆，將計算負載切分到多張卡上。資料並行具有幾個明顯的優勢，包括計算效率高和工作量小，這使得它在高計算通訊比的模型上運行良好。本篇以 PyTorch 和 Horovod 為主對資料並行進行分析。

第 3 篇 管線並行（Pipeline Parallelism）

當一個節點無法存下整個神經網路模型時，就需要對模型進行切分，讓不同裝置負責計算圖的不同部分，這就是模型並行（Model Parallelism）。從計算圖角度看，模型並行主要有兩種切分方式：層內切分和層間切分，分別對應了層內模型並行和層間模型並行這兩種並行方式。業界把這兩種並行方式分別叫作張量模型並行（簡稱為張量並行，即 Tensor Parallelism）和管線模型並行（簡稱為管線並行，即 Pipeline Parallelism）。

張量模型並行可以把較大參數切分到多個裝置，但是對通訊要求較高，計算效率較低，不適合超大模型。在管線模型並行中，除了對模型進行層間切分外，還引入了額外的管線來隱藏通訊時間、充分利用裝置算力，從而提高了計算效率，更合適超大模型。

因為管線並行的獨特性和重要性，所以對這部分內容單獨介紹。本篇以 GPipe、PyTorch、PipeDream 為例來分析管線並行。

第 4 篇 模型並行

目前已有的深度學習框架大都提供了對資料並行的原生支援，雖然對模型並行的支援還不完善，但是各個框架都有自己的特色，可以說百花齊放，百家爭鳴。本篇介紹模型並行，首先會對 NVIDIA Megatron 進行分析，講解如何進行層內分割模型並行，然後學習 PyTorch 如何支援模型並行。

第 5 篇 TensorFlow 分散式

本篇學習 TensorFlow 如何進行分散式訓練。迄今為止，在分散式機器學習這一系列分析之中，我們大多以 PyTorch 為綱，結合其他框架 / 庫來穿插完成。但是缺少了 TensorFlow 就會覺得整個世界（系列）都是不完美的，不僅因為 TensorFlow 本身有很強大的影響力，更因為 TensorFlow 分散式博大精深，特色鮮明，對技術同好來說是一個巨大寶藏。

本書適合的讀者

本書讀者群包括：

- 機器學習領域內實際遇到巨量資料、分散式問題的人，不但可以參考具體解決方案，也可以學習各種技術背後的理念、設計哲學和發展過程。
- 機器學習領域的新人，可以按圖索驥，了解各種框架如何使用。
- 其他領域（尤其是巨量資料領域和雲端運算領域）想轉入機器學習領域的工程師。
- 有好奇心，喜歡研究框架背後機制的學生，本書也適合作為機器學習相關課程的參考書籍。

如何閱讀本書

本書源自筆者的部落格文章，整體來說是按照專案解決方案進行組織的，每一篇都是關於某一特定主題的方案集合。大多數方案自成一體，每個獨立章節中的內容都是按照循序漸進的方式來組織的。

行文

- 本書以神經網路為主，兼顧傳統機器學習，所以舉例往往以深度學習為主。
- 因為本書內容來源於多種框架 / 論文，這些來源都有自己完整的系統結構和邏輯，所以本書會存在某一個概念或問題以不同角度在前後幾章都論述的情況。
- 解析時會刪除非主體程式，比如異常處理程式、某些分支的非關鍵程式、輸入的檢測程式等。也會省略不重要的函式參數。
- 一般來說，對於類別定義只會舉出其主要成員變數，某些重要成員函式會在使用時再介紹。
- 本書在描述類之間關係和函式呼叫流程上使用了 UML 類別圖和序列圖，但是因為 UML 規範過於繁雜，所以本書沒有完全遵循其規範。對於圖例，如果某圖只有細實線，則可以根據箭頭區分是呼叫關係還是資料結構之間的關係。如果某圖存在多種線條，則細實線表示資料結構之間的關係，粗實線表示呼叫流程，虛線表示資料流程，虛線框表示清單資料結構。

版本

各個框架發展很快，在本書寫作過程中，筆者往往會針對某一個框架的多個版本進行研讀，具體框架版本對應如下。

- PyTorch：主要參考版本是 1.9.0。
- TensorFlow：主要參考版本是 2.6.2。
- PS-Lite：master 版本。
- Megatron：主要參考版本是 2.5。
- GPipe：master 版本。
- PipeDream：master 版本。
- torchgpipe：主要參考版本是 0.0.7。
- Horovod：主要參考版本是 0.22.1。

深入

在本書（包括部落格）的寫作過程中，筆者參考和學習了大量論文、部落格和講座影片，在此對這些作者表示深深的感謝。具體參考資料和連結請參照本書官網連結。如果讀者想繼續深入研究，除論文、文件、原作者部落格和原始程式之外，筆者有以下建議：

- PyTorch：推薦 OpenMMLab@ 知乎，Gemfield@ 知乎。Gemfield 是 PyTorch 的萬花筒。
- TensorFlow：推薦西門宇少（DeepLearningStack@cnblogs）、劉光聰（horance-liu@github）。西門宇少兼顧深度、廣度和業界前端。劉光聰的電子書《TensorFlow 核心剖析》是同領域最佳，本書參考頗多。
- Megatron：推薦迷途小書僮 @ 知乎，其對 Megatron 有非常精彩的解讀。

- 整體：推薦張昊 @ 知乎、OneFlow@ 知乎，既高屋建瓴，又緊扣實際。
- 劉鐵岩、陳薇、王太峰、高飛的《分散式機器學習：演算法、理論與實踐》非常經典，強烈推薦。

致謝

首先，感謝我生命中遇到的各位良師：許玉娣老師、劉健老師、鄒豔聘老師、王鳳珍老師、欒錫寶老師、王金海老師、童若鋒老師、唐敏老師、趙慧芳老師，董金祥老師……師恩難忘。童若鋒老師是我讀本科時的班主任，又和唐敏老師一起在我攻讀碩士學位期間對我進行悉心指導。那時童老師和唐老師剛剛博士畢業，兩位老師亦師亦友，他們的言傳身教讓我受益終生。

感謝我的編輯黃愛萍在本書出版過程中給我的幫助。對我來說，寫部落格是快樂的，因為我喜歡技術，喜歡研究事物背後的機制。整理出書則是痛苦的，其難度遠遠超出了預期，從整理到完稿用了一年多時間。沒有編輯的理解和支持，這本書很難問世。另外，因為篇幅所限，筆者部落格中的很多內容（比如 DeepSpeed、彈性訓練、通訊最佳化、資料處理等）未能在書中表現，甚是遺憾。

感謝童老師、孫力哥、媛媛姐、文峰同學，以及袁進輝、李永（九豐）兩位大神在百忙之中為本書寫推薦語，謝謝你們的鼓勵和支持。

最後，特別感謝我的愛人和孩子們，因為寫部落格和整理書稿，我犧牲了大量本應該陪伴她們的時間，謝謝她們給我的支持和包容。也感謝我的父母和岳父母幫我們照顧孩子，讓我能夠長時間在電腦前面忙忙碌碌。

由於筆者水平和精力都有限，而且本書的內容較多、牽涉的技術較廣，謬誤和疏漏之處在所難免，很多技術點設計的細節描述得不夠詳盡，懇請廣大技術專家和讀者指正。可以將意見和建議發送到我的個人電子郵件 RossiLH@163.com，或透過部落格園、CSDN、掘金或微信公眾號搜索「羅西的思考」與我進行交流和資料獲取。我也將密切追蹤分散式機器學習技術的發展，吸取大家意見，適時撰寫本書的升級版本。

柳浩

目錄

第 1 篇 分散式基礎

第 1 章 分散式機器學習

第 2 章 集合通訊

第 3 章 參數伺服器之 PS-Lite

第 2 篇 資料並行

第 4 章 PyTorch DataParallel

第 5 章 PyTorch DDP 的基礎架構

第 6 章 PyTorch DDP 的動態邏輯

第 7 章 Horovod

第 3 篇　管線並行

第 8 章　GPipe

第 9 章　PyTorch 管線並行

第 10 章 PipeDream 之基礎架構

第 11 章 PipeDream 之動態邏輯

第 4 篇 模型並行

第 12 章 Megatron

第 13 章　PyTorch 如何實現模型並行

第 14 章 分散式最佳化器

第 5 篇 TensorFlow 分散式

第 15 章 分散式執行環境之靜態架構

第 16 章 分散式執行環境之動態邏輯

第 17 章 分散式策略基礎

第 18 章 MirroredStrategy

第 18 章 Parameter Server Strategy

第一篇

分散式基礎

分散式機器學習

1.1 機器學習概念

赫伯特·西蒙（Herbert Alexander Simon，圖靈獎、諾貝爾經濟學獎獲得者）對學習下過一個定義：「一個系統如果能夠透過執行某個過程，從而改進它的性能，則此過程就是學習。」Tom M. Mitchell 在其 1997 年著作《機器學習》中對機器學習也舉出了類似定義：「假設用性能指標 P 來衡量電腦程式在某任務 T 上的性能，如果一個電腦程式透過利用經驗 E 在 T 任務之中改善了 P 指標，我們就說該程式從經驗 E 中學習。」通俗來講，機器學習就是從經驗資料中提取重要模式和趨勢，從而學習到有用知識的技術。機器學習整體分為兩個階段：訓練階段和預測階段。訓練階段使用大量訓練資料並透過調整超參數來訓練機器學習模型，該階段的最終輸出是可以部署的模型。預測階段部署訓練好的模型，並為新資料提供預測。具體邏輯如圖 1-1 所示。

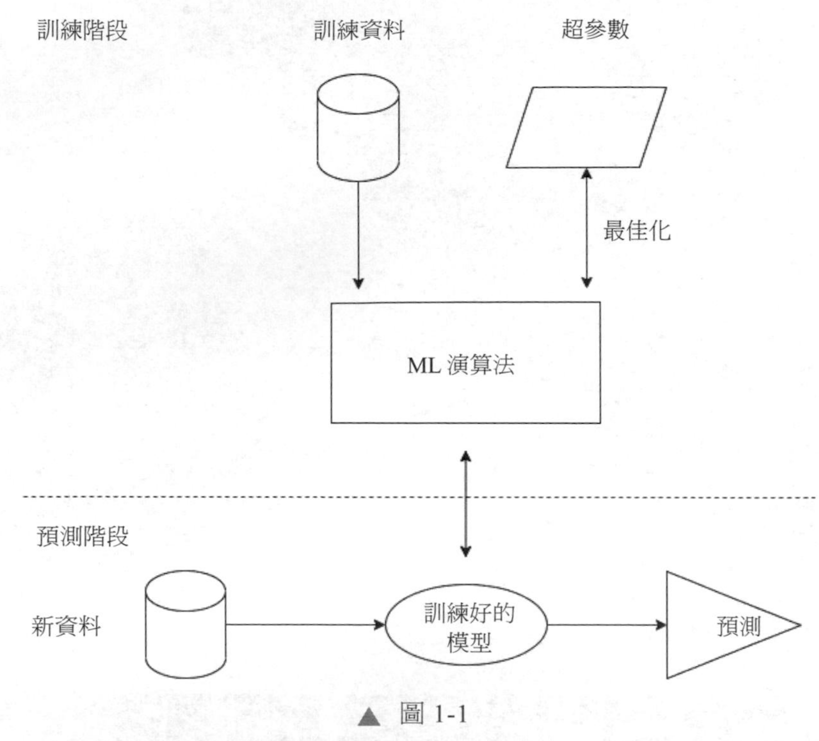

▲ 圖 1-1

圖片來源：論文 *A Survey on Distributed Machine Learning*

本書主要關注機器學習中的訓練階段，即使用迭代訓練來生成模型，也就是圖 1-1 的上半部分。圖中的 ML 演算法大致可以認為是一個非常複雜的數學函式。迭代訓練指的是利用訓練資料以計算梯度下降的方式迭代地學習或者最佳化模型的參數，並最終輸出網路模型的過程，在單次模型訓練迭代中有如下操作。

- 利用資料對模型進行前向傳播。所謂前向傳播就是將模型中的上一層輸出作為下一層的輸入，然後計算下一層的輸出，這樣從輸入層逐層計算，一直到輸出層為止。
- 進行反向傳播。具體操作是依據目標函式來計算模型中每個參數的梯度，並且結合學習率來更新模型的參數。
- 模型訓練不斷循環迭代以上兩個步驟，直到滿足迭代終止條件或者達到預先設定的最大迭代次數。

1.2 機器學習的特點

機器學習的特點如下（此處用程式設計模型 MapReduce 來進行比對）。[①]

- 演算法是密集型：機器學習演算法使用線性代數進行運算開發，是計算和通訊密集型的演算法。
- 具有迭代性：MapReduce 的特點是一次完成，沒有迭代性。與 MapReduce 不同，機器學習的模型更新並非一次就能完成，需要循環迭代多次來逐步逼近最終模型。機器學習迭代演算法有特定的資料存取模式，即每次迭代都基於輸入資料的一些樣本來完成訓練。
- 容錯性強：機器學習程式通常對中間計算中的微小錯誤具有堅固性。即使更新次數有限或存在傳輸錯誤，機器學習程式仍能在數學上保證收斂到一組最佳模型參數，即機器學習演算法能夠以正確的輸出結束（儘管可能需要更多的迭代次數來完成）。
- 參數收斂具有非一致性：有些參數只進行幾輪迭代就能收斂，有些參數可能需要成百上千次迭代才能收斂。
- 具有更新的緊湊性：機器學習程式的某些子集展示了更新的緊湊性。比如由於資料結構稀疏，Lasso 的更新通常只涉及少量模型參數。
- 存在網路瓶頸：頻繁更新模型參數需要消耗大量頻寬，而 GPU 速度越快，網路瓶頸就越成為問題所在。

1.3 分散式訓練的必要性

在巨量資料和網際網路時代，機器學習又遇到了新的挑戰，具體如下。

- 樣本資料量大：訓練資料越來越多，在大型網際網路場景下，每天的樣本資料量是百億等級。
- 特徵維度多：由於樣本資料量巨大而導致機器學習模型參數越來越多，特徵維度可以達到千億甚至萬億等級。

① 參考論文 Strategies and Principles of Distributed Machine Learning on Big Data。

- 訓練性能要求高：雖然樣本資料量和模型參數量巨大，但是業務需要我們在短期內訓練出一個優秀的模型來驗證。
- 模型上線即時化：對於推薦類和資訊類的應用，往往要求根據使用者即時行為及時調整模型，以對使用者行為進行預測。

傳統機器學習演算法存在如下問題：單機的運算能力和拓展性能始終有限，迭代計算只能利用當前處理程序所在主機的所有硬體資源，無法將巨量資料和超大模型載入到有限的記憶體之中。而串列執行需要花費大量時間，從而導致計算代價和延遲性都較高，所以巨量資料和大模型最終將出現以下幾個問題。

- 記憶體牆：單一 GPU 無法容納模型，導致模型無法訓練，目前最大 GPU 的主記憶體也不可能完全容納某些超大模型的參數。
- 計算牆：巨量資料和大模型都代表計算量巨大，將導致模型難以在可接受的時間內完成訓練。比如，即使我們能夠把模型放進單一 GPU 中，模型所需的大量計算操作也會導致漫長的訓練時間。
- 通訊牆：有儲存和計算的地方，就一定有資料搬運。記憶體牆和計算牆必然會導致出現通訊瓶頸，這也會極大地影響訓練速度。

下面針對這些問題做具體分析。

1．記憶體牆

模型是否能夠訓練和執行的最大挑戰是記憶體牆。一般來說，訓練 AI 模型所需的記憶體比模型參數量還要多幾倍，為了理解此問題，我們需要整理一下記憶體增長的機制。顯示記憶體佔用分為靜態記憶體（模型權重、最佳化器狀態等）和動態記憶體（啟動、臨時變數等），靜態記憶體比較固定，而動態記憶體在單次迭代之中有如下特點。

- 因為反向計算需要使用前向傳播的中間結果，所以在前向傳播時需要儲存神經網路中間層的啟動值。又因為每一層的啟動值都需要儲存下來給反向傳播使用，所以在前向傳播開始之後，顯示記憶體佔用不斷增加，並且在前向傳播結束之後，顯示記憶體佔用會最終累積達到一個峰值。

- 在反向傳播開始之後，由於啟動值在計算完梯度之後就可以被逐漸釋放掉，所以顯示記憶體佔用將逐漸下降。
- 在反向傳播結束之後，顯示記憶體佔用最終會下降到一個較小的數值，這部分顯示記憶體是參數、梯度等狀態資訊，就是常說的模型狀態。

削峰是處理記憶體牆的關鍵手段，只有當削峰無法解決問題時，才能考慮其他處理方法。此外，記憶體牆問題不僅僅與記憶體容量尺寸相關，也和包括記憶體在內的傳輸頻寬相關，這涉及跨越多個等級的記憶體資料傳輸。

2．計算牆

因為資料量和模型巨大，所以我們面臨巨大的算力需求，需要思考如何提高運算能力和效率。針對強大的敵人有兩種策略：壯大自己和找幫手，這對應了兩種最佳化途徑：單機最佳化和多機並行最佳化。其中，單機最佳化主要包括：

- 資料載入效率最佳化，比如使用高性能儲存媒體或者快取來加速。
- 運算元等級最佳化，包含如何實現高效運算元、如何提高記憶體使用率、如何把計算與排程分離等。
- 計算圖等級最佳化，包含常數折疊、常數傳播、運算元融合、死程式消除、運算式簡化、運算式替換、如何搜索出更高效的計算圖等。

然而，面對巨大的算力需求，單機依然無能為力，所以有必要透過增加計算單元並行度來提高運算能力，即把模型或者資料切分成多個分片，在不同機器上借助其硬體資源對訓練進行加速，這就是多級並行最佳化。根據前面訓練迭代的特點，我們可以對並行梯度下降進行計算切分，基本思想是將訓練模型並行分佈到多個節點之上再進行加速：

- 每個節點都獲取最新模型參數，同時將資料平均分配到每個節點之上。
- 每個節點分別利用自己分配到的資料在本地計算梯度。
- 透過聚集（Gather）或者其他方式把每個節點計算出的梯度統一起來，以此更新模型參數。

3．通訊牆

為了解決記憶體牆和計算牆問題，人們嘗試採取分散式策略將訓練拓展到多個硬體（GPU）之上，希望以此突破單一硬體的記憶體容量/運算能力的限制，既然多個硬體要同時參與一個任務的計算，這就涉及如何讓它們彼此之間協調合作，整體上作為一個巨大的加速器來執行。這使得通訊方面的挑戰隨之而來。雖然我們可以對神經網路進行各種切分以實現分散式訓練，但模型訓練是一個整體任務，這就意味著必須在前面的切分操作後面增加一個對應的聚集操作，這樣才能實現整體任務。於是此聚集操作就是通訊瓶頸所在。

神經網路具有如下特點。

- 通訊量大。因為模型規模巨大，所以每次更新的梯度都可能是大矩陣，由此導致劇增的通訊量很容易就把網路頻寬給占滿。
- 通訊次數多。因為是迭代訓練，所以需要頻繁更新模型。
- 通訊量在短期內達到峰值。神經網路運算在完成一輪迭代之後才更新參數，因此通訊量會在短時間內暴增，而在其他時間網路是空閒的。
- 記憶體牆問題。在通訊上也會遇到記憶體牆問題。

因此，我們需要減少機器之間的通訊代價，進而提高並行效率，解決記憶體牆問題。最佳化是一個整體方案，可以從兩方面入手，一方面提升通訊速度，比如最佳化網路通訊協定層，使用高效通訊函式庫，進行通訊拓撲和架構的改進，通訊步調和頻率的最佳化。另一方面也可以減少通訊內容和次數，比如梯度壓縮和梯度融合技術等；也可以透過程式最佳化，減少 I/O 的阻塞，儘量使得 I/O 與計算可以做重疊（Overlap）。

4．問題總結

綜上所述，巨量資料和網際網路時代機器學習的各個瓶頸並不是孤立的，無法用單一的技術解決，需要一個整體解決方案。該方案既需要考慮龐大的節點數目和運算資源，也要考慮具體框架的執行效率和分散式架構，以達到良好的擴展性和加速比，還要考慮合理的網路拓撲和通訊策略。此方案是顯示記憶體最佳化和速度最佳化的整體權衡結果，也是統計準確性（泛化）和硬體效率

（使用率）的折中結果。而且，對於不同計算問題來說，計算模式和對運算資源的需求都不一樣，因此沒有解決所有問題的最好的架構方案，只有針對具體實際問題最合適的架構。我們只有針對機器學習具體任務的特性進行系統設計，才能更加有效地解決大規模機器學習模型訓練的問題。因此，這就引出了下一個問題：分散式機器學習究竟在研究什麼？

1.4 分散式機器學習研究領域

1.4.1 分散式機器學習的目標

首先我們看分散式機器學習的目標。如果演算法模型比較固定，那麼各個公司之間更多的是關於演算法微調和計算效率的競爭，提供計算效率就要依靠並行機器學習。分散式機器學習希望把具有巨量資料、巨大模型和龐大計算量的任務部署在若干台機器之上，借此提高計算速度、節省任務時間，因此也有以下幾個特殊需求點。

- 分散式模型要保持與單節點模型一樣的正確性，比如分散式訓練出來的模型仍然可以收斂。
- 在理想情況下，訓練速度應該達到線性加速比，即速度隨著機器數目的增加而線性增加，每增加一個機器就可以獲得額外的一倍加速，這樣可以達到橫向擴展的目的，即整個系統的輸送量增加而不會影響迭代的收斂速度，不需要增加迭代次數。
- 在最大化利用運算資源的情況下，機器需要具備容錯功能。因為機器學習通常需要耗費很長時間，某個節點出現故障不應該重新啟動整個訓練。

1.4.2 分散式機器學習的分類

分散式機器學習的特點是多維度、跨領域，幾乎涉及機器學習的各個方面，包括理論、演算法、模型、系統、應用等，而且與工業非常貼近，我們可以從如下角度對分散式機器學習進行分類。

- 從演算法 / 模型角度看，主要分成以下幾類研究方向。

    * 使用應用統計學和最佳化理論來解決問題。
    * 提供新的分散式訓練演算法或者對現有分散式訓練演算法進行改進。
    * 把現有模型改造成為分散式或者開發出一個全新的天生契合分散式模式的模型。
- 從系統角度來看，此處既有分散式系統的共通性領域，比如程式設計模型、資源管理、通訊、儲存、容錯、彈性計算等，也有機器學習特定領域，具體研究方向如下。
    * 如何解決一致性問題：如何切分計算 / 模型 / 資料，並保持模型一致性？
    * 如何容錯：擁有 100 個節點的叢集如何在其中一個節點崩潰的情況下保證任務不是從最開始重新啟動而是原地無縫繼續訓練？
    * 如何處理通訊問題：如何進行快速通訊？如何最大化計算通訊比？如何進行通訊隱藏、通訊融合、通訊壓縮、通訊降頻？如何充分發揮頻寬？面對機器學習的大量 I/O 操作，如何設計儲存系統和 I/O 系統？
    * 如何進行資源管理：如何管理叢集？如何適當分配資源？如何提高資源使用率？是否支援彈性算力感知和動態擴充、縮容？彈性訓練如何保證訓練精度和一致性？是否支援先佔？是否支援租約？如何滿足每個人的需求？
    * 如何設計程式設計模型：非分散式和分散式是否可以用同樣的程式設計模型？是否可以用分散式技術自動放大針對單節點撰寫的程式？
    * 如何應用於特定領域：如何對特定應用領域進行處理並且部署到生產？

我們可以透過圖 1-2（機器學習生態系統）來大致了解分散式機器學習的研究領域。

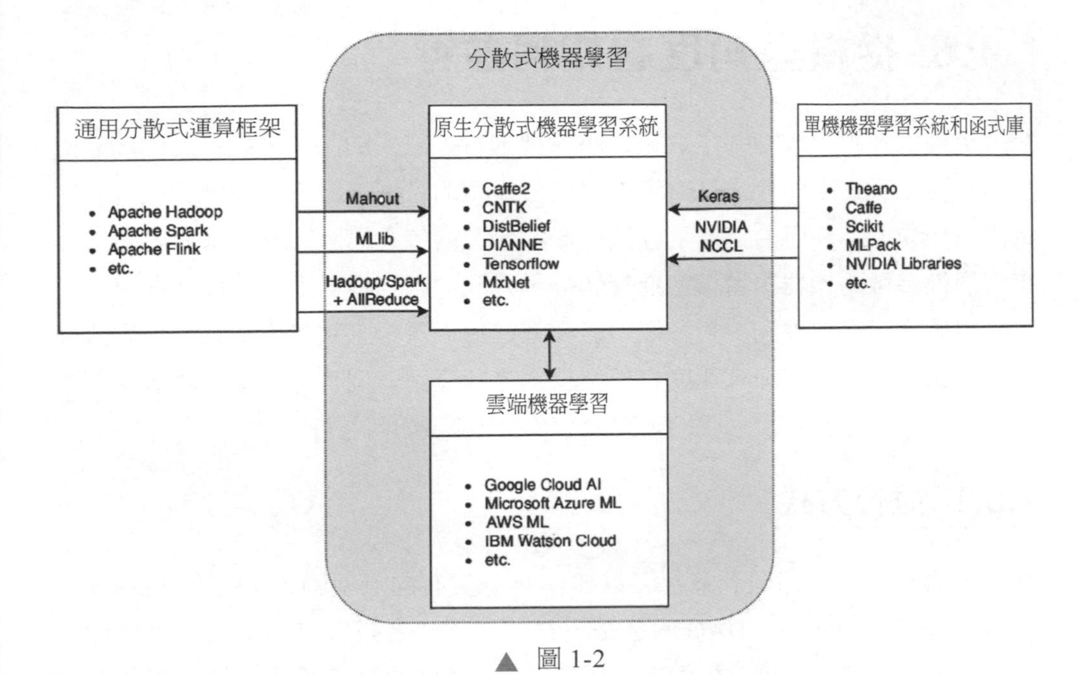

▲ 圖 1-2

圖片來源：論文 *A Survey on Distributed Machine Learning*

了解分散式機器學習研究領域之後，我們回來聚焦目前機器學習的主要矛盾：單機的運算能力和拓展性能無法滿足巨量資料和超大模型的訓練需求。而分散式訓練可以透過擴展加速卡的規模，即並行訓練來解決這個矛盾。我們的目標是在最短時間內完成模型計算量，對於超大模型，其訓練速度的公式大體如下：

$$\text{總訓練速度} \propto \text{單卡速度} \times \text{加速卡數目} \times \text{多卡訓練加速比}$$

單卡最佳化不是本書重點，我們接下來聚焦於另外兩部分。加速卡數目與通訊架構和拓撲相關。多卡訓練加速比表現的是訓練叢集的效率與可擴展性，其由硬體架構、模型計算、通訊等因素決定，因此接下來就從多個角度來看看如何並行。

1.5 從模型角度看如何並行

目前很多超大模型都是透過對小模型進行加寬、加深、拼接得到的，因此我們也可以反其道而行之，看看如何切分模型的各個維度，然後針對這些維度做反向操作。「分而治之」是分散式機器學習的核心思想，具體來說就是把擁有大規模參數的機器學習模型進行切分，分配給不同機器進行分散式運算，對運算資源進行合理調配，對各個功能模型進行協調，直到完成訓練，獲得良好的收斂結果，從而在訓練速度和模型精度之間達到一個良好平衡。我們接下來就看如何「分而治之」，即從模型網路角度出發看如何並行。

1.5.1 並行方式

機器學習中的每個計算都可以建模為一個有向無環圖（DAG）。DAG 的頂點是計算指令集合，DAG 的邊是資料相依（或者資料流程）。在這樣的計算圖中，計算並行性可以用兩個主要參數來表徵其計算複雜度：圖的工作量 W（對應於圖節點的總數）和圖的深度 D（對應於 DAG 中任意最長路徑上的節點數目）。例如，假設我們每一個時間單位處理一個運算，則在單一處理器上處理圖的時間是 $T1=W$，在無窮數量處理器上處理圖的時間是 $T\infty=D$。這樣，計算的平均並行度就是 W/D，這是執行計算圖所需要的處理程序（處理器）的最佳數目。使用 p 個處理器處理一個 DAG 所需要時間的計算公式如下。[1]

$$\min\{W/p, D\} \leqslant T_p \quad O(W/p+D)$$

在前向傳播和反向傳播的時候，我們可以依據對小批次（mini-batch，就是資料並行切分後的批次）的使用、寬度（∞W）和深度（∞D）這三個維度來把訓練分發（Scatter）到並行的處理器之上，按照此分發方式看，深度訓練的並行機制主要有三種劃分方式：按照輸入樣本劃分（資料並行），按照網路結構劃分（模型並行），按照網路層進行劃分（管線並行），具體如下：

- 第一種是資料並行機制（對於輸入資料樣本進行分區，在不同節點上執行資料樣本的不同子集），其往往意味著計算性能的可擴展。大多數場

① 參考論文 *Demystifying Parallel and Distributed Deep Learning: An In-Depth Concurrency Analysis*。

景下的模型規模其實都不大，在一張 GPU 上就可以容納，但是訓練資料量會比較大，這時候適合採用資料並行機制，即在多節點之上並行分割資料和計算，每個節點只處理一部分資料。

- 第二種是模型並行機制（對於模型按照網路結構劃分，在不同節點上執行模型同一層的不同部分），其往往意味著記憶體使用的可擴展。當一個節點無法存下整個模型時，就需要對圖進行拆分，這樣不同的機器就可以計算模型的不同部分，從而將單層的計算負載和記憶體負載拆分到多個裝置上。模型並行也叫作層內模型並行或者張量等級的模型並行。
- 第三種是管線並行機制（對於模型按照層來分區，在不同節點上執行不同層）。因為神經網路具有串列執行的特性，所以我們可以將網路按照執行順序切分，將不同層放到不同裝置上計算。比如一個模型網路有六層，可以把前三層放到一個裝置上，後三層放到另一個裝置上。管線並行也叫作層間模型並行。

並行機制劃分如圖 1-3（神經網路並行方案）所示。

圖 1-3 所示的三種並行維度是兩兩正交的，DistBelief 分散式深度學習系統就結合了這三種並行策略。訓練同時在複製的多個模型副本上進行，每個模型副本在不同的樣本上訓練（資料並行），每個副本上依據同一層的神經元（模型並行）和不同層（管線並行）上劃分任務，進行分佈訓練。在實際訓練過程中，小模型可能僅資料並行就足夠，大模型因為參數多、計算量大，由一個 GPU 難以完成，所以要將顯示記憶體和計算拆解到不同 GPU 上，就是模型並行。有時候資料並行和模型並行會同時發生。一些常見的拆解思路如下。

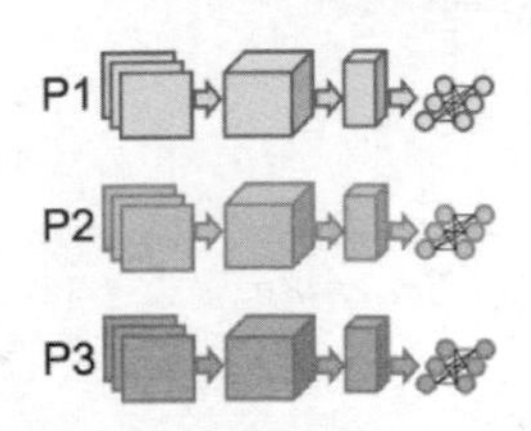

(a) 資料並行

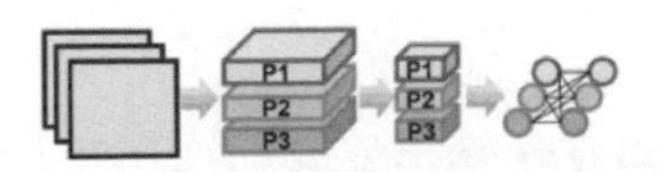

(b) 模型並行

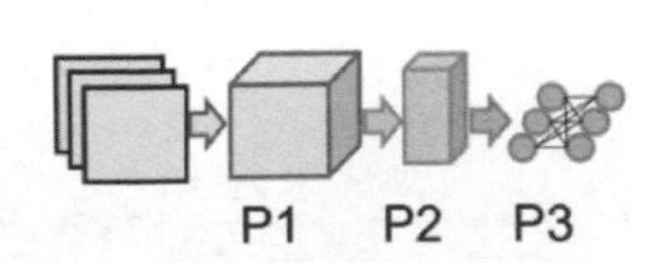

(c) 管線並行

▲ 圖 1-3

圖片來源：論文 *Demystifying Parallel and Distributed Deep Learning: An In-Depth Concurrency Analysis*

- 對於與資料相關的模型，我們可以透過對資料的切分來控制切分模型的方式。這類模型的典型例子為矩陣分解，其模型參數為鍵 - 值對（key-value pair）格式。
- 有些模型不直接與資料相關（如 LR、神經網路等），這時要分別對資料和模型做各自的切分。

1.5.2 資料並行

資料並行如圖 1-4 所示，其目的是解決計算牆問題，將計算負載切分到多張卡上，特點如下。

- 將輸入資料集進行分區，分區的數量等於 Worker（工作者 / 計算節點 / 計算任務 / 訓練伺服器）的數量。目的是先將每個批次的輸入資料平均劃分成多個小批次，然後把這些小批次分配到系統的各個 Worker，每個 Worker 獲取到一個小批次資料，這樣每個 Worker 只處理訓練資料的一個子集。

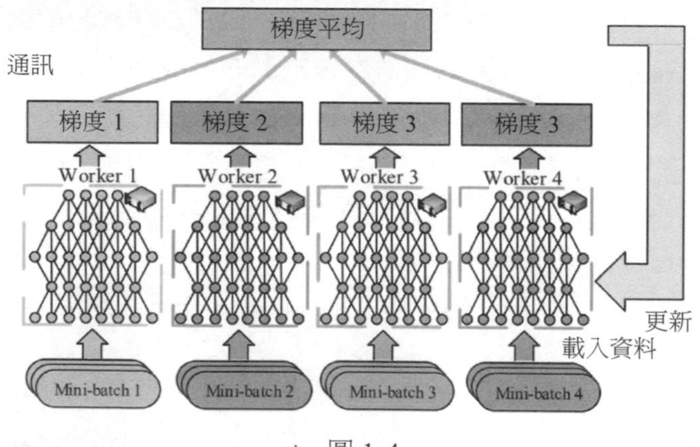

▲ 圖 1-4

圖片來源：論文 *Communication-Efficient Distributed Deep Learning: A Comprehensive Survey*

- 模型在多個 Worker 上複製，每個 Worker 維護和執行的都是完整的模型。雖然不同 Worker 的資料登錄不同，但是執行的網路模型相同（也可以認為是模型參數共用）。

- 每個 Worker 在本地資料分區上進行獨立訓練（梯度下降）並生成一組本地梯度。
- 在每次迭代過程中，當反向傳播之後需要進行通訊時，將所有機器的計算結果（梯度）按照某種方式（集合通訊或者參數伺服器）進行精簡（Reduce）（比如求平均），以獲得相對於所有小批次的整體梯度，然後把整體梯度分發給所有 Worker。每次聚集傳遞的資料量和模型大小成正比。
- 在權重更新階段，每個 Worker 會用同樣的整體梯度對本地模型參數進行更新，這樣保證了下次迭代的時候所有 Worker 上的模型都完全相同。

由於是多個 Worker 並行獲取 / 處理資料，因此在一個迭代過程中可以獲取 / 處理比單一 Worker 更多的資料，這樣大大提高了系統輸送量。而透過增加計算裝置，我們可以近似增加單次迭代的批次大小（batch size）（增加的倍數等於 Worker 數）。這樣做的優勢是：批次大小增大，模型可以用更大的步幅達到局部最小值（需要相應地調整學習率），從而加快最佳化速度，節省訓練時間。

1.5.3 模型並行

模型並行如圖 1-5 所示，其目的是解決記憶體牆問題，透過修改層內計算方式，將單層的計算負載和顯示記憶體負載切分到多張卡上，其原理如下。

- 將計算進行拆分。深度學習計算主要是矩陣計算，而矩陣乘法是並行的。如果矩陣非常大以至於無法放到顯示記憶體中，只能把超大矩陣拆分到不同卡上進行計算。
- 將模型參數進行分散式儲存。「基於圖去拆分」會根據每一層的神經元特點（如 CNN 張量的通道數、影像高度或者寬度）把一張大圖拆分成很多部分，每個部分會放置在一台或者多台裝置上。
- 每個 Worker 僅僅對模型參數的一個子集進行評估和更新。
- 樣本的小批次被複製到所有處理器，神經網路的不同部分在不同處理器上計算，這樣可以節省儲存空間，但是在每個層計算之後會引起額外的通訊銷耗。

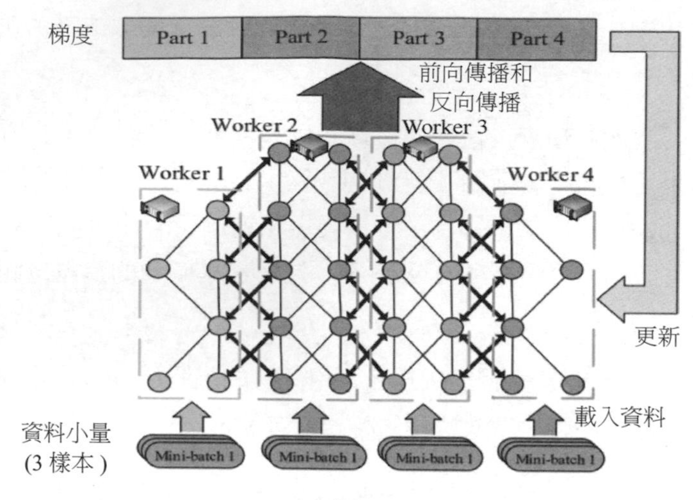

▲ 圖 1-5

圖片來源：論文 *Communication-Efficient Distributed Deep Learning: A Comprehensive Survey*

1.5.4 管線並行

管線並行如圖 1-6 所示，其目的同樣是解決記憶體牆問題，將整個網路分段，把不同層放到不同卡上，前後階段分批工作，前一階段的計算結果傳遞給下一階段再進行計算，類似接力或者管線，將計算負載和顯示記憶體負載切分到多張卡上。管線並行特點如下。

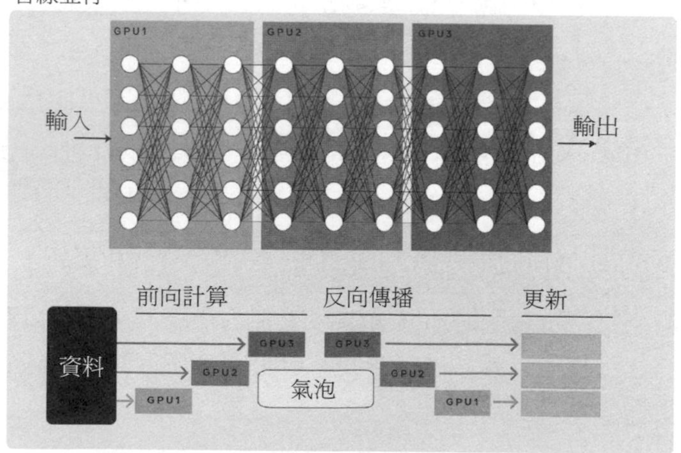

▲ 圖 1-6

- 在深度學習領域，管線指可以重疊的計算，即在當前層和下一層（當資料準備就緒時）連續計算；或者利用神經網路串列執行的特性，根據深度劃分深度神經網路（DNN），將不同層分配給不同的裝置，從而達到切分計算負載和顯示記憶體負載的目的。
- 管線並行將一個資料小批次再劃分為多個微批次（micro-batch），以使裝置盡可能並行工作。
- Worker 之間的通訊被限制在相鄰階段之間，比如前向傳播的啟動和反向傳播的梯度，因此通訊量較少。當一個階段完成一個微批次的前向傳播時，啟動將發送給管線的下一個階段。類似地，當下一階段完成反向傳播時將透過管線把梯度反向傳播回來。
- 管線並行可以看作是資料並行的一種形式，由於樣本是透過網路並行處理的，也可以看作模型並行。管線長度往往由 DNN 結構來決定。

由於神經網路串列的特點使得樸素管線並行機制在計算期間只有一個裝置屬於活躍狀態，資源使用率低，因此管線並行要完成的功能包括以下方面。

- 為了確保管線的各個階段能平行計算，必須同時計算多個微批次。目前已經有幾種可以平衡記憶體和計算效率的實現方案，如 PipeDream。
- 當一張卡訓練完成後，要馬上通知下一張卡進行訓練，目的是讓整個計算過程像管線一樣連貫，這樣才能在大規模場景下提升計算效率，減少 GPU 的等待時間。

1.5.5 比對

下面我們來比對一下資料並行和模型並行（把管線並行也歸到此處）兩者的特點。

- 同步銷耗：資料並行每次迭代需要同步 N 個模型的參數，這對頻寬消耗非常大；模型並行通訊量也大，因為其與整個計算圖相關，因此更適合多 GPU 伺服器；管線並行只傳輸每兩個階段之間邊緣層的啟動和梯度，由於資料量較小，因此對頻寬消耗較小。從減少通訊資料量角度看，如果模型參數量較少但是中間啟動較大，使用資料並行更適合。如果模型參數量較大但是中間啟動較小，使用模型並行更適合。但是超大模型必須採用管線並行模式。

- 負載平衡：模型並行透過模型遷移實現負載平衡；資料並行透過資料移轉實現負載平衡。調節負載平衡其實就是解決落後者（Straggler）問題。

1.6 從訓練併發角度看如何並行

接下來我們從訓練併發角度對並行解決方案進行分析。我們從最常見的資料並行入手，目前已經把資料和計算進行了分發，雖然有多個實例在平行計算，但是仍存在以下幾個困難。

- 機器學習有一個共用的需要不斷被更新的中間狀態—模型參數。為了保證在數學上與單卡訓練等價，需要確保所有 Worker 的模型參數在迭代過程中始終保持一致。因為每個 Worker 在訓練過程中會不斷讀寫模型參數，這就要求對模型參數的存取進行一致性控制。
- 雖然我們可以透過對神經網路進行各種切分來實現分散式訓練，但模型訓練是一個整體任務，需要針對此切分加入一個聚集操作以恢復此整體任務，因此必須修改整個演算法，讓各個實例彼此配合。比如，模型並行會沿某個維度對張量進行切分，後續就需要一個組合操作來把多個分區合併為一；資料並行會把模型在多個節點上進行複製，後續就需要一個精簡操作進行聚集；管線並行會把張量進行管線劃分（Pipeline），後續就需要一個批次處理操作（Batch）對多個張量進行聚集。

以資料並行為例，分散式環境中存在多個獨立執行的訓練代理實例，所有實例都有本地梯度，需要把叢集中分散的梯度聚集起來（如累積求均值）得到一個全域聚集梯度，用此全域梯度更新模型權重，這可以分成幾個問題：模型權重放在哪裡？何時做梯度聚集？如何高效聚集？

針對這三個問題，深度學習的並行實現方案可以定義在三個軸上：參數分佈（Parameter Distribution）、模型一致性（Model Consistency）和訓練分佈（Training Distribution）。這三個軸涉及的問題和難度具體如下。

- 模型權重放在哪裡？這涉及參數分佈和通訊拓撲。
- 何時做梯度聚集？如何高效聚集？這涉及模型一致性和通訊模式。
- 訓練分佈則把通訊模式和通訊拓撲交叉組合起來。

1.6.1 參數分佈和通訊拓撲

為了支援分散式資料並行訓練，需要在參數儲存區讀寫資料，此讀寫方式可以是中心化的（Centralized）或者去中心化的（Decentralized）。深度學習訓練選擇中心化還是去中心化的網路架構是一個系統性問題，取決於多種因素，包括網路拓撲、頻寬、通訊延遲、同步時間、參數更新頻率、擴展性和容錯性。架構選型對提高大規模機器學習系統的性能至關重要，目前主要有以下典型架構，如圖 1-7（梯度聚集架構）所示。

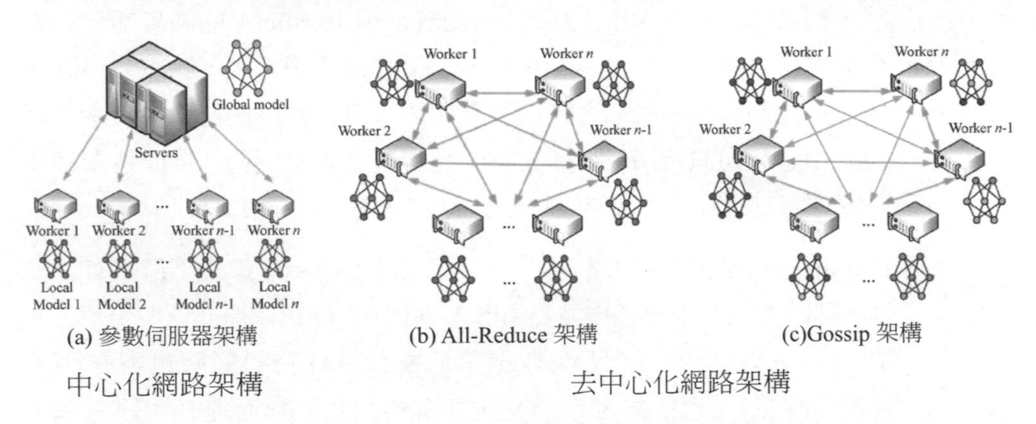

▲ 圖 1-7

圖片來源：論文 *Communication-Efficient Distributed Deep Learning: A Comprehensive Survey*

- 中心化網路架構：目前已經被主流的分散式機器學習系統廣泛支援的參數伺服器（Parameter Server）就是中心化網路架構，參數伺服器模式把參與計算的機器劃分為 Server（伺服器 / 在參數伺服器架構之中為參數伺服器）和 Worker 兩種角色。Server 和 Worker 之間透過 push（用於累積梯度）和 pull（用於取得聚集梯度）的資料對話模式進行通訊，二者功能並不互斥，即同一個節點可以同時承擔 Server 和 Worker 的職能。

基於參數伺服器的架構有很多優勢，比如部署簡單、彈性擴展好、堅固性強等。這種架構的問題在於，由於在一般情況下 Worker 的數量遠多於 Server，因此 Server 往往會成為網路瓶頸，需要結合具體專案來調整 Server 和 Worker 的數量，這樣會給系統管理帶來不便。

- 去中心化網路架構：

  * 為了避免參數伺服器中出現通訊瓶頸，人們傾向於使用沒有中央伺服器的 All-Reduce 架構來實現梯度聚集。這種方法只有 Worker 一種角色，所有 Worker 在沒有中心節點的情況下進行通訊。在通訊之後，每個 Worker 獲取其他 Worker 的所有梯度，然後更新此 Worker 的本地模型。因此，All-Reduce 架構是去中心化通訊拓撲，也是模型中心化拓撲（透過同步獲得一致的全域模型）。這種系統結構不適合非同步通訊，卻適合應用到 SSP（Stale Synchronous Parallel）的同步部分。人們又提出了基於環的 Ring All-Reduce，在這種模式下，節點以環狀連接，每個節點只與其鄰居節點進行通訊，可以實現快速資料同步，而沒有中心化通訊瓶頸，每個節點的物理資源要求更低，擴展性較好，但系統堅固性差，一個節點損壞會導致整個系統無法執行。

  * Gossip 架構是另一種去中心化的架構設計。Gossip 架構不僅沒有參數伺服器，而且沒有全域模型（由圖 1-7 上不同顏色的局部模型表示）。在 Gossip 架構中，每個 Worker 在承擔計算任務的同時也與它們的鄰居 Worker（也稱為對等者）進行資料同步，進而提升通訊效率。Gossip 演算法是一個最終一致性演算法，對於所有 Worker 上的參數，Gossip 演算法無法保證在某個時刻的一致性，但可以確保在演算法結束時的最終一致性。Gossip 架構可以認為是參數伺服器架構的一種特例，如果令參數伺服器架構中的每個節點都同時承擔 Server 和 Worker 角色，則參數伺服器架構就可以轉換為 Gossip 架構。Gossip 架構消除了中心化的通訊瓶頸，這樣工作負載會更加均衡。

  * 去中心化網路的並行方式可以採用非同步或者同步方式，收斂情況取決於網路連接狀態，連接越緊密，收斂性越好。當網路處於強連接的時候，模型可以很快收斂，否則模型可能不收斂。

1.6.2 模型一致性和通訊模式

無論是參數伺服器還是 All-Reduce 架構，每個裝置都有自己的模型本機複本。當每個裝置拿到屬於自己的資料後會透過前向 / 反向傳播得到梯度，這些梯度都是根據本地資料計算出來的本地梯度，每個裝置得到的本地梯度都不相同，而且由於網路、設定、軟體等原因，每個裝置的運算能力往往不盡相同，因此它們訓練進度也各不相同。

在 All-Reduce 架構下，如果不同裝置使用自己的本地梯度進行本地模型更新，則模型權重會各不相同，這將導致後續訓練結果出現問題。如果是參數伺服器，則每個裝置需要把這些本地梯度傳給伺服器，伺服器將綜合這些梯度先將伺服器上的全域模型進行更新再把模型分發給各個裝置。

如果在訓練過程中每個分散式運算裝置都能獲得最新模型參數，那麼這種訓練演算法叫作模型一致性方法（Consistent Model Method）。如果放鬆同步的限制條件，則訓練得到的是一個不一致的模型。

如何做到保持各個裝置本地模型副本的一致性（Model Consistency）？比如各個裝置之間如何做到梯度同步？用什麼方式來控制裝置的同步才能讓訓練收斂達到最優點？這涉及分散式機器學習的核心問題之一：梯度同步機制。如何設計同步機制對分散式訓練的性能有很大影響，我們接下來就要看看叢集內梯度更新方式（時機），即通訊模式。

1．通訊模式

通訊模式分為非同步通訊和同步通訊，與之對應的就是梯度更新的兩種方式一同步更新和非同步更新。

- 同步更新（Synchronous）。去中心化同步訓練如圖 1-8 所示，所有 Worker 都在同一時間點做梯度更新，或者說需要等待所有 Worker 結束當前迭代計算之後統一進行更新，其特點如下。

  * 收斂穩定，通訊效率低，訓練速度慢。

* 要求裝置的運算能力均衡，通訊也要均衡，否則容易產生落後者問題從而降低訓練速度。

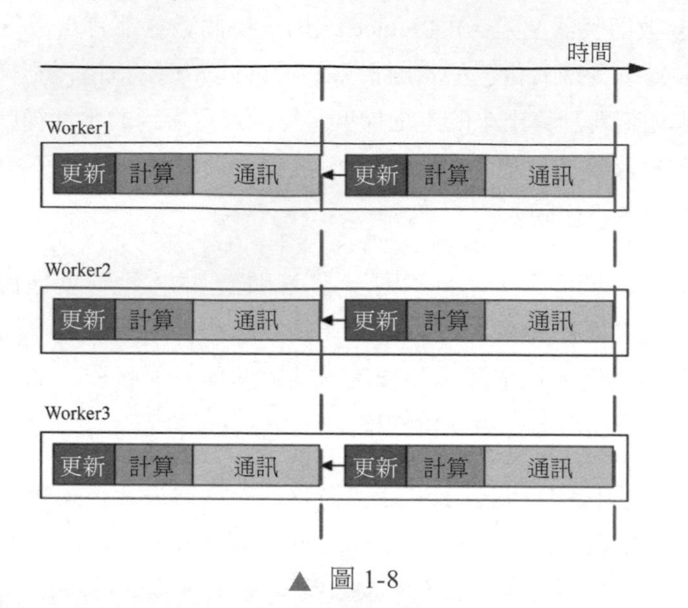

▲ 圖 1-8

圖片來源：論文 *Pipe-SGD: A Decentralized Pipelined SGD Framework for Distributed Deep Net Training*

* 落後者問題：節點的運算能力往往不盡相同，如果是同步通訊，則對於每一輪迭代來說，計算快的節點需要停下來等待計算慢的節點，只有所有節點都完成計算才能進行下一輪迭代。這類似於木桶效應，一塊缺陷會嚴重拖慢整體的訓練進度，此塊缺陷就叫作落後者，所以同步訓練相對速度會慢一些，如果叢集有很多節點，則最慢的節點會拖慢整體性能。

- 非同步更新（Asynchronous）。參數伺服器非同步訓練如圖 1-9 所示，某一個 Worker 計算完自己小批次的梯度就可以發起更新請求，當 Server 收到新梯度之後不需要等待其他 Worker，而是立即對模型參數進行更新，其特點如下。

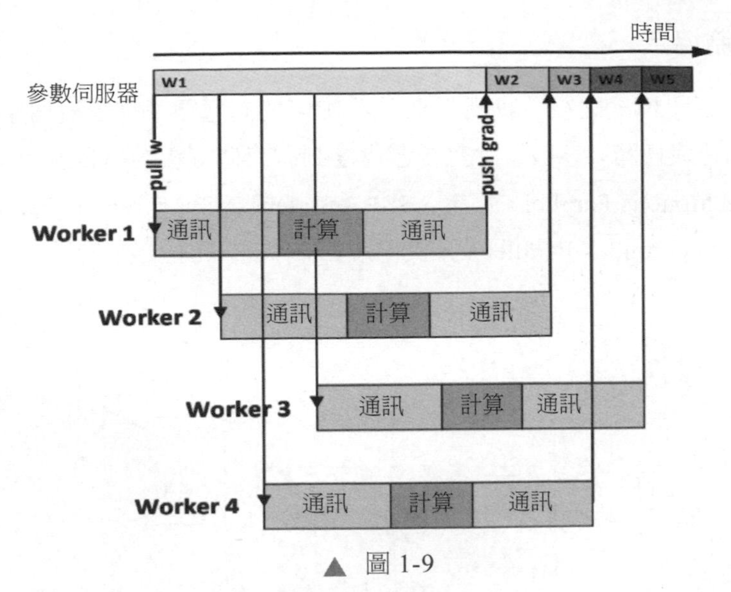

▲ 圖 1-9

圖片來源：論文 *Pipe-SGD: A Decentralized Pipelined SGD Framework for Distributed Deep Net Training*

* 因為 Worker 之間不需要等待，所以整體訓練速度更快。
* 雖然通訊效率高，但是收斂性不佳。
* 容易陷入次優解：裝置 A 計算完梯度之後，如果此時伺服器上的參數已經被其他裝置的梯度更新過，那麼裝置 A 的梯度就過期，因為 A 目前的梯度計算所相依的模型參數是舊的，A 就是使用舊模型參數生成的梯度去更新已經更新過的模型參數。這樣，計算速度慢的節點提供的梯度就是過期的，錯誤的方向會導致整體梯度方向有偏差，這也被稱為梯度失效問題（Stale Gradient）。

我們再看次優解問題。如圖 1-10 所示，假設有三個 Worker，其中 Worker 0 和 Worker 1 以正常速度更新，經過三次更新之後，Server 上的權重變成了「權重 4」。Worker 2 更新速度很慢，導致一直在使用「權重 1」計算，當它更新的時候，其梯度是基於「權重 1」計算出來的，這會導致 Server 上的「權重 3」和「權重 4」這兩個更新操作在某種程度上失效，導致「權重 5」和「權重 2」類似，從而遺失了中間兩次更新效果。

2. 通訊控制協定

了解了通訊模式之後，我們再來看看如何控制通訊。許多機器學習問題都可以轉化為迭代任務。一般來說對於迭代控制有三個等級的通訊控制協定：BSP（Bulk Synchronous Parallel）協定、SSP（Staleness Synchronous Parallel）協定和 ASP（Asynchronous Parallel），其同步限制按照順序依次放寬。三個協定具體如下。

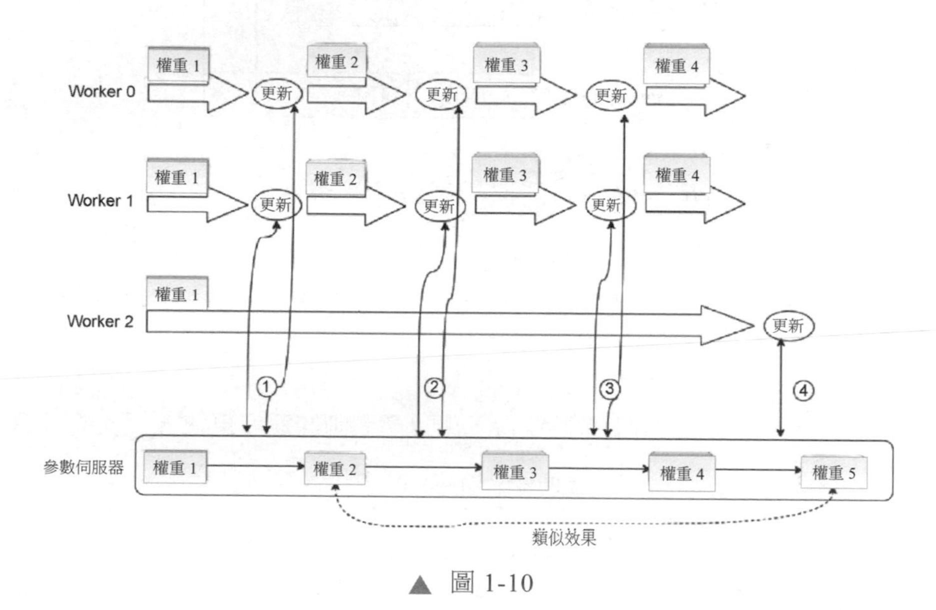

▲ 圖 1-10

- BSP 協定：BSP 協定如圖 1-11 所示，是一般分散式運算採用的同步協定，程式透過同步每個計算和通訊階段來確保一致性。BSP 協定的特點如下。

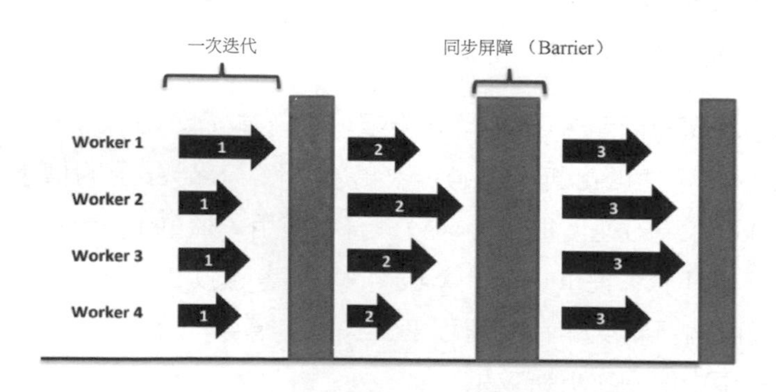

▲ 圖 1-11

圖片來源：論文 *Strategies and Principles of Distributed Machine Learning on Big Data*

* 每個 Worker 必須在同一個迭代任務中執行，只有當一個迭代任務中所有的 Worker 都完成了計算，系統才會進行一次 Worker 和 Server 之間的同步和分片更新。
* BSP 協定在模型收斂性上和單機串列完全相同，區別僅僅是批次大小增加了。因為每個 Worker 可以平行計算，所以系統也具備了並行能力。
* BSP 協定的優點是適用範圍廣，每一輪迭代收斂品質高。
* BSP 協定的缺點是在每一輪迭代中，BSP 協定要求每個 Worker 都暫停以等待來自其他 Worker 的梯度，這就顯著降低了硬體的整體效率，導致整個任務計算時間拉長，整個 Worker 組的性能由其中最慢的 Worker 決定。

- ASP 協定：ASP 協定如圖 1-12 所示，考慮到機器學習的特殊性，系統可以放寬同步限制，不必等待所有 Worker 都完成計算。在 ASP 協定中，Worker 之間既不用相互等待又不需要考慮順序，每個 Worker 按照自己的節奏，跑完一個迭代就進行更新，先完成的 Worker 會開始進行下一輪迭代。ASP 協定的優缺點如下。

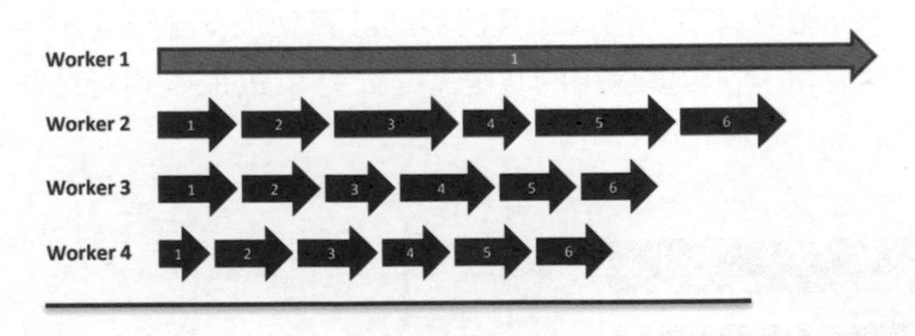

▲ 圖 1-12

圖片來源：論文 *Strategies and Principles of Distributed Machine Learning on Big Data*

* ASP 協定的優點：消除了等待最慢 Worker 的時間，減少 GPU 閒置時間，與 BSP 協定相比，ASP 協定提高了硬體效率，計算速度快，可以最大限度提高叢集的運算能力。
* ASP 協定的缺點：可能導致模型權重被「依據過時權重計算出來的梯度」更新，從而降低統計效率；適用性差，在一些情況下並不能保證系統的收斂性。

- SSP 協定：SSP 協定如圖 1-13 所示，允許同步過程中採用舊參數，即允許一定程度的 Worker 進度不一致，但此不一致有一個上限（就是舊參數究竟舊到什麼程度由一個設定值限制），稱為 Staleness 值，即最快的 Worker 領先最慢的 Worker 最多 Staleness 輪迭代。SSP 協定的特點如下。

  ∗ SSP 協定將 ASP 協定和 BSP 協定做了折中，既然 ASP 協定允許不同 Worker 之間的迭代次數間隔任意大，而 BSP 則只允許迭代次數間隔為 0，於是 SSP 協定把此迭代次數間隔取一個常數 s，即最快的節點需要等待最慢節點直到更新輪數的差值小於 s 才能再次更新。

  ∗ BSP 協定和 ASP 協定可以透過 SSP 協定轉換，比如 BSP 協定就可以透過指定 s=0 來轉換，而 ASP 協定可以透過指定 s=∞ 來轉換。

  ∗ SSP 協定的優點：兼顧了迭代品質（演算法效果）和迭代速度。與 BSP 協定相比在一定程度減少了 Worker 之間的等待時間，計算速度較快；與 ASP 協定相比在收斂性上有更好的保證。

  ∗ SSP 協定的缺點：SSP 協定迭代的收斂品質不如 BSP 協定，往往需要更多輪次的迭代才能達到同樣的收斂效果，其適用性也不如BSP協定。如果 s 變得太高（如當大量機器的計算速度減慢時）會導致收斂速度迅速惡化，在實際應用的時候需要針對 Staleness 進行精細調節。

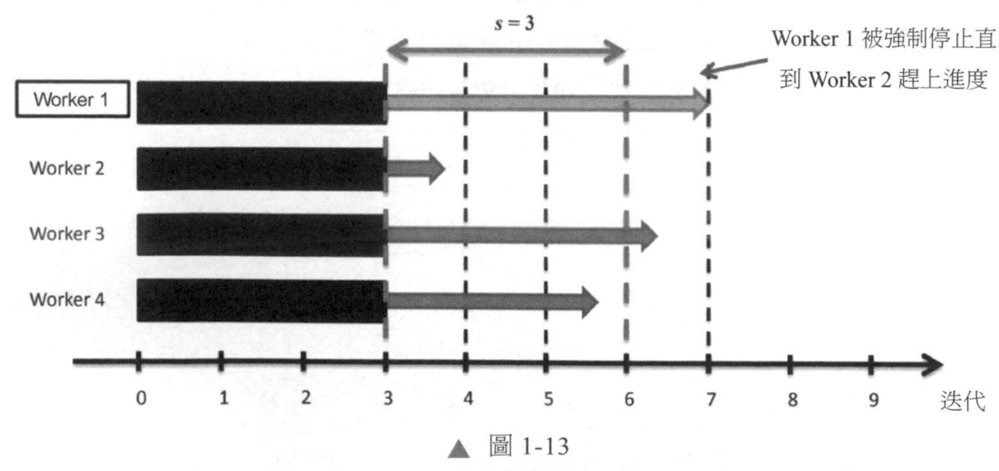

▲ 圖 1-13

圖片來源：論文 *Strategies and Principles of Distributed Machine Learning on Big Data*

1.6.3 訓練分佈

通訊模式和通訊拓撲可以交叉使用，比如圖 1-14 就是從模型一致性和中心化角度來區分深度學習訓練的。

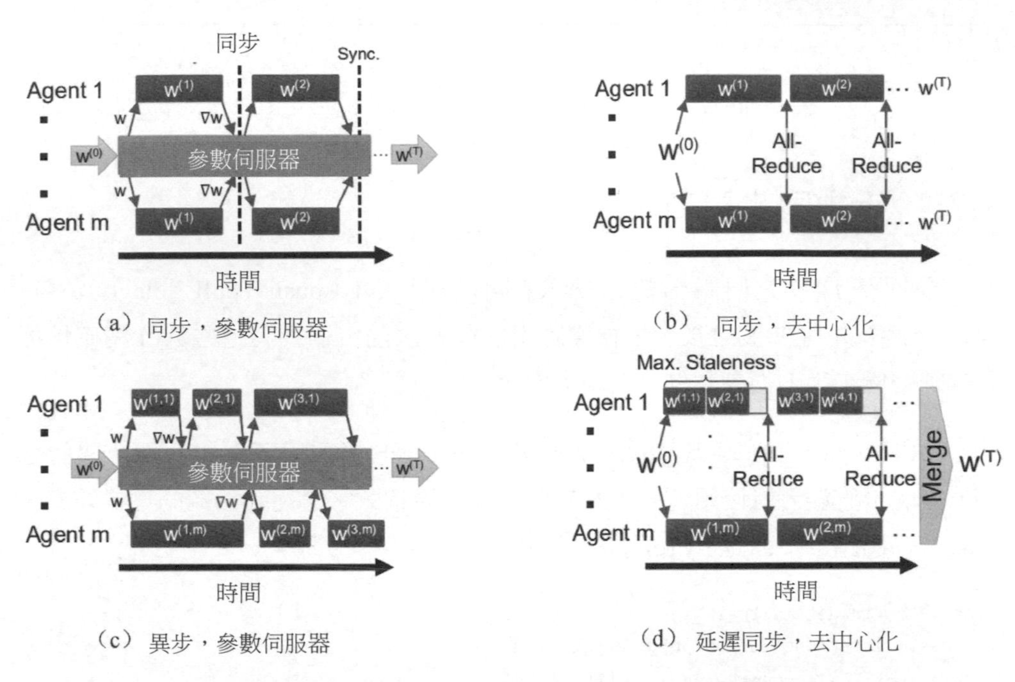

(a) 同步，參數伺服器

(b) 同步，去中心化

(c) 異步，參數伺服器

(d) 延遲同步，去中心化

▲ 圖 1-14

圖片來源：論文 *Demystifying Parallel and Distributed Deep Learning: An In-Depth Concurrency Analysis*

1.7 分散式機器學習程式設計介面

在進入分散式機器學習世界之前，我們先來看現有分散式機器學習系統公開的一些可用程式設計介面（API），這些 API 旨在幫助使用者將原始單節點程式轉換為分散式版本，以此簡化並行環境下的分散式機器學習程式設計。①我們首先舉出原始機器學習迭代收斂演算法如圖 1-15 所示，接下來看看各種 API 如何對程式進行改造。

① 參考自張昊博士論文 *Machine Learning Parallelism Could Be Adaptive, Composable and Automated*。

Algorithm 1: The iterative-convergent algorithm in ML programs

1 Initialize $t \leftarrow 0$
2 **for** *epoch* $= 1 \ldots K$ **do**
3 　**for** $p = 1 \ldots P$ **do**
4 　　$\Theta^{(t+1)} \leftarrow F(\Theta^{(t)}, \Delta_{\mathcal{L}}(\Theta^{(t)}, \boldsymbol{x}_p))$
5 　　$t = t + 1$

▲ 圖 1-15

圖片來源：論文 *Machine Learning Parallelism Could Be Adaptive, Composable and Automated*

1.7.1 手動同步更新

早期基於參數伺服器的系統公開了一組 API（push、pull、clock）。在 Worker 計算本地梯度之後，把梯度應用於模型之前，需要將這些 API 精確地插入訓練迴圈來手動從參數伺服器同步梯度。

MPI、OpenMPI 等集合通訊函式庫及 PyTorch 都採用了這組介面。儘管它們的定義很直觀，但使用這些 API 需要修改低層程式，這需要系統的專業知識，而且容易出錯。下面是 PyTorch 程式範例。

```
for data, traget in train_set:
  loss = loss_function(output, target) # 得到損失
  gradients = loss.backward() # 計算本地梯度
  push (gradients) # 推送本地梯度到參數伺服器
  updates = pull() # 從參數伺服器拉回已經同步的梯度
  optimizer.apply(updates) # 使用同步後的梯度對本地模型進行更新
```

1.7.2 指定任務和位置

TensorFlow 等框架可以基於任務（Task-Based）進行分散式操作，使用者將 TensorFlow 作為一組任務部署在叢集上，這些任務是可以透過網路進行通訊的命名處理程序，每個任務包含一個或多個加速器裝置。這種設計允許在「任務 : 裝置（Task:Device）」元組上手動放置操作或變數，如下面的程式所示。

```
with tf.device (/job:local/task:1/gpu:0): # 在 task:1/gpu:0 上放置變數
    batch_1 = tf.slice(x, [0], [30])
with tf.device (/job:local/task:1/gpu:1): # 在 task:1/gpu:1 上放置變數和操作
    batch_2 = tf.slice(x, [30], [-1])
        mean = (batch_1 + batch_2) / 2
with tf.Session(grpc://localhost:12345) as sess:
    result = sess.run(mean, feed_dict={x: data})
```

這種手動放置操作為實現其他並行化策略提供了極大的靈活性。例如，可以啟動一個名為 parameter_server:cpu:0 的任務，該任務在高頻寬節點上放置一個可訓練的變數，並在所有 Worker 任務中共用這個變數，從而形成一個參數伺服器架構。

另一方面，「指定任務和位置」這種方式需要使用者大量修改原始程式來進行變數布局（Placement Assignment），這假設開發人員了解分散式細節，並且能夠將計算圖元素正確分配給分散式裝置，是個不小的挑戰。

1.7.3 猴子補丁最佳化器

猴子補丁（Monkey Patch）最佳化器是避開手動平均梯度的一個改進介面。比如，Horovod 提供了分散式最佳化器實現，該實現使用 All-Reduce 在 Worker 之間平均梯度。為了減少使用者修改程式，Horovod 修補了 Host（宿主 / 主機）框架（如 TensorFlow 或 PyTorch）的樸素（Naive）最佳化器介面，並將其重新連結到 Horovod 提供的分散式介面。透過從原生最佳化器切換到 Horovod 提供的分散式最佳化器，Horovod 可以在一個訓練 step（步進，即完成一個批次資料的訓練）中方便地把單機程式轉換為分散式版本，如下面的程式所示。

```
# 建構模型 ...
loss = ... # 計算損失
opt = tf.train.SGD(lr=0.01) # 原生最佳化器
# 給 TensorFlow 原生最佳化器打猴子補丁，得到 Horovod 提供的分散式最佳化器
opt = horovod.DistributedOptimizer(opt)
# 建立訓練操作
train_op = opt.minimize(loss)
# 訓練 ...
```

該介面在開放原始碼社區中得到廣泛的應用，然而，它需要將分散式策略的所有語義作為最佳化器來實現，導致對資料並行策略以外其他策略的支援十分有限。

1.7.4 Python 作用域

TensorFlow Distribute 提供了基於 Python 作用域的介面，如下面的程式所示。

```
strategy = tf.distributed.MirroredStrategy(['GPU:0', 'GPU:1'])
with strategy.scope() :
      # 定義模型、損失函式和最佳化器
      loss, opt = ...
      strategy.run(...)
```

該介面提供了一組分散式策略（如 ParameterServerStrategy、Collective Strategy、MirroredStrategy）作為 Python 作用域，這些策略將在使用者程式開始時生效。在後端，分散式系統可以重寫計算圖，並根據選擇的策略（參數伺服器或集合通訊）來合併相應的語義。

這組介面用法簡單，支援各種分發策略，並可以擴展到即時編譯以自動生成分發策略。主要缺點是：它假設模型定義可以透過作用域完全準確地捕捉，如果程式是用命令式程式設計（Imperative）來實現的，或者程式可以動態變化，則這種方法有時可能會產生錯誤結果。

1.8 PyTorch 分散式

因為本書以 PyTorch 作為主線，穿插結合其他框架，所以先來介紹一下 PyTorch 分散式的歷史脈絡和基本概念，看看一個機器學習系統如何一步一步進入分散式世界並且完善其功能。

1.8.1 歷史脈絡

關於 PyTorch 分散式的歷史，筆者參考其發佈版本，把發展歷史大致分成 7 個階段，分別如下。

- 使用 torch.multiprocessing 封裝了 Python 原生 Multiprocessing 模組，這樣可以利用多個 CPU 核心。
- 匯入 THD（Distributed PyTorch），擁有了用於分散式運算的底層函式庫。
- 引入 torch.distributed 套件，允許在多台機器之間交換張量，從而可以在多台機器上使用更大的批次進行訓練。
- 發佈 C10D 函式庫，這成為 torch.distributed 套件和 torch.nn.parallel.DistributedDataParallel 套件的基礎後端，同時廢棄 THD。
- 提供了一個分散式 RPC（Remote Procedure Call）框架用來支援分散式模型並行訓練。它允許遠端執行函式和引用遠端物件，而無須複製周圍的真實資料，並提供自動求導（Autograd）和最佳化器（Optimizer）API 進行反向傳播和跨 RPC 邊界更新參數。
- 引入了彈性訓練，TorchElastic 提供了 torch.distributed.launchCLI 的一個嚴格超集合，並增加了容錯和彈性功能。
- 引入了管線並行，也就是 torchgpipe。

PyTorch 的歷史脈絡如圖 1-16 所示。

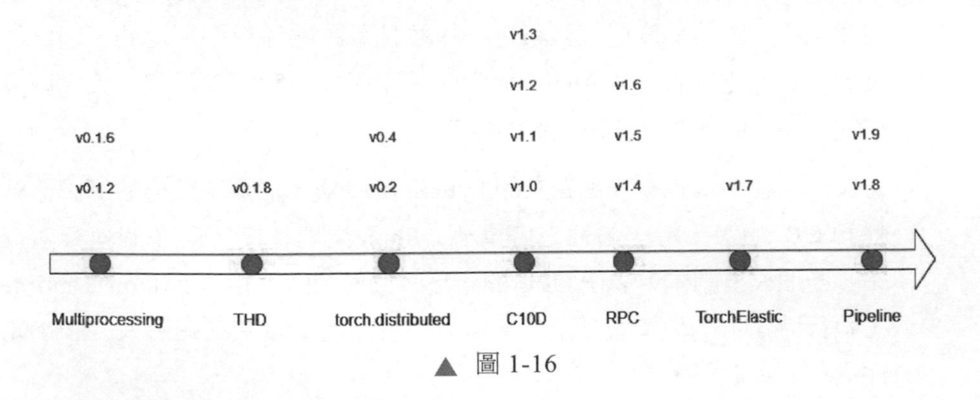

▲ 圖 1-16

1.8.2 基本概念

PyTorch 分散式相關的基礎模組包括 Multiprocessing 模組和 torch.distributed 模組，下面分別進行介紹。

1．Multiprocessing 模組

PyTorch 的 Multiprocessing 模組封裝了 Python 原生的 Multiprocessing 模組，在 API 上百分之百相容，同時註冊了訂製的 Reducer（精簡器）類別，可以使用 IPC 機制（共用記憶體）讓不同的處理程序對同一份資料進行讀寫。但是其工作方式在 CUDA 上有很多弱點，比如必須規定各種處理程序的生命週期如何，導致 CUDA 上的 Multiprocessing 模組的處理結果經常與預期不符。

2．torch.distributed 模組

PyTorch 中的 torch.distributed 模組針對多處理程序並行提供了通訊基本操作，使得這些處理程序可以在一個或多個電腦上執行的幾個 Worker 之間進行通訊。torch.distributed 模組的並行方式與 Multiprocessing（torch.multiprocessing）模組不同，torch.distributed 模組支援多個透過網路連接的機器，並且使用者必須為每個處理程序顯式啟動主訓練指令稿的單獨副本。

在單機且同步模型的情況下，torch.distributed 或者 torch.nn.parallel.DistributedDataParallel 同其他資料並行方法（如 torch.nn.DataParallel）相比依然會具有優勢，具體如下。

- 每個處理程序維護自己的最佳化器，並在每次迭代中執行一個完整的最佳化 step。由於梯度已經聚集在一起並且是跨處理程序平均的，因此梯度對於每個處理程序都相同，這意味著不需要參數廣播步驟，大大減少了在節點之間傳輸張量所花費的時間。
- 每個處理程序都包含一個獨立的 Python 解譯器，消除了額外的解譯器銷耗和 GIL 顛簸，這些銷耗來自單一 Python 處理程序驅動多個執行執行緒、多個模型副本或多個 GPU 的銷耗。這對於嚴重相依 Python Runtime（執行時期）的模型尤其重要，這樣的模型通常具有遞迴層或許多小元件。

從 PyTorch v1.6.0 開始，torch.distributed 可以分為三個主要元件，具體如下。

- 集合通訊（C10D）函式庫：torch.distributed 的底層通訊主要使用集合通訊函式庫在處理程序之間發送張量，集合通訊函式庫提供集合通訊 API 和 P2P 通訊 API，這兩種通訊 API 分別對應另外兩個主要元件 DDP 和 RPC。其中 DDP 使用集合通訊，RPC 使用 P2P 通訊。通常，開發者不需要直接使用此原始通訊 API，因為 DDP 和 RPC 可以服務於許多分散式訓練場景。但在某些實例中此 API 仍然有用，比如分散式參數平均。
- 分散式資料並行訓練元件（DDP）：DDP 是單程式多資料訓練範式。它會在每個處理程序上複製模型，對於每個模型副本其輸入資料樣本都不相同。在每輪訓練之後，DDP 負責進行梯度通訊，這樣可以保持模型副本同步，而且梯度通訊可以與梯度計算重疊以加速訓練。
- 基於 RPC 的分散式訓練元件（torch.distributed.rpc 套件）：該元件旨在支援無法適應資料並行訓練的通用訓練結構，如參數伺服器範式、分散式管線並行，以及 DDP 與其他訓練範式的組合。該元件有助於管理遠端物件生命週期並將自動求導引擎擴展到機器邊界之外，支援通用分散式訓練場景。torch.distributed.rpc 有四大支柱，具體如下。
    - RPC：支援在遠端 Worker 上執行給定的函式。
    - Remote Ref：有助於管理遠端物件的生命週期。
    - 分散式自動求導：將自動求導引擎擴展到機器邊界之外。
    - 分散式最佳化器：可以自動聯繫所有參與的 Worker，以使用分散式自動求導引擎計算的梯度來更新參數。

圖 1-17 展示了 PyTorch 分散式套件的內部架構和邏輯關係。

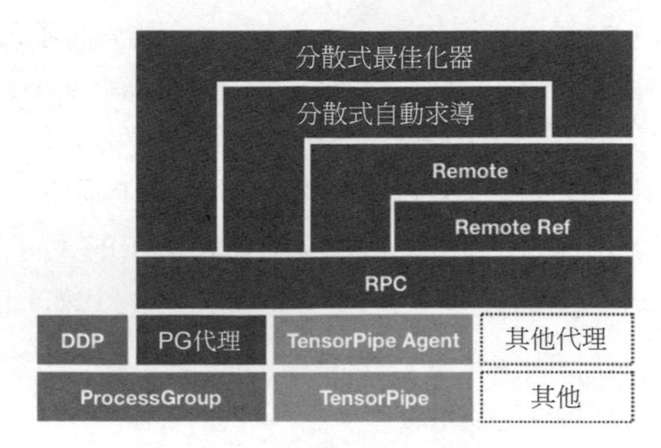

▲ 圖 1-17

1.9 總結

我們用圖 1-18 所示的分散式深度學習總覽來總結本章，大家從圖中可以看到分散式機器學習系統的若干方面，比如：

- 在單次模型訓練迭代中，資料會經歷前向傳播、反向傳播、梯度聚合、模型更新等步驟。
- 對於參數分佈和通訊拓撲，既有參數伺服器這樣的中心化網路架構，也有 All-Reduce 和 Gossip 這樣的去中心化網路架構。
- 關於如何控制迭代更新，則有 BSP、SSP 和 ASP 等通訊控制協定。
- 關於計算和通訊的並行，圖上舉出了管線、WFBP（Wait-Free Backward Propagation）和 MG-WFBP（Merged-Gradient WFBP）等技術。
- 對於通訊最佳化，圖上舉出了稀疏化（Sparisification）技術作為範例。

本書接下來就帶領大家在這個神奇的世界中展開一次尋寶之旅。

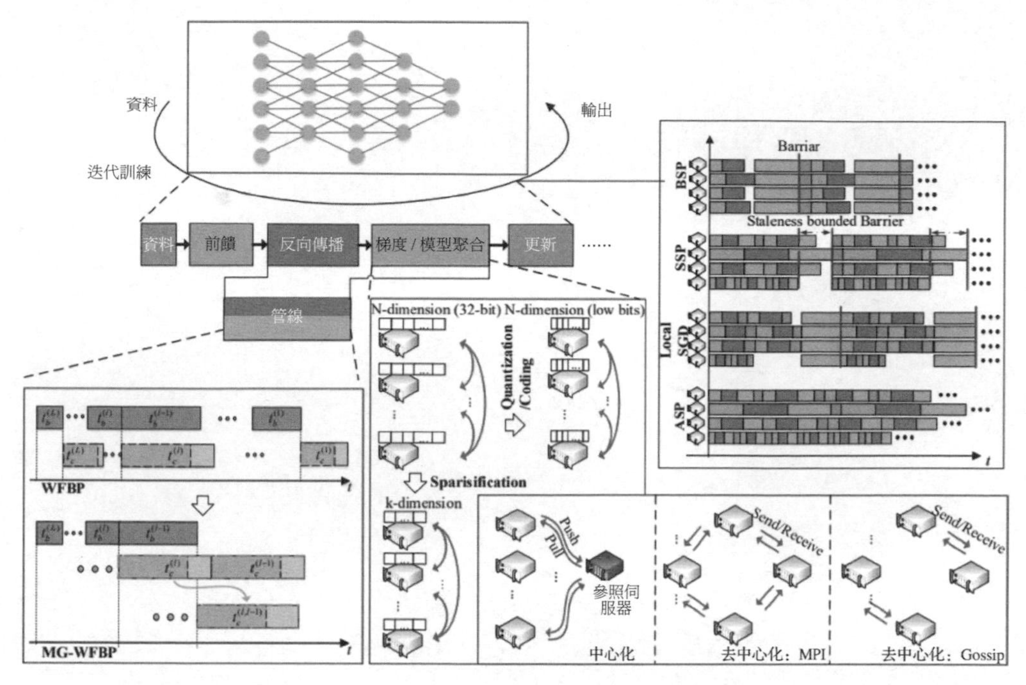

▲ 圖 1-18

圖片來源：論文 *Communication-Efficient Distributed Deep Learning: A Comprehensive Survey*

集合通訊

2.1 通訊模式

在並行程式設計中，由於每個控制流都有自己獨立的位址空間，彼此無法存取對方的位址空間，因此需要顯式透過訊息機制進行協作，比如透過顯式發送或者接收訊息來實現控制流之間的資料交換。由於訊息傳遞範式可以使使用者極佳地分解問題，因此適合大規模可擴展平行算法。並行任務的主要通訊模式有兩種。

（1）點對點（Point-to-Point）通訊。這是高性能計算（HPC）中最常使用的模式，通常是節點與其最近的鄰居進行通訊，特點是：單發送方，單接收方；相對容易實現。

點對點通訊的原型如圖 2-1 所示。

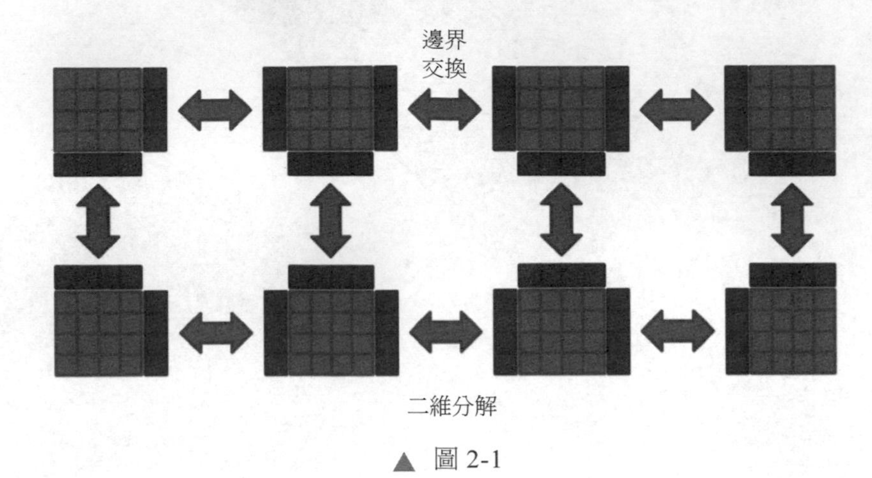

▲ 圖 2-1

（2）集合（Collective）通訊。集合通訊的特點是：存在多個發送方和接收方；通訊模式包括 Broadcast、Scatter、Gather、Reduce、All-to-All 等；實現相對困難。

下面將使用 PyTorch 和 NVIDIA 公司的圖例 / 程式來為大家解析。為了便於理解，我們先舉出兩個名詞的定義。首先，我們用 world size 來標識將要參與訓練的處理程序數（或者計算裝置數）。其次，因為需要多台機器或者處理程序之間彼此辨識，所以需要有一個機制來為每台機器做唯一的標識，這就是 rank。每個處理程序都會被分配一個 rank，該 rank 是一個介於 0 和 world size-1 之間的數字，該數字在 Job（作業）中是唯一的。它作為處理程序識別字，用於代替位址，使用者可以依據 rank（而非位址）將張量發送到指定的處理程序。

2.2 點對點通訊

從一個處理程序到另一個處理程序的資料傳輸稱為點對點通訊。在 PyTorch 中，點對點通訊透過 send()、recv()、isend() 和 irecv() 四個函式來實現。圖 2-2 所示為發送和接收的示意圖。

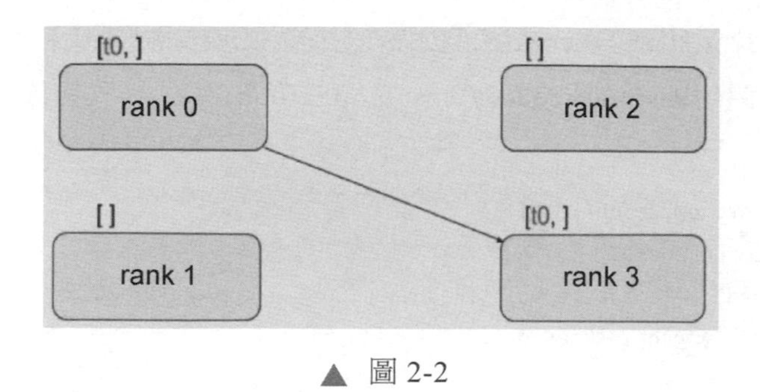

▲ 圖 2-2

發送和接收在 PyTorch 中的樣例如下。

```
def run(rank, size):
    tensor = torch.zeros(1)
    if rank == 0:
        tensor += 1
        # 給處理程序 1 發送張量
        dist.send(tensor=tensor, dst=1)
    else:
        # 處理程序 0 接收張量
        dist.recv(tensor=tensor, src=0)
    print('Rank ', rank, ' has data ', tensor[0])
```

在上述例子中，兩個處理程序都首先以零張量開始，然後處理程序 0 對張量進行操作，並將其發送到處理程序 1，這樣它們都以 1.0 結束。注意，處理程序 1 需要分配記憶體以儲存即將接收的資料；還要注意的是，send() 和 recv() 這兩個函式是阻塞實現的，即兩個處理程序都會阻塞直到通訊完成。另一種 API 是非阻塞的，如 isend() 和 irecv()，其在非阻塞情況下會繼續執行，這兩個方法將傳回一個 Worker 物件，我們可以在該物件上進行 wait() 操作。

當我們對處理程序的通訊進行細粒度控制或者面對不規則通訊模式時，點對點通訊很有用，它可用於實現複雜巧妙的演算法。

與點對點通訊相反，集合通訊是允許一個組中所有處理程序進行通訊的模式。組是所有處理程序的子集，要建立一個組，我們可以將一個 rank 串列傳遞給 dist.new_group(group)。在預設情況下，集合通訊在所有處理程序上執行，

「所有處理程序」也稱為 world。例如，為了獲得所有處理程序中所有張量的總和，我們可以使用 dist.all_reduce (tensor, op, group) 函式，具體範例程式如下。

```
def run(rank, size):
    group = dist.new_group([0, 1])
    tensor = torch.ones(1)
    dist.all_reduce(tensor, op=dist.ReduceOp.SUM, group=group)
    print('Rank ', rank, ' has data ', tensor[0])
```

需要注意，集合通訊基於點對點通訊來實現。

2.3 集合通訊

以下是集合通訊的示意圖，其中圖 2-3 為 Scatter 和 Gather，圖 2-4 為 Reduce 和 All-Reduce，圖 2-5 為 Broadcast 和 All-Gather。

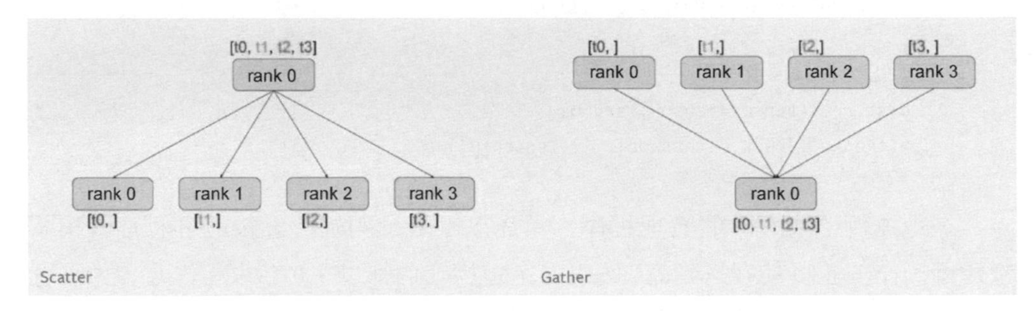

▲ 圖 2-3

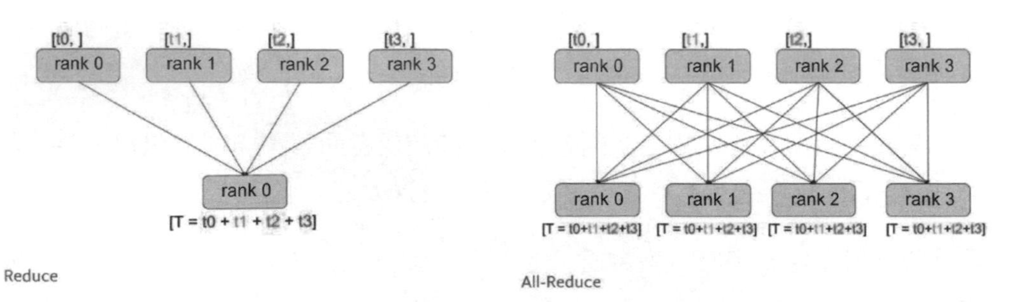

▲ 圖 2-4

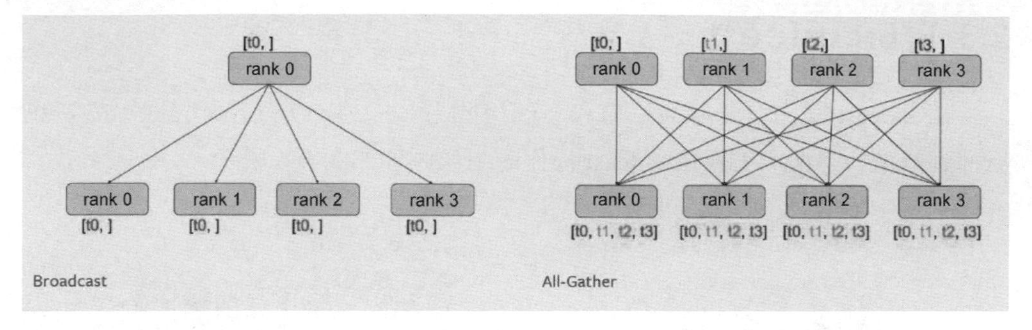

▲ 圖 2-5

想要求得組中所有張量的總和，可以將 dist.ReduceOp.SUM 用作精簡運算子。一般來說，任何可交換的數學運算都可以用作運算子。PyTorch 帶有 4 個開箱即用的運算子：dist.ReduceOp.SUM、dist.ReduceOp.PRODUCT、dist.ReduceOp.MAX 和 dist.ReduceOp.MIN。除 dist.all_reduce(tensor, op, group) 外，目前在 PyTorch 中實現了以下集合操作。

- dist.broadcast(tensor, src, group)：從 src 複製 tensor 到所有其他處理程序。
- dist.reduce(tensor, dst, op, group)：施加 op 到所有 tensor，並將結果儲存在 dst 處理程序中。
- dist.all_reduce(tensor, op, group)：和 reduce 操作一樣，但結果儲存在所有處理程序中。
- dist.scatter(tensor, scatter_list, src, group)：複製張量清單 scatter_list[i] 中第 i 個張量到第 i 個處理程序。
- dist.gather(tensor, gather_list, dst, group)：從所有處理程序複製 tensor 到 dst 處理程序中。
- dist.allgather(tensor_list, tensor, group)：在所有處理程序上執行從所有處理程序複製 tensor 到 tensor_list 的操作。
- dist.barrier(group)：阻塞組內所有處理程序，直到每一個處理程序都已經進入 dist.barrier(group) 函式。

我們接下來逐一介紹集合通訊的各個模式。

2.3.1 Broadcast

Broadcast 操作有一個發送方和多個接收方，即將一方（root rank）的資訊廣播到其他所有接收方。Broadcast 操作的工作原理如圖 2-6 所示。

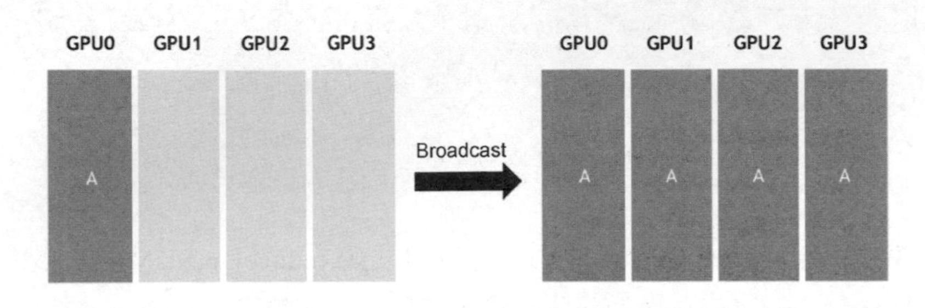

▲ 圖 2-6

圖 2-7 結合 rank 資訊來解析 Broadcast 的操作方法。

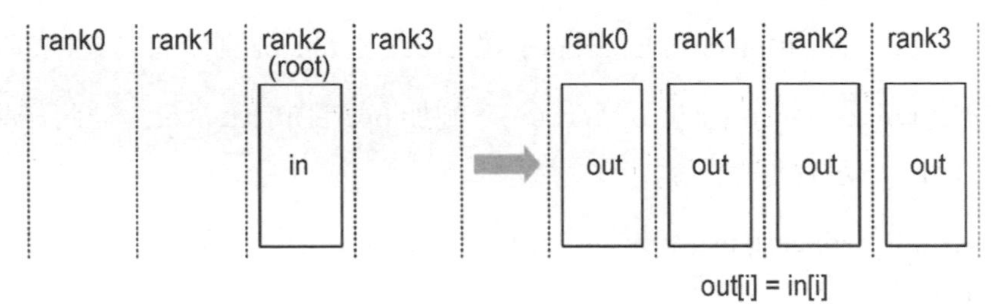

操作 : 所有 rank 從「root」rank 接收資料

▲ 圖 2-7

2.3.2 Scatter

Scatter 操作有一個發送方和多個接收方，發送方的資料被切分之後會分散到各個接收方。Scatter 操作的工作原理如圖 2-8 所示。

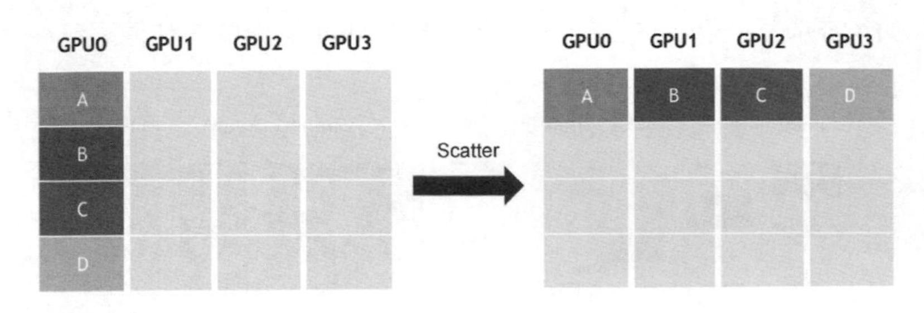

▲ 圖 2-8

2.3.3 Gather

Gather 操作有多個發送方和一個接收方，是 Scatter 操作的反過程，將分散在各個發送方中的資料整理到一個接收方。Gather 操作的工作原理如圖 2-9 所示。

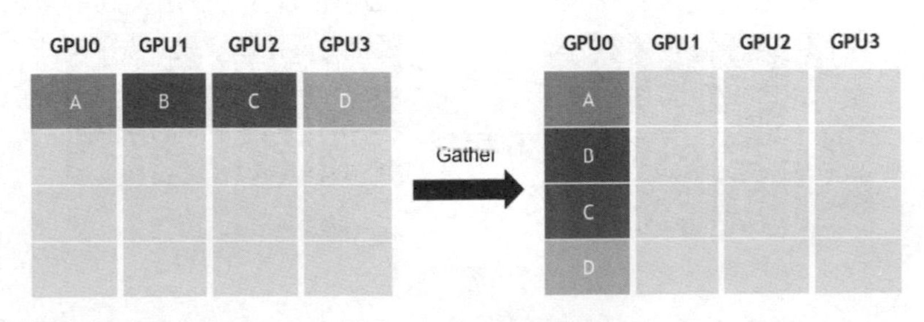

▲ 圖 2-9

2.3.4 All-Gather

All-Gather 操作在 Gather 操作的基礎上更進一步，不僅整理了資料，還將整理的資料發送給所有接收方。在 All-Gather 操作中有 K 個處理器，其中的每一個處理器都會各自將每個處理器的 N 個值聚集成維度為 $K*N$ 的輸出，輸出按 rank 索引排序。因為 rank 決定資料布局，所以 All-Gather 操作受到不同 rank 或者裝置映射的影響。如果先做 Reduce-Scatter 操作，再做 All-Gather 操作，就等於做了一個 All-Reduce 操作。

圖 2-10 所示為結合 rank 資訊來解析 All-Gather 操作的工作原理。

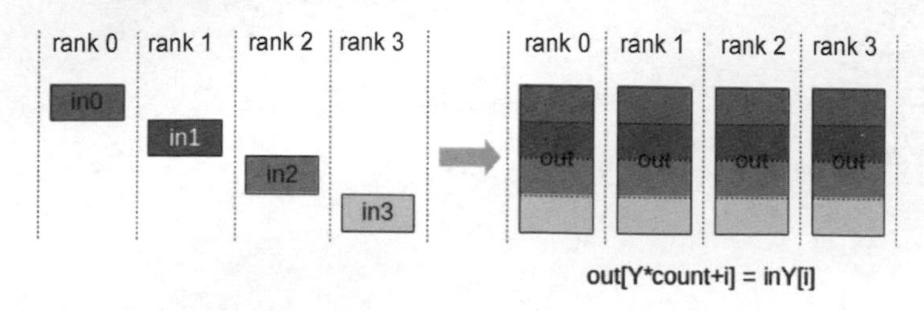

▲ 圖 2-10

2.3.5 All-to-All

All-to-All 操作會呼叫 Scatter 和 Gather 兩個操作對來自每個參與者的不同資料進行處理，其工作原理如圖 2-11 所示。

GPU0	GPU1	GPU2	GPU3
A0	B0	C0	D0
A1	B1	C1	D1
A2	B2	C2	D2
A3	B3	C3	D3

All-to-All →

GPU0	GPU1	GPU2	GPU3
A0	A1	A2	A3
B0	B1	B2	B3
C0	C1	C2	C3
D0	D1	D2	D3

▲ 圖 2-11

2.3.6 Reduce

Reduce 操作中有多個發送方和一個接收方，其功能是先精簡來自所有發送方的資料，再將結果傳遞給接收方（root rank）。Reduce 操作的工作原理如圖 2-12 所示。

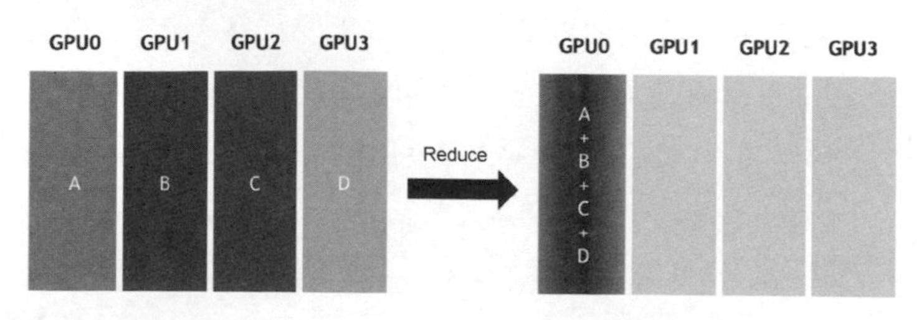

▲ 圖 2-12

下面結合過程資訊為大家演示。此處讓各處理程序的同一個變數參與精簡，最終向指定的處理程序（root rank）輸出計算結果，比如利用一個加法函式將一批數字精簡成一個數字，具體操作如圖 2-13 所示。

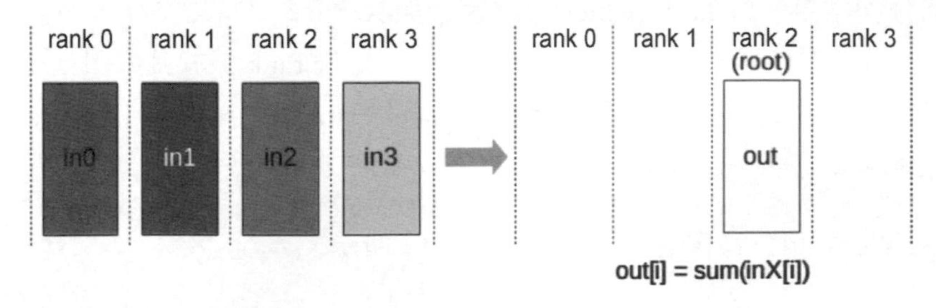

▲ 圖 2-13

2.3.7 All-Reduce

All-Reduce 操作在 Reduce 操作的基礎上進一步將合併後的資料發送給所有接收方，這樣並行中的所有接收方都能知道結果，其特點如下。

- All-Reduce 操作對跨裝置的資料執行精簡（如 Sum、Max），並將結果寫入每個 rank 的接收緩衝區。All-Reduce 操作與 rank 無關，rank 的任何重新排序都不會影響操作的結果。All-Reduce 操作以 k 個 rank 上的 N 個值的獨立陣列 V_k 開始，在每個 rank 上都以 N 個值的相同陣列 S 結束，其中 $S[i] = V_0\ [i]+\ V_1\ [i]+\cdots+\ V_{k-1}\ [i]$。

All-Reduce 操作的工作原理如圖 2-14 所示。

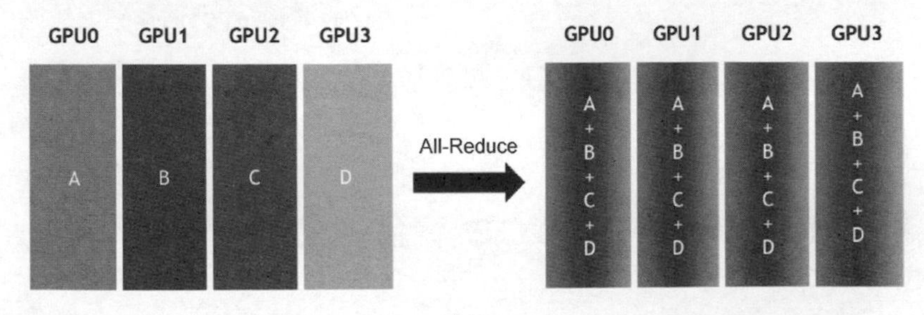

▲ 圖 2-14

2.3.8 Reduce-Scatter

Reduce-Scatter 操作一方面合併來自所有發送者的資料，另一方面又在參與者之間分配結果。Reduce-Scatter 操作執行與 Reduce 相同的操作，不同之處在於結果被分散在各個 rank 之間的相同區塊中，每個 rank 根據其索引獲得一塊資料。因為 rank 決定了資料布局，所以 Reduce-Scatter 操作會受到不同 rank 或裝置映射的影響。

Reduce-Scatter 操作的工作原理如圖 2-15 所示。

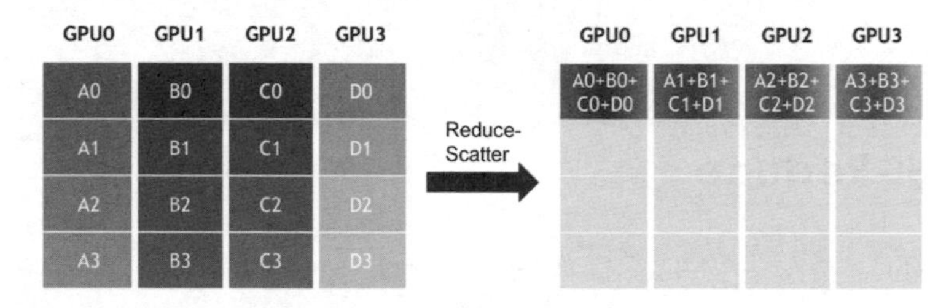

▲ 圖 2-15

圖 2-16 結合 rank 資訊演示 Reduce-Scatter 操作。

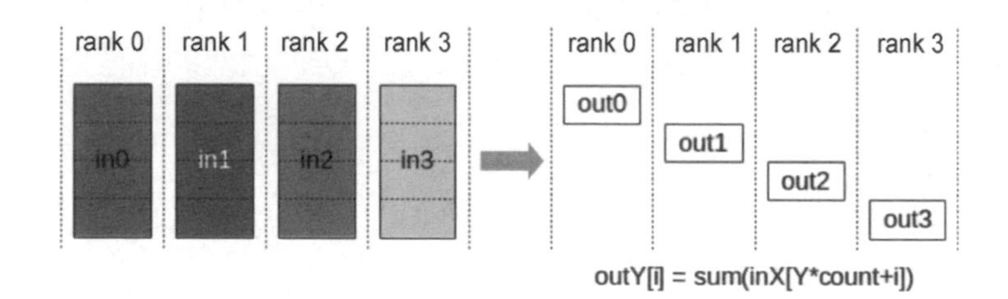

▲ 圖 2-16

2.4 MPI_AllReduce

前面我們提到參數伺服器有一定的劣勢，比如容易成為網路瓶頸、處理複雜等。為解決這些問題，人們前往高性能計算領域尋求思路，發現 MPI 中的 MPI_AllReduce 函式可以極佳地滿足資料並行訓練的需要。

1．MPI

MPI（Message-Passing Interface）是一種在平行電腦架構上的通訊訊息標準，也可以認為它是一個訊息傳遞模型或訊息傳遞函式程式庫的標準說明。MPI 具有許多優點，比如具有完備的非同步通訊功能、可攜性好、易用性高等，使它非常適合處理並行模型。

在 MPI 程式設計模型中，計算由一個或多個處理程序組成，每個處理程序透過呼叫 MPI 函式庫函式進行訊息收發。MPI 會在程式初始化時產生一組固定處理程序，一個處理器通常只負責一個處理程序，這些處理程序可以執行相同或者不同的程式，處理程序之間的通訊可以是點到點或者集合式的。

2．MPI_AllReduce

MPI_AllReduce 是 MPI 提供的全域精簡函式。為了更好地說明這個函式，我們首先從 All-Reduce 集合通訊基本操作說起。All-Reduce 可以對 *m* 個獨立參數進行精簡，並將精簡結果傳回給所有處理程序，非常符合分散式機器學習抽象。機器學習大部分演算法結構都是分散式的，演算法首先會在每個資料子集上計算出一些局部統計量，然後把這些局部統計量整合成一個全域統計量，最後把全域統計量分發給各個計算節點進行下一輪迭代。此過程與 All-Reduce 操作完全對應。

MPI_AllReduce 函式就是 All-Reduce 操作的對應實現，我們看看如何調配。

- 每個 Worker 是 MPI 中的一個處理程序，假如有 4 個 Worker，則讓這 4 個 Worker 組成一個處理程序組，我們將會在此處理程序組中對梯度進行一次 MPI_AllReduce 計算。
- MPI_AllReduce 函式保證所有參與計算的處理程序都有最終精簡的結果，這樣就完成了梯度聚集和分發。只要在演算法初始化的時候讓每個 Worker 上模型的參數保持一致，則在後續迭代過程中分發的梯度會始終保持一致，從而各個 Worker 上模型的參數也會保持一致。
- MPI_AllReduce 與 MapReduce 有類似之處，但 MapReduce 是面向通用任務處理的多階段執行模式，而 MPI_AllReduce 讓一個程式在必要時佔領一台機器，並且在所有迭代中一直佔據，這樣就免去了重新分配資源的銷耗，更符合機器學習的任務處理特點。

從語義上來說，MPI_AllReduce 函式可以解決梯度同步問題，但是在實際使用時有會一些問題，比如資料區塊過大就不容易把頻寬跑滿，會出現延遲時間抖動，而且 MPI 本身也有問題，比如容錯性較差等。另外，因為 MPI 沒有考慮到深度學習場景、GPU 架構、網路延遲和頻寬差異，因此難以發揮異質硬體性能，因而人們更多用 MPI 進行節點管理和 CPU 之間並行通訊，用 NCCL（NVIDIA Collective Communication Library）通訊函式庫進行 GPU 之間並行通訊。

2.5 Ring All-Reduce

為了解決通訊問題，百度公司提出了 Ring All-Reduce 演算法，該演算法讓分散式訓練的通訊時間在理論上成為一個常數，與 GPU 數量沒有關係，極大地提高了訓練速度。

2.5.1 特點

Ring All-Reduce 的優點如下。

- 使用預先定義的成對訊息在一組處理程序之間同步狀態（狀態在深度學習情況下為張量）。
  - Ring 意味著裝置之間的拓撲結構為一個邏輯環狀，各個節點只與相鄰的兩個節點通訊。
  - All-Reduce 代表網路拓撲之中沒有中心節點，每個節點都是梯度的整理計算節點。因為不需要參數伺服器，所有節點都參與計算和儲存，所以避免了中心化的通訊瓶頸。
- 因為叢集中每個節點的頻寬都被充分利用，所以相比參數伺服器架構，

Ring All-Reduce 架構是頻寬最佳化的。

Ring All-Reduce 的缺點如下。

- 同步演算法將參數在通訊環中依次傳遞，這樣需要多步才能完成一次參數同步，從而在大規模訓練時會引入很大的通訊銷耗。
- 因為通訊銷耗大，所以 Ring All-Reduce 對小尺寸張量不夠友善，可以採用批次操作或者把小尺寸張量組合成大張量來減小通訊銷耗。

如果處理得當，Ring All-Reduce 演算法的網路通訊時間並不會隨著機器增加而增加，而僅同模型 / 網路頻寬有關。

2.5.2 策略

Ring All-Reduce 演算法的策略包括 Reduce-Scatter 和 All-Gather 兩個階段，圖 2-17 展示了 Ring All-Reduce 策略的拆分方法。

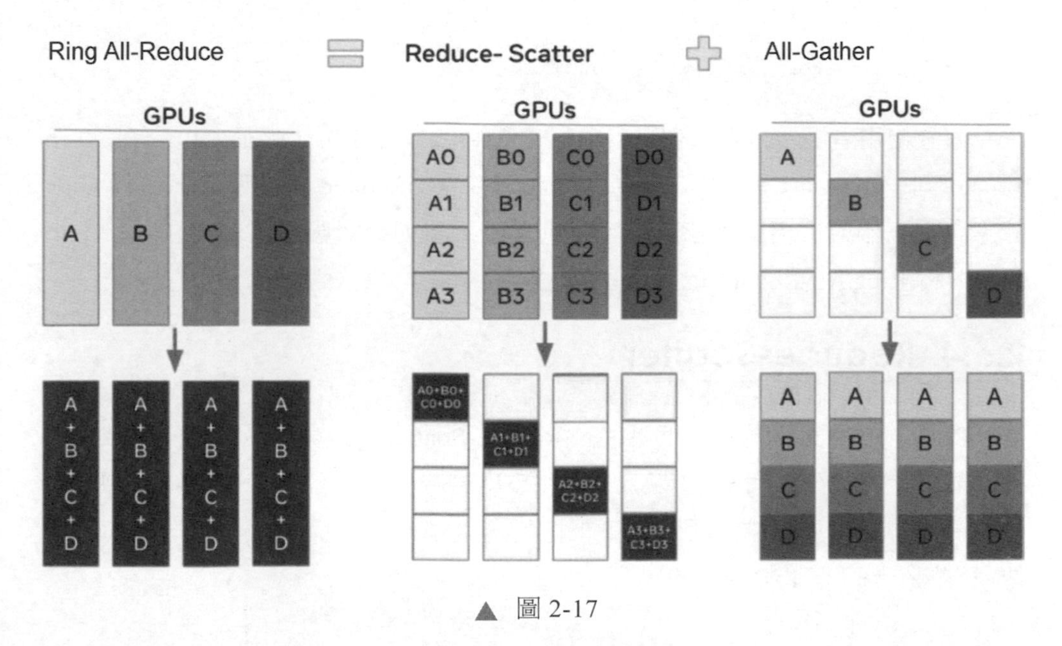

▲ 圖 2-17

- 第一個階段是 Reduce-Scatter。此階段會逐步交換彼此的梯度並融合，最後每個 GPU 都會包含完整融合梯度（最終結果）的一部分。

- 第二個階段是 All-Gather。在此階段，GPU 會逐步交換彼此不完整的融合梯度，最後所有 GPU 都會得到完整的最終融合梯度。

2.5.3 結構

環狀結構如圖 2-18 所示，每個 GPU 有一個左鄰居和一個右鄰居，它只會向左鄰居發送資料，並從右鄰居那裡接收資料。

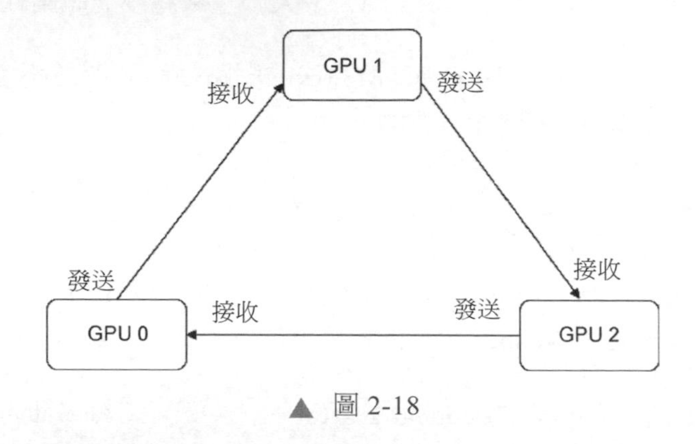

▲ 圖 2-18

假設使用者操作是對陣列元素求和。環中有 3 個 GPU，每個 GPU 有長度相同的陣列，需要將 GPU 的陣列進行求和。在 All-Reduce 最後環節，每個 GPU 都應該有一個大小相同的陣列，其中包含原始陣列中對應數字的總和。接下來逐步分析 Ring All-Reduce 的執行步驟。

2.5.4 Reduce-Scatter

Ring All-Reduce 的第一個階段是 Reduce-Scatter，其功能是逐步交換彼此的梯度並融合，最後每個 GPU 都會包含完整融合梯度的一部分（最終結果的一部分）。為了進行更好的說明，接下來把此階段細分為分塊、第一次迭代和全部迭代幾個步驟，具體介紹如下。

1．分塊

首先，GPU 將陣列劃分為 N 個較小的資料區塊（其中 N 是環中 GPU 的數量），具體如圖 2-19 所示（圖中 N 為 3）。

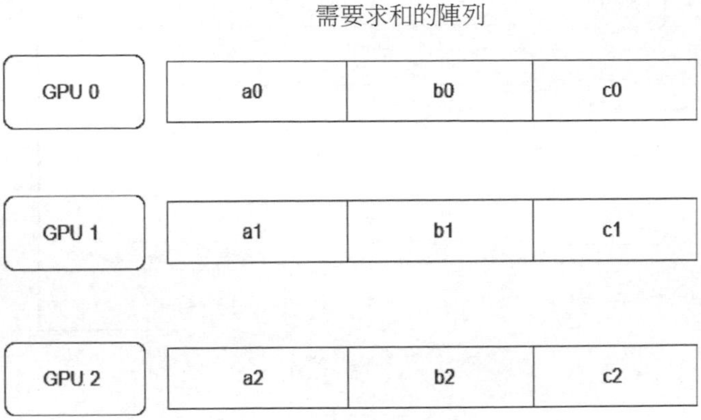

需要求和的陣列

GPU 0	a0	b0	c0
GPU 1	a1	b1	c1
GPU 2	a2	b2	c2

▲ 圖 2-19

接下來，GPU 將進行 N-1 次 Reduce-Scatter 迭代，每次迭代過程中會進行如下操作。

- 每個 GPU 會將一個自己的資料區塊發送給左鄰居，並將從右鄰居接收到一個資料區塊累積到自己的資料區塊中。
- 第 n 個 GPU 從透過發送資料區塊 n 和接收資料區塊「$(n-1)\%N$」開始，逐步向後進行，每次迭代會發送本 GPU 在前一次迭代中接收到的資料區塊。
- 在每次迭代中，每個 GPU 發送和接收的資料區塊都不同。

2．第一次迭代

在第一次迭代中，圖 2-19 中的 3 個 GPU 將分別發送和接收以下資料區塊。

- GPU 0：發送資料區塊 0，接收區塊 2。
- GPU 1：發送資料區塊 1，接收區塊 0。
- GPU 2：發送資料區塊 2，接收區塊 1。

於是，Reduce-Scatter 第一次迭代中的資料傳輸如圖 2-20 所示。

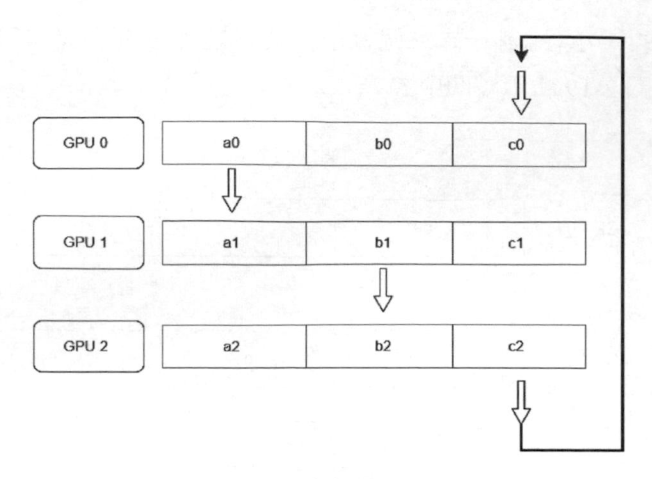

▲ 圖 2-20

第一次發送和接收的結果如圖 2-21 所示，每個 GPU 都會有一個變化的資料區塊。該資料區塊由兩個不同 GPU 上相同資料區塊的總和組成。例如，GPU 1 上的第一個資料區塊是該資料區塊中來自 GPU 0 和 GPU 1 值的總和。

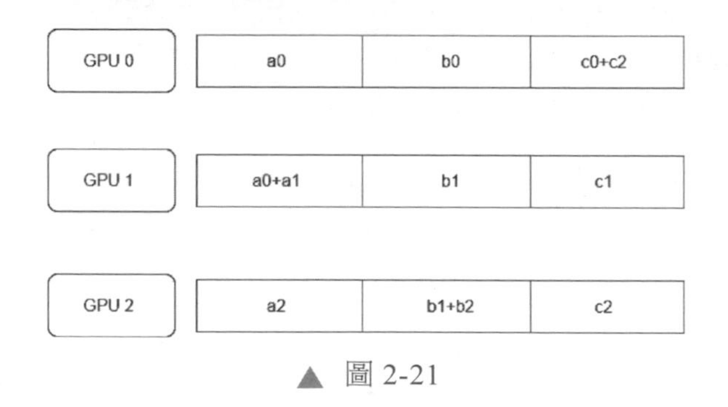

▲ 圖 2-21

3 · 全部迭代

在後續迭代過程中，該過程繼續進行直到最終每個 GPU 都有一個資料區塊，此資料區塊包含所有 GPU 中該區塊中所有值的總和。圖 2-22 展示了資料傳輸的中間過程。

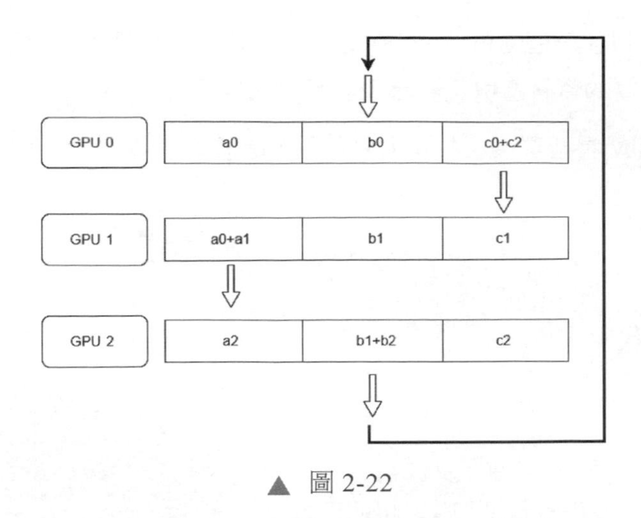

▲ 圖 2-22

當所有 Reduce-Scatter 迭代完成後，最終狀態如圖 2-23 所示。

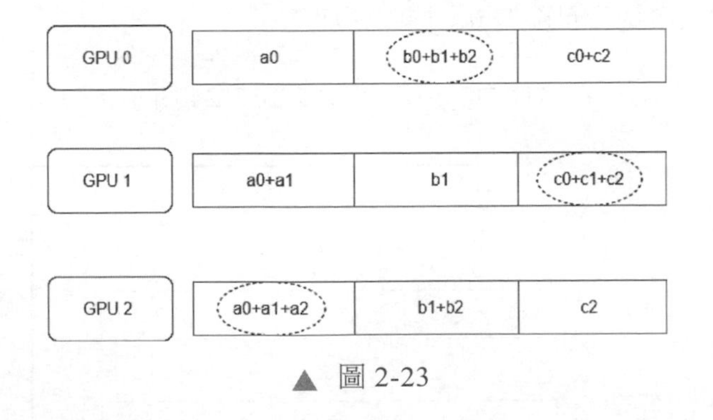

▲ 圖 2-23

2.5.5 All-Gather

當執行完 Reduce-Scatter 後，在每個 GPU 的陣列中都有一些值（每個 GPU 有一個資料區塊）是最終值，其中包括了來自所有 GPU 的貢獻。為了完成 All-Reduce，接下來 GPU 必須使用 All-Gather 來交換這些資料區塊，和 Reduce-Scatter 一樣，All-Gather 也需要進行 N-1 次循環。當進行第 k 次循環時：

- 第 k 個 GPU 發送第 k+1 個資料區塊並接收第 k 個資料區塊，在以後的迭代中，該 GPU 始終發送它剛剛接收到的區塊。

- 當接收到前一個 GPU 的資料區塊後，並不是累積 GPU 接收的值，而是會用接收的資料區塊覆蓋自己對應的資料區塊。
- 在進行 *N* 次循環後，每個 GPU 就擁有了陣列各資料區塊的最終求和結果。

接下來我們對迭代過程進行具體分析。

1．第一次迭代

在我們的 3-GPU 範例的第一次迭代中，GPU 將分別發送和接收以下資料區塊。

- GPU 0：發送資料區塊 1，接收區塊 0。
- GPU 1：發送資料區塊 2，接收區塊 1。
- GPU 2：發送資料區塊 0，接收區塊 2。

All-Gather 的第一次迭代中的資料傳輸如圖 2-24 所示。

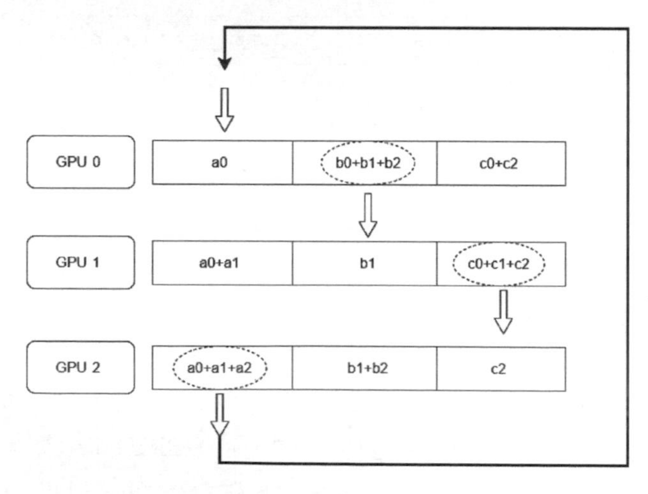

▲ 圖 2-24

第一次迭代結果如圖 2-25 所示，每個 GPU 都會有最終陣列的兩個資料區塊。

在後續的迭代中，這個過程會持續到最後，最終每個 GPU 將擁有整個陣列的完全累積值。

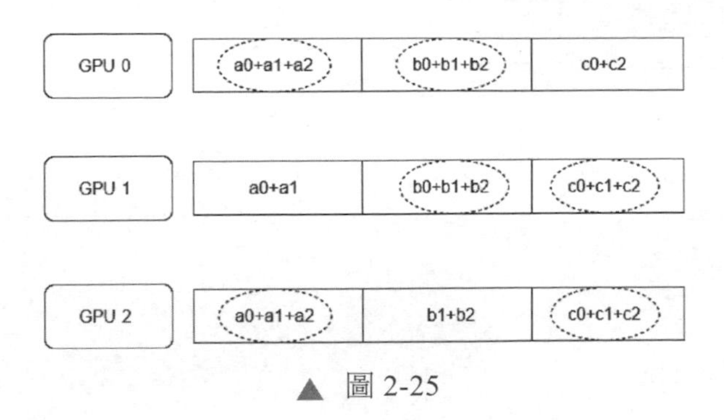

▲ 圖 2-25

2. 全部迭代

圖 2-26 展示了資料傳輸的中間過程，從第一次迭代開始，一直持續到全部收集完成。

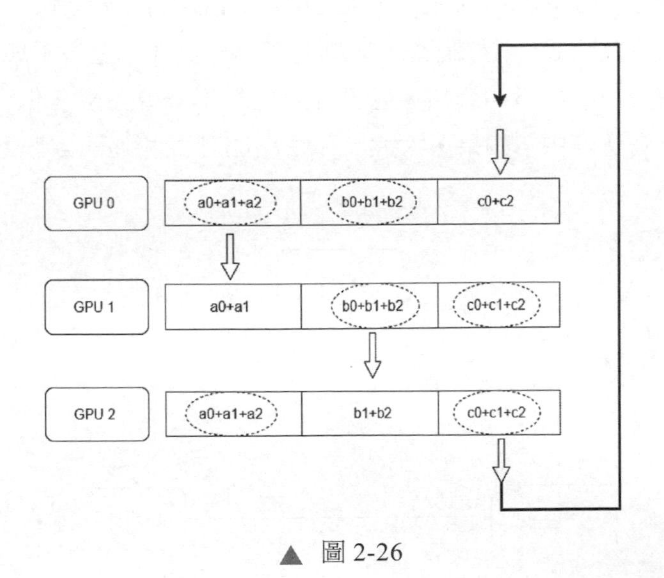

▲ 圖 2-26

資料全部轉移後的最終狀態如圖 2-27 所示。

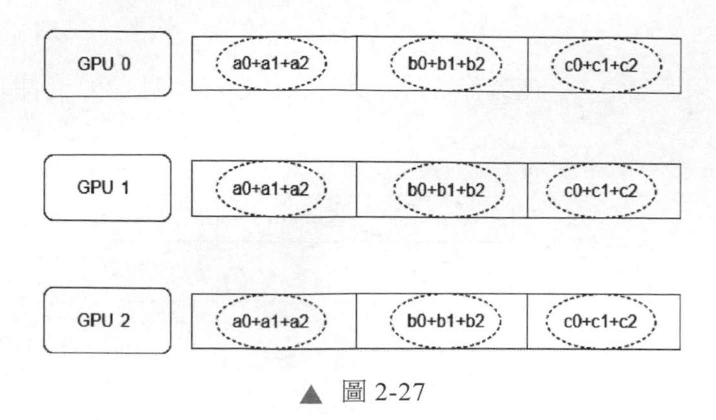

▲ 圖 2-27

2.5.6 通訊性能

由圖 2-28 可知，針對每條邊 / 箭頭，其通訊的資料量為 $1/N$ 權重，經過 $2(N-1)$ 次迭代就可以讓每個 GPU 獲取其他 GPU 中的資料，而且每條邊的總傳輸資料量為 $\frac{2(N-1)}{N}$ 權重，大約就是傳輸兩倍權重大小。因為每個傳輸都是獨立的，所以理論上，Ring All-Reduce 的通訊量和 GPU 數目成正比。我們假設裝置入口或者出口頻寬是 b，則整體通訊耗時近似為權重 /b，這幾乎與 GPU 數目沒有關係，即使使用者再增加節點，通訊時間也基本不會發生變化，這樣就實現了線性擴展。在實際中，如果環太大，那麼網路延遲和通訊效率還是會成為整個環的瓶頸。

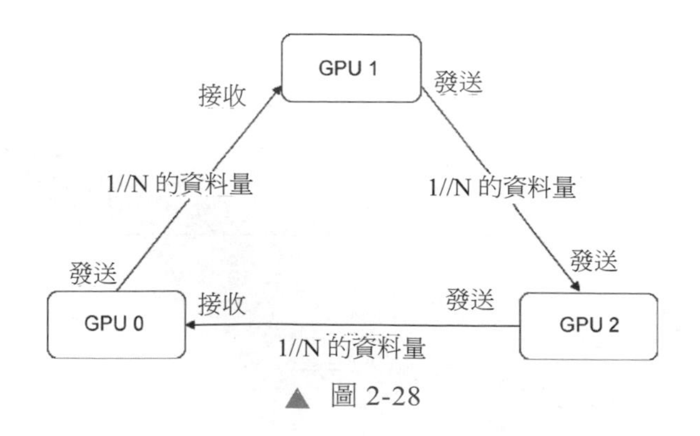

▲ 圖 2-28

2.5.7 區別

下面，我們將 Ring All-Reduce 和參數伺服器做一下對比。

- 模型大小：對於模型可以放入單張 GPU 卡的情況，Ring All-Reduce 更適合；對於規模巨大，無法放入單張 GPU 卡的情況，則應該使用參數伺服器。
- 維度情況：
  * 在網路通訊上更最佳化的 Ring All-Reduce 比較適合典型的稠密（Dense）場景。
  * 參數伺服器利用維度稀疏的特點，每次 pull/push 操作只更新有效的值，因此更適合高維稀疏模型訓練。比如，推薦領域的特徵有如下性質：高維、稀疏、規模龐大，以及訓練資料樣本長度不固定等，在這種情況下，由於 Ring All-Reduce 的同步操作會比較費時，因此使用參數伺服器更適合。這裡我們以 PyTorch 為例，其稀疏張量（SparseTensor）分為兩部分：一個值（Value）張量，一個二維索引（Indice）張量。稀疏張量這種資料結構導致在做 All-Reduce 時的通訊時間勢必更大，所以使用參數伺服器更加合適。

以上只是一種思路，具體還需要在工作中依據實際情況進行測試、對比才能找到最佳方案。

參數伺服器之 PS-Lite

3.1 參數伺服器

3.1.1 概念

參數伺服器是機器學習訓練的一種範式，是為解決分散式機器學習問題的一個程式設計框架，主要包括伺服器端、用戶端和排程器。與其他範式相比，參數伺服器把模型參數儲存和更新提升為主要元件，並且使用多種方法提高系統的處理能力。如果做一個類比，參數伺服器就是機器學習領域的分散式記憶體中資料庫，是為迭代收斂的計算模型而設計出來的一套通訊介面，其作用是儲存和更新模型。

在非分散式並行模式下，機器學習在單處理程序環境下的步驟如下。

（1）準備資料：訓練處理程序拿到模型權重（weight）和資料（data + label）。

（2）前向計算：訓練處理程序使用資料進行前向計算，得到 loss = f(weight, data, label)。

（3）反向求導：訓練處理程序透過對損失（loss）反向求導，得到導數 grad = b(loss, weight, data, label)。

（4）更新權重：訓練處理程序設置模型權重 weight = grad * lr（學習率）。

（5）回到（1），再進行下一次迭代，這些步驟不斷循環。

參數伺服器是一種用戶端 - 伺服器（Client-Server）架構，計算裝置被劃分為 Server 和 Worker，於是我們把上述步驟做如下轉換。

（1）準備資料：把模型儲存在 Server 上。

（2）參數下發：Server 把權重分發給每個 Worker（或者由 Worker 自行拉取），Worker 就是 Server 的用戶端。

（3）平行計算：每個 Worker 分別完成自己的計算（前向和反向）。

（4）收集梯度：Server 從每個 Worker 處得到梯度（或者由 Worker 自行推送），完成精簡。

（5）更新權重：Server 把精簡後的梯度應用到模型權重上。

（6）回到（2），再進行下一次迭代。

下面分別介紹參數伺服器中各個概念。

1. Server

Server 是對機器學習訓練之中共用狀態（模型參數）管理的一種直觀抽象，其特點如下。

- Server 是一個共用的鍵 - 值對儲存，具備讀取和更新參數的同步機制。這樣鍵 - 值對的共用儲存方式可以簡化程式設計的複雜度，統一管理模型和資料同步則可以保證整個訓練過程的正確性。比如為了最佳化程式設計工作量，可以假設鍵是有序的，這讓我們可以將參數視為鍵 - 值對，同時賦予它們向量、值及矩陣語義，其中不存在的鍵與零連結。使用機器學習中的線性代數可以減少實現最佳化演算法的程式設計工作量。
- Server 是中心化元件，負責儲存模型參數，接受用戶端發送的梯度，精簡梯度，從而更新模型。
- Server 一般被實現為分散式儲存系統以避免負載不均衡，可以按照不同比例對 Server 和 Worker 進行設定，每個 Server 可以有不同的設定。
- 每個 Server 可以只負責模型的一部分，這樣可以把一個大模型進行分解（模型分片），透過增加 Server 數目來提高處理模型的規模，也可以提高系統堅固性和通訊效率（如利用稀疏性減少通訊），同樣可以減少單機通訊瓶頸。
- Server 提供兩個主要 API：pull API 確保每個 Worker 在計算之前都能獲取一份最新模型參數副本；push API 確保 Server 可以收集到梯度值，並且更新模型參數。

2. Worker

每個 Worker 都是「萬年打工仔」，具體職責如下（為了更好地說明相關邏輯，下面也加入了 Server 對應的操作）。

- Worker 使用 pull API 從 Server 獲取最新的參數。
- Worker 負責使用其領域內的資料分片對自身對應的模型參數進行計算（前向 / 反向）。
- Worker 呼叫 push API 向 Server 傳遞計算的梯度。
- Server 整理所有梯度及平均梯度，並更新其自身維護的參數。
- Server 把更新好的參數傳回給所有 Worker，這樣每個節點內的模型副本就保持一致。
- Worker 進行下一輪前向 / 反向計算。

3. Scheduler（排程伺服器）

排程伺服器為可選模組，只有當叢集超出一定範圍時才會設置，排程伺服器負責管理所有節點，完成節點之間的資料同步，以及節點增加 / 刪除等工作。

3.1.2 歷史淵源

在參數伺服器出現之前，大多數分散式機器學習演算法透過定期同步來實現通訊，比如，集合通訊的 All-Reduce，或者 MapReduce 的 Reduce。這樣定期同步有兩個問題。

- 在同步時只能進行同步操作，不能訓練，這將極大地浪費系統的算力資源。
- 落後者問題（前文已經詳細介紹，這裡不再贅述）。

為了解決這些問題，當 Async SGD 出現之後人們提出了參數伺服器的概念。

第一代參數伺服器來自 Alex Smola 提出的並行 LDA 框架。它採用了一個分散式 Memcached 來儲存共用參數，這樣分散式系統之中的計算節點就可以透過 Memcached 來同步模型參數。每個計算節點只需要儲存它被分配的一部分參數，這也避免了所有處理程序都在同一個時間點停下來做同步操作。但是 Memcached 難以用來程式設計，而鍵 - 值對也帶來了極大的通訊銷耗，具體如圖 3-1 所示。

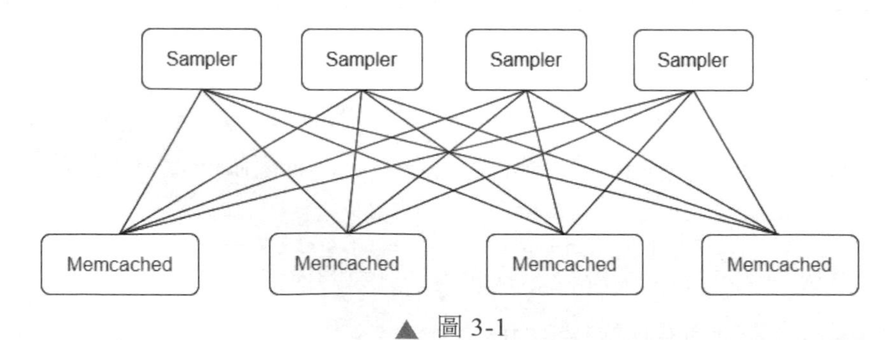

▲ 圖 3-1

第二代參數伺服器是 Jeff Dean 在 DistBelief（第一代 Google Brain）基礎上提出來的。如果深度學習模型非常大，DistBelief 會將模型分佈儲存在一個全域參數伺服器內，各個計算節點透過參數伺服器進行資訊傳遞，這樣就可以解決 SGD 和 L-BFGS 演算法的分散式訓練問題，其工作原理如圖 3-2 所示。

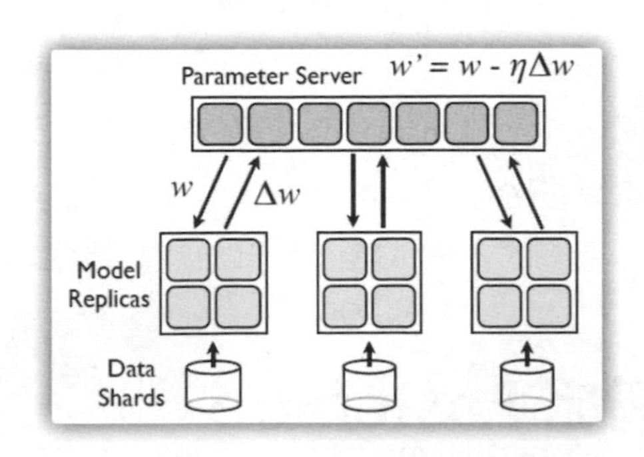

▲ 圖 3-2

圖片來源：論文 *Large Scale Distributed Deep Networks*

第三代參數伺服器就是李沐老師提出的 PS-Lite，其採用了更加通用的設計，本章會對該參數伺服器進行專門分析。①

目前各大公司都有自己研發的參數伺服器，應該算是第四代參數伺服器。

3.1.3 問題

儘管參數伺服器可以提升系統的運算能力，在大規模應用方面有著巨大的優勢，但仍然面臨如下問題。

- 網路問題：一般來說，由於 Worker 數目遠多於 Server 的數目，因此 Server 會成為網路瓶頸。然而，提高 Server 數目又會導致網路通訊模式變為 All-to-All，這樣會造成網路飽和。
- 難以確定 Worker 與 Server 的正確比例：在實際操作過程中需要結合具體專案來調整 Server 和 Worker 的數目比例，這樣會給系統管理帶來不便。

① 本章參考論文 *Scaling Distributed Machine Learning with the Parameter Server*。

- 處理常式複雜：參數伺服器的概念較多，程式設計較為複雜，這通常會導致學習曲線陡峭，同時往往需要重構程式，從而壓縮實際建模時間。
- 硬體成本增加：由於參數伺服器的引入需要增加若干 Server，導致硬體成本增加。

針對上述問題，如果想在專案中引入參數伺服器或者對現有框架的參數伺服器進行訂製（某些公司會對 TensorFlow 的參數伺服器進行自己的訂製），就需要深入了解各種方案背後的應用場景和設計理念，這樣才能使專案更加優秀。希望本章可以造成拋磚引玉的作用，讓大家對參數伺服器有一個初步的理解。

3.2 基礎模組 Postoffice

本節介紹 PS-Lite 的整體設計思路和基礎模組 Postoffice。

3.2.1 基本邏輯

1．PS-Lite 系統簡介

PS-Lite 是一個參數伺服器框架，其中參數處理的具體相關策略需要使用者自己實現。PS-Lite 包含三種角色：Worker、Server、Scheduler，具體關係如圖 3-3 所示。

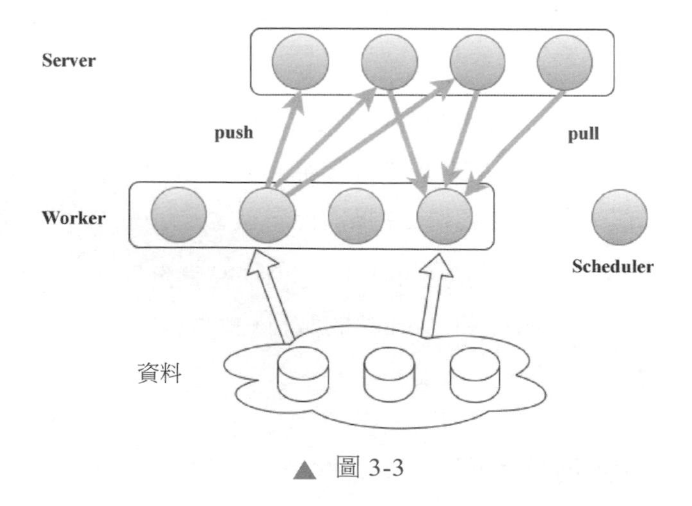

▲ 圖 3-3

三種角色的具體功能如下。

- Worker：數量有若干個，執行資料管線、前向傳播和梯度計算，以鍵-值對的形式將模型權重梯度推送到 Server，並且從 Server 拉取餘型最新權重。
- Server：數量有若干個，負責對 Worker 的 push 和 pull 請求做出應答，儲存、維護和更新模型權重以供各個 Worker 使用（每個 Server 僅維護模型的一部分）。
- Scheduler：數量只有一個，負責所有節點的心跳監測、節點 id（編碼/標識）分配、Worker/Server 間的通訊建立，還可用於將控制訊號發送到其他節點並收集其進度。

2. 基礎模組

PS-Lite 系統中的一些基礎模組或者說基礎類如下。

- Environment：一個單例模式的環境變數類別。它透過一個 std::unordered_map<std::string, std::string> kvs 維護了一組鍵-值對來儲存所有環境變數名稱和值。
- Postoffice：一個單例模式的全域管理類別。一個 Node 在生命期內擁有一個 Postoffice，Postoffice 相依其類別成員對 Node 進行管理。
- Van：通訊模組，負責與其他節點的網路通訊和收發訊息。Postoffice 持有一個 Van 成員。
- SimpleApp：KVServer 和 KVWorker 的父類別，KVServer 和 KVWorker 分別是 Server 節點和 Worker 節點的抽象。SimpleApp 提供了簡單的 Request、Wait、Response、Process 功能。KVServer 和 KVWorker 會依據自己的特點來重寫這些功能。
- Customer：每個 SimpleApp 物件持有一個 Customer 成員變數（該 Customer 成員變數需要註冊到 Postoffice 中）。Customer 類別主要負責：作為發送方，追蹤由 SimpleApp 發送訊息的回復情況；作為接收方，為 Node 接收訊息，維護一個訊息佇列存放收到的訊息。

- Node：資訊類別，儲存了本節點的對應資訊，每個 Node 可以使用「主機名稱 + 通訊埠」來作為唯一標識。

PS-Lite 系統的工作原理如圖 3-4 所示。

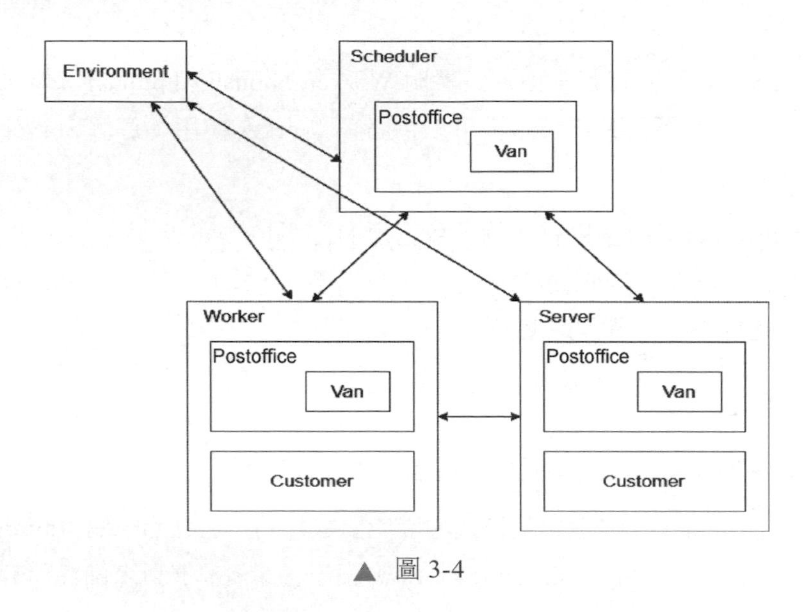

▲ 圖 3-4

3.2.2 系統啟動

使用 PS-Lite 提供的指令稿 local.sh 可以啟動整個系統，在下面的程式中，test_connection 為編譯好的可執行範例程式，該命令列將啟動 2 個 Server 和 3 個 Worker。

```
./local.sh 2 3 ./test_connection
```

local.sh 指令稿的作用如下。

- 每次在執行應用程式之前，都會依據本次執行的角色對環境變數進行各種設定，除 DMLC_ROLE 設置的不同外，其他變數在每個節點上都相同。
- 在本地執行多個不同角色，這樣 PS-Lite 就可以用多個不同的處理程序（程式）共同合作完成工作，具體操作如下。

* 啟動 Scheduler 節點。其目的是確定 Server 和 Worker 數量，Scheduler 節點負責管理所有節點的位址。

* 啟動 Worker 或 Server 節點。每個節點要知道 Scheduler 節點的 IP 和通訊埠，這樣啟動時就可以連接 Scheduler 節點，綁定本地通訊埠，並向 Scheduler 節點註冊自己的資訊（IP 和通訊埠）。

* Scheduler 節點會等待所有節點都註冊後，給其分配 id，並把節點資訊傳送過去（例如 Worker 節點要知道 Server 節點的 IP 和通訊埠；Server 節點同樣要知道 Worker 節點的 IP 和通訊埠），此時 Scheduler 節點已經準備好。

* 當 Worker 節點或 Server 節點接收到 Scheduler 節點傳送的資訊後，建立和對應節點的連接，此時 Worker 節點或 Server 節點已經準備好，等待正式啟動。

PS-Lite 使用的是 C++ 語言，Worker、Server 和 Scheduler 都使用同一套程式。對於此範例程式，起初會讓人產生疑惑：為什麼每次程式執行，程式中都會啟動 Scheduler、Worker 和 Server 呢？其實程式的具體執行是依據環境變數來決定的，如果環境變數設置了本次角色是 Server，則不會啟動 Scheduler 和 Worker。啟動的具體邏輯如圖 3-5 所示。

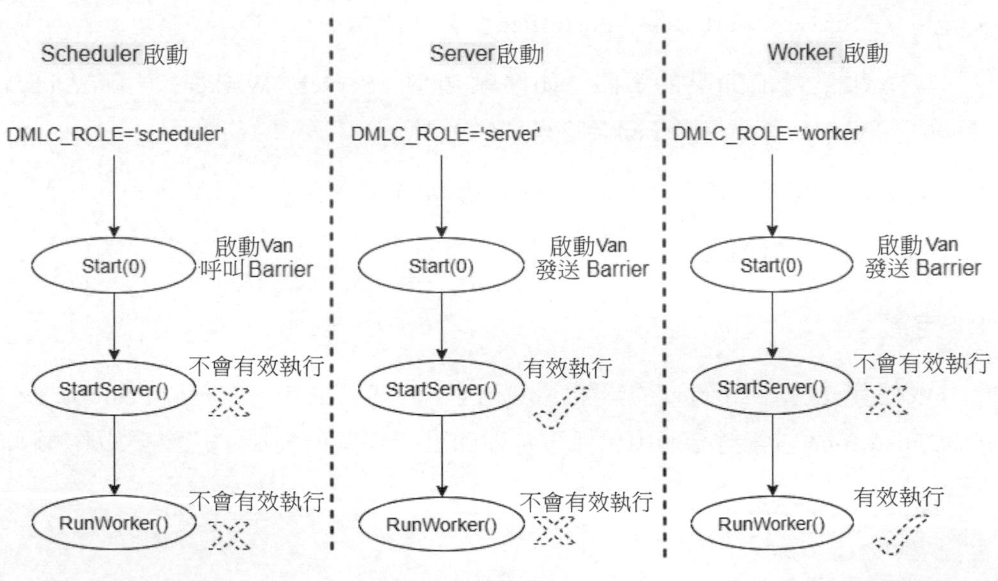

▲ 圖 3-5

3.2.3 功能實現

Postoffice 是一個單例模式的全域管理類別（可以透過靜態方法呼叫此實例），Postoffice 維護了系統的一個全域資訊，具有如下特點。

- 三種節點角色都相依 Postoffice 進行管理，每一個節點在生命週期內具有一個單例 Postoffice。
- 如前所述，PS-Lite 的特點是 Worker、Server 和 Scheduler 都使用同一套程式，Postoffice 也是如此，所以這裡我們分開描述。
- 在 Scheduler 側，Postoffice 可以認為是一個地址簿或一個調控中心，其記錄了系統（由 Worker、Server、Scheduler 共同組成的系統）中所有節點的資訊，具體功能如下。
  * 維護了一個 Van 物件，負責整個網路的拉起、通訊、命令管理，如增加節點、移除節點、恢復節點等。
  * 負責整個叢集基本資訊的管理，如 Worker、Server 數量的獲取，管理所有節點的位址，Server 端特徵分佈的獲取，Worker/Server rank 與節點 id 的互轉，確認節點角色身份等。
  * 執行障礙器（Barrier）功能。
- 在 Server / Worker 端，Postoffice 具體職責如下。
  * 維護當前節點的資訊，如節點類型（Server、Worker），節點 id，Worker/Server 的 rank 到節點 id 的轉換。
  * 路由功能：負責鍵與 Server 的對應關係。
  * 執行障礙器功能。

1．定義

我們首先看 Postoffice 的具體定義。因為每個節點都包含一個 Postoffice，所以 Postoffice 的資料結構中包括了各種節點所需要的變數，主要變數作用如下。

- van_：底層通訊物件。
- customers_：本節點目前有哪些 Customer。
- node_ids_：節點 id 映射表。
- server_key_ranges_：Server 的鍵區間範圍物件。
- is_worker、is_server、is_scheduler：這幾個變數標注了所在節點類型。
- heartbeats_：節點心跳物件。
- barrier_done_：障礙器同步變數。

Postoffice 中主要函式作用如下。

- InitEnvironment()：初始化環境變數，建立 Van 物件。
- Start()：通訊初始化。
- Finalize()：節點阻塞退出。
- Manage()：退出障礙器阻塞狀態。
- Barrier()：進入障礙器阻塞狀態。
- UpdateHeartbeat()：更新心跳。
- GetDeadNodes()：根據 heartbeats_ 獲取已經死亡的節點。

接下來，具體介紹 Postoffice 的各項功能。

2．節點 id 映射功能

節點 id 映射功能即如何在邏輯節點和物理節點之間做映射，如何把物理節點劃分成各個邏輯組，如何用簡便的方法做到給組內物理節點統一發訊息。

程式中的一些相關概念如下。

- rank 是一個邏輯概念，是每一個節點（Scheduler、Worker 和 Server）內部的唯一邏輯標識。
- Node id 是物理節點的唯一標識，可以和一個主機 + 通訊埠的二元組唯一對應。

- Node Group 是一個邏輯概念，表示每一個組可以包含多個 Node id。PS-Lite 一共有三組 Group：Scheduler、Server 組和 Worker 組。
- Node Group id 是節點組的唯一標識 ：
  * PS-Lite 使用 1、2、4 這三個數字分別標識 Scheduler、Server 組和 Worker 組。每一個數字代表著一組節點，該數字在邏輯上等於所有該類型節點 id 之和。比如數字 2 代表 Server 組，數字 2 在邏輯上就是所有 Server 節點的組合。
  * 之所以選擇這三個數字是因為在二進位下，這三個數值分別是 001、010、100，這樣如果想給多個組發訊息，直接把幾個 Node Group id 做「或」操作就可以得到多個組的組合。

即 1 ～ 7 內任意一個數字都代表的是 Scheduler/Server 組 /Worker 組的某一種組合，即任意一組節點都可以用單一 id 標識。

- 如果想把某一個請求發送給所有 Worker 節點，那麼把請求目標節點 id 設置為 4 即可。
- 假設某一個 Worker 節點希望向所有的 Server 節點和 Scheduler 節點同時發送請求，則只要把請求目標節點的 id 設置為 3 即可，因為 3=2+1= kServerGroup + kScheduler。
- 如果想給所有節點發送訊息，則把請求目標節點的id設置為7即可。

接下來介紹一下 rank 和 Node id 之間的關係。

如前所述，Node id 是物理節點的唯一標識，rank 是每一個邏輯概念（Scheduler、Worker 和 Server）內部的唯一標識。這兩個標識如何換算由演算法來確定。如果設定了 3 個 Worker，則 Worker 的 rank 為 0 ～ 2，那麼這幾個 Worker 實際對應的 Node id 就會使用 WorkerRankToID() 函式計算出來，具體計算規則如下。

```
static inline int WorkerRankToID(int rank) { return rank * 2 + 9; }
static inline int ServerRankToID(int rank) { return rank * 2 + 8; }
static inline int IDtoRank(int id) {return std::max((id - 8) / 2, 0);}
```

這樣我們可以知道，1 ～ 7 的 id 表示的是 Node Group，單一節點的 id 從 8 開始，並且此演算法保證 Server id 為偶數、Worker id 為奇數。

- 單一 Worker 節點 id：rank * 2 + 9。
- 單一 Server 節點 id：rank * 2 + 8。

3．參數表示

Server 提供了 push 和 pull 兩種通訊機制。Worker 透過 push 先將計算好的梯度發送到 Server，再透過 pull 從 Server 獲取更新之後的參數。

在 Server 中，參數都可以表示成鍵 - 值對的集合。將參數表示成鍵 - 值對，其形式更自然，更易於理解和程式設計實現。比如，一個最小化損失函式的問題，鍵就是特徵 id，而值就是它的權重。對於稀疏參數來說，如果一個鍵的值不存在，就可以認為值是 0。

對於機器學習訓練來說，因為高頻特徵更新極為頻繁，所以會導致網路壓力極大。如果每一個參數都被設定一個鍵並且按鍵更新，則通訊會變得低效，這就需要有折中和平衡的方案。我們可以利用機器學習演算法的特性，給每個鍵對應的值賦予一個向量或者矩陣，這樣就可以一次性傳遞多個參數，當然這樣做的前提是參數是有順序的。為了提高計算性能和頻寬效率，Server 也會採用批次更新的辦法來減輕高頻鍵的壓力。比如，把多個小批次之中高頻鍵合併成一個較大批次進行更新。

4．路由功能

路由功能（KeySlice）指的是 Worker 在做 push 和 pull 的時候，如何知道把訊息發送給哪些 Server。PS-Lite 是多 Server 架構，一個很重要的問題是如何分佈多個參數。比如，給定一個參數的鍵，如何確定其儲存在哪一台 Server 上。這裡必然有一個路由邏輯用來確定鍵與 Server 的對應關係。

在 PS-Lite 中，路由功能由 Worker 端來決定，Worker 採用範圍劃分的策略，即每一個 Server 有自己固定負責的鍵的範圍（在 Worker 啟動時確定），Worker 依據這些範圍決定把參數發給哪個 Server。

5．啟動

啟動的主要功能如下。

- 呼叫 InitEnvironment() 函式來初始化環境，建立 Van 物件。
- node_ids_ 初始化。根據 Worker 和 Server 節點個數確定每個 id 對應的 node_ids_ 集。
- 啟動 Van，此處會進行各種互動（有一個 ADD_NODE 同步等待，與後面的障礙器等待不同）。
- 如果是第一次呼叫 Postoffice::Start() 函式，則初始化 start_time_ 成員。
- 如果設置了需要障礙器，則呼叫障礙器進行等待 / 處理最終系統統一啟動。即所有節點進行準備，並且向 Scheduler 發送要求同步的訊息，進行第一次同步。

6．障礙器

障礙器主要在同步過程中造成了屏障作用，我們接下來具體看其功能，包括普通同步功能和初始化過程中的同步。

（1）普通同步功能

Scheduler 節點透過計數的方式實現各個節點的同步，具體來說就是如下操作。

- 每個節點在自己指定的命令執行完後會向 Scheduler 節點發送一個 Control::Barrier 命令的請求，並自己阻塞直到收到 Scheduler 節點對應的傳回後才解除阻塞。
- 當 Scheduler 節點收到請求後則會在本地計數，看看收到的請求數是否和與 barrier_group 的數量相等，相等則表示每個機器都執行完指定的命令，此時 Scheduler 節點會向 barrier_group 的每個機器發送一個傳回資訊，並解除其阻塞。

（2）初始化同步

PS-Lite 使用障礙器控制系統的初始化，這是一個可選項，具體如下。

- Scheduler 等待所有的 Worker 和 Server 向其發送 Barrier 資訊。
- 當各個節點在處理完 ADD_NODE 訊息後，會進入指定組的障礙器阻塞同步機制（發送 Barrier 訊息給 Scheduler），此阻塞同步機制可以保證每個節點都已經完成 ADD_NODE 操作。
- 所有節點（Worker、Server 和 Scheduler）都會等待 Scheduler 收到所有節點 Barrier 資訊後的應答。
- 當所有節點收到 Scheduler 應答的 Barrier 資訊後將會退出阻塞狀態。

我們以 Worker 和 Scheduler 為例，在圖 3-6 中展示初始化同步功能的工作原理。

至此，我們初步完成了對 Postoffice 的分析，該類別的其餘功能我們將會結合 Van 和 Customer 分析。

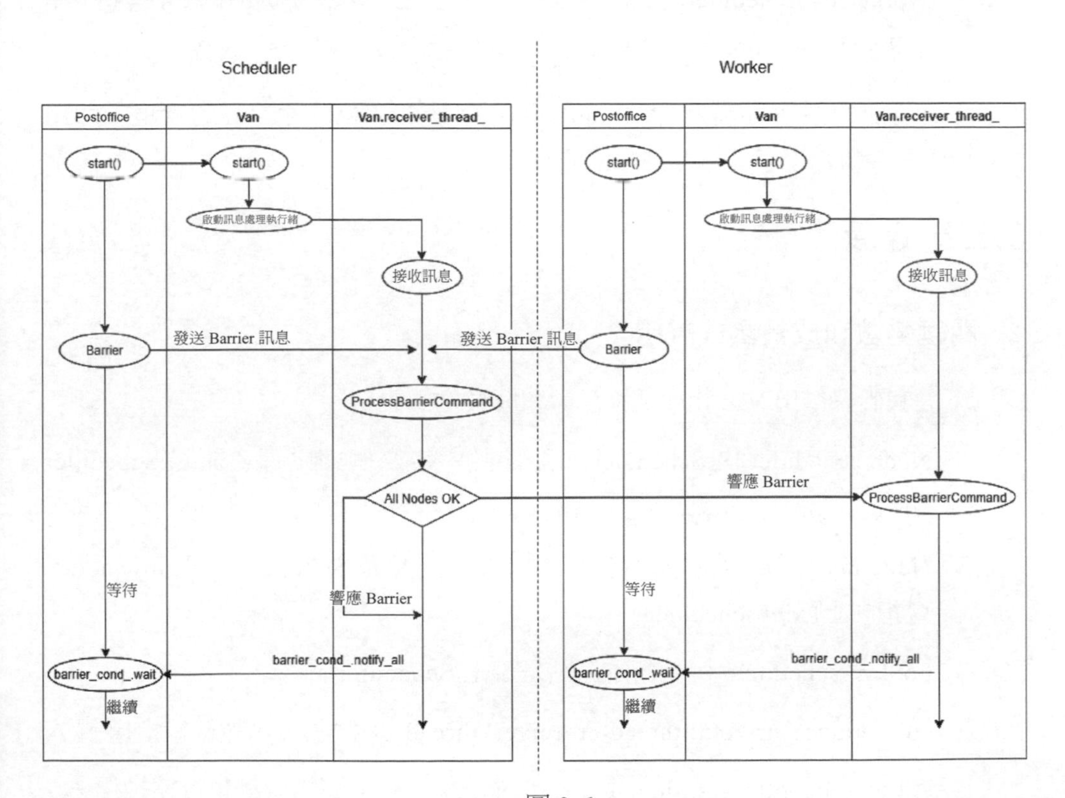

▲ 圖 3-6

3.3 通訊模組 Van

本節主要介紹 PS-Lite 的通訊模組 Van，Van 會把 Postoffice 的通訊功能組裝起來，這樣 Postoffice 就可以把通訊功能解耦出去。

3.3.1 功能概述

Van 是整個 Server 的通訊模組，其特點如下。

- 當 Postoffice 類別在實例化時，會建立一個 Van 類別的實例作為成員變數，該實例與所屬 Postoffice 實例的生命週期相同（每個節點只有一個該類別物件）。
- Van 負責節點間通訊，具體來說就是負責建立節點之間的連接（如 Worker 與 Scheduler 之間的連接），並且開啟本地的接收執行緒（Receiving Thread）用來監聽收到的訊息。

Van 目前的主要實現是 ZMQVan，這是基於 ZeroMQ 的 Van 的實現。即用 ZeroMQ 函式庫實現了連接的底層細節。

3.3.2 定義

1．關鍵變數和成員函式說明

下面我們只舉出 Van 物件關鍵變數和成員函式說明。

- Node scheduler_：Scheduler 節點參數。每一個節點都會記錄 Scheduler 節點的資訊。
- Node my_node_：本節點參數。如果本節點是 Scheduler，則 my_node_ 會指向上面的 scheduler_。
- bool is_scheduler_：判斷本節點是否是 Scheduler。
- std::unique_ptr< std::thread> receiver_thread_：接收訊息執行緒指標。
- std::unique_ptr< std::thread> heartbeat_thread_：發送心跳執行緒指標。

- std::vector barrier_count_：障礙器計數，用來記錄登記節點數目。只有所有節點都登記之後，系統到了就緒狀態，Scheduler 才會給所有節點發送就緒訊息，此時系統才正式啟動。
- Resender *resender_ = nullptr：重新發送訊息指標。
- std::atomic timestamp_{0}：message 自動增加 id，這是一個原子變數。
- std::unordered_map<std::string, int> connected_nodes_：記錄本節點目前連接到哪些節點。
- start()：建立通訊初始化函式。
- Receiving()：接收訊息執行緒的處理函式。
- Heartbeat()：發送心跳執行緒的處理函式。
- ProcessAddNodeCommandAtScheduler()：Scheduler 的 ADD_NODE 訊息處理函式。
- ProcessHearbeat()：心跳封包處理函式。
- ProcessDataMsg()：資料訊息（push 和 pull）處理函式。
- ProcessAddNodeCommand()：Worker 和 Server 的 ADD_NODE 訊息處理函式。
- ProcessBarrierCommand()：Barrier 訊息處理函式。

2．執行緒管理

PS-Lite 定義的三種角色採用多執行緒機制工作，每個執行緒承擔特定的職責，在所屬的 Van 實例啟動時被建立，具體描述如下。

- Scheduler、Worker 和 Server 的 Van 實例都有一個執行緒成員變數用來接收訊息。
- Worker 和 Server 的 Van 實例中還有一個心跳執行緒，定時向 Scheduler 發送心跳。
- 在環境變數 PS_RESEND 不為 0 的情況下，Scheduler、Worker 和 Server 還會啟動一個監控執行緒。

3.3.3 初始化

Van 物件初始化函式會依據本地節點類型的不同進行不同的設置，從而啟動通訊埠，建立與 Scheduler 的連接，啟動「接收訊息執行緒 / 心跳執行緒」等，這樣就可以進行通訊。Van 物件初始化過程具體如下。

（1）首先從預先設置的環境變數中得到相關資訊，如 Scheduler 的 IP、通訊埠，以及本節點的角色（Worker/Server/Scheduler）等，然後初始化 scheduler_ 成員變數。

（2）如果本節點是 Scheduler，則把成員變數 scheduler_ 賦值給 my_node_ 變數。

（3）如果本節點不是 Scheduler，則先從系統中獲取本節點的 IP 資訊，再使用 GetAvailablePort() 函式獲取一個通訊埠。

（4）使用 Bind() 函式綁定一個通訊埠。

（5）呼叫 Connect() 函式建立到 Scheduler 節點的連接（Scheduler 節點也連接到自己的那個預先設置的固定通訊埠）。

（6）啟動本地節點的接收訊息執行緒 receiver_thread_，執行 Van::Receiving()。

（7）如果本節點不是 Scheduler，則給 Scheduler 發送一個 ADD_NODE 訊息，這樣可以將本地節點的資訊告知 Scheduler，即註冊到 Scheduler。

（8）進入等候狀態，等待 Scheduler 通知就緒（Scheduler 會等待所有節點都完成註冊後統一發送就緒訊息）。注意，此處雖然 Scheduler 節點也會進入等候狀態，但是不影響 Scheduler 節點的接收執行緒接受處理訊息。

（9）非 Scheduler 節點在就緒後啟動心跳執行緒，建立到 Scheduler 節點的心跳連接。

3.3.4 接收訊息

本節首先介紹背景執行緒如何執行，然後具體分析如何接收處理各種訊息。

1．背景執行緒

PS-Lite 啟動了一個背景執行緒 receiver_thread_ 來接收 / 處理訊息。

```
receiver_thread_ = std::unique_ptr<std::thread>(new std::thread(&Van::Receiving,
this));
```

receiver_thread_ 使用 Van::Receiving() 函式進行訊息處理，處理時會依據訊息類型進行不同操作。

節點間的控制資訊具體有如下幾類。

- ADD_NODE：Worker 和 Server 向 Scheduler 進行節點註冊。
- BARRIER：節點間的同步阻塞訊息。
- HEARTBEAT：節點間的心跳訊號。
- TERMINATE：節點退出訊號。
- ACK：確認訊息，只有啟用了 Resender 類別才會出現該類別訊息。
- EMPTY：push 或 pull 操作。

在 Receiving() 中會呼叫不同處理函式處理不同類型的訊息，具體如下。

- ProcessTerminateCommand()：處理 TERMINATE 訊息。
- ProcessAddNodeCommand()：處理 ADD_NODE 訊息。
- ProcessBarrierCommand()：處理 BARRIER 訊息。
- ProcessHearbeat()：處理 HEARTBEAT 訊息。

總結 Receiving() 邏輯如下。

- 呼叫 RecvMsg() 函式（衍生類別會實現）獲取最新訊息。
- 如果設定了採樣，則進行丟棄（Drop）操作。

- 如果設置了重傳機制，則會檢測此訊息是否重複，並且利用 resender_->AddIncomming(msg) 函式處理重複訊息。
- 處理控制訊息或者資料訊息。

Receiving 的邏輯如圖 3-7 所示。

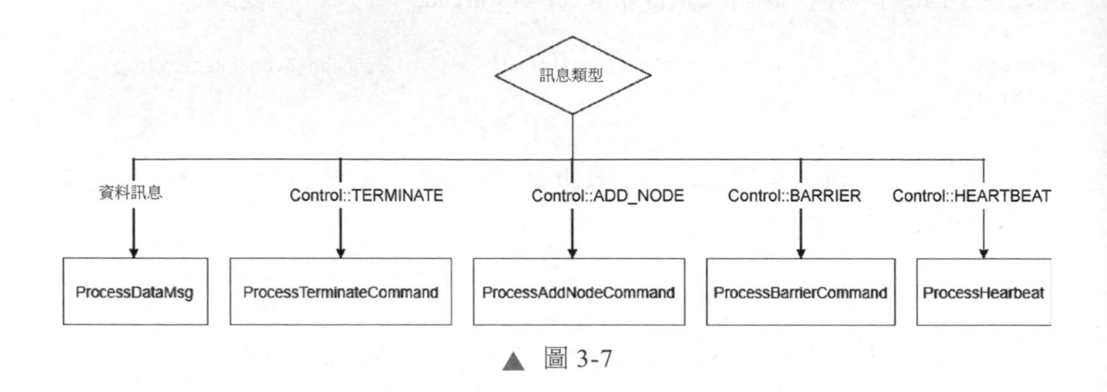

▲ 圖 3-7

接下來看如何處理一些具體訊息。

2 · 處理 ADD_NODE 訊息

ADD_NODE 是 Worker / Server 向 Scheduler 註冊自身資訊的控制訊息，Scheduler 透過呼叫 ProcessAddNodeCommand() 函式進行處理。

（1）ProcessAddNodeCommand() 函式

ProcessAddNodeCommand() 函式的具體邏輯如下。

- 查出心跳封包逾時的 id，轉存到 dead_set 中。
- 拿出訊息的 Control 資訊。
- 呼叫 UpdateLocalID() 函式，在 UpdateLocalID() 中會更新自身節點內部的 Node id 資訊：
  - * 如果自身節點是 Scheduler，且如果收到的節點是新節點，則 Scheduler 會記錄此新節點。如果收到的節點是重新啟動產生的，則會將舊節點的資訊更新。

  * 如果自身節點是普通節點，則更新本地節點資訊。

- 如果本節點是 Scheduler，則呼叫 ProcessAddNodeCommandAtScheduler() 函式，此函式會在收到所有 Worker 和 Server 的 ADD_NODE 的訊息後進行節點 id 分配並應答，即設定最新的所有節點的 rank 併發送給所有 Worker 和 Server。
- 如果本節點不是 Scheduler，說明本節點是 Worker 或者 Server，且收到了 Scheduler 回答的 ADD_NODE 訊息（通知有個新節點上線），則做如下操作：
  * 如果自身是現存節點，則在自身的 connected_nodes_ 變數中不會找到此新節點，現有節點會呼叫 Connect() 函式與新節點建立連接。
  * 如果自身就是新節點，則會連接所有現存的節點。
  * 在 connected_nodes_ 變數中更新全域節點資訊，包括全域（Global）rank。本地節點的全域 rank 等資訊由 receiver_thread_ 在此處獲取。
  * 最後設置 ready_ = true，本節點就可以開始執行，之前本節點的主執行緒會阻塞。

ProcessAddNodeCommand() 函式程式如下。

```
void Van::ProcessAddNodeCommand(Message* msg, Meta* nodes,
                                Meta* recovery_nodes) {
  auto dead_nodes = Postoffice::Get()->GetDeadNodes(heartbeat_timeout_);
  std::unordered_set<int> dead_set(dead_nodes.begin(), dead_nodes.end());
  auto& ctrl = msg->meta.control;

  UpdateLocalID(msg, &dead_set, nodes, recovery_nodes);

  if (is_scheduler_) {
    ProcessAddNodeCommandAtScheduler(msg, nodes, recovery_nodes);
  } else {
    for (const auto& node : ctrl.node) {
      std::string addr_str = node.hostname + ":" + std::to_string(node.port);
      if (connected_nodes_.find(addr_str) == connected_nodes_.end()) {
        Connect(node);
        connected_nodes_[addr_str] = node.id;
```

```
    }
    if (!node.is_recovery && node.role == Node::SERVER) ++num_servers_;
    if (!node.is_recovery && node.role == Node::WORKER) ++num_workers_;
  }
  ready_ = true;
 }
}
```

接下來重點介紹 Scheduler 內部如何繼續處理，也就是 ProcessAddNodeCommandAtScheduler() 函式。

（2）ProcessAddNodeCommandAtScheduler() 函式

ProcessAddNodeCommandAtScheduler() 函式在 Scheduler 之內執行，該函式的作用是對控制類型訊息進行處理。對於 Scheduler 節點來說，當 Scheduler 收到所有 Worker 和 Server 的 ADD_NODE 的訊息後，進行節點 id 分配並應答，即需要設定最新的所有節點的全域 rank 併發送給所有 Worker 和 Server，具體操作如下。

- 當接收到所有 Worker 和 Server 的註冊訊息之後（對應程式是 nodes->control.node.size() == num_nodes）會做如下操作：
  - * 將節點按照 IP + 通訊埠組合排序；
  - * Scheduler 與所有註冊的節點建立連接、更新心跳時間戳記，給 Scheduler 所有連接的節點分配全域 rank；
  - * 向所有的 Worker 和 Server 發送 ADD_NODE 訊息（攜帶 Scheduler 中的所有節點資訊）；
  - * 會把 ready_ 設置為 True，即不管 Worker 和 Server 是否確認收到 ADD_NODE 訊息，Scheduler 已經是一個就緒狀態；
  - * 在接收端（Worker 和 Server），每一個本地節點的全域 rank 等資訊都由接收端 receiver_thread_ 獲取，即獲得了 Scheduler 傳回的這些節點資訊。
- 如果 !recovery_nodes->control.node.empty()，就表明是處理某些重新啟動節點的註冊行為，則會做如下操作：

* 查出心跳封包逾時的 id，轉存到 dead_set 中；
* 與重新啟動節點建立連接（因為接收到了一個 ADD_NODE），只與此新重新啟動節點建立連接即可（在程式中由 CHECK_EQ(recovery_nodes->control.node.size(), 1) 來確認重新啟動節點為 1 個）；
* 更新重新啟動節點的心跳；
* 因為新加入了重新啟動節點，所以用一個發送請求可以達到兩個目的：①向所有恢復（Recovery）的 Worker 和 Server 發送 ADD_NODE 訊息（攜帶 Scheduler 之中的目前所有節點資訊）。②向狀態為活躍（Alive）的節點發送恢復節點資訊；這樣，收到訊息的節點會分別與新節點相互建立連接。

增加節點的流程如圖 3-8 所示，其中，左側是 Scheduler，右側是 Worker。

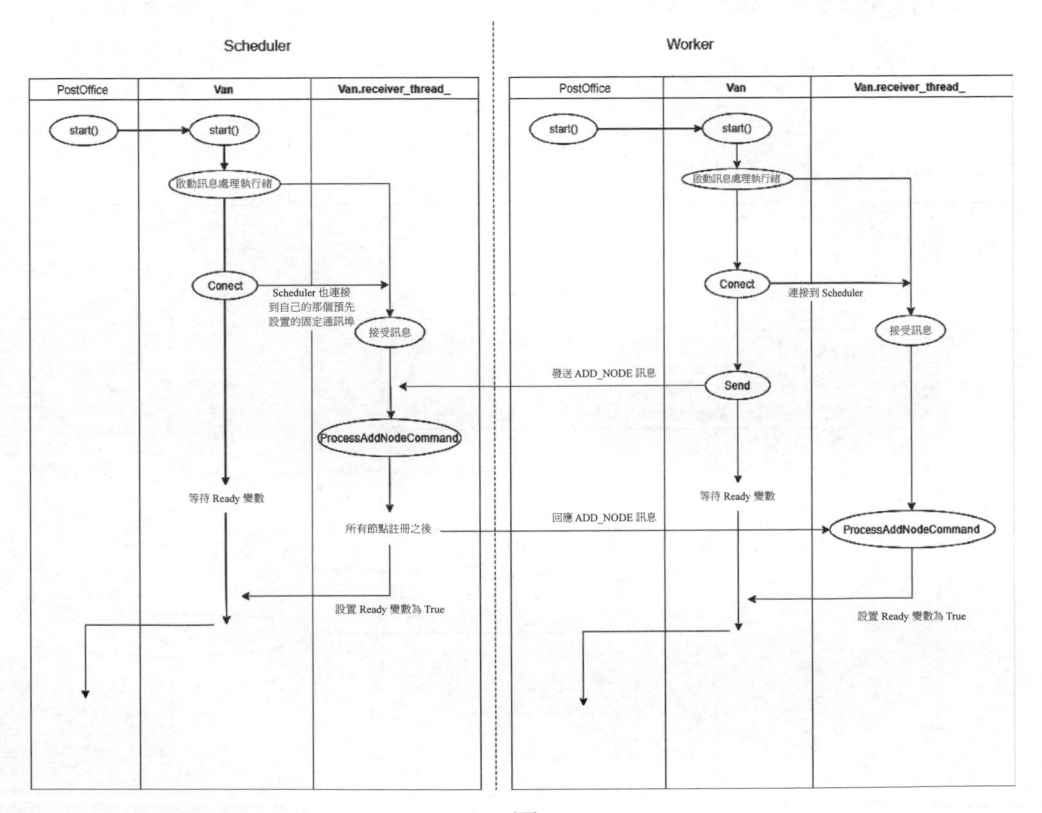

▲ 圖 3-8

（3）互聯過程

介紹了函式之後，我們再整理一下新加入節點的互聯過程。每當有新節點加入後，已經加入的節點都會透過 Scheduler 節點的廣播協調來和此新節點建立連接。此互聯過程可以分為三步，具體如下。

- 當 Worker/Server 節點初始化時，向 Scheduler 節點發送一個連接資訊，假設自身是節點 2。
- 當 Scheduler 節點收到資訊後，在 ProcessAddNodeCommandAtScheduler() 函式中，首先會和節點 2 建立一個連接，然後會向所有已經和 Scheduler 建立連接的 Worker 節點 /Server 節點廣播此節點的加入資訊，並把節點 2 請求連接的資訊放入 Meta 資訊中。
- 當現有 Worker/Server 節點收到此資訊後，在 ProcessAddNodeCommand() 函式中會和節點 2 形成連接。

新加節點互聯過程的邏輯如圖 3-9 所示。

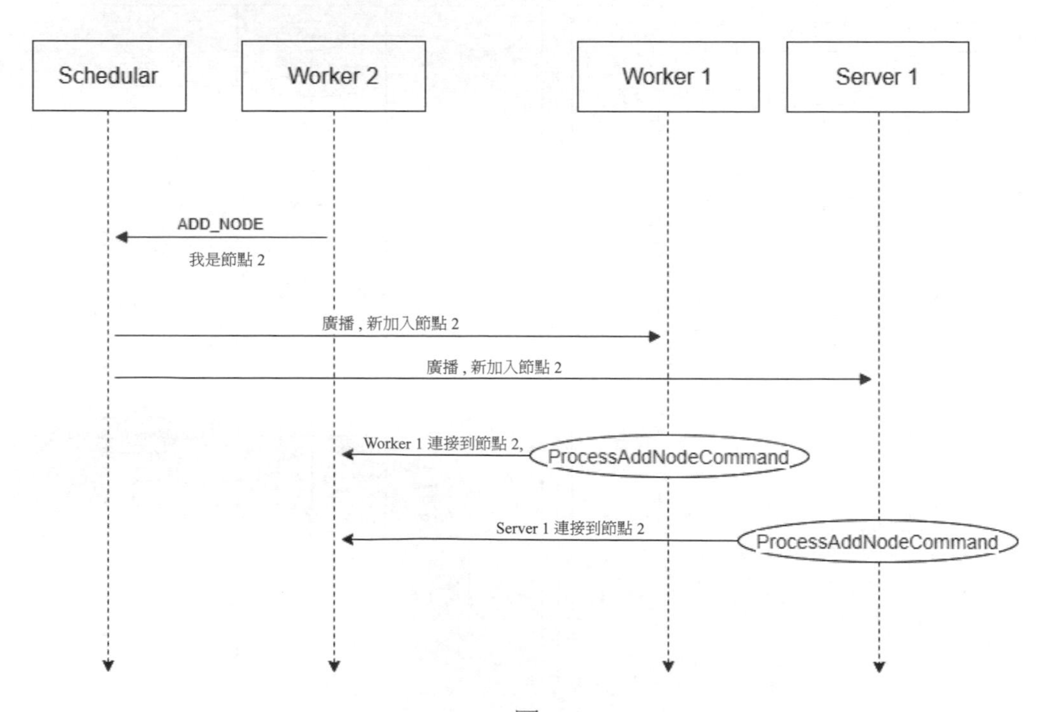

▲ 圖 3-9

3．處理 HEARTBEAT 訊息

接下來，我們分析一下心跳機制。PS-Lite 設計了心跳機制來確定網路的可達性，具體機制如下。

- 每一個節點的 Postoffice 中有一個 MAP 結構的成員變數 std::unordered_map<int, time_t> heartbeats_，heartbeats_ 儲存了心跳連結的節點的活躍資訊，MAP 的鍵為某個連結節點的編號，值為上次收到此節點心跳的時間戳記。
- Worker/Server 節點只記錄 Scheduler 節點的心跳，Scheduler 節點則記錄系統之中所有節點的心跳。
- Worker/Server 節點的心跳執行緒會每隔一段時間向 Scheduler 節點發送一個心跳訊息，Scheduler 節點收到後會傳回一個心跳回應訊息。
- Scheduler 節點透過當前時間與心跳封包接收時間之差判斷某一個節點是否依然活躍。如果新增的節點 id 在 dead_node 容器裡，則表示此節點是重新恢復的；而新增節點透過 Scheduler 節點的中轉與現有節點形成連接。

UpdateHeartbeart() 函式會定期更新心跳，具體心跳邏輯如圖 3-10 所示。

4．處理 ACK 訊息

在分散式系統中，通訊往往是不可靠的，封包遺失、延遲時間等情況時有發生。PS-Lite 設計了 Resender 類別來提高通訊的可靠性，Resender 引入了 ACK 機制，即每個節點會做如下操作。

- 如果收到的是非 ACK/TERMINATE 訊息，則回復一個 ACK 訊息作為應答。
- 發送的每一個非 ACK/TERMINATE 訊息必須在本地快取下來。儲存的資料結構是一個 MAP，此 MAP 的鍵依據訊息的內容產生，並且該鍵可以保證唯一。

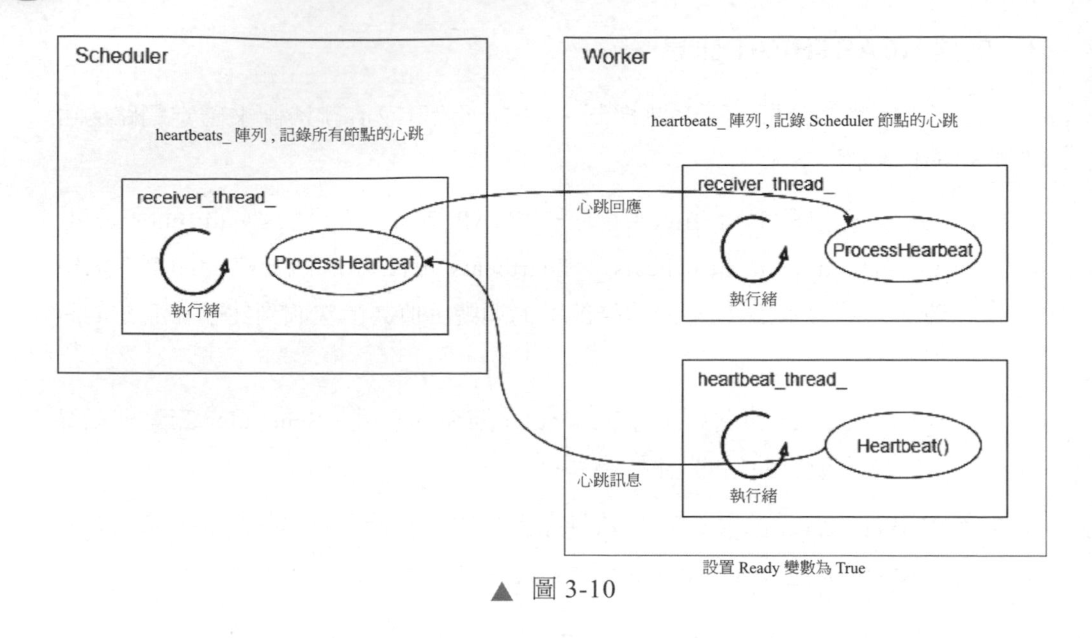

▲ 圖 3-10

- 如果收到了一個 ACK 訊息，則依據其鍵從本地 MAP 中移除對應的原始訊息。
- 監控執行緒定期檢查本地快取，找出逾時的訊息進行重發，並累積此訊息的重試次數。

5．處理資料訊息

ProcessDataMsg() 函式用來處理 Worker 節點發過來的資料訊息（就是 Worker 向 Server 更新梯度），具體是取得對應的 Customer 類別後，呼叫 Customer 類別的 Accept() 函式進行處理，直接把訊息放入處理佇列中，具體程式如下。所以我們接下來就要看 Customer 類別。

```
void Van::ProcessDataMsg(Message* msg) {
  int app_id = msg->meta.app_id;
  int customer_id =
      Postoffice::Get()->is_worker() ? msg->meta.customer_id : app_id;
  auto* obj = Postoffice::Get()->GetCustomer(app_id, customer_id, 5);
  obj->Accept(*msg); // 此處給 Customer 增加訊息
}
```

3.4 代理人 Customer

現在有了郵局（Postoffice）和通訊模組小推車（Van），接下來就看看郵局的客戶（Customer）。Customer 可以說是 SimpleApp（應用實例）在郵局的代理人。因為 Worker、Server 需要把精力集中在演算法上，所以把 Worker、Server 邏輯上與網路相關的收發訊息功能都總結 / 轉移到 Customer 中。

3.4.1 基本思路

因為了解一個類別的上下文環境可以讓我們更好地理解此類，所以我們需要看 Customer 通常在哪裡使用。首先，一個應用實例可以對應多個 Customer，Customer 需要註冊到 Postoffice 之中；其次，當 Van 處理資料訊息的時候會做如下操作。

- 依據訊息中的 app_id 從 Postoffice 中得到 customer_id。
- 依據 customer_id 從 Postoffice 中得到 Customer。
- 呼叫 Customer 的 Accept() 函式來處理訊息。

具體程式在 Van::ProcessDataMsg() 函式中，可以參見前文。

1．Customer 接收訊息

Accept() 函式的作用就是往 Customer 的佇列中插入訊息。Customer 物件本身也會啟動一個接收執行緒 recv_thread_，recv_thread_ 使用 Customer::Receiving() 呼叫註冊的 recv_handle_ 函式對訊息進行處理，具體程式如下。

```
inline void Accept(const Message& recved) {
  recv_queue_.Push(recved);
}

std::unique_ptr<std::thread> recv_thread_ =  std::unique_ptr<std::thread>(new
std::thread(&Customer::Receiving, this));

void Customer::Receiving() {
  while (true) {
```

```
    Message recv;
    recv_queue_.WaitAndPop(&recv);
    recv_handle_(recv);
    if (!recv.meta.request) {
      tracker_[recv.meta.timestamp].second++;
      tracker_cond_.notify_all();
    }
  }
}
```

2．接收訊息整體邏輯

根據前文介紹，我們把 Van 和 Customer 結合起來得出接收訊息的整體邏輯如下。

- Worker/Server 節點在程式的最開始會執行 Postoffice::start() 函式。
- Postoffice::start() 函式會初始化節點資訊，並且呼叫 Van::start() 函式。
- Van::start() 函式啟動一個本地執行緒，使用 Van::Receiving() 函式來持續監聽收到的訊息。
- 當 Van::Receiving() 函式接收後訊息之後，會根據不同命令執行不同動作。針對資料訊息，如果需要下一步處理，則會呼叫 ProcessDataMsg() 函式，該函式做如下操作：

  * 依據訊息中的 app_id 找到 Customer；

  * 將訊息傳遞給 Customer::Accept() 函式。

- Customer::Accept() 函式將訊息增加到一個佇列 recv_queue_。
- Customer 物件本身也會啟動一個接收執行緒 recv_thread_，使用 Customer::Receiving() 函式進行處理，其功能如下：

  * 從 recv_queue_ 佇列取訊息；

  * 呼叫註冊的 recv_handle_() 函式對訊息進行處理。

接收訊息簡要版邏輯如圖 3-11 所示，圖中的數字代表資料流程的順序。

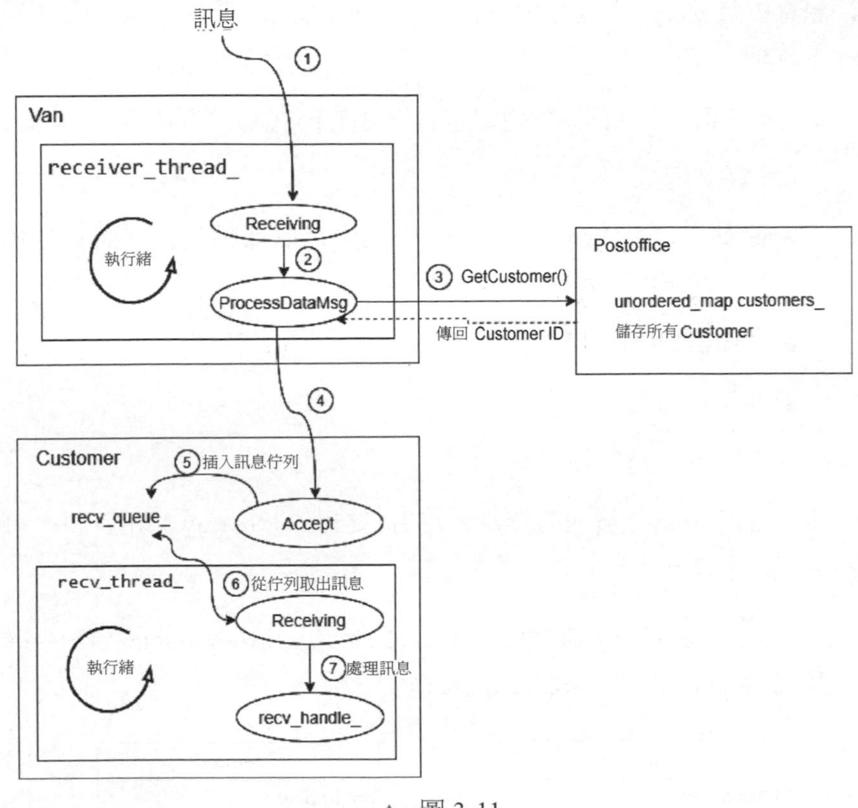

▲ 圖 3-11

3.4.2 基礎類別

本節介紹一些基礎類別。

（1）Node。Node 封裝了節點基本資訊，如角色、IP、通訊埠等。

（2）Control。Control 封裝了控制訊息的 Meta 資訊，比如 barrier_group（用於標識哪些節點需要同步，當 command=BARRIER 時使用），Node（Node 類別，用於標識控制命令對哪些節點使用）等。

（3）Meta。Meta 是訊息的中繼資料部分，包括時間戳記、發送者 id、接收者 id、控制資訊（Control）、訊息類型等。

（4）Message。Message 是要發送的資訊，重要成員變數如下。

- 訊息標頭 Meta：就是中繼資料（使用 Protobuf 進行資料壓縮），包括如下資訊。
  - ＊控制資訊表示此訊息的邏輯意義（如終止、確認、同步等），具體包括：
    - 命令類型；
    - 節點串列（Vector 類型），串列中每個節點包括：節點的角色、IP、通訊埠、id，以及是否是恢復節點；
    - 障礙器對應的節點組；
    - 訊息簽名。
  - ＊發送者及接收者。
- 訊息本體 Body：發送的資料，使用了自訂的 SArray 共用資料，可以減少資料複製。

幾個基礎類別之間的邏輯關係如圖 3-12 所示，其中 Message 類別中的某些功能需要相依 Meta 類別來完成，以此類推。

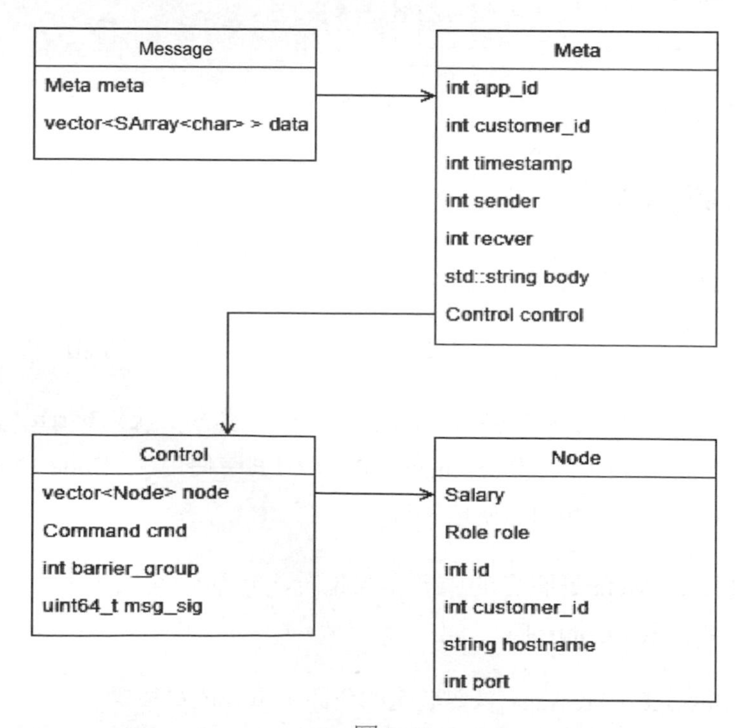

▲ 圖 3-12

訊息類型參見前文，這裡不再贅述。當每次發送訊息時，SimpleApp 先將訊息按 Message 格式封裝好，然後負責發送訊息的 Van 就會按照 Meta 中的資訊將訊息發送出去。

3.4.3 Customer

1．概述

Customer 有以下兩個功能。

- 作為發送方，Customer 用於追蹤 SimpleApp 發送出去的每個請求的應答情況。
- 作為接收方，因為有自己的接收執行緒和接收訊息佇列，所以 Customer 實際上是作為一個接收訊息處理引擎（或者說是引擎的一部分）存在的。

Customer 具有以下特點。

- 每個 SimpleApp 物件擁有一個 Customer 成員變數，該成員變數會註冊到 Postoffice 中。
- 因為 Customer 要處理訊息但是其本身並沒有接管網路，而是需要外部呼叫者告訴它實際的訊息和應答，所以功能和職責上有點切分。
- 每一個連接對應一個 Customer 實例，每個 Customer 實例都與連接中的對端節點綁定。
- 新建一次請求，會傳回一個時間戳記，此時間戳記會作為這次請求的 id，每次請求會自動增加 1，後續操作（比如 wait 操作）會以此 id 辨識。

2．定義

接下來介紹一下 Customer 的定義，Customer 的主要成員變數如下。

- ThreadsafePQueue recv_queue_：執行緒安全的訊息佇列。
- std::unique_ptr< std::thread> recv_thread_：該執行緒不斷從 recv_queue 讀取訊息並呼叫 recv_handle_。

- RecvHandle recv_handle_：Worker 節點或 Server 節點的訊息處理函式，具體負責如下工作。
  - ＊綁定 Customer 接收到請求後的處理函式 SimpleApp::Process()；
  - ＊Customer 會拉起一個新執行緒，用於在 Customer 生命週期內使用 recv_handle_ 處理接收到的請求，此處使用了一個執行緒安全佇列；
  - ＊接收到的訊息來自 Van 的接收執行緒，即每個節點的 Van 物件收到訊息後，根據訊息種類的不同，推送到不同的 Customer 物件中，即 Van 會呼叫 Accept() 函式往 Customer 的佇列中發送訊息；
  - ＊對於 Worker 節點來說，由方法 recv_handle_ 負責儲存拉取的訊息中的資料；
  - ＊對於 Server 節點來說，則需要使用 set_request_handle 來設置對應的處理函式；
- std::vector<std::pair<int, int>> tracker_：請求和應答的同步變數，具體作用如下。
  - ＊tracker_ 是 Customer 內用來記錄請求和應答的狀態的映射（Map），記錄了每個請求（使用 Request id）可能發送了多少節點，以及從多少個節點傳回的應答次數；
  - ＊tracker_ 的下標為每個請求的時間戳記，即請求編號；
  - ＊tracker_[i] . first 表示該請求發送給了多少節點，即本節點應收到的應答數量；
  - ＊tracker_[i] . second 表示到目前為止實際收到的應答數量。

3．接收執行緒

在 Customer 建構函式中，會建立接收執行緒 recv_thread_，該執行緒使用 Customer::Receiving() 作為處理函式。Customer::Receiving() 具體邏輯有如下幾點。

- 在訊息佇列上等待，如果有訊息就取出。
- 使用 recv_handle_ 處理訊息。
- 如果 meta.request 為 false，說明是應答，則增加 Tracker 中的對應計數。

因為使用 recv_handle_ 來處理具體的業務邏輯，所以我們下面看 recv_handle_ 如何設置，其實也就是 Customer 如何建構和使用。

4．如何建構

在介紹建構之前，我們需要先介紹一些類別，它們是 Customer 的使用者，雙方耦合十分緊密。

（1）基礎類別 SimpleApp

SimpleApp 是具體邏輯功能節點的基礎類別。每個 SimpleApp 物件持有一個 Customer 類別的成員，就是新建一個 Customer 物件來初始化 SimpleApp 的成員變數 obj_，且 Customer 需要在 Postoffice 進行註冊，具體程式如下。

```
inline SimpleApp::SimpleApp(int app_id, int customer_id) : SimpleApp() {
  obj_ = new Customer(app_id, customer_id, std::bind(&SimpleApp::Process, this, _1));
}
```

我們再看 SimpleApp 的兩個衍生類別 KVServer 和 KVWorker。

（2）衍生類別 KVServer

衍生類別 KVServer 主要用來儲存鍵 - 值對資料，並進行一些業務操作，如梯度更新，主要方法有 Process() 和 Response()，在其建構函式中會：

- 新建一個 Customer 物件來初始化 obj_ 成員變數。
- 把 KVServer::Process 傳入 Customer 的建構函式，其實就是把 KVServer ::Process() 函式賦予了 Customer:: recv_handle_。
- 對於 Server 節點來說，app_id = customer_id = Server id。

KVServer 建構函式用法如下。

```
explicit KVServer(int app_id) : SimpleApp() {
  using namespace std::placeholders;
  obj_ = new Customer(app_id, app_id, std::bind(&KVServer<Val>::Process, this, _1));
}
```

（3）衍生類別 KVWorker

衍生類別 KVWorker 主要用來向 Server 節點推送和拉取自己的鍵 - 值對資料，包括如下函式： Push()、Pull() 和 Wait()，在其建構函式中會做如下操作：用預設的 KVWorker::DefaultSlicer 綁定 slicer_ 成員；新建一個 Customer 物件初始化 obj_ 成員，用 KVWorker::Process 傳入 Customer 建構函式，其實就是把 KVWorker::Process() 函式賦予了 Customer:: recv_handle_。

KVWorker 建構函式如下。

```
  explicit KVWorker(int app_id, int customer_id) : SimpleApp() {
    slicer_ = std::bind(&KVWorker<Val>::DefaultSlicer, this, _1, _2, _3);
    obj_ = new Customer(app_id, customer_id, std::bind(&KVWorker<Val>::Process,
this,_1));
  }
```

（4）建構函式

介紹完三個相關類別之後，我們再來看 Customer 的建構函式，其邏輯如下。

- 初始化 app_id_、customer_id_ 和 recv_handle 成員。
- 呼叫 Postoffice::AddCustomer() 函式將當前 Customer 註冊到 Postoffice。
- 新啟動一個接收執行緒 recv_thread_。

5．接收訊息

這裡，我們再次整理接收訊息整體邏輯如下。

- Worker 節點或者 Server 節點在程式的最開始會執行 Postoffice::start() 函式。

- Postoffice::start() 函式會初始化節點資訊，並且呼叫 Van::start() 函式。
- Van::start() 函式啟動一個本地執行緒，使用 Van::Receiving() 函式來持續監聽接收到的訊息。
- Van::Receiving() 函式接收訊息之後，會根據不同命令執行不同動作。針對資料訊息，如果需要下一步處理，會呼叫 ProcessDataMsg() 函式，ProcessDataMsg() 函式內做如下操作：

  * 依據訊息中的 app_id 找到 Customer，即會根據 customer_id 的不同將訊息發給不同的 Customer 的接收執行緒。

  * 將訊息傳遞給 Customer::Accept() 函式。

- Customer::Accept() 函式將訊息增加到一個佇列 recv_queue_。
- Customer 物件本身也會啟動一個接收執行緒 recv_thread_，使用 Customer::Receiving() 函式做如下操作。

  * 從 recv_queue_ 佇列收取訊息。

  * 如果 (!recv.meta.request) 的執行結果為 true，說明接收到了應答，則 tracker_[req.timestamp]. second++。

  * 呼叫註冊的 recv_handle_ 函式對訊息進行處理。

- 對於 Worker 節點來說，其註冊的 recv_handle_ 是 KVWorker::Process() 函式。由於 Worker 節點的接收執行緒接收到的訊息主要是從 Server 節點處 pull 下來的鍵 - 值對，因此該 Process() 函式主要是接收訊息中的鍵 - 值對。
- 而對於 Server 來說，其註冊的 recv_handle_ 是 KVServer::Process() 函式。由於 Server 接收的是 Worker 們推送上來的鍵 - 值對，需要對其進行處理，因此該 Process() 函式中呼叫的是使用者透過 KVServer::set_request_handle() 函式傳入的函式物件。

接收訊息邏輯如圖 3-13 所示，在圖中的第 8 步，recv_handle_ 實際指向 KVServer::Process() 函式或者 KVWorker::Process() 函式。

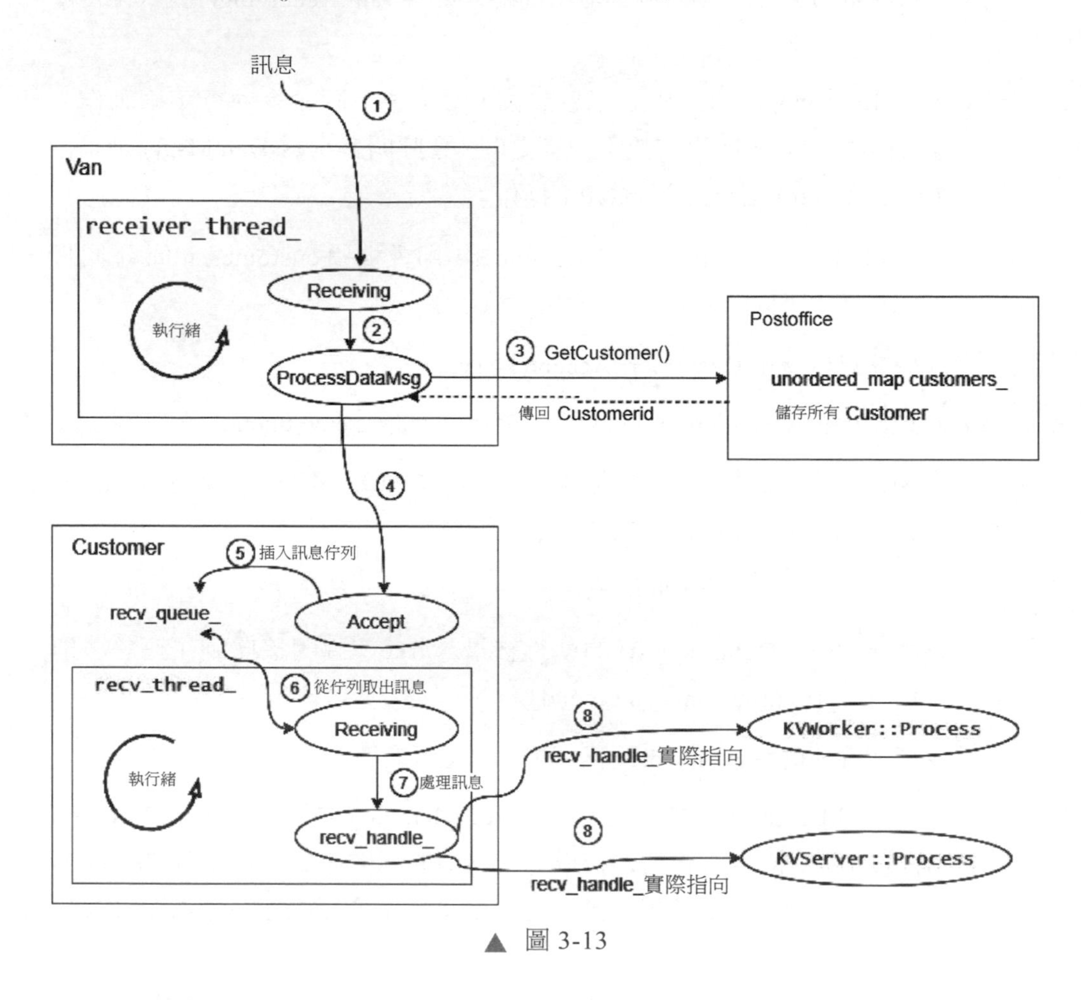

▲ 圖 3-13

3.4.4 功能函式

下面介紹 Customer 的功能函式，這些函式都被其他模組呼叫。

1．Customer::NewRequest() 函式

此函式的作用是當發送一個請求時，新增對此請求的計數，比如當 Worker 節點向 Server 節點推送的時候就會呼叫此函式。

2．Customer::AddResponse() 函式

此函式的作用是針對請求已經傳回的應答進行計數，在 KVWorker 的 Send() 函式中會呼叫該函式，因為在某些情況下（比如此次通訊的鍵沒有分佈在這些 Server 節點上），用戶端就可直接認為已接收到應答，所以要跳過。

3．Customer::WaitRequest() 函式

當我們需要確認某個發出去的請求對應的應答全部收到時，使用此函式會阻塞等待，直到應收到應答數等於實際收到的應答數。等待操作的過程就是 tracker_cond_ 一直阻塞等待，直到發送出去的數量和已經傳回的數量相等。Wait() 函式就使用 WaitRequest() 函式來確保等待操作完成，具體如何呼叫 Wait() 則由使用者自行決定，範例程式如下。

```
for (int i = 0; i < repeat; ++i) {
  kv.Wait(kv.Push(keys, vals));
}
```

3.5 應用節點實現

KVWorker 類別和 KVServer 類別分別是 Server 節點和 Worker 節點的抽象，這兩個類別按照 Van → Customer → recv_handle_ 呼叫順序作為引擎的一部分來啟動。

3.5.1 SimpleApp

SimpleApp 作為一個基礎類別，把應用節點功能進行統一抽象，其類別系統如圖 3-14 所示。SimpleApp 提供了基本發送功能和簡單訊息處理函式（Request()、Wait()、Response()）；SimpleApp 有兩個衍生類別：KVServer 和 KVWorker。

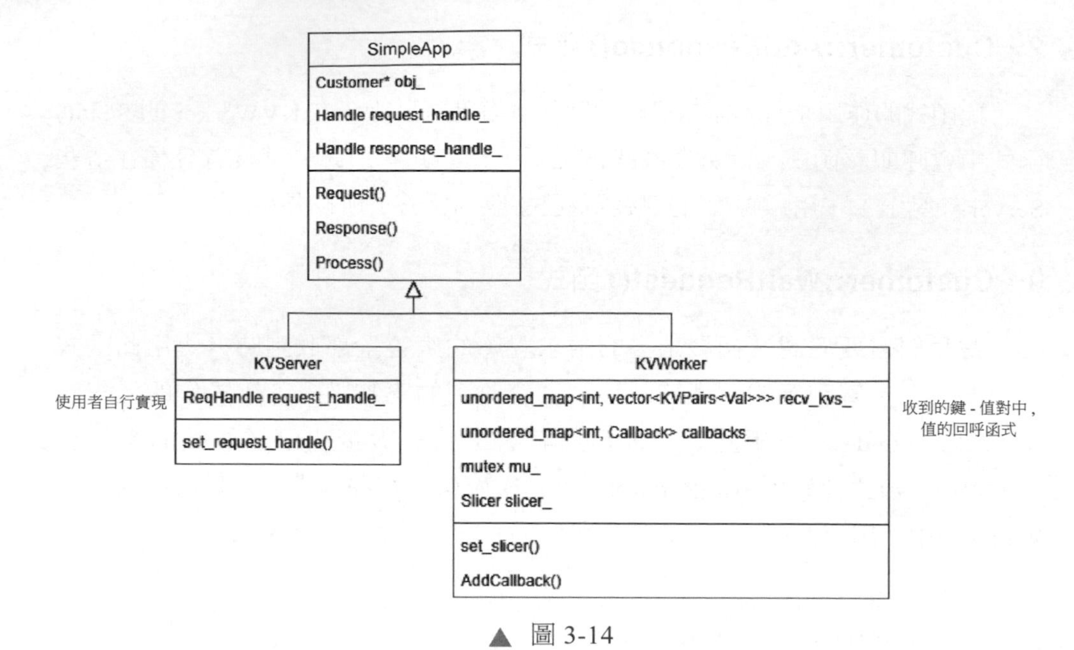

▲ 圖 3-14

SimpleApp 主要有如下成員變數。

- Customer* obj_：本 App 的 Customer，控制請求連接。
- Handle request_handle_：請求處理函式。
- Handle response_handle_：應答處理函式。
- set_request_handle、set_response_handle：分別設置成員 request_handle_ 和 response_handle_。當用戶端呼叫 SimpleApp::Process() 函式時，會根據 message.meta 中的指示變數判斷是請求還是應答，從而呼叫相應 Handle 處理。

SimpleApp 的幾個功能函式如下。

- Request() 函式：呼叫 Van 來發送訊息。
- Response() 函式：呼叫 Van 來回復訊息。
- Process() 函式：根據 Message.Meta 來判斷該訊息是請求還是應答，從而呼叫不同的 Handle 進行處理。

3.5.2 KVServer

KVServer 是 Server 節點的抽象，其作用是接收資訊、處理資訊、傳回結果。KVServer 最重要的成員函式是請求處理函式 request_handle()，該函式需要使用者自訂，特點如下。

- 在 request_handle() 函式中，使用者需要實現相關最佳化器的梯度更新演算法和梯度傳回操作。
- PS-Lite 提供了 KVServerDefaultHandle 作為參考設計。

KVServer 的主要功能函式如下。

Response() 是資料應答函式，其會向發送請求的 Worker 節點回復應答資訊，與 SimpleApp:: Response() 不同，KVServer::Response() 函式對於 Head 變數和 Body 變數都有了新的處理。需要注意的是，Response() 函式被使用者自訂的 request_handle_ 呼叫，即先由 request_handle_ 處理收到的訊息，然後呼叫 Response() 函式對 Worker 節點進行回復應答。

Process() 是資料處理函式，其被註冊到 Customer 物件中。當 Customer 的接收執行緒接收到訊息時就會呼叫 Process() 函式。Process() 函式內部的邏輯如下。

- 提取訊息的中繼資料，建構一個 KVMeta。
- Process() 函式呼叫使用者自行實現的一個 request_handle_ 函式（std::function 函式物件）對資料進行處理。

3.5.3 KVWorker

1．概述

KVWorker 用於向 Server 節點執行 push/pull 操作來處理各種鍵 - 值對（就是在演算法過程中，需要並行處理的各種參數）。

- Worker 節點中的 push/pull 操作可以先傳回一個 id，然後使用 id 進行阻塞等待，即同步操作。

- 或者在非同步呼叫時傳入一個回呼函式進行後續操作。

2．定義

KVWorker 的主要變數分別如下。

- std::unordered_map<int, std::vector<KVPairs>> recv_kvs：收到的 pull 結果，這是鍵 - 值對。
- std::unordered_map<int, Callback> callbacks：在收到請求的所有應答之後執行回呼的函式。
- Slicer slicer_：slice 操作的預設函式。當發送資料時，該函式將 KVPairs 按照每個 Server 節點的區域（Range）進行切片。

3．功能函式

KVWorker 的主要功能函式如下。

（1）Push() 函式

Push() 函式的主要功能如下。

- 把資料（鍵 - 值對串列）發送到對應的伺服器節點。
- 依據每個伺服器維護的鍵的區域來決定對鍵 - 值對串列如何分區發送。
- Push() 函式是非同步直接傳回，如果想知道傳回結果如何，則可以：
  - 使用 Wait() 函式等待，即利用 tracker_ 記錄發送的請求量和對應的應答請求量，當發送量等於接收量時，表示每個請求都成功發送了，以此來達到同步的目的。
  - 使用回呼函式作為參數，這樣當結束的時候可以調到回呼函式。

（2）Pull() 函式

Pull() 函式跟 Push() 函式的邏輯大體類似，主要功能如下。

- 綁定一個回呼函式，用於複製資料，並且得到一個時間戳記。
- 根據 key_vector 從 Server 節點上拉取 val_vector。

- 最終傳回時間戳記。
- 由於該函式不阻塞，因此可用 worker.Wait(timestamp) 函式等待。

（3）Send() 函式

Push() 函式和 Pull() 函式都會呼叫 Send() 函式進行訊息發送。Send() 函式對 KVPairs 進行切分，因為 Server 節點是分散式儲存的，所以每個 Server 節點只儲存部分參數。切分後的 SlicedKVpairs 會被發送給不同的 Server 節點。

（4）DefaultSlicer() 函式

切分函式 DefaultSlicer() 可以由使用者自行重寫，具體作用是根據 std::vector& ranges 分片範圍資訊，將要發送的資料進行分片。目前預設是使用 Postoffice::GetServerKeyRanges() 函式來劃分分片範圍。

（5）Process() 函式

Process() 是資料處理函式，在使用過程中需要注意兩點。

- 如果是 Pull() 函式的應答，每次傳回的值會先儲存 recv_kvs_ 中。
- 無論是 Push() 函式還是 Pull() 函式，只有在收到所有的應答之後才會將從各個 Server 節點上拉取的值填入本地的 vals 變數中。

3.5.4 總結

首先，我們總結目前各個類如下。

- Postoffice：一個單例模式的全域管理類別，每一個節點（可以使用主機名稱 + 通訊埠來作為唯一標識）在生命期內具有一個 Postoffice。
- Van：通訊模組，負責與其他節點的網路通訊和實際收發訊息工作。每個 Postoffice 都包含一個 Van 模組，用來提供傳遞訊息的功能。
- SimpleApp：KVServer 和 KVWorker 的父類別，提供了簡單的 Request()、Wait()、Response()、Process() 函式；KVServer 和 KVWorker 分別根據自己的使命重寫了這些函式。

- Customer：每個 SimpleApp 物件都包含一個 Customer 類別，且 Customer 類別需要在 Postoffice 進行註冊，該類別主要負責：
  - * 作為發送方，追蹤由 SimpleApp 發送出去的訊息回復情況。
  - * 作為接收方，維護一個訊息佇列，為節點接收訊息。
  - * 由名稱可以知道，Customer 是郵局（Postoffice）的客戶，就是 SimpleApp 在郵局的代理人。因為 Worker/Server 節點需要把精力集中在演算法上，所以把 Worker/Server 節點邏輯上與網路相關的收發訊息功能都總結 / 轉移到 Customer 中。

其次，我們透過一個訊息傳遞流程了解各個部分在其中的使用方法，整體流程如圖 3-15 所示。

① Worker 節點因為要發送訊息，所以呼叫了 Send() 函式。

② Send() 函式會呼叫 Customer 的 NewRequest() 函式建立一個新請求。

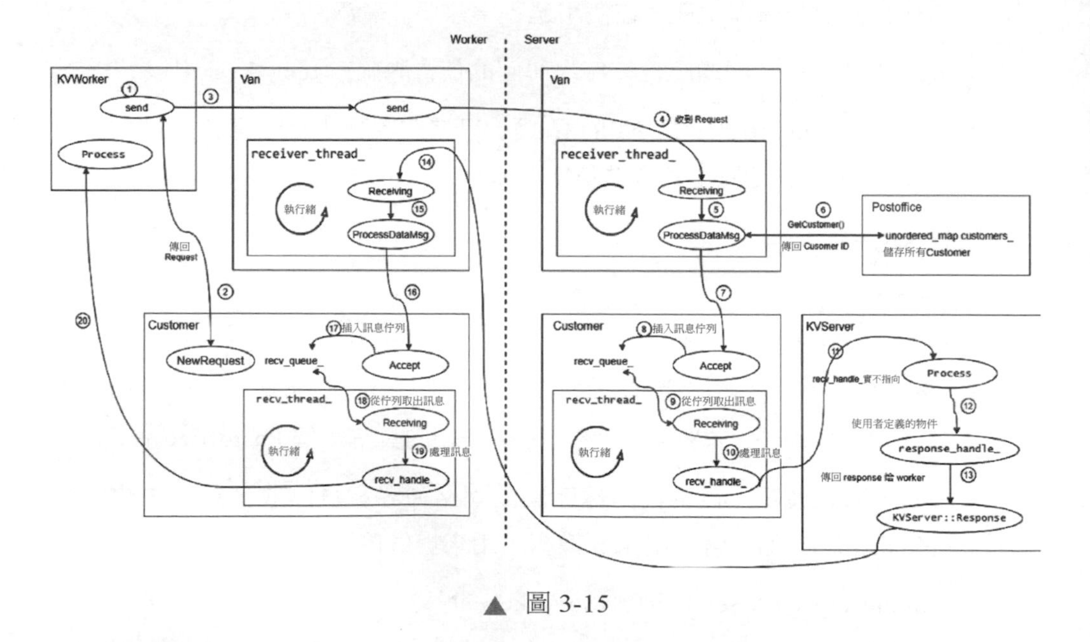

▲ 圖 3-15

③ Send() 函式會呼叫 Van 的 Send() 函式進行網路互動。

④ 經過網路傳遞後，流程來到了 Server 節點處，對於 Server 節點來說，由於這是一個請求，因此呼叫到了 Van 的 Receiving() 函式。當 Van::Receiving() 函式接收到訊息後，根據不同命令執行不同動作。針對資料訊息，如果需要下一步處理，則會呼叫 ProcessDataMsg() 函式。

⑤ 先呼叫 Van 的 ProcessDataMsg() 函式，然後呼叫 GetCustomer() 函式。

⑥ GetCustomer() 函式會呼叫 Postoffice 類別的 Customer 進行相應處理。

⑦ Customer 會使用 Accept() 函式來處理訊息。

⑧ Customer::Accept() 函式將訊息增加到一個佇列 recv_queue_。

⑨ Customer 物件本身也會啟動一個接收執行緒 recv_thread_，該執行緒使用 Customer::Receiving() 函式進行處理：1）不斷從 recv_queue_ 佇列拉取訊息；2）如果 (!recv.meta.request)，說明收到的訊息是應答訊息，則執行 tracker_[req.timestamp].second++；3）呼叫註冊的使用者自訂的 recv_handle_ 函式對訊息進行處理。

⑩ Customer ::Receiving() 函式呼叫使用者註冊的 recv_handle_ 函式對訊息進行處理。

⑪ 對於 Server 節點來說，recv_handle_ 函式指向的是 KVServer::Process() 函式。

⑫ Process() 函式呼叫 request_handle_ 函式繼續處理，即生成應答。

⑬ 應答經過網路傳遞給 Worker 節點。

⑭ 執行回到了 Worker 節點，於是呼叫 Van 的 Receiving() 函式。（以下操作序列與 Server 節點類似）。

⑮ 當 Van::Receiving() 函式接收訊息之後，會根據不同命令執行不同動作。針對資料訊息，如果需要下一步處理，會呼叫 ProcessDataMsg() 函式。

⑯ Customer 會使用 Accept() 函式來處理訊息。

⑰ Customer::Accept() 函式將訊息增加到一個佇列 recv_queue_。

⑱ 此處有一個「由新執行緒 recv_thread_ 處理」來完成的解耦合。即 Customer 物件本身已經啟動一個新執行緒 recv_thread_，該執行緒使用 Customer::Receiving() 函式從 recv_queue_ 獲取訊息。

⑲ 對於 Worker 節點來說，其註冊的 recv_handle_ 是 KVWorker::Process() 函式。

⑳ 最終呼叫 KVWorker::Process() 函式來處理應答訊息。

第二篇

資料並行

PyTorch DataParallel

資料並行是深度學習領域最常見的技術之一，其目的是將計算負載切分到多張卡上，從而解決計算牆問題。在資料並行過程中，每批輸入的訓練資料都在資料並行的 Worker 之間進行切分。在反向傳播之後，我們需要透過通訊來精簡梯度，以保證最佳化器在各個 Worker 上可以得到相同的更新。資料並行具有兩個明顯的優勢：計算效率高和工作量小。這使得它在高計算通訊比的模型上擁有良好的執行效果，具體如圖 4-1 所示。

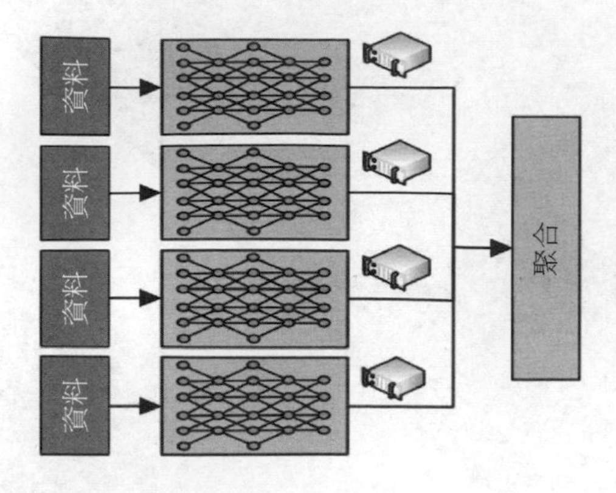

▲ 圖 4-1

圖片來源：論文 *A Quantitative Survey of Communication Optimizations in Distributed Deep Learning*

從本章開始，我們透過第 4 ～ 7 章，以 PyTorch 和 Horovod 為主，對資料並行進行分析。

4.1 整體說明

PyTorch 是最常用的深度學習框架之一，其提供了兩種資料並行工具來促進分散式訓練。

- DataParallel（DP）：在同一台機器上使用單處理程序中的多執行緒進行資料並行訓練。
- DistributedDataParallel（DDP）：用於跨 GPU 和機器的多處理程序資料並行訓練。

因為 DataParallel 套件使用很低的程式量就可以利用單機多 GPU 達到並行目標，所以從 DataParallel 入手可以讓我們對資料並行有一個較為清楚的認識。

下面我們從各個角度介紹 DataParallel，同時也會將其與 DistributedDataParallel 進行比較。

從模型角度來說，DataParallel 為了保證和單卡訓練在數學上等價，會透過廣播方式把模型在 GPU 之間複製，也會在每次迭代中把所有 GPU 的梯度聚集、精簡、分發，以保證所有 GPU 的模型始終保持一致。

從資料角度來說，DataParallel 首先將整個小批次資料載入到主執行緒上，將小批次切分成子小批次然後將子小批次資料分散到整個 GPU 網路中進行工作。

DataParallel 的具體操作如下。

（1）把小批次資料從鎖頁記憶體（Page-Locked Memory）傳輸到 GPU 0，即 Master（主）GPU。GPU 0 持有最新模型，其他 GPU 擁有的是模型的一個舊版本。

（2）在 GPU 之間分發小批次資料，具體是將每個小批次資料平均分成多份，分別送到對應的 GPU 進行計算。

（3）在 GPU 之間複製模型，與 torch.nn.Module 相關的所有資訊都會被複製多份。

（4）在每個 GPU 上執行前向傳播並計算輸出。PyTorch 使用多執行緒並行前向傳播，每個 GPU 在單獨的執行緒上會針對各自的輸入資料獨立並行地進行前向計算。

（5）在 GPU 0 上聚集輸出並計算損失，即透過將神經網路輸出與批次中每個元素的真實資料標籤進行比較來計算損失函式值。

（6）把損失函式值在 GPU 之間進行分發，在各個 GPU 上執行反向傳播，計算參數梯度。

（7）在 GPU 0 之上精簡梯度。

（8）更新梯度參數，實施梯度下降操作，並更新 GPU 0 上的模型參數；由於模型參數僅在 GPU 0 上更新，因此需要將更新後的模型參數複製分發到剩餘的 GPU 中，以此來實現並行。

接下來，從實現角度對 DataParallel 在技術方面進行概括。因為有一個 Master 角色，所以 DataParallel 可以被認為是類似參數伺服器的應用，而 DDP 可以被認為是純粹集合通訊的應用。

參數伺服器可以分為 Master（或 Server）和 Worker 這兩個角色，由於 DataParallel 基於單機多卡，需要把多張 GPU 卡劃分為 Server 和 Worker，因此對應關係如下。

- Master：GPU 0（0 並非 GPU 真實標號，而是輸入參數 device_ids 的首位）負責整合梯度並更新參數。
- Worker：所有 GPU（包括 GPU 0）都是 Worker，都負責計算和訓練網路。

這裡我們重點看看 GPU 0，DataParallel 首先預設將網路模型放在 GPU 0 上，然後把模型從 GPU 0 複製到其他 GPU，各個 GPU 開始並行訓練，接著 GPU 0 作為 Master 進行梯度整理和模型更新，最後將計算任務下發給其他 GPU。這非常類似參數伺服器的機制，從圖 4-2 中也可以看到同樣的資訊。

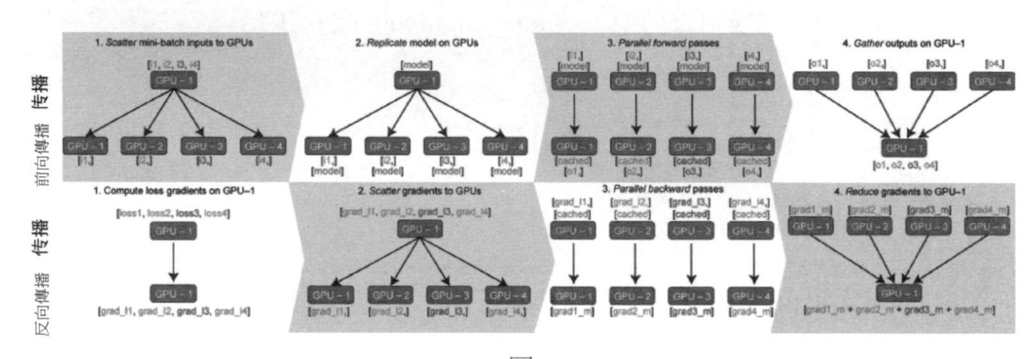

▲ 圖 4-2

從作業系統角度看，DataParallel 和 DistributedDataParallel 有如下不同。

- DataParallel 是單處理程序、多執行緒的並行訓練方式，只能在單台機器上執行。
- DistributedDataParallel 是多處理程序訓練方式，適用於單機和多機訓練。DistributedDataParallel 是預先複製模型，而非在每次迭代時複製模型，這樣避免了全域解譯器鎖定。

4.2 範例

我們使用一個例子來看看 DataParallel 如何使用，具體程式如下。

```
args.gpu_id="2,7" ; # 指定 GPU id
args.cuda = not args.no_cuda and torch.cuda.is_available() # 是否使用 CPU
# 設定環境
os.environ['CUDA_VISIBLE_DEVICES'] = args.gpu_id # 賦值必須是字串，如 "2,7"
device_ids=range(torch.cuda.device_count())
if arg.cuda:
    model=model.cuda()  # 將模型複製到 GPU ，預設是 cuda('0')，即轉到第一個 GPU 2
if len(device_id)>1:
    model=torch.nn.DataParallel(model) # 建構 DataParallel，前提是 model 已經複製到 GPU

optimizer = torch.optim.SGD(model.parameters(), args.lr,
                                momentum=args.momentum,
                                weight_decay=args.weight_decay)

# 前向傳播時，資料也要執行 cuda(), 即把資料複製到主 GPU
for batch_idx, (data, label) in pbar:
    if args.cuda:
        data,label= data.cuda(),label.cuda() # 資料被放到了預設 GPU
    data_v = Variable(data)
    target_var = Variable(label)
    prediction= model(data_v,target_var,args) # 前向傳播
    # 此處的 prediction 預測結果是由兩個 GPU 合併過的
    # 前向傳播的每個 GPU 計算量為 batch_size/len(device_ids), 等前向傳播完了將結果精簡到
主 GPU
    # prediction 的長度等於 batch_size
    criterion = nn.CrossEntropyLoss()
    loss = criterion(prediction,target_var) # 在預設 GPU 上計算損失
    optimizer.zero_grad()
    loss.backward()  # 反向傳播
    optimizer.step() # 更新參數
```

上述程式的邏輯如下：

- 給本程式設置可見 GPU，具體操作如下。

  * 使用 args.gpu_id="2,7" 和 os.environ['CUDA_VISIBLE_DEVICES'] = args.gpu_id 來設定 GPU 序號，其目的是設置 os.environ['CUDA_VISIBLE_DEVICES'] = "2,7"，這樣 device_ids[0] 對應的就是物理上第 2 號卡，device_ids[1] 對應的就是物理上第 7 號卡。
  * 也可以在執行時期臨時指定裝置，比如，CUDA_VISIBLE_DEVICES ='2,7' Python train.py。
- 把模型的參數（Parameter）和快取（Buffer）放在 device_ids[0] 上。執行此操作是因為，在執行 DataParallel 模組前，並行化模組必須在 device_ids[0] 上具有其參數和快取，對應程式是 model=model.cuda()。
- 建構 DataParallel 模型。用 DataParallel 將原來單卡的 Module 改成多卡，程式為 model=torch.nn.DaraParallel(model)。
- 把資料載入主 GPU，具體程式為 data,label= data.cuda(),label.cuda()。
- 進行前向傳播。DataParallel 先在每個裝置上把模型的 torch.nn.Module 複製一份，再把輸入小批次資料切分為多個子小批次資料，並把這些子小批次資料分發到不同的 GPU 中進行計算，每個模型只需處理自己分配到的資料。
- 進行反向傳播。DataParallel 會把每個 GPU 計算出來的梯度累積到 GPU 0 中進行整理。

4.3 定義

我們透過 DataParallel 的初始化函式來看看 DataParallel 的結構。__init__() 函式的三個輸入參數如下。

- module：模型。
- device_ids：訓練的裝置。
- output_device：儲存輸出結果的裝置，預設是在 device_ids[0]，即第 1 號卡。

初始化程式如下。

```
class DataParallel(Module):
    def __init__(self, module, device_ids=None, output_device=None, dim=0):
        # 省略程式，具體為：
        # 得到可用的 GPU
        # 在沒有輸入的情況下，使用所有可見的 GPU
        # 把 GPU 串列上第一個 GPU 作為輸出，該 GPU 也會被作為 Master
        self.dim = dim
        self.module = module
        self.device_ids = [_get_device_index(x, True) for x in device_ids]
        self.output_device = _get_device_index(output_device, True)
        self.src_device_obj = torch.device(device_type, self.device_ids[0])
        # 檢查負載平衡
        _check_balance(self.device_ids)
        # 單卡直接使用
        if len(self.device_ids) == 1:
            self.module.to(self.src_device_obj)
```

雖然輸入資料是均等劃分且並行分配的，但是輸出損失（Output Loss）每次都會在第一顆 GPU 聚集相加計算，所以第一顆 GPU 的記憶體負載和使用率會大於其他 GPU。_check_balance() 函式會檢查負載是否平衡，如果記憶體或者處理器核心數的 min/max > 0.75，則會發出警告。

4.4 前向傳播

接下來介紹一下如何進行前向傳播，前向傳播在 DataParallel 的 forward() 函式中完成。

因為在之前的範例中已經用 model=model.cuda() 函式把模型放到 GPU[0] 上，GPU[0] 此時已經有了模型的參數和快取，所以在 forward() 函式中就不用進行這一步，而是從分發模型和資料開始（需要注意的是，每次前向傳播時都會分發模型）。

forward() 函式的實現具體分為幾個步驟。

- 驗證：遍歷模型成員變數 module 的參數和快取，看看是否都在 GPU[0] 上，如果不在則顯示出錯。
- 分發輸入資料：將輸入資料根據其第一個維度（一般是批次大小）劃分為多份，分別傳送到多個 GPU。
- 複製模型：將模型分別複製到多個 GPU。
- 並行應用（Parallel Apply）：在多個模型上並行進行前向傳播。因為 GPU device_ids[0] 和並行基礎模組（Base Parallelized Module）是共用儲存的，所以在 device[0] 上的原地（in-place）更新會被保留下來，其他的 GPU 則不會。
- 聚集：收集從多個 GPU 上傳送回來的資料。

接下來，我們對上述重點步驟進行分析。

1．分發（輸入）

在 forward() 函式中，利用如下敘述完成資料分發操作。

```
inputs, kwargs = self.scatter(inputs, kwargs, self.device_ids)
```

由於 self.scatter() 函式是 scatter_kwargs() 函式的封裝，因此我們直接看 scatter_kwargs() 函式，此處對應圖 4-2 中的第一個階段：

```
def scatter(self, inputs, kwargs, device_ids):
    return scatter_kwargs(inputs, kwargs, device_ids, dim=self.dim)
```

（1）scatter_kwargs() 函式

scatter_kwargs() 函式呼叫 scatter() 函式分別對 inputs 和 kwargs 進行分發，具體程式如下。

```
def scatter_kwargs(inputs, kwargs, target_gpus, dim=0):
    inputs = scatter(inputs, target_gpus, dim) if inputs else []
    kwargs = scatter(kwargs, target_gpus, dim) if kwargs else []
```

```
    # 傳回 tuple
    inputs = tuple(inputs)
    kwargs = tuple(kwargs)
    return inputs, kwargs
```

（2）scatter() 函式

在 scatter() 函式中，輸入的張量首先被切分成大致相等的區塊，然後使用 Scatter.apply() 函式在給定的 GPU 之間分發，就是將一個小批次資料近似等分成更小的子小批次資料。對於其他類型的變數會根據不同類型進行不同操作，比如呼叫 scatter_map() 函式對其他類型的變數進行遞迴處理。

（3）Scatter 類別

前面提到了呼叫 Scatter.apply() 函式分發張量，我們接著看看 Scatter 類別。Scatter 類別拓展了 torch.autograd.Function，邏輯如下。

- 如果 CUDA 可用，則得到串流（Stream）串列，這樣可以在背景串流執行從 CPU 到 GPU 的複製操作。
- 呼叫 comm.scatter() 函式進行分發操作。
- 呼叫 wait_stream() 函式和 record_stream() 函式對複製串流進行同步，具體程式如下。

```
class Scatter(Function):
    @staticmethod
    def forward(ctx, target_gpus, chunk_sizes, dim, input):
        target_gpus = [_get_device_index(x, True) for x in target_gpus]
        ctx.dim = dim
        ctx.input_device = input.get_device() if input.device.type != "cpu" else -1
        streams = None

        if torch.cuda.is_available() and ctx.input_device == -1:
            # 在背景串流執行從 CPU 到 GPU 的複製操作
            streams = [_get_stream(device) for device in target_gpus]

        # 分發操作
```

```
        outputs = comm.scatter(input, target_gpus, chunk_sizes, ctx.dim, streams)
        # 對複製串流進行同步
        if streams is not None:
            for i, output in enumerate(outputs):
                with torch.cuda.device(target_gpus[i]):
                    main_stream = torch.cuda.current_stream()
                    main_stream.wait_stream(streams[i]) # 同步
                    output.record_stream(main_stream) # 同步
        return outputs

    @staticmethod
    def backward(ctx, *grad_output):
        return None, None, None, Gather.apply(ctx.input_device, ctx.dim, *grad_
output)
```

comm.scatter() 函式透過呼叫 torch._C._scatter() 函式進入了 C++ 世界。C++ 的 scatter() 函式會把資料分佈到各個 GPU 上，具體邏輯如下。

- 先呼叫 split_with_sizes() 函式或者 chunk() 函式把小批次資料分割成子小批次資料。
- 然後，把這些子小批次資料透過 to() 函式分佈到各個 GPU 上。

2・複製（模型）

前面我們已經使用 scatter() 函式將資料從 device[0] 分配並複製到不同的卡，下面使用 replicate() 函式將模型從 device[0] 複製到不同的卡，具體程式如下。

```
# 分發模型
replicas = self.replicate(self.module, self.device_ids[:len(inputs)])
```

此處對應圖 4-2 中的第二個階段。

（1）replicate() 函式

replicate() 函式的具體邏輯如下。

首先使用 _replicatable_module() 函式看看是否可以安全地複製模型，然後根據 GPU 的數量來複製模型。

執行複製模型操作，其內部操作步驟如下。

- 複製參數。使用 _broadcast_coalesced_reshape() 函式把參數複製到各個 GPU。
- 複製快取。首先統計快取的數量，然後記錄需要求導的快取的索引，接著記錄不需要求導的快取的索引，最後使用 _broadcast_coalesced_reshape() 函式分別將兩種快取複製到各個 GPU。
- 複製模型。首先使用 modules() 函式傳回一個包含當前模型所有模組的迭代器，並把迭代器轉變成一個串列，就是 module 變數，這裡可以認為把模型展平（Flatten）了。然後遍歷這個串列，把模型的每一層都增加到 module_copies[j] 中（j 代表模型的一個副本）。最終 module_copies[j] 裡面包含了模型的每一層，如 module_copies[j][i] 就是模型的第 i 層。

對複製的模型進行設定，設定操作的具體方法如下。

- 設定模型網路，把 GPU 中資料的引用（Reference）設定到 modules 串列的每一項中，這些項就是完備的模型。由於之前是把嵌套的模型網路打散了分別複製到 GPU，即參數和快取分別被複製到 GPU，因此現在需要把它們重新設定到複製的模型中，這樣就把模型邏輯補齊了。
- 遍歷模型每個子模組，只設定部分需要的參數，包括：①處理模型子模組；②處理模型參數；③處理模型快取。

在後續平行作業時，每一個 Worker 都會得到 modules 串列的每一項，接下來每個 Worker 就會使用被分配到的這一項（實際上就是一個完整的模型）進行訓練。

replicate() 函式的具體程式如下。

```
def replicate(network, devices, detach=False):
    if not _replicatable_module(network): # 看看是否可以安全地複製模型
        raise RuntimeError("Cannot replicate network where python modules are "
                           "childrens of ScriptModule")
```

```
    devices = [_get_device_index(x, True) for x in devices]
    num_replicas = len(devices)
    params = list(network.parameters())
    param_indices = {param: idx for idx, param in enumerate(params)}
    # 使用 _broadcast_coalesced_reshape() 函式把參數複製到各個 GPU
    param_copies = _broadcast_coalesced_reshape(params, devices, detach)
    buffers = list(network.buffers())
    buffers_rg = []
    buffers_not_rg = []
    for buf in buffers:
        if buf.requires_grad and not detach:
            buffers_rg.append(buf)
        else:
            buffers_not_rg.append(buf)

    # 複製快取
    buffer_indices_rg = {buf: idx for idx, buf in enumerate(buffers_rg)}
    buffer_indices_not_rg = {buf: idx for idx, buf in enumerate(buffers_not_rg)}
    buffer_copies_rg = _broadcast_coalesced_reshape(buffers_rg, devices, detach=detach)
    buffer_copies_not_rg = _broadcast_coalesced_reshape(buffers_not_rg, devices,
detach=True)

    # 複製模型
    modules = list(network.modules())
    module_copies = [[] for device in devices]
    module_indices = {}
    for i, module in enumerate(modules): # 遍歷模型串列
        module_indices[module] = i
        for j in range(num_replicas):
            replica = module._replicate_for_data_parallel()
            replica._former_parameters = OrderedDict()
            module_copies[j].append(replica)

    # 對複製的模型進行設定
    for i, module in enumerate(modules): # 遍歷模型串列
        for key, child in module._modules.items(): # 遍歷模型子模組
            if child is None:
                for j in range(num_replicas):
                    replica = module_copies[j][i]
```

```
                replica._modules[key] = None
        else:
            module_idx = module_indices[child]
            for j in range(num_replicas):
                replica = module_copies[j][i]
                setattr(replica, key, module_copies[j][module_idx])
    for key, param in module._parameters.items(): # 遍歷模型參數
        if param is None:
            for j in range(num_replicas):
                replica = module_copies[j][i]
                replica._parameters[key] = None
        else:
            param_idx = param_indices[param]
            for j in range(num_replicas):
                replica = module_copies[j][i]
                param = param_copies[j][param_idx]
                setattr(replica, key, param)
                replica._former_parameters[key] = param
    for key, buf in module._buffers.items(): # 遍歷模型 buffer
        if buf is None:
            for j in range(num_replicas):
                replica = module_copies[j][i]
                replica._buffers[key] = None
        else:
            if buf.requires_grad and not detach:
                buffer_copies = buffer_copies_rg
                buffer_idx = buffer_indices_rg[buf]
            else:
                buffer_copies = buffer_copies_not_rg
                buffer_idx = buffer_indices_not_rg[buf]
            for j in range(num_replicas):
                replica = module_copies[j][i]
                setattr(replica, key, buffer_copies[j][buffer_idx])

return [module_copies[j][0] for j in range(num_replicas)]
```

（2）分發操作

replicate() 函式中用到了 _broadcast_coalesced_reshape() 函式對模型參數進行分發，具體程式如下。

```
def _broadcast_coalesced_reshape(tensors, devices, detach=False):
    from ._functions import Broadcast
    if detach:
        # 如果是 detach 為 True 的情況，則直接呼叫
        return comm.broadcast_coalesced(tensors, devices)
    else:
        # 如果沒有 detach，則使用 torch.autograd.Function 來廣播
        if len(tensors) > 0:
            # 先用 Broadcast 類別過渡一下，然後呼叫 broadcast_coalesced
            tensor_copies = Broadcast.apply(devices, *tensors)
            return [tensor_copies[i:i + len(tensors)]
                    for i in range(0, len(tensor_copies), len(tensors))]
        else:
            return []
```

在上述程式中，使用 Broadcast 類別過渡的原因是，因為張量不是分離的（Detached），所以除廣播之外，還需要在上下文中設置哪些張量不需要梯度。在某些情況下，使用者自訂的 Function 類別可能需要知道此情況。Broadcast 類別的具體程式如下。

```
class Broadcast(Function):
    @staticmethod
    def forward(ctx, target_gpus, *inputs):
        # 當進行前向傳播時，向上下文存入一些變數
        target_gpus = [_get_device_index(x, True) for x in target_gpus]
        ctx.target_gpus = target_gpus
        ctx.num_inputs = len(inputs)
        # 將 input 放在 device[0]
        ctx.input_device = inputs[0].get_device()
        # 和 detach 的情形一樣
        outputs = comm.broadcast_coalesced(inputs, ctx.target_gpus)
        non_differentiables = []
```

```
        # 在上下文中設置哪些張量不需要梯度
        for idx, input_requires_grad in enumerate(ctx.needs_input_grad[1:]):
            if not input_requires_grad:
                for output in outputs:
                    non_differentiables.append(output[idx])
        ctx.mark_non_differentiable(*non_differentiables)
        return tuple([t for tensors in outputs for t in tensors])

    @staticmethod
    def backward(ctx, *grad_outputs):
        return (None,) + ReduceAddCoalesced.apply(ctx.input_device, ctx.num_inputs,
*grad_outputs)
```

在上面的程式中，comm.broadcast_coalesced() 函式會跳躍到 C++ 世界，該函式的主要邏輯如下。

- 把變數分發給所有 GPU。在 broadcast_coalesced() 函式中，多個變數會先合併成一個大變數，然後廣播到其他裝置，最後根據原始形狀進行切分。
- 切分時，視圖操作會使所有變數一起廣播以共用一個版本計數器，因為它們都是大變數的視圖。該大變數會立即被丟棄，並且所有這些變數不會共用儲存。

呼叫 _broadcast_out_impl() 函式把來源張量（CPU 或者 CUDA）廣播到一個 CUDA 裝置串列上，_broadcast_out_impl() 函式呼叫 nccl::broadcast(nccl_list) 函式完成具體操作。

至此，我們把資料和模型都分佈到其他 GPU 上，將目前的前向傳播圖建構出來，具體如圖 4-3 所示。replicate() 函式呼叫了 Broadcast.forward() 函式，同時在上下文儲存了 input_device 和 num_inputs，為前向傳播做好了準備。

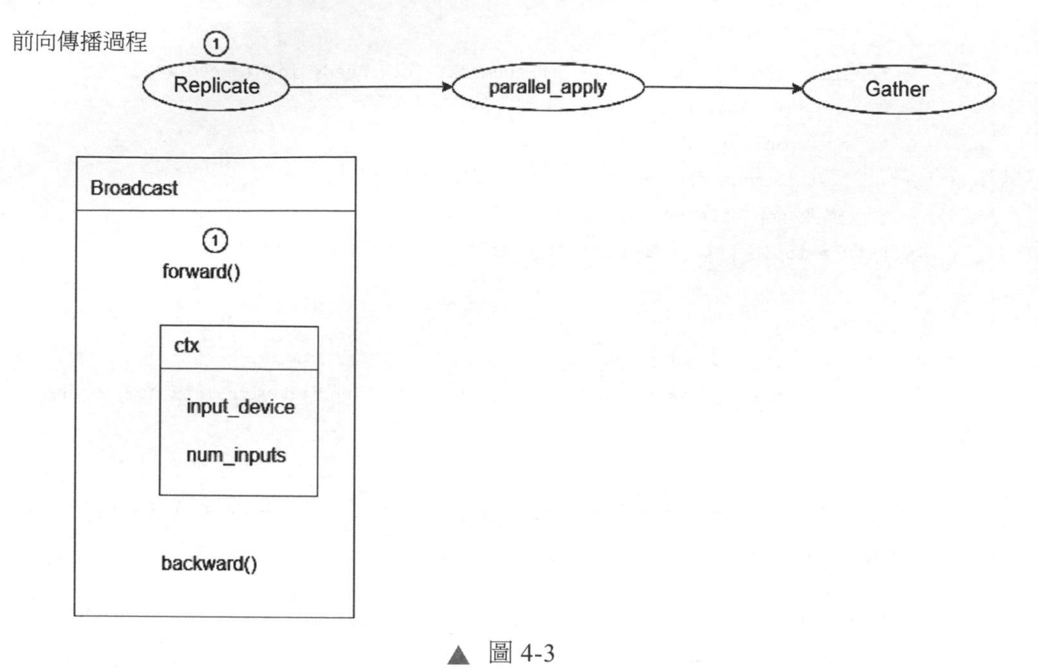

▲ 圖 4-3

3．並行處理

接下來，要呼叫 forward() 函式進行計算，也就是 parallel_apply() 函式部分，具體程式如下。

```
# 分發資料
inputs, kwargs = self.scatter(inputs, kwargs, self.device_ids)
# 分發模型
replicas = self.replicate(self.module, self.device_ids[:len(inputs)])
# 並行訓練
outputs = self.parallel_apply(replicas, inputs, kwargs)
```

此處對應圖 4-2 中的第三階段。

parallel_apply() 函式基於執行緒實現，先利用 for 迴圈啟動多執行緒，在每個執行緒中用前面準備好的模型副本和輸入資料進行前向傳播，然後輸出傳播結果。此時前向傳播過程如圖 4-4 所示，這裡的平行作業呼叫了 torch.nn.Module 的 forward() 函式。

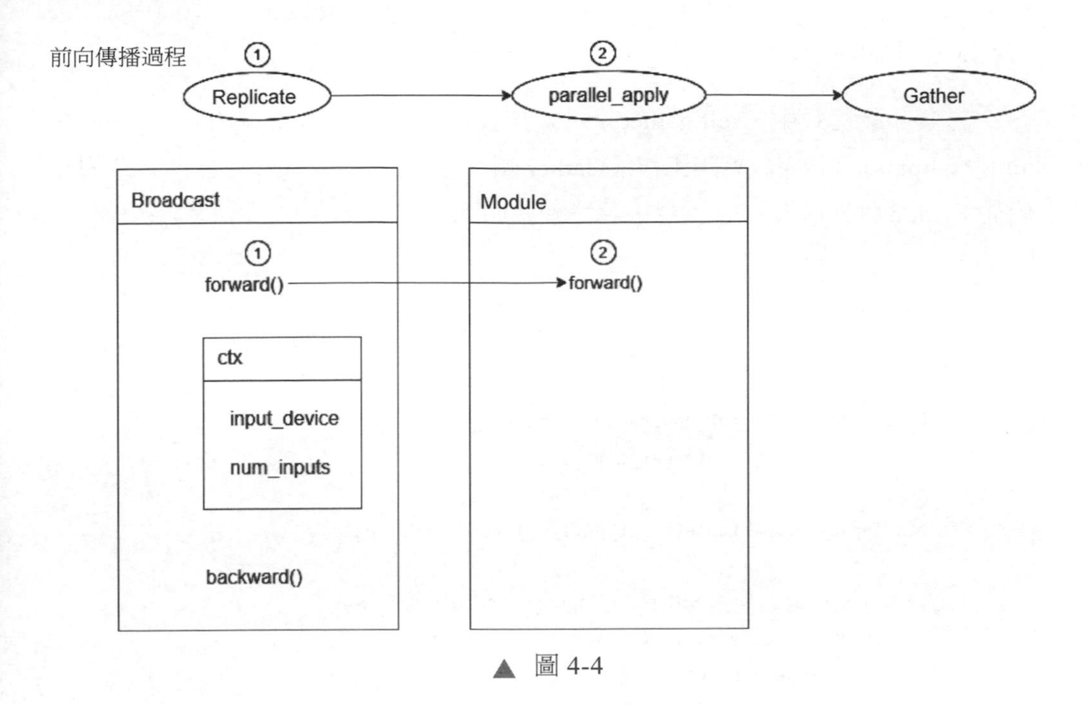

▲ 圖 4-4

4．聚集

接下來，要做的就是把分散式運算的輸出聚集到 device[0]，即 self.output_device，具體程式如下。

```
# 分發資料
inputs, kwargs = self.scatter(inputs, kwargs, self.device_ids)
# 分發模型
replicas = self.replicate(self.module, self.device_ids[:len(inputs)])
# 並行訓練
outputs = self.parallel_apply(replicas, inputs, kwargs)
# 聚集到 devices[0]
return self.gather(outputs, self.output_device)
```

此處對應圖 4-2 中的第四階段。

下面我們來看看如何把結果聚集到 device[0]，以及 device[0] 如何造成類似參數伺服器的作用。具體操作分為 Python 世界和 C++ 世界兩個階段。

(1) Python 世界

在上一段程式中，self.gather() 函式主要呼叫了 Gather.apply(target_device, dim, *outputs) 函式完成聚集工作。Gather 類別呼叫了 comm.gather() 函式帶領我們從 Python 世界進入 C++ 世界，具體程式如下。

```
class Gather(Function):
    @staticmethod
    def forward(ctx, target_device, dim, *inputs): # target_device 就是 device[0]
        # 往上下文存放幾個變數，後續會用到
        target_device = _get_device_index(target_device, True)
        ctx.target_device = target_device
        ctx.dim = dim
        ctx.input_gpus = tuple(i.get_device() for i in inputs)

        if all(t.dim() == 0 for t in inputs) and dim == 0:
            inputs = tuple(t.view(1) for t in inputs)
            ctx.unsqueezed_scalar = True
        else:
            ctx.unsqueezed_scalar = False

        ctx.input_sizes = tuple(i.size(ctx.dim) for i in inputs)
        return comm.gather(inputs, ctx.dim, ctx.target_device) # 進入 C++ 世界

    @staticmethod
    def backward(ctx, grad_output): # 注意，此處後續會用到
        scattered_grads = Scatter.apply(ctx.input_gpus, ctx.input_sizes, ctx.dim,
grad_output)
        if ctx.unsqueezed_scalar:
            scattered_grads = tuple(g[0] for g in scattered_grads)
        return (None, None) + scattered_grads
```

前向傳播過程如圖 4-5 所示，gather() 函式呼叫了 Gather 類別的 forward() 函式，forward() 函式在上下文儲存了 input_gpus、input_sizes、dim 這三個變數，這些變數後續會用到。

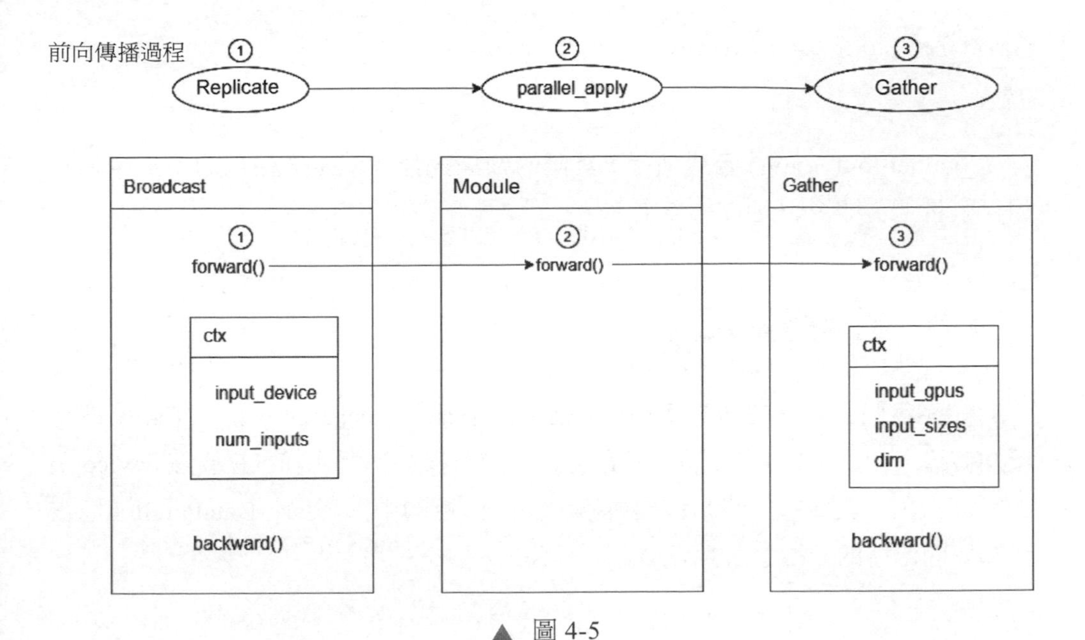

▲ 圖 4-5

（2）C++ 世界

在 C++ 世界中，gather() 函式呼叫了 _gather_out_impl() 函式來完成複製操作，具體程式如下。

```
at::Tensor gather(at::TensorList tensors, int64_t dim,
    c10::optional<int32_t> destination_index) { // destination_index 就是
device[0] 的索引
  at::Device device(DeviceType::CPU);
  // 根據索引得到輸出的目標裝置
  if (!destination_index || *destination_index != -1) {
    // device 就是指 GPU 0 這個裝置
    device = at::Device(
        DeviceType::CUDA, destination_index ? *destination_index : -1);
  }

  // 首先建構一個空的目標張量並建立在目標裝置上，命名為 result
  at::Tensor result =
      at::empty(expected_size, first.options().device(device), memory_format);
  // 然後對 result 進行聚集
```

```
    return _gather_out_impl(tensors, result, dim);
}
```

_gather_out_impl() 函式執行了具體的聚集操作，就是把輸入的張量複製到目標張量上，即複製到 GPU 0 上。

4.5 計算損失

前面我們已經把前向傳播的計算結果聚集到 device[0] 上，接下來開始進行反向傳播，即圖 4-2 中的反向傳播部分。在進行反向傳播之前，需要在 device[0] 上計算損失，其實這一步是前向傳播和反向傳播的中間環節，DataParallel 把它作為反向傳播的開端。

4.6 反向傳播

在完成計算損失工作之後，接下來進入本章範例程式中的 loss.backward() 函式部分。

1. 分發梯度

分發梯度的作用是把損失在 GPU 之間進行分發，這樣後續才可以在每個 GPU 上獨立進行反向傳播，此處對應圖 4-2 中反向傳播的第二階段。

（1）Gather.backward

由 4.2 節範例程式可知，因為 prediction 變數獲得了聚集到 GPU 0 的前向計算輸出，而損失又是根據 prediction 計算出來的，所以 DataParallel 從 loss.backward() 函式開始反向傳播後，第一個步驟就來到了 gather() 函式的傳播操作，對應的就是 Gather 類別的 backward() 函式，其中的核心程式是 Scatter.apply（因為要分發梯度，所以還是呼叫到了 Scatter 類別中），具體程式如下。

```
class Gather(Function):
    # 省略前向傳播方法，請參見前面對應小節
    @staticmethod
    def backward(ctx, grad_output): # 反向傳播會用 backward() 函式把前向傳播在上下文中存
放的變數取出，作為 Scatter.apply() 函式的輸入
        scattered_grads = Scatter.apply(ctx.input_gpus, ctx.input_sizes, ctx.dim,
grad_output)
        if ctx.unsqueezed_scalar:
            scattered_grads = tuple(g[0] for g in scattered_grads)
        return (None, None) + scattered_grads
```

從上述程式可以看到，backward() 函式使用了前向傳播時儲存的 ctx.input_gpus、ctx.input_sizes、ctx.dim、grad_output，以此呼叫 Scatter.apply() 函式，其邏輯如圖 4-6 所示。圖 4-6 中最上面是前向傳播過程，最下面是反向傳播過程，中間是某些在前向傳播或反向傳播中用到的程式模組。

（2）Scatter 類別

Scatter.apply 實際上呼叫了 Scatter 的 forward() 函式（具體程式請參見前面對應小節），具體作用如下。

- 從上下文提取之前儲存的變數，主要是輸入裝置 input_device（來源裝置）和目標裝置 target_gpus。
- 獲取目標裝置的串流。
- 呼叫 comm.scatter() 函式把梯度分發到目標裝置。

Scatter 的 forward() 函式會呼叫 outputs = comm.scatter(input, target_gpus, chunk_sizes, ctx.dim, streams) 函式直接進入 C++ 世界，而 comm.scatter() 函式的作用就是先呼叫 chunk() 函式把張量進行切分，然後呼叫 to() 函式把張量分發給各個裝置的串流。

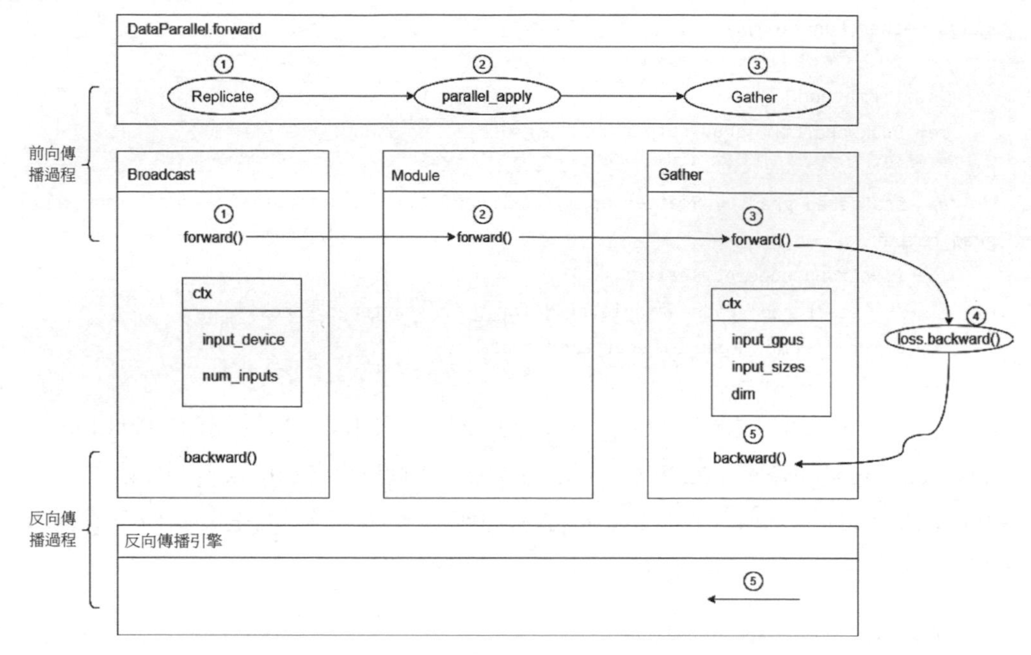

▲ 圖 4-6

2 · 並行反向傳播

在梯度被分發到各個 GPU 之後，就正式進入並行反向傳播階段，這部分的作用是在各個 GPU 上並行反向傳播，並計算參數梯度，對應圖 4-2 中的第二行第三階段。

這部分呼叫了原始模型的 backward() 函式，具體如圖 4-7 中的第⑥步所示。

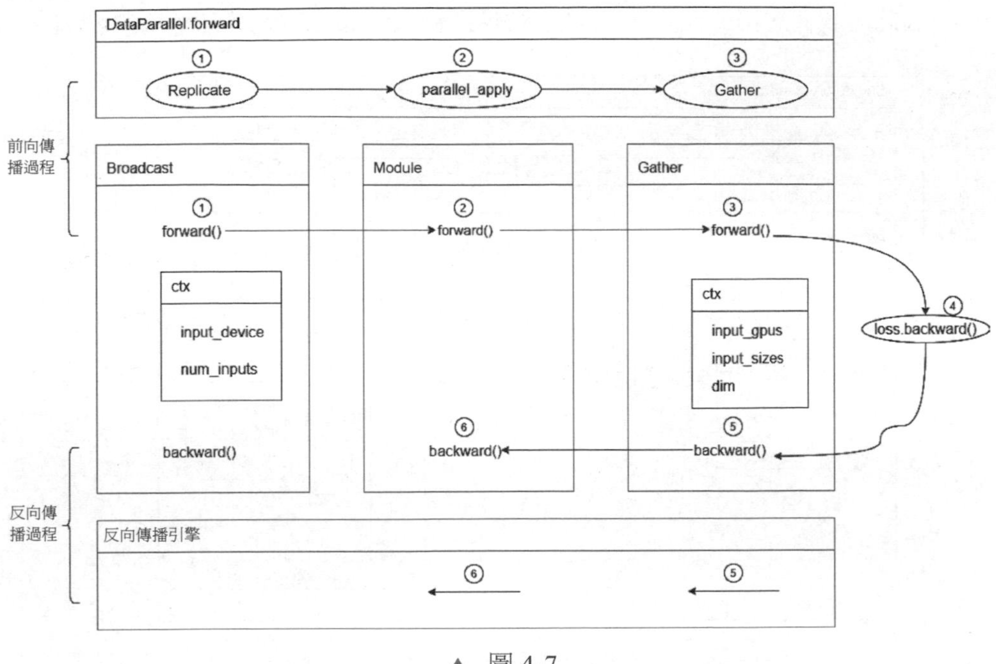

▲ 圖 4-7

3．精簡梯度

接下來我們介紹精簡梯度，其作用是在 GPU 0 上精簡梯度，整體流程拓展對應圖 4-2 中的第二行第四階段。

執行流程呼叫 Broadcast.backward() 函式，具體程式如下。

```
class Broadcast(Function):
    # 省略前向傳播方法，請參見前面對應小節

    @staticmethod
    def backward(ctx, *grad_outputs):
        # 反向傳播來到此處，取出之前在上下文存放的變數作為 ReduceAddCoalesced.apply() 函
式的輸入。ctx.input_device 就是之前儲存的 GPU 0
        return (None,) + ReduceAddCoalesced.apply(ctx.input_device, ctx.num_inputs,
*grad_outputs)
```

因此，我們的拓展流程圖如圖 4-8 所示。

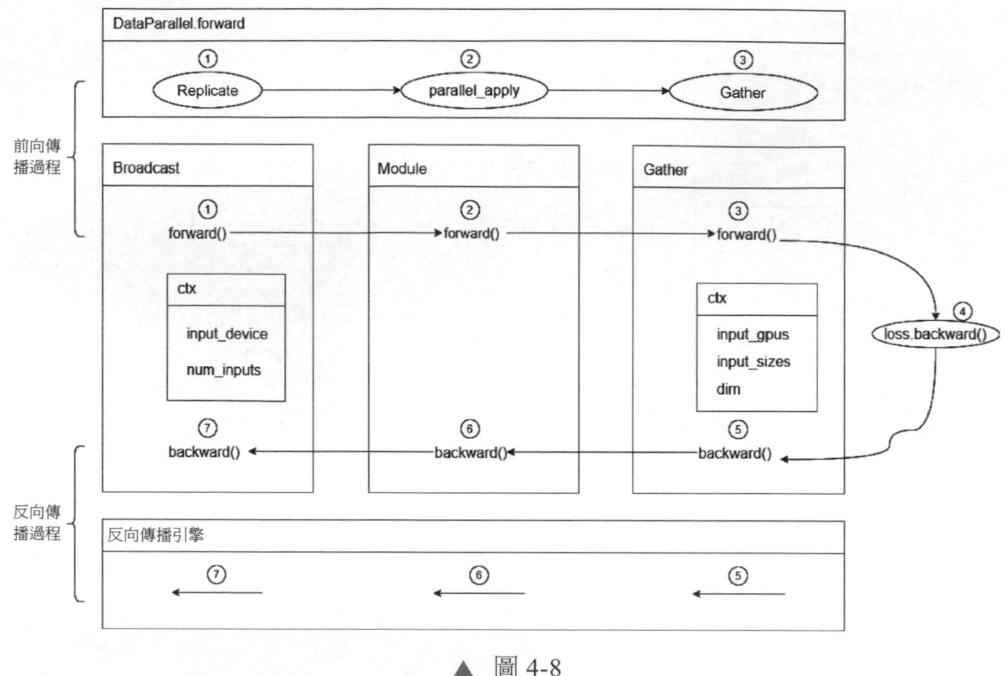

▲ 圖 4-8

Broadcast.backward() 函式呼叫了 ReduceAddCoalesced.apply() 函式，該函式對應 ReduceAddCoalesced 的 forward() 函式，目的是把梯度精簡到目標裝置 destination（GPU 0），具體程式如下。

```
class ReduceAddCoalesced(Function):
    @staticmethod
    # 呼叫 ReduceAddCoalesced.apply() 函式會執行到此處，destination 是 GPU 0
    def forward(ctx, destination, num_inputs, *grads):
        # 從梯度中提取所在的裝置
        ctx.target_gpus = [grads[i].get_device() for i in range(0, len(grads), num_
inputs)]

        grads_ = [grads[i:i + num_inputs]
                  for i in range(0, len(grads), num_inputs)]
        # 把梯度精簡到目標裝置 destination，就是 GPU 0
        return comm.reduce_add_coalesced(grads_, destination)
```

```
    @staticmethod
    def backward(ctx, *grad_outputs):
        return (None, None,) + Broadcast.apply(ctx.target_gpus, *grad_outputs)
```

上述程式中，comm.reduce_add_coalesced() 函式的作用是從多個 GPU 相加梯度，即精簡相加，其程式類似 reduce_add(tensor_at_gpus, destination) 函式。

4．更新模型參數

範例程式中的 optimizer.step() 敘述會更新模型參數，其功能是進行梯度下降並更新主 GPU 上的模型參數。由於模型參數僅在主 GPU 上更新，此時其他從屬 GPU 並沒有同步更新，因此需要將更新後的模型參數複製到剩餘的從屬 GPU 中，以此來實現並行。這會在下一次 for 迴圈中進行，以此循環反覆。

4.7 總結

總結一下 DataParallel 的全部流程，如圖 4-9 所示，原始資料和模型都被放入預設的 GPU，即 GPU 0，然後進行以下迭代。

① 分發階段會把資料分發到其他 GPU。

② 複製階段會把模型分發到其他 GPU。

③ 並行前向操作階段會啟動多個執行緒進行前向計算。

④ 聚集階段會把計算輸出聚集到 GPU 0。

⑤ GPU 0 會計算損失。

⑥ 把損失分發到其他 GPU。

⑦ 模型呼叫 backward() 函式計算梯度。

⑧ 把梯度精簡到 GPU 0。

⑨ 呼叫 optimizer.step() 函式更新模型。

上面的序號對應圖 4-9 中的數字。

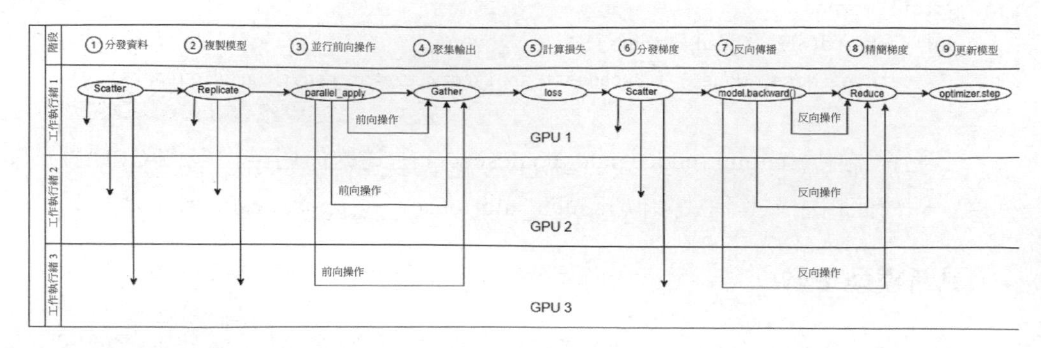

▲ 圖 4-9

至此，DataParallel 分析完畢，雖然 DataParallel 簡便易用，但也存在如下缺陷，使得它在實際操作中並不盡如人意，具體問題如下。

- 容錯資料副本。資料先從主機複製到主 GPU，然後將子小批次資料在其他 GPU 之間分發。
- 在前向傳播之前需要跨 GPU 進行模型複製。由於模型參數是在主 GPU 上更新的，因此模型必須在每次前向傳播開始時重新同步。
- 每個批次資料都有執行緒建立 / 銷毀銷耗。並行前向傳播是在多個執行緒中實現的。
- 在主 GPU 上不必要地聚集模型輸出。
- GPU 使用率不均衡，負載不均衡。主 GPU 的記憶體和使用率比其他 GPU 高，這是因為計算損失、梯度精簡和更新參數均發生在主 GPU 上。
- 主 GPU 容易成為網路瓶頸，因為它需要和每一個 GPU 進行互動。

基於上述缺陷，PyTorch 推出了 DDP，下一章我們來介紹 DDP。

PyTorch DDP 的基礎架構

5.1 DDP 總述

torch.distributed 套件為多個計算節點的 PyTorch 提供多處理程序並行通訊基本操作，可以進行跨處理程序和跨叢集的平行計算。torch.nn.parallel.DistributedDataParallel 基於 torch.distributed 套件的功能提供了一個同步分散式訓練包裝器（Wrapper），此包裝器可以對 PyTorch 模型進行封裝和訓練，DDP 的核心功能是基於多處理程序等級的通訊，與 torch.multiprocessing 和

DataParrallel 提供的並行性有明顯區別。圖 5-1 是 torch.distributed 的相關架構，從圖中可以看到 DDP 在整個架構中的位置、相依項等。

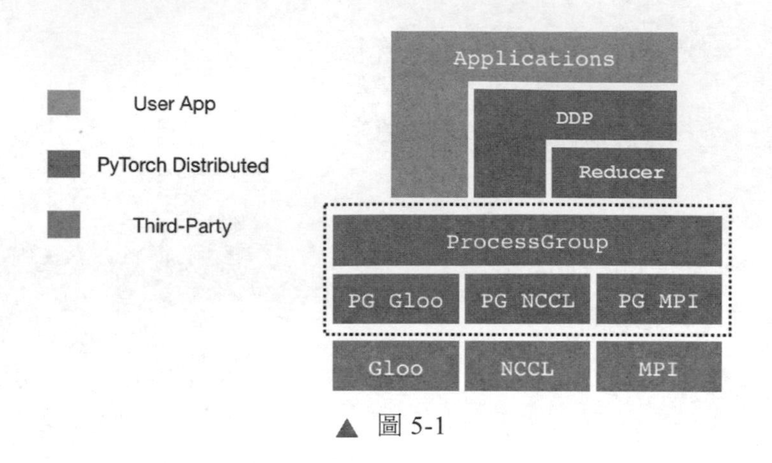

▲ 圖 5-1

5.1.1 DDP 的執行邏輯

DDP 的執行邏輯大體如下，我們後續還會詳細分析。

（1）載入模型階段。由於每個 GPU 都擁有模型的一個副本，因此不需要複製模型。rank 為 0 的處理程序會將網路初始化參數廣播到其他處理程序中，確保每個處理程序中的模型都擁有一樣的初始化值。

（2）載入資料階段。DDP 不需要廣播資料，而是使用多處理程序並行載入資料。在主機上，每個 Worker 處理程序都會把自己負責的資料載入到鎖頁記憶體。DistributedSampler 類別保證每個處理程序載入到的資料是彼此不重疊的。

（3）前向傳播階段。在每個 GPU 上執行前向傳播並計算輸出。因為每個 GPU 都執行相同的訓練，所以不需要有主 GPU。

（4）計算損失。在每個 GPU 上計算損失。

（5）反向傳播階段。透過執行反向傳播來計算梯度，在計算梯度的同時也對梯度執行 All-Reduce 操作。

（6）更新模型參數階段。由於每個 GPU 都從完全相同的模型開始訓練，並且梯度都被 All-Reduce 操作，因此每個 GPU 在反向傳播結束時最終都會得到平均梯度的相同副本，所有 GPU 上的權重更新都相同，也就不需要模型同步了。注意，在每次迭代過程中，模型中的快取需要從 rank 為 0 的處理程序廣播到處理程序組的其他處理程序上。

圖 5-2 來自 Fairscale 原始程式，清晰地舉出了一個 DDP 資料並行的執行模式，具體包括資料分片、前向傳播（本地）、反向傳播（本地）、使用 All-Reduce 來同步梯度和本地更新權重。

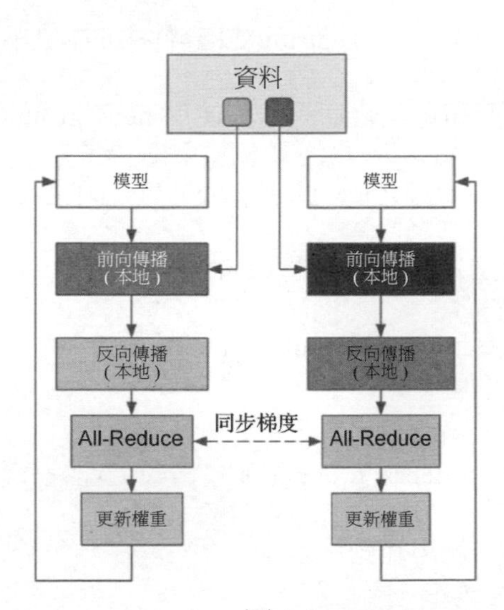

▲ 圖 5-2

5.1.2 DDP 的使用

關於分散式通訊，PyTorch 提供的幾個重要概念是處理程序組（Process Group）、後端（Backend）、初始化方法（init_method）和儲存（Store）。

（1）處理程序組：DDP 是真正的分散式訓練，可以使用多台機器組成一次並行運算的任務。為了滿足 DDP 各個 Worker 之間的通訊要求，PyTorch 引入了處理程序組的概念。

（2）後端：後端是一個邏輯上的概念，本質上是一種 IPC 通訊機制。

（3）初始化方法：雖然有了後端和處理程序組，但是如何讓 Worker 在建立處理程序組之前發現彼此，這就需要一種初始化方法來為大家傳遞資訊，從而聯繫到其他機器上的處理程序。

（4）儲存：可以認為是分散式鍵 - 值對儲存，利用此儲存可以在處理程序組中的處理程序之間共用資訊及初始化分散式套件。

基於上述概念，PyTorch 中分散式的基本使用流程如下。

（1）呼叫 init_process_group() 函式初始化處理程序組，同時初始化 Distributed 套件，這樣才能使用 Distributed 套件中的其他函式。

（2）如果需要進行組內集合通訊，則使用 new_group() 函式建立子分組。

（3）使用 DDP(model, device_ids=device_ids) 函式建立模型。

（4）為資料集建立分散式採樣器（DistributedSampler）。

（5）使用啟動工具 torch.distributed.launch 在每個主機上執行指令稿並開始訓練。

（6）使用 destory_process_group() 函式銷毀處理程序組。

下面，看看 DDP 的使用範例。

在範例的最開始，我們首先要呼叫 init_process_group() 函式正確設置處理程序組，該函式的參數解釋如下。

- Gloo：說明後端使用的是 Gloo 通訊函式庫。
- rank：本處理程序對應的 rank，如果是 0，則說明本處理程序是 Master 處理程序，負責廣播模型狀態等工作。
- world_size：指總的並行處理程序數目，如果連接的處理程序數小於 world_size，那麼處理程序就會阻塞在 init_process_group() 函式上；只有連接的處理程序數超過 world_size，程式才會繼續執行。如果 batch_size = 16，那麼整體的批次大小就是 16 * world_size。

init_process_group() 函式的使用方法如下。

```
def setup(rank, world_size):
    os.environ['MASTER_ADDR'] = 'localhost'
    os.environ['MASTER_PORT'] = '12355'
    dist.init_process_group("gloo", rank=rank, world_size=world_size) # 這筆命令之後，
Master 處理程序就處於等候狀態
```

接下來，我們先建立一個簡單模型（ToyModel）並用 DDP 包裝它，再用一些虛擬輸入資料來訓練它。請注意，由於 DDP 將模型狀態從 rank 0 處理程序廣播到 DDP 建構函式中的所有其他處理程序，因此對於所有 DDP 處理程序來說，它們的起始模型參數是一樣的，使用者無須擔心不同的 DDP 處理程序從不同的模型參數初始值開始，其具體邏輯如圖 5-3 所示。

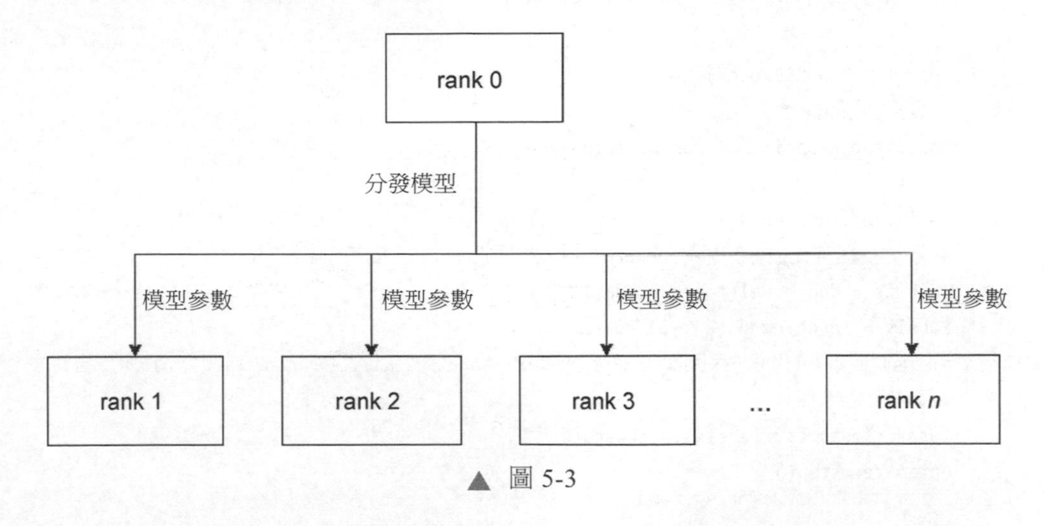

▲ 圖 5-3

DDP 包裝了較低等級的分散式通訊細節，並提供了一個乾淨的 API，類似一個本地模型。梯度同步通訊發生在反向傳播期間，並與反向計算重疊。當 backward() 函式傳回時，模型的 grad 變數已經包含同步梯度張量。因為 DDP 封裝了分散式通訊基本操作，所以模型參數的梯度可以進行 All-Reduce，具體程式如下。

```
class ToyModel(nn.Module):
    def __init__(self):
```

```
        super(ToyModel, self).__init__()
        self.net1 = nn.Linear(10, 10)
        self.relu = nn.ReLU()
        self.net2 = nn.Linear(10, 5)

    def forward(self, x):
        return self.net2(self.relu(self.net1(x)))

def demo_basic(rank, world_size):
    setup(rank, world_size)

    # 建立本地模型，移動模型到 GPU
    model = ToyModel().to(rank)
    # DDP 將本地模型作為建構函式參數，在建構完成後，本地模型將被分散式模型替換
    ddp_model = DDP(model, device_ids=[rank])

    loss_fn = nn.MSELoss()
    # 設置最佳化器
    optimizer = optim.SGD(ddp_model.parameters(), lr=0.001)

    optimizer.zero_grad()
    # 分散式模型可以很容易攔截 forward() 函式的呼叫，以執行相應的必要操作
    outputs = ddp_model(torch.randn(20, 10))
    labels = torch.randn(20, 5).to(rank)
    # 對於反向傳播，DDP 依靠反向鉤子觸發梯度精簡，即在損失張量上呼叫 backward() 函式時，自動求
導引擎將執行梯度精簡
    loss_fn(outputs, labels).backward()
    optimizer.step()

    cleanup()

def run_demo(demo_fn, world_size):
    mp.spawn(demo_fn, args=(world_size,), nprocs=world_size,          join=True)
```

在使用 DDP 時，一種最佳化方式是先只在一個處理程序中儲存模型，然後在所有處理程序中載入模型，從而減少儲存模型的寫入銷耗（這其實很像資料庫中的讀寫分離）。因為所有處理程序都從相同的參數開始，並且在反向傳播中同步梯度，所以最佳化器應該將參數設置為相同的值。從圖 5-4 中可以看出來，rank 0 負責儲存模型到儲存上，其他 rank 會載入模型到其本地。

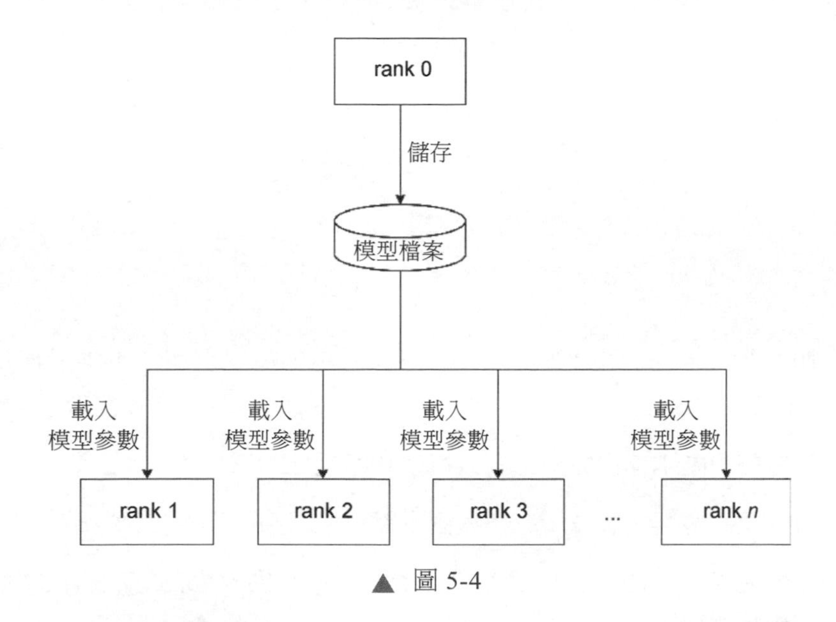

▲ 圖 5-4

5.2 設計理念

工欲善其事，必先利其器。PyTorch 開發者就 DDP 的實現，發佈了一篇論文 *PyTorch Distributed: Experiences on Accelerating Data Parallel Training*。本節就來學習該論文的思路，在後文中將以這篇論文為基礎，結合原始程式來進行分析。[①]

① 本節圖例均來自原始論文 *PyTorch Distributed: Experiences on Accelerating Data Parallel Training*。

5.2.1 系統設計

圖 5-5 舉出了 DDP 的建構區塊，它包含 Python API 和梯度精簡，並使用集合通訊函式庫。

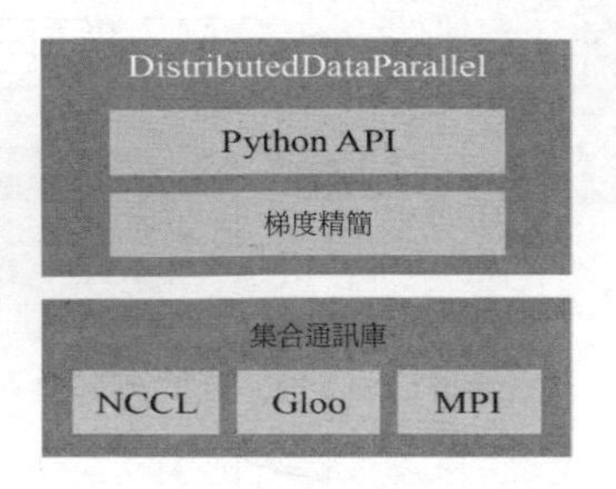

▲ 圖 5-5

在訓練過程中，每個處理程序都有自己的本地模型副本和本地最佳化器。對於資料並行而言，DDP 用如下途徑使得本地訓練和分散式訓練在數學上等價。

- 所有模型副本都從完全相同的模型狀態開始訓練。
- 每次反向傳播之後，所有模型副本都可以得到相同的參數梯度。
- 不同處理程序的最佳化器都彼此獨立，它們也能夠在每次迭代結束時將其本地模型副本置於相同的狀態。

5.2.2 梯度精簡

為了更好地介紹如何實現梯度精簡，我們從一個樸素的解決方案開始，逐步引入更複雜的情景。

DDP 讓所有訓練過程從相同的模型狀態開始，同時在每次迭代過程中使用相同的梯度，從而保證正確性。相同的模型狀態可以透過在 DDP 建構時將模型狀態從一個處理程序廣播到所有其他處理程序來實現。如何確保使用相同的梯度？一個簡單的解決方案是可以在本地反向傳播之後和更新本地參數之前插入一個梯度同步階段。PyTorch 自動求導引擎接收訂製的反向鉤子函式。DDP 可以註冊自動求導鉤子函式到引擎，以在每次反向傳播後觸發計算。當鉤子函式被觸發時會先掃描所有局部模型參數，從每個參數中檢索梯度張量，然後使用 All-Reduce 計算所有處理程序中每個參數的平均梯度，並將結果寫回梯度張量。

原生方案存在兩個性能問題：

- 集合通訊在小張量上表現不佳，如果模型擁有大量小參數，則性能會受到影響。
- 把梯度計算和同步操作分離，因為兩者之間的硬邊界而喪失計算與通訊重疊的機會。

於是我們針對這兩個問題進行改進，具體方法是梯度分桶（Gradient Bucketing）、計算與通訊重疊，接下來一一分析。

1．梯度分桶

由於集合通訊在大張量上更有效果，因此為了最大限度地提高頻寬使用率，DDP 嘗試對梯度進行分桶，具體分桶邏輯如圖 5-6 所示。

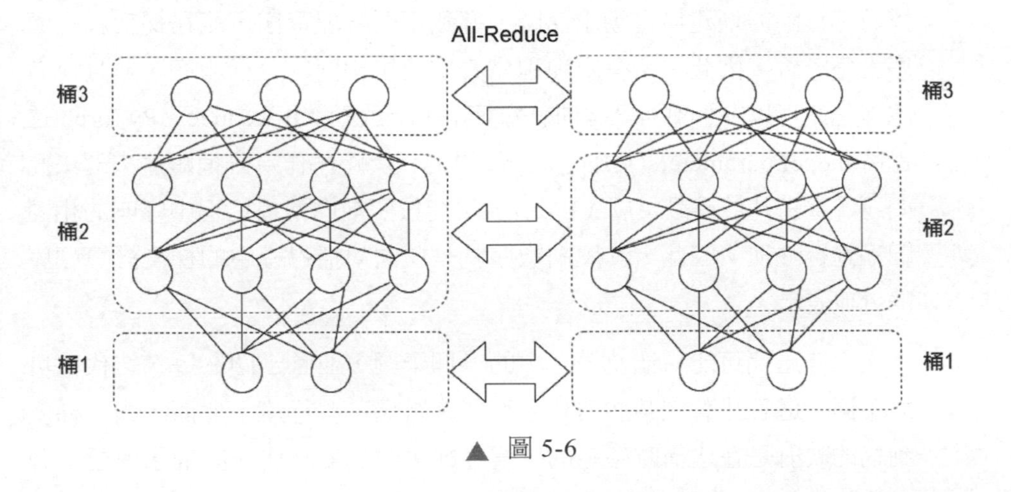

▲ 圖 5-6

2．計算與通訊重疊

為了讓計算與通訊重疊，只在反向傳播結束時觸發對梯度的 All-Reduce 是不夠的，需要對更頻繁的訊號做出反應，並更迅速地啟動 All-Reduce，這樣 All-Reduce 操作可以在本地反向傳播完成之前就開始，即在計算梯度過程之中就進行梯度精簡。

因此，在分桶的情況下，DDP 為每個梯度累積器註冊了一個自動求導鉤子函式。鉤子函式在相應的累積器更新梯度後被觸發，並檢查其所屬的桶。如果相同桶中所有梯度的鉤子函式都已被觸發，則最後一個鉤子函式將觸發該桶上的非同步 All-Reduce，即只要同一個桶中的所有內容全部就緒就可以開始啟動通訊。

這裡有兩點需要注意：

- 所有處理程序的精簡順序必須相同，否則 All-Reduce 內容可能不匹配，從而導致不正確的精簡結果或程式崩潰。然而，PyTorch 在每次前向傳播時都會動態地建構自動求導圖，導致不同處理程序可能在梯度就緒順序上不一致。因此，所有處理程序必須使用相同的分桶順序，並且沒有處理程序可以在加載桶 i 之前就在桶 i+1 上啟動 All-Reduce。PyTorch 透過將 model.parameters() 函式傳回結果的相反順序作為分桶順序來解決此問題，這是基於假設：層（Layer）可能按照前向傳播過程中呼叫的相同順序進行註冊。因此，其反向順序就是反向傳播過程中的梯度計算順序的近似表示。
- 一次訓練迭代可能只涉及模型中的一個子圖，並且子圖在每次迭代中可能不同，這意味著在某些迭代中可能會跳過某些梯度。然而，由於梯度到桶的映射是在建構時確定的，這些缺少的梯度將使一些桶永遠看不到最終的鉤子函式，從而無法將桶標記為就緒，因此反向傳播可能會暫停。為了解決此問題，DDP 從前向傳播的輸出張量開始來遍歷自動求導圖，並且透過在前向傳播結束時主動把這些缺失的梯度標識為就緒來避免等待。

5.2.3 實施

圖 5-7 的演算法舉出了 DDP 的虛擬程式碼，具體邏輯如下。

```
Algorithm 1: DistributedDataParallel
   Input: Process rank r, bucket size cap c, local model
          net
 1 Function constructor(net):
 2   if r=0 then
 3     broadcast net states to other processes
 4   init buckets, allocate parameters to buckets in the
      reverse order of net.parameters()
 5   for p in net.parameters() do
 6     acc ← p.grad_accumulator
 7     acc → add_post_hook(autograd_hook)
 8 Function forward(inp):
 9   out = net(inp)
10   traverse autograd graph from out and mark
      unused parameters as ready
11   return out
12 Function autograd_hook(param_index):
13   get bucket b_i and bucket offset using param_index
14   get parameter var using param_index
15   view ← b_i.narrow(offset, var.size())
16   view.copy_(var.grad)
17   if all grads in b_i are ready then
18     mark b_i as ready
19   launch AllReduce on ready buckets in order
20   if all buckets are ready then
21     block waiting for all AllReduce ops
```

▲ 圖 5-7

- Constructor 包含兩個主要步驟：將模型狀態廣播到其他處理程序中和安裝自動求導鉤子函式。
- DDP 的 forward() 函式是對本地模型 forward() 函式的簡單包裝，它遍歷自動求導圖，把未使用的參數都標識出來。
- 自動求導鉤子函式的輸入是內部參數索引（指明這個張量位於桶中的哪個副本，以及位於副本中的哪個位置），依靠這些索引，鉤子函式可以很容易找到參數張量及其所屬範圍，先將局部梯度寫入桶中的正確位置，然後啟動非同步 All-Reduce 操作。
- 虛擬程式碼中省略了一個結束步驟：等待 All-Reduce 操作，並在反向傳播結束時將 All-Reduce 得到的值寫回到引擎的梯度。

DDP 主要的開發工作集中在梯度精簡上，因為這是 DDP 中與性能最相關的步驟。該實現存在於 reducer.cpp 中，由四個主要元件組成：參數到桶的映射（Parameter-to-Bucket Mapping）、自動求導鉤子函式、桶的 All-Reduce 和全域未使用的參數（Globally Unused Parameters）。接下來闡述這四個組成部分。

（1）參數到桶的映射對 DDP 的計算速度有相當大的影響。在每次反向傳播過程中，DDP 都會將所有參數梯度複製到桶中，並在 All-Reduce 後將平均梯度複製回桶中。All-Reduce 的順序也會對結果產生影響，因為順序決定了多少通訊可以與計算重疊。DDP 按 model.parameters() 函式傳回結果的相反順序啟動 All-Reduce。

（2）自動求導鉤子函式是 DDP 在反向傳播過程中的切入點。在 DDP 的建構過程中，DDP 遍歷模型中的所有參數，在每個參數上找到梯度累積器，並為每個梯度累積器安裝相同的後期鉤子（post hook）函式。梯度累積器在相應的梯度準備就緒時觸發後期鉤子函式，DDP 會計算出整個桶何時全部就緒，這樣可以啟動 All-Reduce 操作。然而，由於無法保證梯度準備的順序，DDP 不能選擇性地安裝鉤子函式的參數。在當前的實現中，每個桶都維護一個暫停（pending）狀態的梯度計數。每個後期鉤子函式都會遞減計數，當計數為零時，DDP 會將一個桶標記為就緒。在下一次前向傳播中，DDP 會為每個桶補齊待定的累積計數。

（3）桶的 All-Reduce。它是 DDP 中通訊銷耗的主要來源：一方面，在同一個桶中裝入更多的梯度將減少通訊銷耗；另一方面，由於每個桶需要等待更多的梯度，使用較大尺寸的桶將導致更長的精簡等待時間，因此設置大小合適的桶是十分關鍵的，應用程式應該根據經驗將桶的大小設置為其用例的最佳值。

（4）全域未使用的參數的梯度在前向傳播和反向傳播過程中應保持不變。檢測未使用的參數時需要全域資訊，因為在一次迭代之中，某個參數可能在一個 DDP 處理程序中缺失，但可能在另一個 DDP 處理程序中參與訓練，因此 DDP 需要在點陣圖中維護本地未使用的參數資訊，並啟動額外的 All-Reduce 以收集全域點陣圖。由於點陣圖比張量尺寸小得多，因此模型中的所有參數共用同一點陣圖，而非建立每桶點陣圖（Per-Bucket Bitmaps）。點陣圖位於 CPU 上，以避免為每次更新啟動專用 CUDA 核心。但是某些 ProcessGroup 後端可能無法在 CPU 張量上執行 All-Reduce，例如，ProcessGroupNCCL 僅支援 CUDA 張量。此外，DDP 應該與任何訂製的 ProcessGroup 後端一起工作，它不能假設所有後端都支援 CPU 張量。為了解決此問題，DDP 在同一裝置上維護另一個點陣圖作為模型參數，並呼叫非阻塞複製（Non-Blocking Copy）操作將 CPU 點陣圖移動到裝置點陣圖以進行集合通訊。

5.3 基礎概念

本節介紹 DDP 相依的三個基礎概念：初始化方法、儲存和處理程序組。

5.3.1 初始化方法

在呼叫 DDP 其他方法之前，需要使用 torch.distributed.init_process_group() 函式進行初始化。該函式會初始化預設分散式處理程序組和分散式套件，同時會阻塞等待直到所有處理程序都加入。初始化處理程序組主要有兩種方法：

（1）指定 store、rank 和 world_size 這三個參數。

（2）指定 init_method（一個 URL 字串）參數，並指定在哪裡、如何發現對等點。

init_process_group() 函式的重要參數如下。

- 後端：要使用的後端，有效值包括「mpi」、「gloo」和「nccl」。該欄位應該以小寫字串（如「gloo」）形式舉出，也可以透過 Backend 屬性（如 Backend.Gloo）存取。
- init_method：指定如何初始化處理程序組的 URL。如果未指定 init_method 或 store，則預設為「env://」，init_method 與 store 這兩個參數互斥。
- world_size：參與 Job 的處理程序數。如果 store 指定，則 world_size 為必需的。

- rank：當前處理程序的等級（一個介於 0 和 world_size -1 之間的數字）。如果指定 store 參數，則 rank 為必需。
- store：所有 Worker 都可以存取的鍵 - 值對儲存，用於交換連接 / 位址資訊，與 init_method 互斥。

我們接下來就分別介紹初始化方法和儲存。

目前，DDP 支援三種初始化方法，具體如下。

- 環境變數初始化（Environment variable initialization）。
- 共用檔案系統初始化（Shared file-system initialization）：init_method='file:///mnt/nfs/ sharedfile'。
- TCP 初始化（TCP initialization）：init_method='tcp://10.1.1.20:23456'。

這裡有一個疑問，為什麼要有 init_method 和 store 這兩個參數？透過看 init_process_group 程式我們可以發現以下規律。

- 當使用 MPI 後端時，init_method 和 store 都沒有被用到。
- 當使用非 MPI 後端時，如果沒有 store 參數，則使用 init_method 建構一個 Store 類別。

所以，在非 MPI 後端時，Store 類別才是起作用的實體。

我們接下來看 Rendezvous（聚會 / 約會）的概念。在執行集合演算法之前，參與的處理程序需要找到彼此並交換資訊才能夠進行通訊，我們稱此過程為 Rendezvous。Rendezvous 的結果是一個三元組，其中包含一個共用鍵 - 值對儲存、處理程序的 rank 和參與處理程序的總數。如果內建的 rendezvous() 函式不適用於當前的執行環境，使用者可以選擇註冊自己的 Rendezvous 處理常式。

Rendezvous() 函式就是依據參數來選擇不同的 Handler 處理。三種 Handler 對應了初始化的三種方法，具體程式如下。

```
register_rendezvous_handler("tcp", _tcp_rendezvous_handler)
register_rendezvous_handler("env", _env_rendezvous_handler)
register_rendezvous_handler("file", _file_rendezvous_handler)
```

從分析結果來看，我們獲得了如下結論。

- init_method 最終還是落到了 Store 類別之上，Store 類別才是起作用的實體。
- 參與的處理程序需要找到彼此並交換資訊才能夠進行通訊，此過程稱為 Rendezvous。

接下來我們來看 Store 類別。

5.3.2 Store 類別

Store 類別是分散式套件提供的分散式鍵 - 值對儲存，所有的 Worker 都會存取此儲存以共用資訊及初始化分散式套件。使用者可以透過顯式建立 Store 類別來替代初始化方法。Store 類別目前有三種衍生類別：TCPStore、FileStore 和 HashStore。

我們接著上一節繼續看 Handler 的概念。

PyTorch 定義了一個全域變數 _rendezvous_handlers 用來儲存工廠方法，這些方法會傳回 Store 類別，具體程式如下。

```
_rendezvous_handlers = {}
```

註冊就是往全域變數中插入 Handler，程式如下。

```
def register_rendezvous_handler(scheme, handler):
    _rendezvous_handlers[scheme] = handler
```

如果仔細看 Handlers 的程式就會發現，其就是傳回了不同的 Store 類別，比如 _tcp_rendezvous_handler() 函式就是使用各種資訊建立 TCPStore。

我們繼續看在 init_process_group() 函式中，如何使用 Store 類別來初始化處理程序組。

```
default_pg = _new_process_group_helper(
    world_size, rank, [], backend, store,
```

```
    pg_options=pg_options, group_name=group_name, timeout=timeout)
_update_default_pg(default_pg)
```

上述程式呼叫 _new_process_group_helper() 函式生成處理程序組。我們以 Gloo 後端為例繼續分析，new_process_group_helper() 函式在獲得了 Store 類別之後，先生成了一個 PrefixStore，然後根據此 PrefixStore 生成了 ProcessGroupGloo。

```
def _new_process_group_helper(world_size, rank, group_ranks, backend, store, pg_
options=None, group_name=None, timeout=default_pg_timeout,
):
    # 省略部分程式
    backend = Backend(backend)
    pg: Union[ProcessGroupGloo, ProcessGroupMPI, ProcessGroupNCCL]
    if backend == Backend.MPI:
      # 省略部分程式
    else:
        prefix_store = PrefixStore(group_name, store)
        if backend == Backend.GLOO:
            pg = ProcessGroupGloo(prefix_store, rank, world_size, timeout=timeout)
           _pg_map[pg] = (Backend.GLOO, store)
           _pg_names[pg] = group_name
        elif backend == Backend.NCCL:
            # 省略部分程式
        else:
            pg = getattr(Backend, backend.upper())(
                prefix_store, rank, world_size, timeout
            )
           _pg_map[pg] = (backend, store)
           _pg_names[pg] = group_name
    return pg
```

在 ProcessGroupGloo 中有關於 Store 類別的具體使用，比如在 PrefixStore 上生成一個 GlooStore、利用 PrefixStore 建立網路等，程式如下。

```
ProcessGroupGloo::ProcessGroupGloo(
    const c10::intrusive_ptr<Store>& store, int rank, int size,
    c10::intrusive_ptr<Options> options)
```

```
    : ProcessGroup(rank, size), store_(new GlooStore(store)), // 在 PrefixStore 上生成
一個 GlooStore
      options_(options), stop_(false), collectiveCounter_(0) {
  auto& devices = options->devices;
  for (size_t i = 0; i < options->devices.size(); i++) {
    auto context = std::make_shared<::gloo::rendezvous::Context>(rank_, size_);
    // 又生成了一個 PrefixStore
    auto store = ::gloo::rendezvous::PrefixStore(std::to_string(i), *store_);
     // 利用 PrefixStore 建立網路
    context->connectFullMesh(store, options->devices[i]);
  }
}
```

在 setSequenceNumberForGroup() 函式中也有對 Store 類別的使用，比如等待、存取。

從目前的分析結果來看，我們拓展結論如下。

- init_method 最終還是落到了 Store 類別上，Store 類別才是起作用的實體。
- 參與的處理程序只有找到彼此並交換資訊才能夠進行通訊，此過程稱為 Rendezvous。
- Rendezvous 其實就是傳回了某一種 Store 類別，以供後續通訊使用。
- 處理程序組會使用 Store 類別完成建構通訊、等待、存取等功能。

我們接下來選擇 TCPStore 進行分析。

5.3.3 TCPStore 類別

TCPStore 是基於 TCP 的分散式鍵 - 值對儲存實現。系統中應該有一個初始化完畢的 TCPStore 儲存伺服器，因為儲存用戶端將等待此儲存伺服器以建立連接。伺服器負責儲存 / 儲存資料，TCPStore 用戶端可以透過 TCP 連接到伺服器並執行諸如 set() 函式插入鍵 - 值對、get() 函式檢索鍵 - 值對等操作。

下面，我們透過一個例子進行分析，程式如下。

```
# 執行在處理程序 1 (server)
server_store = dist.TCPStore("127.0.0.1", 1234, 2, True, timedelta(seconds=30))
```

```
# 執行在處理程序 2 (client)
client_store = dist.TCPStore("127.0.0.1", 1234, 2, False)
# 初始化之後可以使用 Store 類別的方法
server_store.set("first_key", "first_value")
client_store.get("first_key")
```

從上述例子來看，TCPStore 的使用就是簡單的 Server 和 Client（用戶端）或者 Master 和 Worker 模式，接下來進行詳細分析。

Python 世界中的 TCPStore 初始化操作簡單地設定了主機和通訊埠，我們需要深入 C++ 世界。C++ 中的 TCPStore 可以被認為是一個 API，其定義如下。

```
class TCPStore : public Store {
  bool isServer_;
  int storeSocket_ = -1;
  int listenSocket_ = -1;
  int masterListenSocket_ = -1; // Master 在此處監聽
  std::string tcpStoreAddr_;
  PortType tcpStorePort_;
  std::unique_ptr<TCPStoreMasterDaemon> tcpStoreMasterDaemon_ = nullptr;
  std::unique_ptr<TCPStoreWorkerDaemon> tcpStoreWorkerDaemon_ = nullptr;
};
```

TCPStore 成員變數中最主要的是三個 Socket，或者說它們是 Store 的精華（困難）所在，其功能具體解釋如下。

masterListenSocket_：Master 監聽（listen）在 MasterPort 上，相關邏輯如下。

- tcpStoreMasterDaemon_ 是 Master 的 daemon 執行緒，是為整個 TCPStore 提供服務的 Server。
- tcpStoreMasterDaemon_ 使用 tcputil::addPollfd(fds, storeListenSocket_, POLLIN) 監聽 masterListenSocket_。
- Master 上的鍵 - 值對儲存是 std::unordered_map<std::string, std::vector> tcpStore_ 變數。

storeSocket_：此 Socket 工作在 Worker 的 tcpStoreWorkerDaemon_，連接到 masterPort 上，相關邏輯如下。

- storeSocket_ 的作用是封裝對 Master 通訊埠的操作，Worker 只管執行 set() 函式、get() 函式等操作，不用了解 Master 通訊埠。
- Worker 呼叫 set(key, data) 函式，就是透過 storeSocket_ 向 Master 發送一個設置鍵 - 值對的請求。
- Master 的 tcpStoreMasterDaemon_ 監聽到 Socket 變化就開始回應。
- tcpStoreMasterDaemon_ 內部把鍵 - 值對增加到 std::unordered_map<std::string, std::vector> tcpStore_ 上。

listenSocket_：工作在 Worker 的 tcpStoreWorkerDaemon_ 上，也連接到 masterPort。listenSocket_ 造成了解耦作用，如註釋所述「It will register the socket on TCPStoreMasterDaemon and the callback on TCPStoreWorker Daemon」，相關邏輯如下。

- listenSocket_ 封裝了對 watchKey 的處理。Store 的客戶會使用 watchKey(const std::string& key, WatchKeyCallback callback) 請求註冊，即：
  - * Worker 請求註冊。使用 tcpStoreWorkerDaemon_->setCallback(regKey, callback) 向 tcpStoreWorkerDaemon_ 的 std::unordered_map<std::string, WatchKeyCallback> keyToCallbacks_ 變數上增加一個回呼函式（Callback）。
  - * Worker 發送請求。透過 listenSocket_ 給 Master 發訊息（key, WATCH_KEY），告訴 Master 如果 key 的值有變化就通知 Worker，Worker 會呼叫此回呼函式。
- Master 執行註冊。Master 接到 WATCH_KEY 訊息之後進行註冊，呼叫 watchHandler，其使用 watchedSockets_[key].push_back(socket) 來設定，告訴自己如果此 key 有變化，就給此 Socket 發訊息。

- Master 通知 Worker。在 TCPStoreMasterDaemon::setHandler() 函式中，如果給某個 key 設置了新值，則呼叫 sendKeyUpdatesToClients() 函式查看 watchedSockets_[key]；如果 watchedSockets_[key] 有 Socket，則給 Socket 發送訊息變化通知。
- Worker 執行回呼函式。因為 key 有變化，所以 Worker 就在 tcpStoreWorkerDaemon_ 中呼叫原先註冊的回呼函式。

另外，storeListenSocket_ 在兩種 Daemon 中分別指向 masterListenSocket_ 和 listenSocket_。

接下來，我們看看具體操作的兩個業務流程，分別是 set 和 watchKey。

set 的例子如圖 5-8 所示，就是 Worker 透過 Socket 在 Master 上設置某個鍵對應的值。

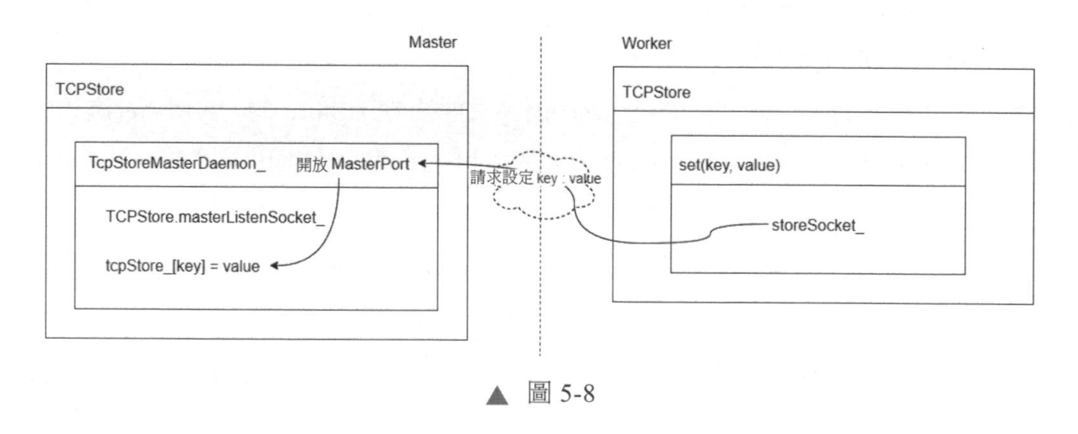

▲ 圖 5-8

set 和 watchKey 結合起來如圖 5-9 所示。其中，Worker 請求註冊，希望在鍵變化時執行回呼；Master 執行註冊，希望在鍵變化時通知 Worker 執行回呼，具體步驟如下。

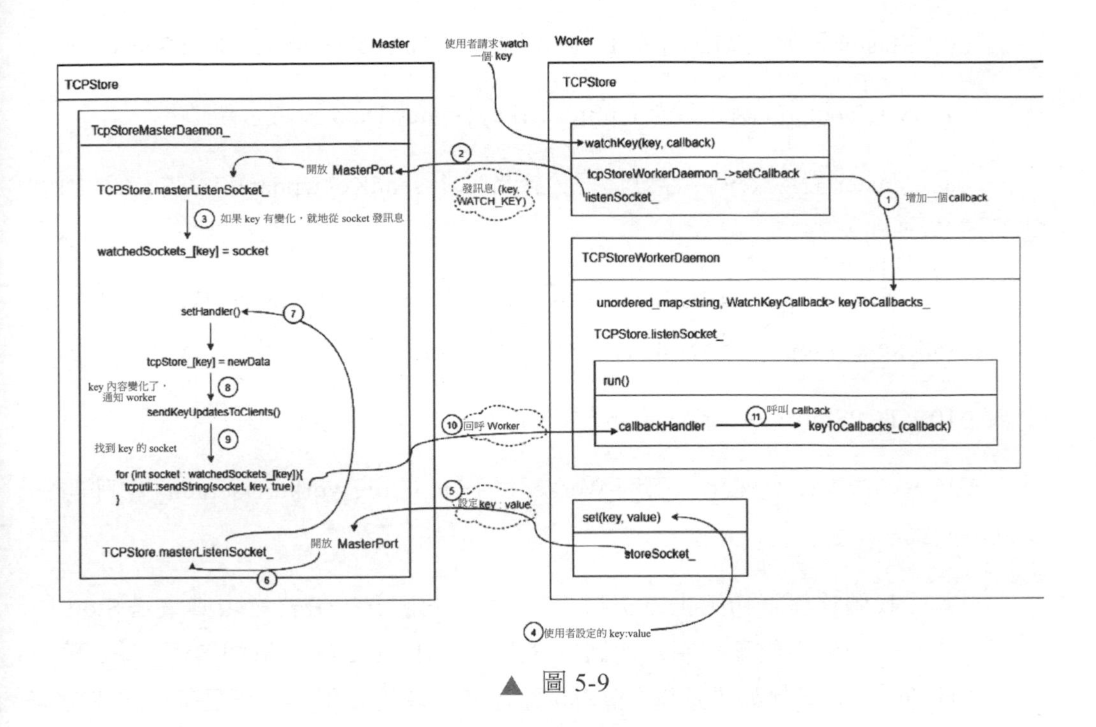

▲ 圖 5-9

（1）Worker 請求註冊。Store Client 使用 watchKey(const std::string& key, WatchKeyCallback callback) 函式呼叫 tcpStoreWorkerDaemon_->setCallback(regKey, callback)，進而來為 tcpStoreWorkerDaemon_ 的 std::unordered_map<std::string, WatchKeyCallback> keyToCallbacks_ 增加一個回呼函式。

（2）Worker 發送請求。Worker 透過 listenSocket_ 給 Master 發訊息（key, WATCH_KEY），告訴 Master：如果 key 的值有變化，Worker 希望呼叫 key 對應的回呼函式。

（3）Master 執行註冊。在 Master 接到 WATCH_KEY 的訊息之後，呼叫 watchHandler，其使用 watchedSockets_[key].push_back(socket) 函式來設定，並告訴自己如果此 key 有變化就給此 Socket 發訊息。

（4）回應 watch 操作。假設 Client（此處假設是同一個 Worker）設置了一個值。

（5）Worker 透過 Socket 在 Master 上設置值，並發送一個請求。

（6）Master 開放了 MasterPort，於是聯繫到 TCPStore.masterListenSocket_。

（7）SetHandler() 函式透過 tcpStore_[key] = newData 設置了新值。

（8）Master 發現 key 內容變化了，於是呼叫 sendKeyUpdatesToClients() 函式通知 Worker。

（9）sendKeyUpdatesToClients() 函式會遍歷 watchedSockets_[key]，如果 watchedSockets_ [key] 有 Socket，就給 Socket 發送訊息變化通知。

（10）TCPStoreWorkerDaemon 對 TCPStore.listenSocket_ 進行監聽。

（11）如果 key 有變化，那麼 Worker 就在 tcpStoreWorkerDaemon_ 中呼叫此回呼函式。

至此，我們整理了初始化方法和 Store 這兩個概念，最終發現其實是 Store 類別在初始化過程中起了作用。我們也透過對 TCPStore 的分析知道了 Store 類別應該具備的功能，比如設置鍵 - 值對、監控某個鍵的變化等，正是基於這些功能才可以讓若干處理程序彼此知道對方的存在。

5.3.4 處理程序組概念

DDP 建構在集合通訊函式庫上，包括三個選項：NCCL、Gloo 和 MPI。DDP 從這三個函式庫中獲取 API，並將它們包裝到同一個 ProcessGroup API 中。

在預設情況下，集合通訊在預設組（也稱為 world）上執行，並要求所有處理程序都進入分散式函式呼叫。但是，一些工作可以從更細粒度的通訊中受益，這就是分散式組發揮作用的地方。new_group() 函式用於建立一個新分散式組，此新組是所有處理程序的任意子集。new_group() 函式傳回一個不透明的組控制碼，此控制碼可以作為 Group 參數提供給所有集合函式。

拋開概念，從程式看其本質。處理程序組就是給每一個訓練的處理程序建立一個通訊執行緒。主執行緒（計算執行緒）在前臺進行訓練，通訊執行緒在背景做通訊。我們以 ProcessGroupMPI 為例，就是在通訊執行緒中另外增加了一個佇列，做快取和非同步處理。這樣，處理程序組中的所有處理程序都可以組成一個集合在背景進行通訊操作。在圖 5-10 中，左側 Worker 處理程序 1 中有兩個執行緒，計算執行緒負責計算梯度，通訊執行緒負責與其他 Worker 進行交換梯度。

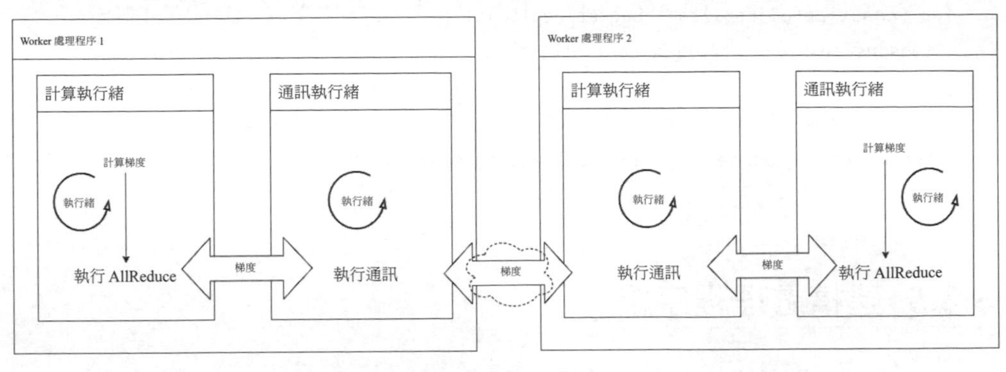

▲ 圖 5-10

所有 ProcessGroup 實例都透過使用集合服務（Rendezvous Service）來同時建構，其中第一個實例將進行阻塞並一直等待直到最後一個實例加入。對於 NCCL 後端，ProcessGroup 為通訊維護一組專用的 CUDA 串流，以便通訊不會阻止預設串流中的計算。由於所有通訊都是集合操作，因此所有 ProcessGroup 實例上的後續操作在大小和類型上必須匹配，並遵循相同的順序。

知道了處理程序組的本質，我們接下來看如何使用處理程序組。首先，在 _ddp_init_helper 中會生成 dist.Reducer，將處理程序組作為 Reducer 類別的參數之一傳入，具體程式如下。

```
def _ddp_init_helper(self, parameters, expect_sparse_gradient, param_to_name_mapping):
    self.reducer = dist.Reducer(self.process_group, # 此處使用處理程序組
            # 省略其他參數
    )
```

其次，在 Reducer 類別的建構函式中，會把處理程序組設定到 Reducer 類別的成員變數 process_group_ 上，程式如下。

```
Reducer::Reducer(c10::intrusive_ptr<c10d::ProcessGroup> process_group,
    # 省略其他參數 )
    : process_group_(std::move(process_group)), // 在此處使用
```

最後，當需要對梯度做 All-Reduce 時，會呼叫 process_group_->allreduce (tensors) 進行處理。程式如下。

```
void Reducer::all_reduce_bucket(Bucket& bucket) {
  for (const auto& replica : bucket.replicas) {
    tensors.push_back(replica.contents);
  }
  if (comm_hook_ == nullptr) {
    bucket.work = process_group_->allreduce(tensors); // 呼叫處理程序組進行集合通訊
  }
```

5.3.5 建構處理程序組

在 Python 世界中，各種後端都會使用 _new_process_group_helper() 函式建構處理程序組。_new_process_group_helper() 函式針對不同集合通訊函式庫呼叫了不同的 C++ 實現，比如 ProcessGroupGloo。Python 世界建構處理程序組的流程如圖 5-11 所示。

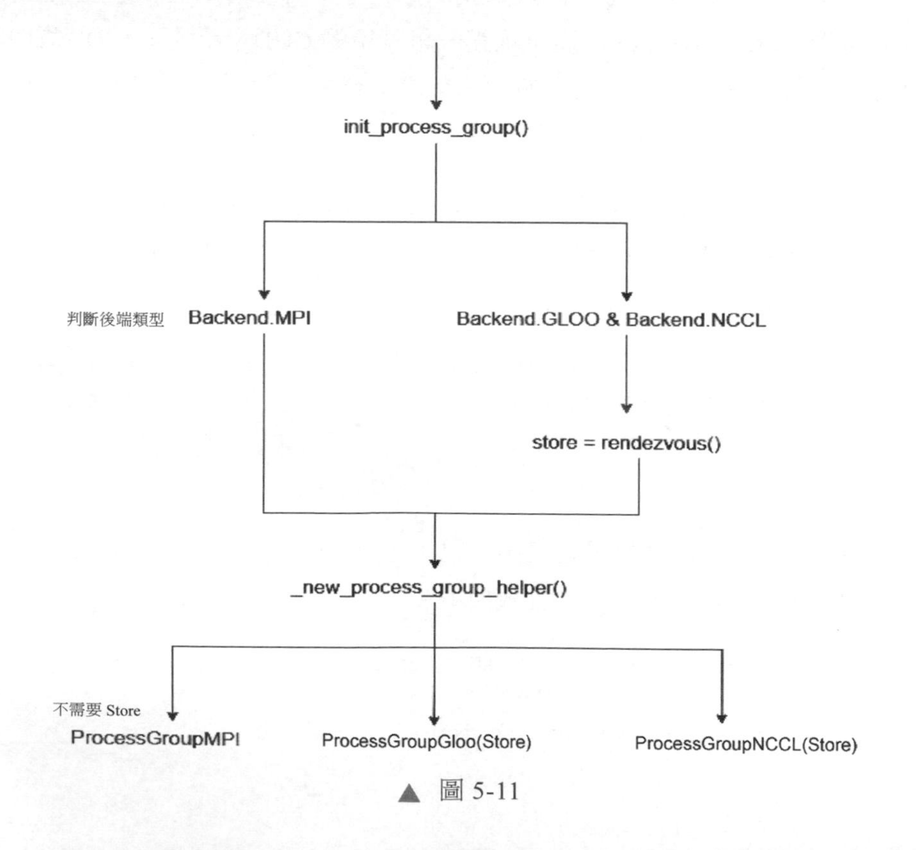

▲ 圖 5-11

從圖 5-11 可以看到，無論哪個類別，都指向了 C++ 世界。我們以 ProcessGroupMPI 類別為例，其最後呼叫的是 createProcessGroupMPI() 函式，於是我們直接去 C++ 世界看 ProcessGroupMPI 在 C++ 世界中如何實現。

ProcessGroupMPI 類別的定義位於 torch/lib/c10d/ProcessGroupMPI.cpp。此處的主要成員是工作執行緒和工作佇列，這樣就可以進行非同步作業了，具體程式如下。

```
class ProcessGroupMPI : public ProcessGroup {
  std::thread workerThread_;
  std::deque<WorkType> queue_;
  std::condition_variable queueProduceCV_;
  std::condition_variable queueConsumeCV_;
  MPI_Comm pgComm_;
};
```

我們接下來看看 createProcessGroupMPI() 函式，該函式中會先完成處理程序組的初始化，比如 initMPIOnce() 函式呼叫 MPI_Init_thread API 初始化 MPI 執行環境，然後建構 ProcessGroupMPI 類別。createProcessGroupMPI() 函式精簡版程式如下。

```
c10::intrusive_ptr<ProcessGroupMPI> ProcessGroupMPI::createProcessGroupMPI(
    std::vector<int> ranks) {
  initMPIOnce();
  MPI_Comm groupComm = MPI_COMM_WORLD;

  {
    if (!ranks.empty()) {
      MPI_Group worldGroup;
      MPI_Group ranksGroup;
      MPI_CHECK(MPI_Comm_group(MPI_COMM_WORLD, &worldGroup));
      MPI_CHECK(
          MPI_Group_incl(worldGroup, ranks.size(), ranks.data(), &ranksGroup));
      constexpr int kMaxNumRetries = 3;
      bool groupComm_updated = false;
      MPI_Barrier(MPI_COMM_WORLD);
      for (const auto i : c10::irange(kMaxNumRetries)) {
```

```
        (void)i;
        if (MPI_Comm_create(MPI_COMM_WORLD, ranksGroup, &groupComm)) {
          groupComm_updated = true;
          break;
        }
      }
    }

    if (groupComm != MPI_COMM_NULL) {
      MPI_CHECK(MPI_Comm_rank(groupComm, &rank));
      MPI_CHECK(MPI_Comm_size(groupComm, &size));
    }
  }

  if (groupComm == MPI_COMM_NULL) {
    return c10::intrusive_ptr<ProcessGroupMPI>();
  }

  return c10::make_intrusive<ProcessGroupMPI>(rank, size, groupComm);
}
```

ProcessGroupMPI 類別建構方法生成了 workerThread，workerThread 會執行 runLoop() 函式，runLoop() 函式就是處理程序組的主要業務邏輯所在，該函式會接受 MPI 呼叫，程式如下。

```
workerThread_ = std::thread(&ProcessGroupMPI::runLoop, this);
```

ProcessGroupMPI 類別在此處有兩個封裝，WorkEntry 封裝計算執行（每次需要執行的集合通訊操作都要封裝在此處）和 WorkMPI 封裝計算執行結果（因為計算是非同步的）。

當往工作佇列插入時，實際插入的是二元組 (WorkEntry, WorkMPI)。以 All-Reduce 為例，其就是先把 MPI_Allreduce 封裝到 WorkEntry 中，然後把 WorkEntry 插入到佇列。runLoop() 函式會從佇列中取出 WorkEntry，然後執行 MPI_Allreduce。

處理程序組執行的具體邏輯拓展如圖 5-12 所示。

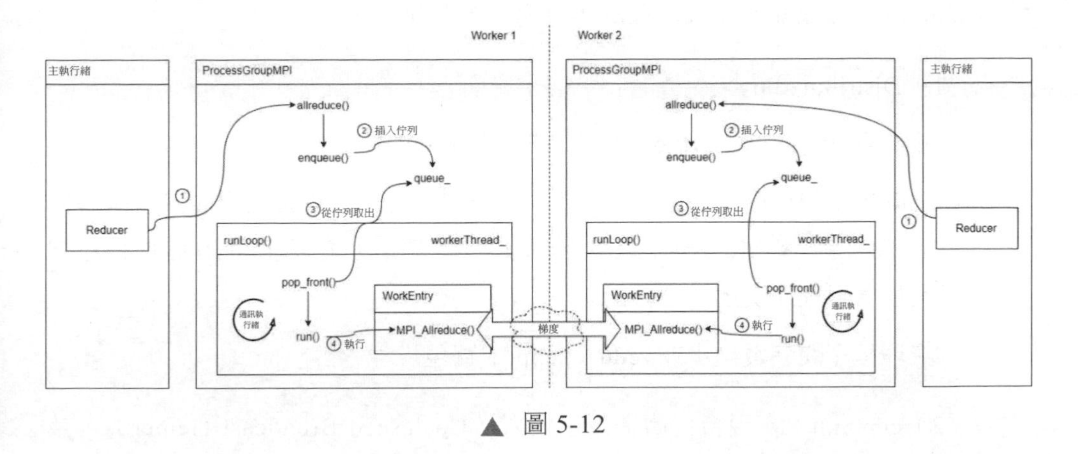

▲ 圖 5-12

至此，處理程序組介紹完畢。

5.4 架構和初始化

上一節介紹的 DDP 基礎概念為本節做了必要鋪陳，本節開始介紹 Python 世界程式和 C++ 世界的初始化部分。①

5.4.1 架構與迭代流程

1．DDP 架構

圖 5-13 是 DDP 實現元件，該技術棧圖顯示了程式的結構。

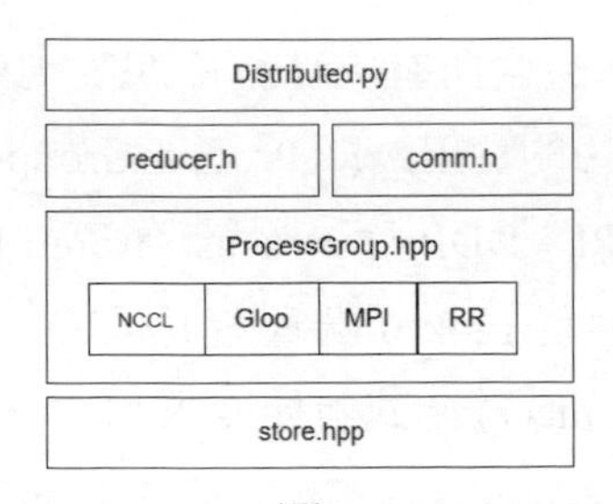

▲ 圖 5-13

① 本節參考 PyTorch 官方文件 *DISTRIBUTED DATA PARALLEL*。

我們順著此架構圖從上往下看，最上面是分散式資料並行元件，包括 Distributed.py、comm.h 和 reducer.h，具體邏輯如下。

（1）Distributed.py

- 此檔案是 DDP 的 Python 入口，會初始化 DDP。
- 它的「處理程序內參數同步」功能是，當一個 DDP 處理程序在多個裝置上工作時，會執行處理程序內參數同步，並且它還從 rank 0 處理程序向其他處理程序廣播模型緩衝區。
- 處理程序間參數同步在 reducer.cpp 中實現。

（2）comm.h：實現合併廣播幫手函式（Coalesced Broadcast Helper），該函式在初始化期間被呼叫以廣播模型狀態，並在前向傳播之前同步模型緩衝區。

（3）reducer.h：提供反向傳播中梯度同步的核心實現，它具有三個進入點函式。

- Reducer() 函式：Reducer 類別的建構函式在 Distributed.py 中被呼叫，Reducer 類別註冊 Reducer::autograd_hook() 到梯度累積器。
- autograd_hook() 函式：當梯度就緒時，自動求導引擎將呼叫該函式。
- prepare_for_backward() 函式：在 Distributed.py 中，當 DDP 前向傳播結束時，會呼叫 prepare_for_backward() 函式。如果在 DDP 建構函式中，將 find_unused_parameters 設置為 True，DDP 會遍歷自動求導計算圖以查詢未使用的參數。

接下來介紹兩個處理程序的相關元件，它們會支撐分散式資料並行元件。

- ProcessGroup.hpp：包含所有處理程序組實現的抽象 API。C10D 函式庫提供了三個開箱即用的實現，即 ProcessGroupGloo、ProcessGroupNCCL 和 ProcessGroupMPI。DDP 用 ProcessGroup::broadcast() 函式在初始化期間將模型狀態從 rank 0 處理程序發送到其他處理程序，並使用 ProcessGroup::allreduce() 函式對梯度求和。
- store.hpp：協助處理程序組實例的集合服務找到彼此。

2 · DDP 迭代流程

DDP 迭代流程中的一般步驟如下。

（1）前置條件

DDP 相依 C10D ProcessGroup 進行通訊，因此，應用程式必須在建構 DDP 之前建立 ProcessGroup 實例。

（2）建構方法

在建構方法中進行如下操作。

- rank 0 處理程序會把本地模型的 state_dict() 參數廣播到所有處理程序中，這樣可以保證所有處理程序使用同樣的初始化數值和模型副本進行訓練。
- 每個 DDP 處理程序分別建立一個本地（Local）Reducer 類別，Reducer 類別將在反向傳播期間處理梯度同步。
- 為了提高通訊效率，Reducer 類別將參數梯度組織成桶，一次精簡一個桶。
    * 初始化桶，按照反向把參數分配到桶中，這樣可以提高通訊效率。
    * 可以透過設置 DDP 建構函式中的參數 bucket_cap_mb 來設定桶的大小。
    * 從參數梯度到桶的映射是在建構 Reducer 時根據桶大小限制和參數大小確定的。模型參數以與給定模型 Model.parameters() 相反的順序分配到桶中，原因是 DDP 期望在反向傳播期間大體以該順序來準備就緒的梯度。圖 5-14 顯示了一個範例。請注意，grad0 和 grad1 在 Bucket1 中，另外兩個梯度在 Bucket0 中。當然，這種假設可能並不總是正確的，當這種情況發生時，它可能會影響 DDP 反向傳播速度，因為它無法讓 Reducer 類別儘早開始通訊。

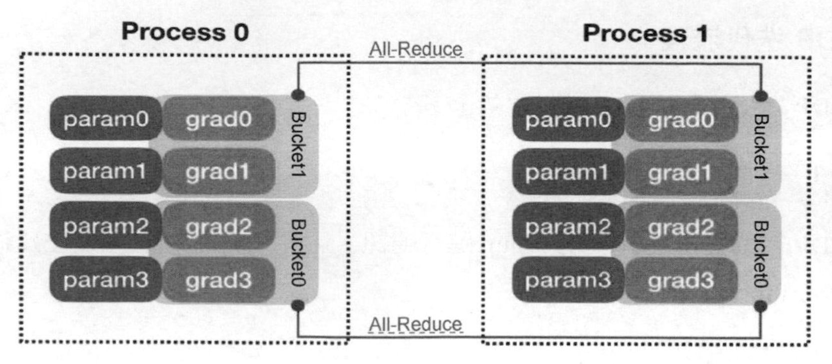

▲ 圖 5-14

- 除了分桶，Reducer 類別還在建構期間註冊自動求導鉤子函式，每個參數都有一個鉤子函式。當梯度準備好時，將在反向傳播期間觸發這些鉤子函式，建構期間的具體操作就是遍歷參數，為每個參數加上 grad_accumulator 和 autograd_hook。

（3）前向傳播

在前向傳播過程中將進行如下操作。

- 每個處理程序讀取自己的訓練資料，DistributedSampler 可以確保每個處理程序讀到的資料不同。
- DDP 獲取輸入並將其傳遞給本地模型。
- 模型進行前向計算，結果設置為輸出變數 out。計算在每個處理程序（CUDA 裝置）上完成。
- 如果應用程式將 find_unused_parameters 設置為 True，DDP 會分析本地模型的輸出，從 out 變數開始遍歷計算圖，把未使用參數標示為就緒，因為每次計算圖都會改變，所以每次都要遍歷，關於這一步需要做進一步說明。

  * 將所有未使用的參數標記為就緒的目的是減少反向傳播中涉及的參數。

  * 在反向傳播期間，Reducer 類別只會等待未準備好的參數，將參數梯度標記為就緒並不能幫助 DDP 跳過桶，但會阻止 DDP 在反向傳播期間永遠等待不存在的梯度。

注意，由於遍歷自動求導圖會引入額外的銷耗，因此應用程式僅在必要時才設置 find_unused_parameters 為 True。

- 傳回輸出變數 out。模型網路輸出不需要聚集到 rank 0 處理程序了，這一點與 DP 不同。

（4）反向傳播

反向傳播將進行如下操作。

- 在損失上直接呼叫 backward() 函式，這是自動求導引擎的工作，DDP 無法控制，所以 DDP 採用了鉤子函式以達到控制反向傳播的目的，具體細節如下。
  * DDP 在建構時註冊了自動求導鉤子函式。
  * 自動求導引擎進行梯度計算。
  * 當一個梯度準備好時，它在該梯度累積器上的相應 DDP 鉤子函式將被觸發。
- 在自動求導鉤子函式中進行 All-Reduce 操作。若鉤子函式的 index 參數是 param_index，則可以利用 param_index 獲取到參數，標示此參數為就緒；如果某個桶裡面梯度都為就緒，則該桶處於準備好的狀態。
- 當一個桶中的梯度都準備好時，會在該桶的 Reducer 類別來啟動非同步 All-Reduce，以計算所有處理程序的梯度平均值。
- 當所有桶都準備好時，Reducer 類別將阻塞等待所有 All-Reduce 操作完成。完成此操作後，Reducer 將平均梯度寫入模型 _parameters 對應參數的 grad 欄位。
- 所有處理程序的梯度都會進行精簡操作。更新之後，因為這些處理程序的模型權重都相同，所以在反向傳播完成後，處理程序相同參數上的 grad 欄位應該是相等的。

- 梯度被精簡之後會再傳輸回自動求導引擎。

需要注意的是，雖然 DDP 不需要像 DP 那樣每次迭代之後都要廣播參數，但還是需要在每次迭代過程中由 rank 0 處理程序廣播快取到其他處理程序上。

（5）最佳化步驟

最後我們來到了最佳化步驟，此處的關鍵點如下。

- 從最佳化器自身的角度來看，它正在最佳化本地模型。
- 所有 DDP 處理程序上的模型副本都可以保持同步，因為它們都從相同的狀態開始，並且在每次迭代中都具有相同的平均梯度。

我們接下來看如何初始化 DDP。

5.4.2 初始化 DDP

由於在 Python 世界中可以在很多時刻給類別設置成員變數，因此我們還是從 __init__() 函式看起，其核心邏輯如下：

- 設置裝置類型。
- 設置裝置 id。
- 設置 self.process_group，預設為 GroupMember.WORLD。
- 設定各種類成員變數。
- 檢查參數。
- 設定桶大小。
- 建構參數。
- 在 rank 0 中使用 state_dict() 函式取出本 Worker 需要訓練的模型參數，然後將該參數廣播到其他 Worker，以保證所有 Worker 的模型初始狀態相同。
- 建立 Reducer 類別。

接下來，我們選擇一些重要步驟進行分析。

1．建構參數

DDP 第一個關鍵步驟就是建構參數，此處需要注意，如果目前的情況是單機多 GPU，也就是單處理程序多裝置（和 DP 一樣），那麼需要在處理程序內進行模型複製。

需要留意下面程式中的註釋：由於 PyTorch 未來不會支援 SPMD（單程式多資料，即執行同樣的程式處理不同資料），會去掉不必要的陣列結構（PyTorch 最新程式中，_module_copies 已經被去除），因此實際上 DDP 只需要處理一個模型（假定模型是 ToyModel）。若 parameters 陣列是 [ToyModel] 串列的參數集合，則 parameters[0] 是 ToyModel 的參數，具體程式如下。

```
# TODO(wayi@): Remove this field since SPMD is no longer supported,
    # and also remove all the relevant unnecessary loops.
    # Module replication within process (single-process multi device)
    self._module_copies = [self.module] # 建構一個串列，如 [ToyModel]
    # 為 Reducer 類別建構參數
    parameters, expect_sparse_gradient = self._build_params_for_reducer()
```

我們看看模型中有哪些重要參數。

- parameter：在反向傳播過程中需要被最佳化器更新的參數，我們可以透過 model.parameters() 函式得到這些參數。
- buffer：在反向傳播過程中不需要被最佳化器更新的參數，我們可以透過 model.buffers() 函式得到這些參數。

_build_params_for_reducer() 函式為 Reducer 類別建立參數，邏輯大致如下。

- 遍歷 _module_copies 得到 (module, parameter) 串列，將此串列設置到 modules_and_parameters 變數中，這些參數需要求導。
- 用集合資料結構去除可能在多個模組（類型為 torch.nn.Module）中共用的參數。
- 建構一個參數串列。

- 檢查是否一個模組期盼一個稀疏（Sparse）梯度，把結果放到 expect_sparse_gradient 中。
- 得到模組的參數，參數與下面的快取一起都會被同步到其他 Worker。
- 得到模組的快取。
- 傳回參數串列和 expect_sparse_gradient。

self.modules_buffers 會在後來廣播參數時用到，比如：

```
def _check_and_sync_module_buffers(self):
    if self.will_sync_module_buffers():
        self._distributed_broadcast_coalesced(
            self.modules_buffers[0], self.broadcast_bucket_size, authoritative_rank
        )
```

2．驗證模型

接下來，我們看看如何驗證模型。_verify_model_across_ranks() 函式的作用是驗證跨處理程序傳輸模型的正確性，即將處理程序 0 的相關參數廣播之後，每個處理程序的模型是否都擁有同樣的大小和步幅（stride）。_verify_model_across_ranks() 函式呼叫 verify_replica0_across_processes() 函式。在 verify_replica0_across_processes() 函式中，model_replicas 就是前面提到的參數，其邏輯如下。

- 從模型副本（model replicas）得到中繼資料（metadata）。
- 把中繼資料複製到 metadata_dev 變數中。
- 把處理程序 0 的 metadata_dev 變數廣播到對應的裝置。
  * 每個處理程序都會執行同樣的程式，但是在 process_group->broadcast() 函式中，只有 rank 0 會設置為 root_rank，這樣就只廣播 rank 0 的資料。
  * 廣播之後，如果跨處理程序通訊沒有問題，則所有處理程序的 metadata_dev 變數都一樣，就是同處理程序 0 內的資料一樣。
- 先把 metadata_dev 變數複製回 control 變數中，再把 control 變數和 model_replicas[0] 進行比較，看看是否和原來的資料相等。

3．廣播狀態

廣播狀態即把模型初始參數和變數從 rank 0 廣播到其他 rank，以保證所有 Worker 的模型初始狀態相同，具體程式如下。

```
self._sync_params_and_buffers(authoritative_rank=0)
```

我們先來看需要廣播哪些內容。PyTorch 的 state_dict 是一個字典物件，state_dict 將模型的每一層與它對應的參數建立映射關係，比如模型每一層的權重及偏置等。只有那些參數可以訓練的層（如卷積層、線性層等）才會儲存到模型的 state_dict 中，池化層這樣本身沒有參數的層就不會儲存在 state_dict 中。

_sync_params_and_buffers() 函式會先依據 module 的 state_dict 收集可以訓練的參數，然後呼叫 _distributed_broadcast_coalesced() 函式把這些參數廣播出去。_distributed_broadcast_ coalesced() 函式則呼叫了 dist._broadcast_coalesced() 函式。dist._broadcast_coalesced() 函式會利用 ProcessGroup 對張量進行廣播。

4．初始化功能函式

接下來，執行邏輯會呼叫 _ddp_init_helper() 函式進行初始化業務，該函式的主要邏輯如下。

- 呼叫 dist._compute_bucket_assignment_by_size() 函式對參數進行分桶，盡可能按照前向傳播的反向（前向傳播中先計算出來的梯度會先做反向傳播）把參數平均分配入儲存桶，這樣可以提高通訊速度和精簡速度。
- 重置分桶狀態。
- 生成一個 Reducer 類別，其內部會註冊自動求導鉤子函式，用來在反向傳播時進行梯度同步。
- 給 SyncBatchNorm 層傳遞 DDP handle。

dist._compute_bucket_assignment_by_size() 函式完成了分桶功能，參數 parameters[0] 就是對應的張量清單。

為了加快複製操作的速度，儲存桶要始終與參數在同一裝置上建立。如果模型跨越多個裝置，那麼 DDP 會考慮裝置連結性，以確保同一儲存桶中的所有參數都位於同一裝置上。DDP 將類型和裝置作為鍵來分桶，因為不同裝置上的張量不應該分在一組，同類型的張量應該分在一個儲存桶，所以用類型和裝置作為鍵可以保證同裝置上的同類型張量分配在同一個儲存桶裡，具體程式如下。

```
struct BucketKey {
  const c10::ScalarType type;
  const c10::Device device;
  static size_t hash(const BucketKey& key) {
    return c10::get_hash(key.type, key.device); // 將類型和裝置作為鍵
  }
};
```

Reducer 類別的關鍵結構 BucketAccumulator 可以認為是儲存桶的實際累積器，用來計算桶的累積大小，具體程式如下，

```
struct BucketAccumulator {
    std::vector<size_t> indices; // 儲存桶內容，是張量清單
    size_t size = 0; // 儲存桶大小，比如若干 MB
  }; // 儲存桶的邏輯內容

std::unordered_map<BucketKey, BucketAccumulator, c10::hash<BucketKey>>
      buckets; // 所有桶的串列，每一個儲存桶都可以認為是 BucketAccumulator
```

我們接下來看 compute_bucket_assignment_by_size() 函式的具體邏輯。

- 生成一個計算結果，設置參數張量的大小來為結果預留出空間。
- 定義儲存桶的大小限制串列 bucket_size_limit_iterators。
- 生成一個 Bucket，這是所有儲存桶累積器的串列，每一個儲存桶累積器都是 BucketAccumulator。
- 遍歷傳入的所有張量，對於每一個張量：
  * 給所有的張量一個索引，從 0 開始遞增，一直到 tensors.size() 函式，如果已經傳入了 indices 參數，就能獲得張量的索引（indices 是張量索引清單）。

* 如果設定了期待稀疏梯度（Sparse Gradient），則把此張量單獨放入一個桶，因為無法和其他張量放在一起。
* 使用張量資訊建構儲存桶的鍵，先找到對應的桶得到 Bucket Accumulator，往該桶的張量清單裡面插入新張量的索引，然後增加對應儲存桶的大小。
* 獲得當前最小值限制。
* 如果目前儲存桶的大小已經達到了最大限制值，就需要轉移到新桶。實際上，確實轉移到了邏輯上的新桶，但還是在現有桶內執行，因為類型和裝置是同樣的，應該在原有桶內繼續累積，不過原有桶的 indice 已經轉移到了變數 result 中，就相當於清空了，所以做如下操作。
  - 把儲存桶中的內容插入傳回變數 result 中，就是說，當桶過大時，就先插入 result 中。
  - 重新生成儲存桶，因為桶是一個引用，所以直接賦值就相當於清空原有的桶，原來的桶繼續用，但桶內原有的 indices 已經轉移到了 result 中。
  - 前進到下一個尺寸限制。
* 把桶內剩餘的 indices 插入到 result 中，之前已經有些 indices 直接被插入 result 中。
* 對 result 進行排序，具體方式如下。
  - 如果 tensor_indices 非空，則說明張量的順序已經是梯度準備好的順序，不需要再排序了。
  - 如果 tensor_indices 為空，則依據最小張量索引排序，此處假定張量的順序是它們使用的順序（或者說是它們梯度產生順序的反序），那麼這種排序可以保證桶按照連續不斷的順序準備好。
  - 注意，bucket_indices 在此處就是正序排列，等到建立 Reducer 類別時才反序傳入：list(reversed(bucket_indices))。

* 最後傳回 result。result 的類型是 std::tuple<std::vector<std::vector<size_t>>, std::vector<size_t>>，tuple 中每個 vector 都對應了一個桶，桶裡面是張量的索引，這些張量按照從小到大的順序進行排序。

需要注意，傳入參數張量是 parameters[0]，而 parameters[0] 是由 parameters() 函式的傳回結果生成的，即模型參數以 Model.parameters() 函式傳回結果相反的連序儲存到桶中。使用相反順序的原因是，DDP 期望梯度在反向傳播期間大約以該順序準備就緒。最終 DDP 按 Model.parameters() 函式傳回結果的相反順序啟動 All-Reduce。

compute_bucket_assignment_by_size() 函式程式具體如下。

```
std::tuple<std::vector<std::vector<size_t>>, std::vector<size_t>>
compute_bucket_assignment_by_size(
    const std::vector<at::Tensor>& tensors,
    const std::vector<size_t>& bucket_size_limits,
    const std::vector<bool>& expect_sparse_gradient,
    const std::vector<int64_t>& tensor_indices,
    const c10::optional<std::weak_ptr<c10d::Logger>>& logger) {

  // 生成一個計算結果，設置參數張量的大小來為結果預留出空間
  std::vector<std::tuple<std::vector<size_t>, size_t>> result;
  size_t kNoSizeLimit = 0;
  result.reserve(tensors.size());

  // 定義儲存桶的大小限制串列 bucket_size_limit_iterators
  std::unordered_map<
      BucketKey,
      std::vector<size_t>::const_iterator,
      c10::hash<BucketKey>>
      bucket_size_limit_iterators;

  // 這是所有儲存桶累積器的串列，每一個儲存桶累積器都是 BucketAccumulator
  std::unordered_map<BucketKey, BucketAccumulator, c10::hash<BucketKey>>
      buckets;

  for (const auto i : c10::irange(tensors.size())) {
```

```
    const auto& tensor = tensors[i];

    // 給所有的張量一個索引，從 0 開始遞增，一直到 tensors.size()，如果已經傳入了 indices 參數，
就能獲得張量的索引（indices 是張量索引清單）
    auto tensor_index = i;
    if (!tensor_indices.empty()) {
      tensor_index = tensor_indices[i];
    }
    // 如果設定了期待稀疏梯度，則把此張量單獨放入一個桶，因為無法和其他張量放在一起
    if (!expect_sparse_gradient.empty() &&
        expect_sparse_gradient[tensor_index]) {
          result.emplace_back(std::vector<size_t>({tensor_index}), kNoSizeLimit);
          continue;
    }

    // 使用張量資訊建構儲存桶的鍵，先找到對應的桶，得到 BucketAccumulator，往該桶的張量清單裡
面插入新張量的索引，然後增加對應儲存桶的大小
    auto key = BucketKey(tensor.scalar_type(), tensor.device());
    auto& bucket = buckets[key];
    bucket.indices.push_back(tensor_index);
    bucket.size += tensor.numel() * tensor.element_size();

    if (bucket_size_limit_iterators.count(key) == 0) {
      bucket_size_limit_iterators[key] = bucket_size_limits.begin();
    }

    // 如果目前儲存桶的大小已經達到了最大限制值，就需要轉移到新桶
    auto& bucket_size_limit_iterator = bucket_size_limit_iterators[key];
    const auto bucket_size_limit = *bucket_size_limit_iterator;
    bucket.size_limit = bucket_size_limit;
    if (bucket.size >= bucket_size_limit) {
      result.emplace_back(std::move(bucket.indices), bucket.size_limit);
      bucket = BucketAccumulator();

      // Advance to the next bucket size limit for this type/device.
      auto next = bucket_size_limit_iterator + 1;
      if (next != bucket_size_limits.end()) {
        bucket_size_limit_iterator = next;
      }
```

```
    }
  }

  // 把桶內剩餘的 indices 插入 result，之前已經有些 indices 直接被插入 result 中
  for (auto& it : buckets) {
    auto& bucket = it.second;
    if (!bucket.indices.empty()) {
      result.emplace_back(std::move(bucket.indices), bucket.size_limit);
    }
  }

  // 對 result 進行排序
  if (tensor_indices.empty()) {
    std::sort(
        result.begin(),
        result.end(),
        [](const std::tuple<std::vector<size_t>, size_t>& a,
           const std::tuple<std::vector<size_t>, size_t>& b) {
          auto indices_a = std::get<0>(a);
          auto indices_b = std::get<0>(b);
          const auto amin =
              std::min_element(indices_a.begin(), indices_a.end());
          const auto bmin =
              std::min_element(indices_b.begin(), indices_b.end());
          return *amin < *bmin;
        });
  }

  // 最後傳回 result
  std::vector<std::vector<size_t>> bucket_indices;
  bucket_indices.reserve(result.size());
  std::vector<size_t> per_bucket_size_limits;
  per_bucket_size_limits.reserve(result.size());
  for (const auto & bucket_indices_with_size : result) {
    bucket_indices.emplace_back(std::get<0>(bucket_indices_with_size));

per_bucket_size_limits.emplace_back(std::get<1>(bucket_indices_with_size));
  }
  return std::make_tuple(bucket_indices, per_bucket_size_limits);
}
```

初始化過程的程式會生成一個 Reducer 類別。

```
self.reducer = dist.Reducer(
    parameters,
    list(reversed(bucket_indices)),
    self.process_group,
    expect_sparse_gradient,
    self.bucket_bytes_cap,
    self.find_unused_parameters,
    self.gradient_as_bucket_view,
    param_to_name_mapping,
)
```

我們下一章會對 Reducer 類別進行介紹。

PyTorch DDP 的動態邏輯

本章我們分析 PyTorch DDP 的核心 Reducer 類別，該類別提供了反向傳播中梯度同步的核心實現。

6.1 Reducer 類別

6.1.1 呼叫 Reducer 類別

Reducer 類別的建立程式位於 _ddp_init_helper() 函式中。在該函式參數中，parameters 陣列只有 [0] 元素有意義，parameters[0] 就是 rank 0 中模型的參數。

Python 程式的 Reducer 類別定義沒有實質內容，我們只能看 C++ 程式，這對應了 torch/lib/c10d/reducer.h 和 torch/lib/c10d/reducer.cpp 兩個檔案。

6.1.2 定義 Reducer 類別

Reducer 類別提供了反向傳播中梯度同步的核心實現，其定義相當複雜，我們甚至需要去掉一些不重要的成員變數以便於展示：

```
class Reducer {
  const std::vector<std::vector<at::Tensor>> replicas_; // 傳入的張量
  const c10::intrusive_ptr<::c10d::ProcessGroup> process_group_; // 處理程序組

  std::vector<std::vector<std::shared_ptr<torch::autograd::Node>>>
      grad_accumulators_; // 對應的索引儲存的 grad_accumulator，就是張量索引對應的
grad_accumulator
  std::unordered_map<torch::autograd::Node*, VariableIndex>
      gradAccToVariableMap_; // 儲存 grad_accumulator 和索引的對應關係，這樣以後在自動
求導圖中尋找未使用的參數（unused parameters）就比較方便
  std::vector<std::pair<uintptr_t, std::shared_ptr<torch::autograd::Node>>>
      hooks_;

  bool has_marked_unused_parameters_;
  const bool find_unused_parameters_;
  const bool gradient_as_bucket_view_;
  std::vector<VariableIndex> unused_parameters_; // 如果沒有用到，則直接設置為就緒，第
一次迭代之後就不會改變
  std::vector<at::Tensor> local_used_maps_;
  std::vector<at::Tensor> local_used_maps_dev_;
  // 標識精簡和 D2H 複製是否完成
  bool local_used_maps_reduced_;

  using GradCallback =
      torch::distributed::autograd::DistAutogradContext::GradCallback;

  struct BucketReplica {
    at::Tensor contents;
    std::vector<at::Tensor> bucket_views_in;
    std::vector<at::Tensor> bucket_views_out;
```

```
  std::vector<at::Tensor> variables;
  std::vector<size_t> offsets;
  std::vector<size_t> lengths;
  std::vector<c10::IntArrayRef> sizes_vec;
  size_t pending;
};

struct Bucket {
  std::vector<BucketReplica> replicas;
  std::vector<size_t> variable_indices;
  size_t pending;
  c10::intrusive_ptr<c10d::ProcessGroup::Work> work;
  c10::intrusive_ptr<torch::jit::Future> future_work;
  bool expect_sparse_gradient = false;
};

std::vector<Bucket> buckets_;

struct VariableLocator {
  size_t bucket_index;
  size_t intra_bucket_index;
  VariableLocator() = default;

  VariableLocator(size_t bucket_index_, size_t intra_bucket_index_) {
    bucket_index = bucket_index_;
    intra_bucket_index = intra_bucket_index_;
  }
};

std::vector<VariableLocator> variable_locators_;
const int64_t bucket_bytes_cap_;

struct RpcContext {
  using ContextPtr = torch::distributed::autograd::ContextPtr;
  ContextPtr context_ptr_holder;
  std::atomic<ContextPtr::element_type*> context_ptr{nullptr};

  void set(ContextPtr&& new_context_ptr);
};
```

```
  RpcContext rpc_context_;

  std::unordered_map<VariableIndex, int, c10::hash<VariableIndex>>
numGradHooksTriggeredMap_;
  std::unordered_map<VariableIndex, int, c10::hash<VariableIndex>> numGradHooksTrigg
eredMapPerIteration_;

 private:
  std::unique_ptr<CommHookInterface> comm_hook_;
};
```

接下來我們分析其中的重要成員變數和內部類別。

6.1.3 Bucket 類別

1．關鍵點

首先提出一個問題：一個桶（對應 Bucket 類別資料結構）內有多少個副本（對應 BucketReplica 資料結構）？為了更好地說明，我們首先要從註釋出發，具體如下。

```
// A bucket holds N bucket replicas (1 per model replica)
```

看起來一個桶內有多個副本，但因為 PyTorch 目前不支援單處理程序多裝置模式，所以桶裡實際只有一個副本，即 [0] 元素有意義，其具體解釋如下。

- 因為 DDP 原來是希望支援 SPMD（單處理程序多裝置）的，所以本處理程序需要維護多個 GPU 上的多個模型副本的參數，即 parameters 變數是一個陣列，陣列中每個元素是一個模型副本的參數。
- 因為 DDP 未來不支援 SMPD，所以只有 parameters[0] 有意義。
- parameters 變數被賦值為 Reducer.replicas_，而 Reducer.replicas_ 用來賦值給 bucket.replicas。
- 因此桶裡只有一個副本。

於是我們總結一下 Bucket 類別的關鍵點。

- 成員變數 replicas 就是桶對應的各個 BucketReplica。一個 BucketReplica 代表了 [1⋯*N*] 個需要被精簡的梯度，這些梯度擁有同樣的張量類型，位於同樣的裝置上。
  - 成員變數 replicas 由 Reducer.replicas_ 賦值，Reducer.replicas_ 就是參數 parameters。
  - 只有 replicas[0] 是有意義的，其對應了本模型的待求梯度參數組中本桶對應的張量。
- 成員變數 variable_indices 用來記錄本桶中這些 Variable（張量）的索引。
  - 使用前面介紹的 bucket_indices 進行賦值：bucket.variable_indices = std::move(bucket_indices[bucket_index])。
  - intra_bucket_index 是 bucket.variable_indices 的序號，利用序號得到 variable 的索引，具體程式為 size_t variable_index = bucket.variable_indices[intra_bucket_index]。

2．設置

Reducer 類別的成員變數 buckets_ 是關鍵，這是 Reducer 類別中所有的儲存桶，程式如下。

```
std::vector<Bucket> buckets_;
```

在初始化函式中有如何初始化 buckets_ 變數的程式，其核心是：

- 找到本桶在 bucket_indices 中的索引。
- 在 parameters 變數中找到索引對應的張量。
- 在 BucketReplica 中設定這些張量，就是本桶應該精簡的張量。

buckets_ 變數的建構邏輯如圖 6-1 所示（圖中虛線表示清單資料結構），此處假設桶的索引是 1，即第 2 個桶，variable_indices 對應了 bucket_indices 中的相應部分。比如 BucketReplica[0] 裡面是張量 4、5、6，而 variable_indices 就分別是張量 4、5、6 的索引。圖 6-1 中的 bucket_indices 是 Reducer 類別建構函式的參數之一。另外，雖然圖上舉出了多個 BucketReplica，實際上只有第一個 BucketReplica 是有意義的。

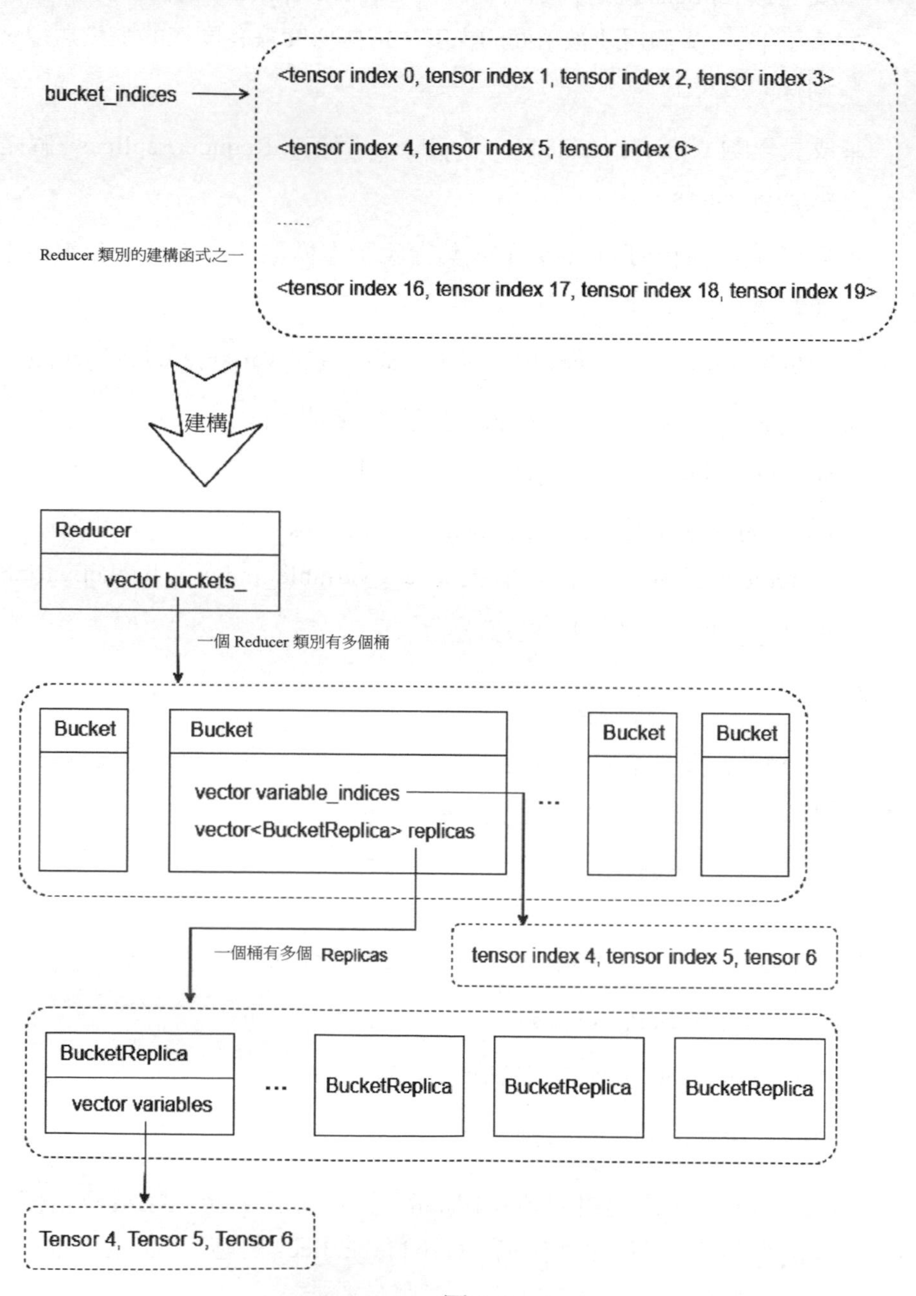

▲ 圖 6-1

6.1.4 BucketReplica 類別

前面提到一個 BucketReplica 代表 [1⋯*N*] 個需要被精簡的梯度，這些梯度擁有同樣的張量類型，位於同樣的裝置上，是一個模型待求梯度參數的一部分，具體是哪些參數則由儲存桶的 variable_indices 決定。BucketReplica 類別的關鍵成員變數如下。

- std::vector variables 是組成此桶副本的變數。在此處使用 refcounted value，就可以在完成精簡後輕鬆地將桶內容反展平（unflatten）到參與變數中。
- at::Tensor contents：桶內容展平的結果，即展平（1 dimensional）之後的結果。
- std::vector bucket_views_in：從輸入角度提供了在 contents 變數中查看具體梯度的方法。
- std::vector bucket_views_out：從輸出角度提供了在 contents 變數中查看具體梯度的方法。

1．視圖

關於 std::vector bucket_views_in 和 std::vector bucket_views_out 的進一步說明如下。

- 在 PyTorch 中，視圖（views）是指建立一個方便查看的東西，視圖與原來資料共用記憶體，它將原有的資料進行整理，直接顯示其中部分內容或者對內容進行重排序後再顯示出來。
- 每個視圖都將按照布局（大小 + 步幅）建立，此布局與梯度的預期布局相匹配。
- 為 bucket_* 視圖保留兩種狀態的原因是如果註冊了 DDP 通訊鉤子（Communication Hook），bucket_views_out 可以用鉤子函式的 future_work 值重新初始化。這裡需要呼叫 bucket_views_in[i].copy_(grad) 函式來儲存一個副本 contents 的引用。

- bucket_views_in 和 bucket_views_out 兩個變數提供了在 contents 中操作具體梯度的方法，或者說它們提供了視圖，該視圖可以操作 contents 中每個張量的梯度。使用者把這兩個變數作為操作入口，從而把每個梯度的資料從 contents 中移入和移出。
- bucket_views_in[i].copy_(grad) 和 grad.copy_(bucket_views_out[i]) 提供了將梯度資料移入 / 移出 contents 的簡便方法。

另外，以下 3 個成員變數儲存桶的展平張量資訊，具體程式如下。

```
std::vector<size_t> offsets;
std::vector<size_t> lengths;
std::vector<c10::IntArrayRef> sizes_vec;
```

目前為止的邏輯如圖 6-2 所示。如前所述，每個桶只有 replicas[0] 有意義。

2．初始化

BucketReplica 類別初始化的程式在 Reducer::initialize_buckets() 函式中，具體如下。

```
// 分配記憶體
replica.contents = at::empty({static_cast<long>(offset)}, options);
initialize_bucket_views(replica, replica.contents);
```

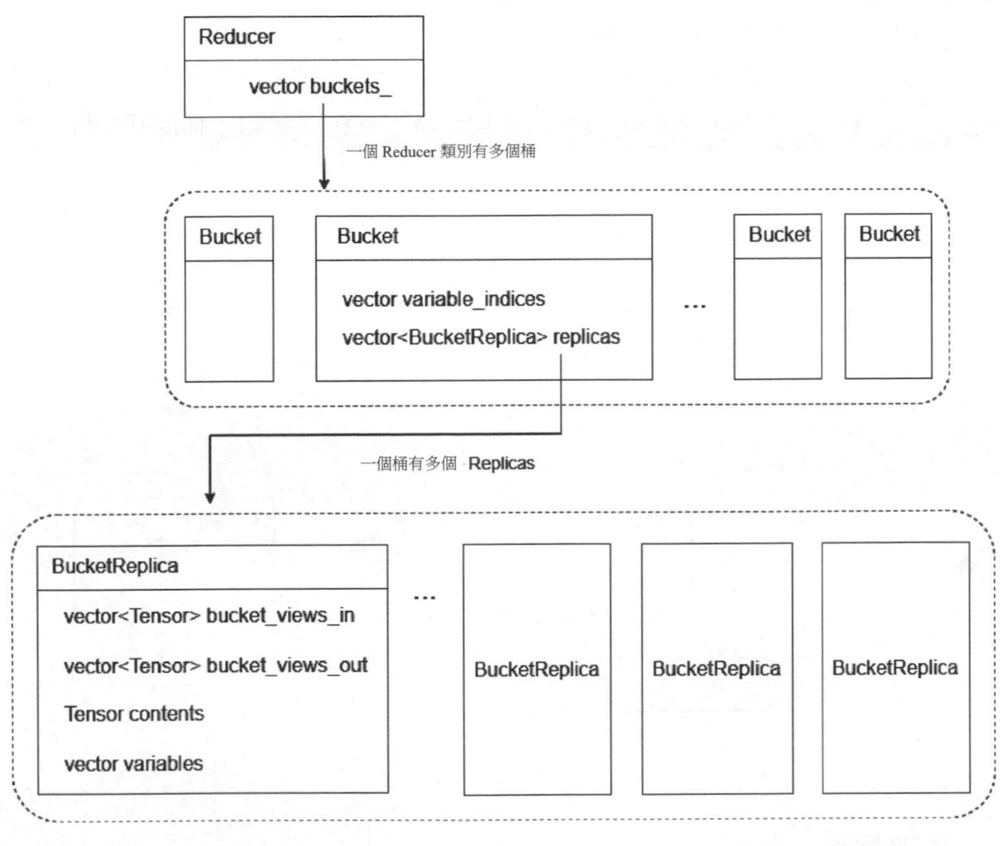

▲ 圖 6-2

initialize_bucket_views() 函式的主要邏輯如下。

- 遍歷模型副本中的張量，針對每一個張量，依據其是稠密還是稀疏進行不同處理，然後插入 replica.bucket_views_in 中。
- 把 replica.bucket_views_out 設置為 replica.bucket_views_in，在正常情況下這兩個變數應該是相等的。
- 如果將 gradient_as_bucket_view_ 設置為 True，則需要處理兩種情況：
  - 當呼叫 rebuild_buckets() 函式重建桶時，initialize_bucket_view() 可以在 initialize_bucket() 函式內呼叫，如果梯度在上一次迭代中已經定義 / 計算過，則需要將舊的梯度複製到新的 bucket_view 中，並讓 grad 變數指向新的 bucket_view。

* initialize_bucket_view() 函式也可以在建構時由 initialize_bucket() 函式呼叫。因為在建構時間內不會定義梯度，所以在這種情況下不要讓 grad 變數指向 bucket_view，對於全域未使用的參數，梯度應保持為未定義。

目前邏輯具體細化如圖 6-3 所示。

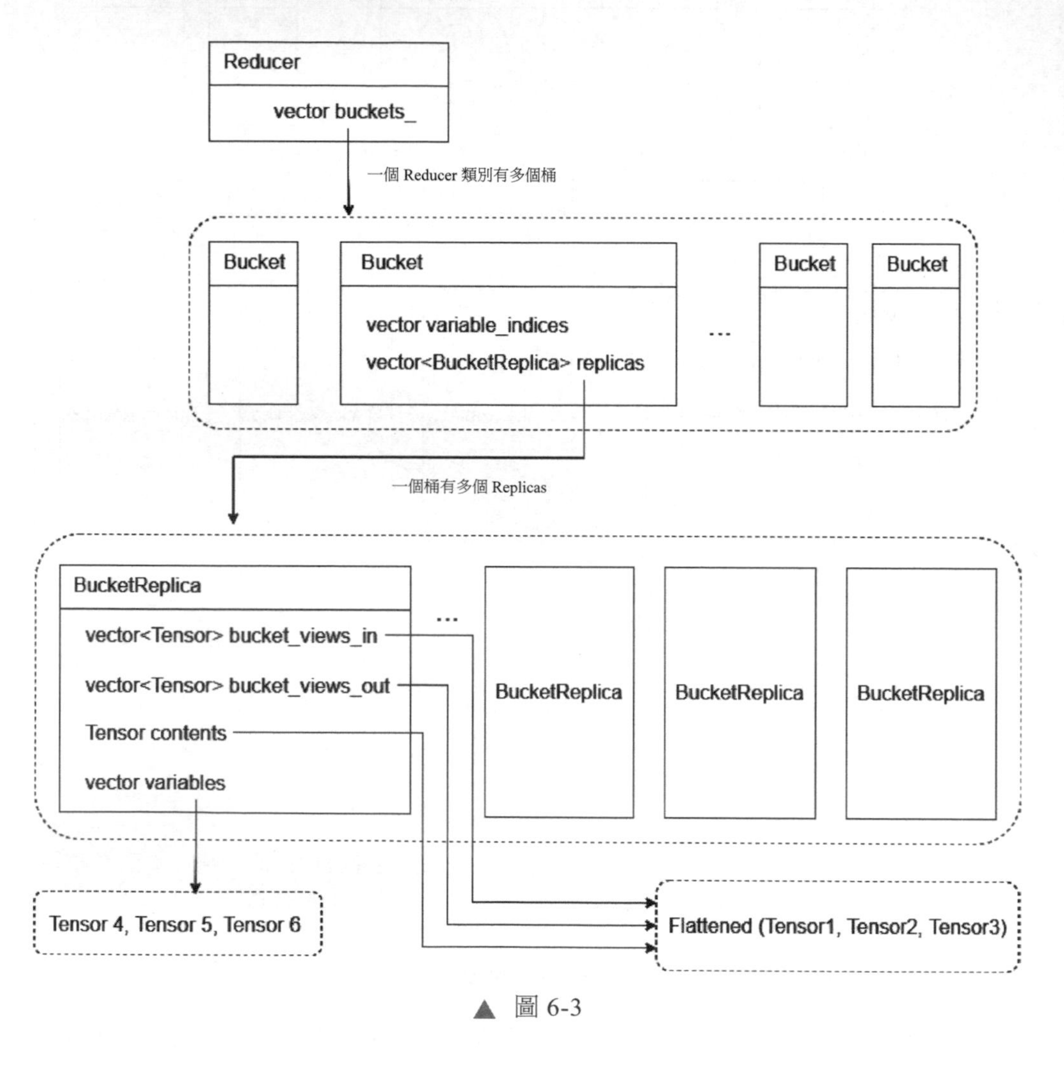

▲ 圖 6-3

另外，mark_variable_ready_sparse() 函式、mark_variable_ready_dense() 函式和 finalize_backward() 函式都有對 contents 變數賦值的操作。

6.1.5 查詢資料結構

以下兩個資料結構用來讓自動求導函式確定張量對應的儲存桶。

1．VariableIndex 結構

VariableIndex 結構用來確定某個張量在某個桶中的位置（即內部參數索引），此變數對於自動求導鉤子函式十分有用。當自動求導鉤子函式回呼時，回呼函式所在處理程序只知道自己的梯度張量，它們還需要知道此張量位於哪個副本，以及位於副本中哪個位置，這樣才能進一步精簡。只有依靠這些內部索引，回呼函式才能完成參數定位工作（將局部梯度寫到儲存桶中的正確偏移量），從而啟動非同步 All-Reduce 操作。

（1）Reducer 類別對應的成員變數

在 Reducer 類別的實例中有一個獨立的 VariableIndex 成員變數：

```
std::vector<VariableIndex> unused_parameters_
```

VariableIndex 更多地是作為其他成員變數的一部分或者參數存在的，比如在 Reducer 類別中，gradAccToVariableMap_ 就使用了 VariableIndex 成員變數，具體程式如下。

```
std::unordered_map<torch::autograd::Node*, VariableIndex>
    gradAccToVariableMap_; // 儲存了 grad_accumulator 和索引的對應關係，這樣以後在
autograd graph 中尋找未使用的參數就很方便
```

（2）類別定義

VariableIndex 成員變數的定義如下。

```
// 使用副本索引（replica index）和 Variable 索引來定位一個 Variable
struct VariableIndex {
  size_t replica_index; // 位於哪個副本，即副本索引
  size_t variable_index; // Variable 索引。注意，不是 " 位於副本中哪個位置 "，而是所有
Varibale 的索引，比如一共有 10 個參數，variable_index 的取值是從 0 ～ 9。" 位於副本中哪個
位置 " 由什麼來確定？由接下來介紹的 VariableLocator 確定
```

```
  static size_t hash(const VariableIndex& key) {
    return c10::get_hash(key.replica_index, key.variable_index);
  }
};
```

DDP 對於梯度進行分桶精簡。對於一個桶，只有桶中所有張量都就緒，此桶才是就緒的，此時 DDP 才可以啟動非同步 All-Reduce 操作。

PyTorch 在 Reducer 的建構函式中會給每個桶的每個張量設置一個自動求導鉤子函式。反向傳播時，在此鉤子函式之中確實可以知道某個張量已經就緒，但此時還需要知道此張量對應了哪個桶的哪個張量，這樣才能精簡。如何找到桶？這就需要使用接下來介紹的 VariableLocator 結構。

2．VariableLocator 結構

（1）定義

VariableLocator 結構用來在桶中確定一個 Variable。為了找到 Variable 的位置，我們需要知道此 Variable 在哪個桶，以及在桶副本的張量清單中的哪個位置。

- 在哪個桶：bucket_index 是 Reducer.buckets_ 串列的位置，表示 buckets_ 上的某一個桶。
- 在桶副本的張量清單中的哪個位置：intra_bucket_index 指定了本 Variable 在 bucket.replica 中 vector 域的位置（VariableIndex）。

```
struct VariableLocator {
  size_t bucket_index; // 在哪個桶
  size_t intra_bucket_index; // 在桶副本的張量清單中的哪個位置
};
```

（2）Reducer 類別對應的成員變數

Reducer 類別對應的成員變數為：

```
// 把一個 Variable 映射到桶結構的對應位置
std::vector<VariableLocator> variable_locators_;
```

讀者可能會有一個問題：variable_locators_[variable_index] 在不同的桶之間會重複嗎？答案是不會，因為從 VariableLocator(bucket_index, intra_bucket_index++) 這個建構方法上看，bucket_index 和 intra_bucket_index 的組合是唯一的。

（3）使用

在呼叫 add_post_hook() 設置回呼函式時，如下程式會控制：在呼叫自動求導鉤子函式時，會使用 VariableIndex 作為參數進行回呼。

```
const auto index = VariableIndex(replica_index, variable_index);
this->autograd_hook(index)
```

autograd_hook() 方法透過 mark_variable_ready(size_t variable_index) 最終呼叫到 mark_ variable_ready_dense() 函式，此處先透過 variable_locators_ 來確定桶，然後進行後續操作。具體程式如下。

```
void Reducer::mark_variable_ready(VariableIndex index) {

  // 省略部分程式

  const auto replica_index = index.replica_index;
  const auto variable_index = index.variable_index;

  const auto& bucket_index = variable_locators_[variable_index];
  auto& bucket = buckets_[bucket_index.bucket_index]; // 找到桶
  auto& replica = bucket.replicas[replica_index]; // 找到副本

  if (bucket.expect_sparse_gradient) { // 利用桶來確定後續操作
    mark_variable_ready_sparse(index); // 此函式內依然使用 variable_locators_ 找到變數
  } else {
    mark_variable_ready_dense(index); // 此函式內依然使用 variable_locators_ 找到變數
  }
  // 省略部分程式
}
```

6.1.6 梯度累積相關成員變數

接下來我們介紹一些梯度累積相關的成員變數 / 函式。

1 · grad_accumulators_

可以認為 grad_accumulators_ 是一個矩陣，矩陣的每一項就是一個 AccumulateGrad（Node 類別的衍生類別），AccumulateGrad 會具體計算梯度。grad_accumulators_ 在反向傳播時負責梯度同步。

```
std::vector<std::vector<std::shared_ptr<torch::autograd::Node>>>
    grad_accumulators_;
```

grad_accumulators_ 的具體邏輯如圖 6-4 所示，其中，Variable 0、Variable 1、Variable 2 是 3 個實際的張量，grad_accumulators_ 中的每一項分別指向每個張量的 AccumulateGrad。

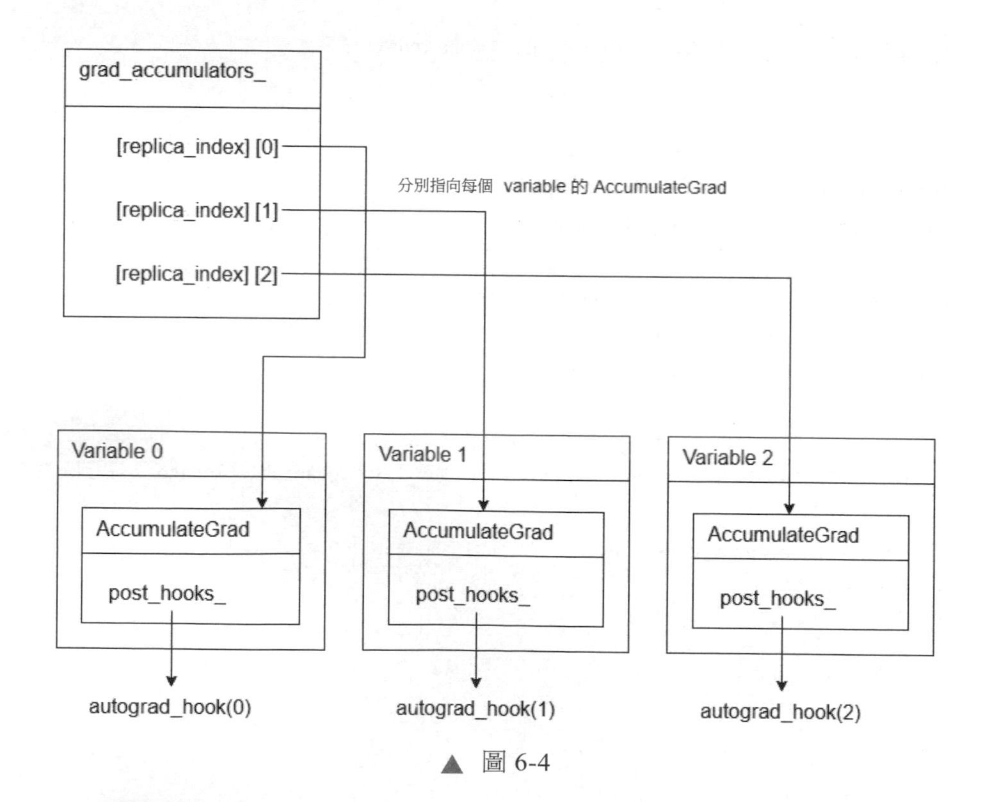

▲ 圖 6-4

2 · gradAccToVariableMap_

變數 gradAccToVariableMap_ 的定義如下。

```
std::unordered_map<torch::autograd::Node*, VariableIndex> gradAccToVariableMap_;
```

其作用是給每個 Node 類別一個對應的 VariableIndex 結構，這樣可以儲存 grad_accumulator_ 和索引的對應關係（函式指標和參數張量的對應關係），以後在自動求導圖遍歷尋找未使用的參數會比較方便。圖 6-5 中就給 Variable 1 設定了一個索引 index1。

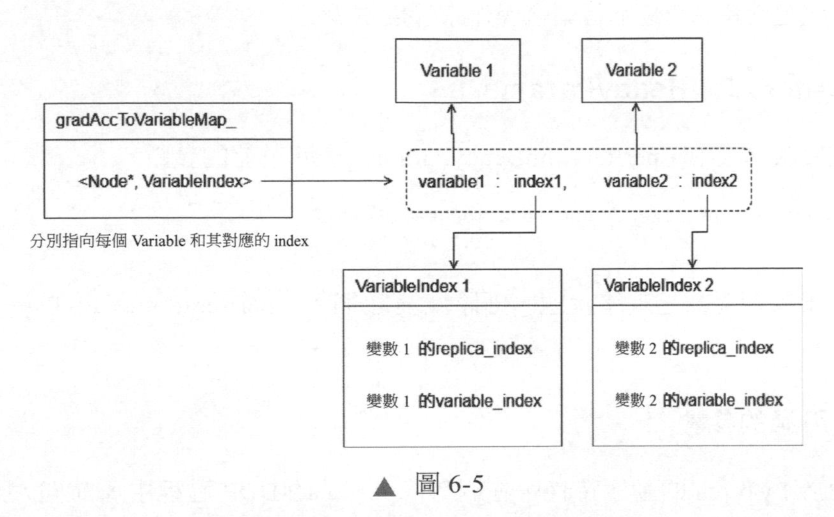

▲ 圖 6-5

3 · numGradHooksTriggeredMap_

此變數用來記錄在某個張量的梯度就緒之前，該張量的自動求導鉤子函式應該被呼叫幾次。由於在第一次迭代之後，此變數不再增加，因此此數值應該是 1 或 0，其被用來設置 unused_parameters_ 和設定 numGradHooksTriggeredMapPerIteration_。

```
std::unordered_map<VariableIndex, int, c10::hash<VariableIndex>>
numGradHooksTriggeredMap_;
```

4．numGradHooksTriggeredMapPerIteration_

此變數用來記錄在某個張量的梯度就緒之前，該張量的自動求導鉤子函式還需要被呼叫幾次，如果其值為 0，則說明此變數已經就緒。

```
std::unordered_map<VariableIndex, int, c10::hash<VariableIndex>> numGradHooksTrigger
edMapPerIteration_;
```

在靜態圖情況下，如果不是第一次迭代（此時剛剛產生梯度），則會把 numGradHooks- TriggeredMapPerIteration_[index] 遞減。如果其值為 0，則說明該變數已經就緒，可以進行集合操作來梯度精簡了。

5．perIterationReadyParams_

在每次迭代中，perIterationReadyParams_ 表示就緒的參數。

```
std::unordered_set<size_t> perIterationReadyParams_;
```

如果某個變數是就緒狀態，則將此變數插入。perIterationReadyParams_ 參數中。

6．使用過的參數

由於 PyTorch 的動態特性，在對等（peer）的 DDP 過程中，前向 / 反向傳播過程仍然涉及局部梯度缺失的問題。因為無法僅從局部自動求導圖中提取該資訊，所以 DDP 使用點陣圖追蹤本地參數參與者，並啟動另外一個 All-Reduce 操作來收集全域未使用的參數。由於元素類型可能不匹配，DDP 無法將此點陣圖合併到其他梯度的 All-Reduce 操作中。

變數 local_used_maps_ 會記錄本地使用過的參數，即簿記（bookkeeping）在未啟用同步的情況下（no_sync is on），在當前迭代或者 no_sync session 中，模型參數是否在本地被使用過。local_used_maps_dev_ 用來精簡全域未使用參數。

每個模型副本對應 local_used_maps_ 中的一個張量，每個張量是參數數量大小的一維 int32（one-dim int32）張量。這些張量在自動求導鉤子函式中標記，以指示本地已使用了相應的參數。這些張量會在當前迭代或無同步階段（no_sync session）的反向傳播結束時進行 All-Reduce 操作，以計算出全域未使用的參數。

```
std::vector<at::Tensor> local_used_maps_; // 標記本地使用參數
std::vector<at::Tensor> local_used_maps_dev_; // 用來精簡全域未使用參數
```

7．計算梯度支撐方法

mark_variable_ready_dense() 函式會呼叫 runGradCallbackForVariable() 函式，runGradCallback ForVariable() 函式呼叫 distributed::autograd::ContextPtr.runGradCallbackForVariable() 函式進行後續處理，具體程式如下。

```
void Reducer::mark_variable_ready_dense(VariableIndex index) {
  const auto replica_index = index.replica_index;
  const auto variable_index = index.variable_index;
  const auto& bucket_index = variable_locators_[variable_index];
  auto& bucket = buckets_[bucket_index.bucket_index];
  auto& replica = bucket.replicas[replica_index];
  auto& variable = replica.variables[bucket_index.intra_bucket_index];
  const auto offset = replica.offsets[bucket_index.intra_bucket_index];
  const auto length = replica.lengths[bucket_index.intra_bucket_index];
  auto& bucket_view = replica.bucket_views_in[bucket_index.intra_bucket_index];

  runGradCallbackForVariable(variable, [&](auto& grad) {
    if (grad.defined()) {
      this->check_grad_layout(grad, bucket_view);
      if (!grad.is_alias_of(bucket_view)) {
        this->copy_grad_to_bucket(grad, bucket_view);
        if (gradient_as_bucket_view_) {
          // 指向 view 相關的 buffer
          grad = bucket_view;
          // 梯度被修改，需要複製回引擎
          return true;
        }
      } else {
        // 如果 grad 和 view 指向同樣區域，則不需要複製
```

```
        if (comm_hook_ == nullptr) {
          bucket_view.div_(divFactor_);
        }
      }
    } else {
      bucket_view.zero_();
    }
    // 梯度沒有被修改，不需要複製回引擎
    return false;
  });
}

void Reducer::runGradCallbackForVariable(at::Tensor& variable,
    GradCallback&& cb) {
  // 載入 rpc context
  auto context_ptr = rpc_context_.context_ptr.load();
  if (context_ptr == nullptr) {
    cb(variable.mutable_grad());
  } else {
    context_ptr->runGradCallbackForVariable(variable, std::move(cb));
  }
}
```

我們順著 ContextPtr 來到 DistAutogradContext。DistAutogradContext 會先在累積的梯度 accumulatedGrads_ 中找到張量對應的梯度，然後用傳入的回呼函式來處理梯度，最後把處理後的梯度複製回 accumulatedGrads_。這樣從鉤子函式獲取梯度開始，到傳回歸約之後的梯度結束，就形成了一個閉環，具體程式如下。

```
void DistAutogradContext::runGradCallbackForVariable(
    const torch::autograd::Variable& variable, GradCallback&& cb) {
  torch::Tensor grad;                                   // 注意，這裡是上下文函式
  {
   if (cb(grad)) { // 用傳入的回呼函式處理梯度
    std::lock_guard<std::mutex> guard(lock_);
    auto device = grad.device();
    accumulatedGrads_.insert_or_assign(variable, std::move(grad)); // 把處理後的梯度複
製回 accumulatedGrads_
```

```
    recordGradEvent(device);
  }
}
```

DistAutogradContext 的 accumulatedGrads_ 會記錄張量對應的當前梯度，具體程式如下。

```
class TORCH_API DistAutogradContext {
 public:
  c10::Dict<torch::Tensor, torch::Tensor> accumulatedGrads_;
}
```

6.1.7 初始化

Reducer 類別的程式位於：torch/lib/c10d/reducer.h 和 torch/lib/c10d/reducer.cpp。

1 建構函式

建構函式的具體邏輯如下。

- 判斷本模組是否為多裝置模組。具體操作是：遍歷張量，得到張量的裝置，把裝置插入一個 set 結構中，如果最終 set 內的裝置多於一個，則判斷為多裝置。
- 如果 expect_sparse_gradients_ 沒有設置，就把 expect_sparse_gradients_ 初始化為 False。
- 呼叫 initialize_buckets() 函式初始化桶，並盡可能按照反向將參數分配到桶中，這樣按桶通訊可以提高效率，後續在執行時期也可能重新初始化桶。
- 為每個參數加上 grad_accumulator，它們在反向傳播時負責梯度同步。
  - 因為這些變數是自動求導圖的葉子張量，所以它們的 grad_fn 都被設置為梯度累積（gradient accumulation）function。

    * Reducer 類別儲存了指向這些 function 的指標，Reducer 類別可以知道它們在自動求導傳播中是否被使用，如果沒有使用，就把這些 function 對應的梯度張量（grad tensor）設置為精簡就緒狀態。
    * 遍歷張量，為每個張量生成一個類型為 VariableIndex 的 Variable 索引。
    * 得到 Variable::AutogradMeta 的 grad_accumulator_，即用於累積葉子張量 Variable 的梯度累積器。
    * 把 Reducer 類別的自動求導鉤子函式增加進每個 grad_accumulator_ 中，VariableIndex 是鉤子函式的參數。此鉤子函式掛在自動求導圖上，在反向傳播時負責梯度同步。當 grad_accumulator_ 執行完後，自動求導鉤子函式就會執行。
- gradAccToVariableMap_ 儲存 grad_accumulator_ 和索引的對應關係（函式指標和參數張量的對應關係），這樣以後在自動求導圖遍歷尋找未使用的參數會比較方便。
- 初始化反向傳播狀態向量 backward_stats_。
- 呼叫 initialize_local_used_map() 函式初始化各種未使用的圖資料結構。

具體初始化程式如下。

```
Reducer::Reducer(
    std::vector<std::vector<at::Tensor>> replicas,
    std::vector<std::vector<size_t>> bucket_indices,
    c10::intrusive_ptr<c10d::ProcessGroup> process_group,
    std::vector<std::vector<bool>> expect_sparse_gradients,
    int64_t bucket_bytes_cap,
    bool find_unused_parameters,
    bool gradient_as_bucket_view,
    std::unordered_map<size_t, std::string> paramNames)
    : replicas_(std::move(replicas)),
      process_group_(std::move(process_group)),
      /* 省略其他參數 */ ) {

  // 判斷本模組是否為多裝置模組
```

```
{
  std::set<int> unique_devices;
  for (const auto& v : replicas_[0]) {
    auto device_idx = int(v.device().index());
    if (unique_devices.find(device_idx) == unique_devices.end()) {
      unique_devices.insert(device_idx);
      if (unique_devices.size() > 1) {
        is_multi_device_module_ = true;
        break;
      }
    }
  }
}

if (expect_sparse_gradients_.empty()) {
  expect_sparse_gradients_ = std::vector<std::vector<bool>>(
      replicas_.size(), std::vector<bool>(replicas_[0].size(), false));
}

// 初始化桶，並盡可能按照反向將參數分配到桶中
{
  std::lock_guard<std::mutex> lock(mutex_);
  initialize_buckets(std::move(bucket_indices));
}

// 為每個參數加上 grad_accumulator，它們在反向傳播時負責梯度同步
{
  const auto replica_count = replicas_.size();
  grad_accumulators_.resize(replica_count);
  for (size_t replica_index = 0; replica_index < replica_count;
       replica_index++) {
    const auto variable_count = replicas_[replica_index].size();
    grad_accumulators_[replica_index].resize(variable_count);
    for (size_t variable_index = 0; variable_index < variable_count;
         variable_index++) {
      auto& variable = replicas_[replica_index][variable_index];
      const auto index = VariableIndex(replica_index, variable_index);
```

```
        auto grad_accumulator =
            torch::autograd::impl::grad_accumulator(variable);

#ifndef _WIN32
        using torch::distributed::autograd::ThreadLocalDistAutogradContext;
#endif
        // Hook to execute after the gradient accumulator has executed.
        hooks_.emplace_back(
            grad_accumulator->add_post_hook(
                torch::make_unique<torch::autograd::utils::LambdaPostHook>(
                    [=](const torch::autograd::variable_list& outputs,
                        const torch::autograd::variable_list& /* unused */) {
#ifndef _WIN32
                      this->rpc_context_.set(
                          ThreadLocalDistAutogradContext::getContextPtr());
#endif
                      this->autograd_hook(index);
                      return outputs;
                    })),
            grad_accumulator);

        if (find_unused_parameters_) {
          gradAccToVariableMap_[grad_accumulator.get()] = index;
        }

        numGradHooksTriggeredMap_[index] = 0;
        grad_accumulators_[replica_index][variable_index] =
            std::move(grad_accumulator);
      }
    }
  }

  // 初始化反向傳播狀態向量
  {
    const auto replica_count = replicas_.size();
    backward_stats_.resize(replica_count);
    const auto variable_count = replicas_[0].size();
    std::for_each(
```

```
        backward_stats_.begin(),
        backward_stats_.end(),
        [=](std::vector<int64_t>& v) { v.resize(variable_count); });
  }

  // 初始化各種未使用的圖資料結構
  if (find_unused_parameters_) {
    initialize_local_used_map();
  }
}
```

接下來我們具體分析每一個部分。

2．初始化儲存桶

使用 initialize_buckets() 方法初始化儲存桶，其工作原理是：對每一個桶增加模型副本，對每一個模型副本增加其張量清單，具體邏輯如下。

- 用分散式上下文設置 rpc_context_。
  - 如果在 DDP 建構函式內呼叫 initialize_bucket() 函式，則 RPC 上下文指標（context ptr）是否為 null 無關緊要，因為 grad 變數不會發生變化。
  - 如果在訓練循環期間呼叫 initialize_bucket() 函式（如在 rebuild_bucket() 函式內部），grad 變數可能會發生改變並指向 bucket_view，那麼需要檢查 RPC 上下文指標是否為 null。
  - 如果 RPC 上下文指標為 null，則需要改變 variable.grad() 函式，否則將在 RPC 上下文中改變 grad 變數。
- 清空 buckets_ 和 variable_locators_ 兩個變數。
- 重置 variable_locators_ 的尺寸，這樣每個 Variable 都有一個桶索引。
- 得到所有桶的個數和每個桶中副本的個數，程式為 bucket_count = bucket_indices.size(); replica_count = replicas_.size()。
- 逐一初始化桶。

每個儲存桶初始化的邏輯如下。

- 生成一個 Bucket 類型的變數 bucket。
- 如果 bucket_indices[bucket_index].size() == 1，則說明此桶期待一個稀疏變數（sparse gradient），可以設置 bucket.expect_sparse_gradient = true。
- 逐一初始化 BucketReplica，具體操作如下。
  * 生成一個類型為 BucketReplica 的 replica 變數。
  * 如果此桶將處理稀疏梯度，則進行如下操作。
    - 利用 bucket_indices[bucket_index].front() 函式取出向量的第一個元素，並設置為 variable_index。
    - 利用 variable_index 得到副本中對應的 Variable。
    - 設置副本 replica 的 Variable 串列，程式為 replica.variables = {variable}，此副本只包括一個 Variable 。
  * 如果此桶將處理稠密梯度，則進行如下操作。
    - 遍歷儲存桶的 Variable，即利用 replicas_ 得到 Variable。
    - 設置 Variable 的裝置和資料型態。
    - 給副本設置 Variable 成員變數，程式為 replica.variables.push_back(variable)。
    - 設置副本的關於 Variable 的詮譯資訊，這些詮譯資訊與展平內容（flat contents）相關，比如 offsets 儲存了各個張量在展平桶內容中的偏移量。
    - 給 relica.contents 變數分配記憶體。
    - 利用 initialize_bucket_views(replica, replica.contents) 函式來初始化 contents 變數和 views 變數。

- 利用 bucket.replicas.push_back(std::move(replica)) 函式把此 replica 變數加入 bucket 變數。

- 遍歷儲存桶中的 Variable，程式為 bucket_indices[bucket_index]。對於每個 Variable 設置 Reducer.variable_locators（類型為 VariableLocator），這樣 Reducer 類別就知道如何在桶中確定一個 Variable。VariableLocator.bucket_index 是 Buckets 串列的位置，表示 Buckets_ 上的一個桶。VariableLocator.intra_bucket_index 是在桶副本 vector 域的 variable 索引。
- 設置桶的變數：bucket.variable_indices = std::move(bucket_indices[bucket_index])。
- 利用 buckets_.push_back(std::move(bucket)) 函式把此桶加入 Reducer 類別中。

3．初始化視圖

使用 initialize_bucket_views() 函式可以設置 Replica 的 contents 和 views 成員變數。關於 BucketReplica 的 contents 和 views 成員變數的特點，請參見 6.1.4 節。

4．初始化本地使用變數

initialize_local_used_map() 函式在此處會初始化 local_used_maps_，local_used_maps_ 用來查詢全域未使用參數。

最後，我們總結 Reducer 類別的初始化流程，如圖 6-6 所示。

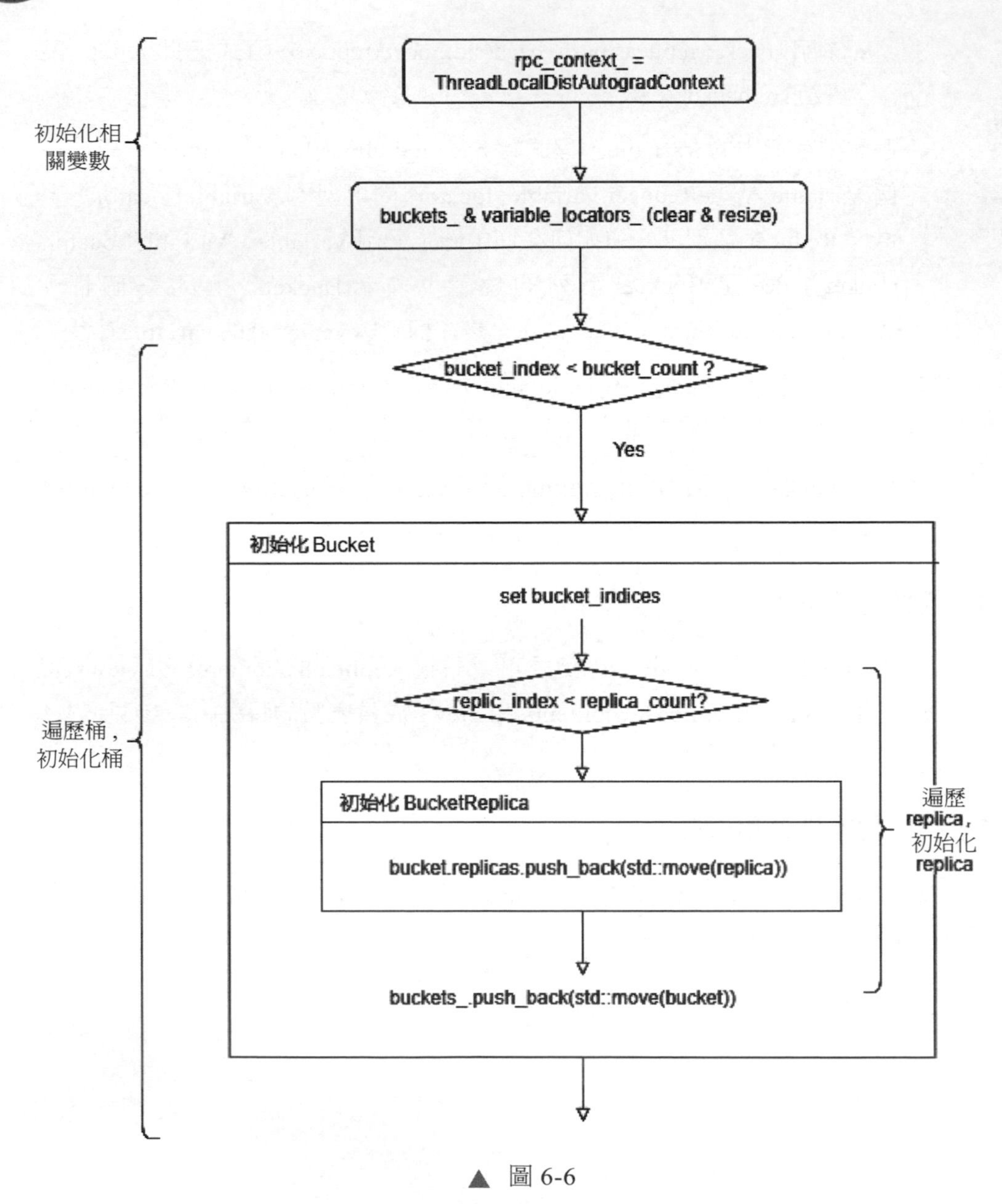

rpc_context_ = ThreadLocalDistAutogradContext
初始化相關變數
buckets_ & variable_locators_ (clear & resize)
bucket_index < bucket_count ?
Yes
初始化 Bucket
set bucket_indices
replic_index < replica_count?
遍歷桶，初始化桶
初始化 BucketReplica
bucket.replicas.push_back(std::move(replica))
遍歷 replica，初始化 replica
buckets_.push_back(std::move(bucket))

▲ 圖 6-6

經過上面的初始化之後，得到的 Reducer 類別大致如圖 6-7 所示，此處需要注意的是，雖然 BucketReplica replicas 是一個陣列，但實際上該陣列中只有一個元素。

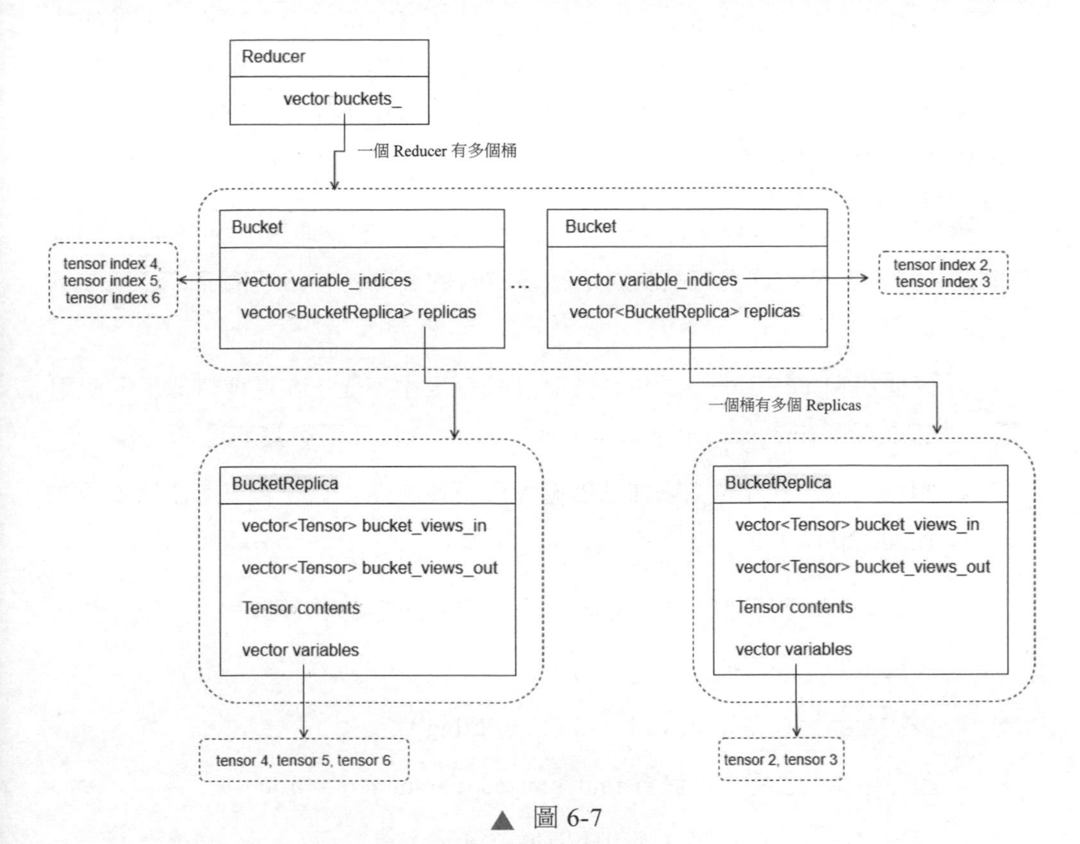

▲ 圖 6-7

6.1.8 靜態圖

接下來介紹靜態圖相關資訊。PyTorch 採用動態圖機制，可以邊執行程式邊建構計算圖，其優點是靈活，缺點是每次運算都需要重新載入計算圖，性能略差。靜態圖則「先定義後執行」，即在編譯時先定義完整的計算圖，再進行計算，後續執行時期無須重新建構計算圖。其優點是性能好、方便最佳化，缺點是不靈活、不易偵錯。

雖然 PyTorch 採用動態圖機制，但是使用者可以明確地讓 DDP 知道訓練圖是靜態的（在某種程度上可以認為是動靜結合的），在有如下情況時可以進行設置。

- 已使用和未使用的參數集在整個訓練循環中不變，在這種情況下，使用者是否將 find_unsued_parameters 設置為 True 並不重要。
- 圖的訓練方式在整個訓練循環過程中不會改變（意味著不存在相依於迭代的控制流）。

當圖被設置為靜態時，DDP 將支援以前不支援的場景，比如：

- 可重入的反向傳播。
- 多次啟動檢查點（activation checkpointing）。
- 設置啟動檢查點，並設置 find_unused_parameters = true。
- 並不是所有的輸出張量都用於損失計算。
- 在前向函式之外有一個模型參數。
- 當 find_unsued_parameters=true 或者存在未使用的參數時，跳過這些未使用的參數可能會提高處理性能，因為 DDP 在每次迭代過程中不會搜索網路來檢查未使用的參數。

_set_static_graph() 函式可以用來設定靜態圖，此 API 應在 DDP 建構之後，並且在訓練循環開始之前以同樣的方式對所有 rank 進行呼叫，具體程式如下。

```
ddp_model = DistributedDataParallel(model)
ddp_model._set_static_graph()
```

_set_static_graph() 函式的程式為：

```
def _set_static_graph(self):
    self.static_graph = True
    self.reducer._set_static_graph() # 呼叫 Reducer 進行設定
    self.logger._set_static_graph()
```

Reducer 類別只有在第一次迭代之後才能生成靜態圖，因為 PyTorch 是動態的，需要進行至少一步動態生成過程。

6.1.9 Join 操作

Join 操作的作用是解決訓練資料不均勻的問題，即允許某些輸入較少的 Worker（其已經完成集合通訊操作）可以繼續和那些尚未結束的 Worker 執行集合通訊，是一個欺騙操作。

支撐在 DDP 背後的是幾個集合通訊函式庫的 All-Reduce 操作，這些 All-Reduce 操作完成了各個 Worker 之間的梯度同步。當訓練資料在 rank 之間的輸入不均勻（uneven）時，會導致 DDP 被暫停。由於集合通訊要求處理程序組中的所有 rank 都參與，因此如果一個 rank 的輸入少，其他 rank 會暫停或者顯示出錯（具體如何操作取決於後端），而且任何類別在執行同步集合通訊時，在每次迭代過程中都會遇到此問題。

因此，DDP 舉出了一個「Join」API，Join 是一個上下文管理器，在每個 rank 的訓練循環中使用。資料量少的 rank 會提前耗盡輸入，這時它會給集合通訊一個假像，從而會建構一個虛擬的 All-Reduce，以便在資料不足時與其他 rank 匹配。具體如何製造此假像由註冊鉤子函式指定。Join 的大致思路如圖 6-8 所示。

至此，Reducer 類別的靜態結構分析完畢。

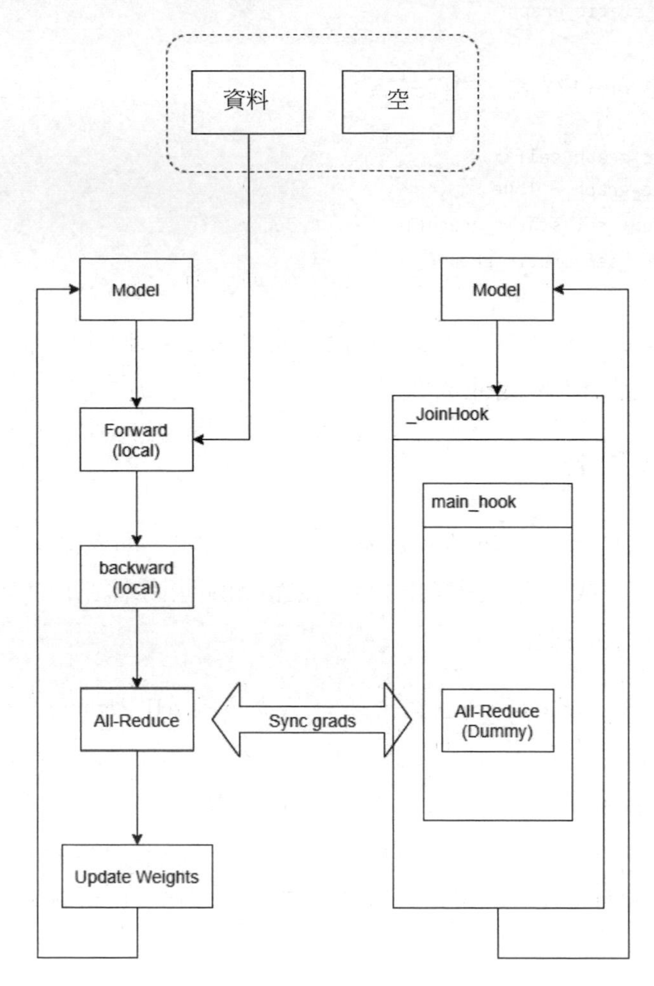

▲ 圖 6-8

6.2 前向 / 反向傳播

6.1 節已經介紹了如何建構 Reducer 類別以及幾個重要場景，本節就來分析 Reducer 類別如何實現前向 / 反向傳播。

6.2.1 前向傳播

對於前向傳播我們從 Python 程式入手分析，程式位於 torch/nn/parallel/distributed.py 檔案中。此處省略 Join 相關內容，只關注主體部分，forward() 方法的邏輯如下。

- 儲存執行緒本地狀態。
- 如果做設定，則呼叫 reducer.prepare_for_forward() 函式為前向傳播做準備。
- 如果 ddp_join_enabled 變數被設置為 True，則做相應處理。
- 在進行前向傳播之前，使用 _rebuild_buckets() 函式來重置桶，關於此函式的說明如下。
  * 在 _rebuild_buckets() 函式中，也許會在釋放舊桶之前分配新桶。
  * 如果要節省峰值記憶體使用量，則需要在前向計算期間峰值記憶體使用量增加之前呼叫 _rebuild_bucket() 函式來控制記憶體使用量。
- 如果需要同步，則呼叫 _sync_params() 函式對前向傳播參數進行同步。
- 進行前向傳播。
- 如果需要同步反向傳播梯度，則呼叫 prepare_for_backward() 函式。當 DDP 參數 find_unused_parameter 為 True 時，會在前向傳播結束時啟動一個回溯，標記出所有沒被用到的參數，提前把這些參數標識為就緒，這樣反向傳播就可以跳過這些參數，但此標識操作會犧牲一部分時間。

其中，_sync_params() 函式同步模型參數會呼叫 _distributed_broadcast_coalesced() 函式完成操作。

forward() 方法的具體程式如下。

```
def forward(self, *inputs, **kwargs):
    with torch.autograd.profiler.record_function("DistributedDataParallel.forward"):
        self.reducer.save_thread_local_state() # 儲存執行緒本地狀態
        if torch.is_grad_enabled() and self.require_backward_grad_sync:
            self.logger.set_runtime_stats_and_log()
            self.num_iterations += 1
            self.reducer.prepare_for_forward() // 為前向傳播做準備

        # 使用 _rebuild_buckets() 函式來重置桶
        if torch.is_grad_enabled() and self.reducer._rebuild_buckets():
            logging.info("Reducer buckets have been rebuilt in this iteration.")

        # 如果需要同步，則呼叫 _sync_params() 函式對前向傳播參數進行同步
        if self.require_forward_param_sync:
            self._sync_params()

        # 進行前向傳播
        if self.device_ids:
            inputs, kwargs = self.to_kwargs(inputs, kwargs, self.device_ids[0])
            output = self.module(*inputs[0], **kwargs[0])
        else:
            output = self.module(*inputs, **kwargs)

        # 如果需要同步反向傳播梯度，則呼叫 prepare_for_backward() 函式
        if torch.is_grad_enabled() and self.require_backward_grad_sync:
            self.require_forward_param_sync = True
            if self.find_unused_parameters and not self.static_graph:
                self.reducer.prepare_for_backward(list(_find_tensors(output)))
            else:
                self.reducer.prepare_for_backward([])
        else:
            self.require_forward_param_sync = False

    # 省略其他程式碼
```

我們接下來進入 C++ 世界，看看此處如何支援前向傳播，具體分為重建儲存桶和準備反向傳播兩部分。

1 重建儲存桶

重建儲存桶具體分為如下幾個部分。

- 設定各種尺寸限制。
- 呼叫 compute_bucket_assignment_by_size() 函式計算儲存桶的尺寸。
- 呼叫 sync_bucket_indices() 函式同步儲存桶索引。
- 呼叫 initialize_buckets() 函式初始化儲存桶。

接下來我們具體看如何重建儲存桶。

（1）準備工作

首先呼叫 compute_bucket_assignment_by_size() 函式計算儲存桶的尺寸，然後使用張量的資料型態和裝置類型建構儲存桶的鍵。因為同一個張量的資訊在各個 Worker 上都相同，所以儲存桶的鍵在各個 Worker 上都是相同的，具體程式如下。

```
auto key = BucketKey(tensor.scalar_type(), tensor.device()); // 使用張量資訊建構儲存桶的鍵
```

（2）參數順序

所有處理程序的精簡順序必須相同，否則 All-Reduce 內容可能不匹配，導致不正確的精簡結果或程式崩潰。All-Reduce 操作的順序也會對結果產生影響，因為它決定了多少通訊可以與計算重疊。DDP 按與 model.parameters() 函式相反的順序啟動 All-Reduce 操作。

下面我們看一下 DDP 如何保證所有處理程序中的參數順序相同。PyTorch 的基礎程式檔案 torch.py 中的 parameters() 函式提供了參數順序。

```
def parameters(self, recurse: bool = True) -> Iterator[Parameter]:
    for name, param in self.named_parameters(recurse=recurse):
        yield param
```

我們來看 named_parameters() 函式，named_parameters() 函式透過 _parameters 成員變數來確定順序，具體程式如下。

```
def named_parameters(self, prefix: str = '', recurse: bool = True) ->
Iterator[Tuple[str, Parameter]]:
    gen = self._named_members(
        lambda module: module._parameters.items(),
        prefix=prefix, recurse=recurse)
    for elem in gen:
        yield elem
```

torch.nn.Module 的 _parameters 成員變數定義如下。

```
self._parameters = OrderedDict()
```

Python 的 OrderedDict 資料結構會根據放入元素的先後順序進行排序，這說明 torch.nn. Module 的參數是按照註冊順序進行排序的。

註冊參數動作在 register_parameter() 函式中完成，此處省略了大部分驗證程式。

```
def register_parameter(self, name: str, param: Optional[Parameter]) -> None:
    if param is None:
        self._parameters[name] = None
    else:
        self._parameters[name] = param
```

register_parameter() 函式在 torch.nn.Module 類別的 _setattr_() 函式中呼叫，就是說 PyTorch 在類別實例屬性賦值時對參數進行註冊，比如：

```
class RNNCellBase(torch.nn.Module):
    def __init__(self, input_size, hidden_size, bias=True, num_chunks=4, dtype=torch.
qint8):
        if bias:
            # 省略
        else:
            self.register_parameter('bias_ih', None)
            self.register_parameter('bias_hh', None)
```

因此，只要 PyTorch 在定義模型時的參數順序是確定的，DDP 按 model.parameters() 函式傳回結果的相反順序進行就可以保證所有處理程序中的參數順序相同。

我們總結一下 DDP 的整體流程，如圖 6-9 所示。

- 在建構原始模型網路時會先建構前向計算圖，模組（類型為 torch.nn.Module）在類別實例屬性賦值時對參數進行註冊，參數的內部儲存按照註冊順序進行排序，這樣，模組的參數就是按照前向計算圖的連序儲存的。
- 在建構 DDP 時，模型參數以與原始模型 Model.parameters() 相反的順序分配到儲存桶中。使用相反順序的原因是 DDP 期望梯度在反向傳播期間以該順序準備就緒。
- 在反向傳播時，all_reduce_bucket() 函式會遍歷儲存桶的副本，先把副本張量插入儲存桶，然後同步這些張量。此時，所有 Worker 按照同樣的順序對同樣的張量進行集合通訊。

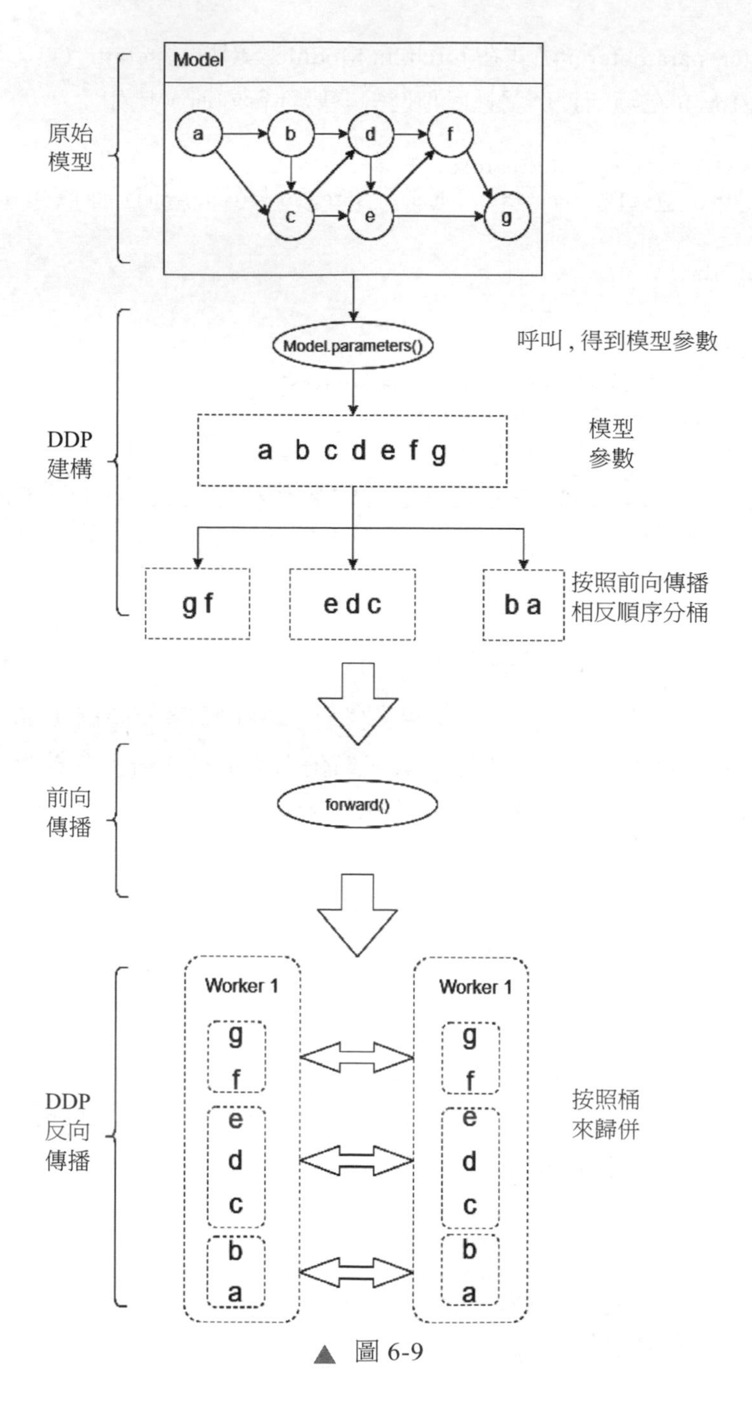
原始
模型
Model
a
b
c
d
e
f
g
DDP
建構
Model.parameters()
呼叫，得到模型參數
a b c d e f g
模型
參數
g f
e d c
b a
按照前向傳播
相反順序分桶
前向
傳播
forward()
DDP
反向
傳播
Worker 1
Worker 1
按照桶
來歸併

▲ 圖 6-9

（3）同步桶 indices

當確定儲存桶大小之後，DDP 使用 sync_bucket_indices() 函式同步桶的索引，其邏輯如下。

- 遍歷儲存桶，把桶的大小記錄到 bucket_sizes 中。
- 設定 TensorOptions。
- 把儲存桶對應的索引和桶數目放入 indices_tensor，此處透過 PyTorch accessor 對張量進行讀寫，accessor 將張量的維度和類型強制寫入作為範本參數，可以高效率地存取元素。
- 因為 NCCL 這樣的 ProcessGroup 只支援裝置之間的操作，所以把 indices_tensor 複製到 indices_tensor_device 中。
- 對 indices_tensor_device 進行廣播。
- 對儲存桶大小進行廣播。
- 廣播結束後會遍歷儲存桶，使用從 rank 0 接收到的 num_buckets、bucket_sizes_tensor 和 indices_tensor 來更新傳進來的參數 bucket_indices。

同步桶 indices 之後就是初始化桶，本部分程式在前文已經分析過，故此處省略。

2．準備反向傳播

在前向傳播完成之後，可以呼叫 prepare_for_backward() 函式對反向傳播進行準備工作。具體分為兩步：使用 reset_bucket_counting() 函式重置每次迭代的標識就緒參數；使用 search_ unused_parameters() 函式查詢未使用的參數。

reset_bucket_counting() 函式會遍歷儲存桶，對於每個桶，重置其副本的 pending（未就緒）成員變數值。某一個模型副本的 pending 成員變數值由此模型副本中的變數數目決定，如果是靜態圖，則重置 numGradHooksTriggeredMapPerIteration_。

search_unused_parameters() 函式完成了「查詢未使用的參數」功能。我們首先要看 Reducer 類別的 find_unused_parameters_ 成員變數，如果將 find_unused_parameters_ 成員變數設置為 True，則 DDP 會在前向傳播結束時從指定的輸出進行回溯，並透過遍歷自動求導圖來找到所有未使用過的參數，一一標記為就緒。

對於所有參數，DDP 都有一個指向它們的梯度累積函式的指標，但對於那些自動求導圖中不存在的參數，它們將在第一次呼叫自動求導鉤子函式時就被標記為準備就緒。

大家可以發現，對所有參數都設置函式指標進行處理的銷耗會很大。那為什麼要這麼做呢？這是因為計算動態圖會改變，具體原因如下。

- 訓練時，某次迭代可能只用到模型的一個子圖，而且由於 PyTorch 是動態計算的，因此子圖會在迭代期間改變，也就是說，某些參數可能在下一次迭代訓練時被跳過。
- 同時，因為所有參數在一開始就已經被分好桶，而鉤子函式又規定了只有整個桶就緒（即 pending == 0）後才進行通訊，所以如果我們不將未使用參數標記為就緒，整個通訊過程就沒法進行。

至此，前向傳播已經結束，我們獲得了如下資訊：

- 需要計算梯度的參數已經分桶。
- 儲存桶已經重建完畢。
- 前向傳播已經完成。
- 從指定的輸出進行回溯，透過遍歷自動求導圖找到所有未使用過的參數，並且一一標記為就緒。

在完成上述工作以後，DDP 做梯度精簡的基礎就有了，它知道哪些參數不需要自動求導引擎操作就能直接精簡（就緒狀態），哪些參數可以一起通訊精簡（分桶），後續的工作主動權就屬於 PyTorch 自動求導引擎，自動求導引擎會一邊做反向計算，一邊進行跨處理程序梯度精簡。

6.2.2 反向傳播

接下來我們來看如何進行反向傳播。

1．從鉤子函式開始

圖 6-10 來 自 論 文 *BAGUA: Scaling up Distributed Learning with Systm Relaxations*，圖中上半部分是原生自動求導引擎處理方式，下半部分是 Horovod 和 Torch-DDP 的處理方式。從圖中可以看到，梯度精簡在反向傳播過程中就會開始。

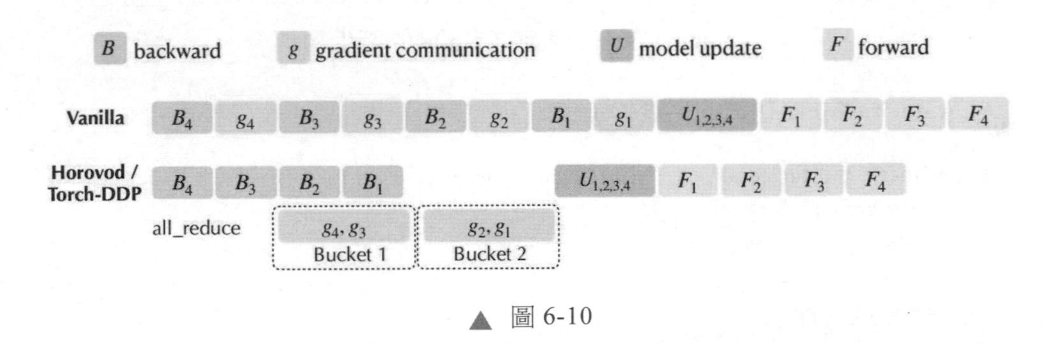

▲ 圖 6-10

此處需要做特殊說明，梯度精簡有兩個排程時機，或者說是同步梯度的時間：一個是在反向傳播過程中處理，如果某一個梯度就緒了，就立刻進行梯度同步；另一個是在 optimizer.step() 函式呼叫時一次性（等到所有梯度都就緒）進行處理。PyTorch 採用了第一個方案，其原因是經過實際測試之後發現，如果在呼叫 optimizer.step() 函式時進行處理，則通訊 / 計算占比更大，所以沒有選擇第二種方案。

第一種方案具體來說就是除分桶操作之外，Reducer 類別還在建構期間註冊自動求導鉤子函式，每個參數都有一個鉤子函式。當梯度準備好時，將在向後傳播期間觸發這些鉤子函式，進行梯度精簡。如果某個桶裡面梯度都就緒，則該桶是就緒的。此時，會在該桶上由 Reducer 啟動非同步 All-Reduce 操作以計算所有處理程序的梯度平均值，所以我們就從反向傳播的入口鉤子函式開始分析。

2．註冊鉤子函式

首先看如何註冊鉤子函式，這涉及 AutoGradMeta 和 Node 兩個類別。

AutoGradMeta 記錄 Variable 的自動求導歷史資訊，我們總結其兩個主要成員變數的作用如下。

- 對於非葉子節點，grad_fn 是計算梯度操作，梯度不會累積在 grad_ 變數上，而是傳遞給計算圖反向傳播的下一站，grad_fn 就是一個 Node。
- 對於葉子節點，PyTorch 虛擬出了一個特殊計算操作 grad_accumulator_，此虛擬操作會累積梯度在 grad_ 變數上，grad_accumulator_ 也是一個 Node，就是 AccumulateGrad 類別（Node 的衍生類別）。

AutoGradMeta 類別的定義如下。

```
struct TORCH_API AutogradMeta : public c10::AutogradMetaInterface {
  Variable grad_;
  std::shared_ptr<Node> grad_fn_;
  std::weak_ptr<Node> grad_accumulator_;
  // 省略其他類別定義內容
```

我們再看 Node 類別。在計算圖中，一個計算操作用一個 Node 表示，不同的 Node 子類別實現了不同操作。此處涉及的 Node 類別的主要成員變數是 post_hooks_，就是在執行梯度計算之後會執行的鉤子函式。Node 類別定義的部分程式如下。

```
struct TORCH_API Node : std::enable_shared_from_this<Node> {
  public:
  std::vector<std::unique_ptr<FunctionPreHook>> pre_hooks_;
  std::vector<std::unique_ptr<FunctionPostHook>> post_hooks_;

  uintptr_t add_post_hook(std::unique_ptr<FunctionPostHook>&& post_hook) {
    post_hooks_.push_back(std::move(post_hook));
    return reinterpret_cast<std::uintptr_t>(post_hooks_.back().get());
  }
}
```

註冊鉤子函式在 Reducer 類別的建構函式中完成，其原理如下。

- 每個張量都得到其 Variable::AutogradMeta 的成員變數 grad_accumulator_，即用於累積葉子變數的梯度累積器。再次強調，grad_accumulator_ 是 AccumulateGrad 類別（Node 的衍生類別）。
- Reducer 類別針對每個梯度累積器 AccumulateGrad 都設定一個 autograd_hook() 函式，此函式會間接掛在自動求導圖上，在反向傳播時負責梯度同步。具體操作是：Reducer 類別會呼叫 add_post_hook() 函式在 AccumulateGrad 的成員變數 post_hooks_ 中增加一個鉤子函式 LambdaPostHook()。在反向傳播時會呼叫到 LambdaPostHook() 函式，LambdaPostHook() 函式又會呼叫到註冊的 autograd_hook() 函式。因為最終呼叫到 autograd_hook() 函式，所以後續圖例中省略 LambdaPostHook() 函式。
- 設定 gradAccToVariableMap_，此處儲存了 grad_accumulator 和 index 的對應關係（函式指標和參數張量的對應關係），這樣以後在自動求導圖遍歷尋找未使用參數就方便了。
- 把這些梯度累積器都儲存於 Reducer 類別的成員變數 grad_accumulators_ 中。

Reducer 類別的建構函式的部分程式如下。

```
auto grad_accumulator =
    torch::autograd::impl::grad_accumulator(variable);

hooks_.emplace_back(
    grad_accumulator->add_post_hook(
        torch::make_unique<torch::autograd::utils::LambdaPostHook>(
            [=](const torch::autograd::variable_list& outputs,
                const torch::autograd::variable_list& /* unused */) {
              this->rpc_context_.set(
                  ThreadLocalDistAutogradContext::getContextPtr());
              this->autograd_hook(variable_index);
              return outputs;
            })),
```

```
grad_accumulator);

if (find_unused_parameters_) {
  gradAccToVariableMap_[grad_accumulator.get()] = index;
}

grad_accumulators_[replica_index][variable_index] =
        std::move(grad_accumulator);
```

圖 6-11 中兩個張量都設定了 autograd_hook() 函式，後續會用來精簡梯度。圖中做了簡化，省略了 TensorImpl 和 AutogradMeta 等類別，讓 grad_accumulator_ 直接位於 Tensor 之中。

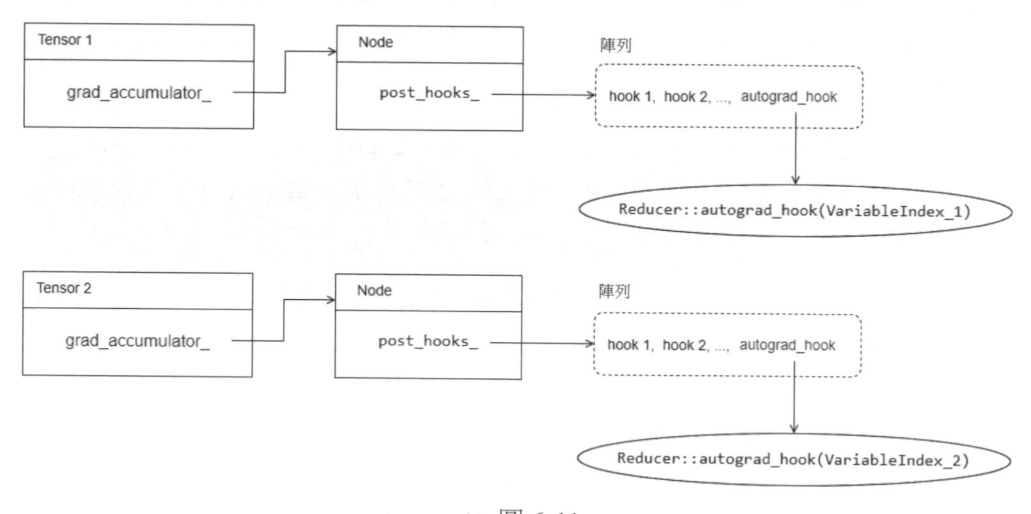

▲ 圖 6-11

grad_accumulator_（簡化後）的作用就是獲取張量，程式為 autograd_meta->grad_ accumulator_，對於葉子節點，grad_accumulator_ 就是 AccumulateGrad 類別。

3．執行鉤子函式

autograd_hook() 函式會依據相關條件設定本變數是否就緒，具體邏輯如下。

- 如果是「動態圖且找到未用張量」或者「靜態圖第一次迭代」，則把 Reducer 類別的成員變數 local_used_maps_ 中 Variable 對應位置設置為 1，關於 local_used_maps_ 的說明如下。

  * local_used_maps_ 記錄本地使用過的 CPU 張量。

  * 因為動態圖每次迭代都可能不一致，儲存桶和 Variable 也可能每次都不一樣，所以 local_used_maps_ 需要在每次迭代過程中都更新。

  * 靜態圖每次迭代都一樣，只要在第一次迭代時，在回呼中設定即可。

- 如果靜態圖是第一次迭代，則把 numGradHooksTriggeredMap_ 中該 Variable 對應位置設置為 1。
- 如果「沒有標識未使用 Variable」（has_marked_unused_parameters_），則遍歷沒有用到的 Variable，標識為就緒，同時呼叫 mark_variable_ready() 函式。
- 如果是「靜態圖且第二次迭代之後」，numGradHooksTriggeredMapPerIteration_ 對應遞減後為 0，則設定變數為就緒，同時呼叫 mark_variable_ready() 函式。
- 如果是動態圖，則每次都要設定 Variable 為就緒，呼叫 mark_variable_ready() 函式。

具體程式如下。

```
void Reducer::autograd_hook(VariableIndex index) {
  // 動態圖且找到未用張量，或者靜態圖第一次迭代
  if (dynamic_graph_find_unused() || static_graph_first_iteration()) {
    // 在 no_sync 的階段中，只要參數被用過一次，就會被標記為用過
    // local_used_maps_ 記錄本地使用過的 CPU 張量
    // 因為動態圖每次迭代都可能不一致，儲存桶和 Variable 也可能每次都不一樣，所以 local_
used_maps_ 需要在每次迭代過程中都更新
    // 靜態圖每次迭代都一樣，只要在第一次迭代時，在回呼中設定即可
```

```
    local_used_maps_[index.replica_index][index.variable_index] = 1;
  }

  if (static_graph_first_iteration()) { // 靜態圖第一次迭代
    numGradHooksTriggeredMap_[index] += 1;
    return;
  }

  if (!has_marked_unused_parameters_) {
    has_marked_unused_parameters_ = true;
    for (const auto& unused_index : unused_parameters_) { // 遍歷沒有用到的 Variable
      mark_variable_ready(unused_index); // 未用到的就標示為就緒了
    }
  }

  // 如果是靜態圖，則在第一次迭代之後，依據 numGradHooksTriggeredMap_ 來判斷一個
Variable 是否可以進行通訊
  if (static_graph_after_first_iteration()) {// 在第二次迭代之後確實用到了
    // 為何從第二次迭代開始處理？因為第一次迭代進入到此處時，梯度還沒有準備好（就是沒有經
過 Reducer 類別處理過。只有經過 Reducer 類別處理過之後才算處理好）
    // 靜態圖時，numGradHooksTriggeredMapPerIteration_ = numGradHooksTriggeredMap_;
    if (--numGradHooksTriggeredMapPerIteration_[index] == 0) {
      mark_variable_ready(index); // 從 1 變成 0，就是就緒了，所以設定 Variable 為就緒
    }
  } else {
    mark_variable_ready(index);// 動態圖每次都要設定 Variable 為就緒
  }
}
```

4．Variable 就緒後的處理

如果在反向傳播過程中，某一個參數的鉤子函式發現該 Variable 是就緒的，則呼叫 mark_variable_ready(index) 函式，其大致邏輯如下。

- 處理就緒的 Variable。
- 如果有儲存桶就緒，則處理就緒的桶。

- 處理張量使用情況。
- 從 DDP 把對應的梯度複製回自動求導引擎。

Variable 就緒後的處理邏輯如下。

- 如果需要重建儲存桶，則把索引插入需重建的清單中。
  - * 重建儲存桶會發生在如下幾種情況：①第一次重建儲存桶時；②靜態圖為真或「查詢未使用的參數」為假時；③此反向過程需要執行 All-Reduce 時。
  - * 在此處，我們只需將張量及其參數索引轉存到重建參數和重建參數索引中。在 finalize_backward() 函式結束時，先基於重建參數和重建參數索引重建儲存桶，然後廣播和初始化儲存桶。此外，我們只需要轉存一個副本的張量和參數索引。
- 先找到 Variable 對應的副本索引（index），然後找到 Variable 在副本中位於哪個位置。
- 若 Variable 被使用過，則記錄下來，插入 perIterationReadyParams_ 中。
- 每當某個 Variable 被標記成就緒時，都要設置呼叫 finalize() 函式。
- 呼叫 mark_variable_ready_sparse() 函式或者 mark_variable_ready_dense() 函式處理 Variable。
- 檢查儲存桶裡的梯度是不是都就緒，如果沒有 pending 狀態的梯度，則表明桶就緒。
- 因為又有一個張量就緒了，所以模型副本的 pending 數目減 1。
- 若模型副本的 pending 數目為 0，則儲存桶的 pending 數目減 1。
  - * 如果模型副本的 pending 數目為 0，則說明模型副本所在的儲存桶的 pending 數目應該減 1。
  - * 如果儲存桶的 pending 數目遞減為 0，則呼叫 mark_bucket_ready() 函式設置桶就緒。

- 如果所有桶都就緒，則會：
  * 呼叫 all_reduce_local_used_map() 函式。
  * 呼叫 Engine::get_default_engine().queue_callback 註冊一個回呼函式，此回呼函式將在自動求導引擎完成全部反向操作時呼叫，後續將對使用過的 Variable 進行精簡，裡面呼叫了 finalize_backward() 函式。

我們用圖 6-12 來整理一下 Variable 就緒後的處理邏輯，具體步驟如下。

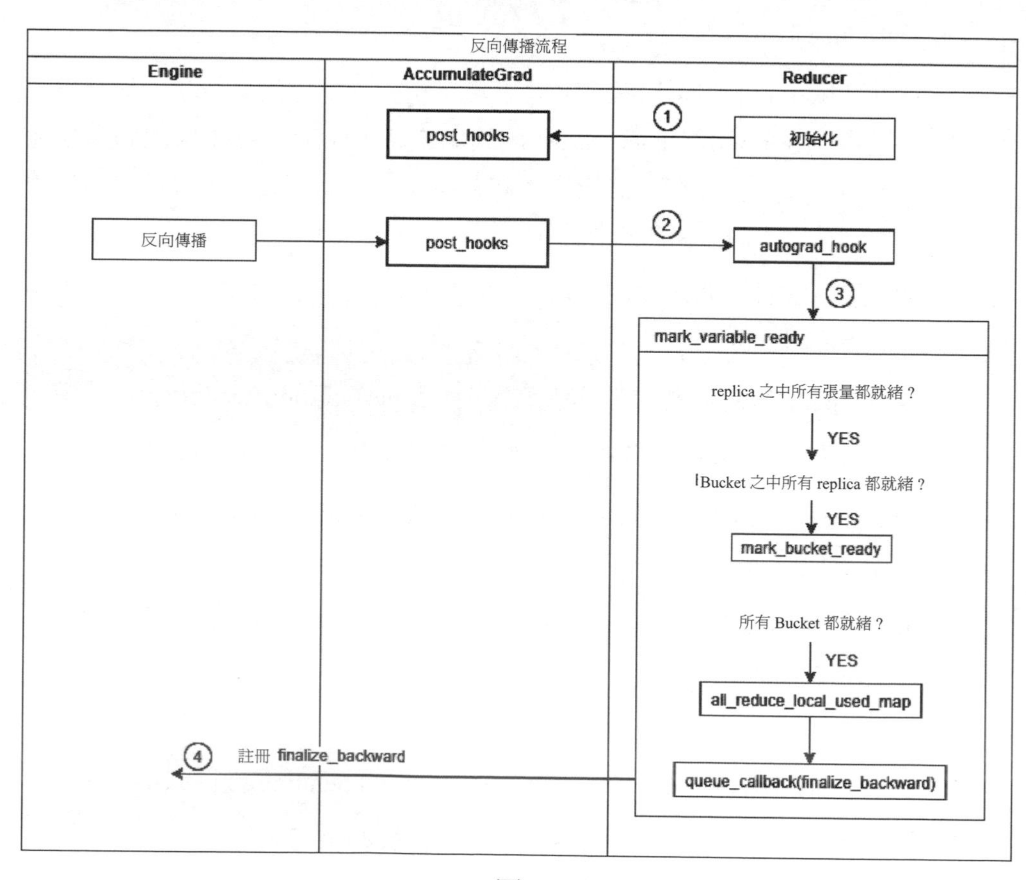

▲ 圖 6-12

① Reducer 類別會註冊 autograd_hook() 函式到 AccumulateGrad 類別的 post_hooks 中。

②如果自動求導引擎在反向傳播過程中發現某個參數就緒，就呼叫 autograd_hook() 函式。

③程式流來到 autograd_hook() 函式中繼續處理。

④使用 torch::autograd::Engine::get_default_engine().queue_callback() 函式註冊一個 finalize_ backward() 函式到引擎。

定義 Reducer::mark_variable_ready() 函式的具體程式如下。

```
void Reducer::mark_variable_ready(VariableIndex index) {
  if (should_rebuild_buckets()) {
    push_rebuilt_params(index); // 如果需要重建，就把索引插入需重建清單之中
  }

  const auto replica_index = index.replica_index; // 找到副本索引
  const auto variable_index = index.variable_index; // 找到在副本中哪個位置

  if (replica_index == 0) {
    checkAndRaiseMarkedTwiceError(variable_index);
    perIterationReadyParams_.insert(variable_index); // 這個 Variable 是被使用過的，記錄
下來
  }
  backward_stats_[replica_index][variable_index] =
      current_time_in_nanos() - cpu_timer_.backward_compute_start_time;

  require_finalize_ = true;  // 每當某個變數被標記成就緒時，都要呼叫一下 finalize()
  const auto& bucket_index = variable_locators_[variable_index]; // 找到 Variable 的索引
資訊
  auto& bucket = buckets_[bucket_index.bucket_index]; // 找到 Variable 位於哪個桶
  auto& replica = bucket.replicas[replica_index]; // 找到副本

  set_divide_factor();

  if (bucket.expect_sparse_gradient) {
    mark_variable_ready_sparse(index);
```

```
  } else {
    mark_variable_ready_dense(index);
  }

  // 檢查桶裡的梯度是不是都就緒
  if (--replica.pending == 0) { // 模型副本的 pending 數目減 1
    // Kick off reduction if all replicas for this bucket are ready.
    if (--bucket.pending == 0) { // 如果本模型副本的 pending 為 0，則說明模型副本所在的儲存桶的 pending 數目應該減 1
      mark_bucket_ready(bucket_index.bucket_index); // 設置桶就緒
    }
  }

  if (next_bucket_ == buckets_.size()) { // 如果所有桶都就緒

    if (dynamic_graph_find_unused()) {
      all_reduce_local_used_map(); // 對使用過的 Variable 進行精簡
    }

    const c10::Stream currentStream = get_current_stream();
    // 註冊 finalize_backward() 到引擎
    torch::autograd::Engine::get_default_engine().queue_callback([=] {
      std::lock_guard<std::mutex> lock(this->mutex_);
      c10::OptionalStreamGuard currentStreamGuard{currentStream};
      if (should_collect_runtime_stats()) {
        record_backward_compute_end_time();
      }
      this->finalize_backward();
    });
  }
}
```

5．回呼函式

Reducer::mark_variable_ready(size_t variable_index) 函式中會使用 torch::autograd::Engine:: get_default_engine().queue_callback 註冊一個回呼函式到引擎，下面分析一下此回呼函式。

queue_callback() 函式在引擎中有定義，就是向 final_callbacks_ 中插入回呼函式，具體程式如下。

```
void Engine::queue_callback(std::function<void()> callback) {
  std::lock_guard<std::mutex>
lock(current_graph_task->final_callbacks_lock_);
  current_graph_task->final_callbacks_.emplace_back(std::move(callback));
}
```

在 exec_post_processing() 函式中會對 final_callbacks_ 變數進行處理，即當引擎全部完成反向傳播時會呼叫回呼函式，具體程式如下。

```
void GraphTask::exec_post_processing() {
  for (size_t i = 0; i < final_callbacks_.size(); ++i) {
    final_callbacks_[i](); // 呼叫了回呼函式
  }
}
```

於是 Variable 就緒後的處理邏輯拓展如圖 6-13 所示，其中前面 4 步不再贅述。

⑤在 GraphTask::exec_post_processing() 函式中會呼叫 finalize_backward() 函式。

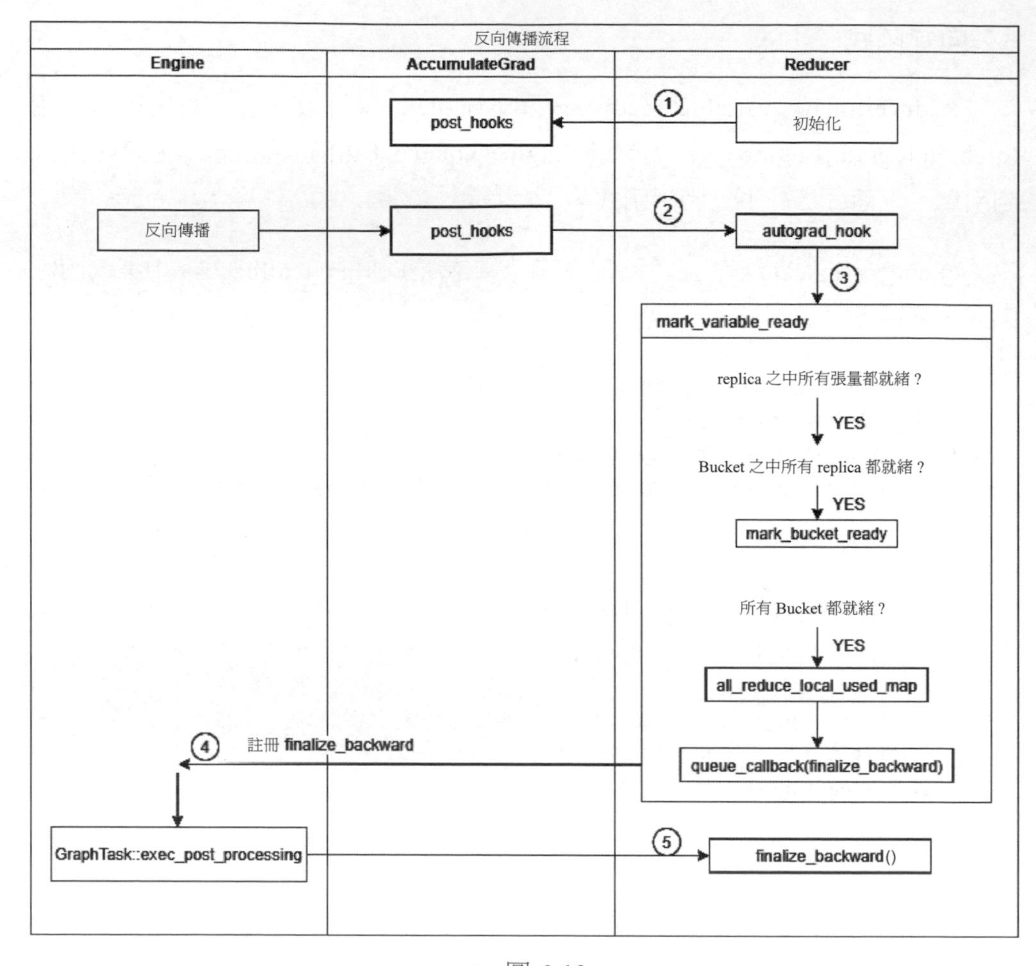

▲ 圖 6-13

6．同步梯度操作

mark_variable_ready 會呼叫 mark_variable_ready_sparse() 函式或者 mark_variable_ready_dense() 函式來處理 Variable。我們接下來進行具體分析。

mark_variable_ready_sparse() 函式用來處理稀疏類型的 Variable，其實就是從引擎複製梯度到 Reducer 類別。mark_variable_ready_dense() 函式會處理稠密張量，也是複製梯度到 Reducer 類別，但是其邏輯複雜很多。mark_variable_ready_dense() 函式（程式參見 6.1.6 小節）的邏輯具體如下。

- 依據索引在 VariableLocator 資料結構中找到 Variable 屬於哪個桶、哪個副本，然後得到副本中的張量 Variable，進而得到 Variable 的偏移量和大小，最終得到張量對應的 bucket_view。
- 使用 runGradCallbackForVariable() 函式對張量進行處理。runGradCallbackForVariable() 函式先使用 DistAutogradContext 處理 callback，然後傳回 DistAutogradContext。
- 首先要對 callback 內部執行邏輯的原因做說明：當 gradient_as_bucket_view_ 為 False 時，或者即使 gradient_as_bucket_view_ 為 True，在極少數情況下，使用者也可以在每次迭代後將 grad 設置為 None。此時 grad 變數和 bucket_view 變數分別指向不同的儲存，因此需要將 grad 複製到 bucket_view。其次，callback 內部的執行邏輯是：
  * 如果 gradient_as_bucket_view_ 設置為 True，則讓 grad 指向 bucket_view。
  * 如果 grad 在之前的迭代中已經被設置為 bucket_view，則不需要複製。

copy_grad_to_bucket() 函式的作用是把梯度複製到 contents 變數。

mark_variable_ready(index) 函式會檢查儲存桶裡的梯度是否都就緒，如果沒有 pending 狀態的桶，則說明該桶也就緒了，這時就可以呼叫 mark_bucket_ready() 函式。mark_bucket_ ready() 函式會遍歷儲存桶，對處於就緒狀態的桶呼叫 all_reduce_bucket() 函式進行精簡。

all_reduce_bucket() 函式會對 contents 變數進行同步，具體操作如下。

- 遍歷儲存桶的副本，把副本張量插入張量清單。
- 如果沒註冊 comm_hook，則直接對這些張量進行 All-Reduce 操作。
- 如果註冊了 comm_hook，則使用鉤子函式進行 All-Reduce 操作。需要注意的是，此 comm_hook 只是處理通訊的底層鉤子函式，如果想在精簡前分別進行梯度裁剪，還需要在自動求導圖中設置鉤子函式。

於是，Variable 就緒後的處理邏輯拓展如圖 6-14 所示，因為增加細化了中間步驟，所以整體步驟調整如下，其中前面 3 步不再贅述。

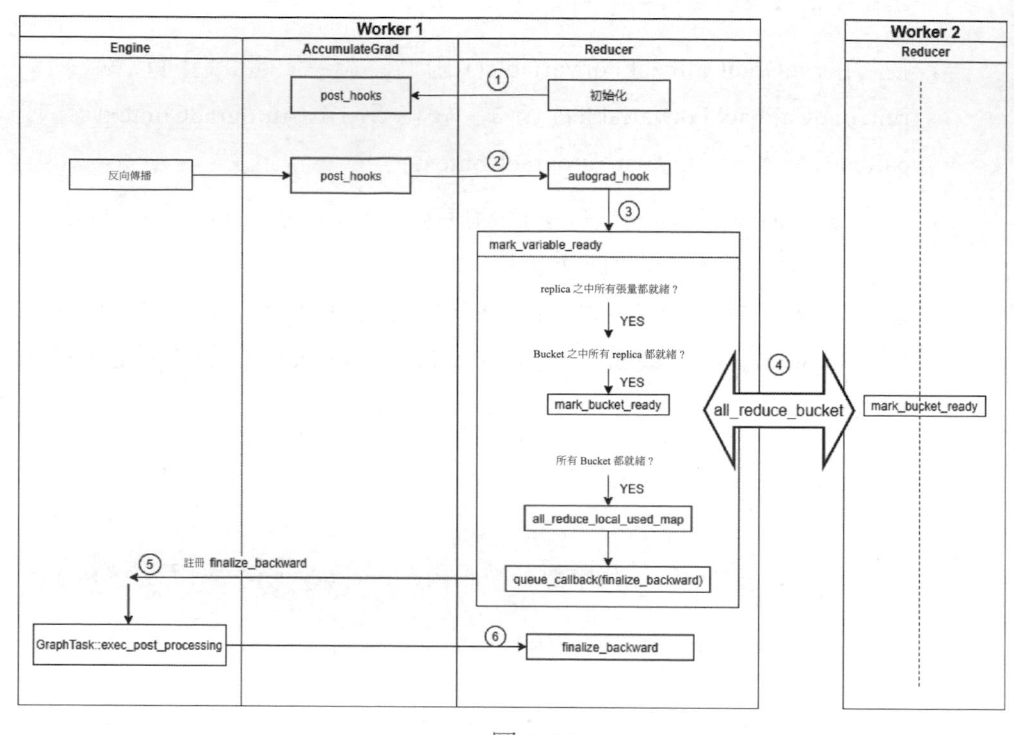

▲ 圖 6-14

④呼叫 all_reduce_bucket 進行同步梯度。

⑤使用 torch::autograd::Engine::get_default_engine().queue_callback() 函式註冊一個 finalize_ backward() 函式到引擎。

⑥在 GraphTask::exec_post_processing 中會呼叫 finalize_backward() 函式。

7．同步點陣圖操作

前面提到，如果所有桶都處於就緒狀態，則會呼叫 all_reduce_local_used_map() 函式。all_reduce_local_used_map() 函式使用了非同步 H2D 來避免阻塞銷耗。即把 local_used_maps_ 複製到 local_used_maps_dev_ 中，然後對 local_used_maps_dev_ 進行精簡。

注意，local_used_maps_ 變數記錄了張量的使用情況，即本地使用過哪些參數。因此，all_reduce_local_used_map() 函式對 local_used_maps_ 變數進行精簡。注意，此處是對張量使用情況進行精簡，而非對張量進行精簡。

於是，Variable 就緒後的處理邏輯拓展如圖 6-15 所示，具體步驟也調整如下，其中前面 4 步不再贅述。

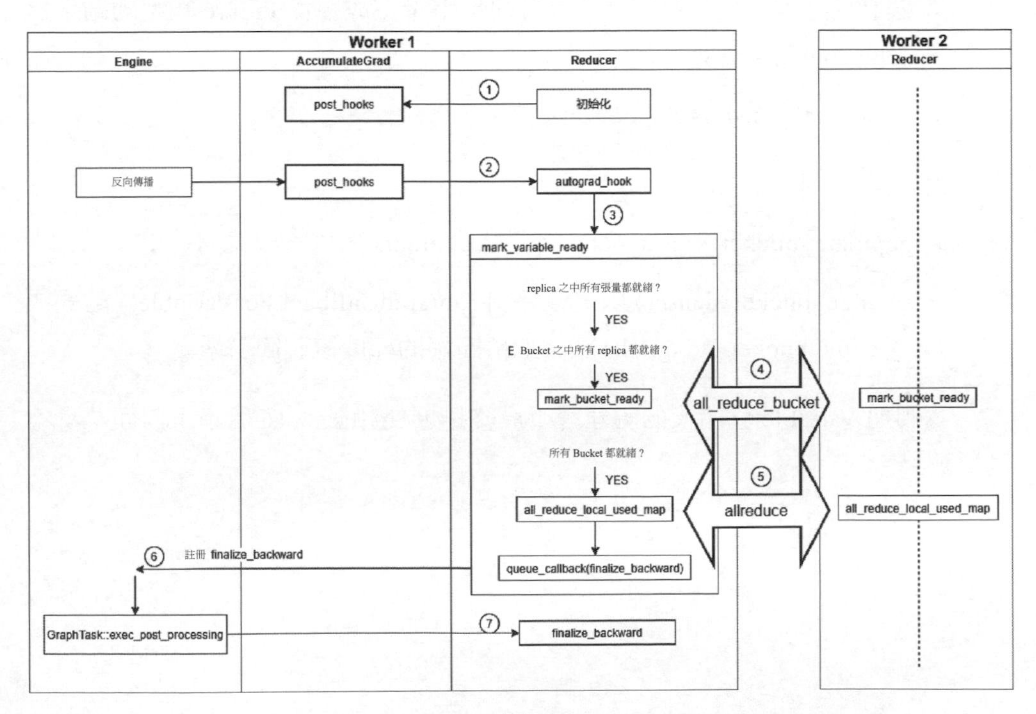

▲ 圖 6-15

⑤呼叫 all_reduce_local_used_map() 函式對 local_used_maps_ 變數進行精簡。

⑥使用 torch::autograd::Engine::get_default_engine().queue_callback() 函式註冊一個 finalize_ backward() 函式到引擎。

⑦在 GraphTask::exec_post_processing() 函式中會呼叫 finalize_backward() 函式。

8．收尾操作

在反向傳播最後，會呼叫 finalize_backward() 函式完成收尾工作，具體邏輯如下。

- 遍歷儲存桶，對於每個桶會等待同步張量完成，從 Future 類型的結果複製回 contents 變數。
- 等待 local_used_maps_dev 同步完成。

此過程會用到如下函式。

- populate_bucket_views_out() 函式從 contents 建構輸出視圖。
- finalize_bucket_dense() 函式會呼叫 runGradCallbackForVariable() 函式或者 copy_bucket_ to_grad() 函式把精簡好的梯度複製回引擎。

我們把 Variable 就緒後的處理邏輯最終拓展為如圖 6-16 所示，前面 7 步不再贅述。

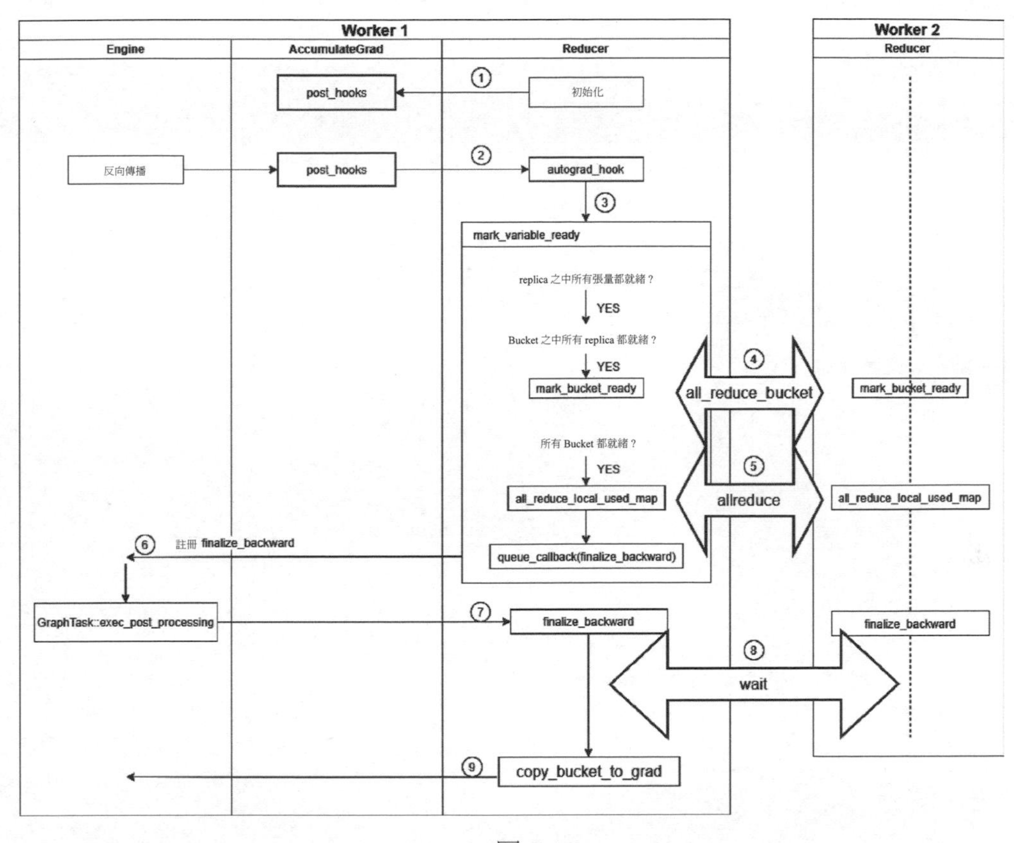

▲ 圖 6-16

⑧呼叫 wait() 函式與其他 Worker 同步。

⑨呼叫 copy_bucket_to_grad() 函式從桶複製回自動求導引擎對應的梯度。

至此，我們知道了一個反向傳播過程中，自動求導引擎如何與 DDP 互動，如何一邊做反向計算，一邊利用 DDP 精簡梯度的完整過程。

Horovod

Horovod 是 Uber 公司於 2017 年發佈的一個易於使用的高性能分散式訓練框架，支援 TensorFlow、Keras、PyTorch 和 MXNet 等。Horovod 的名稱來源於俄羅斯傳統民間舞蹈，舞者們手牽手圍成一個圈跳舞，與分散式 TensorFlow 使用 Horovod 互相通訊的場景很像。

Horovod 是資料並行分散式機器學習最常用的開放原始碼同步系統之一，在業界獲得了廣泛應用。由於各個機器學習框架對於底層集合通訊函式庫（NCCL、OpenMPI、Gloo 等）的利用水準各不相同，使得它們無法充分利用這些底層集合通訊函式庫，因此 Horovod 整合了這些框架，並提供了一個易用高效的解決方案。

Horovod 並非是無本之木，而是由 Uber 工程師根據以下兩篇文章改進並發佈的。

（1）Facebook 的 *Accurate, Large Minibatch SGD: Training ImageNet in 1 Hour*。

（2）百度的 *Bringing HPC Techniques to Deep Learning*。

從學術意義上看，Horovod 並沒有大的突破，但是扎實的專案實現使得它受到了廣泛的關注。Horovod 最大的優勢在於對 Ring All-Reduce 進行了更高層次的抽象，使其支援多種不同的框架。Horovod 相依 NVIDIA 的 NCCL2 做 All-Reduce，這樣對 GPU 更加友善，同時相依 MPI 進行處理程序間通訊，簡化了同步多 GPU 或多節點分散式訓練的開發流程。由於使用了 NCCL2，Horovod 也可以自動檢測通訊拓撲，並且能夠回退到 PCIe 和 TCP/IP 通訊。在某些測試中，Horovod 的執行速度比 Google 提供的基於分散式 TensorFlow 的參數伺服器高出兩倍。

7.1 從使用者角度切入

下面從使用者角度來看 Horovod。

7.1.1 機制概述

Horovod 使用資料並行化策略在 GPU 上進行分配訓練。在資料並行化過程中，輸入的批次資料將分片，Job 中的每個 GPU 都會接收到一個獨立資料切片，每個 GPU 都使用自己分配到的資料來獨立計算，並進行梯度更新。假如使用兩個 GPU，批次處理數量為 32 筆記錄，則第一個 GPU 將處理前 16 筆記錄的前向傳播和反向傳播，第二個 GPU 處理後 16 筆記錄的前向傳播和反向傳播。這些梯度更新將在 GPU 之間平均分配並應用於模型。

在 Horovod 中，每一個迭代的操作方法如下。

- 每個 Worker 將維護自己的模型權重副本和資料集副本。

- 當收到執行訊號後，每個 Worker 都會從資料集中提取一個不相交的批次，並計算該批次的梯度。
- Worker 使用 Ring All-Reduce 演算法同步彼此的梯度，從而在本地所有節點上計算同樣的平均梯度，具體方法如下。
  - * 將每個裝置上的梯度張量切分成長度大致相等的num_devices個分片，後續每一次通訊都將給下一個鄰居發送一個分片，同時從上一個鄰居處接收一個新分片。
  - * Scatter-Reduce 階段：透過 num_devices-1 輪通訊和相加，在每個裝置上都計算出一個張量分片的和，即每個裝置將有一個區塊，其中包含所有裝置中該區塊所有值的總和。
  - * All-Gather 階段：透過 num_devices-1 輪通訊和覆蓋，將上一階段計算出的每個張量分片的和廣播到其他裝置，最終每個節點都會擁有所有張量分片的和。
  - * 先在每個裝置上合併分片，得到梯度之和，然後除以 num_devices，得到平均梯度。
  - * 每個 Worker 將梯度更新應用於模型的本機複本。
  - * 執行下一個批次。

7.1.2 範例程式

此處舉出官網範例程式，具體分析參見程式中的註釋。

```
import tensorflow as tf
import horovod.tensorflow.keras as hvd

# 初始化 Horovod，啟動相關執行緒和 MPI 執行緒
hvd.init()

# 依據本地 rank（local rank）資訊為不同的處理程序分配不同的 GPU
gpus = tf.config.experimental.list_physical_devices('GPU')
for gpu in gpus:
```

```
    tf.config.experimental.set_memory_growth(gpu, True)
if gpus:
    tf.config.experimental.set_visible_devices(gpus[hvd.local_rank()], 'GPU')

(mnist_images, mnist_labels), _ = \
    tf.keras.datasets.mnist.load_data(path='mnist-%d.npz' % hvd.rank())

# 切分資料
dataset = tf.data.Dataset.from_tensor_slices(
    (tf.cast(mnist_images[..., tf.newaxis] / 255.0, tf.float32),
             tf.cast(mnist_labels, tf.int64))
)
dataset = dataset.repeat().shuffle(10000).batch(128)

mnist_model = tf.keras.Sequential([
    tf.keras.layers.Conv2D(32, [3, 3], activation='relu'),
    ......
    tf.keras.layers.Dense(10, activation='softmax')
])

# 根據 Worker 的數量增加學習率的大小
scaled_lr = 0.001 * hvd.size()
opt = tf.optimizers.Adam(scaled_lr)

# 把常規 TensorFlow 最佳化器透過 Horovod 包裝起來，進而使用 Ring All-Reduce 得到平均梯度
opt = hvd.DistributedOptimizer(
    opt, backward_passes_per_step=1, average_aggregated_gradients=True)

# 使用 hvd.DistributedOptimizer() 計算梯度
mnist_model.compile(loss=tf.losses.SparseCategoricalCrossentropy(),
                    optimizer=opt, metrics=['accuracy'],
                    experimental_run_tf_function=False)

callbacks = [
    hvd.callbacks.BroadcastGlobalVariablesCallback(0), # 廣播初始化，將模型的參數從第一個
裝置傳向其他裝置，以保證初始化模型參數的一致性
    hvd.callbacks.MetricAverageCallback(),
    hvd.callbacks.LearningRateWarmupCallback(initial_lr=scaled_lr, warmup_epochs=3,
 verbose=1),
```

```
]

# 只有裝置 0 需要儲存模型參數作為檢查點
if hvd.rank() == 0:
    callbacks.append(tf.keras.callbacks.ModelCheckpoint('./checkpoint-{epoch}.h5'))

# 在 Worker 0 上寫入日誌
verbose = 1 if hvd.rank() == 0 else 0

# 訓練模型，基於 GPU 數目調整 step 數量
mnist_model.fit(dataset, steps_per_epoch=500 // hvd.size(), callbacks=callbacks,
 epochs=24, verbose=verbose)
```

7.1.3 執行邏輯

下面我們按照順序進行整理，看看在程式初始化過程背後都做了哪些工作。

1．Python 初始化

在範例程式中，如下敘述會引入 Horovod 的相關 Python 檔案。

```
import horovod.tensorflow.keras as hvd
```

接下來我們來看 Horovod 如何進行 Python 初始化。

horovod/tensorflow/mpi_ops.py 中會引入 SO 函式庫，比如 dist-packages/horovod/tensorflow/ mpi_lib.cpython-36m-x86_64-linux-gnu.so。SO 函式庫就是 Horovod 中 C++ 程式編譯出來的結果。引入 SO 函式庫的作用是獲取 C++ 的函式，並且用 Python 進行封裝，這樣就可以在 Python 世界使用 C++ 程式。Python 的 _allreduce() 函式會把功能轉發給 C++，由 MPI_LIB.horovod_allreduce() 完成具體業務功能。

接下來初始化 _HorovodBasics，從 _HorovodBasics 中獲取各種函式、變數和設定（如是否編譯了 MPI、Gloo 等）。

當 Horovod 的 Python 檔案完成初始化之後，使用者需要呼叫 hvd.init() 函式進行 C++ 世界的初始化，Horovod 管理的所有狀態都會傳到 hvd 物件中。

```
hvd.init()
```

此處呼叫的 hvd.init() 是 HorovodBasics 中的函式，這一部分會一直深入 C++ 世界，呼叫大量的 MPI_LIB_CTYPES 函式，比如 self.MPI_LIB_CTYPES.horovod_init_comm()。接下來就要進入 C++ 的世界。

2 · C++ 初始化

當 C++ 初始化的時候，horovod_init_comm() 函式會做如下操作。

- 呼叫 MPI_Comm_dup() 函式獲取一個 Communicator 類別的實例，這樣就有了和 MPI 協調的基礎。
- 呼叫 InitializeHorovodOnce() 函式。

InitializeHorovodOnce() 函式完成了初始化的主要工作，具體如下。

- 依據是否編譯了 MPI 或者 Gloo 對各自的上下文進行處理，為全域變數 horovod_global 建立對應的 Controller 類別的實例。
- 啟動了背景執行緒 BackgroundThreadLoop 用來在各個 Worker 之間協調。

在 C++ 世界，資料結構 HorovodGlobalState 造成了集中管理各種全域變數的作用。Horovod 會生成 HorovodGlobalState 類型的全域變數 horovod_global，horovod_global 中的元素可以供不同的執行緒存取。horovod_global 在載入 C++ 的程式時就已經建立，同時建立的還有各種上下文（mpi_context、nccl_context、gpu_context）。Horovod 主要會在 backgroundThreadLoop 中完成 horovod_global 中不同成員變數的初始化，比較重要的有：

- Controller 管理整體通訊控制流。
- tensor_queue 會處理從前端過來的通訊需求（All-Reduce、Broadcast 等）。

目前具體邏輯如圖 7-1 所示。

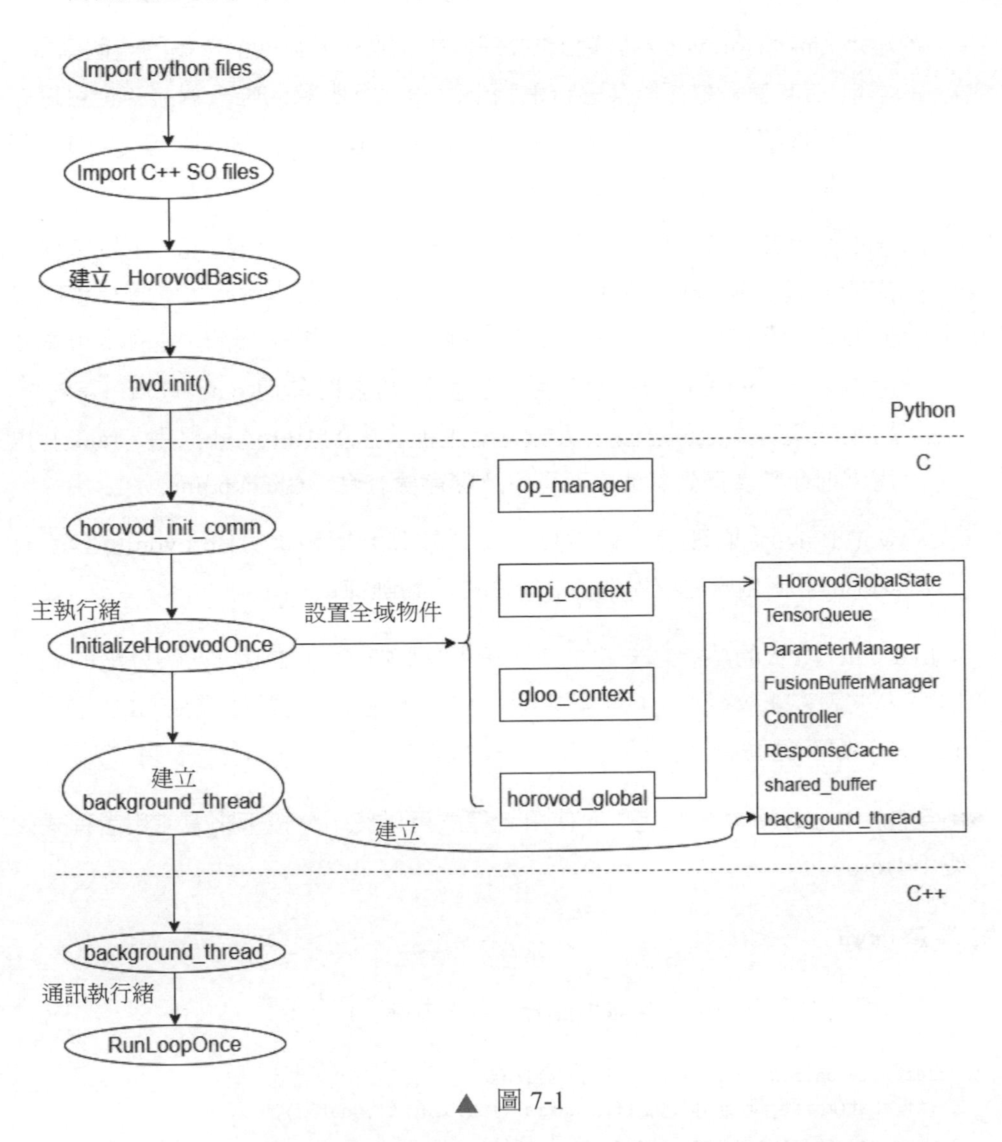

▲ 圖 7-1

在範例程式中，提到了 rank。

```
hvd.local_rank()
hvd.rank()
```

下面我們介紹幾個相關概念，它們也是在初始化過程中進行設定的。

- 本地 rank：Horovod 為裝置上的每個 GPU 啟動了訓練指令稿的一個副本。本地 rank 就是分配給某一台電腦上每個執行訓練的唯一編號（也可以認為是該機器的處理程序號或者 GPU 裝置的 id 號），範圍是 0 ～ n-1，其中 n 是該電腦上 GPU 裝置數量。
- rank：代表分散式任務裡的一個執行訓練的唯一全域編號（用於處理程序間通訊）。rank 0 在 Horovod 中通常具有特殊的意義：它是負責同步的裝置。在百度的實現中，不同 rank 的角色是不一樣的，rank 0 會充當協調者（Coordinator）的角色，它會協調來自其他 rank 的 MPI 請求，這是一個專案上的考量，這一設計也被後來的 Horovod 採用。rank 0 也用來把參數廣播到其他處理程序及儲存檢查點（Checkpoint）。
- world_size：處理程序總數量（或者計算裝置數）。Horovod 會等所有 world_size 個處理程序就緒之後才會開始訓練。

hvd.init() 函式的功能之一就是讓並行處理程序可以知道自己被分配的 rank 和本地 rank 等資訊，後續可以根據本地 rank（所在節點上的第幾張 GPU 卡）來設置所需的顯示記憶體。

至此，Horovod 初始化完成，使用者程式可以使用。接下來看使用者程式如何使用 Horovod。

3. 業務邏輯

範例程式中接下來是資料處理部分，部分摘錄如下。

```
dataset = tf.data.Dataset.from_tensor_slices(
    (tf.cast(mnist_images[..., tf.newaxis] / 255.0, tf.float32),
             tf.cast(mnist_labels, tf.int64))
)
```

此處有幾點事項需要說明。

- 訓練的資料需要放置在任何節點都能存取的地方。

- Horovod 需要對資料進行分片處理，即在不同機器上按 rank 對資料進行切分以保證每個 GPU 處理程序訓練的資料集不一樣。
- Horovod 的不同 Worker 都會分別讀取自己的資料集分片。

範例程式進一步解釋如下。

- DataLoader 的採樣器元件從要繪製的資料集中傳回可迭代的索引。PyTorch 中的預設採樣器是順序採樣的，傳回序列為 0,1,2,⋯,n。Horovod 使用 DistributedSampler 覆蓋了此行為，DistributedSampler 處理跨節點的資料集分區。DistributedSampler 接收兩個參數作為輸入：hvd.size()（GPU 總數）和 hvd.rank()（從 rank 整體串列中分配給該裝置的 id）。
- PyTorch 使用的是資料分散式訓練，因為每個處理程序實際上是獨立載入資料的，所以需要在載入相同資料集的時候用一定的規則根據 rank 進行順序切割，從而獲取不同的資料子集，而且要確保資料集之間正交。DistributedSampler 可以確保 DataLoader 只會載入到整個資料集的一個特定子集。使用者也可以自己載入資料後，先把資料切分成 word_size 個子集，然後按 rank 順序拿到子集。

在設置完資料之後，以下程式完成廣播初始化。

```
hvd.callbacks.BroadcastGlobalVariablesCallback(0)
```

這段程式保證的是模型上的所有參數只在 rank 0 初始化，rank 0 把這些參數廣播給其他節點，即參數從第一個 rank 向其他 rank 傳播，以實現參數一致性初始化。

接下來範例程式需要設定 DistributedOptimizer，這是關鍵點之一，具體程式如下。

```
opt = hvd.DistributedOptimizer(
    opt, backward_passes_per_step=1, average_aggregated_gradients=True)
```

其中的呼叫關係整理如下。

- TensorFlow 最佳化器會獲取每個運算元的梯度來更新權重。Horovod 在原生 TensorFlow 最佳化器的基礎上包裝了 hvd.DistributedOptimizer。
- hvd.DistributedOptimizer 繼承 Keras 的最佳化器，DistributedOptimizer 包裝器將原生最佳化器作為輸入，在內部將梯度計算委託給原生最佳化器，即 DistributedOptimizer 會呼叫原生最佳化器進行梯度計算。這樣在叢集中，每台機器都會用原生最佳化器得到自己的梯度（Local Gradient）。
- 在得到計算的梯度之後，DistributedOptimizer 會呼叫 hvd.allreduce() 函式或者 hvd.allgather() 函式來完成全域梯度精簡。
- 將這些平均梯度應用於所有裝置上的模型更新，從而實現整個叢集的梯度精簡操作。

範例程式接下來是儲存模型操作，設置了只有 rank 0 才儲存模型。此處需要注意的是，因為 rank 0 也要做計算，還要做協調，所以對於儲存或者驗證這樣的操作，一定不功耗時太長，否則 rank 0 壓力太大，會拖慢整體訓練速度。

至此，我們從使用者角度對 Horovod 分析完畢。

7.2 horovodrun

上一節我們提到了 Horovod 需要採用特殊的 CLI 命令 horovodrun 啟動，本節就來看此命令在背後做了哪些工作。

7.2.1 進入點

很多機器學習框架都會採用 shell 指令稿（可選）、Python 端和 C++ 端的組合來提供 API，具體功能如下。

- Shell 指令稿是啟動執行的入口，負責解析參數，確認並且呼叫訓練程式。

- Python 端是使用者的介面，引入 C++ 函式庫，封裝了 API，負責執行時期和底層 C++ 互動。
- C++ 端實現底層訓練邏輯。

官方舉出的 Hovorod 執行範例之一就使用 Python 指令稿，具體程式如下。

```
horovodrun -np 2 -H localhost:4 --gloo Python
/horovod/examples/tensorflow2/tensorflow2_mnist.py
```

在上述程式中，-np 表示處理程序的數量；localhost:4 表示 localhost 節點上有 4 個 GPU。我們可以從 horovodrun 命令入手。

horovodrun 入口在 setup.py 之中，horovodrun 被映射成 horovod.runner.launch:run_commandline() 函式。我們接下來看 run_commandline() 函式，該函式位於 horovod-master/horovod/runner/launch.py，我們摘錄重要的部分程式：

```
def run_commandline():
    _run(args)
```

於是進入 _run() 函式，該函式會依據是不是彈性訓練來選擇不同的路徑。我們來分析非彈性訓練 _run_static()。Horovod 在 _run_static() 中做了如下操作。

- 從各種參數解析得到設置。
- 呼叫 driver_service.get_common_interfaces() 獲取網路卡及其他主機的資訊，依據這些資訊進行插槽（Slot）分配，這部分工作很複雜，後續會講解。
- 此處有一個問題：為什麼要得到主機、插槽、rank 之間的關係資訊？這是出於專案上的考慮，底層 C++ 世界中對 rank 的角色做了區分：rank 0 是 Master，rank *n* 是 Worker，這些資訊需要在 Python 世界中決定下來，並且傳遞給 C++ 世界。
- 根據是否在參數中傳遞執行函式來決定採取何種路徑，因為一般預設為沒有執行參數，所以會執行 _launch_job() 函式啟動訓練 Job。

7.2.2 執行訓練 Job

_launch_job() 函式會根據設定或者安裝情況進行具體呼叫，有三種可能的執行路徑：Gloo、MPI、js（用於 LSF 叢集中的通訊）。本節看 Gloo 和 MPI 這兩種執行路徑，其對應 mpi_run_fn() 函式和 gloo_run_fn() 函式。目前邏輯如圖 7-2 所示。

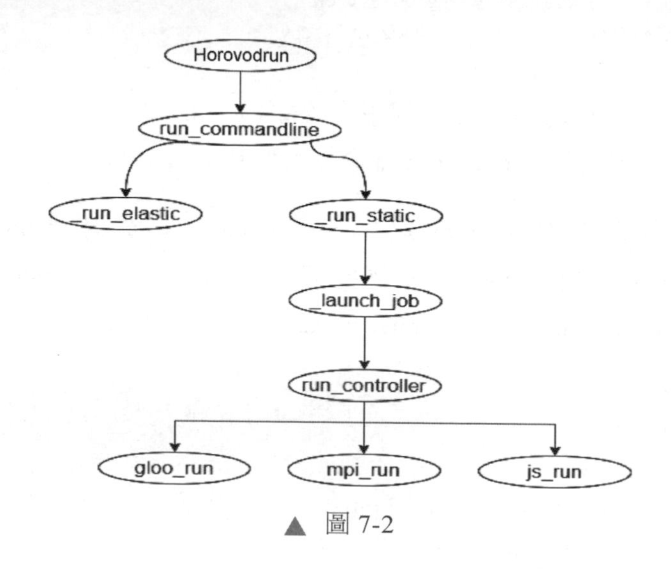

▲ 圖 7-2

我們下面就分 Gloo 和 MPI 兩個分支進行介紹。

7.2.3 Gloo 實現

1．Gloo 簡介

Gloo 是 Facebook 出品的一個類似 MPI 的集合通訊函式庫，其主要特徵是：大體上會遵照 MPI 提供的介面規定，實現了點對點通訊（Send、Recv 等），集合通訊（Reduce、Broadcast、All-Reduce）等相關介面。根據自身硬體或者系統的需要，Gloo 在底層實現上進行了相應的改動以保證介面的穩定和系統性能。

Horovod 為什麼會選擇 Gloo 呢？除其功能全面和性能穩定之外，另一個重要原因是基於它很容易進行延伸開發，比如下面介紹的 Rendezvous 功能就被 Horovod 用來實現彈性訓練。

Gloo 的作用和 MPI 相同，相關邏輯如圖 7-3 所示。

- Horovod 整合了基於 Gloo 的 All-Reduce 來實現梯度精簡。
- Gloo 可以用來啟動多個處理程序（Horovod 裡用 rank 表示），實現平行計算。

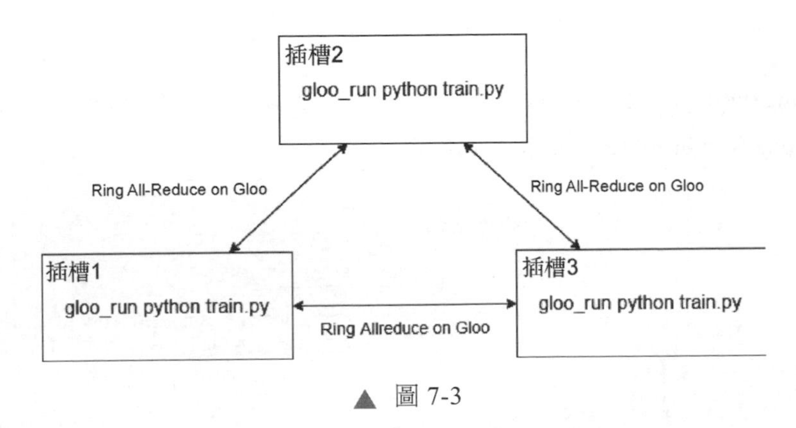

▲ 圖 7-3

2 · Rendezvous 功能

在 Gloo 的文件中對 Rendezvous 的概念做了如下闡釋：Gloo 在每一個 Gloo 上下文中有一個 Rendezvous 處理程序，Gloo 利用它來交換通訊需要的細節。在具體實現中，Rendezvous 建立一個 KVstore，節點之間透過 KVstore 進行互動，以 Horovod 為例：

- Horovod 在進行容錯 All-Reduce 訓練時，除啟動 Worker 處理程序外，還會啟動一個 Driver（驅動）處理程序，此 Driver 處理程序用於幫助 Worker 來建構 All-Reduce 通訊環。
- Driver 處理程序中會建立一個帶有 KVStore 的 Rendezvous Server（繼承拓展了 HTTPServer），Driver 會將參與通訊 Worker 的 IP 位址等資訊存入 KVstore 中。
- 在啟動 Driver 處理程序之後，Worker 可以透過存取 Rendezvous Server 得到所需資訊，從而建構通訊環。

Rendezvous 使用方法如下。

- Python 世界建構了一個 Rendezvous Server，其位址設定在環境變數（或者其他方式）中。
- 在 C++ 世界中，Horovod 會先得到 Python 設定的 RendezvousServer 的位址通訊埠等，然後建構 Gloo 所需的上下文。

Rendezvous 的邏輯如圖 7-4 所示。C++ 世界會從 Python 世界獲取到 Rendezvous Server 的 IP 位址和通訊埠。

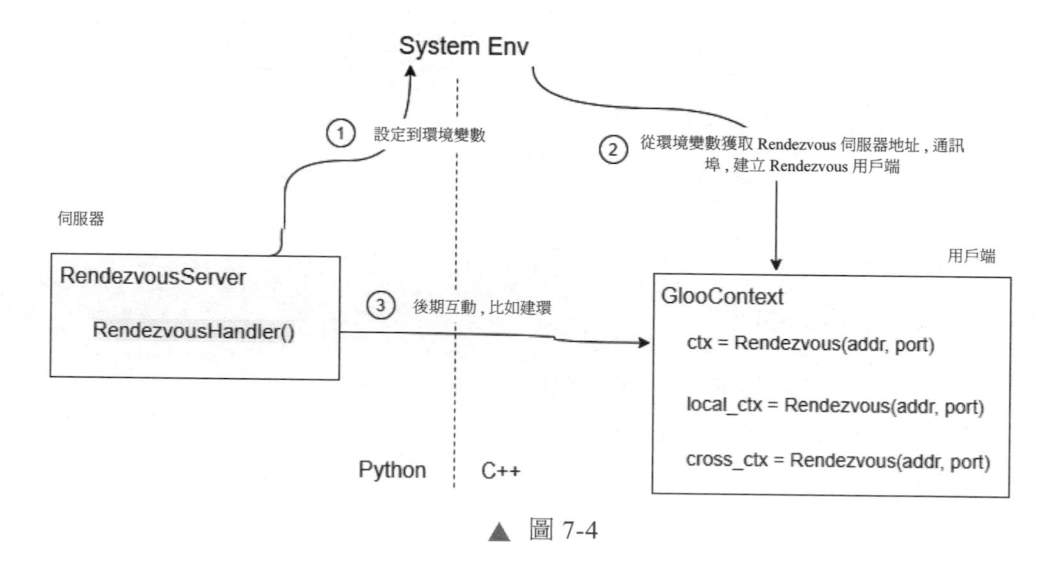

▲ 圖 7-4

3．Gloo 使用方法

接下來我們看在 Horovod 中如何使用 Gloo。

（1）入口

gloo_run() 函式是 Horovod 中 Gloo 模組的相關入口。每一個執行緒將使用 ssh 命令在遠端主機上啟動訓練 Job，就是用 launch_gloo() 函式執行 exec_command。此時 command 參數類似「['python', 'train.py']」，具體程式如下。

```
def gloo_run(settings, nics, env, server_ip, command):
    exec_command = _exec_command_fn(settings)
    launch_gloo(command, exec_command, settings, nics, env, server_ip)
```

gloo_run() 函式的第一部分是 exec_command = _exec_command_fn(settings)，即基於各種設定來建構可執行環境。如果是遠端呼叫，就需要利用 get_remote_command() 生成相關遠端可執行命令環境（包括切換目錄、遠端執行等）。_exec_command_fn() 函式具體又可以分為兩部分：

- 利用 get_remote_command() 函式生成相關遠端可執行環境，比如在訓練指令稿前面加上「ssh -o PasswordAuthentication=no -o StrictHostKeyChecking=no」。
- 調整輸入輸出，利用 safe_shell_exec.execute() 函式來實現安全執行能力。

gloo_run() 函式的大致邏輯如圖 7-5 所示。

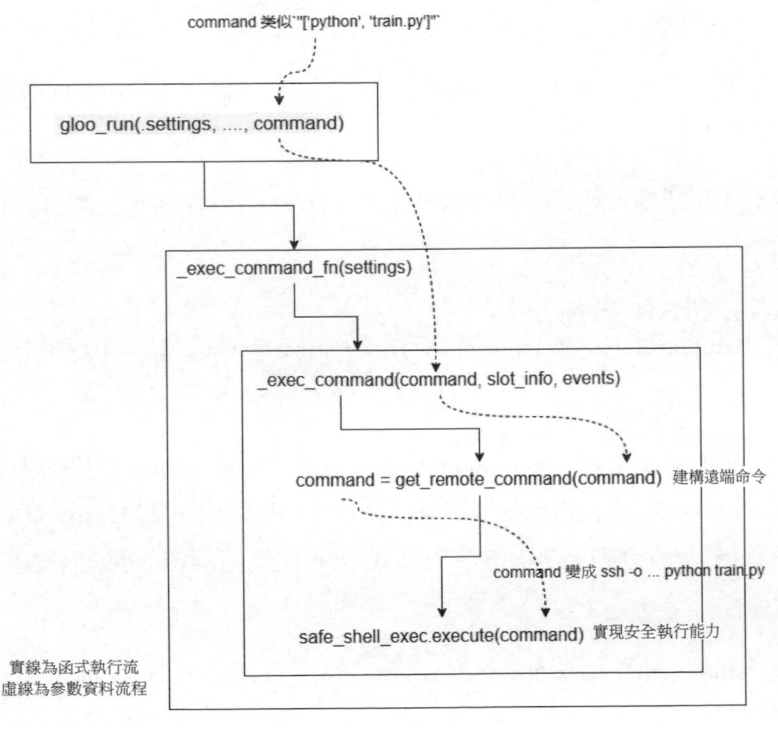

▲ 圖 7-5

（2）執行命令

當獲取到可執行環境 exec_command 與可執行命令 command 後，就可以使用 Gloo 來執行命令。每個 command 都被 exec_command 執行，於是接下來可以使用 launch_gloo() 函式獲取命令，得到各種設定資訊，如網路卡資訊、主機資訊等，從而開始執行我們的訓練程式，具體邏輯如下。

- 建立 RendezvousServer，此變數會被底層 Gloo C++ 環境使用。
- 使用 host_alloc_plan = get_host_assignments() 根據主機分配插槽，確定 Horovod 的哪個 rank 應該在哪個主機上的哪個插槽上執行。
- 使用 get_run_command() 函式獲取可執行命令。
- 使用 slot_info_to_command_fn() 函式得到在插槽上可執行的插槽命令（Slot Command）。
- 依據 slot_info_to_command_fn() 函式建構 args_list，在此參數串列中，每一個參數（Arg）就是一個插槽命令。
- 透過在每一個 exec_command 上執行一個 Arg(Slot Command) 進行多執行緒執行。

Horovod 在插槽上執行任務，插槽透過 parse_hosts() 函式自動解析出來，具體程式如下。

```
def parse_hosts(hosts_string):
    return [HostInfo.from_string(host_string) for host_string in hosts_string.
split(',')]
```

接著會呼叫 get_host_assignments() 函式，依據主機和處理程序能力（process capacities(slots)）分配 Horovod 中的處理程序，即舉出一個 Horovod rank 和插槽的對應關係， 命令列參數 -np 設置為幾，就有幾個插槽，具體分配方案範例如下。

```
SlotInfo(hostname='h1', rank=0, local_rank=0, cross_rank=0, size=2, local_size=2,
coress_size=1),
SlotInfo(hostname='h2', rank=1, local_rank=0, cross_rank=0, size=2, local_size=2,
coress_size=1),
```

這樣就知道了哪個 rank 對應於哪個主機上的哪個插槽。

（3）獲取執行命令

因為獲取執行命令的邏輯比較複雜，所以我們需要對這部分再整理一下。

get_run_command() 函式的作用是從環境變數中得到 Gloo 的變數加到 command 上。此步驟完成之後，得到類似如下命令。

```
HOROVOD_GLOO_RENDEZVOUS_ADDR=1.1.1.1 \
HOROVOD_GLOO_RENDEZVOUS_PORT=2222 \
HOROVOD_CPU_OPERATIONS=gloo \
HOROVOD_CONTROLLER=gloo \
Python train.py
```

在得到執行命令後，會結合環境變數（Horovod env 和 env），以及插槽分配情況進一步把執行命令修改為適合 Gloo 執行的方式，就是在每一個具體插槽上執行的命令，可以把此格式縮寫為：{horovod_gloo_env} {horovod_rendez_env} {env} run_command。

在得到插槽命令之後，接下來就是封裝成多執行緒呼叫命令。gloo_run() 的註釋說得很清楚：在呼叫 execute_function_multithreaded() 函式時，每一個執行緒將使用 ssh 命令在遠端主機上啟動訓練 Job。回憶一下之前我們在「建構可執行環境」部分提到的利用 get_remote_command() 函式生成相關遠端可執行環境。get_remote_command() 會在訓練指令稿前面加上如「ssh -o PasswordAuthentication=no -o StrictHostKeyChecking=no」這樣的敘述。這樣大家就理解了如何在遠端執行命令。

在本地執行的命令大致如下。

```
cd /code directory > /dev/null 2 >&1 \
HOROVOD_RANK=1 HOROVOD_SIZE=2 HOROVOD_LOCAL_RANK=1 \
SHELL=/bin/bash \
HOROVOD_GLOO_RENDEZVOUS_ADDR=1.1.1.1 \
HOROVOD_GLOO_RENDEZVOUS_PORT=2222 \
HOROVOD_CPU_OPERATIONS=gloo \
HOROVOD_CONTROLLER=gloo \
Python train.py
```

如果在遠端執行，命令就需要加上 ssh 資訊，大致如下。

```
ssh -o PasswordAuthentication=no -o StrictHostKeyChecking=no 1.1.1.1 \
cd /code directory > /dev/null 2 >&1 \
HOROVOD_HOSTNAME=1.1.1.1 \
省略其他，參見上面程式 \
Python train.py
```

獲取可執行命令的大致邏輯如圖 7-6 所示。可以看到其在結合了各種資訊之後建構了一個可以執行的命令，接下來可以多主機執行此命令，具體如下。

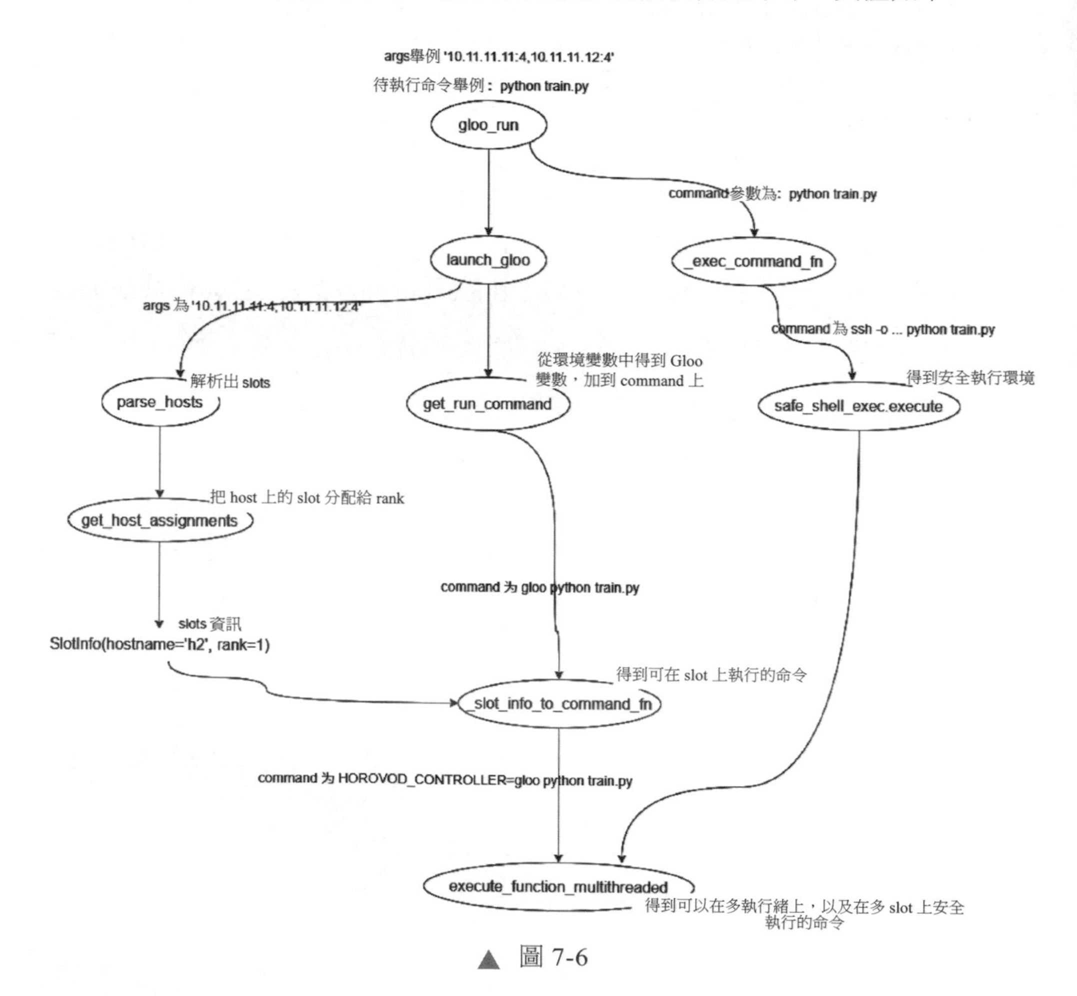

▲ 圖 7-6

- 圖 7-6 左邊是從參數中獲取的主機等資訊，並解析出插槽資訊。
- 圖 7-6 右邊是從待執行的命令 python train.py 開始，基於各種設定生成可以執行命令環境。如果是遠端操作，就需要生成相關遠端可執行命令環境（包括切換目錄、遠端執行等）。
- 圖 7-6 中間從待執行的命令 python train.py 開始增加 env、Gloo 等資訊。結合圖左邊的插槽資訊和右邊的可以執行命令環境得到可以在多執行緒上執行及在多插槽中執行的命令。

7.2.4 MPI 實現

MPI 相關實現程式位於 horovod/runner/mpi_run.py，其核心是執行 mpirun 命令，即依據各種設定及參數來建構 mpirun 命令的所有參數，比如 ssh 參數、MPI 參數及 NCCL 參數等。最後得到的 mpirun 命令如下。

```
mpirun --allow-run-as-root --np 2 -bind-to none -map-by slot\
    -x NCCL_DEBUG=INFO -x LD_LIBRARY_PATH -x PATH \
    -mca pml ob1 -mca btl ^openib \
    Python train.py
```

因為 mpi_run 使用 mpirun 命令執行，所以我們再分析一下 mpirun 命令。

mpirun 是 MPI 程式的啟動指令稿，它簡化了並行處理程序的啟動過程，並盡可能遮罩了底層的實現細節，從而提供給使用者了一個通用的 MPI 並行機制。在用 mpirun 命令執行並行程式時，參數 -np 指明了需要並行執行的處理程序個數。

mpirun 首先在本地節點上啟動一個處理程序，然後根據 /usr/local/share/machines.LINUX 檔案中列出的主機為每個主機啟動一個處理程序。分配好處理程序後，一般會給每個節點分配一個固定的標號（類似身份證），此標號後續會在訊息傳遞過程中用到。此處需要說明的是，實際執行的是 orterun 程式 (Open-MPI SPMD / MPMD 啟動器，mpirun / mpiexec 只是它的符號連結)。

7.2.5 總結

對比 Gloo 和 MPI 的實現，我們還是能看出其中的區別的。

- Gloo 只是一個函式庫，需要 Horovod 完成命令分發功能。Gloo 需要 Horovod 自己實現本地執行和遠端執行方式，即利用 get_remote_command() 函式實現 ssh -o PasswordAuthentication=no -o StrictHostKeyChecking=no。Gloo 也需要實現 RendezvousServer，其底層會利用 RendezvousServer 進行通訊。
- MPI 的功能則強大很多，只要把命令設定成 mpirun 包裝，Open-MPI 就可以自行完成命令分發工作。說到底，即使 Horovod 內部執行了 TensorFlow，它本質上也是一個 MPI 程式，可以在節點之間進行互動。

7.3 網路基礎和 Driver

上一節在分析 horovod/runner/launch.py 檔案的過程中得知，_run_static() 函式使用 driver_service.get_common_interfaces() 函式來獲取路由資訊，程式如下。

```
def _run_static(args):
    nics = driver_service.get_common_interfaces( 省略參數 )
```

因為這部分內容比較複雜，Driver 的概念類似於 Spark 中 Driver 的概念，所以我們單獨進行分析，分析問題點如下。

- 為什麼要知道路由資訊？如何找到路由資訊？怎麼進行互動？
- 當有多個主機的情況下，Horovod 如何處理？
- HorovodRunDriverService 和 HorovodRunTaskService 有何連結？

7.3.1 整體架構

因為 Horovod 分散式訓練涉及多個主機，所以如果要彼此存取，就需要知道路由資訊。get_common_interfaces() 函式實現了獲得路由資訊（所有主機之間的共有路由介面集合）的功能，具體透過呼叫 _driver_fn() 函式和 get_local_interfaces() 函式來完成。

對於本地主機，get_local_interfaces() 函式可以獲取本地的網路介面。對於遠端主機，driver_fn() 函式可以獲取其他主機的網路介面，_driver_fn() 函式的作用如下。

- 啟動 Service 服務。
- 使用 driver.addresses() 函式獲取 Driver 服務的位址（透過呼叫 self._addresses = self._get_local_addresses() 函式來完成）。
- 使用 _launch_task_servers() 函式利用 Driver 服務的位址在每個 Worker 中啟動 Task 服務，Task 服務會在 Service 服務中註冊。
- 因為網路拓撲是環狀的，所以每個 Worker 會探測「Worker 索引 + 1」的所有網路介面。
- _run_probe() 函式傳回一個所有 Worker 上的所有路由介面的交集。

獲取路由的具體邏輯如圖 7-7 所示。

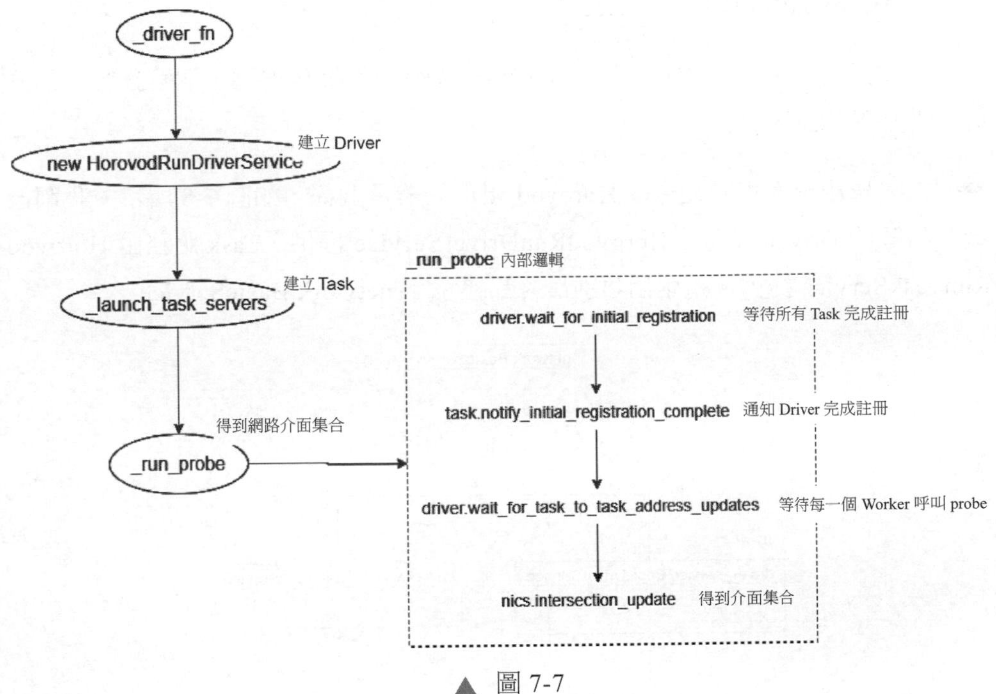

▲ 圖 7-7

7.3.2 基礎網路服務

前面提到，Horovod Driver 的概念類似 Spark 中 Driver 的概念。Spark 應用程式執行時期，主要分為 Driver 和 Executor（執行器），Driver 負責整體排程及 UI 展示，Executor 負責 Task（任務）執行。使用者的 Spark 應用程式執行在 Driver 上（從某種程度上說，使用者的程式就是 Spark Driver），先經過 Spark 排程封裝成多個 Task 資訊，再將這些 Task 資訊發給 Executor 執行，Task 資訊包括程式邏輯及資料資訊，Executor 不直接執行使用者程式。

與 Spark 類別似，在有多個主機的情況下，Horovod 透過 Driver 和 Task 兩個概念完成多機互動。Driver 負責排程，Task 負責具體工作。對於 Horovod 來說，Driver 和 Task 之間的關係具體如下。

- HorovodRunDriverService 是 Driver 的實現類別。
- HorovodRunTaskService 提供 Task 部分服務功能，Task 需要註冊到 HorovodRunDriverService 中。

上述這套 Driver 和 Task 機制的底層由基礎網路服務支撐。下面我們仔細分析一下基礎網路服務。

首先舉出上面提到的幾個 Horovod 類別的繼承關係，如圖 7-8 所示。我們後續要講解的 Driver 服務由 HorovodRunDriverService 提供，Task 服務由 Horovod RunTaskService 提供。這兩個類別最終都繼承了 network.BasicService。

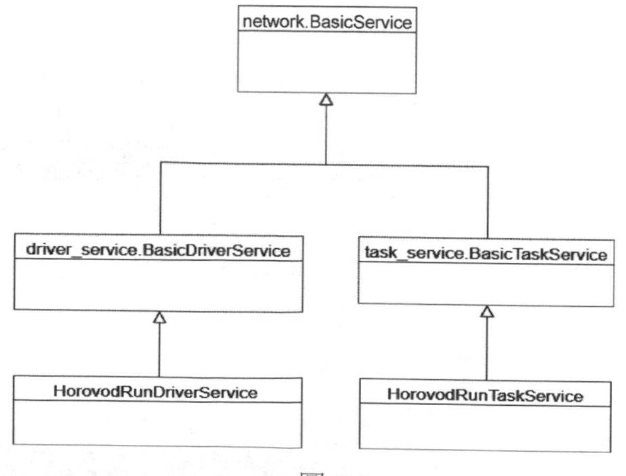

▲ 圖 7-8

1．BasicService

BasicService 提供了網路服務器功能，即透過呼叫 find_port() 函式建構了一個 ThreadingTCPServer 對外提供服務。

2．BasicClient

HorovodRunDriverClient 和 HorovodRunTaskClient 這兩個類別都繼承了 network.BasicClient。Network.BasicClient 是一個操作介面，其作用是連接 network.BasicService 並與其互動。Client 的類別邏輯如圖 7-9 所示。

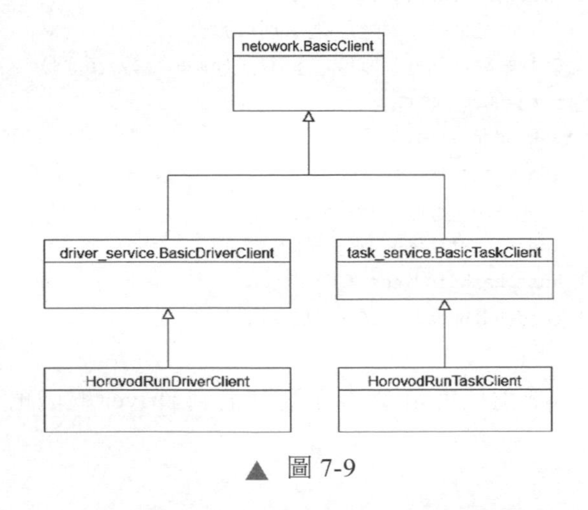

▲ 圖 7-9

BasicClient 的兩個主要 API 是 _probe 和 _send。_probe API 的作用是獲取伺服器的網路介面；_send API 的作用是給伺服器發送訊息。

我們可以看到，network.BasicService 提供了一個服務，此服務透過 network.BasicClient 存取，基於此，Horovod 的 HorovodRunDriverService 和 HorovodRunTaskService 這兩個類別可以進行溝通。

7.3.3 Driver 服務

Driver 服務由 HorovodRunDriverService 提供，其主要功能是維護各種 Task 位址及相應關係。Task 位址由 Task 服務來註冊。需要注意，由於 HorovodRunDriverService 和 HorovodRunTaskService 都繼承了 network.BasicService，因此它們之間可以異地執行並且互動。

1 · HorovodRunDriverService

HorovodRunDriverService 是對 BasicDriverService 的拓展；HorovodRunDriver Client 是 HorovodRunDriverService 的存取介面。

2 · BasicDriverService

BasicDriverService 是 HorovodRunDriverService 的基礎類別，主要作用是維護各種 Task 位址及其相應關係，具體程式如下。

```
class BasicDriverService(network.BasicService):
    def __init__(self, num_proc, name, key, nics):
        super(BasicDriverService, self).__init__(name, key, nics)
        self._num_proc = num_proc
        self._all_task_addresses = {}
        self._task_addresses_for_driver = {}
        self._task_addresses_for_tasks = {}
        self._task_index_host_hash = {}
        self._task_host_hash_indices = {}
        self._wait_cond = threading.Condition()
```

此處的各種 Task 位址就是 Task 服務註冊到 Driver 的數值。我們舉如下幾個例子。

（1）_all_task_addresses

_all_task_addresses 變數記錄了所有 Task 的位址，透過獲取 self._all_task_addresses[index]. copy() 來決定 ping/check 的下一個跳躍。

（2）_task_addresses_for_driver

本變數記錄了所有 Task 的位址，由於網路卡介面有多種，此處選擇與本 Driver 位址匹配的位址。Driver 用此位址生成其內部 Task 變數。

（3）_task_addresses_for_tasks

這是 Task 自己使用的位址，用來獲取某個 Task 的一套網路介面。

（4）_task_index_host_hash

每個 Task 有一個對應的主機 hash（雜湊值），該數值被 MPI 作為主機名稱來操作，也被 Spark 相關程式使用。_task_index_host_hash 變數的作用是據此可以逐一通知 Spark Task 進入下一階段，也可以用來獲取某一個主機對應的主機 hash。

（5）_task_host_hash_indices

Horovod 可以透過 rsh 在某一個主機上讓某一個 Horovod rank 啟動，_task_host_hash_indices 變數就在遠端登入時使用，具體邏輯是：

- 獲取某一個主機上所有的 Task 索引。
- 利用 _task_host_hash_indices 取出本處理程序的本地 rank 對應的 Task 索引。
- 取出在 Driver 中 Task 索引對應的 Task 位址。
- 依據此 Task 位址生成一個 SparkTaskClient，進行後續操作。

7.3.4 Task 服務

HorovodRunTaskService 提供了 Task 的部分服務功能。_launch_task_servers() 函式會啟動 Task 服務，其主要作用是多執行緒執行，在每一個執行緒中遠端執行 horovod.runner.task_fn。在啟動服務時，需要注意的問題如下。

- 在傳入參數中，all_host_names 就是程式啟動時設定的所有主機，如 ["1.1.1.1", "1.1.1.2"]。
- 使用前文提到的 safe_shell_exec.execute() 函式保證安全執行。
- 使用前文提到的 get_remote_command() 函式獲取遠端命令，即在命令前加了 ssh -o PasswordAuthentication=no -o StrictHostKeyChecking=no 等設定。
- 最終每個啟動的命令舉例如下：ssh -o PasswordAuthentication=no -o StrictHostKeyChecking=no 1.1.1.1 python -m horovod.runner.task_fn {index} {num_hosts} {driver_addresses} {settings}。

- 使用 execute_function_multithreaded() 函式在每一個主機上啟動 Task 服務。

Horovod.runner.task_fn() 函式用來執行具體服務，其功能如下。

- 生成 HorovodRunTaskService 實例，賦值給 Task。
- 呼叫 HorovodRunDriverClient.register_task() 函式向 Driver 服務註冊 Task（自己）的位址。
- 呼叫 HorovodRunDriverClient.register_task_to_task_addresses() 函式向 Driver 服務註冊自己在環上的下一個鄰居的位址。
- 每一個 Task 都呼叫 task_fn() 函式，最後整理就獲得了在此環狀叢集（Ring Cluster）中的一個路由介面。

HorovodRunTaskService 的另外一個作用是提供兩個等待函式。因為具體路由探詢操作需要彼此通知和互相等待。

我們拓展最初的邏輯如圖 7-10 所示，可以看到 _driver_fn() 中建立了一個 Driver 和若干個 Task。

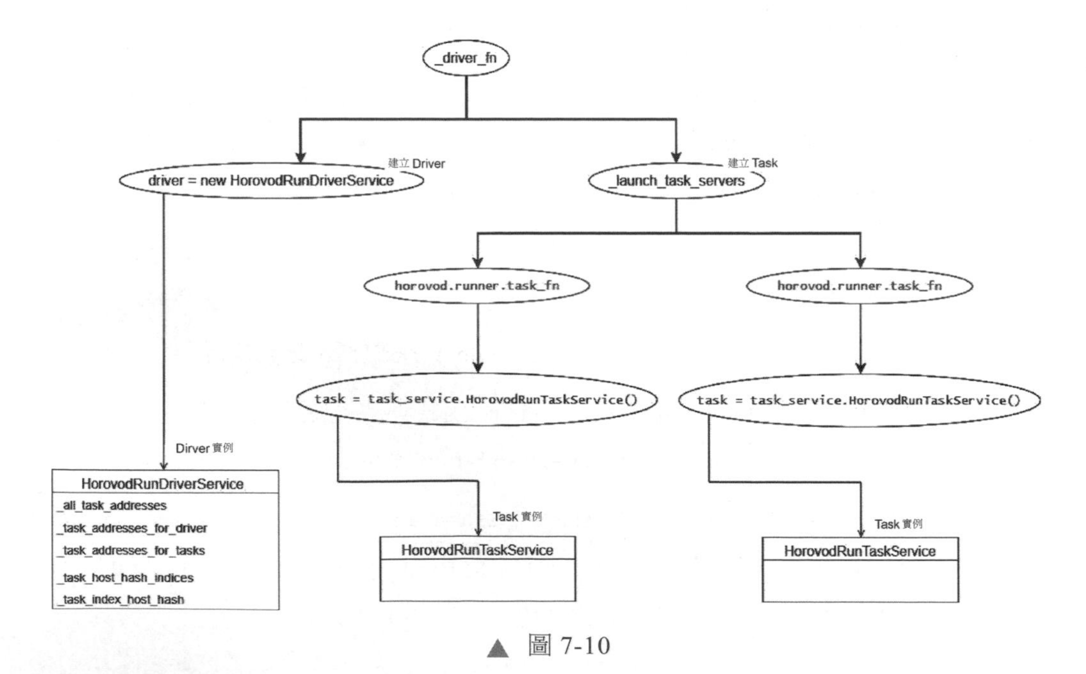

▲ 圖 7-10

其中，Driver 和 Task 之間的互動流程如圖 7-11 所示。

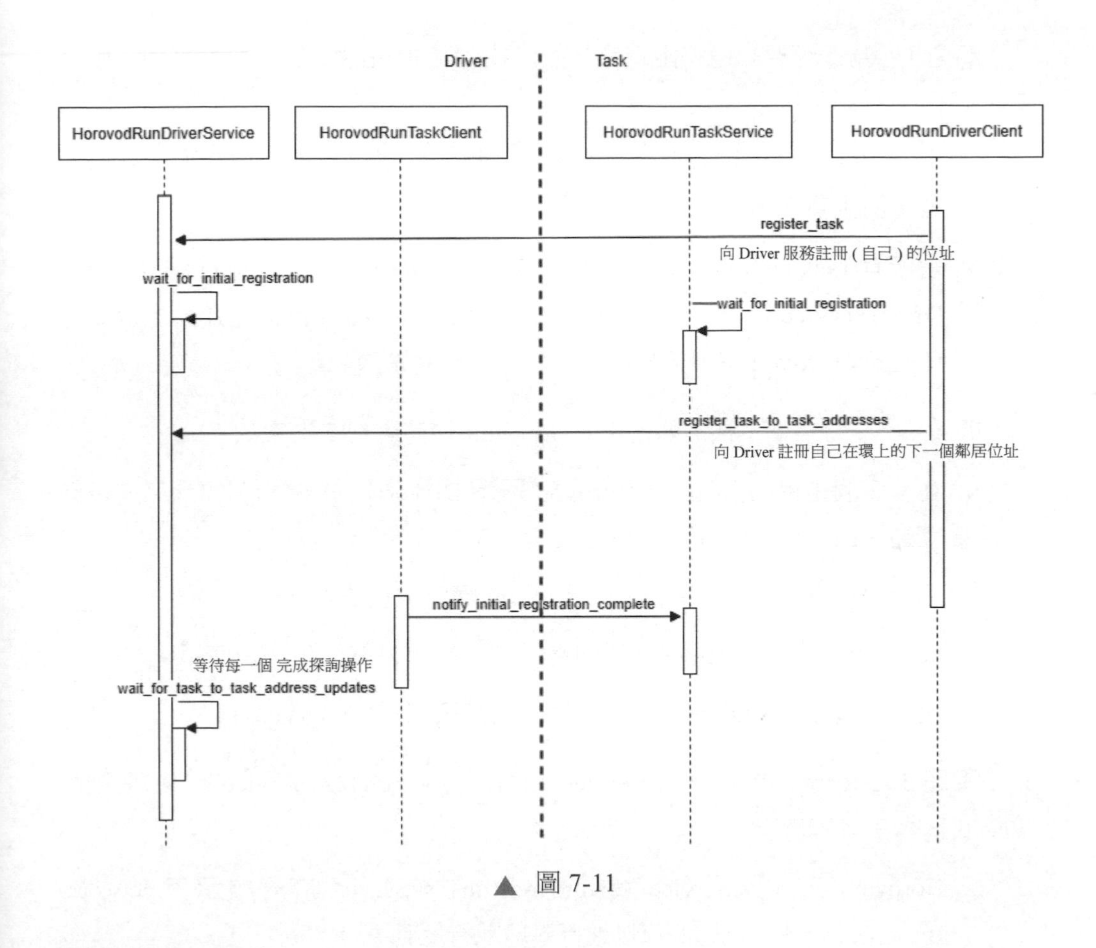

▲ 圖 7-11

7.3.5 總結

我們對網路基礎服務做一下總結。大體上說，Horovod 透過 HorovodRunDriverService 和 HorovodRunTaskService 等模組實現了內部各個部分之間的通訊機制。比如，在 Horovod 啟動時，會先在各個 Worker 上啟動 Task，接著各個 Task 會在本地探查網路卡等資訊，最後利用此通訊機制把這些資訊傳回給 Driver 使用。

我們接下來回答本節前面提到的三個問題：

問題 1：為什麼要知道路由資訊？如何找到路由資訊？怎麼進行互相互動？答案如下。

- 因為 Horovod 分散式訓練涉及多個主機，所以如果要彼此存取，就需要知道路由資訊。
- 當所有 Task 都啟動、註冊、探詢（Probe）環中下一個 Worker 鄰居之後，DriverService 會得到路由資訊（所有主機之間的共有路由介面集合），傳回給 Horovod 主體部分使用。

問題 2：在有多個主機的情況下，Horovod 如何處理？答案如下。

- 在有多個主機的情況下，Horovod 透過 Driver 和 Task 兩個概念完成多機互動。Driver 負責排程，Task 負責具體工作。
- 這套 Driver 和 Task 機制的底層由基礎網路服務支撐。
- network.BasicService 提供了網路服務功能，供其衍生類別使用。
- 使用者透過 XXXClient 作為介面才能存取到 XXXService。

問題 3：HorovodRunDriverService 和 HorovodRunTaskService 有何連結？答案如下。

- HorovodRunDriverService 和 HorovodRunTaskService 最終繼承了 network.BasicService，它們之間可以進行異地執行互動。
- HorovodRunTaskService 提供了 Task 部分服務功能，這些 Task 需要註冊到驅動 Driver 中（和 Spark 思路類似）。
- HorovodRunDriverService 是對 BasicDriverService 的封裝，BasicDriverService 維護了各種 Task 位址及相應關係。

7.4 DistributedOptimizer

本節介紹如何由 DistributedOptimizer 切入 Horovod 內部。我們以 TensorFlow 為例，演示 Horovod 如何與深度學習框架互動融合。

7.4.1 問題點

我們先回憶一下背景概念，借此引入 Horovod 遇到的問題點。

深度學習框架幫助我們解決的核心問題之一就是反向傳播時的梯度計算和更新。如果不用深度學習框架，那麼我們需要自己想辦法進行複雜的梯度計算和更新，由於 Horovod 並沒有提供此功能，因此需要呼叫深度學習框架完成這項工作，即 Horovod Job 的每個處理程序都呼叫單機版 TensorFlow 做本地計算並收集梯度，透過 All-Reduce 彙聚梯度並更新每個處理程序中的模型。因此 Horovod 需要從 TensorFlow 截取梯度，因為後續使用 TensorFlow v1.x 進行分析，所以我們接下來如果不明確指出，TensorFlow 指的都是 v1.x 版本。

TensorFlow 的底層程式設計系統是由張量組成的計算圖。在 TensorFlow 中，計算圖組成了前向 / 反向傳播的結構基礎，每一個計算都是圖中的一個節點，計算之間的相依關係則用節點之間的邊來表示。給定一個計算圖，TensorFlow 使用自動求導（反向傳播）進行梯度運算。tf.train.Optimizer 允許我們透過 minimize() 函式自動進行權重更新，此時 tf.train.Optimizer.minimize() 函式主要做了以下兩件事。

- 計算梯度，即呼叫 compute_gradients() 函式計算損失對指定 val_list 的梯度，傳回元組串列 list(zip(grads, var_list))。實際上，compute_gradients() 函式透過呼叫 gradients() 函式完成了反向計算圖的建構。
- 用計算得到的梯度更新對應權重，即呼叫 apply_gradients() 函式將 compute_gradients() 函式的傳回值作為輸入對權重變數進行更新。實際上，apply_gradients() 函式完成了需要參數更新的子圖建構。

具體訓練透過 session.run() 完成，比如下面的範例。

```
opt = hvd.DistributedOptimizer(opt)
train_op = opt.minimize(loss) # 權重更新
with tf.train.MonitoredTrainingSession(checkpoint_dir=checkpoint_dir,
                                       config=config,
                                       hooks=hooks) as mon_sess:
  while not mon_sess.should_stop():
    mon_sess.run(train_op) # 執行訓練
```

TensorFlow 同樣允許使用者自己計算梯度，在使用者做了中間處理之後，此梯度才會被用來更新權重，此時可以細分為以下三個步驟。

- 利用 tf.train.Optimizer.compute_gradients() 函式來計算梯度，即建構反向計算圖。
- 使用者對梯度進行自訂處理。此處其實就是 Horovod 可以「做手腳」的地方。
- 利用 tf.train.Optimizer.apply_gradients() 函式及使用者處理後的梯度來更新權重，即建構需要參數更新的子圖。

回顧了深度學習框架之後，我們接下來看問題點。Horovod 與 TensorFlow 融合的主要問題點就是：如何把 Horovod 自訂的操作融合到 TensorFlow 計算圖中，使得 Horovod 自訂操作可以獲取 TensorFlow 的梯度。

- 以 TensorFlow1.x 為例，深度學習計算過程被表示成一個計算圖，並且由 TensorFlow Runtime 負責解釋和執行，Horovod 為了獲得每個處理程序計算的梯度對它們進行 All-Reduce 操作，這需要讓 Horovod 自己嵌入到 TensorFlow 圖執行過程中去獲取梯度，也就是上面提到的可以從最佳化器「做手腳」的地方。
- 由於 Horovod 原生運算元是與 TensorFlow 運算元（OP/operator）無關的，因此無法直接插入到 TensorFlow 計算圖中執行，需要有一個方法來把 Horovod 運算元註冊到 TensorFlow 計算圖中，這樣才能讓 Horovod 運算元融合在前向 / 反向傳播過程中。這就是 TensorFlow 提供的自訂非同步運算元操作。

7.4.2 解決思路

上述問題的解決思路就是：Horovod 先拓展 TensorFlow 自訂操作，然後利用這些自訂操作來融入到 TensorFlow 計算圖中。我們接下來就來看如何融入。

TensorFlow 可以自訂運算元，即如果現有的函式庫沒有涵蓋我們想要的運算元，那麼可以自己訂製一個。具體思路如下。

（1）TensorFlow1.x

- 在 TensorFlow1.x 中，深度學習計算是一個計算圖，由 TensorFlow Runtime 負責解釋執行。
- Horovod 要想獲得每個處理程序計算的梯度，並且可以對它們進行 All-Reduce，就必須潛入計算圖執行的過程。為此，Horovod 透過對使用者最佳化器進行封裝組合的方式完成了對梯度的 All-Reduce 操作，即 Horovod 要求開發者使用 Horovod 自己定義的 hvd.DistributedOptimizer 代替 TensorFlow 官方的最佳化器，從而可以在最佳化模型階段得到梯度。
- Horovod 實現了 TensorFlow 非同步運算元 HorovodAllreduceOp，HorovodAllreduceOp 內部呼叫了 Horovod 原生 All-Reduce 運算元。顯式繼承了 TensorFlow 非同步運算元的 HorovodAllReduceOp 可以插入 TensorFlow 計算圖裡面被正常執行。
- hvd.DistributedOptimizer 拿到梯度之後會呼叫 HorovodAllreduceOp，即把 HorovodAllreduceOp 插入反向計算圖之中，讓 TensorFlow 對 HorovodAllreduceOp 的非同步作業進行分發。
- TensorFlow 在執行反向計算圖時，會對 HorovodAllreduceOp 的非同步作業進行分發，當 HorovodAllreduceOp 結束之後，再把跨處理程序處理的梯度傳回給 TensorFlow。TensorFlow 可以用此傳回值進行後續處理。

（2）TensorFlow2.0

- TensorFlow2.0 的 Eager execution（動態圖模式）採用完全不同的計算方式。其前向計算過程把對基本運算元的呼叫記錄在一個資料結構 Tape 裡，使隨後進行反向計算的時候可以回溯此 Tape，以此呼叫此運算元對應的梯度運算元。
- Horovod 呼叫 TensorFlow2.0 API 可以直接獲取梯度，這樣 Horovod 可以透過封裝 Tape 完成 All-Reduce 操作。

接下來我們利用 TensorFlow 1.x 進行分析。

7.4.3 TensorFlow 1.x

前面提到，由於 Horovod 要求開發者使用 Horovod 自己定義的 hvd.DistributedOptimizer 代替 TensorFlow 官方的最佳化器，從而可以在最佳化模型階段得到梯度，因此我們從 _DistributedOptimizer 進行分析。

1．_DistributedOptimizer

在範例程式中，使用者在生成 hvd.DistributedOptimizer 的時候傳入了一個 TensorFlow 原生最佳化器。我們具體來看如何建立 hvd.DistributedOptimizer，在 horovod/tensorflow/__init__.py 中載入的時候執行如下操作。

```
try:
    # TensorFlow2.x
    _LegacyOptimizer = tf.compat.v1.train.Optimizer
except AttributeError:
    try:
        # TensorFlow1.x
        _LegacyOptimizer = tf.train.Optimizer
```

對於 TensorFlow1.x，我們後續使用的基礎是 _LegacyOptimizer。_DistributedOptimizer 繼承了 _LegacyOptimizer，也封裝了一個 tf.optimizer。此被封裝的 tf.optimizer 就是使用者指定的 TensorFlow 官方最佳化器，被傳給 DistributedOptimizer 的 TensorFlow 最佳化器在建構函式 __init__.py 中被賦值給了 DistributedOptimizer 的 _optimizer 成員變數。_DistributedOptimizer 會先呼叫 _optimizer 求本地原生梯度，然後在模型應用梯度之前使用 All-Reduce 操作收集梯度值。_DistributedOptimizer 定義如下。

```
class _DistributedOptimizer(_LegacyOptimizer):
    def __init__(self, optimizer, name=None, use_locking=False, device_dense='',
                 device_sparse='', compression=Compression.none,
                 sparse_as_dense=False, op=Average, gradient_predivide_factor=1.0,
                 backward_passes_per_step=1, average_aggregated_gradients=False,
                 groups=None, process_set=global_process_set):
        if name is None:
            name = "Distributed{}".format(type(optimizer).__name__)
```

```
        super(_DistributedOptimizer, self).__init__(name=name, use_locking=use_
locking)

        self._optimizer = optimizer
        self._allreduce_grads = _make_allreduce_grads_fn(
            name, device_dense, device_sparse, compression, sparse_as_dense, op,
            gradient_predivide_factor, groups, process_set=process_set)

        self._agg_helper = None
        if backward_passes_per_step > 1:
            self._agg_helper = LocalGradientAggregationHelper(
                backward_passes_per_step=backward_passes_per_step,
                allreduce_func=self._allreduce_grads,
                sparse_as_dense=sparse_as_dense,
                average_aggregated_gradients=average_aggregated_gradients,
                rank=rank(),

                optimizer_type=LocalGradientAggregationHelper._OPTIMIZER_TYPE_LEGACY,
            )
```

2．compute_gradients() 函式

計算梯度的第一步是呼叫 compute_gradients() 函式計算損失對指定 val_list 的梯度，傳回元組串列 list(zip(grads, var_list))。每一個 Worker 的模型都會呼叫 compute_gradients() 函式。對於每個模型來說，gradients = self._optimizer.compute_gradients(*args, **kwargs) 就是該模型計算得到的梯度。

DistributedOptimizer 重寫了 Optimizer 類別的 compute_gradients() 函式，具體邏輯如下。

- _DistributedOptimizer 在初始化時設定 self._allreduce_grads = _make_allreduce_grads_fn。
- compute_gradients() 函式呼叫原始設定 TensorFlow 官方最佳化器的 compute_gradients() 函式。compute_gradients() 函式傳回值是一個元組串列，清單的每個元素是一個 (gradient，variable) 元組，gradient 是每一個變數變化的梯度值，即原生梯度。

- 如果設置了 _agg_helper，即 LocalGradientAggregationHelper，就呼叫 LocalGradientAggregationHelper 做本地梯度累積（本地累積的目的是減少跨處理程序次數，只有到了一定階段才會進行跨處理程序合併），否則呼叫 _allreduce_grads() 函式直接跨處理程序合併梯度（用 MPI 對計算出來的分散式梯度做 All-Reduce）。

DistributedOptimizer 的邏輯如圖 7-12 所示，先得到原生梯度，然後精簡原生梯度，最後傳回新梯度。

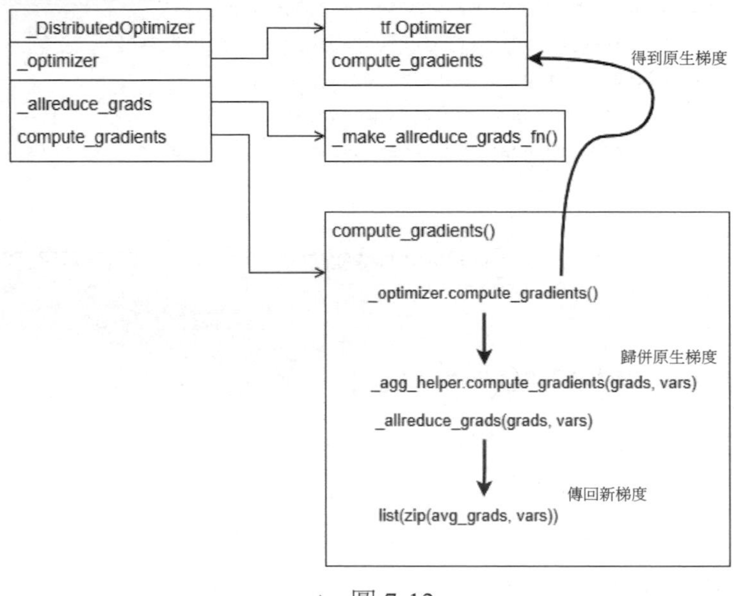

▲ 圖 7-12

3．LocalGradientAggregationHelper

前面提到，如果設置了 _agg_helper，即 LocalGradientAggregationHelper，就呼叫 LocalGradientAggregationHelper 做本地累積梯度（本地累積梯度之後也會進行跨處理程序合併）。下面我們講講 LocalGradientAggregationHelper。

LocalGradientAggregationHelper 會在本地累積梯度，在初始化的時候，成員函式 self._allreduce_grads 被設置為 allreduce_func，allreduce_func 就是跨處理程序 All-Reduce 函式，所以 LocalGradient-AggregationHelper 中也會進行跨

處理程序 All-Reduce，即每當本地梯度累積了 backward_passes_per_step 次之後，會跨機器更新一次。具體是呼叫 LocalGradientAggregationHelper. compute_gradients() 函式來完成該功能。該函式邏輯如下。

- 呼叫 _init_aggregation_vars() 函式遍歷本地元組 (Gradient、Variable) 的串列，累積在 locally_aggregated_grads。
- 當本地梯度累積了 backward_passes_per_step 次後，allreduce_grads() 函式會遍歷張量清單，對於串列中的每個張量則會呼叫 _allreduce_grads_helper() 函式進行跨處理程序合併。

於是邏輯拓展如圖 7-13 所示，其中細實線表示資料結構之間的關係，粗實線表示呼叫流程，虛線表示資料流程。此處需要注意的是 compute_gradients() 函式會在 _agg_helper 或者 _allreduce_grads 中選一個執行：

- 如果執行了 _agg_helper，即 LocalGradientAggregationHelper，就呼叫 _agg_helper 計算梯度（本地累積之後也會進行跨處理程序合併）。
- 否則執行 _allreduce_grads，即呼叫 _make_allreduce_grads_fn() 函式進行跨處理程序合併（用 MPI 對計算出來的分散式梯度做 All-Reduce 操作）。

4．_make_allreduce_grads_fn() 函式

_make_allreduce_grads_fn() 函式呼叫了 _make_cached_allreduce_grads_fn() 函式完成精簡功能。_make_cached_allreduce_grads_fn() 函式的具體邏輯如下。

- 獲取所有梯度。
- 遍歷元組的串列，對於每個梯度使用 _allreduce_cond() 函式與其他 Worker 進行同步。
- 傳回同步好的梯度串列。

在 _allreduce_cond() 函式中呼叫 allreduce() 函式進行集合通訊操作，依據所需要傳輸的張量類型是 IndexedSlices 還是 Tensor 做不同處理：

- 如果張量類型是 IndexedSlices，則需要呼叫 allgather() 函式，是否需要其他操作要看具體附加設定。

- 如果張量類型是 Tensor，則需要呼叫 _allreduce() 函式處理，即先求張量的和，再取平均數。

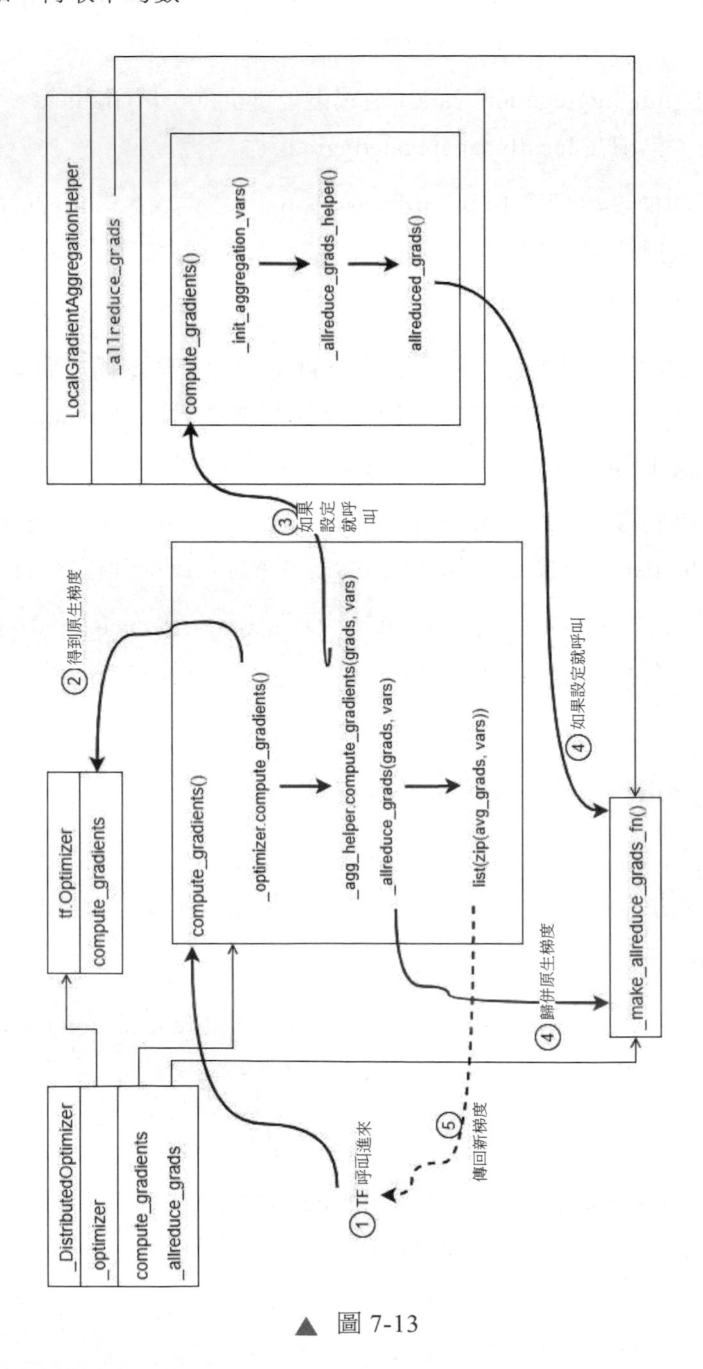

▲ 圖 7-13

5．運算元映射

HorovodAllreduceOp 和 HorovodAllgatherOp 這兩個方法是 Horovod 自訂的與 TensorFlow 相關的運算元。_allreduce() 函式和 allgather() 函式分別與之對應，具體如下。

- _allreduce() 函式使用名稱 "HorovodAllreduce" 與 HorovodAllreduceOp 綁定，由 MPI_LIB.horovod_allreduce() 函式做中間轉換。
- allgather() 函式使用名稱 "HorovodAllgather" 與 HorovodAllgatherOp 綁定，由 MPI_LIB.horovod_allgather() 做中間轉換。

這樣就呼叫了 TensorFlow 的非同步運算元，或者說是把 TensorFlow 的非同步運算元插入反向計算圖之中。

_allreduce() 函式程式如下。

```
def _allreduce(tensor, name=None, op=Sum, prescale_factor=1.0, postscale_factor=1.0,
               ignore_name_scope=False, process_set=global_process_set):
    if name is None and not _executing_eagerly():
        name = 'HorovodAllreduce_%s' % _normalize_name(tensor.name)
    return MPI_LIB.horovod_allreduce(tensor, name=name, reduce_op=op,
                                     prescale_factor=prescale_factor,
                                     postscale_factor=postscale_factor,
                                     ignore_name_scope=ignore_name_scope,
                                     process_set_id=process_set.process_set_id)
```

MPI_LIB 就是預先載入的 SO 函式庫。

```
def _load_library(name):
    filename = resource_loader.get_path_to_datafile(name)
    library = load_library.load_op_library(filename)
    return library


try:
    MPI_LIB = _load_library('mpi_lib' + get_ext_suffix())
    # 省略其他程式碼
```

_allreduce() 函式繼續呼叫 MPI_LIB.horovod_allreduce(tensor, name=name, reduce_op=op)。而 MPI_LIB.horovod_allreduce() 函式被 TensorFlow Runtime 轉換到了 C++ 世界的程式中，對應的就是 HorovodAllreduceOp 類別，具體如下。

- 首先，在建構函式之中，透過 OP_REQUIRES_OK 的設定得到 reduce_op_。
- 其次，當 TensorFlow 呼叫此非同步運算元時，在 ComputeAsync() 函式中透過 reduce_op_ 確定具體需要呼叫哪種操作。接下來可以呼叫 EnqueueTensorAllreduce() 把 reduce_op_ 下發到背景通訊執行緒。

至此，Python 和 C++ 世界就進一步聯繫起來。HorovodAllreduceOp 的程式具體如下。

```
class HorovodAllreduceOp : public AsyncOpKernel {
  explicit HorovodAllreduceOp(OpKernelConstruction* context)
      : AsyncOpKernel(context) {
    // 此處會宣告，從 context 中得到 reduce_op，賦值給 reduce_op_
    OP_REQUIRES_OK(context, context->GetAttr("reduce_op", &reduce_op_));
    // 省略無關程式
  }

  void ComputeAsync(OpKernelContext* context, DoneCallback done) override {
    // 省略無關程式

    // 此處會依據 reduce_op_ 確認 C++ 內部呼叫何種操作
    horovod::common::ReduceOp reduce_op = static_cast<horovod::common::ReduceOp>(redu
ce_op_);

    Tensor* output;
    OP_REQUIRES_OK_ASYNC(
        context, context->allocate_output(0, tensor.shape(), &output), done);
    common::ReadyEventList ready_event_list;
#if HAVE_GPU

    ready_event_list.AddReadyEvent(std::shared_ptr<common::ReadyEvent>(RecordReadyEven
t(context)));
#endif
```

```
    auto hvd_context = std::make_shared<TFOpContext>(context);
    auto hvd_tensor = std::make_shared<TFTensor>(tensor);
    auto hvd_output = std::make_shared<TFTensor>(*output);
    auto enqueue_result = EnqueueTensorAllreduce(
        hvd_context, hvd_tensor, hvd_output, ready_event_list, node_name, device,
        [context, done](const common::Status& status) {
#if HAVE_GPU
          auto hvd_event = status.event;
          if (hvd_event.event) {
            auto device_context = context->op_device_context();
            if (device_context != nullptr) {
                auto stream = stream_executor::gpu::AsGpuStreamValue(device_context-
>stream());
                HVD_GPU_CHECK(gpuStreamWaitEvent(stream, *(hvd_event.event), 0));
            }
          }
#endif
          context->SetStatus(ConvertStatus(status));
          done();
        },
        reduce_op, (double)prescale_factor_, (double)postscale_factor_,
        process_set_id_);
    OP_REQUIRES_OK_ASYNC(context, ConvertStatus(enqueue_result), done);

// 省略無關程式
  }
```

至此我們將圖 7-13 拓展為圖 7-14，圖中細實線表示資料結構之間的關係，粗實線表示呼叫流程，虛線表示資料流程。

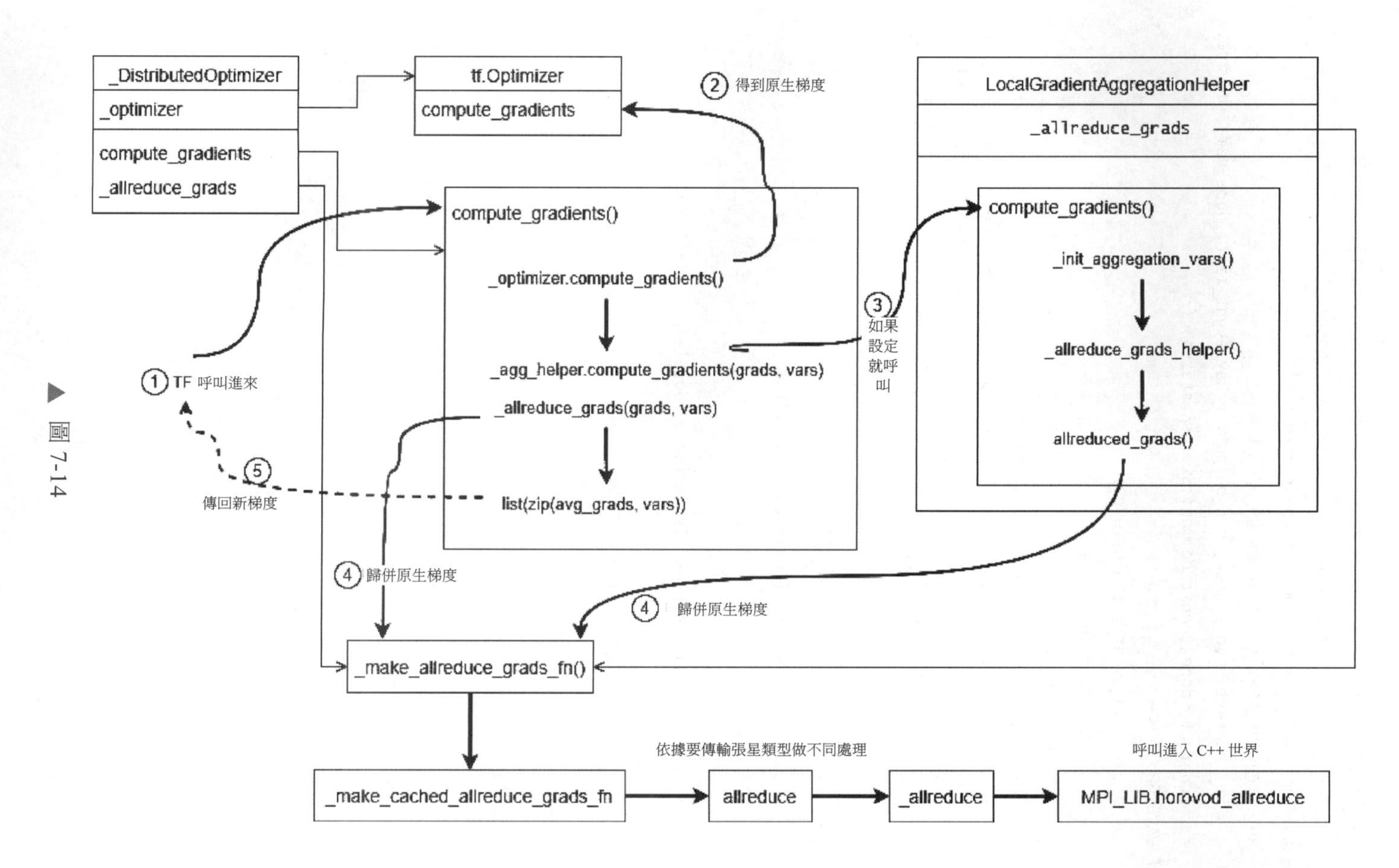
_DistributedOptimizer
_optimizer
compute_gradients
_allreduce_grads
tf.Optimizer
compute_gradients
② 得到原生梯度
LocalGradientAggregationHelper
_allreduce_grads
compute_gradients()
_optimizer.compute_gradients()
_agg_helper.compute_gradients(grads, vars)
_allreduce_grads(grads, vars)
list(zip(avg_grads, vars))
③ 如果設定就呼叫
compute_gradients()
_init_aggregation_vars()
_allreduce_grads_helper()
allreduced_grads()
① TF 呼叫進來
⑤ 傳回新梯度
④ 歸併原生梯度
④ 歸併原生梯度
_make_allreduce_grads_fn()
依據要傳輸張量類型做不同處理
呼叫進入 C++ 世界
_make_cached_allreduce_grads_fn
allreduce
_allreduce
MPI_LIB.horovod_allreduce

▲ 圖 7-14

7.5 融合框架

對於 Horovod 融合框架，我們需要透過一些問題來引導分析。

- Horovod 不依託於某個框架，而是自己透過 MPI 建立了一套分散式系統，完成了 All-Reduce 等集合通訊工作，但是如何實現一個統一的分散式通訊框架？
- Horovod 是一個函式庫，怎麼嵌入各種深度學習框架？比如怎麼嵌入 Tensorflow、PyTorch、MXNet、Keras ？
- Horovod 如何實現自己的運算元？因為需要相容多種學習框架，所以應該有自己的運算元，在此基礎上增加調配層就可以達到相容目的。
- 如何將梯度的同步通訊完全抽象為與框架無關的架構？
- 如何將通訊和計算框架分離？如果可以分離，則計算框架只需要直接呼叫 Horovod 介面，如 HorovodAllreduceOp 進行梯度求平均即可。

接下來我們就圍繞這些問題進行分析，看看 Horovod 如何融合框架。

7.5.1 整體架構

我們首先透過圖 7-15 所示的 Horovod 架構圖來看其具體分層。

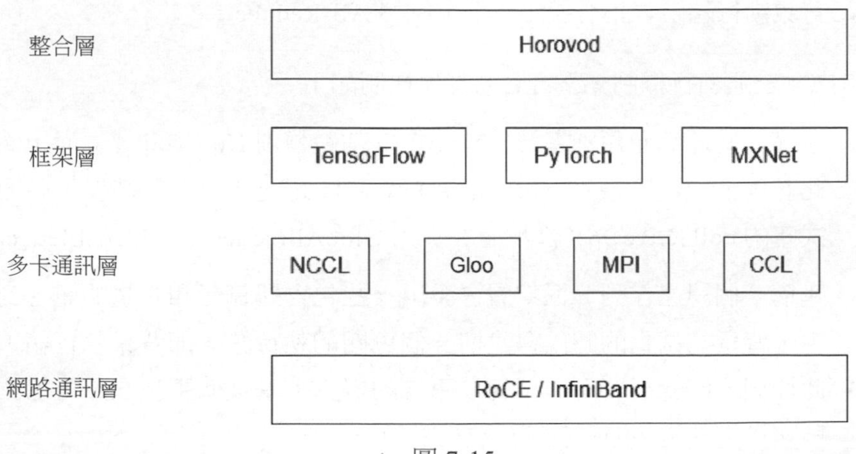

▲ 圖 7-15

- 整合層：該層會整合各個框架層，Horovod 將通訊和計算框架分離後，計算框架只需要直接呼叫 Horovod 介面，如 HorovodAllreduceOp 進行梯度求平均即可。
- 框架層：用來支援 Tensorflow、PyTorch、MXNet、Keras 等熱門深度學習框架，也有對 Ray 的支援。
- 多卡通訊層（集合通訊層）：整合一些集合通訊框架，包括 NCCL、MPI、Gloo、CCL，本層會完成 All-Reduce 等精簡梯度的過程。
- 網路通訊層：作用是最佳化網路通訊，提高叢集間的通訊效率。

我們知道，Horovod 內部封裝了 All-Reduce 功能，藉以實現梯度精簡。但是 hvd.allreduce() 函式如何實現對不同深度學習框架的呼叫呢？事實上，Horovod 使用一個整合層來完成這部分工作。我們接下來思考一下為了統一這些框架，應該做哪些操作或者說需要考慮哪些因素。

我們看看每個 rank 節點的執行機制，從此角度來看整合層的實現需要考慮哪些因素：

- 每個 rank 有兩個執行緒：執行執行緒（Execution thread）和背景執行緒（Background thread）。
- 執行執行緒負責機器學習計算，就是執行框架。
- 背景執行緒負責集合通訊操作，比如 All-Reduce。

考慮到上述執行機制，整合層的實現機制如下。

- 建構一個運算元類別系統，首先定義基礎類別 Horovod 運算元，然後在此基礎上定義子類別 AllReduceOp，並以此延伸出多個基於不同通訊函式庫的 collectiveOp（調配層），如 GlooAllreduce 和 MPIAllReduce。
- 建構一個訊息佇列，框架層會發出一些包含運算元和張量的訊息到佇列中，背景初始化的時候會建構一個專門的執行緒（即背景執行緒）消費此佇列。因此需要有一個同步訊息的過程：當某個張量在所有節點上都就緒以後，這些節點就可以開始計算。

- Horovod 定義的這套 Horovod 運算元系統與具體深度學習框架無關，還需要針對各個深度學習框架定義不同的 Horovod 運算元實現。比如使用 TensorFlow 的時候，Horovod 需要註冊針對 TensorFlow 的 Horovod 運算元，才能將運算元插入 TensorFlow 計算圖中執行。

下面我們就逐一分析這幾個方面。

7.5.2 運算元類別系統

Horovod 運算元類別系統如下。

- 定義基礎類別 Horovod 運算元 HorovodOp。
- 在此基礎上定義子類別，比如 AllReduceOp。
- 並以此延伸出多個基於不同通訊函式庫的集合通訊操作，比如 GlooAllReduce 和 MPIAllReduce。

Horovod 運算元的類別系統邏輯如圖 7-16 所示。

接下來我們對 Horovod 運算元的類別系統進行整理。

HorovodOP 是所有類別的基礎類別，其主要作用如下。

- 擁有 HorovodGlobalState，這樣可以隨時呼叫 Horovod 的整體狀態。
- 提供 NumElements() 函式，負責獲取本運算元擁有多少張量。
- 提供一個虛擬函式 Execute()，用於被衍生類別實現具體演算法操作。

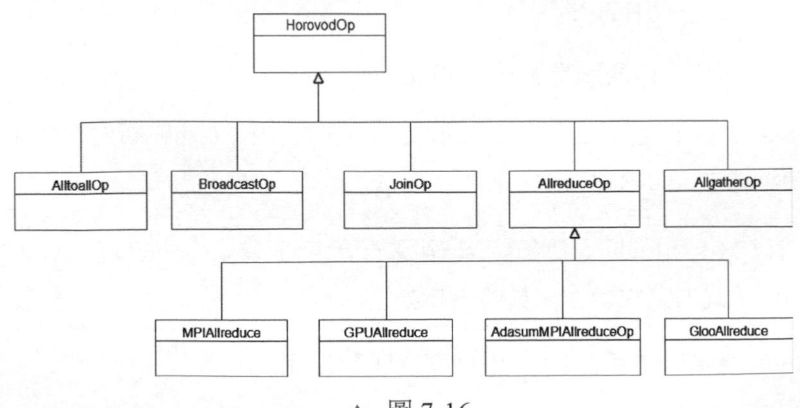

▲ 圖 7-16

HorovodOp 類別有幾個衍生類別，其功能從名稱上就能看出，比如 AllreduceOp、AllgatherOp、BroadcastOp、AlltoallOp、JoinOp（彈性訓練使用）。我們以 AllreduceOp 為例來看，其依然不是具體實現類別，而是增加了一些虛擬函式，具體如下。

- Execute() 函式需要其衍生類別實現，就是具體集合通訊演算法，或者說衍生類別需要實現如何呼叫底層集合通訊函式庫。
- Enabled() 函式需要其衍生類別實現。
- MemcpyInFusionBuffer() 函式用來複製輸入融合張量（Input Fusion Tensor）到多個 entries 參數。對於單一 entry，會呼叫 MemcpyEntryIn FusionBuffer() 函式進行處理。
- MemcpyOutFusionBuffer() 函式用來複製輸出融合張量（Output Fusion Tensor）到多個 entries 參數。對於單一 entry，會呼叫 MemcpyEntryOut FusionBuffer() 函式進行處理。
- MemcpyEntryInFusionBuffer() 函式用來複製輸入融合張量到單一 entry。
- MemcpyEntryOutFusionBuffer() 函式用來複製單一 entry 到輸出融合張量。

類別系統最下方是具體的實現類別，和具體通訊框架有關，比如 MPIAllreduce、GPUAllreduce、AdasumMPIAllreduceOp、GlooAllreduce。在原始程式的 common/ops 資料夾中可以看到實現類別具體有 NCCL/Gloo/MPI 等。這些運算元由 op_manager 管理，op_manager 會根據優先順序找到可以用來計算的運算元進行計算，比如：

- MPI 運算元用的就是 MPI_Allreduce() 函式。
- NCCL 運算元就直接呼叫 ncclAllReduce() 函式，比較新的 NCCL 也支援跨節點的 All-Reduce 操作。

我們以 MPIAllreduce 運算元為例進行說明，其 Execute() 函式呼叫 MPI_Allreduce() 函式來完成操作，具體邏輯如下。

- 從記憶體中複製張量到 fusionbuffer 變數。

- 呼叫 MPI_Allreduce() 函式實現精簡。
- 從 fusionbuffer 變數複製回記憶體。

7.5.3 背景執行緒

因為 Horovod 主要由一個背景執行緒完成梯度相關操作，所以讓我們看看此後台執行緒中如何呼叫 Hovorod 運算元。背景執行緒的工作流程如下。

- HorovodGlobalState 中有一個訊息佇列接收前端發送來的 All-Reduce、All-Gather 及 Broadcast 等運算元通訊請求。
- 背景執行緒會每隔一段時間輪詢訊息佇列看看有沒有需要通訊的運算元，在拿到一批運算元之後，會先對運算元中的張量進行融合，再進行相應的操作。
- 如果張量位於顯示記憶體中，那麼它會使用 NCCL 函式庫執行；如果張量位於記憶體中，則會使用 MPI 或者 Gloo 執行。

接下來我們初步整理一下此流程，後續會詳細分析背景執行緒。

Horovod 的背景執行緒拿到需要融合的張量後，會呼叫 PerformOperation() 函式進行具體的集合操作，其中會呼叫 op_manager->ExecuteOperation() 函式。op_manager->ExecuteOperation (entries, response) 函式會呼叫不同的 op->Execute(entries, response) 執行精簡運算。比如針對 Response::ALLREDUCE 就會呼叫 ExecuteAllreduce(entries, response) 函式。

ExecuteAllreduce() 函式會從 allreduce_ops_ 中選取一個合適的運算元，呼叫其 Execute 方法。allreduce_ops_ 是從哪裡來的？在 OperationManager 建構函式中有如下設置。

```
allreduce_ops_(std::move(allreduce_ops)),
```

前面提到了 allreduce_ops，下面我們就來看如何建構 allreduce_ops。具體是在 CreateOperationManager 中對 allreduce_ops 進行增加，增加的類型如下：MPI_GPUAllreduce、NCCLHierarchicalAllreduce、NCCLAllreduce、DDL Allreduce、GlooAllreduce、GPUAllreduce、MPIAllreduce。

背景執行緒的邏輯和流程如圖 7-17 所示，圖中細實線箭頭表示資料結構之間的關係，粗實線箭頭表示呼叫流程，數字表示執行順序。

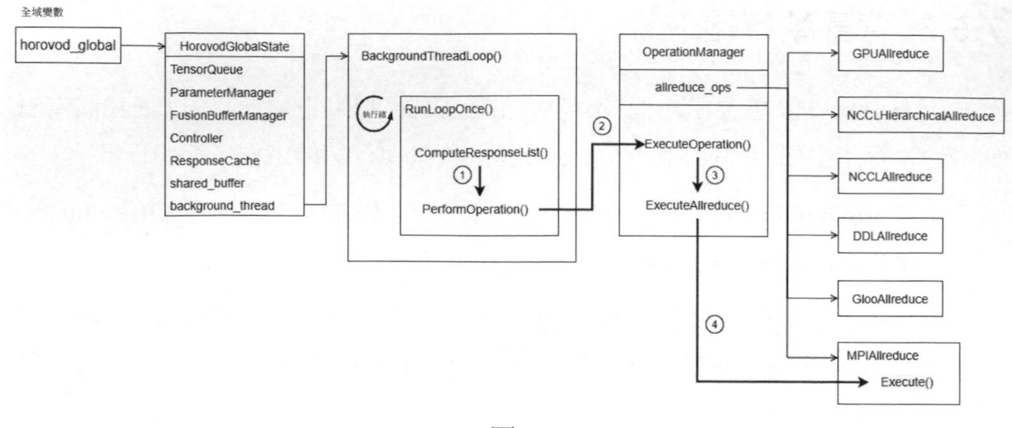

▲ 圖 7-17

下面回顧一下 rank 節點的執行機制，每個 rank 有兩個執行緒，具體作用如下。

- 執行執行緒負責做機器學習計算。
- 背景執行緒責集合通訊操作，比如 All-Reduce。

到目前為止，我們簡要分析的是背景執行緒。下面我們要分析一下執行執行緒的某些環節，即 Horovod 如何融入 TensorFlow 框架，如何把張量和運算元發送給背景執行緒。

7.5.4 執行執行緒

執行執行緒主要功能是執行計算圖中的運算元、計算損失函式、計算梯度，即呼叫框架進行訓練。

前文提到，Horovod 定義的這套 Horovod 運算元系統與具體深度學習框架無關，比如，使用 TensorFlow 的時候，是無法直接插入 TensorFlow 計算圖中執行的，還需要註冊 TensorFlow 的運算元。

Horovod 針對各個框架定義了不同的實現。比如，針對 TensorFlow 模型分散式訓練，Horovod 開發了調配 TensorFlow 的運算元來實現 Tensorflow 張量的 All-Reduce。這些運算元可以融入 TensorFlow 的計算圖中，利用 TensorFlow Runtime 來實現計算與通訊的重疊，從而提高通訊效率。以 TensorFlow 模型的 All-Reduce 分散式訓練為例，Horovod 開發了 All-Reduce 運算元嵌入 TensorFlow 的反向計算圖中，從而獲取 TensorFlow 反向計算的梯度。All-Reduce 運算元進而可以透過呼叫集合通訊函式庫提供的 All-Reduce API 實現梯度匯合。

在 horovod/tensorflow/mpi_ops.cc 中，就針對 TensorFlow 定義了 Horovod AllreduceOp。

HorovodAllreduceOp 是一種 TensorFlow 非同步運算元，在其內部實現中呼叫了 Horovod 運算元，繼承了 TensorFlow 非同步運算元的 HorovodAllReduceOp 可以被 REGISTER_KERNEL_BUILDER 註冊到 TensorFlow Graph 裡面，然後正常執行。增加新的運算元需要三步，具體如下。

- 第一步是定義運算元的介面，使用 REGISTER_OP() 向 TensorFlow 系統註冊來定義運算元的介面，該運算元就是 HorovodAllreduceOp。
- 第二步是為運算元實現核心（kernel）。在定義介面之後，每一個實現被稱為一個核心。HorovodAllreduceOp 類別繼承 AsyncOpKernel，覆蓋其 ComputeAsync() 函式。ComputeAsync() 函式提供一個類型為 OpKernelContext* 的參數 context 用於存取一些有用的資訊，如輸入和輸出的張量。在 ComputeAsync() 函式裡，會把這一 All-Reduce 請求加入 Horovod 背景佇列。在對 TensorFlow 支援的實現上，Horovod 與百度大同小異，都是自訂了 AllReduceOp，在運算元中把請求加入佇列。
- 第三步是呼叫 REGISTER_KERNEL_BUILDER 註冊運算元到 Tensor Flow 系統。

需要注意的是，TensorFlow 自訂操作的實現規範如下：C++ 的定義是駝峰形式，生成的 Python 函式附帶底線且小寫，因此，如 HorovodAllgather、HorovodAllreduce、HorovodBroadcast 這三個 C++ 方法在 Python 中就變成了 horovod_allgather、horovod_allreduce 和 horovod_broadcast。

在 Python 世界中，當 _DistributedOptimizer 呼叫 compute_gradients() 函式最佳化的時候，會透過 _allreduce() 函式呼叫 MPI_LIB.horovod_allreduce，也可以視為呼叫 HorovodAllreduceOp。

總結一下，由於 HorovodAllreduceOp 繼承了 TFAsyncOpKernel，因此可以嵌入 TensorFlow 計算圖，同時用組合方式與 Horovod 背景執行緒聯繫起來。

接下來我們看 HorovodAllreduceOp 類別，其程式請參見前文。

HorovodAllreduceOp 類別會在 ComputeAsync() 之中呼叫 EnqueueTensorAllreduce() 函式將張量的 All-Reduce 操作運算元加入 HorovodGlobalState 的佇列中。EnqueueTensorAllreduce() 函式位於 /horovod/common/operations.cc，具體方法就是先建構 contexts、callbacks 等支撐資料，然後呼叫 EnqueueTensorAllreduces() 函式進行處理。

EnqueueTensorAllreduces() 函式會呼叫 AddToTensorQueueMulti() 函式向張量佇列（tensor_queue）提交操作，具體方法如下。

- 把需要精簡的張量組裝成一個請求。
- 針對每個張量建立對應的 TensorTableEntry 用於儲存張量的權重；也會建立請求，請求內容主要是一些詮譯資訊。
- 把請求和 TensorTableEntry 放入 GlobalState 的 tensor_queue，tensor_queue 是一個處理程序內共用的全域物件維護的佇列。
- 等待背景執行緒讀取這些 All-Reduce 請求，背景處理程序會一直執行一個迴圈 RunLoopOnce，在其中會利用 MPIController（僅以此舉例）處理加入佇列請求。MPIController 的作用是協調不同的 rank 處理程序，處理請求的物件。此抽象是百度不具備的，主要是為了支援 Facebook Gloo 等其他的集合計算函式庫，因此 Horovod 也有 GlooController 等實現。

張量和運算元具體透過呼叫如下命令被增加到 tensor_queue。

```
status = horovod_global.tensor_queue.AddToTensorQueueMulti(entries, messages);
```

AddToTensorQueue() 函式和 AddToTensorQueueMulti() 函式基本邏輯類似，只不過後者處理多個訊息，AddToTensorQueue() 具體邏輯如下。

- 將 MPIRequest 請求加入 horovod_global.message_queue。
- 將 TensorTableEntry 加入 horovod_global.tensor_table。

這樣張量和運算元就增加到了訊息佇列，也完成了整體融合邏輯。

7.5.5 總結

現在總結 Horovod 的梯度同步更新及 All-Reduce 操作的全過程如下。

- 定義繼承 TensorFlow 非同步運算元的 HorovodAllreduceOp，透過封裝好的最佳化器（Wrap Optimizer）將 HorovodAllreduceOp 插入到 TensorFlow 執行圖中。
- 運算元內部主要就是把 All-Reduce 需要的資訊打包成請求發送給 Coordinator，Coordinator 一般來說是 rank 0。
- 由 rank 0 協調所有 rank 的請求，並在所有 rank 就緒後，發送應答通知各個 rank 執行 All-Reduce 操作。

整體邏輯如圖 7-18 所示，圖中細實線箭頭表示資料結構之間的關係，粗實線箭頭表示呼叫流程，虛線箭頭表示資料流程。為了對呼叫串流和資料流程進行簡化，圖上的「TF 計算圖」只是個示意。

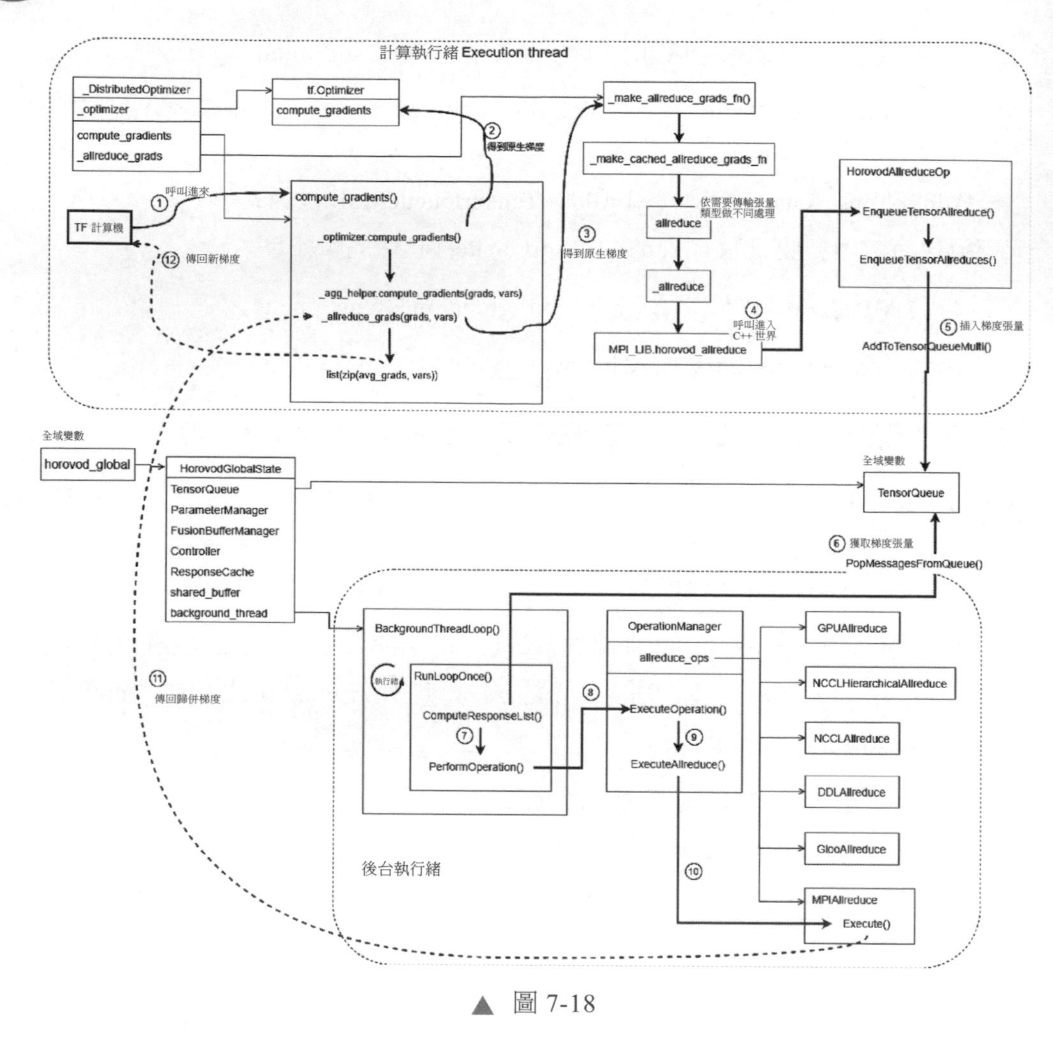

▲ 圖 7-18

7.6 背景執行緒架構

在 Horovod 中，每個 rank 有兩個執行緒，當我們在 Python 中使用 hvd.init() 進行初始化的時候，實際上是開了一個背景執行緒和一個執行執行緒。

- 執行執行緒進行機器學習計算。

- 背景執行緒負責 rank 之間同步通訊和集合通訊操作。百度在實現 Ring All-Reduce 演算法時，就使用了一個 MPI 背景執行緒，Horovod 沿用了此設計，名稱就是 BackgroundThreadLoop。

在前面我們看到，在訓練時，執行執行緒會透過一系列操作把張量和操作傳遞給背景執行緒，背景執行緒會進行 Ring All-Reduce 操作。本節來看背景執行緒如何運作。

7.6.1 設計要點

1．問題和方案

回顧一下同步梯度更新的概念：當所有 rank 的梯度都計算完畢後，再統一做全域梯度累積。這就涉及在叢集中做訊息通訊。但是，目前在叢集中做訊息通訊的問題點如下。

- 在 Horovod 中，每張卡都對應一個訓練處理程序（每個處理程序對應一個 rank）。假如有 4 張卡，對應的各個處理程序的 rank 為 [0,1,2,3]。因為計算框架往往是採用多執行緒執行訓練的計算圖，所以在多節點情況下，以 All-Reduce 操作為例，我們不能保證每個節點上的 All-Reduce 請求是有序的，因此 MPIAllreduce 並不能直接使用。
- 鎖死問題。以下兩個原因會導致鎖死。

  * All-Reduce 可能是阻塞式呼叫（MPI 會阻塞主機，NCCL 會阻塞裝置），除非所有參與者都做完，否則所佔用的資源不會釋放。

  * 框架的排程可能是動態的，每次執行順序不同。

為了解決這些問題，Horovod 設計了一個主從模式（Master-Worker），rank 0 為 Master 節點（即 Coordinator），rank 1~rank *n* 為 Worker 節點。

- Coordinator 節點進行同步協調，保證對於某些張量的 All-Reduce 請求最終有序和完備，可以繼續處理。即只有當某一份梯度在所有的 Worker 上均已生成之後，Horovod 才能統一發動 All-Reduce。

- 在決定了哪些梯度可以操作以後，Coordinator 節點又會將可以進行通訊的張量名稱和順序發還給各個節點。當所有的節點都獲得了即將進行通訊的張量和順序後，MPI 通訊才得以進行。
- 背景執行緒協調所有 MPI 處理程序的訊息同步和張量精簡。此設計基於以下幾種考慮。

  * 一些 MPI 的實現機制要求所有的 MPI 呼叫必須在一個單獨執行緒中進行。
  * 為了處理錯誤，MPI 處理程序需要知道其他處理程序上張量的形狀和類型。
  * MPIAllreduce 和 MPIAllgather 必須是 AsyncOpKernels 類型的，以便確保 Memcpys 或者 Kernel 的合理順序。
  * 為了不阻塞正常運算元的計算。

另外，在 Horovod 中，訓練處理程序是平等的參與者，每個處理程序既負責梯度的分發，又負責具體的梯度計算。如圖 7-19 所示，三個 Worker 節點中的梯度被均衡地劃分為三份，透過四次通訊，能夠完成叢集梯度的計算和同步。

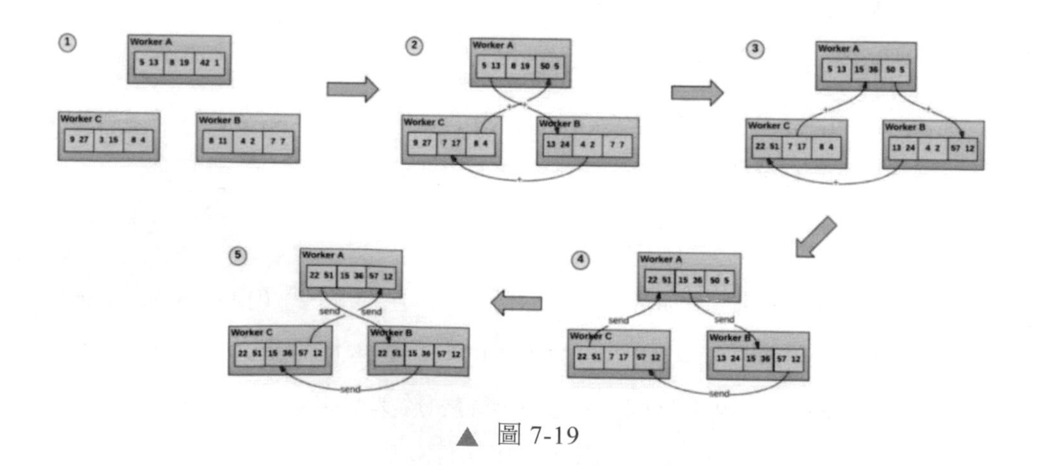

▲ 圖 7-19

2．協調機制

在上述方案中，協調機制是重點所在，rank 0 作為 Coordinator，其他的 rank 是 Worker 。每個 Worker 節點上都有一個訊息佇列 message_queue，而在 Coordinator 節點上除了有一個訊息佇列 message_queue，還有一個請求表 message_table。每當計算框架發來通訊請求時，Horovod 並不直接執行 MPI，而是封裝了此訊息並推入自己的訊息佇列。協調機制整體採用訊息的請求、應答機制和時間切片循環排程處理，在每個時間切片中，Coordinator 和 Worker 會進行如下操作。

- 當某個運算元的梯度計算完成並且等待全域的 All-Reduce 時，該 Worker 就會先包裝一個請求，然後呼叫 ComputeResponseList() 函式將該請求（一個就緒的張量）放入此 Worker 的 message_queue 中，每個 Worker 的背景執行緒定期輪訓自己的 message_queue，把 message_queue 裡面的請求發送到 Coordinator。因為是同步 MPI，所以每個節點會阻塞等待 MPI 完成。
- 請求的形式是 MPIRequests。MPIRequests 顯式注明 Worker 希望做什麼（如在哪個張量上做什麼操作，是聚集還是精簡操作，以及張量的形狀和類型）。
- 當沒有更多處理的張量之後，Worker 會向 Coordinator 發送一個空的「完成（DONE）」訊息。
- Coordinator 從 Worker 收到 MPI Requests 及 Coordinator 本身的 TensorFlow 操作之後，將它們儲存在請求表 message_table 中。Coordinator 繼續接收 MPIRequest，直到收到了 MPI_SIZE 個「完成」訊息。
- 當 Coordinator 收到所有 Worker 對於某個張量進行聚集或精簡的請求之後，說明此張量在所有的 rank 中都已經就緒。如果所有節點都發出了對該張量的通訊請求，則此張量就需要且能夠進行通訊。

- 確定了可以通訊的張量以後，Coordinator 會將可以進行通訊的張量名稱和順序發還給各個節點，即當有符合要求的張量後，Coordinator 就會發送回應 MPIResponse 給 Worker，表明當前操作和張量的所有局部梯度已經就緒，可以對此張量執行集合操作，比如可以執行 All-Reduce 操作。
- 當沒有更多的 MPIResponse 時，Coordinator 將向 Worker 發送「完成」應答。如果處理程序正在關閉，它將發送一個「關閉（SHUTDOWN）」應答。
- Worker 監聽 MPIResponse 訊息，當所有的節點都獲得了即將進行 MPI 操作的張量和操作順序後，MPI 通訊得以進行。於是一個一個完成所要求的聚集或精簡操作，直到 Worker 收到「完成」應答，此時時間切片結束。如果接收到的不是「完成」，而是「關閉」，則退出背景迴圈（Background Loop）。

簡單來講就是：

- Coordinator 收集所有 Worker（包括 Coordinator 自己，因為它自己也在進行訓練）的 MPIRequests，把它們放入請求表中。
- 當收集到 MPI_SIZE 個「完成」訊息之後，Coordinator 會找出就緒的張量（在 message_table 裡面查詢）建構出一個 ready_to_reduce 的串列，然後發出若干個 MPIResponse 告知處理程序可以進行計算。
- Worker 接收到回應開始真正的計算過程（透過 op_manager 來具體執行集合通訊）。

協調機制的大致邏輯如圖 7-20 所示，圖中有三個節點都在進行訓練，其中 rank 0 是 Coordinator（本身也在訓練），只有等到這三個節點都生成了同一份梯度（此處是 tensor 1）後，才能進行精簡操作。

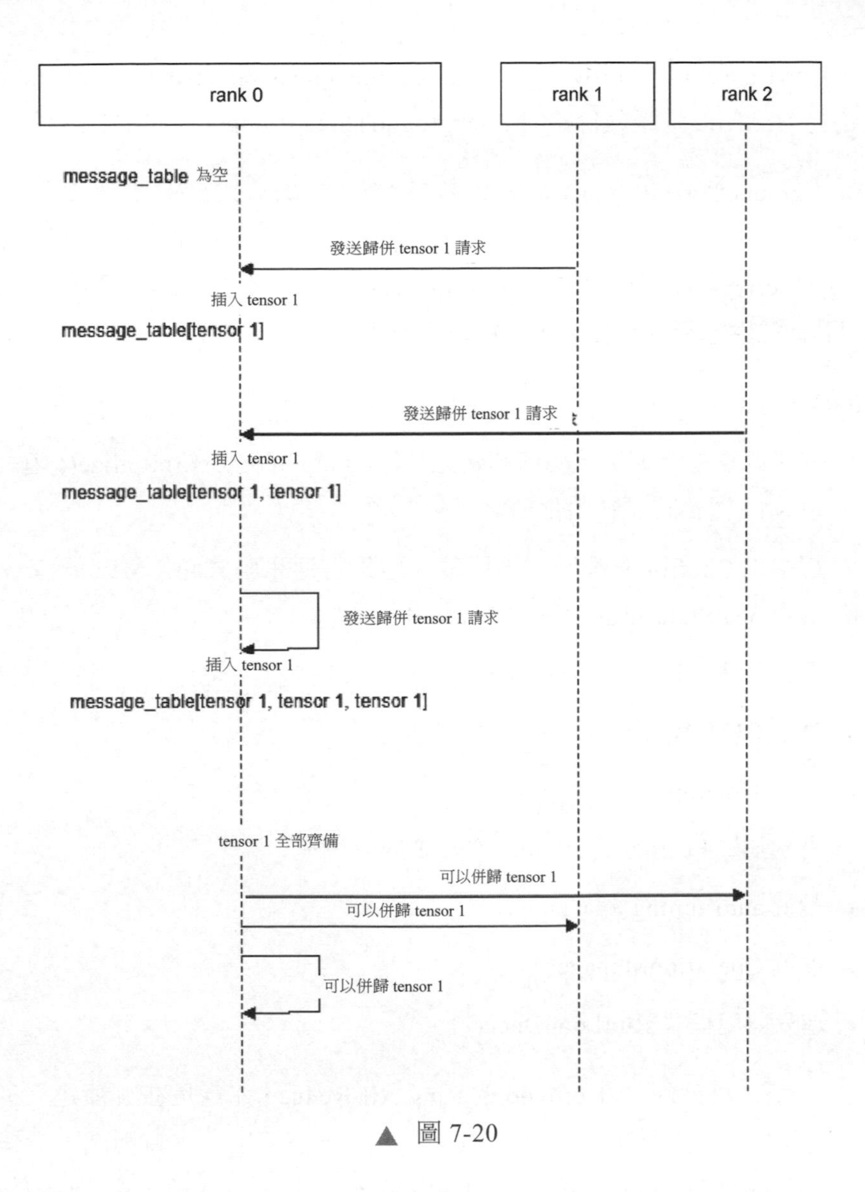

▲ 圖 7-20

7.6.2 整體程式

在具體實現過程中，底層 All-Reduce 被註冊為 OP，在 ComputeAsync() 函式中，計算請求被加入一個佇列中，這一佇列會被背景執行緒。在此背景執行緒的初始化過程中，它會利用處理程序內共用的全域狀態在自己的記憶體裡建立一些物件和進行邏輯判斷，比如要不要進行 Hierarchical All-Reduce，要不要自動調優（AutoTune）等。horovod_global.message_queue 和 horovod_global.tensor _ table 都在 Horovod 背景執行緒的 BackgroundThreadLoop() 函式中被處理。

BackgroundThreadLoop() 是背景執行緒的主要函式，主要負責跟其他節點的通訊和處理前端過來的通訊請求。BackgroundThreadLoop() 會輪詢呼叫 RunLoopOnce() 函式，不斷查看 tensor_queue 中有沒有需要通訊的張量，如果有，則先跟其他節點進行同步更新，然後執行通訊操作。

BackgroundThreadLoop() 函式的基本邏輯如下。

- 依據編譯設定，決定如何初始化，比如 mpi_context.Initialize() 函式只有在 MPI 編譯時才初始化。
- 初始化 Controller 變數。根據載入的集合通訊函式庫（MPI 或者 Gloo）為 GlobalState 建立對應的 Controller。
- 得到各種設定，如 local_rank。
- 設置 GPU 串流。
- 設置 Timeline 設定。
- 設置張量 FusionThreshold、CycleTime 等。
- 設置 auto-tuning 和 ChunkSize。
- 重置 OperationManager。
- 進入關鍵程式 RunLoopOnce() 函式。

也許大家會有疑問，Horovod 的 Ring All-Reduce 究竟是在哪裡建立了環？如果細緻研究，就需要深入 MPI、Gloo 等，這已經超出了本書範圍，這裡我們只是大致用 Gloo 來了解一下。在 GlooContext::Initialize() 函式中，Horovod 透過 Rendezvous 把 rank 資訊發給了 Rendezvous Server。Gloo 內部會利用這些 Rendezvous 來組環。

7.6.3 業務邏輯

我們來看背景執行緒的具體業務邏輯。

1．業務邏輯

RunLoopOnce() 函式負責整體業務邏輯，其功能如下。

- 計算是否還需要休眠，即檢查從上一個週期開始到現在，是否已經超過一個週期的時間。
- 利用 ComputeResponseList() 函式讓 Coordinator 與 Worker 協調，獲取請求並得到應答。Coordinator 會遍歷 response_list，對應答逐一執行操作。response_list 被 Coordinator 處理，response_cache_ 被其他 Worker 處理。
- 利用 PerformOperation() 函式對每個應答做集合操作。
- 如果需要自動調優，就同步參數。

我們可以看到，Horovod 的工作流程大致如之前所說，是一個 Master-Worker 的模式。Coordinator 在此處做協調工作：會與各個 rank 進行溝通，看看有哪些請求已經就緒，對於就緒的請求會通知 rank 執行集合操作。

2．計算應答

在背景執行緒中，最重要的一個函式是 ComputeResponseList()。Compute ResponseList() 函式實現了協調過程，讓 Coordinator 與各個 Worker 協調，獲取 Worker 的請求並進行處理，發送應答。

Horovod 同樣遵循百度的設計。無論是百度的 Coordinator 還是 Horovod 中的 Coordinator 都是類似 Actor 模式，主要造成協調多個處理程序工作的作用。在執行計算的時候，Horovod 同樣引入了一個新的抽象 op_manager，從某種程度上來說，我們可以把 Controller 看作對通訊和協調管理能力的抽象，而 op_manager 是對實際計算的抽象。

Controller::ComputeResponseList() 函式的功能是：首先 Worker 發送請求 Coordinator，然後 Coordinator 處理所有 Worker 的請求，找到就緒的張量進行融合，最後將結果發送給其他 rank，具體邏輯如下。

- 利用 PopMessagesFromQueue() 函式從自己處理程序的 GlobalState 的張量佇列中把目前的請求都取出來並進行處理，處理時使用了快取，即經過一系列處理後快取到 message_queue_tmp 中。
- 彼此同步快取資訊，目的是得到每個 Worker 共同儲存的應答串列。
- 判斷是否需要進一步同步，如應答是否全都在快取中。
- 如果不需要同步，則說明佇列中所有訊息都在快取中，不需要其他的協調。於是直接把快取的應答進行融合，放入 response_list 中，下一輪時間切片會繼續處理。
- 如果需要同步，則進行以下處理（具體會依據本身的 rank 不同做不同的操作）。

  * 如果本身是 rank 0，說明本身是 Coordinator，則會做如下操作。

    - 因為 rank 0 也會參與機器學習的訓練，所以需要把 rank 0 的請求加入 message_table_ 中。
    - rank 0 利用 RecvReadyTensors() 函式接收其他 rank 的請求，把其他 rank 的請求加入 ready_to_reduce 變數，此處就同步阻塞了。rank 0 會持續接收這些資訊，直到獲取的 DONE 的數目等於 global_size。
    - 遍歷 rank 0+1~rank *n*，並逐一處理每個 rank 的應答。
    - message_table_ 中會形成一個所有可以精簡的張量清單，應答的來源包括以下三部分：① rank 0 的 response_cache 變數；②逐一處理 ready_to_reduce 的結果；③ join_response 變數。
    - 利用 FuseResponses() 函式對張量做融合，即將一些張量合併成一個大的張量，再做集合操作。

  - rank 0 會找到所有準備好的張量，透過 SendFinalTensors(response_list) 函式傳回一個應答（包含需要 Worker 處理的張量）給所有的 Worker，如果發送完所有張量，則 rank 0 會給 Worker 發送一個「完成」訊息。

* 如果本身是非零 rank，則代表自己是 Worker，會做如下操作。
  - 當 Worker 需要做 All-Reduce 時，會先把 message_queue_tmp 的內容整理到一個 message_list 中，然後透過 SendReadyTensors() 函式往 Coordinator 發送一個請求表明打算精簡，接下來會把準備精簡的張量資訊透過 message_list 迭代地送過去，最後發送一個 DONE 訊息，並且同步阻塞。
  - Worker 利用 RecvFinalTensors(response_list) 函式監聽應答資訊，該函式會從 Coordinator 接收就緒張量清單並且同步阻塞。當收到 Coordinator 發送的 DONE 訊息之後，Worker 會嘗試呼叫 performation() 函式進行精簡。
* Coordinator 和 Worker 都會把同步的資訊整理成一個應答陣列進行後續 PerformOperation() 操作。

此處再解釋一下 Coordinator 和對應的 Worker 如何會阻塞到同一筆指令。

- SendReadyTensors() 函式和 RecvReadyTensors() 函式阻塞 MPI_Gather。
- SendFinalTensors() 函式和 RecvFinalTensors() 函式呼叫到 MPI_Bcast。

可以這樣分辨：Coordinator 阻塞到 MPI_Bcast，Worker 則阻塞到 MPI_Gather。通訊都是先同步需要同步資訊的大小，再同步資訊，具體如圖 7-21 所示。

接下來我們重點看幾個函式，這幾個函式的操作也和 rank 相關。

（1）IncrementTensorCount() 函式

IncrementTensorCount() 函式的作用是判斷所有的張量是否都已經準備好，如果 bool ready_to_reduce = count == (size_ - joined_size)，則說明此張量可以進行 All-Reduce。

rank 0 負責呼叫 IncrementTensorCount() 函式，目的是判斷是否可以進行 All-Reduce。即如果 IncrementTensorCount() 函式傳回值為 True，則說明所有張量已經準備好，可以把請求加入 message_table_ 中。

（2）RecvReadyTensors() 函式

該函式的作用是收集其他 rank 的請求，具體邏輯如下。

- 使用 MPI_Gather 確定訊息長度。
- 使用 MPI_Gatherv 收集訊息。
- 因為 rank 0 已經被處理了，所以此時不處理 rank 0。

（3）SendReadyTensors() 函式

該函式被其他 rank 呼叫，用來發送同步請求給 rank 0，具體邏輯如下。

- 使用 MPI_Gather 確定訊息長度。
- 使用 MPI_Gatherv 收集訊息。

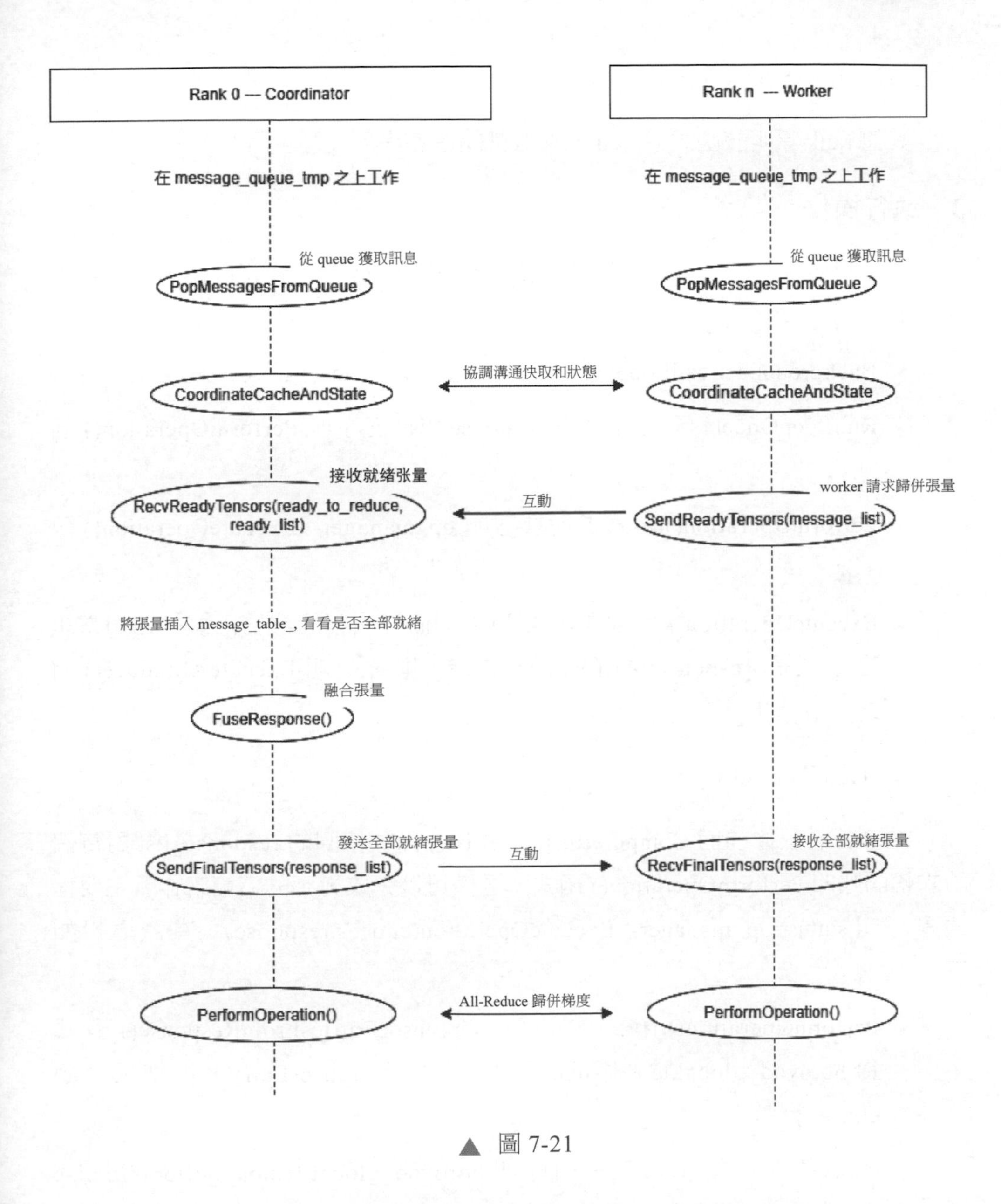

▲ 圖 7-21

(4) SendFinalTensors() 函式

該函式被 rank 0 呼叫，把最後結果發送給其他 rank。

（5）RecvFinalTensors() 函式

其他 rank 呼叫該函式從 rank 0 接收就緒應答串列（同步阻塞）。

3．執行操作

在得到應答之後，背景執行緒會依據應答來執行具體業務操作，其呼叫順序如下。

- BackgroundThreadLoop() 函式呼叫 RunLoopOnce() 函式。
- RunLoopOnce() 函式會處理 response_list 並呼叫 PerformOperation() 函式。
- PerformOperation() 函式進而會呼叫 op_manager->ExecuteOperation() 函式。
- ExecuteOperation 會依據訊息類型不同而呼叫不同業務函式，比如當訊息類型是 Response::ALLREDUCE 時，則會呼叫 ExecuteAllreduce() 函式。

我們具體分析如下。

Worker 會根據前面 ComputeResponseList() 函式傳回的 response_list 對每個請求輪詢呼叫 PerformOperation() 函式，這樣可以完成對應的精簡工作。主要程式是呼叫 status=op_manager->ExecuteOperation(entries,response)，具體邏輯如下。

- PerformOperation() 函式會透過 GetTensorEntriesFromResponse() 函式從 horovod_global.tensor_queue 取出對應的 TensorEntry，把結果存到 entries 變數中。
- 如果還沒初始化快取，則呼叫 horovod_global.fusion_buffer.InitializeBuffer() 函式進行初始化。
- status=op_manager->ExecuteOperation(entries,response) 會呼叫不同的 op->Execute (entries,response) 執行精簡運算。

- 遍歷 TensorEntry 串列 entries，呼叫不同 TensorEntry 的回呼函式，此處回呼函式一般是在前端做相應的操作。

我們沿著 status=op_manager->ExecuteOperation(entries,response) 繼續深入下去，其會呼叫不同的 op->Execute(entries,response) 函式執行精簡運算。比如針對 ALLREDUCE 運算元就呼叫了 ExecuteAllreduce() 函式。ExecuteAllreduce() 函式的具體作用就是從 allreduce_ops_ 中選取一個合適的運算元，呼叫其 Execute() 函式。因為 allreduce_ops 包括很多運算元，所以我們以 MPIAllreduce 運算元來舉例：MPIAllreduce::Execute() 函式會使用 MPI_Allreduce() 函式；也處理了融合，比如呼叫 MemcpyOutFusionBuffer() 函式。

於是得到最終邏輯如圖 7-22 所示。

至此，我們對 Horovod 分析完畢。

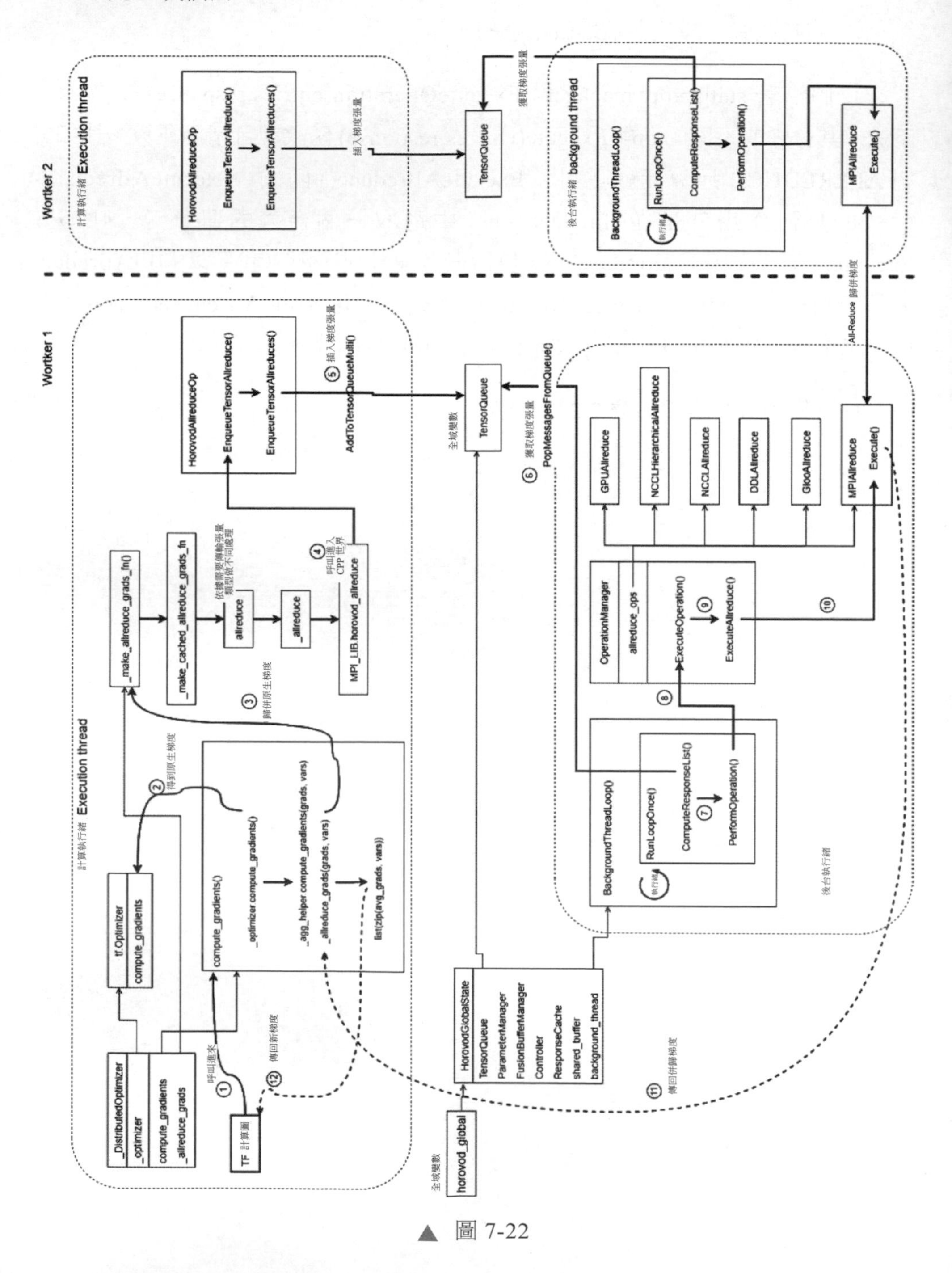

▲ 圖 7-22

第三篇

管線並行

GPipe

本章介紹模型的管線並行。依據模型切分的方式可以將模型並行分成兩種：層間並行（管線並行）和層內並行（張量模型並行）。之所以先介紹管線並行，是因為某些模型並行（如 Megatron）會基於管線框架進行任務排程。下面我們看管線並行。①

① 本章參考論文 *GPipe: Efficient Training of Giant Neural Networks using Pipeline Parallelism*。

8.1 管線基本實現

8.1.1 管線並行

我們來分析一下在資料並行和模型並行過程中遇到的問題點和管線並行對此提出的解決方案。

1．問題點

無論是資料並行還是模型並行，都會遇到資源使用率問題。

- 資料並行和模型並行都可能會在相應機器之間進行全連接通訊，當機器數量增大時，通訊的銷耗和時延會大到令人難以忍受。
- 對於超大 DNN 模型，原則上我們可以透過平行計算在 GPU 或者 TPU 上訓練。但是由於 DNN 的順序性，這種方法可能導致在計算期間只有一個加速器處於活動狀態，不能充分利用裝置的運算能力。

2．解決方案

在一個常規的同步訓練過程中，我們把每一次的訓練迭代分成三個部分：模型更新、梯度計算、梯度傳輸。這三個部分在每一輪迭代過程中是相互相依的，如果用 T 表示訓練的總迭代次數，則整個訓練時間可以表示為：

總體同步時間 $=T\times$（模型更新時間 + 梯度計算時間 + 梯度傳輸時間）

想縮短整體訓練時間，一個解決方案就是把通訊和計算重疊起來，這樣可以用計算時間來「掩蓋」通訊時間。在神經網路訓練過程中，怎麼設計系統來重疊計算和通訊從而提高裝置使用率呢？在反向傳播過程中有兩個特點可以利用。

- 神經網路的計算是一層接著一層完成的，不管是前向傳播還是反向傳播，只有算完本層才能算下一層。
- 在反向傳播過程中，一旦後一層拿到前一層的輸入，這一層的計算就不再相依於前一層。

根據這兩個特點，人們引入了管線並行的概念，其主要思想就是把通訊和計算的相依關係解開，如果在一個 Worker 上是多條管線交替進行的，則通訊和計算的時間就有機會完全重疊。

管線並行在大模型訓練時具有優勢，管線並行將模型網路分成多個 stage（階段 / 層序列 / 管線並行的計算單元），不同 stage 執行在不同裝置上，像管線一樣接力進行。因為每個裝置只負責網路的部分層，所以每個 stage 和下一個 stage 之間僅有相鄰的某些張量資料需要傳輸，因此管線並行的資料傳輸量較少，與總模型大小和機器數目無關，可以支援更大的模型或者更大的單次訓練批次。

8.1.2 GPipe 概述

GPipe 是由 Google Brain 開發的，支援超大規模模型神經網路訓練的可伸縮管線並行函式庫，GPipe 使用同步隨機梯度下降和管線並行的方式進行訓練，適用於任何由多個有序的層組成的深度神經網路，可以高效率地訓練大型的消耗記憶體的模型。

GPipe 的實質是一個模型並行的函式庫，當模型的大小對於單一 GPU 來說太大時，訓練大型模型可能會導致記憶體不足。為了訓練如此大的模型，GPipe 將一個模型拆分為多個分區（Partition），並將每個分區放置在不同的裝置上，這樣可以增加記憶體容量。模型拆分的分區數通常被稱為管線深度。圖 8-1 是樸素管線，我們可以將一個佔用 40GB CUDA 記憶體的模型拆分為四個分區，每個分區佔用 10GB 記憶體，這種方法稱為模型並行。然而，典型的深度學習模型由連續的層組成的，那麼換句話說，後面的層在前一層完成之前是不會工作的。如果一個模型是由完全連續的層組成的，那麼即使我們將模型擴展到兩個或多個層上，同一個時間也只能使用一個裝置。因為模型在 GPU 1 上執行時，其他 GPU 都在等待，所以本質上並沒有並行，這和在單 GPU 上執行沒有區別。

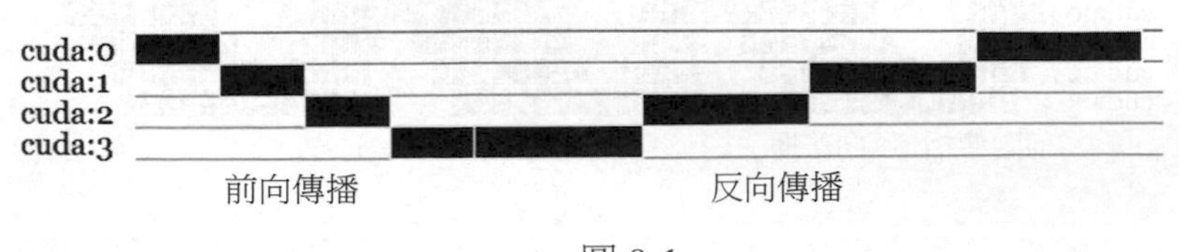

▲ 圖 8-1

我們來看解決思路。假設把「GPU0、GPU1、GPU2、GPU3」的執行順序看作一個很長的指令，如果我們想讓這些 GPU 都動起來，一個思路就是讓多個指令同時執行，只要讓它們的執行過程有時間差即可，即某個時刻只有指令 A 在用 GPU0，只有指令 B 在用 GPU1，只要多個指令在執行過程中互相不衝突，就可以達到並行的目的。

Gpipe 將一個小批次（就是資料並行切分後的批次）資料拆分為多個微批次，以使裝置盡可能並行工作，這個過程稱為管線並行。由於拆分了資料，因此管線並行可以認為是模型並行和資料並行的結合，其特色如下。

- 先把一個任務劃分為幾個有明確先後順序的 stage，再把不同的 stage 分給不同的計算裝置，使得單裝置只負責網路中部分層的計算。
- 每個裝置上的層做如下操作：①對接收到的微批次進行處理，並將輸出發送到後續裝置；②同時已準備好處理來自上一個裝置的微批次。
- 不同的微批次獨立進行前向、反向傳播。微批次之間沒有資料相依，計算下一個微批次時不需要等待模型參數更新，可以用同樣的權重進行下一個微批次的計算。即當每個 stage 處理完一個微批次後，此 stage 可以將輸出發送到下一個 stage 並立即開始下一個微批次的工作，這樣各個 stage 就可以彼此重疊、互相覆蓋等待時間，從而增加並行度，也可以解決機器之間的通訊銷耗問題。比如，在完成一個微批次的前向傳播後，每個 stage 都會將輸出啟動發送到下一個 stage，同時開始處理另一個微批次。類似地，在完成一個微批次的反向傳播後，每個 stage 都會將梯度發送到前一個 stage，同時開始計算另一個微批次。

在管線並行過程中，模型並行可以達到執行大模型的目的，資料並行提高了模型並行的並行度。改進後的管線如圖 8-2 所示。

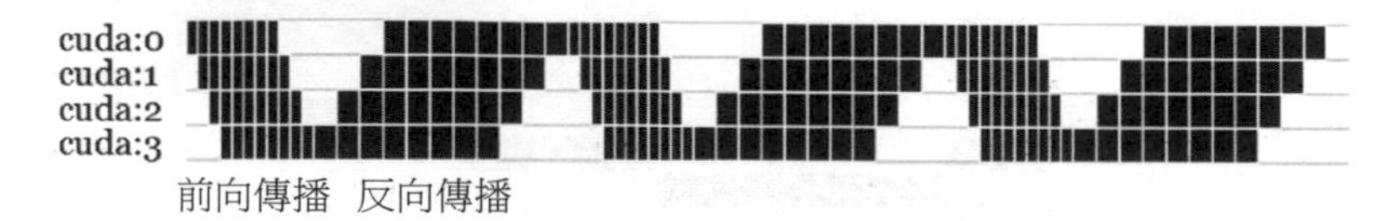

▲ 圖 8-2

與普通層間並行訓練相比，管線並行有兩個主要優點。

- 通訊量較少：管線並行比資料並行的通訊量要少得多。與資料並行方法（使用集合通訊或參數伺服器）中的做法（把所有參數的梯度進行聚集並且將結果發送給所有 Worker）不同，管線並行中的每個 Worker 只需要在兩個 stage 邊界之間將梯度或輸出啟動的一個子集發送給另一個 Worker，這可以大幅降低某些模型的通訊量。
- 重疊了計算和通訊：跨 stage 前向輸出啟動和反向梯度的非同步通訊可以使得這些通訊與後續小批次計算在時間上重疊，因為它們在不同的輸入上執行，計算和通訊完全獨立，彼此沒有相依邊，所以更容易並行化。在穩定理想狀態下，所有的 Worker 時刻都在運轉。

在具體實現中，GPipe 有如下幾個關鍵要點。

- 網路磁碟分割（Network Partition）：GPipe 將一個 N 層的網路劃分成 K 個分區， 每個分區在單獨的 TPU 上執行，分區之間需要插入一些網路通訊操作。
- 管線並行：GPipe 把 CPU 裡的管線併發技術應用在深度學習上，把計算和網路通訊兩種操作更好地重排列，讓計算和通訊可以重疊起來。即自動將小批次的訓練樣本分成更小的微批次，並在管線中執行，使多個 TPU 能夠平行作業。
- 梯度累積（Gradient Accumulation）：梯度累積是一種用來均攤通訊成本的常用策略。它在本地使用微批次多次進行前向和反向傳播累積梯度後，再進行梯度精簡和最佳化器更新，相當於擴大了 N 倍的批次大小。
- 重計算（Re-Materialization）：具體是指在前向計算過程中，GPipe 只記錄管線階 stage 劃分處的輸出，丟棄 stage 內部的其他中間啟動。在反向傳播計算梯度時，GPipe 會重新執行前向計算邏輯，從而得到各個運算元的前向結果，再根據這些前向結果計算梯度。GPipe 的 Re-Materialization 和 OpenAI 開放原始碼的 Gradient-Checkpointing 原理一樣，只不過 Re-Materialization 在 TPU 上實現，而 Gradient-Check pointing 在 GPU 上實現。

- 當多個微批次處理結束時，會同時聚集梯度並且應用。同步梯度下降保證了訓練的一致性和效率，與 Worker 數量無關。

對於模型演算法的實踐，有兩個指標特別重要。

- 前向傳播時所需的計算力：反映了對硬體（如 GPU）性能要求的高低。
- 參數個數：反映所占記憶體大小。

接下來，我們需要分析如何計算模型訓練的記憶體大小，以及計算所需的算力（後續管線並行需要）。

8.1.3 計算記憶體

在模型訓練期間，大部分記憶體被以下三種情況消耗：[①]啟動、模型 OGP 狀態和臨時緩衝區。

（1）啟動

啟動有如下特點：啟動函式額外消耗的顯示記憶體隨批次大小而增加，在批次大小設置為 1 的情況下，萬億參數模型的啟動函式可能會佔用超過 1 TB 的顯示記憶體。

（2）模型 OGP 狀態

模型 OGP 狀態包括最佳化器狀態（O）、參數梯度（G）和模型自身參數（P）三部分。大多數裝置記憶體在訓練期間由模型狀態 OGP 消耗。例如，用 Adam 最佳化器需要儲存兩個最佳化器狀態：時間平均動量（Time Averaged Momentum）和梯度方差（Variance of The Gradients）來計算更新。因此，要使用 Adam 最佳化器來訓練模型，必須有足夠的記憶體來儲存動量和方差的副本。此外也需要有足夠的記憶體來儲存梯度和權重本身。在這三種類型的參數相關張量中，最佳化器狀態通常消耗最多的記憶體，特別是在應用混合精度訓練時。

① 主要參考論文 *ZeRO: Memory Optimization Towards Training A Trillion Parameter Models*。

（3）臨時緩衝區

臨時緩衝區是用於儲存臨時結果的緩衝區，例如，對於參數為 15 億的 GPT-2 模型，FP32 緩衝區將需要 6GB 的記憶體。

需要注意的是，一般來說，輸入資料所佔用的顯示記憶體並不大，這是因為我們往往採用迭代器的方式讀取資料，這意味著我們其實並不是一次性將所有資料讀取顯示記憶體的，這保證了每次輸入佔用的顯示記憶體與整個網路參數相比微不足道。

8.1.4 計算算力

演算法中的算力一般使用 FLOPs（Floating Point Operations）（s 表示複數）計算，意指浮點運算數，可以視為計算量。前向傳播時所需的計算力由 FLOPs 表現。如何計算 FLOPs ？由於在模型計算時會有各種運算元操作，因此可以依據運算元特點從數學角度進行估算。

GPipe 基於 Lingvo 開發，Lingvo 具體算力估算透過每個類別的 FPropMeta() 函式來完成，這些函式是每個類別根據自己的特點來實現的，比如依據輸入張量的形狀和類型來預估。我們具體找幾個例子來看如何計算 FLOPs。

DropoutLayer 的 FPropMeta() 函式執行如下計算。

```
@classmethod
def FPropMeta(cls, p, inputs, *args):
  py_utils.CheckShapes((inputs,))
  flops_per_element = 10
  return py_utils.NestedMap(
      flops=inputs.num_elements() * flops_per_element, out_shapes=(inputs,))
```

ActivationLayer 的 FPropMeta() 函式執行如下計算。

```
@classmethod
def FPropMeta(cls, p, inputs):
  py_utils.CheckShapes((inputs,))
  return py_utils.NestedMap(
```

```
flops=inputs.num_elements() * GetFlops(p.activation),
out_shapes=(inputs,))
```

8.1.5 自動並行

分散式訓練的目標是在最短時間內完成模型計算量，從而降本增效。但是對於模型並行策略來說，其潛在方法和組合實在太多，很難依靠演算法工程師進行純手工挑選。因為演算法工程師需要考慮的相關事宜太多，比如，如何分配記憶體，層之間如何互動，如何減少通訊代價，分割的張量不能破壞原有數學模型，如何確定確定張量形狀，如何確定輸入 / 輸出等。而且人工設計出來的策略的自我調整性很差，難以適應新框架或者新硬體架構。基於以上問題，自動並行技術（如何從框架層次自動解決並行策略選擇問題）成為了研究熱點。自動並行的目標是自動對運算元或者圖進行切分，把模型切片排程到裝置上。為了達到這個目標，自動並行建立了代價模型（Cost Model）來對並行策略的計算、通訊、記憶體銷耗進行估計，在搜索空間內基於代價模型來進行搜索，預測並挑選一個較優的並行策略。自動並行有希望將演算法工程師從並行策略的選擇和設定中解放出來，業界也有一些優秀框架，如 OneFlow、MindSpore、FlexFlow、ToFu 和 Whale。針對自動並行技術，我們對 GPipe 提出了兩個問題。

- 如何自動均衡劃分 stage？
  - 因為模型太大，所以需要將模型劃分為連續的幾個 stage，每個 stage 各自對應一個裝置。這樣就使得模型的大小可以突破單一裝置記憶體的大小，一台裝置只需要能夠容納部分模型的參數並滿足計算就可以了。
  - 因為劃分了 stage，在整個系統中處理最慢的 stage 會成為瓶頸，所以應該平均分配算力。
- 如何自動進行具體管線分配？
  - 將小批次進一步劃分成更小的微批次，同時利用管線方案每次處理一個微批次的資料。得到處理結果後，將該微批次的處理結果發送給下游裝置，同時開始處理後一個微批次的資料。透過這套方案可以減小裝置中的氣泡（裝置空閒的時間稱為氣泡，英文是 Bubble）。

本節我們回答第一個問題，因為 GPipe 的實現比較有特色；而第二個問題我們將用 PyTorch 管線來分析回答，因為 PyTorch 管線其實就是 GPipe 的 PyTorch 實現版本。

神經網路的特點是對不同的輸入，由於其執行時間相差不大，因此可以預估其算力、時間、參數大小等。Gpipe 依據算力對圖進行了分割，從而把不同層分配到不同的裝置上。我們來分析具體實現方法。

PartitionSequentialLayers() 函式把一個包括順序層（Sequential Layer）的層分解，讓每個分區都大致擁有同樣的算力，把第 i 個分區分配到第 i 個 GPU 之上，最終目的是讓每個 GPU 都擁有儘量相同的算力。

- 輸入是一個層參數（Layer Param）或者一個層參數串列。
- 輸出是一個 FeatureExtractionLayer 參數串列。

PartitionSequentialLayers() 函式的邏輯如下。

- 如果參數 params 只是一個層，那麼就把此層轉換成一個包含子層（Sub-Layers）的串列，賦值給名為 subs 的變數。
- 利用 FPropMeta 計算出此 subs 變數的形狀和總 FLOPs，並賦值給 histo 變數。
- 利用 histo 變數計算出一個層的成本的歸一化累積長條圖。
- 建構一個名為 parts 的變數：
  * 該變數是一個大小為 num_partitions 的陣列，陣列中的每一項也是一個陣列。
  * 依據長條圖把 subs 分到 parts 的每一項中，這樣每個 parts[i] 都擁有部分層，一些算力小的運算元被合併成一項，目的是最終讓每項的算力儘量相同。
- 把 parts 變數轉換成一個 FeatureExtractionLayer 參數串列。

PartitionSequentialLayers() 函式的具體程式如下。

```
def PartitionSequentialLayers(params, num_partitions, *shapes):

  # SequentialLayer 是一個層，其作用是把若干層按順序連接起來
  def FlattenSeq(p):
    if isinstance(p, list): # 如果已經是串列，則傳回
      return p
    if p.cls not in [builder_layers.SequentialLayer, FeatureExtractionLayer]:
      return [p.Copy()]
    subs = []
    for _ in range(p.repeat): # 把 p 中包含的所有層都組裝成一個層串列
      for s in p.sub:
        subs += FlattenSeq(s)
    return subs

  # 如果 params 是一個層，那麼就依據此層建構一個包含子層的新串列 subs；如果是串列，則直接
傳回
  subs = FlattenSeq(params)

  # 利用 FPropMeta 計算出此 subs 串列的形狀和總 FLOPs，並賦值給 histo
  # 假設有 7 個 Sub-Layers，其 FLOPs 分別是 10，40，30，10，20，50，10
  total, histo, output_shapes = 0, [], []
  for i, s in enumerate(subs):
    s.name = 'cell_%03d' % i
    meta = s.cls.FPropMeta(s, *shapes) #
    total += meta.flops
    histo.append(total)
    output_shapes.append(meta.out_shapes)
    shapes = meta.out_shapes

  # 對應的 histo 為：[10，50，80，90，110，160，170]，總數為 170
  # 利用 histo 計算出來一個層代價的歸一化累積長條圖
  histo_pct = [float(x / total) for x in histo]
  tf.logging.vlog(1, 'cost pct = %s', histo_pct)
  # histo_pct 為 [1/17，5/17，8/17，9/17，11/17，16/17，1]，
  # 假設 num_partitions = 3
```

```
  # 建構一個 parts 變數，該變數是一個 num_partitions 大小的陣列，陣列中的每一項也是一個陣
列
  # 依據長條圖把 subs 分到 parts 中的每一項中，這樣每個 parts[i] 都擁有部分層，目的是最終讓
parts 中每一項的算力儲量相同
  parts = [[] for _ in range(num_partitions)]
  parts_cost = [0] * num_partitions
  pre_hist_cost = 0
  for i, s in enumerate(subs):
    # 從 histogram 陣列中找出 s 對應成本的序列，j 也就是 s 對應的分區
    # 則 histo_pct[i] * num_partitions 分別為： [3/17，15/17，24/17，27/17，33/17，
48/17，3]，j 分別為 [0，0，1，1，1，2，2]
    j = min(int(histo_pct[i] * num_partitions), num_partitions - 1)
    # The boundary at parts[j] where j > 0
    if j > 0 and not parts[j]:
      parts_cost[j - 1] = histo_pct[i - 1] - pre_hist_cost
      pre_hist_cost = histo_pct[i - 1]
    parts[j].append(s) # 把 s 加入對應的分區
    # 三個桶內容分別為：[1，2]，[3，4，5]，[6，7]
    # 對應每個桶的 FLOPs 為： [60，280，330]

  # 把 parts 轉換成一個 FeatureExtractionLayer 串列
  parts_cost[num_partitions - 1] = 1.0 - pre_hist_cost
  seqs = []
  for i, pa in enumerate(parts):
    tf.logging.info('Partition %d #subs %d #cost %.3f', i, len(pa),
                    parts_cost[i])
    seqs.append(FeatureExtractionLayer.Params().Set(name='d%d' % i, sub=pa))
  return seqs
```

上述程式使用了 FeatureExtractionLayer，其功能是從一個層序列中提取特徵，具體特點是把一些層連接成一個序列，可以得到並且傳播啟動點。

PartitionSequentialLayers() 函式的計算過程如圖 8-3 所示，其中的具體數值請參見上面程式中的舉例。

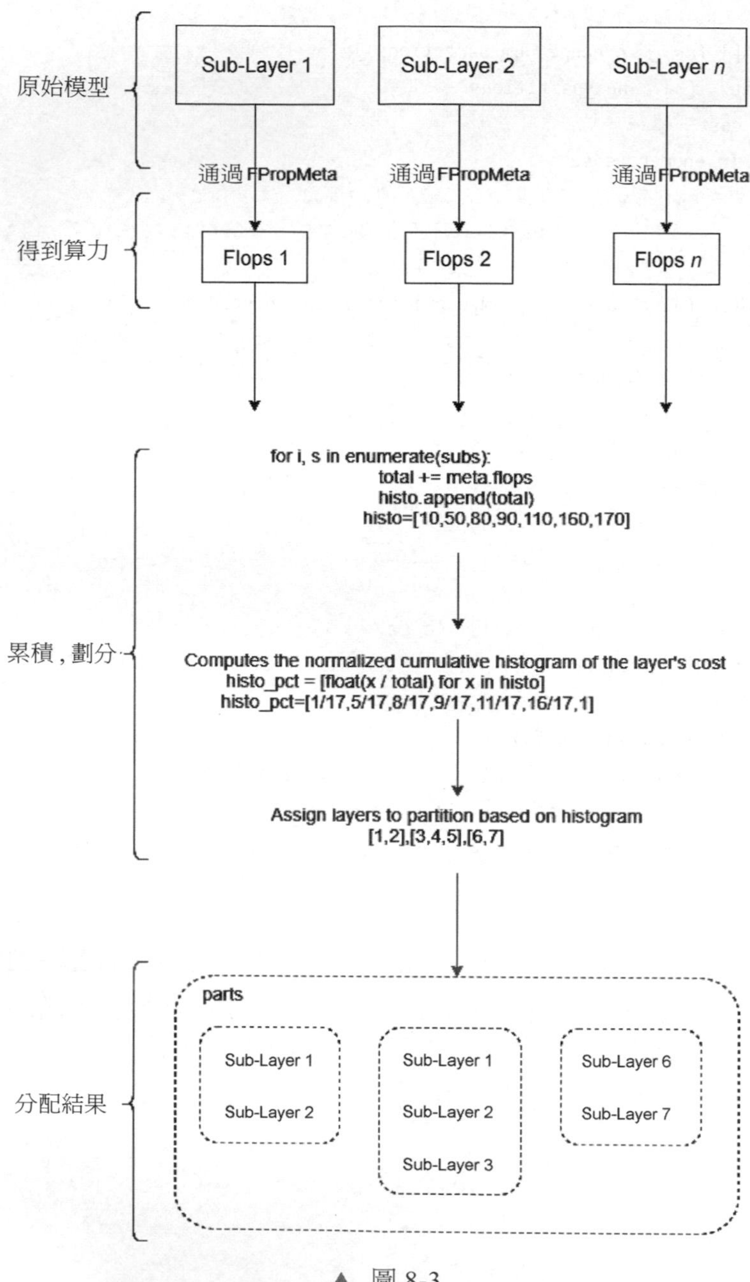

▲ 圖 8-3

8.2 梯度累積

梯度累積技術可以增加訓練時的批次大小，其具體策略是在本地使用微批次多次進行前向和反向傳播累積梯度後，再進行梯度精簡和最佳化器更新，因為其可以降低梯度同步頻率，所以梯度累積是用來均攤通訊成本的一種常用策略。

本節對幾個框架 / 函式庫的梯度累積技術實現進行對比分析，希望可以幫助大家對此技術有進一步的了解。關於梯度累積，GPipe 用微批次概念，其他框架或者參考連結也有使用小批次概念，這些概念在這裡本質都一樣。

8.2.1 基本概念

在深度學習模型訓練過程中，每個樣本的大小由批次大小這個超參數來指定，此參數的大小會對最終的模型效果產生很大的影響，若批次過小，則可能計算出來的梯度與全部資料集的梯度方向不一致，導致訓練過程不斷震盪；而批次過多則可能導致陷入局部最小值。在一定條件下，批次大小設置得越大，模型就會越穩定。

累積梯度就是梯度值累積之後的結果。為什麼要累積呢？是因為執行顯示記憶體不夠用。在訓練模型時，如果一次性將所有訓練資料登錄模型，則經常會造成顯示記憶體不足，這時需要把一個小批次資料拆分成若干微批次資料。拆分成微批次後會帶來一個新問題：本來應該是所有資料全部送入後計算梯度再更新參數，現在成了對於每個微批次計算梯度都要更新參數，這樣會帶來大量的通訊操作銷耗。為了避免頻繁計算梯度，引入了累積梯度。

梯度累積的本質是在每個微批次上執行局部向前和向後傳播並且累積梯度，但僅在小批次的邊界處（即最後一個微批次處）啟動梯度同步，比如，在累積 accumulation steps 個 batch size / accumulation steps 大小的梯度之後再根據累積的梯度更新網路參數，以達到真實梯度類似批次大小的效果。理論上，這個操作應該產生與「小批次資料一次性處理」相同的結果，因為多個微批次的梯度將簡單地累積到同一個張量上。

我們透過一個例子來分析一下。

(1) 將整個資料集分成多個批次，每個批次大小為 32，且假定 accumulation_steps = 8。

(2) 由於批次大小為 32 ，單機顯示卡無法完成計算任務，因此我們在前向傳播時以批次大小 = 32 / 8 = 4 來計算梯度，這樣分別將每個批次再分成多個批次大小為 4 的微批次，將每個微批次逐一發送給神經網路。

(3) 模型針對每個微批次雖然會計算梯度，但是在每次反向傳播（在反向傳播時，會將 mean_loss 也除以 8）時，先不進行最佳化器參數的迭代更新。

(4) 經過 accumulation_steps 個微批次後（即一個批次中的所有微批次），再用每個微批次計算出的梯度的累積和去迭代更新最佳化器的參數。

(5) 進行梯度清零的操作。

(6) 處理下一個批次。

這樣就跟把批次大小為 32 一次性送入模型進行訓練的效果一樣了，具體如圖 8-4 所示。

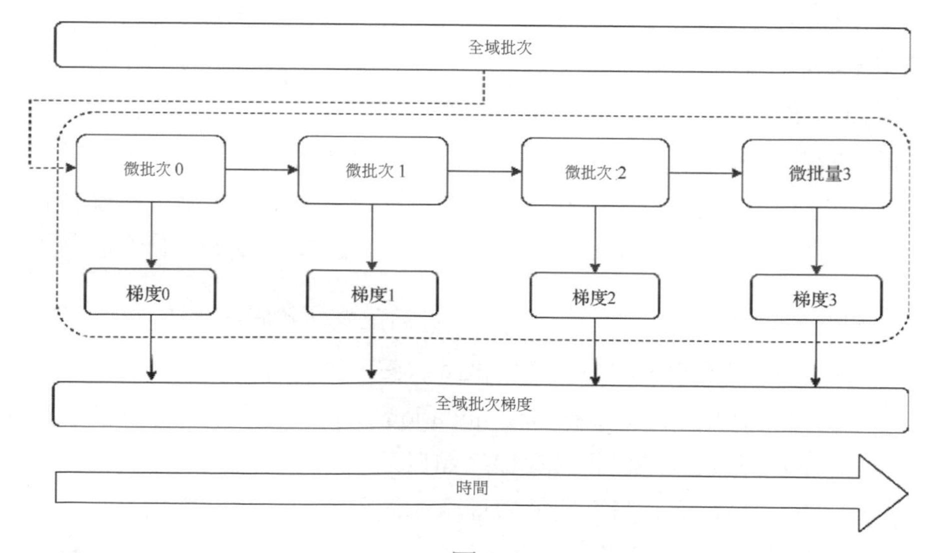

▲ 圖 8-4

另外，對於資料並行和管線並行，梯度累積本身就可以減少通訊銷耗，也可以在一個小批次內部讓管線下一個微批次的前向計算不需要相依上一個微批次的反向計算，這樣使得管線各個 stage 互相不會阻塞。

微批次處理和資料並行有高度的相似性，具體表現如下。

- 資料並行是空間上的資料並行，資料被拆分成多個子集，同時發送給多個裝置平行計算，然後多個裝置將梯度累積在一起更新。
- 微批次處理是時間上的資料並行。資料首先被拆分成多個子集，這些子集按照順序依次進入同一個裝置串列計算，然後將這些先後得到的梯度累積在一起進行更新。

如果總的批次大小一致，且資料並行的並行度和微批次的累積次數相等，則資料並行和梯度累積在數學上是等價的。但是梯度累積把梯度同步變成了一個稀疏操作，降低了通訊頻率和通訊量。

8.2.2 PyTorch 實現

PyTorch 預設會對梯度進行累積。即 PyTorch 會在每次呼叫 backward() 函式後進行梯度計算，但是梯度不會自動歸零，如果不進行手動歸零，則梯度會不斷累積。下面舉出一個梯度累積的範例。

- 輸入資料和標籤，透過計算得到預測值，使用損失函式來獲取損失。
- 呼叫 loss.backward() 函式進行反向傳播，並計算當前梯度。
- 多次迴圈上面兩個步驟，不清空梯度，使梯度累積在已有梯度上。
- 當梯度累積了一定次數後，先呼叫 optimizer.step() 函式根據累積的梯度來更新網路參數，然後呼叫 optimizer.zero_grad() 函式清空過往梯度，為下一波梯度累積做準備，具體程式如下。

```
# 單卡模式，即普通情況下的梯度累積
for data in enumerate(train_loader) # 每次梯度累積迴圈
    for _ in range(K): # 累積到一定次數
        prediction = model(data / K) # 前向傳播
        loss = loss_fn(prediction, label) / K # 計算損失
```

```
    loss.backward()  # 累積梯度，不應用梯度更新，執行 K 次
optimizer.step()  # 應用梯度更新，更新網路參數，執行一次
optimizer.zero_grad() # 手動歸零，清空過往梯度
```

接下來我們看 DDP 如何實現梯度累積。

DDP 在模組（類型為 torch.nn.Module）等級實現資料並行，其使用 torch.distributed 的集合通訊基本操作來同步梯度、參數和緩衝區。並行性在單一處理程序內部和跨處理程序均有用。在這種情況下，雖然梯度累積也一樣可以應用，但是為了提高效率，需要做相應的調整。

在 DDP 模式下，在上面程式的 loss.backward() 敘述處，DDP 會使用 All-Reduce 進行梯度精簡。如果只是簡單替換，則因為每次梯度累積迴圈中有 *K* 個步驟，所以有 *K* 次 All-Reduce。實際上，在每次梯度累積迴圈中，optimizer.step() 函式只有一次呼叫，這意味著在我們這 *K* 次 loss.backward() 函式呼叫過程中，只進行一次 All-Reduce 即可，前面 *K*-1 次 All-Reduce 是沒有用的，而且會浪費通訊頻寬和時間。

DDP 無法區分應用程式是在單次反向傳播之後立即呼叫 optimizer.step() 函式，還是在透過多次迭代累積梯度之後再呼叫 optimizer.step() 函式。因此我們思考是否可以在 loss.backward() 函式中設置一個開關，使得我們在前面 *K*-1 次呼叫 loss.backward() 函式過程中只做反向傳播，不做梯度同步，而是原地累積梯度。DDP 已經想到了此問題，它提供了一個暫時取消梯度同步的上下文函式 no_sync()。在 no_sync() 函式的上下文中，DDP 不會進行梯度同步。但是在 no_sync() 函式上下文結束之後的第一次「前向 / 反向傳播」操作中會進行同步，最終 DDP 的梯度累積範例程式如下。

```
model = DDP(model)

for data in enumerate(train_loader # 每次梯度累積迴圈
    optimizer.zero_grad()

    for _ in range(K-1):# 前 K-1 個 step 不進行梯度同步（而是累積梯度）
        with model.no_sync(): # 此處實施 " 不操作 "
            prediction = model(data / K)
```

```
        loss = loss_fn(prediction, label) / K
        loss.backward()  # 累積梯度，不應用梯度改變

    prediction = model(data / K)
    loss = loss_fn(prediction, label) / K
    loss.backward()  # 第 K 個 step 進行梯度同步（同時也累積梯度）
    optimizer.step() # 應用梯度更新，更新網路參數
```

no_sync() 函式程式如下，上下文管理器只是在進入和退出上下文時切換一個標識，該標識在 DDP 的 forward() 方法中使用。在 no_sync() 函式中，全域未使用參數的資訊也會累積在點陣圖中，並在下次通訊發生時使用。

```
@contextmanager
def no_sync(self):
    old_require_backward_grad_sync = self.require_backward_grad_sync
    self.require_backward_grad_sync = False
    try:
        yield
    finally:
        self.require_backward_grad_sync = old_require_backward_grad_sync
```

DDP 具體如何使用 no_sync() 函式？我們在 DDP 的 forward() 函式中可以看到，只有在變數 require_backward_grad_sync 為 True 時，才會呼叫 reducer.prepare_for_forward() 函式和 reducer.prepare_for_backward() 函式，進而會把 require_forward_param_sync 設置為 True，具體程式如下。

```
def forward(self, *inputs, **kwargs):
    with torch.autograd.profiler.record_function("DistributedDataParallel.forward"):

        self.reducer.save_thread_local_state()
        if torch.is_grad_enabled() and self.require_backward_grad_sync:
            # require_backward_grad_sync 為 True 時才會進入
            self.num_iterations += 1
            self.reducer.prepare_for_forward()

        # 省略部分程式
```

```
        if torch.is_grad_enabled() and self.require_backward_grad_sync:
            # require_backward_grad_sync 為 True 時才會進入
            self.require_forward_param_sync = True
            if self.find_unused_parameters and not self.static_graph:
                self.reducer.prepare_for_backward(list(_find_tensors(output)))
            else:
                self.reducer.prepare_for_backward([])
        else:
            self.require_forward_param_sync = False

    # 省略部分程式
```

再來看看 Reducer 類別的兩個函式 :prepare_for_backward() 函式和 autograd_hook() 函式。prepare_for_backward() 函式會做重置和預備工作，與梯度累積相關的程式是 expect_autograd_hooks_ = true。

```
void Reducer::prepare_for_backward(
    const std::vector<torch::autograd::Variable>& outputs) {

  expect_autograd_hooks_ = True; // 此處是關鍵
  reset_bucket_counting();

  // 省略
```

expect_autograd_hooks_ = True 如何使用？在 Reducer::autograd_hook() 函式中有，如果不需要進行 All-Reduce 操作，則 autograd_hook() 函式直接傳回，具體程式如下。

```
void Reducer::autograd_hook(VariableIndex index) {
  at::ThreadLocalStateGuard g(thread_local_state_);
  if (!expect_autograd_hooks_) { // 如果不需要進行 All-Reduce 操作，則直接傳回
    return;
  }
  // 省略後續程式
```

目前的邏輯有點繞，我們整理一下。一個 step 有兩個操作，分別是前向操作和反向操作。

（1）當進行前向操作時：require_backward_grad_sync = True 意味著前向操作會做如下處理，

- 設置 require_forward_param_sync = True。
- 呼叫 reducer.prepare_for_forward() 函式和 reducer.prepare_for_backward() 函式。
- reducer.prepare_for_backward() 設置 expect_autograd_hooks_ = True，expect_autograd_ hooks_ 是關鍵。

（2）當進行反向操作時：

- expect_autograd_hooks_ = True 意味著反向操作需要進行 All-Reduce 操作。
- 否則直接傳回，不做 All-Reduce 操作。

即如圖 8-5 所示：

- 上半部分是前向操作邏輯，就是 forward() 函式，
- 下半部分是反向操作邏輯，就是 Reducer::autograd_hook() 函式。
- expect_autograd_hooks_ 是前向操作和反向操作之間串聯的關鍵。

no_sync 操作意味著設置 require_backward_grad_sync = False，最終設置了 expect_autograd_hooks_ = False。這樣，在反向操作時就不會進行 All-Reduce 操作。

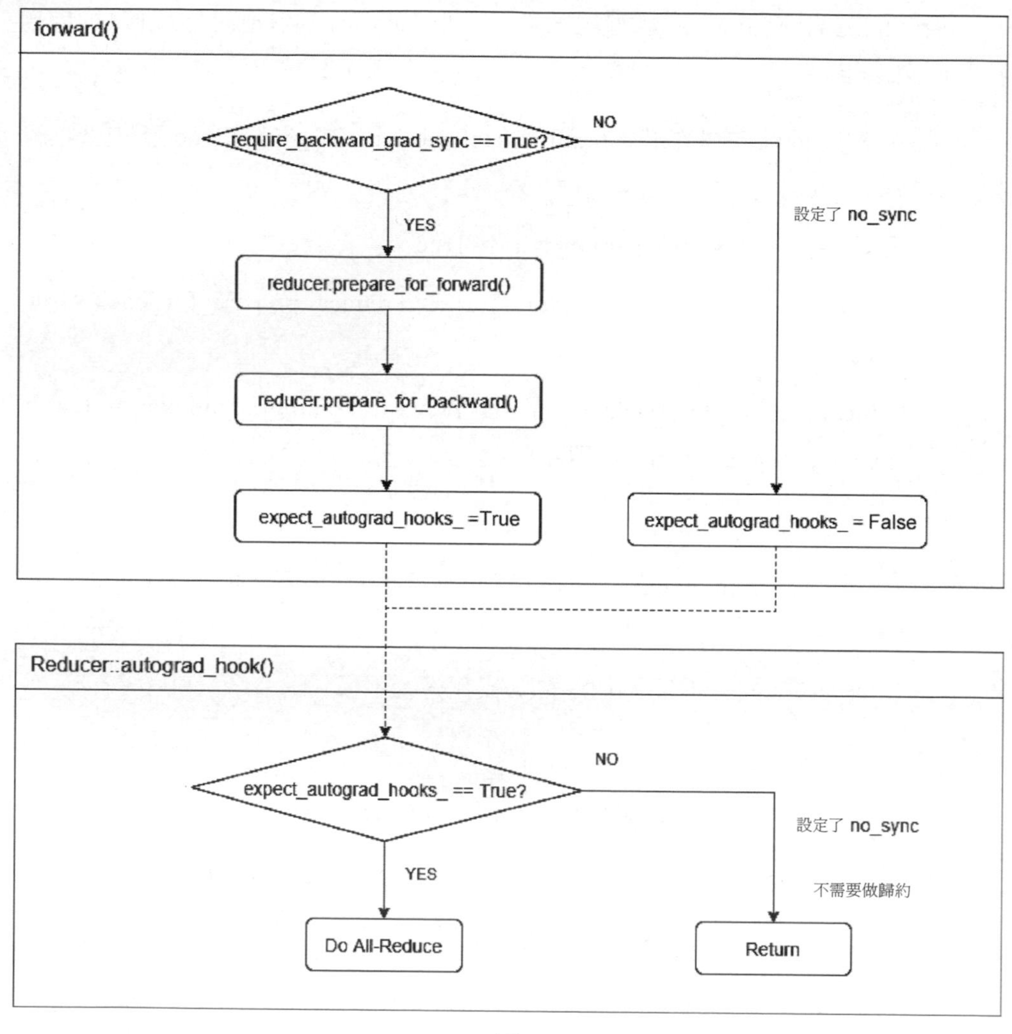

▲ 圖 8-5

8.2.3 GPipe 實現

梯度累積在 GradientAggregationOptimizer 中有具體實現，關鍵程式為 apply_gradients() 函式，具體邏輯為：如果變數 _num_micro_batches 為 1，則不用梯度累積，直接呼叫 apply_gradients() 函式。

- 遍歷 grads_and_vars 串列，累積梯度。
- 變數 accum_step 為梯度累積判斷條件。
- 如果達到了微批次迭代數目，則呼叫 _ApplyAndReset() 函式，在 _ApplyAndReset() 函式中會進行兩個子操作，即呼叫 apply_gradients() 函式來應用梯度和呼叫 zero_op() 函式清零梯度。
- 如果達不到微批次迭代數目，則呼叫 _Accum() 函式，_Accum() 函式會呼叫 torch, no_op() 函式，即不做操作。

具體程式如下。

```
def apply_gradients(self, grads_and_vars, global_step=None, name=None):
  # 遍歷，累積梯度
  for g, v in grads_and_vars:
    accum = self.get_slot(v, 'grad_accum')
    variables.append(v)
    if isinstance(g, tf.IndexedSlices):
      scaled_grad = tf.IndexedSlices(
          g.values / self._num_micro_batches,
          g.indices,
          dense_shape=g.dense_shape)
    else:
      scaled_grad = g / self._num_micro_batches
    accum_tensor = accum.read_value()
    accums.append(accum.assign(accum_tensor + scaled_grad))

  # 應用梯度，清零梯度
  def _ApplyAndReset():
    normalized_accums = accums
    if self._apply_crs_to_grad:
      normalized_accums = [
          tf.tpu.cross_replica_sum(accum.read_value()) for accum in accums
      ]
    apply_op = self._opt.apply_gradients(
        list(zip(normalized_accums, variables)))
    with tf.control_dependencies([apply_op]):
      zero_op = [tf.assign(accum, tf.zeros_like(accum)) for accum in accums]
```

```
    return tf.group(zero_op, tf.assign_add(global_step, 1))
  # 累積函式，其實是不做操作
  def _Accum():
    return tf.no_op()

  # 梯度累積條件，如果達到了微批次迭代數目，則應用梯度、清零梯度，否則不做操作
  accum_step = tf.cond(
      tf.equal(
          tf.math.floormod(self._counter + 1, self._num_micro_batches), 0),
      _ApplyAndReset,  # 應用累積的梯度並且重置
      _Accum)  # 累積梯度

  with tf.control_dependencies([tf.group(accums)]):
    return tf.group(accum_step, tf.assign_add(self._counter, 1))
```

至此，我們對梯度累積分析完畢。

8.3 Checkpointing

Checkpointing（梯度檢查點）方法是一種減少深度神經網路訓練時記憶體消耗的系統性方法。因為在許多常見的深度神經網路中，中間結果大小比模型參數大小大得多，所以 Checkpointing 以時間（算力）換空間（顯示記憶體），透過減少儲存的啟動值來減少模型佔用空間，但是在計算梯度時必須重新計算沒有儲存的啟動值。Checkpointing 減少了儲存大型啟動張量的需要，從而允許我們增加批次大小和模型的淨輸送量。本節以論文 *Training deep nets with sublinear memory cost*，Chen et al 為基礎，對 PyTorch 和 GPipe 的原始程式進行分析。

8.3.1 問題

管線並行存在一個問題：顯示記憶體佔用太大。這是由於神經網路的樸素管線有如下特點。

- 在前向傳播函式中，每層的啟動函式值需要儲存下來，因為它們需要在反向傳播計算中被消費。

- 在反向傳播函式中，需要根據損失函式值和該層儲存的啟動函式值來計算梯度。

是否可以不儲存啟動值？比如在反向傳播中，當需要啟動函式值時再重新進行前向計算就可以了。如果我們一個啟動值都不儲存，都重新進行前向計算，那麼在大模型中這樣消耗的時間太長，因此我們可以選用折中的方式，比如只存部分層的啟動值。當反向傳播需要啟動函式值時，取最近的啟動值就行。對於管線並行來說，如果一個裝置上有多層，那麼只儲存最後一層的啟動值即可，這樣每個裝置上記憶體佔用峰值就變少了，這就是我們接下來要討論的技術：Checkpointing（梯度檢查點）。

8.3.2 解決方案

Checkpointing 透過額外的計算銷耗來最佳化（換取）顯示記憶體。Checkpointing 的具體操作就是在前向網路中設置一些梯度檢查點，前向計算時只儲存檢查點的啟動值，檢查點之外的中間結果先釋放掉，Checkpointing 並非不需要中間結果，而是有辦法在求導過程中即時計算出之前被捨棄掉的中間結果。在反向傳播中，如果發現某一個前向結果不在顯示記憶體中，就找到最近的梯度檢查點，拿出檢查點的啟動值，重新執行一遍前向函式，從而恢復被釋放的啟動。因此，隱藏層消耗的記憶體僅為帶有檢查點的單一微批次所需要的記憶體。這樣就使得大量的啟動不需要一直儲存到反向計算，從而有效地減少了張量的生命週期，提升了記憶體重複使用效率。

Checkpointing 是性能和記憶體之間的折衷，因為如果完全重計算，則所花費的時間與前向傳播所花費的時間相同。在實際應用中，Checkpointing 節點的選擇策略至關重要。如果某些運算元銷耗大，則需要減少它們的重計算；如果某些參數被凍結，則無須儲存相關啟動值。

圖 8-6 展示了做 Checkpointing 前後的計算圖對比。左邊代表的是網路設定；中間的普通梯度圖（Normal Gradient Graph）代表的是普通網路的前向/反向傳播流程；右邊的記憶體最佳化的梯度圖（Memory Optimized Gradient Graph）就是應用了 Gradient-Checkpointing 的結果。為了進一步減少記憶體，

Checkpointing 會刪除一些中間結果，並在需要時從額外的前向計算中恢復它們。

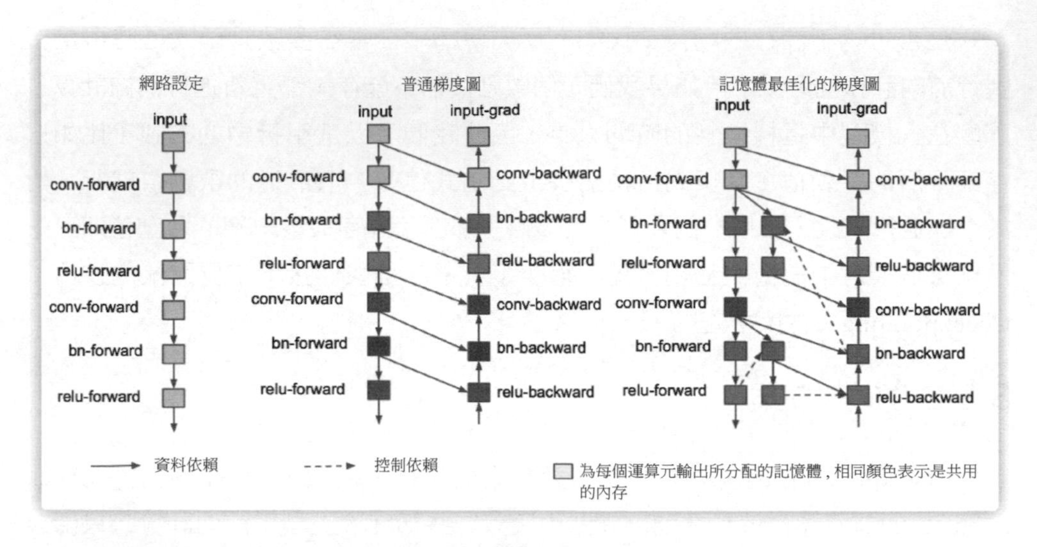

▲ 圖 8-6

圖片來源：論文 *Training deep nets with sublinear memory cost*

- 首先，神經網路分為幾個部分（圖 8-6 中右邊部分分成了三段），該演算法只記住每一段的輸出，並在每一段中刪除所有的中間結果。
- 其次，在反向傳播階段，可以透過從最近的記錄結果重新執行前向計算來得到那些丟棄的中間結果。
- 因此，我們只需支付「儲存每段的輸出記憶體成本」加上「在每段上進行反向傳播的最大記憶體成本」。

8.3.3 OpenAI

OpenAI 提出的 Gradient-Checkpointing 就是論文 *Training Deep Nets with Sublinear Memory Cost* 思路的實現，由於其文件比較齊全，因此我們可以學習參考一下。OpenAI 方案的整體思路是：在 n 層神經網路中設置若干個檢查點，對於中間結果特徵圖，每隔 sqrt(n) 時間保留一個檢查點，檢查點以外的中結果全部捨棄。當需要某個中間結果時，則從最近的檢查點開始計算，這樣既節省了顯示記憶體，又避免了從頭計算的煩瑣過程。下面我們來分析一下。

首先，對於一個簡單的 n 層前饋神經網路，獲取梯度的計算如圖 8-7 所示，計算邏輯如下。

- 神經網路的層級啟動值對應著 f 節點，且在前向傳播過程中，所有節點需要按順序計算。
- 損失函式對啟動值和這些層級參數的梯度使用 b 節點標記，且在反向傳播過程中，所有節點需要反向計算。

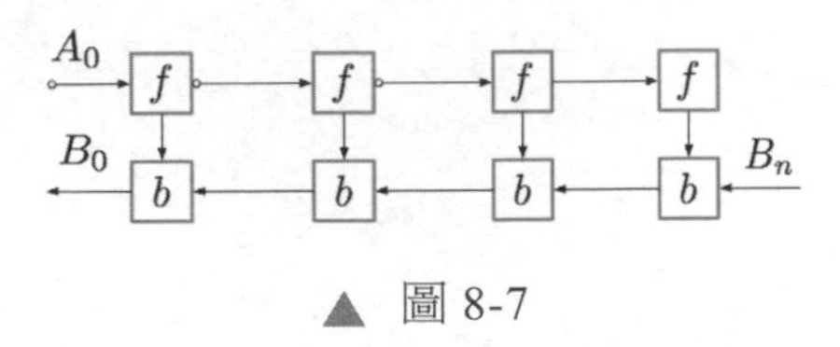

▲ 圖 8-7

- 由於計算 f 節點的啟動值是進一步計算 b 節點梯度的前提，因此 f 節點在前向傳播後會保留在記憶體中。
- 只有當反向傳播執行得足夠遠，令計算對應的梯度不再需要使用後面層級的啟動值或 f 節點的子節點時，這些啟動值才能從記憶體中清除。這意味著，簡單的反向傳播所需記憶體與神經網路的層級數成線性增長關係。

其次，簡單的反向傳播是計算最優的結果，因為每個節點只需要計算一次。然而，如果重新計算節點，則可以節省大量的記憶體。當需要某個節點的啟動值時，可以簡單地重計算前向傳播節點的啟動值，即按循序執行計算，直到計算出需要使用啟動值進行反向傳播的節點。需要注意，相比之前的 n，現在節點的計算數量擴展為 n^2，即 n 個節點中的每一個被再計算 n 次。因此在計算深度網路時，計算圖會變得很慢，使得這個方法不適用於深度學習。

OpenAI 方案的具體邏輯如下。

為了在記憶體與計算之間取得平衡，我們需要一個策略允許節點被再計算，但是這種再計算不會發生得很頻繁。這裡我們使用的策略是把神經網路啟動的一個子集標記為一個節點。圖 8-8 的深色節點表示在給定的時間內需要儲存在記憶體中。

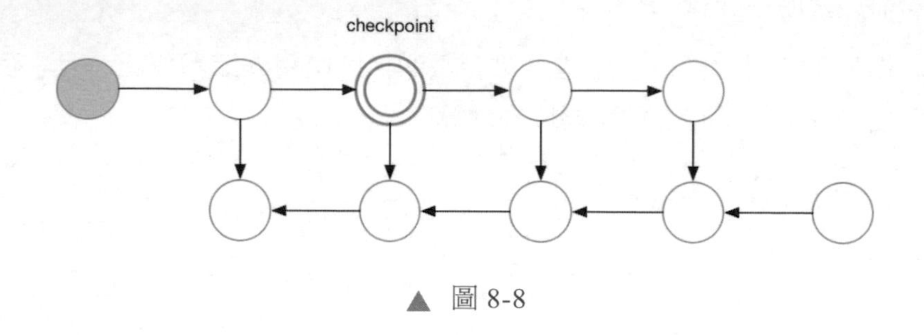

▲ 圖 8-8

這些檢查點節點在前向傳播後保留在記憶體中，而其餘節點最多只會重新計算一次。在重新計算後，非檢查點節點將保留在記憶體中，直到不再需要它們來執行反向傳播。對於簡單的前饋神經網路，所有神經元的啟動節點都是由正向傳播定義的連接點或圖的分離點。這意味著，我們在反向傳播過程中只需要重計算 *b* 類型節點和最後檢查點之間的節點，當反向傳播到達我們儲存的檢查點節點，則所有從該節點開始重計算的節點在記憶體中都能夠移除。

8.3.4 PyTorch 實現

接下來我們從 PyTorch 的角度來學習 Checkpointing。

1．基礎知識

Checkpointing 的實現相依 torch.autograd.Function 類別。該類別是實現自動求導非常重要的類別，簡單說就是對變數（Variable 類型）進行運算，如加減、乘、除、relu、pool 等。但是，與 Python 或 NumPy 的運算不同，Function 類別需要根據計算圖來計算反向傳播的梯度。因此它不僅需要進行前向計算（前向傳播過程），還需要利用快取保留前向傳播的輸入（計算梯度所需），並支援反向傳播的梯度計算。

2．普通模式

Checkpointing 是 torch.utils.checkpoint.checkpoint_wrapper API 的一部分，透過該 API 可以包裝前向傳播過程中的不同模組（類型為 torch.nn.Module）。由於 PyTorch 需要使用者指定檢查點，因此上述過程實現相對簡單。

（1）介面

torch/utils/checkpoint.py 的 checkpoint() 函式是 Checkpointing 功能的對外介面，該註釋非常值得我們閱讀，我們深入學習一下。

- Checkpointing 的本質是用計算換記憶體，它不儲存反向計算所需要的整個計算圖的全部中間啟動值，而是在反向傳播過程中重新計算它們。
- 在前向傳播過程中，Checkpointing 的 function 參數執行在 torch.no_grad 模式上，這樣就不會計算中間啟動值了；同時，在向前傳播過程中會儲存輸入元組和 Function 參數。
- 在反向傳播過程中，之前儲存的輸入和 Function 參數會被取出，Function 類別將再次被計算，這次 Function 類別會先追蹤中間啟動值，然後使用這些啟動值計算梯度。

checkpoint() 函式的程式如下。

```
def checkpoint(function, *args, **kwargs):
    preserve = kwargs.pop('preserve_rng_state', True)
    return CheckpointFunction.apply(function, preserve, *args)
```

由於 PyTorch 無法知道向前傳播函式是否會把一些參數移動到不同的裝置上，因此需要一些邏輯為這些裝置儲存 RNG（Random Number Generator）狀態（Dropout 層等會需要）。雖然可以為所有可見裝置儲存 / 恢復 RNG 狀態，但是這在大多數情況下是一種浪費，作為折中方案，PyTorch 只儲存所有張量參數的裝置 RNG 狀態。

（2）核心邏輯

Checkpointing 的核心邏輯由 CheckpointFunction 類別實現，Checkpoint Function 類別是 torch.autograd.Function 的衍生類別。我們可以對 Function 類別進行拓展，使其滿足我們的需要，而拓展需要自訂 Function 的 forward() 函式，以及對應的 backward() 函式。在前向傳播過程中會先使用上下文物件儲存其輸入，然後在反向傳播過程中存取該上下文物件以檢索原始輸入。forward() 函式和 backward() 函式的特點如下。

- forward() 函式會依據輸入張量計算輸出張量，具體方法如下。
  * 在前向傳播過程中，Checkpointing 的 Function 參數執行在 torch.no_grad 模式，這樣就不會計算中間啟動值了。如果使用 no_grad，那麼我們可以在很長一段時間內（直到變為反向傳播）防止前向圖的建立和中間啟動張量的物化（Materialize）。相反，在反向傳播中會再次先執行前向傳播，然後執行反向傳播。
  * 儲存向前傳播的輸入元組和 Function 參數。
  * 對於 CheckpointFunction 類別來說，還需要在前向傳播過程中儲存一些另外的資訊（就是上面說的 RNG 資訊），以供在反向傳播過程中計算使用。
  * 進行前向計算，得到啟動值。
- backward() 函式接收相對于某個輸出張量的梯度，並且計算關於輸入張量的梯度，具體如下。
  * 在向後傳播過程中，取出之前儲存的向前傳播的輸入、Function 參數和 RNG 資訊等。
  * Function 參數再次被計算，這次會追蹤中間啟動值並使用這些啟動值計算梯度。

CheckpointFunction 類別的程式如下。

```
class CheckpointFunction(torch.autograd.Function):
    @staticmethod
```

```
    def forward(ctx, run_function, preserve_rng_state, *args):
        """
        在 forward() 函式中，接收包含輸入的張量並傳回包含輸出的張量
        ctx 是環境變數，用於提供反向傳播時需要的資訊。我們可以使用上下文物件來快取物
件，以便在反向傳播過程中使用。可透過 ctx.save_for_backward() 方法快取資料，save_for_
backward() 只能傳入 Variable 或 Tensor 類型的變數
        """
        # 儲存前向傳播函式
        ctx.run_function = run_function
        ctx.preserve_rng_state = preserve_rng_state
        ctx.had_autocast_in_fwd = torch.is_autocast_enabled()
        if preserve_rng_state:
            ctx.fwd_cpu_state = torch.get_rng_state()
            # 儲存前向傳播時的裝置狀態
            ctx.had_cuda_in_fwd = False
            if torch.cuda._initialized:
                ctx.had_cuda_in_fwd = True
                ctx.fwd_gpu_devices, ctx.fwd_gpu_states = get_device_states(*args)

        # 在上下文儲存非張量輸入
        ctx.inputs = []
        ctx.tensor_indices = []
        tensor_inputs = []
        for i, arg in enumerate(args): # 儲存輸入數值
            if torch.is_tensor(arg):
                tensor_inputs.append(arg)
                ctx.tensor_indices.append(i)
                ctx.inputs.append(None)
            else:
                ctx.inputs.append(arg)

        # saved_for_backward() 函式會保留此輸入的全部資訊，並避免原地操作導致的輸入在反
向傳播過程中被修改的情況。它將函式的輸入參數儲存起來以便後面在求導時使用，在前向 / 反向傳播
中造成協調的作用
        ctx.save_for_backward(*tensor_inputs)

        with torch.no_grad():
            outputs = run_function(*args) # 進行前向傳播
        return outputs
```

```
"""
在反向傳播過程中，我們接收到上下文物件和一個張量，該張量包含了前向傳播過程中輸出張量相關的梯度。我們可以從上下文物件中檢索快取的資料，重新進行前向計算，傳回與前向傳播的輸入張量相關的梯度
"""
    # 自動求導依據每個運算元的反向操作建立的圖來進行
    @staticmethod
    def backward(ctx, *args):
        # 賦值 list，這樣避免修改原始 list
        inputs = list(ctx.inputs)
        tensor_indices = ctx.tensor_indices
        tensors = ctx.saved_tensors # 獲取前面儲存的參數，也可以使用 self.saved_
variables

        # 利用儲存的張量重新設置輸入
        for i, idx in enumerate(tensor_indices):
            inputs[idx] = tensors[i]

        # 儲存目前的 RNG 狀態，模擬前向傳播狀態，最後恢復目前狀態
        rng_devices = []
        if ctx.preserve_rng_state and ctx.had_cuda_in_fwd:
            rng_devices = ctx.fwd_gpu_devices
        with torch.random.fork_rng(devices=rng_devices, enabled=ctx.preserve_ rng_
state):
            if ctx.preserve_rng_state:
                torch.set_rng_state(ctx.fwd_cpu_state) # 恢復前向傳播時的裝置狀態
                if ctx.had_cuda_in_fwd:
                    set_device_states(ctx.fwd_gpu_devices, ctx.fwd_gpu_states)
            detached_inputs = detach_variable(tuple(inputs))
            with torch.enable_grad(), torch.cuda.amp.autocast(ctx.had_autocast_in_
fwd):
                # 利用前向傳播函式再次計算啟動
                outputs = ctx.run_function(*detached_inputs)

        if isinstance(outputs, torch.Tensor):
            outputs = (outputs,)
```

```
        # 只使用需要梯度的張量來執行 backward() 函式
        outputs_with_grad = [] # 啟動值
        args_with_grad = [] # 梯度
        # 從前向傳播計算的結果中篩選需要傳播的張量
        for i in range(len(outputs)):
            if torch.is_tensor(outputs[i]) and outputs[i].requires_grad:
                outputs_with_grad.append(outputs[i])
                args_with_grad.append(args[i])

        # 開始反向傳播
        torch.autograd.backward(outputs_with_grad, args_with_grad)
        grads = tuple(inp.grad if isinstance(inp, torch.Tensor) else None
                      for inp in detached_inputs)

        return (None, None) + grads
```

普通模式的核心邏輯如圖 8-9 所示，圖中的實線表示呼叫邏輯，虛線表示資料相依。

（3）如何降低記憶體

上面程式中，如下敘述可以避免生成中間啟動。

```
with torch.no_grad():
    outputs = run_function(*args) # 進行前向傳播
```

具體做法如下。

- no_grad() 函式設置的是 GradMode，在設置後，GradMode::is_enabled() 函式傳回 False。

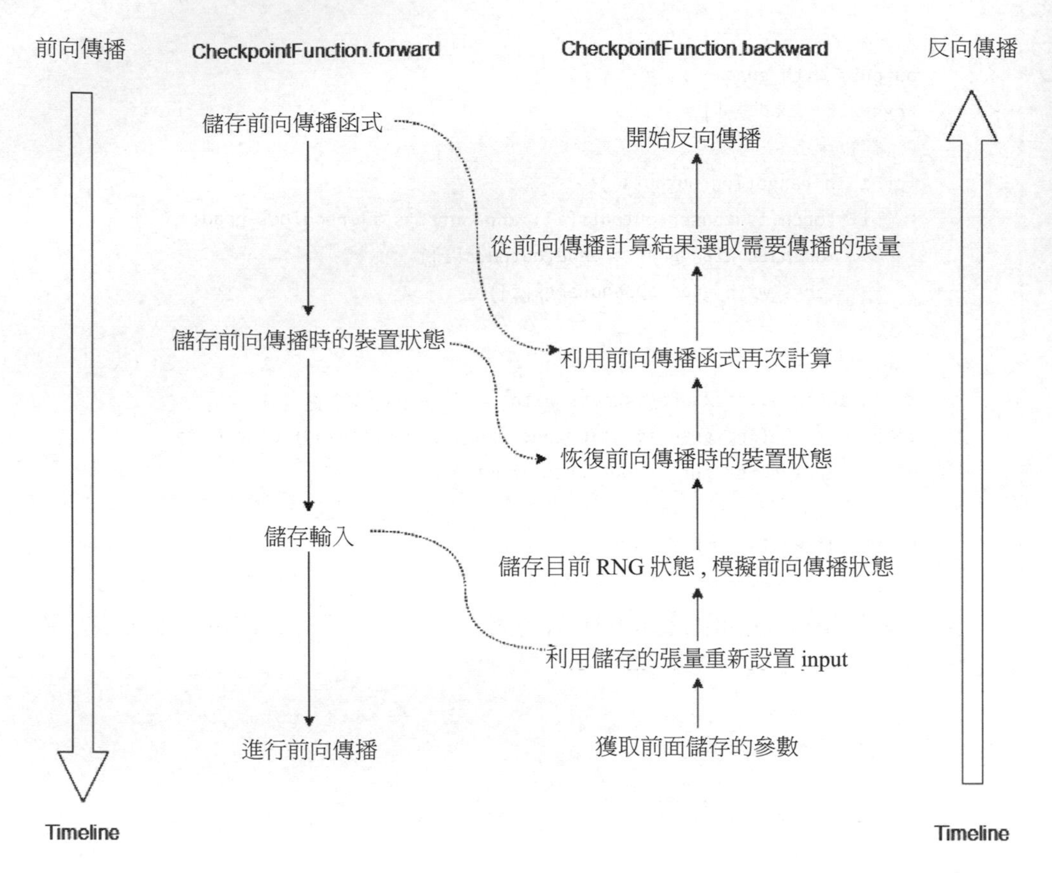

▲ 圖 8-9

- 在前向計算中有如下操作：

  * 如果 GradMode::is_enabled() 函式傳回 True，則會生成 grad_fn，然後呼叫 set_history(flatten_tensor_args(result), grad_fn) 函式把前向計算輸出（就是中間啟動）設置到反向傳播計算圖中。

  * 如果發現 GradMode::is_enabled() 函式傳回 False，則不會生成 grad_fn，也就不會設置前向計算輸出，即不需要儲存中間啟動。這就是 Checkpointing 的作用。

這裡用 sub_Tensor() 函式舉例來深入分析。在 sub_Tensor() 函式中呼叫 compute_requires_grad(self, other) 函式來計算是否需要生成梯度，如果需要生成梯度，則會做如下操作。

- 生成 grad_fn。
- 得到前向計算的輸出 _tmp。
- 透過程式 auto result = std::move(_tmp) 把 _tmp 設置給 result 變數。
- 呼叫 set_history(flatten_tensor_args(result), grad_fn) 函式把前向計算輸出（中間啟動）設置到反向傳播計算圖中。

因為我們已經設置了 no_grad，即不需要生成梯度，所以 grad_fn 為空，不需要設定 grad_fn，也就不需要呼叫 set_history() 函式儲存中間啟動了，這就是關鍵所在，具體程式如下。

```
at::Tensor sub_Tensor(c10::DispatchKeySet ks, const at::Tensor & self, const
at::Tensor & other, const at::Scalar & alpha) {
  // 計算是否需要生成梯度，如果設置了 no_grad，則不用生成梯度，_any_requires_grad 就是
False
  auto _any_requires_grad = compute_requires_grad( self, other );
 (void)_any_requires_grad;
  auto _any_has_forward_grad_result = isFwGradDefined(self) || isFwGradDefined(other);
  (void)_any_has_forward_grad_result;
  std::shared_ptr<SubBackward0> grad_fn; // 建構 SubBackward0
  if (_any_requires_grad) { // 為 True 才生成梯度
    // 設置反向計算時使用的函式
    grad_fn = std::shared_ptr<SubBackward0>(new SubBackward0(), deleteNode);
    // 設置下一條邊的所有輸入變數
    grad_fn->set_next_edges(collect_next_edges( self, other ));
    // 設置下一條邊的類型
    grad_fn->other_scalar_type = other.scalar_type();
    grad_fn->alpha = alpha;
    grad_fn->self_scalar_type = self.scalar_type();
  }

  // 進行前向計算
  auto _tmp = ([&]() {
```

```
    at::AutoDispatchBelowADInplaceOrView guard;
    // 前向計算
    return at::redispatch::sub(ks & c10::after_autograd_keyset, self_, other_,
alpha);
  })();
  // 得到前向計算的輸出
  auto result = std::move(_tmp);
  if (grad_fn) {
      // 將輸出 variable 與 grad_fn 綁定，grad_fn 中包含了計算梯度的 Function
      // 設置計算歷史
      // 儲存啟動。如果不需要計算梯度，則 grad_fn 為 null
      set_history(flatten_tensor_args(result), grad_fn);
  }
  // 省略
  return result;
}
```

在上述程式中，compute_requires_grad() 函式使用 GradMode 來判斷是否需要計算梯度。

3．Pipeline 模式

接下來我們看管線模式如何進行 Checkpointing。透過 CheckpointFunction，PyTorch 可以把重計算和遞迴反向傳播合併到一個自動求導函式中，當梯度到達時，重計算就會開始。但是在管線模式中，為了縮減 GPU 的閒置時間，重計算需要在梯度到達之前進行（因為重計算與梯度無關，可以在梯度到達之前進行重計算以提前獲得啟動值，等反向傳播的梯度到達之後再結合啟動值進行自己的梯度計算）。

為了使重計算在梯度到達之前就發生，PyTorch 引入了兩個自動求導 Function： Recompute 類別和 Checkpoint 類別，分別代表重計算和反向傳播，即普通模式下的 CheckpointFunction 分成兩個階段，用這兩個函式就可以控制自動求導引擎和 CUDA。具體來說就是，在 Recompute 類別和 Checkpoint 類別之間插入 CUDA 同步，把 Checkpoint 類別推遲到梯度完全複製結束，於是在把 CheckpointFunction 分成兩個階段之後就可以進行多個管線 stage 並行。我們接下來進行具體分析。

（1）實現

Checkpoint 之間透過上下文進行共用變數的儲存。根據執行時期具體情況的不同，RNG 狀態可能會產生不同的性能影響，需要在每個檢查點中儲存當前裝置的 RNG 狀態，在重計算之前恢復當前裝置的 RNG 狀態。save_rng_states() 和 restore_rng_states() 函式分別用來存取 RNG 狀態。

Checkpoint 類別和下面的 Recompute 類別就把普通模式下的 Checkpoint Function 程式分成兩個階段（forward() 函式被分成兩段，backward() 函式也被分成兩段），從而可以更好地利用管線，具體程式如下。

```
class Checkpoint(torch.autograd.Function):
    @staticmethod
    def forward(ctx: Context, phony: Tensor, recomputed: Deque[Recomputed], rng_
states: Deque[RNGStates], function: Function, input_atomic: bool, *input: Tensor,) ->
TensorOrTensors:
        ctx.recomputed = recomputed
        ctx.rng_states = rng_states

        # 儲存 RNG 狀態
        save_rng_states(input[0].device, ctx.rng_states)
        # 儲存函式
        ctx.function = function
        ctx.input_atomic = input_atomic
        # 儲存輸入
        ctx.save_for_backward(*input)

        # 進行前向計算
        with torch.no_grad(), enable_checkpointing():
            output = function(input[0] if input_atomic else input)

        return output

    @staticmethod
    def backward(ctx: Context, *grad_output: Tensor,) -> Tuple[Optional[Tensor], ...]:
        # 從儲存的重計算變數中彈出所需變數
        output, input_leaf = ctx.recomputed.pop()
        if any(y.requires_grad for y in tensors):
```

```
            tensors = tuple([x for x in tensors if x.requires_grad])
            # 進行自動求導
            torch.autograd.backward(tensors, grad_output)

        grad_input: List[Optional[Tensor]] = [None, None, None, None, None]
        grad_input.extend(x.grad for x in input_leaf)
        return tuple(grad_input)
```

Recompute 類別就是依據儲存的資訊來重新計算中間變數的，具體程式如下。

```
class Recompute(torch.autograd.Function):
    @staticmethod
    def forward(ctx: Context, phony: Tensor,
        recomputed: Deque[Recomputed], rng_states: Deque[RNGStates],
        function: Function, input_atomic: bool, *input: Tensor,
    ) -> Tensor:
        ctx.recomputed = recomputed
        ctx.rng_states = rng_states # 儲存 RNG 狀態
        ctx.function = function # 儲存方法
        ctx.input_atomic = input_atomic
        ctx.save_for_backward(*input) # 儲存輸入

        return phony

    @staticmethod
    def backward(ctx: Context, *grad_output: Tensor) -> Tuple[None, ...]:
        # 取出儲存的輸入
        input = ctx.saved_tensors
        input_leaf = tuple(x.detach().requires_grad_(x.requires_grad) for x in input)

        # 取出儲存的 RNG 狀態，進行前向計算，得到中間變數
        with restore_rng_states(input[0].device, ctx.rng_states):
            with torch.enable_grad(), enable_recomputing():
                # 拿到儲存的方法
                output = ctx.function(input_leaf[0] if ctx.input_atomic else input_
leaf)

        # 儲存變數，為 Checkpoint 使用
```

```
        ctx.recomputed.append((output, input_leaf))
        grad_input: List[None] = [None, None, None, None, None]
        grad_input.extend(None for _ in ctx.saved_tensors)
        return tuple(grad_input)
```

劃分邏輯具體如圖 8-10 所示，其中的實線箭頭表示呼叫邏輯，虛線箭頭表示資料相依。

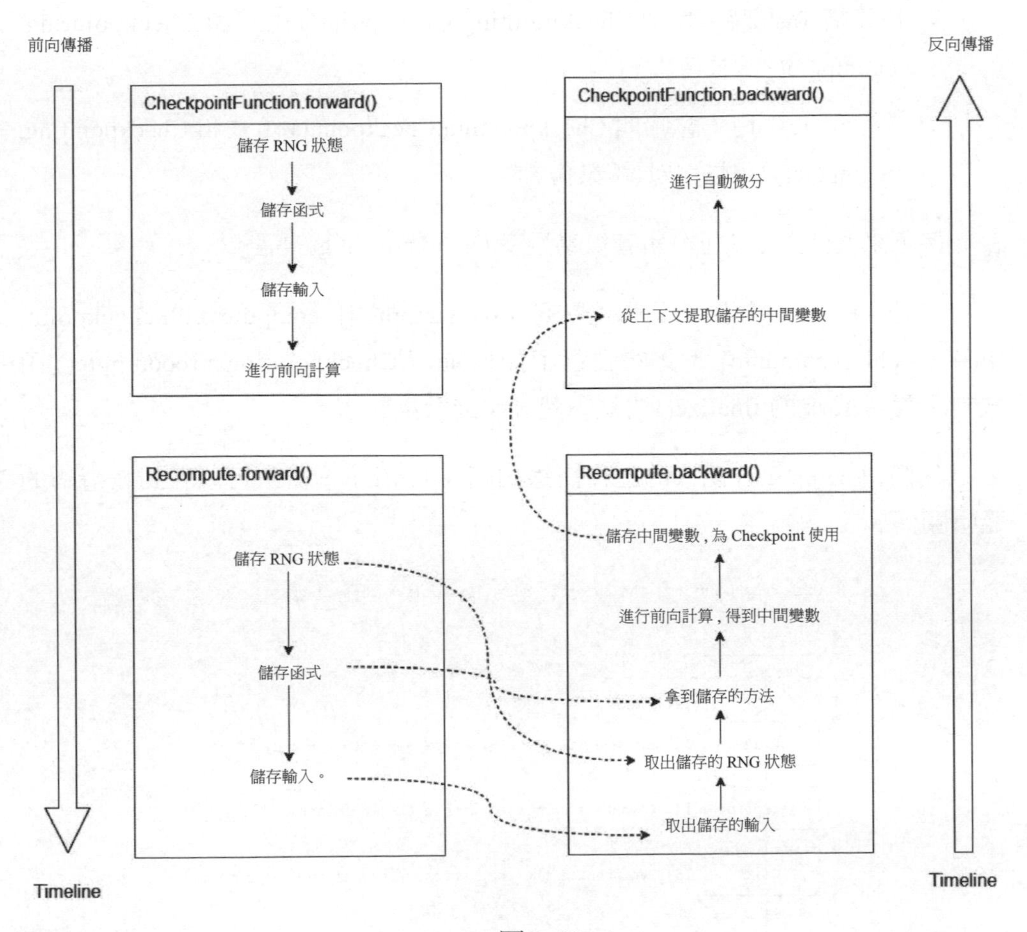

▲ 圖 8-10

（2）與管線結合

接著我們分析管線模式重計算具體如何與管線結合起來（此處提前分析了 PyTorch 管線的部分功能），其中一些重點類別或函式的呼叫邏輯如下。

- Pipeline 類別的 compute() 函式是最上層的工作引擎，其會依據排程結果建構一些 Task，然後將這些 Task 插入管線的佇列進行平行計算。
- 在建構 Task 時，會把 Checkpointing.Checkpoint() 函式和 Checkpointing.recompute() 函式傳入。
- 在執行 Task 時，會呼叫 Checkpointing.Checkpoint() 函式和 Checkpointing.recompute() 函式完成具體業務。

接下來我們從上往下分析管線場景下 Checkpointing 的邏輯。

首先，Pipeline 類別的邏輯重點是 Task(streams[j], compute=chk.checkpoint, finalize=chk.recompute)，此處設置了如何進行 Checkpointing。recompute() 函式被設置為 Task 的 finalize() 方法，然後會進行重計算。

我們把 compute() 函式的註釋摘錄如圖 8-11 所示，從中可以看到較清晰的邏輯關係。

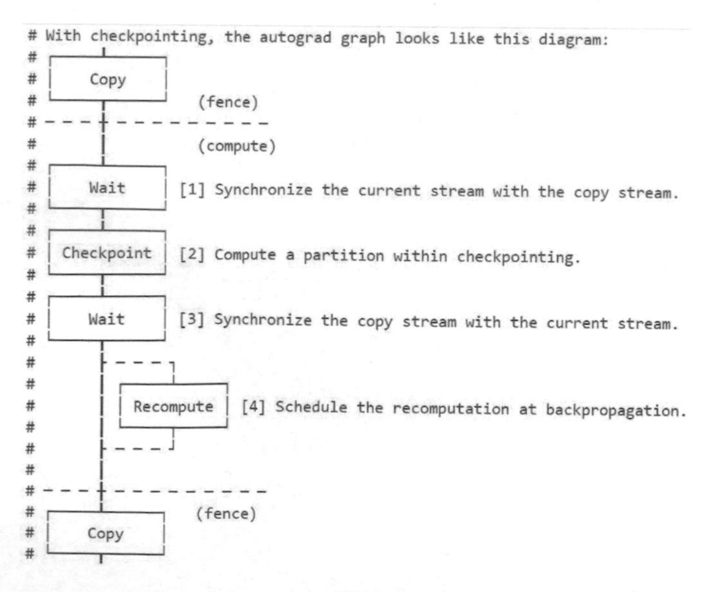

▲ 圖 8-11

Pipeline 類別的程式具體如下，其中呼叫了 Checkpointing 類別。

```
class Pipeline:
    def compute(
        self, batches: List[Batch], schedule: List[Tuple[int, int]], skip_trackers:
List[SkipTrackerThroughPotals],
    ) -> None:

        for i, j in schedule:
            batch = batches[i]
            partition = partitions[j]

            # 決定 Checkpointing 是否需要進行
            checkpoint = i < checkpoint_stop
            if checkpoint:

                def function(
                    input: TensorOrTensors,
                    partition: nn.Sequential = partition,
                    skip_tracker: SkipTrackerThroughPotals = skip_trackers[i],
                    chunk_id: int = i,
                    part_id: int = j,
                ) -> TensorOrTensors:
                    with use_skip_tracker(skip_tracker), record_function("chunk%d-
part%d" % (chunk_id, part_id)):
                        return partition(input)

                # 此處進行處理，建立了 Checkpointing 類別的實例
                chk = Checkpointing(function, batch)
                # 分別設置了 chk.checkpoint 和 chk.recompute
                task = Task(streams[j], compute=chk.checkpoint, finalize=chk.recompute)
                del function, chk

            else:
            # 省略

            # 並行執行計算 Task，對應註釋圖 8-11 中的 [2]
            self.in_queues[j].put(task) # 將 Task 插入管線的佇列，這樣可以並行
```

```
        for i, j in schedule:
            ok, payload = self.out_queues[j].get()

            # 取出 Task
            task, batch = cast(Tuple[Task, Batch], payload)

            if j != n - 1:
                _wait(batch, streams[j], copy_streams[j][i])

            # 如果 Checkpointing 已經使能，則會在反向傳播過程中進行重計算，對應圖 8-11 中
的 [4]
            with use_device(devices[j]):
                task.finalize(batch) # 計畫進行重計算

            batches[i] = batch
```

其次，我們來分析 Task 類別。Task 類別在一個分區上計算一個微批次，其成員變數主要儲存了 compute() 和 finalize() 這兩個傳入的函式，其中：

- compute() 函式可以在 Worker 執行緒內被並存執行，在建構 Task 時傳入的是 Checkpointing.Checkpoint() 函式。
- finalize() 函式應該在 compute() 函式呼叫結束之後被執行，在建構 Task 時傳入的是 Checkpointing.recompute() 函式。

Task 類別的程式如下。

```
class Task:
    def __init__(
        self, stream: AbstractStream, *, compute: Callable[[], Batch], finalize:
 Optional[Callable[[Batch], None]],
    ) -> None:
        self.stream = stream
        self._compute = compute # 在 Worker 執行緒內被並存執行
        self._finalize = finalize # 在 compute() 函式呼叫結束之後被執行
        self._grad_enabled = torch.is_grad_enabled()

    def compute(self) -> Batch:
        with use_stream(self.stream), torch.set_grad_enabled(self._grad_enabled):
```

```
        return self._compute()

    def finalize(self, batch: Batch) -> None:
        if self._finalize is None:
            return
        with use_stream(self.stream), torch.set_grad_enabled(self._grad_enabled):
            self._finalize(batch)
```

最後，我們來分析 Checkpointing 類別。Checkpointing 類別封裝了上面的 Checkpoint 類別和 Recompute 類別，具體程式如下。

```
class Checkpointing:
    def __init__(self, function: Function, batch: Batch) -> None:
        self.function = function
        self.batch = batch
        self.recomputed: Deque[Recomputed] = deque(maxlen=1)
        self.rng_states: Deque[RNGStates] = deque(maxlen=1)

    def checkpoint(self) -> Batch:
        input_atomic = self.batch.atomic
        input = tuple(self.batch)

        # 使用 phony 來保證當沒有輸入需要計算梯度時，Checkpoint 也可以被追蹤（track）
        phony = get_phony(self.batch[0].device, requires_grad=True)

        output = Checkpoint.apply(phony, self.recomputed, self.rng_states, self.
function, input_atomic, *input)

        if isinstance(output, tuple):
            output = tuple([x if x.is_floating_point() else x.detach() for x in
output])

        return Batch(output)

    def recompute(self, batch: Batch) -> None:
        input_atomic = self.batch.atomic
        input = tuple(self.batch)

        batch[0], phony = fork(batch[0])
```

```
        phony = Recompute.apply(phony, self.recomputed, self.rng_states, self.
function, input_atomic, *input)
        batch[0] = join(batch[0], phony)
```

Task 的具體邏輯如圖 8-12 所示，_compute() 函式會呼叫前向傳播方法，而 _finalize() 函式則會進行反向傳播時的重計算。

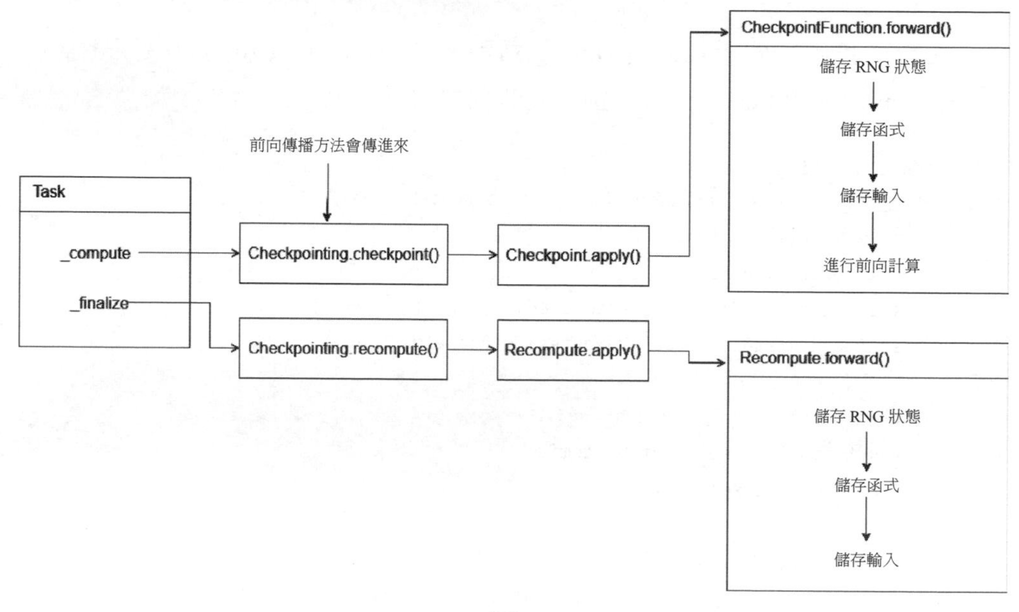

▲ 圖 8-12

8.3.5 GPipe 實現

GPipe 論文中使用 Re-Materialization 這個單字來表達和 Checkpointing 同樣的概念，其主要思路是用算力換記憶體（在反向求導時需要的中間結果從檢查點重新計算），以及用頻寬換記憶體。在 GPipe 中，Checkpointing 應用於每個分區，以最小化模型的整體記憶體消耗。GPipe 在反向傳播時，可以在第 k 個加速器（Accelerator）上重新計算前向傳播函式 F_k 。

下面我們分析 API 方法。

在 builder.py 中有 _Rematerialize() 函式，用來包裝一個需要重新計算的層。

```
def _Rematerialize(self, name, body):
  return builder_layers.RematerializationLayer.Params().Set(
      name=name, body=body)
```

RematerializationLayer 是包裝層，其中 FProp() 函式把被封裝層包裝為一個函式 Fn，呼叫 py_utils.RematerializeFn() 函式把 Fn 與輸入參數一起傳入，具體程式如下。

```
class RematerializationLayer(base_layer.BaseLayer):

  def FProp(self, theta, *xs):
    input_list = theta.body.Flatten() # 得到 theta
    theta_len = len(input_list)
    input_list += list(xs) # 得到輸入參數
    input_len = len(input_list)

    def Fn(*args): # 包裝函式，會呼叫被封裝層的 FProp
      body_theta = theta.body.Pack(args[:theta_len])
      return self.body.FProp(body_theta, *args[theta_len:input_len])

    return py_utils.RematerializeFn(Fn, *input_list) # 呼叫並執行 FProp 進行 Gradient
checking

  @classmethod
  def FPropMeta(cls, p, *args): # 就是傳播被封裝層的資訊
    py_utils.CheckShapes(args)
    return p.body.cls.FPropMeta(p.body, *args)
```

RematerializeFn() 是最終功能函式，其主要功能是呼叫 Fn 函式，並且在反向傳播過程中對 Fn 函式進行重新物化（Rematerializes）。

```
def RematerializeFn(Fn, *xs):
  initial_step_seed = GetStepSeed()
  final_step_seed = MaybeGenerateSeedFromScope()
```

```
  def Backward(fwd_xs, fwd_ys, d_fwd_ys):
    del fwd_ys # 去掉傳入的參數，因為在內部需要用備份的 Checkpoint 來處理
    always_true = tf.random.uniform([]) < 2.0
    bak_xs = [tf.where(always_true, x, tf.zeros_like(x)) for x in fwd_xs.xs] # 依據
Checkpoint 生成 bak_xs
    for dst, src in zip(bak_xs, xs):
      dst.set_shape(src.shape)
    ResetStepSeed(initial_step_seed)
    ys = fn(*bak_xs) # 依據 Checkpoint 重新生成 ys
    MaybeResetStepSeed(final_step_seed)
    dxs = tf.gradients(ys, bak_xs, grad_ys=d_fwd_ys) # ys 對 bak_xs 求導
    dxs_final = [] # 聚集
    for dx, x in zip(dxs, bak_xs):
      if dx is None:
        dxs_final.append(tf.zeros_like(x))
      else:
        dxs_final.append(dx)
    return NestedMap(
        initial_step_seed=tf.zeros_like(initial_step_seed), xs=dxs_final)

  ys_shapes = []

  def Forward(fwd_xs):
    for dst, src in zip(fwd_xs.xs, xs):
      dst.set_shape(src.shape)
    ResetStepSeed(fwd_xs.initial_step_seed)
    ys = fn(*fwd_xs.xs) # 正常計算

    if isinstance(ys, tuple):
      for y in ys:
        ys_shapes.append(y.shape)
    else:
      ys_shapes.append(ys.shape)
    return ys

  ys = CallDefun(
      Forward,
      NestedMap(initial_step_seed=initial_step_seed, xs=xs),
```

```
    bak=Backward)
if isinstance(ys, tuple):
  for y, s in zip(ys, ys_shapes):
    y.set_shape(s)
else:
  ys.set_shape(ys_shapes[0])

MaybeResetStepSeed(final_step_seed)
return ys
```

至此，GPipe 分析完畢。

PyTorch 管線並行

實際上，PyTorch 管線就是 GPipe 的 PyTorch 版本。KaKao Brain 公司的工程師利用 PyTorch 實現 GPipe，PyTorch 隨即將 torchgpipe（torchgpipe 是 GPipe 的 PyTorch 版本）合併進來。因為程式差別不大，所以這裡我們對 KaKao Brain 公司的原始 torchgpipe 進行分析，加上其主要 API 介面是 GPipe 類別，因此本章會出現大量 GPipe 字樣，請讀者注意。

9.1 如何劃分模型

本節介紹 PyTorch 管線並行的自動平衡機制和模型分割。管線並行面對的問題如下。

- 如何把一個大模型切分成若干小模型？切分的演算法是什麼？
- 如何把這些小模型分配到多個裝置上？分配的演算法是什麼？

- 如何做到整體性能最優或者近似最優？衡量標準是什麼？
- 如圖 9-1 所示，如何將圖中一個擁有 6 個層的大模型切分成 3 個小模型？

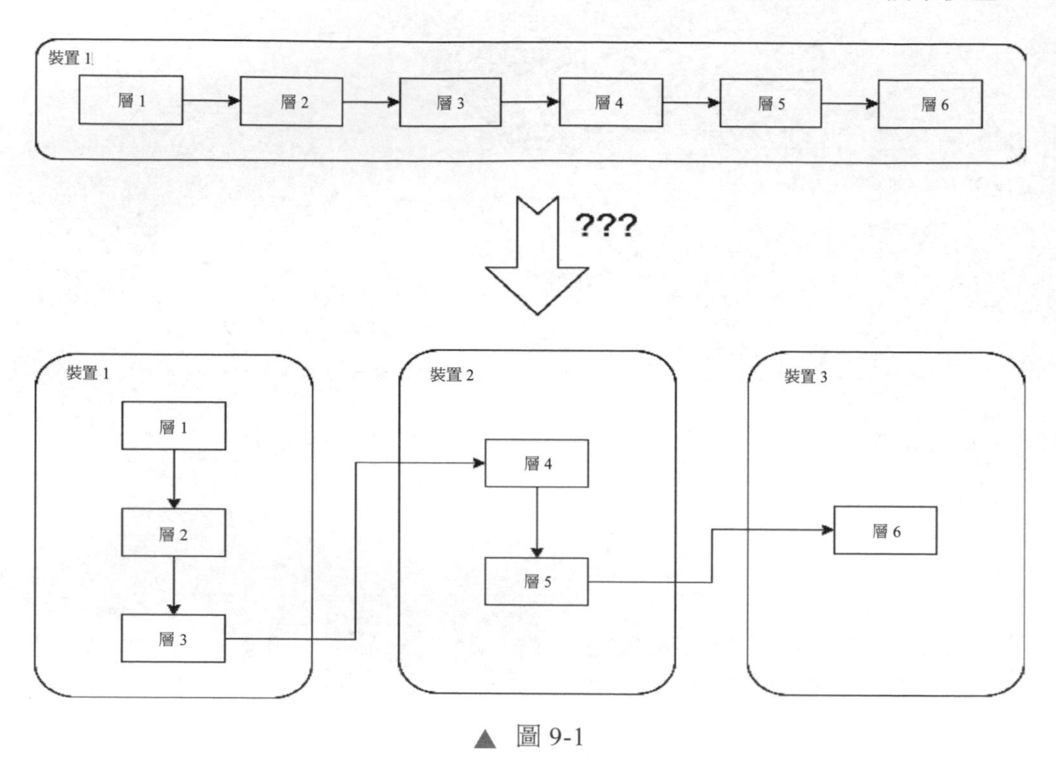

▲ 圖 9-1

接下來，我們分析如何使用 torchgpipe 解決這些問題。

9.1.1 使用方法

我們首先介紹 torchgpipe 的使用方法，以及使用過程中的一些注意點。

1．範例

使用者要訓練模組（類型為 torch.nn.Module），只需將該模組用 torchgpipe.GPipe 包裝即可，但是使用者的模組必須是 torch.nn.Sequential 的實例。GPipe 會自動將模組分割成多個分區（Partition），分區是在單一裝置上執行的一組連續層，在 GPipe 建構函式的參數中：balance 參數用來確定每個分區的層數，chunks 參數用來指定微批次的數目。

下面的範例程式顯示了將具有 4 層的模組拆分為兩個分區，每個分區有兩層。此程式將一個小批次拆分為 8 個微批次。

```
from torchgpipe import GPipe

model = nn.Sequential(a, b, c, d)
model = GPipe(model, balance=[2, 2], chunks=8)

# 第一個分區：nn.Sequential(a, b) on cuda:0
# 第二個分區：nn.Sequential(c, d) on cuda:1

for input in data_loader:
    output = model(input)
```

torchgpipe.GPipe 使用 CUDA 進行訓練，因為 torchgpipe.GPipe 會自動把每個分區移動到不同的裝置上，所以使用者不需要自己將模組移動到 GPU 中。在預設情況下，可用的 GPU 從 cuda:0 開始，torchgpipe.GPipe 按順序為每個分區選擇可用的 GPU，使用者也可以利用 device 參數指定使用的 GPU。

2．輸入與輸出

torchgpipe.GPipe 的輸入裝置與輸出裝置不同（除非只有一個分區），這是由於第一個分區和最後一個分區被放置在不同的裝置上，因此必須將輸入（對應下面程式中的 input）和輸出（對應下面程式中的 target）目標放置到相應的裝置，這一過程可以透過 torchgpipe.GPipe.devices 屬性完成，該屬性儲存了每個分區的裝置串列，具體程式如下。

```
in_device = model.devices[0] # 利用此屬性
out_device = model.devices[-1] # 利用此屬性

for input, target in data_loader:
    input = input.to(in_device, non_blocking=True)
    target = target.to(out_device, non_blocking=True)
    output = model(input)
    loss = F.cross_entropy(output, target)
    loss.backward()
```

3．嵌套序列（Nested Sequentials）

在理論上，當 torchgpipe.GPipe 拆分一個 torch.nn.Sequential 模組的時候，會將模組的每個子模組都視為單一的、不可分割的層。然而，事實上並不一定是這樣的，有些模型的子模組可能是另一個順序模組（Sequentials Module），這就需要進一步拆分它們。因為 GPipe 不會支援這些嵌套的順序模組，所以使用者需要把模組展平，這一過程在 PyTorch 中很容易實現。

4．典型的模型並行

典型的模型並行是 GPipe 的一個特例。模型並行相當於禁用了微批次和檢查點的 GPipe，可以透過 chunks=1 和 checkpoint='never' 來做到，具體程式如下。

```
model = GPipe(model, balance=[2, 2], chunks=1, checkpoint='never')
```

5．微批次數目

因為每個分區都必須將前一個分區的輸入作為第一個微批次來處理，所以在管線上仍然有閒置時間，即氣泡。微批次大小的選擇會影響 GPU 的使用率，較小的微批次可以減少等待先前微批次輸出的延遲時間，從而減少氣泡；較大的微批次可以更好地利用 GPU。因此，關於微批次數目，存在一個權衡，即每個微批次的 GPU 使用率和氣泡總面積之間的權衡，使用者需要為模型找到最佳的微批次數目。

當 GPU 處理許多小的微批次時，可能會減慢速度。一方面，如果每個 CUDA 核心太細碎而不易計算，那麼 GPU 將無法得到充分利用；另一方面，當每個微批次的尺寸減小時，氣泡的總面積也相應減少。在理想情況下，使用者應該選擇可以提高 GPU 使用率的最大數目的微批次。更快的分區會等待相鄰的較慢分區，分區之間的不平衡可能導致 GPU 使用率不足，而模型整體性能由最慢的分區決定。

補充說明：微批次尺寸越小，性能越差，大量的微批次可能會對使用 BatchNorm 的模型的最終性能產生負面影響。

9.1.2 自動平衡

torchgpipe 提供了子模組 torchgpipe.balance 來計算分區，目的是讓分區之間的資源差別儘量小。資源佔用情況是透過 profile（測量）來計算的，其他的計算方式還有 simulate（模擬）。

1．概念

因為切分模型會影響 GPU 的使用率，比如其中計算量較大的層會減慢下游的速度，所以需要找到模型的最佳平衡點，但是確定模型的最佳平衡點很難。在這種情況下，我們強烈建議使用 torchgpipe.balance 來自動平衡。

torchgpipe 提供了兩個平衡工具：torchgpipe.balance.balance_by_time() 函式可以追蹤每層的執行時間；torchgpipe.balance.balance_by_size() 函式可以檢測每層的 CUDA 記憶體使用情況。這兩個工具都是基於每層的 profile 結果來使用，使用者可以根據需要選擇。

具體使用方法如下，使用者向模型中輸入一個樣本，具體程式如下。

```
partitions = torch.cuda.device_count()
sample = torch.rand(128, 3, 224, 224) # 使用者需要向模型中輸入一個樣本
balance = balance_by_time(partitions, model, sample)
model = GPipe(model, balance, chunks=8)
```

接下來，我們分析這兩個平衡工具如何按照時間和記憶體大小進行平衡。

2．依據執行時間進行平衡

balance_by_time() 函式的作用是依據執行時間對模型進行平衡，其中參數如下：partitions 為分區數目；module 為需要分區的順序模型；sample 為給定批次大小的樣本。

balance_by_time() 函式會呼叫 profile_times() 函式依據樣本進行計算，先得到執行時間，然後進行分區。此處 Batch 類別的作用是對張量或者張量陣列進行封裝，對外可以統一使用 Batch 類別的方法，具體程式如下。

```
def balance_by_time(partitions: int, module: nn.Sequential,
                    sample: TensorOrTensors, *, timeout: float = 3.0,
                    device: Device = torch.device('cuda'),
                    ) -> List[int]:
    times = profile_times(module, sample, timeout, torch.device(device))
    return balance_cost(times, partitions)
```

profile_times() 函式依據樣本得到執行時間，具體邏輯如下。

- 遍歷模型中的層，針對每個層：等待當前裝置上所有串流中的所有核心執行完成；記錄起始執行時間；對某層進行前向計算；得到需要梯度的張量，如果存在這樣的張量，則進行反向計算；記錄終止時間。
- 傳回一個每層執行時間的串列。

3．依據進行記憶體大小來平衡

balance_by_size() 函式的作用是依據執行記憶體大小進行平衡，該函式呼叫 profile_sizes() 函式依據樣本得到執行記憶體大小，並進行分區。在訓練期間，該函式中參數所需的記憶體取決於使用哪個最佳化器，最佳化器可以在使用緩衝區的每個參數內部追蹤其最佳化統計資訊，例如 SGD 中的動量緩衝區。

```
def balance_by_size(partitions: int, module: nn.Sequential,
                    input: TensorOrTensors, *, chunks: int = 1,
                    param_scale: float = 4.0,
                    device: Device = torch.device('cuda'),
                    ) -> List[int]:
    sizes = profile_sizes(module, input, chunks, param_scale, torch.device(device))
    return balance_cost(sizes, partitions)
```

profile_sizes() 函式的邏輯如下。

- 遍歷模型中的層，針對每個層：使用 torch.cuda.memory_allocated() 函式計算前向傳播用到的顯示記憶體，即啟動值；使用 p.storage().size() * p.storage().element_size() 函式計算參數尺寸；把啟動值和參數一起插入記憶體大小串列。
- 傳回記憶體大小串列。

4・分割演算法

在得到每層的計算時間或者記憶體大小之後，會透過如下程式進行具體分割。

```
times = profile_times(module, sample, timeout, torch.device(device))
return balance_cost(times, partitions)
```

其中，balance_cost() 函式只是進行一個簡單封裝，其呼叫了 blockpartition.solve() 函式。

```
def balance_cost(cost: List[int], partitions: int) -> List[int]:
    partitioned = blockpartition.solve(cost, partitions)
    return [len(p) for p in partitioned]
```

從註釋可知，blockpartition.solve() 函式實現了 *Block Partitions of Sequences* 這篇論文的演算法。

```
Implements "Block Partitions of Sequences" by Imre Bárány et al.Paper:
arXiv:1308.2454
```

這是一篇純粹的數學論證，我們不去研究其內部機制，只是分析其執行結果。因為此處支援的模型是順序模型，所以無論計算時間還是記憶體大小，都是一個串列。solve() 函式的作用是把此串列儘量平均分配成若干組。假設模型有 6 層，每層的執行時間為 [1, 2, 3, 4, 5, 6]，這些層需要分配到 3 個裝置上，使用 solve() 函式得到的結果是 [[1, 2, 3], [4, 5], [6]]，可以看到，此 6 層被比較均勻地按照執行時間分成了 3 個分區。

```
# [1, 2, 3, 4, 5, 6] 表示第一層執行時間是一個單位，第二層執行時間是兩個單位，以此類推
partitioned = blockpartition.solve([1, 2, 3, 4, 5, 6], partitions=3)

# partitioned 的結果是 [[1, 2, 3], [4, 5], [6]]，即 3 個分區的具體層數
```

9.1.3 模型劃分

前面我們獲得了 profile 的結果，下面對模型的各個層進行分割。GPipe 類別的 _init_() 函式會使用 split_module() 函式進行分割，所以我們分析 split_module() 函式，split_module() 主要邏輯如下。

- 遍歷模型包含的層：
  * 把新的層加入到陣列 layers 中。
  * 如果陣列大小等於 balance[j]，即達到了裝置 j 應該包含的層數，則做如下操作：①把分區陣列建構成一個 sequential 模組，得到變數 partition；②利用 partition.to(device) 函式把變數 partition 放置到相關裝置上，這就是前文提到的使用者不需要自己將模組移動到 GPU，torchgpipe.GPipe 會自動把每個分區移動到不同的裝置上；③把此 partition 變數加入到分區陣列中；④去下一個裝置繼續處理。
- 傳回 partitions、balance 和 devices 這 3 個變數。

split_module() 函式具體程式如下。

```
def split_module(module: nn.Sequential,
                 balance: Iterable[int],
                 devices: List[torch.device],
                 ) -> Tuple[List[nn.Sequential], List[int], List[torch.device]]:
     balance = list(balance)

    j = 0
    partitions = []
    layers: NamedModules = OrderedDict()

    for name, layer in module.named_children(): # 遍歷模型包含的層
        layers[name] = layer # 把新的層加入到陣列中

        if len(layers) == balance[j]: # 如果陣列大小等於 balance[j]，就是達到了裝置 j 應該
包含的層數
            partition = nn.Sequential(layers) # 把分區陣列建構成一個 Sequential 模組
```

```
            device = devices[j]
            partition.to(device) # 把層放置到相關裝置之上
            partitions.append(partition) # 這個新模組加入到分區陣列中

            # 為下一個分區做準備
            layers.clear()
            j += 1 # 去下一個裝置繼續處理

    partitions = cast(List[nn.Sequential], nn.ModuleList(partitions))
    del devices[j:]

    return partitions, balance, devices
```

結合上面例子，balance 變數為 [3,2,1]，即前 3 個層 [1, 2, 3] 組合成一個模組，中間兩個層 [4, 5] 組合成一個模組，最後層 [6] 為一個模組，得到分區陣列如下。

```
[ module([1, 2, 3]),  module([4, 5]),  module([6])]
```

需要注意一點：GPipe 的 partitions 成員變數是 nn.ModuleList 類型。nn.ModuleList 是一個容器，用於儲存不同模組，並自動將每個模組的 parameters 成員變數增加到模型網路中。nn.ModuleList 並沒有定義一個網路，只是將不同的模區塊儲存在一起，這些模組之間並沒有先後順序，網路的執行順序根據 forward() 函式來決定。隨之而來的問題就是：分區內部可以用 nn.Sequential() 函式進行一系列的前向操作，但是如何設定分區之間的執行順序？我們會在後文對此進行分析。

總結一下自動平衡的具體邏輯，如圖 9-2 所示，流程從上往下：首先使用 balance_by_size() 函式或者 balance_by_time() 函式執行系統，得到 profile 結果；然後使用 split_module() 函式對模型進行分割，得到一個相對平衡的分區結果；最後把這些分區分配到不同的裝置上。

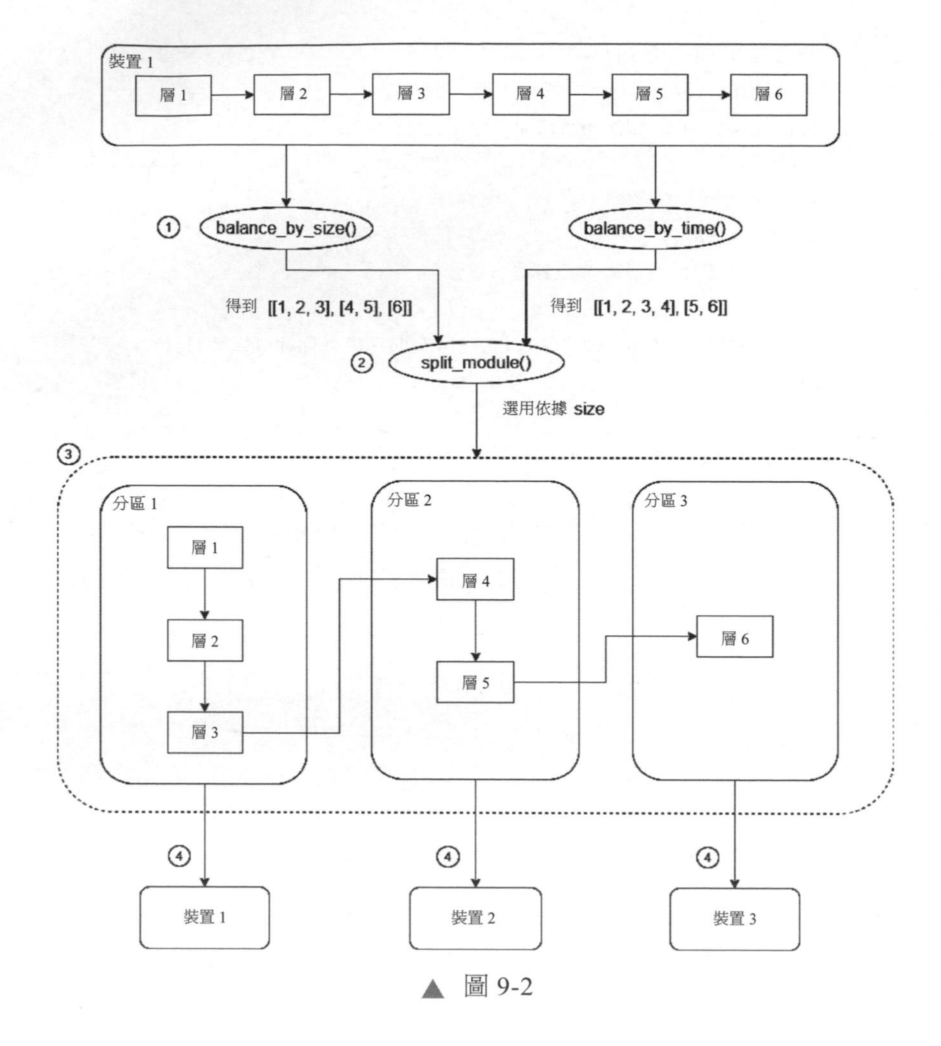

▲ 圖 9-2

9.2 切分資料和 Runtime 系統

本節我們介紹如何切分資料和 Runtime 系統。

9.2.1 分發小批次

首先我們分析如何把一個小批次分發為多個微批次。

PyTorch 首先使用 microbatch.scatter() 函式對資料進行分發，管線在處理完這些分發的資料之後，再使用 microbatch.gather() 函式進行聚集，具體參見如下程式。

```
# 把一個小批次分發為微批次
batches = microbatch.scatter(input, self.chunks)
pipeline = Pipeline(batches,self.partitions,self.devices,
                    copy_streams,self._skip_layout, checkpoint_stop)
pipeline.run() # 執行管線並行機制
# 把微批次精簡為一個小批次
output = microbatch.gather(batches)
```

scatter() 函式使用 tensor.chunk(chunks) 對每一個張量進行分割，把分割結果映射為 Tuple list，最終把 list 中的 Tuple 分別聚集並映射成 Batch 串列傳回。比如，在圖 9-3 中，ab 張量清單被 scatter() 函式打散成兩個區塊。

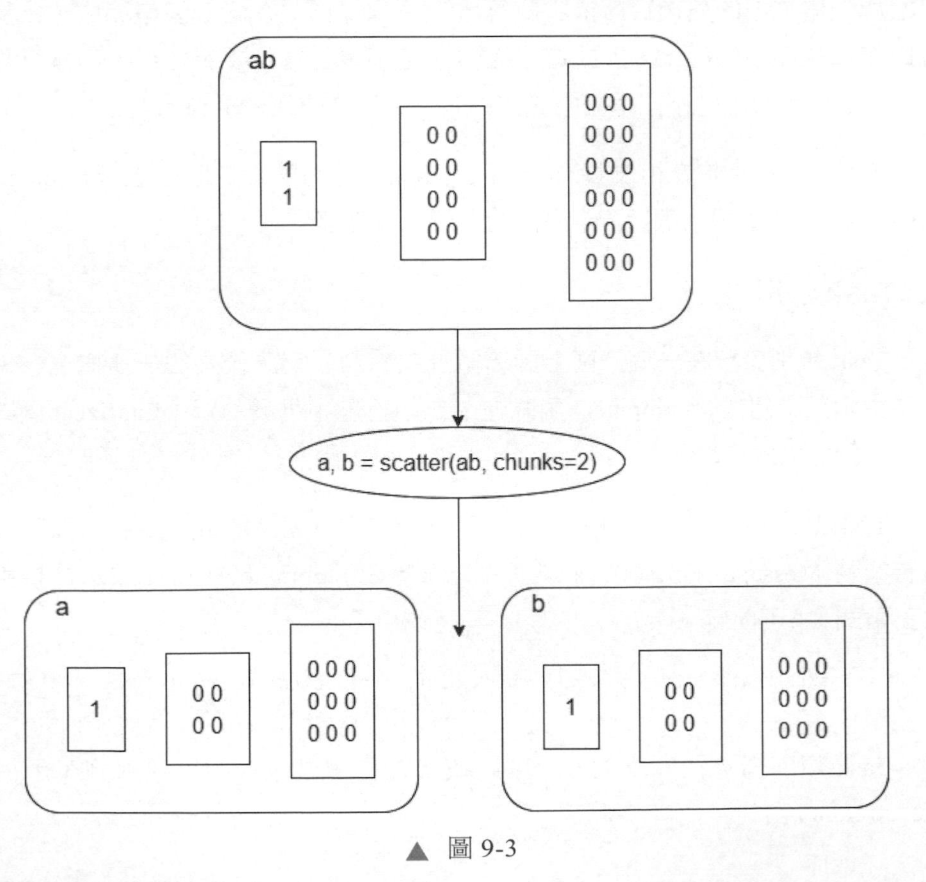

▲ 圖 9-3

gather() 函式使用 torch.cat() 把 scatter() 函式的結果重新聚集起來，這就是一個逆向操作。

9.2.2 Runtime

接下來我們分析 Runtime 的一些基礎設施，包括 Stream 類別、Task 類別和 worker() 函式。

1．Stream 類別

Stream 類別用來封裝 CUDA 串流和 CPU 串流。CUDA 串流表示一個 GPU 操作佇列，即某個裝置綁定的、按照循序執行的核心序列。我們可以把一個串流看作 GPU 上的一個任務。使用者向串流的佇列上增加一系列操作，GPU 會按照增加到串流中的先後順序依次執行這一系列操作。在同一個串流中，由於所有操作都是串列序列化，因此這些操作永遠不會並行；要想並行，兩個操作必須位於不同串流中，不同串流中的核心函式可以交錯或者重疊。

本章用到的串流相關操作為 use_stream() 函式，該函式使用 torch.cuda.stream(stream) 函式來選擇給定串流的上下文管理器。

2．Task 類別

Task 類別表示在一個分區上計算微批次資料（對應後文的任務概念）。它主要由兩部分組成：compute() 函式在工作執行緒中併發執行；finalize() 函式在工作執行緒完成後執行。

Task 類別可以視為一個業務處理邏輯，有安卓開發經驗的讀者可以將其理解為業務 Message 在建構 Task 類別的時候傳入了 compute() 和 finalize() 這兩個業務函式，舉例如下。

```
task = Task(streams[j], compute=chk.checkpoint, finalize=chk.recompute)
```

Task 類別綁定在串流上，即可以執行在任何裝置上，這就用到了上面的 use_stream() 函式。

3．worker() 函式

worker() 函式被用來執行 Task 類別，每個裝置有一個 worker() 函式負責執行此裝置上的 Task，有安卓開發經驗的讀者可以將其理解為 Looper。需要注意，worker() 只是一個函式，如果執行則需要一個執行緒作為寄託，這就是後續 spawn_workers() 函式的工作，worker() 函式具體程式如下。

```
def worker(in_queue: InQueue, out_queue: OutQueue,
           device: torch.device, grad_mode: bool, ) -> None:
    """worker 執行緒的主迴圈 """
    torch.set_grad_enabled(grad_mode)

    with use_device(device):
        while True:
            task = in_queue.get() # 從輸入佇列中獲取 Task
            try:
                batch = task.compute() # 計算 Task
            except Exception:
                exc_info = cast(ExcInfo, sys.exc_info())
                out_queue.put((False, exc_info))
                continue
            out_queue.put((True, (task, batch))) # 把 Task 和計算結果放到輸出佇列

    done = (False, None)
    out_queue.put(done)
```

spawn_workers() 函式為每個裝置生成一個執行緒，此執行緒的執行函式是 worker()。spawn_workers() 函式不僅生成了若干 worker 執行緒，還生成了一對訊息佇列 (in_queues, out_queues)，此訊息佇列在 Pipeline 類別生命週期內全程都存在。spawn_workers() 函式的執行邏輯大致如下。

- 針對每一個裝置生成一對 in_queue, out_queue 訊息佇列，可保證在每個裝置之上串列執行業務操作。
- 這些佇列分別被增加到 (in_queues, out_queues) 中。
- 使用 (in_queues, out_queues) 作為各個 Task 之間傳遞資訊的上下文。

- in_queues 裡面的順序就是裝置的順序，也就是分區的順序，out_queues 亦然。

spawn_workers() 函式的具體程式如下。

```
@contextmanager
def spawn_workers(devices: List[torch.device],
                  ) -> Generator[Tuple[List[InQueue], List[OutQueue]], None, None]:
    """ 產生 worker 執行緒，一個 worker 執行緒綁定到一個裝置上 """
    in_queues: List[InQueue] = []
    out_queues: List[OutQueue] = []

    # 產生執行緒
    workers: Dict[torch.device, Tuple[InQueue, OutQueue]] = {}

    for device in devices:
        device = normalize_device(device) # 得到使用的裝置
        try:
            in_queue, out_queue = workers[device] # 臨時放置佇列
        except KeyError: # 如果裝置還沒有生成對應的佇列，則生成新的佇列
            in_queue = Queue() # 生成新的佇列
            out_queue = Queue()

            # 取出 queue
            workers[device] = (in_queue, out_queue) # 賦值給 workers

            t = Thread(
                target=worker, # 執行緒的執行程式是 worker() 函式
                args=(in_queue, out_queue, device, torch.is_grad_enabled()),
                daemon=True,
            )
            t.start() # 啟動工作執行緒

        in_queues.append(in_queue) # 插入佇列
        out_queues.append(out_queue) # 插入佇列

    try:
        yield (in_queues, out_queues) # 傳回給呼叫者
    finally:
```

```
        # 關閉 worker 執行緒 .
        # 對執行的 worker 執行緒執行 Join 操作
        # 省略
```

4．使用

Pipeline 類別中的 run() 函式會呼叫 spawn_workers() 函式生成 worker 執行緒。我們可以看到，對於 Pipeline 類別來說，最有意義的就是造成了串聯作用的 (in_queues, out_queues)，具體程式如下。

```
def run(self) -> None:
    batches = self.batches
    partitions = self.partitions
    devices = self.devices
    m = len(batches)
    n = len(partitions)
    skip_trackers = [SkipTrackerThroughPotals(skip_layout) for _ in batches]
    with spawn_workers(devices) as (in_queues, out_queues): # 生成 worker 執行緒，並且
得到佇列
        for schedule in clock_cycles(m, n): # 此處按照演算法有次序地執行多個 fence,
compute
            self.fence(schedule, skip_trackers)
            # 把佇列傳遞進去
            self.compute(schedule, skip_trackers, in_queues, out_queues)
```

torchgpipe 使用了 Python 的 Queue 類別。Queue 類別實現了一個基礎的先進先出（FIFO）容器。我們先來看一下 torchgpipe 論文的內容：對於這種細粒度的順序控制，torchgpipe 透過把 Checkpointing 拆分成兩個單獨的 torch.autograd.Function 衍生類別 Checkpoint 和 Recompute 來實現，在任務 $F'_{i,j}$ 的執行時間內，生成具有共用記憶體的 Checkpoint 和 Recompute。該共用記憶體在反向傳播過程中被使用，用於將透過執行 Recompute 生成的本地計算圖傳輸到 Checkpoint，以進行反向傳播。

於是，Pipeline 類別就有了很多並行處理的需求，我們可以看到 Pipeline 類別的 compute 方法（省略部分程式）中有如下功能：向 in_queues 放入 Task，從 out_queues 中去除 Task 的執行結果，具體程式如下。

```
def compute(self, schedule: List[Tuple[int, int]],
            skip_trackers: List[SkipTrackerThroughPotals],
            in_queues: List[InQueue], out_queues: List[OutQueue],
            ) -> None:
    for i, j in schedule: # 並存執行
        batch = batches[i]
        partition = partitions[j]
        if checkpoint:
            # 省略，前文介紹過
        else:
            def compute(batch: Batch = batch,
                        partition: nn.Sequential = partition,
                        skip_tracker: SkipTrackerThroughPotals = skip_trackers[i],
                        ) -> Batch:
                with use_skip_tracker(skip_tracker):
                    return batch.call(partition)
            # 生成一個 Task
            task = Task(streams[j], compute=compute, finalize=None)
            del compute
        # 並存執行 Compute Task
        in_queues[j].put(task) # 在第 j 個分區放入一個新的 Task。因為 i, j 已經在
clock 演算法中設定，所以前向傳播就據此執行

    for i, j in schedule:
        ok, payload = out_queues[j].get() # 取出第 j 個分區的執行結果
    # 省略後續程式
```

5．總結

我們總結整理 torchgpipe 管線的基本業務邏輯如下。

① 系統呼叫 spawn_workers() 函式生成若干 worker 變數，其類型為 Dict [torch.device, Tuple[InQueue, OutQueue]]。

② spawn_workers() 函式為每個裝置生成一個 worker 執行緒，此 worker 執行緒的執行函式是 worker()。spawn_workers() 函式內部也會針對每一個裝置生成一個（in_queue, out_queue），可保證在每個裝置上串列執行業務操作。

③ 這些佇列首先被增加到 (in_queues, out_queues) 中，然後把 (in_queues, out_queues) 傳回給 Pipeline 類別的主執行緒，最後將 (in_queues, out_queues) 作為各個 Task 間傳遞資訊的上下文。

④ Pipeline 主執行緒得到 (in_queues, out_queues) 後，如果要透過 compute() 函式執行一個 Task，就找到該裝置對應的 in_queue，把 Task 插進去。

⑤ worker 執行緒阻塞在 in_queue 上，如果發現有內容，就讀取並執行 Task。

⑥ worker 執行緒把執行結果插入到 out_queue 中。

⑦ Pipeline 的 compute() 函式會取出 out_queue 中的執行結果，並進行後續處理。

業務邏輯如圖 9-4 所示。

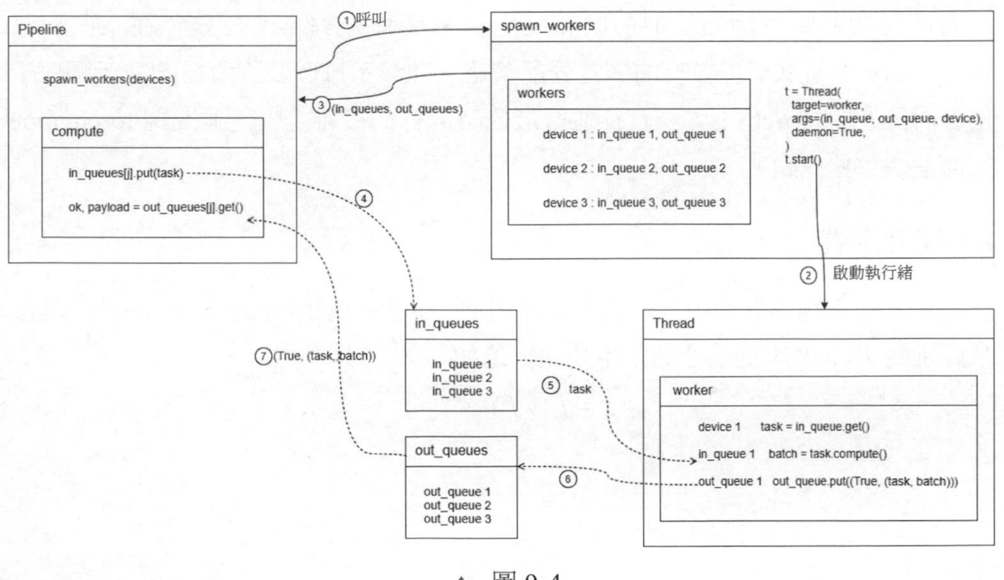

▲ 圖 9-4

9.3 前向計算

本節我們結合論文內容分析如何保證前向計算的執行順序。

9.3.1 設計

KaKao Brain 的作者發表了一篇論文 *torchgpipe: On-the-fly Pipeline Parallelism for Training Giant Models*，接下來我們就圍繞這篇論文進行分析。

1．問題所在

並行訓練的一個障礙是：訓練神經網路的常用最佳化技術本質上是按循序執行的。這些演算法反覆執行如下操作：對於給定的小批次資料，計算其針對損失函式的梯度，並使用這些梯度來更新模型參數。

模型並行是將模型分成若干部分，並將若干部分放在不同的裝置上，每個裝置只計算一部分，並且只更新該部分中的參數。然而，模型並行受到其「無法充分利用」行為的影響，大多數神經網路由一系列層組成，持有模型後期部分的裝置必須等待，直到持有模型早期部分的裝置計算結束。

後文我們將討論如何把前向和反向傳播過程分解為子任務（在某些假設下），描述微批次管線並行的裝置分配策略，並演示每個裝置所需的執行順序；也會討論在 PyTorch 中實現管線並行最佳時間線的複雜之處，並闡釋 torchgpipe 如何解決這些問題。

2．模型定義

假定一個神經網路由一系列子網路組成，這些子網路分別為 $f^1,...,f^n$ ，其參數分別為$\theta^1,...,\theta^n$ ，則整個網路用公式表達如下。

$$f = f^n \circ f^{n-1} \circ \cdots \circ f^1$$

參數 $\theta=\left(\theta^1,\ldots,\theta^n\right)$，為了清楚起見，我們稱 f^j 表示 f 的第 j 個分區，並假設分區的參數是互不相交的。

當訓練網路時，基於梯度的方法（如隨機梯度下降法）需要在給定小批次訓練資料 x 之後，計算網路的輸出結果 $f(x)$ 和相應損失，進而計算損失相對於網路參數 θ 的梯度。這兩個階段分別稱為前向傳播和反向傳播。既然 f 由其 L 層子模組 $(f^L, f^{L-1},\ldots,f^1)$ 順序組成，那麼前向傳播 $f(x)$ 可以透過如下方式計算：首先讓 $x^0=x$（就是輸入 x），然後順序應用每一個分區，即 $x^j=f^j\left(x^{j-1}\right)$，此處 j = 1, …, L。$f(x)$ 可以表示為：

$$f(x)=f^L\left(f^{L-1}\left(f^{L-2}\left(\ldots f^1(x)\right)\right)\right)$$

再進一步，令 x 由 m 個更小的批次 $x_1,\ldots,x_m$ 組成，這些更小的批次叫作微批次。$f(x)$ 的計算可以進一步分割為小的任務 $F_{i,j}$，此處 $x_i^0=x_i$，所以得到 $F_{i,j}$ 的定義如下。

$$x_i^j \leftarrow f^j\left(x_i^{j-1}\right) \qquad \left(F_{i,j}\right)$$

此處 $i=1,..,m$ 和 $j=1,\cdots,n$，假定 f 不參與任何批次內的計算。

運用同樣的方式，反向傳播也被分割為任務 $B_{i,j}$，此處 $\mathrm{d}x_j^n$ 是損失對於 x_j^n 的梯度。$B_{i,j}$ 公式具體如下。

$$\mathrm{d}x_i^{j-1} \leftarrow \partial_x f^j\left(\mathrm{d}x_j^j\right)$$
$$\square_i^{\square} \leftarrow \partial_{\theta^j} \quad \left(\mathrm{d} \quad _j\right)$$

我們得到透過分區 f^j 計算反向傳播（也叫 Vector-Jacobian Product）的函式，具體如下。

$$\partial_x \square^j : \quad \mapsto \quad ^T \cdot \left.\frac{\mathrm{d}f^j}{\mathrm{d}x}\right|_{x=x_i^{j-1}}$$

最終，把 g_i^j 透過 i 下標求和，我們可以得到損失針對 θ^j 的梯度。需要注意的是，在任務之間有資料相依，比如，由於 $F_{i,j}$ 需要 x_i^{j-1}，而 x_i^{j-1} 只有在 $F_{i,j-1}$ 計算完成之後才有效，因此 $F_{i,j-1}$ 必須在 $F_{i,j}$ 開始之前結束；同理，$B_{i,j+1}$ 必須在 $B_{i,j}$

開始之前結束。

圖 9-5 是一個相依圖，此處 $m = 4$、$n = 3$，即小批次被分成 4 個微批次，模型被分成 3 個子網路。以圖 9-5 中第一行為例，前面 3 個 F 是 3 個子網路的前向傳播，後面 3 個 B 是 3 個子網路的反向傳播。所以第一行表示第一個微批次會順序完成 3 個子網的前向傳播和反向傳播。

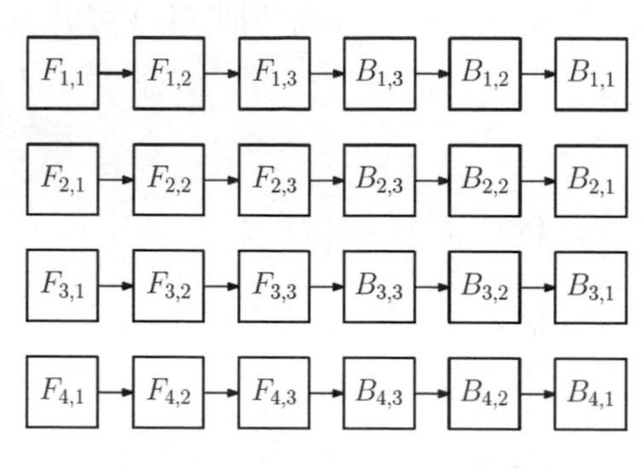

▲ 圖 9-5

圖片來源：論文 *torchgpipe: On-the-fly Pipeline Parallelism for Training Giant Models*

在給定任務的集合 $F_{i,j}$ 和 $B_{i,j}$，以及一個可以並行工作的裝置池之後，不同的並行化策略有自己分配任務給裝置的規則。在解決了相依關係之後，每個裝置會計算一個或多個分配的任務。在上面的設置中，任務的所有相依項都具有相同的微批次索引 i。因此，將具有不同微批次索引的任務分配給不同的裝置，可以有效地並行化任務，這就是資料並行。

3．GPipe 計算圖

管線並行的策略是根據分區索引 j 分配任務，以便第 j 個分區完全位於第 j 個裝置中。除此之外，策略還強制要求 $F_{i,j}$ 必須在執行 $F_{i+1,j}$ 之前完成，以及 $B_{i,j}$ 必須在執行 $B_{i-1,j}$ 之前完成。

除了微批次管線之外，GPipe 還透過對每個 $B_{i,j}$ 使用梯度檢查點來進一步降低記憶體需求。因為第 j 個裝置每次只執行 $B_{i,j}$，所以當計算 $B_{i,j}$ 的時候，只需要拿到 $F_{i,j}$ 的啟動。因為在執行 $B_{i,j}$ 之前計算前向傳播，所以我們記憶體消耗到

之前的 $\frac{1}{m}$ 。此外，當裝置等待 $B_{i,j}$ 時，可以進行重計算，這些資訊如圖 9-6 所示。

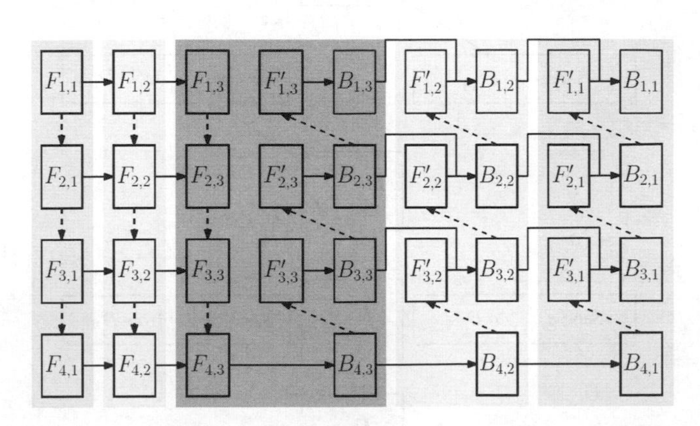

▲ 圖 9-6

圖片來源：論文 *torchgpipe: On-the-fly Pipeline Parallelism for Training Giant Models*

圖中的虛線箭頭表示由於引入了微批次順序而帶來的獨立任務之間的執行順序；不同底色表示不同的裝置。我們注意到最後一個微批次的重計算，即 $F'_{m,j}$，此處 $j=1,...,n$ 是不必要的，這是因為在第 j 台裝置上，前向傳播中的最後一個任務是 $F_{m,j}$，所以在前向傳播過程中放棄中間啟動，並在反向傳播開始時重新計算它們。這樣不會減少記憶體，只會減慢管線速度，因此圖中省略了 $F'_{m,j}$ 。

4．裝置執行順序

- 在管線並行（帶有檢查點）中，每個裝置都被分配了一組具有指定順序的任務。一旦系統滿足跨裝置相依關係，每個裝置就將一個一個執行給定的任務。然而，系統目前缺少一個元件—裝置之間的資料傳輸。裝置 j 必須遵循完整的執行順序，如圖 9-7 所示。

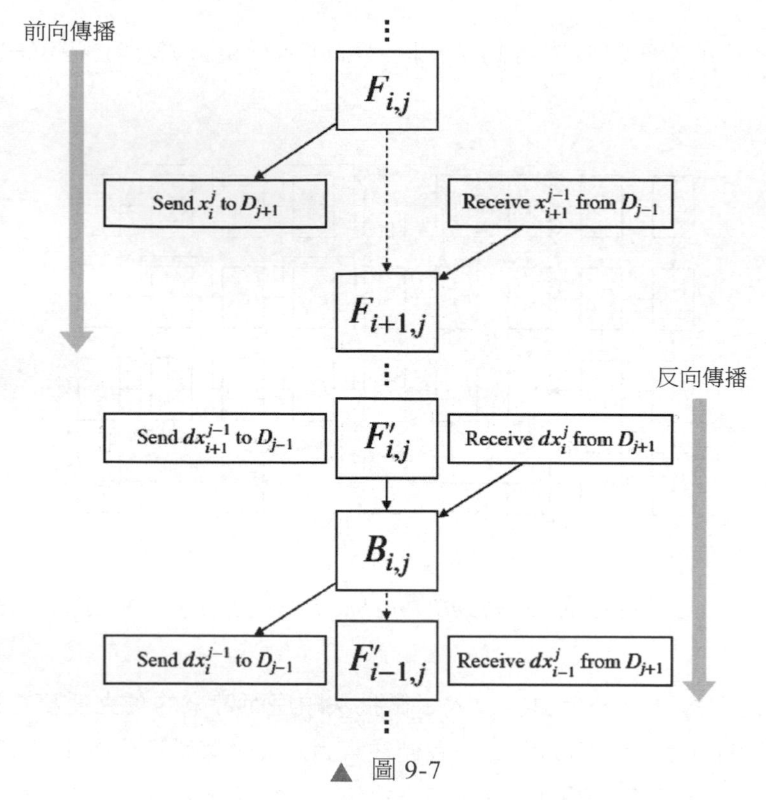

▲ 圖 9-7

圖片來源：論文 *torchgpipe: On-the-fly Pipeline Parallelism for Training Giant Models*

5 · PyTorch 實現困難

為了使管線並行按預期工作，必須以正確的順序將任務分配到每個裝置。在 PyTorch 中實現這一點有幾個複雜之處。

- 第一，由於 PyTorch 的 define by run（先定義後執行）風格，核心（kernel，運算元在特定硬體上的實現）被動態地發佈到每個裝置，因此必須仔細設計主機程式，這樣不僅可以在每個裝置中以正確的順序發佈那些綁定到裝置的任務，而且可以避免由於 Python 解譯器未能提前請求而在裝置上（與 CPU 非同步）延遲執行任務。當某些任務是 CPU 密集型任務或涉及大量廉價核心呼叫時，可能會發生這種延遲。為此 torchgpipe 引入了確定性時鐘週期（Deterministic Clock-cycle）的概念，它舉出了任務的整體執行順序。

- 第二，反向傳播的計算圖在前向傳播過程中動態建構，避免了前向傳播計算圖的物化，只記錄微分計算所需的內容。PyTorch 既不記錄前向計算圖，也不維護一個梯度磁帶（Gradient Tape）。這意味著 PyTorch 自動求導引擎可能不會完全按照與前向過程相反的執行順序來執行，除非依據計算圖的結構來強制執行。為了解決此問題，torchgpipe 開發了名為 Fork 和 Join 的基本函式，在反向傳播的計算圖中動態建立顯式相依關係。
- 第三，多個裝置之間的通訊可能會出現雙向同步問題。這會導致裝置使用率不足，因為即使在複製操作和佇列中的下一個任務之間沒有顯式相依關係，發送方也可能等待與接收方同步，反之亦然。torchgpipe 透過使用非預設 CUDA 串流避免了此問題，這樣複製操作就不會阻止計算，除非計算必須等待資料。
- 第四，torchgpipe 試圖放寬微批次處理管線並行性的限制（模型必須是順序的）。儘管原則上任何神經網路都可以按順序形式撰寫，但這需要提前知道整個計算圖。而在 PyTorch 中不是這樣的，特別是如果有一個張量從裝置 j' 中的一層直接跳躍（skip）到裝置 $j > j'+1$ 中的另一層，因為 torchgpipe 無法提前知道這種跳躍關係，該張量將被複製到兩層之間的所有裝置。為了避免此問題，torchgpipe 設計了一個介面來表示訓練跳過了哪些中間張量，以及哪些層使用了它們。

6．總結

在圖 9-8 中左側，具有多個有序層的神經網路的 GPipe 模型被劃分到 4 個加速器上。F_k 是第 k 個分區的複合正向計算函式，B_k 是其相對應的反向傳播函式。樸素管線狀態如圖 9-8 右側所示。管線並行的策略是根據分區索引 j 分配任務，以保證第 j 個分區完全位於第 j 個裝置中。持有模型後期部分的裝置必須等待，直到持有模型早期部分的裝置計算結束。我們可以看到網路的順序性會導致資源使用率不足，因為每個時刻只有一個裝置處於活動狀態。

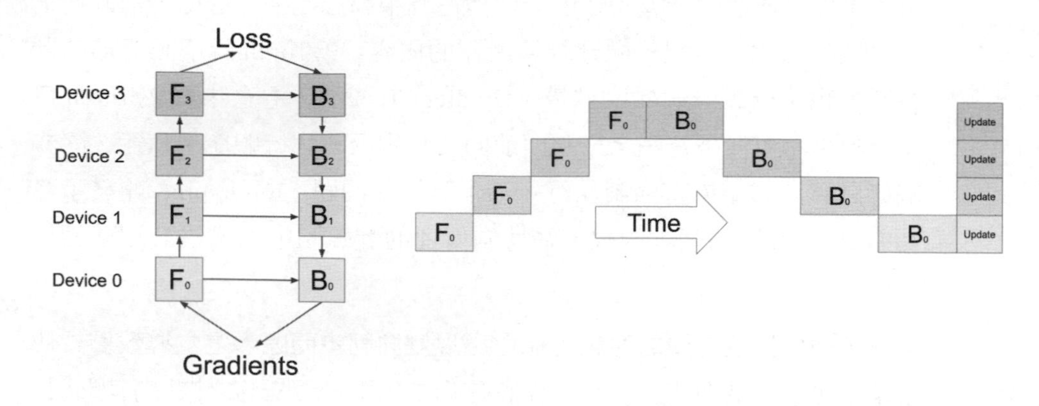

▲ 圖 9-8

圖片來源：論文 *GPipe: Easy Scaling with Micro-Batch Pipeline Parallelism*

目標管線狀態如圖 9-9 所示。輸入的小批次資料被劃分為更小的微批次資料，這些微批次資料可以由多個 TPU 同時處理。

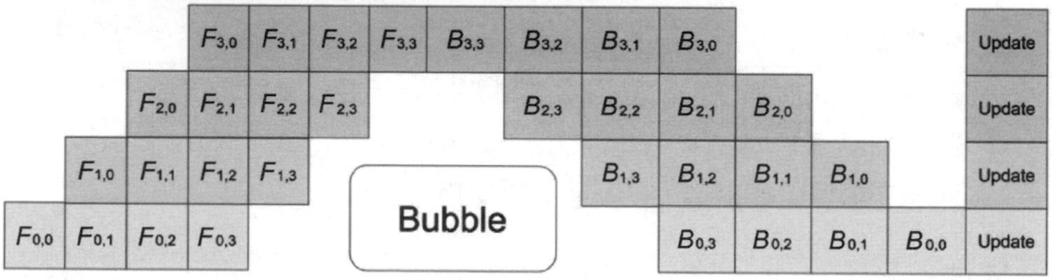

▲ 圖 9-9

圖片來源：論文 *GPipe: Easy Scaling with Micro-Batch Pipeline Parallelism*

因此可知，如果分成若干個微批次，則需要 $F_{i,j}$ 必須在執行 $F_{i+1,j}$ 之前完成，以及 $B_{i,j}$ 必須在執行 $B_{i-1,j}$ 之前完成，這就引出來目前的問題。

- 如何在每個裝置中以正確的順序發佈那些綁定到裝置的任務，以避免由於 Python 解譯器未能提前請求而在裝置上（與 CPU 非同步）延遲執行任務？

- 如何建立這些小批次之間的跨裝置相依關係或者動態顯式相依關係？

上述問題的解決方案如下。

- 對於如何保證正確執行順序，torchgpipe 引入了確定性時鐘週期演算法，它舉出了任務的整體順序。
- 對於如何保證計算圖中的動態顯式相依關係，torchgpipe 針對時鐘週期（Clock-cycle）產生的每一個 schedule（排程 / 計畫）都會進行如下操作：利用 fence() 函式呼叫 fork() 函式和 join() 函式，以此在反向傳播的計算圖中動態建立顯式反向傳播相依關係；利用 compute(schedule, skip_trackers, in_queues, out_queues) 函式進行計算。

我們接下來就分析在前向計算過程中如何保證正確的執行順序。

9.3.2 執行順序

下面我們分析確定性時鐘週期演算法，該演算法專門在前向傳播過程中使用。一般來說，前向傳播按照模型結構來確定計算順序，但是因為在管線並行過程中模型已經被分割開，無法依靠自身提供一個統一的前向傳播計算順序，所以 torchgpipe 需要提供一個前向傳播執行順序以執行各個微批次。

1 · 思路

任務的執行順序由前向傳播中的主機程式決定。每個裝置透過 CPU 分配的順序隱式地理解任務之間的相依關係。在理想的情況下，如果 CPU 可以無代價地將任務分配給裝置，只要裝置內的順序正確，CPU 就可以按任何順序將任務分配給裝置。然而，這種假設並不現實，因為在 GPU 上啟動核心函式對 CPU 來說不是毫無代價的，比如 GPU 之間的記憶體傳輸可能需要同步，或者任務是 CPU 密集型的，torchgpipe 依據「某節點到 $F_{1,1}$ 的距離」對所有任務進行排序。

這種方案就是確定性時鐘週期演算法，如圖 9-10 所示。在該演算法中，CPU 在計數器 $k=1$ 到 $k=m+n-1$ 的時鐘週期內執行。在第 k 個時鐘週期內，對於 $i+j-1=k$，index 會執行如下操作。

- 執行任務 $F_{i,j}$ 所需資料的所有複製核心函式。
- 將用於執行任務的計算核心函式註冊到相應的裝置（由於同一時鐘週期中的任務是獨立的，因此可以安全地進行多執行緒處理）。

Algorithm 1: Deterministic clock-cycle

for k *from* 1 *to* $m+n-1$ **do**
    for i, j *such that* $i+j-1=k$ **do**
        if $j>1$ **then**
            Copy x_i^{j-1} to device j.
    for i, j *such that* $i+j-1=k$ **do**
        Execute $F_{i,j}$.

▲ 圖 9-10

圖片來源：論文 *torchgpipe: On-the-fly Pipeline Parallelism for Training Giant Models*

2 · 解析

下面我們結合圖 9-6 分析該演算法的具體流程。

- 在 clock 1 時，執行圖中的 $F_{\square}$ 。
- 在 clock 2 時，執行圖中的 $F_{2,1}$、$F_{1,2}$ ，就是向右執行一格到 $F_{1,2}$ ，同時第二個微批次進入訓練，即運行 $F_{2,1}$ 。
- 在 clock 3 時，執行圖中的 $F_{3,1}$、$F_{2,2}$、$F_{1,3}$ ，就是 $F_{1,2}$ 向右執行一格到 $F_{1,3}$ ，$F_{2,1}$ 向右執行一格到 $F_{2,3}$ ，同時第三個微批次進入訓練流程，即運行 $F_{3,1}$ 。
- 在 clock 4 時，執行圖中的 $F_{4,1}$、$F_{3,2}$、$F_{2,3}$ ，就是 $F_{2,2}$ 向右執行一格到 $F_{2,3}$ ，$F_{3,1}$ 向右執行一格到 $F_{3,2}$ ，同時第四個微批次進入訓練流程，即運行 $F_{4,1}$ ，以此類推。

對應圖 9-6 我們可以看到， $F_{2,1}$、$F_{1,2}$ 到 $F_{1,1}$ 的步進距離是 1，走一步可到；$F_{3,1}$、$F_{2,2}$、$F_{1,3}$ 到 $F_{1,1}$ 的步進距離是 2，分別走兩步可到。

此邏輯從圖 9-11 可以清晰地看到。確定性時鐘週期演算法就是利用任務到 $F_{1,1}$ 的距離對所有任務進行排序。此處很像把一塊石頭投入水中，泛起的水波紋一樣，從落水點一層一層地從近處向遠處傳播。圖 9-11 中不同底色代表不同的裝置，數字表示任務順序。

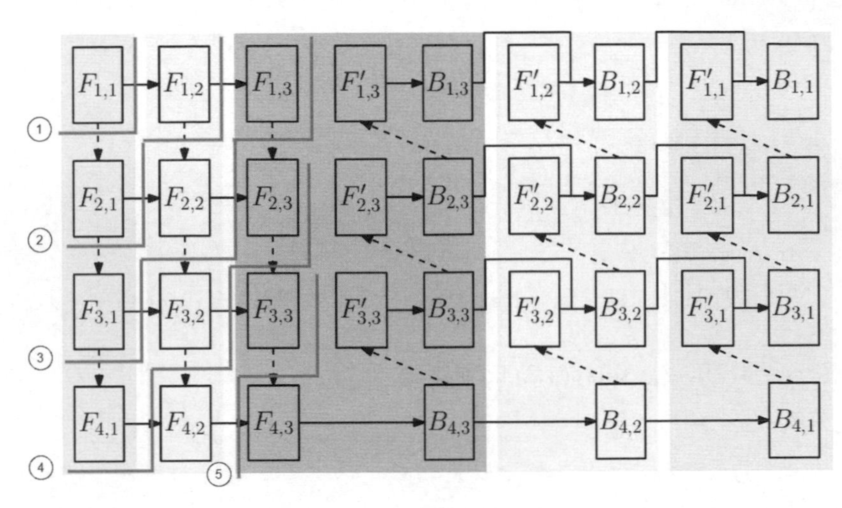

▲ 圖 9-11

3．程式

我們再來分析確定性時鐘週期演算法的程式。首先是生成時鐘週期，此處有兩點需要說明：min(1+k, n) 就是在 k 時鐘的時候可以啟動的最大裝置數目，也就是分區數目；max(1+k-m, 0) 就是在 k 時鐘的時候可以啟動的最小微批次數目。

最終傳回的序列就是在 k 時鐘時可以啟動（微批次索引、分區索引）的序列，具體程式如下。

```
def clock_cycles(m: int, n: int) -> Iterable[List[Tuple[int, int]]]:
    """ 為每個時鐘週期產生 schedules"""
    # m: 微批次數目
    # n: 分區數目
    # i: 微批次索引
    # j: 分區索引
```

```
    # k: 時鐘序號（clock number）
    #
    # k (i,j) (i,j) (i,j)
    # - ----- ----- -----
    # 0 (0,0)
    # 1 (1,0) (0,1)
    # 2 (2,0) (1,1) (0,2)
    # 3       (2,1) (1,2)
    # 4             (2,2)
    # 此處 k 是時的鐘數，從 1 開始，最大時鐘序號是 m+n-1。
    # min(1+k, n) 是在 k 時鐘的時候，可以啟動的最大裝置數目
    # max(1+k-m, 0) 是在 k 時鐘的時候，可以啟動的最小微批次
    for k in range(m+n-1):
        yield [(k-j, j) for j in range(max(1+k-m, 0), min(1+k, n))]
```

設定 $m = 4$，$n = 3$，solve(4,3) 的輸出為：

```
[(0, 0)]
[(1, 0), (0, 1)]
[(2, 0), (1, 1), (0, 2)]
[(3, 0), (2, 1), (1, 2)]
[(3, 1), (2, 2)]
[(3, 2)]
```

圖 9-11 中的標識和原始程式的「註釋和程式」不完全一致，為了便於大家理解，我們按照圖 9-11 上的標識來說明。因為在圖 9-11 中是從 $F_{1,1}$ 開始的，所以我們把上面的註釋修正如下。

```
# 0 (0,0)                    ----> 應該對應：clock 1 執行圖上的 (1,1)
# 1 (1,0) (0,1)              ----> 應該對應：clock 2 執行圖上的 (2,1) (1,2)
# 2 (2,0) (1,1) (0,2)        ----> 應該對應：clock 3 執行圖上的 (3,1) (2,2) (1,3)
# 3       (2,1) (1,2)        ----> 應該對應：clock 4 執行圖上的 (3,2) (2,3)
# 4             (2,2)        ----> 應該對應：clock 5 執行圖上的 (3,3)
```

為了列印正確的索引，我們把 clock_cycles() 程式修改一下，這樣大家就可以更好地把程式和圖對應起來了。

```
m=4 # m: 微批次數目
n=3 # n: 分區數目
```

```
for k in range(m + n - 1):
    print( [(k - j + 1 , j +1 ) for j in range(max(1 + k - m, 0), min(1 + k, n))] )

列印結果是：
[(1, 1)]  # 第 1 輪訓練 schedule & 資料
[(2, 1), (1, 2)] # 第 2 輪訓練 schedule & 資料
[(3, 1), (2, 2), (1, 3)] # 第 3 輪訓練 schedule & 資料
[(4, 1), (3, 2), (2, 3)] # 第 4 輪訓練 schedule & 資料
[(4, 2), (3, 3)] # 第 5 輪訓練 schedule & 資料
[(4, 3)] # 第 6 輪訓練 schedule & 資料
```

我們把上面的輸出按照管線的圖繪製一下得到圖 9-12 所示的結果。從圖 9-12 中可以看到，在前 4 個時鐘週期內，分別有 4 個微批次進入 cuda:0，分別是 (1,1) (2,1) (3,1) (4,1)。按照 clock_cycles() 演算法舉出的順序，每次迭代（時鐘週期）執行不同的schedule，在經過 6 個時鐘週期之後完成了第一輪前向操作，具體資料的批次流向如圖 9-13 所示。這就形成了 GPipe 管線，此管線優勢在於，如果微批次的數目設定合適，就可以在每個時鐘週期內最大程度地讓所有裝置都執行起來。與之相比，樸素的管線同一時間只能讓一個裝置執行。

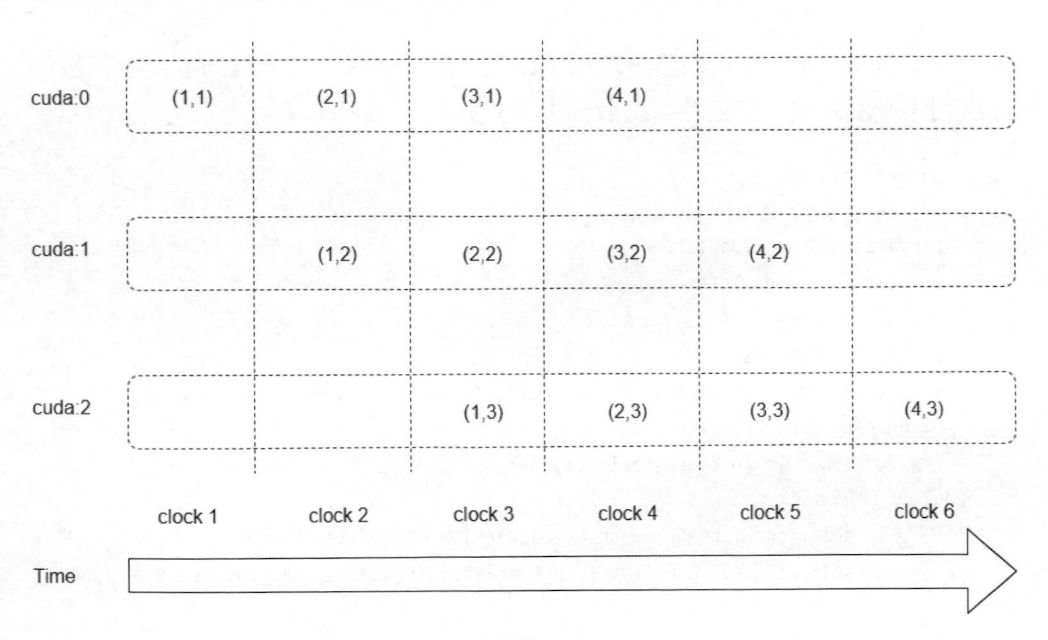

▲ 圖 9-12

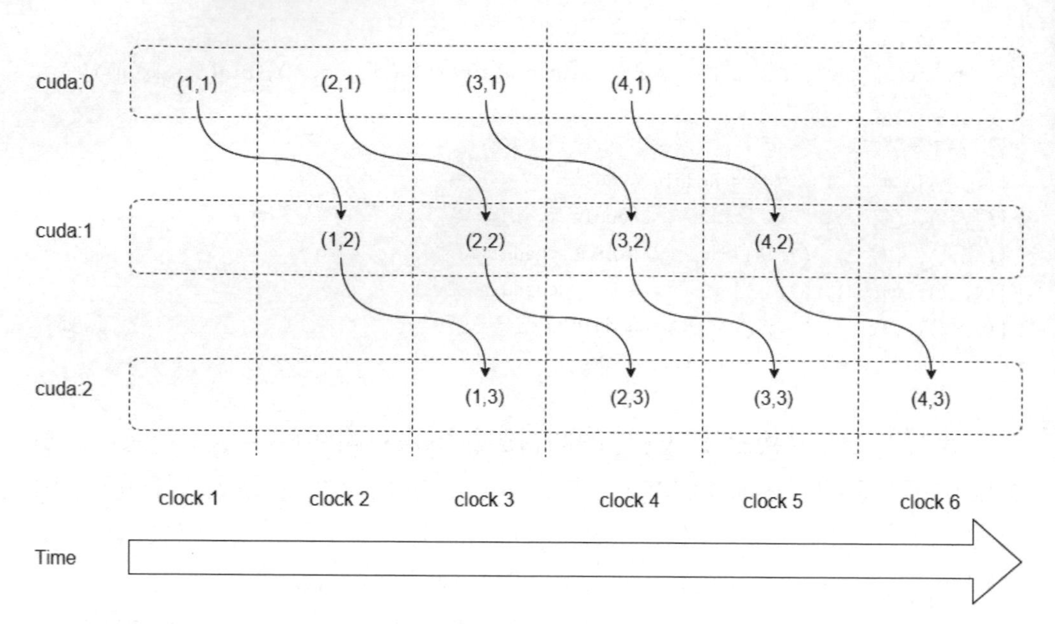

▲ 圖 9-13

4 · 使用

在 Pipeline 類別中按照時鐘週期來啟動計算，這樣在前向傳播過程中就按照此序列，像水波紋一樣把計算擴散出去，具體程式如下。

```
def run(self) -> None:
    batches = self.batches
    partitions = self.partitions
    devices = self.devices
    m = len(batches)
    n = len(partitions)
    skip_trackers = [SkipTrackerThroughPotals(skip_layout) for _ in batches]
    with spawn_workers(devices) as (in_queues, out_queues):
        for schedule in clock_cycles(m, n): # 此處使用確定性時鐘週期演算法舉出了
schedule，後續據此來執行
            self.fence(schedule, skip_trackers) # 建構反向傳播相依關係
            self.compute(schedule, skip_trackers, in_queues, out_queues) # 進行計算
```

至此，對前向傳播過程的分析完畢。

9.4 計算相依

本節我們結合論文內容分析如何實現管線相依，其核心就是建立這些小批次之間的跨裝置相依關係。

首先來分析為什麼需要計算相依，具體原因如下。

- 由於模型已經被分層，我們將模型的不同部分拆開放到不同裝置上，將資料分成微批次。因此本來模型內部是線性相依關係，現在需要變成管線相依關係。由於原始計算圖不能滿足需求，所以需要進行有針對性的補充，如圖 9-1 所示，6 個層被分成了 3 個分區，這 3 個分區之間的相依如何建構？
- 線性相依關係在模型定義的時候就已基本確定，而現在需要在每次執行的時候建立一個動態的管線相依關係。

針對管線並行，torchgpipe 需要自己補充一個本機跨裝置偽分散式相依關係。

我們回憶一下圖 9-5 和圖 9-6。針對這兩個圖，torchgpipe 需要完成兩種相依（需要注意的是，$F'_{m,j}$ 代表了重計算）。

- 行間相依，就是資料批次之間的相依，也是裝置內的相依。從圖 9-6 上看是虛線，就是藍色列內的 $F_{1,1}$ 必須在 $F_{2,1}$ 之前完成，$B_{2,1}$ 必須在 $B_{1,1}$ 之前完成。
- 列間相依，就是分區（裝置）之間的相依。從圖 9-6 上看是實線，就是藍色 $F_{1,1}$ 必須在黃色 $F_{1,2}$ 之前完成，即第一個裝置必須在第二個裝置之前完成，而且第一個裝置的輸出是第二個裝置的輸入。

計算圖意味著各種相依邏輯，torchgpipe 透過在前向計算圖和反向計算圖做各種調整來達到目的，相依邏輯的補足依靠 Fork() 和 Join() 等函式來完成，或者可以認為：在建構管線前向傳播和反向傳播相依的同時，torchgpipe 也完成了對管線行、列相依關係的建構。透過建構反向傳播相依，torchgpipe 完成了行之間的相依；透過建構前向傳播相依，torchgpipe 完成了列之間的相依。

9.4.1 反向傳播相依

我們先來分析反向傳播相依。

1．思路

回到圖 9-5 和圖 9-6，假定我們透過確定性時鐘週期演算法來執行一個前向傳播。即使前向傳播按照在第 j 個裝置上應該執行的順序來執行任務 $F_{1,j},...,F_{m,j}$，得到的反向傳播結果計算圖看起來也更像圖 9-5 而非圖 9-6。

從圖 9-5 來看，PyTorch 的自動求導引擎不知道 $B_{i+1,j}$ 必須在 $B_{i,j}$ 之前執行，這可能會打亂反向傳播的時間流。因此，虛擬相依（圖 9-6 中的虛線箭頭）必須在前向傳播中被顯式繪製出來。

我們再仔細分析一下圖 9-6。在圖 9-6 中每一行都表示一個微批次在訓練中的執行流，此流的前向是由確定性時鐘週期演算法確定的，反向關係在前向傳播中自動完成確定。

現在的問題是：一個小批次被分成了 4 個微批次，分別在不同時鐘週期進入訓練，就是每一列。這一列由上到下的傳播也是由確定性時鐘週期演算法確定的，但是反向傳播（自下而上）目前是不確定的。比如在最後一列中，反向傳播的順序應該是：$B_{4,1},B_{3,1},B_{2,1},B_{1,1}$，但目前無法確定此順序。

所以需要依靠本節介紹的 Fork() 函式和 Join() 函式完成此相依關係。圖 9-6 中的斜線表示 Checkpoint 中需要先有一個重計算，然後才能由下往上走。因此，torchgpipe 定義兩個自動求導函式 Fork() 和 Join() 來表達這種相依關係。

- Fork() 把一個張量 x 映射到 pair(x,ϕ)，此處 ϕ 是一個空張量。
- Join() 把 pair(x,ϕ) 映射到一個張量 x，此處 ϕ 是一個空張量。

$F_{i+1,j}$ 對 $F_{i,j}$ 的相依（該相依關係在反向傳播計算圖中被轉換為 $B_{i,j}$ 對 $B_{i+1,j}$ 的相依關係）可以透過如下公式表示。

$$\left(x_i^j,\phi\right) \leftarrow \text{Fork}\left(x_i^j\right)$$

$$x_{i+1}^{j-1} \leftarrow \text{Join}\left(x_{i+1}^{j-1},\phi\right)$$

原則上，表示虛擬相依關係的張量可以是任意的。然而，torchgpipe 選擇使用空張量以消除由張量引起的任何不必要的計算（比如 PyTorch 中的梯度累積）。圖 9-14 就是使用 Fork() 函式和 Join() 函式建構的反向計算圖。箭頭依據反向傳播計算圖的方向繪製，這些聯繫是在前向傳播過程中建構的。因此，$F'_{i,j}$ 對 $B_{i+1,j}$ 的虛擬相依透過 Fork() 函式和 Join() 函式建構出來，用虛線表示，實線則在前向傳播的時候建構。

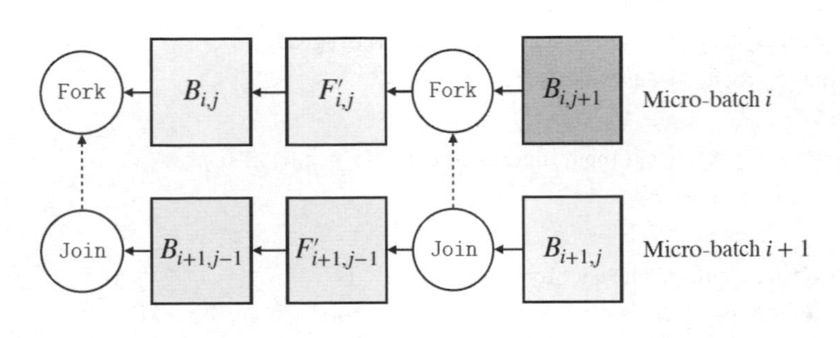

▲ 圖 9-14

圖片來源：論文 *torchgpipe: On-the-fly Pipeline Parallelism for Training Giant Models*

2．實現

接下來我們分析如何實現計算相依。

（1）Function

我們先分析 torch.autograd.Function 類別的作用。torch.autograd.Function 類別實際上是一個操作函式的基礎父類別，這樣的操作函式必須具備兩個基本的過程，即前向的運算過程和反向的求導過程。

如果某些操作無法透過 PyTorch 已有的層或者已有的方法實現，就需要一個新的方法對 PyTorch 進行拓展。當需要自訂求導規則的時候，就應該拓展 torch.autograd.Function 類別，使用者自己定義實現前向傳播和反向傳播的計算過程，這就是「Extending torch.autograd」。

我們接下來介紹反向相依（Backward Dependency）的關鍵演算法：Fork 類別和 Join 類別，這兩個類別拓展了 torch.autograd.Function。

（2）關鍵演算法

Fork 自動求導 Function，拓展了 torch.autograd.Function，把一個張量 x 映射到 pair(x, ϕ)，此處 ϕ 是一個空張量。detach() 函式把張量從反向計算圖分離出來，新張量不參與反向計算圖拓撲，但是與原張量共用記憶體，原張量梯度相關屬性不變。

```
def fork(input: Tensor) -> Tuple[Tensor, Tensor]:
    if torch.is_grad_enabled() and input.requires_grad:
        input, phony = Fork.apply(input)
    else:
        phony = get_phony(input.device, requires_grad=False)
    return input, phony

class Fork(torch.autograd.Function):
    @staticmethod
    def forward(ctx: 'Fork', input: Tensor) -> Tuple[Tensor, Tensor]:
        phony = get_phony(input.device, requires_grad=False)
        return input.detach(), phony.detach()

    @staticmethod
    def backward(ctx: 'Fork', grad_input: Tensor, grad_grad: Tensor) -> Tensor:
        return grad_input
```

Join() 函式也拓展了 torch.autograd.Function，具體程式如下。

```
def join(input: Tensor, phony: Tensor) -> Tensor:
    if torch.is_grad_enabled() and (input.requires_grad or phony.requires_grad):
        input = Join.apply(input, phony)
    return input

class Join(torch.autograd.Function):
    @staticmethod
    def forward(ctx: 'Join', input: Tensor, phony: Tensor) -> Tensor:
        return input.detach()

    @staticmethod
```

```
    def backward(ctx: 'Join', grad_input: Tensor) -> Tuple[Tensor, None]:
        return grad_input, None
```

上面兩段程式都使用了 Phony 類別，這是沒有空間的張量，因為它不需要任何梯度累積，所以可在自動求導圖中建構任意的相依，Phony 類別具體建構方式如下。

```
def get_phony(device: torch.device, *, requires_grad: bool) -> Tensor:
    key = (device, requires_grad)
    try:
        phony = _phonies[key]
    except KeyError:
        with use_stream(default_stream(device)):
            phony = torch.empty(0, device=device, requires_grad=requires_grad)
        _phonies[key] = phony
    return phony
```

3．使用

在 Pipeline 類別中我們可以看到 " 計算相依 " 具體的使用方法，fence() 函式（省略部分程式）利用 depend() 函式建構反向傳播的相依關係，確保在反向傳播過程中，batches[i-1] 在 batches[i] 之後完成，具體程式如下。

```
def fence(self,
          schedule: List[Tuple[int, int]],
          skip_trackers: List[SkipTrackerThroughPotals],
          ) -> None:
    """ 在前一個微批次計算之後複製下一個微批次 """
    batches = self.batches
    copy_streams = self.copy_streams
    skip_layout = self.skip_layout

    for i, j in schedule:
        # 確保在反向傳播過程中，batches[i-1] 在 batches[i] 之後以一個明確的相依關係來執行
        if i != 0:
            depend(batches[i-1], batches[i]) # 在此處建立了反向傳播相依關係
```

depend() 函式的具體程式如下。

```
def depend(fork_from: Batch, join_to: Batch) -> None:
    fork_from[0], phony = fork(fork_from[0])
    join_to[0] = join(join_to[0], phony)
```

下面我們結合範例程式將傳入的參數賦值，重新把 depend() 函式解釋如下。

```
def depend(batches[i-1]: Batch, batches[i]: Batch) -> None:
    batches[i-1][0], phony = fork(batches[i-1][0]) # 把 batches[i-1] 傳入進來
    batches[i][0] = join(batches[i][0], phony) # 把 batches[i] 傳入進來
```

具體邏輯如圖 9-15 所示，透過 phony 變數完成了一個橋接，即在前向傳播過程中，batches[i] 相依 batches[i-1] 的執行結果。圖 9-15 中的虛線方框表示變數，實線方框表示類別或者方法，箭頭表示資料流程。

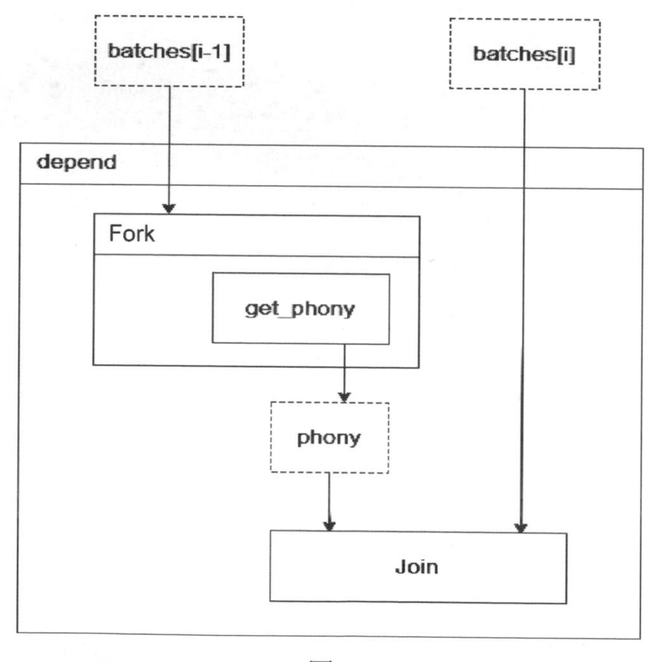

▲ 圖 9-15

於是在反向傳播過程中，batches[i] 就必須在 batches[i-1] 之前完成。

我們再結合論文的圖（即圖 9-16）來分析，本來範例程式中是：

```
depend(batches[i-1], batches[i])
```

為了和論文中的圖對應，我們修改為：

```
depend(batches[i], batches[i+1])
```

depend() 函式程式也變化為：

```
def depend(batches[i]: Batch, batches[i+1]: Batch) -> None:
    batches[i][0], phony = fork(batches[i][0])
    batches[i+1][0] = join(batches[i+1][0], phony)
```

上面程式對應圖 9-16，在反向傳播計算圖中，batches[i+1] 透過一個 Join() 函式和一個 Fork() 函式，排在了 batches[i] 前面，就是圖 9-16 大箭頭所示的過程。具體細化此邏輯如下。

- 圖 9-16 上的實線箭頭依據反向傳播圖計算的方向來繪製，這些聯繫是在前向傳播中建構的。就是說，對於 batch[i] 來說，其反向傳播的順序是固定的。
- 從圖 9-16 中可知，由於 PyTorch 的自動求導引擎不知道 $B_{i+1,j}$ 必須在 $B_{i,j}$ 之前執行，會打亂反向傳播的時間流。因此，虛擬相依（圖 9-14 中的虛線箭頭）必須在前向傳播中被顯式繪製出來。
- 圖中上下兩行之間的執行順序不可知，需要用虛線來保證，即透過呼叫 Join() 函式和 Fork() 函式來保證。

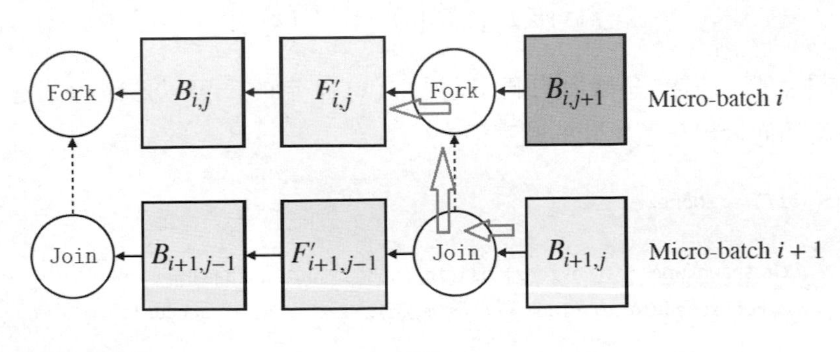

▲ 圖 9-16

9.4.2 前向傳播相依

我們回頭來看前向傳播相依。目前，透過建構反向傳播相依，torchgpipe 只完成了行之間的相依，沒有完成列之間的相依，列之間的相依就是裝置之間的相依，即前一個裝置的輸出是後一個裝置的輸入。我們現在進行補全，分析 torchgpipe 如何在建構前向傳播相依的同時完成列之間的相依。

1．分割模型

我們來回顧一下如何分割模型。GPipe 的成員變數 Partitions 是 nn.ModuleList 類型，但是 nn.ModuleList 並沒有定義一個網路，而只是將不同的模區塊儲存在一起，這些模組之間並沒有先後順序，網路的執行順序由 forward() 函式決定。隨之而來的問題就是，分區內部可以用 Sequential() 函式進行一系列前向操作，但是如何設定分區之間的執行順序？比如怎樣確定圖 9-16 下方的 3 個矩形之間的執行順序。

2．確定相依

我們還是從論文入手。假定一個神經網路由一系列子網路組成，這些子網路是 $f^1,...,f^n$，則整個網路可以表述為如下公式。

$$f = f^n \circ f^{n-1} \circ \cdots \circ f^1,$$

既然 f 由 L 層子模組 $\left(f^L, f^{L-1},...,f^1\right)$ 順序組成，那麼前向傳播 $f(x)$ 可以透過如下方式計算：讓 $x^0 = x$（輸入 x），然後順序應用每一個分層，即 $x^j = f^j\left(x^{j-1}\right)$，此處 $j = 1, \ldots, L$。$f(x)$ 可以表示為如下公式。

$$f(x) = f^L\left(f^{L-1}\left(f^{L-2}\left(\ldots f^1(x)\right)\right)\right)$$

於是我們知道前向傳播的順序是由 $f(x)$ 確定的，可以透過程式進一步解析，看看如何實現分區之間的順序相依。

```
def run(self) -> None:
        # 省略其他程式碼
        with spawn_workers(devices) as (in_queues, out_queues):
            for schedule in clock_cycles(m, n): # 此處舉出了 schedule，後續據此執行
```

```
            self.fence(schedule, skip_trackers)
            self.compute(schedule, skip_trackers, in_queues, out_queues)
```

解析的目標是 for schedule in clock_cycles(m, n)，此 for 迴圈針對 clock_cycles() 函式產生的每一個 schedule 會做如下操作：利用 fence(schedule, skip_trackers) 函式建構反向傳播相依關係；利用 compute(schedule, skip_trackers, in_queues, out_queues) 函式進行計算。

現在我們完成了兩步：第一步，確定性時鐘週期演算法給定了前向傳播的執行順序，我們只要按照該演算法提供的 schedule 一一執行即可；第二步，呼叫 Join() 函式和 Fork() 函式，fence() 函式保證了在反向傳播過程中，batches[i] 必須在 batches[i-1] 之前完成，即 $B_{i+1,j}$ 必須在 $B_{i,j}$ 之前執行。這第二步就完成了圖 9-16 中的列相依。

我們接下來的問題是：如何透過此 for 迴圈來保證 $B_{i,j+1}$ 必須在 $B_{i,j}$ 之前執行？如何安排反向傳播逐次執行？如何完成行內（列間）的相依？事實上，前向傳播透過自訂的 Copy 和 Wait 這兩個 torch.autograd.Function 確定裝置之間的相依。

3．論文思路

我們首先來看論文內容。

（1）裝置級執行順序

論文內容如下：在管線並行性（帶有檢查點）中，每個裝置都被分配了一組具有指定順序的任務。一旦滿足跨裝置相依關係，每個裝置就將一個一個執行給定的任務。但是，在論文圖 2 中（請參見圖 9-6），裝置之間的資料傳輸過程中缺少一個元件。為了便於說明，裝置 j 必須遵循完整執行順序（如論文圖 3 所示，請參見圖 9-7）。為了更好地說明，此處資料傳輸操作被明確表示為「接收」和「發送」。

（2）平行計算與複製

論文中還論述了串流的使用：PyTorch 將每個綁定到裝置的核心發佈到預設串流（除非另有規定）。串流按循序執行這些綁定到裝置的核心序列，同一個串流中的核心需要保證按預先指定的循序執行，不同串流中的核心可以相互交錯或者重疊。特別是，幾乎所有具有運算能力及更高版本的 CUDA 裝置都支援併發複製和執行，即裝置之間的資料傳輸可以與核心執行重疊。

torchgpipe 將每個複製核心註冊到非預設串流中，同時將計算核心保留在預設串流中。這允許裝置 j 可以並行處理多個操作，即① $F_{i,j}$ ，②「發送到裝置 $j+1$ 的 x_{i-1}^{j} 」，③「從裝置 $j-1$ 接收 x_{i}^{j-1} 」這 3 個操作可以被裝置 j 並行處理。此外，每個裝置對每個微批次使用不同的串流，由於不同的微批次之間沒有真正的相依關係，因此串流的使用是安全的，並允許進行快速複製。

可見，資料傳輸透過串流來完成，這樣既組成了實際上的裝置間相依關係，又可以達到資料和複製並行的目的。

4．實現

接下來分析具體實現，依次驗證我們的推論。

（1）建立專用串流

在 GPipe 類別的 forward() 方法中會生成複製專用串流，專用串流的成員變數 _copy_streams 定義如下。

```
self._copy_streams: List[List[AbstractStream]] = []
```

其初始化程式如下。

```
def _ensure_copy_streams(self) -> List[List[AbstractStream]]:
    if not self._copy_streams:
        for device in self.devices:
            self._copy_streams.append([new_stream(device) for _ in range(self.
chunks)])
    return self._copy_streams
```

其中，chunks 是微批次的數目；_ensure_copy_streams() 函式針對每一個裝置的每一個微批次都生成了一個專用串流。

（2）建立相依關係

這裡介紹兩個運算元：Copy 運算元完成不同串流之間的複製操作；Wait 運算元進行同步，等待複製操作的完成。以下函式對運算元進行了封裝。

```
def copy(batch: Batch, prev_stream: AbstractStream, next_stream: AbstractStream) ->
None:
    batch[:] = Copy.apply(prev_stream, next_stream, *batch)

def wait(batch: Batch, prev_stream: AbstractStream, next_stream: AbstractStream) ->
None:
    batch[:] = Wait.apply(prev_stream, next_stream, *batch)
```

fence() 函式的簡化程式如下，其使用 depend() 函式和 copy() 函式建立了圖 9-6 中的行、列兩種相依關係。

```
def fence(self,
          schedule: List[Tuple[int, int]],
          skip_trackers: List[SkipTrackerThroughPotals],
          ) -> None:
    batches = self.batches
    copy_streams = self.copy_streams
    skip_layout = self.skip_layout

    for i, j in schedule:
        # 確保在反向傳播過程中，batches[i-1] 在 batches[i] 之後以一個明確的相依關係來執行
        if i != 0:
            depend(batches[i-1], batches[i]) # 此處建立了反向傳播相依關係

        # 拿到 dst 裝置的複製串流
        next_stream = copy_streams[j][i]
        # 建立跨裝置相依關係，指定 device[j-1] 的輸出是 device[i] 的輸入
        if j != 0:
            prev_stream = copy_streams[j-1][i] # 拿到 src 裝置的複製串流，即得到上一個裝
置的複製串流
```

```
        copy(batches[i], prev_stream, next_stream) # 建立跨裝置相依關係，即把資料從前
面串流複製到後續串流
```

wait() 函式操作則是在 compute() 函式中呼叫的，下面我們舉出部分程式。

```
def compute(self, schedule: List[Tuple[int, int]],
            skip_trackers: List[SkipTrackerThroughPotals],
            in_queues: List[InQueue], out_queues: List[OutQueue],
            ) -> None:
    batches = self.batches
    partitions = self.partitions
    devices = self.devices
    copy_streams = self.copy_streams
    for i, j in schedule:
        batch = batches[i]
        partition = partitions[j]

        # 與複製的輸入進行同步，對應了圖 8-11 上的 [1]
        if j != 0:
            wait(batch, copy_streams[j][i], streams[j]) # 此處保證了同步完成
```

5．總結

GPipe 需要完成兩種相依：行間相依和列間相依，如圖 9-6 所示。torchgpipe 透過下面的方式完成了行、列兩方面的相依。

- 行間相依：用 Join 類別和 Fork 類別來保證，利用空張量完成了相依關係的設定，確保 batches[i-1] 在 batches[i] 之後完成。PermuteBackward 協助完成了此相依操作。
- 列間相依：透過 Copy 和 Wait 兩個衍生的運算元完成裝置之間的相依。

9.5 平行計算

本節介紹 torchgpipe 如何實現平行計算。

9.5.1 整體架構

我們先整體整理一下 torchgpipe。

1．使用

一個 Sequential 模型被 GPipe 封裝之後會進行前向傳播和反向傳播。GPipe 類別在前向傳播過程中做了如下操作。

- 利用 scatter() 函式把輸入分發，就是把小批次分割為微批次，然後進行分發。
- 利用 _ensure_copy_streams() 函式針對每個裝置生成新的 CUDA 串流。
- 生成一個 Pipeline 類別，並執行。
- 在執行結束之後，利用 gather() 函式把微批次合併成一個小批次。

我們可以看到，每次迭代的前向操作都會生成一個 Pipeline 類別進行操作。

2．Pipeline 類別

Pipeline 類別的 run() 函式會按照時鐘週期來啟動計算，這樣在前向傳播中就按照此序列像水波紋一樣擴散。fence() 函式利用 depend() 函式建構反向傳播的相依關係。具體訓練透過 compute() 函式完成。

worker 執行緒和主執行緒之間使用了 Python 的 Queue 資料結構進行互動。Queue 類別實現了一個基本的先進先出（FIFO）容器，Queue 提供 put() 函式將元素增加到序列尾端，提供 get() 函式從佇列尾部移除元素。這兩個關鍵函式具體為：get([block, [timeout]]) 讀取佇列，其中 timeout 為等待時間，如果佇列滿，則阻塞；put(item, [block, [timeout]]) 寫入佇列，如果佇列空，則阻塞。

在 9.2.2 節，我們整理了 torchgpipe 管線的基本業務邏輯。下面，我們從併發角度再總結一下業務邏輯。

① 系統呼叫 spawn_workers() 函式生成若干 worker 執行緒。spawn_workers() 函式為每個裝置生成了一個執行緒，此執行緒的執行函式是 worker()。spawn_workers() 函式內部會針對每一個裝置生成兩個佇列 in_queue 和 out_queue，可保證每個裝置是串列執行業務操作的。這些佇列首先被增加到 (in_queues, out_queues) 中，然後 spawn_workers() 函式把 (in_queues, out_queues) 傳回給 Pipeline 主執行緒，Pipeline 使用 (in_queues, out_queues) 作為各個 Task 之間傳遞資訊的上下文。

② 在 Pipeline 主執行緒得到 (in_queues, out_queues) 之後，使用時鐘週期演算法生成一系列迭代，每個迭代是一個 schedule。

③ 對於每個 schedule，先呼叫 fence() 函式複製串流和設定相依，然後呼叫 compute() 函式進行訓練，這就順序啟動了多個 compute() 函式。

④ 在每個 compute() 函式的執行中會遍歷此 schedule，其中 (i, j) 執行一個 Task，即找到該裝置對應的 in_queue，把 Task 插進去。

⑤ worker 執行緒阻塞在 in_queue 上，如果發現佇列中有 Task，就讀取 Task 並執行。雖然多個 compute() 函式是循序執行的，但是由於 compute() 函式只是一個插入佇列操作，所以可以立即傳回。而多個 worker 執行緒分別阻塞在佇列上，所以這些 worker 執行緒後續可以並行訓練。

⑥ worker 執行緒把執行結果插入到 out_queue 中。

⑦ compute() 函式會取出 out_queue 中的執行結果，並進行後續處理。

並行邏輯如圖 9-17 所示。

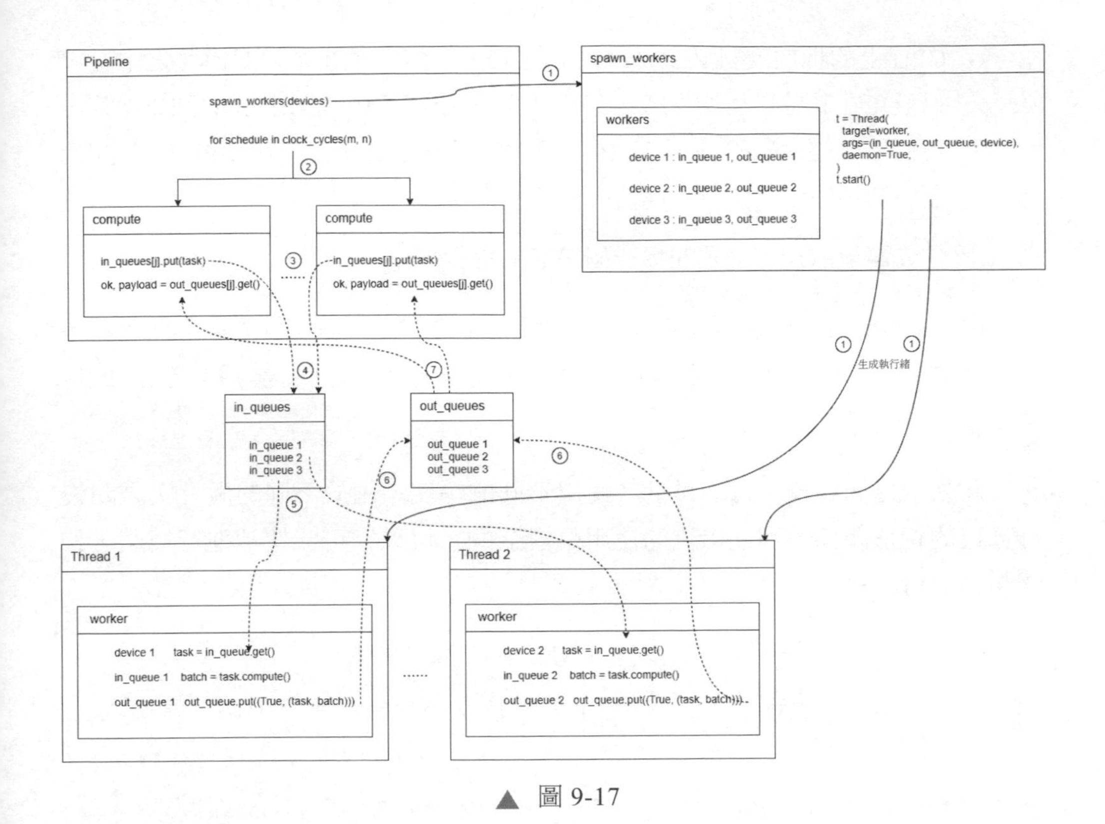

▲ 圖 9-17

9.5.2 並行複製和計算

接下來我們分析並行複製和計算。並行的主要思路是：上一個批次資料的通訊和下一個批次資料的計算，這兩者之間沒有資料相依，可以平行作業，兩者可耗時重疊、互相掩蓋，並透過將通訊（複製）運算元和計算運算元排程到不同的串流上來實現並行發射、執行。

1．思路

在 9.2.2 節，我們提到了 GPU 提供了平行作業功能（除非另有指定），PyTorch 將每個綁定到裝置的核心函式發佈到預設串流（Default Stream）。因為前向傳播位於預設串流中，所以要想並行處理「下一個批次資料的預先讀取（複製 CPU 到 GPU）」和「當前批次的前向傳播」，就必須做到以下幾點。

- CPU 上的批次資料必須是鎖頁記憶體。將資料鎖在系統記憶體之中，可以避免在某些環境切換時，資料被交換到硬碟中。否則在執行 H2D 時，可能需要經歷磁碟 記憶體 顯示記憶體這一複製過程。在 GPU 上分配的記憶體預設都是鎖頁記憶體。
- 預先讀取取操作必須在另一個串流上進行。

torchgpipe 將每個複製核心註冊到非預設串流中，同時將計算核心保留在預設串流中。這允許裝置 j 在處理 $F_{i,j}$ 的同時，也會發送 x_{i-1}^{j} 到裝置 $j+1$ 上和 / 或從裝置 $j-1$ 接收 x_i^{j-1} 。

此外，每個裝置對每個微批次使用不同的串流。由於不同的微批次之間沒有真正的相依關係，因此串流的使用是安全的，可以盡可能快地進行複製，如圖 9-18 所示。

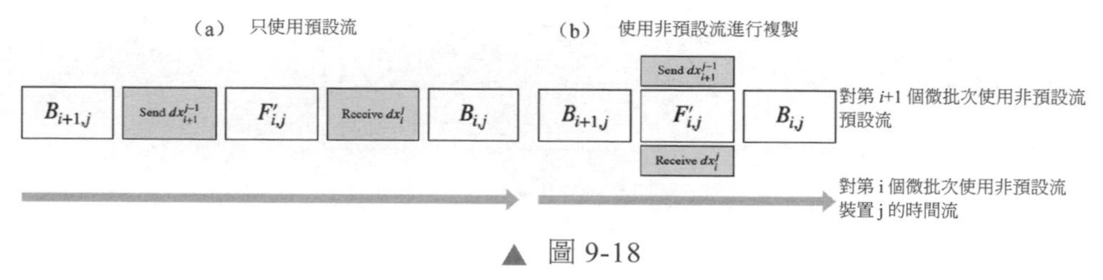

▲ 圖 9-18

圖片來源：論文 *torchgpipe: On-the-fly Pipeline Parallelism for Training Giant Models*

圖 9-18 上箭頭表示的是裝置 j 的時間流，按照「是否使用非預設串流進行複製」分成了（a）和（b）兩部分。

- 圖 9-18（a）「只使用預設串流」部分的意思是：僅使用預設串流，複製核心可能會阻塞計算核心（反之亦然），直到複製全部完成。
- 圖 9-18（b）「使用非預設串流進行複製」部分的意思是：使用複製串流，計算可以與從其他裝置發送或接收資料同時進行。

2．複製

由上述分析可知，PyTorch 將通訊運算元排程到通訊流（複製串流），同時將計算運算元排程到計算串流，借此完成平行作業。接下來我們透過實例來分析如何平行作業以及串流的使用。在 Pipeline 類別的 run() 函式中，有如下程式保證平行作業。

```
def run(self) -> None:
    with spawn_workers(devices) as (in_queues, out_queues):
        for schedule in clock_cycles(m, n):
            self.fence(schedule, skip_trackers)
            self.compute(schedule, skip_trackers, in_queues, out_queues)
```

在每次計算之前，都會用 fence() 函式把資料從前一個裝置複製到後一個裝置。fence() 函式做了預先複製，其中會做如下操作：設定相依關係；得到上一個和下一個裝置的複製串流；複製前面串流到後續串流。

我們以圖 9-12 為例，重點是第 3 個時鐘週期完成的任務。

第 2 個時鐘週期完成了如下操作。

```
[(2, 1), (1, 2)]          # 第 2 輪 schedule & 資料
```

第 3 個時鐘週期的 schedule 如下。

```
[(3, 1), (2, 2), (1, 3)] # 第 3 輪 schedule & 資料
```

就是對 schedule 的每個 i, j 分別複製 copy_streams[j-1][i] 到 copy_streams[j][i]。注意，在 _copy_streams[i][j] 中，i 表示 device 的序列，j 表示 batch 序列，這與 schedule 的 i, j 恰好相反。對於這個例子，在第 3 個時鐘週期內的複製操作如下所示（此處 i 和 j 在迴圈和後續陣列提取的時候是相反的，恰好與 schedule 對應，於是負負得正，最終 i, j 可以對應上）：

- 對於 (3, 1)，此處是新資料進入了 cuda:0，不需要複製。
- 對於 (2, 2)，複製 (2,1) 到 (2,2)。

- 對於 (1, 3)，複製 (1,2) 到 (1,3)。

具體如圖 9-19 所示，這幾個複製可以平行作業，因為複製串流不是執行計算的預設串流，所以也可以和計算並行。

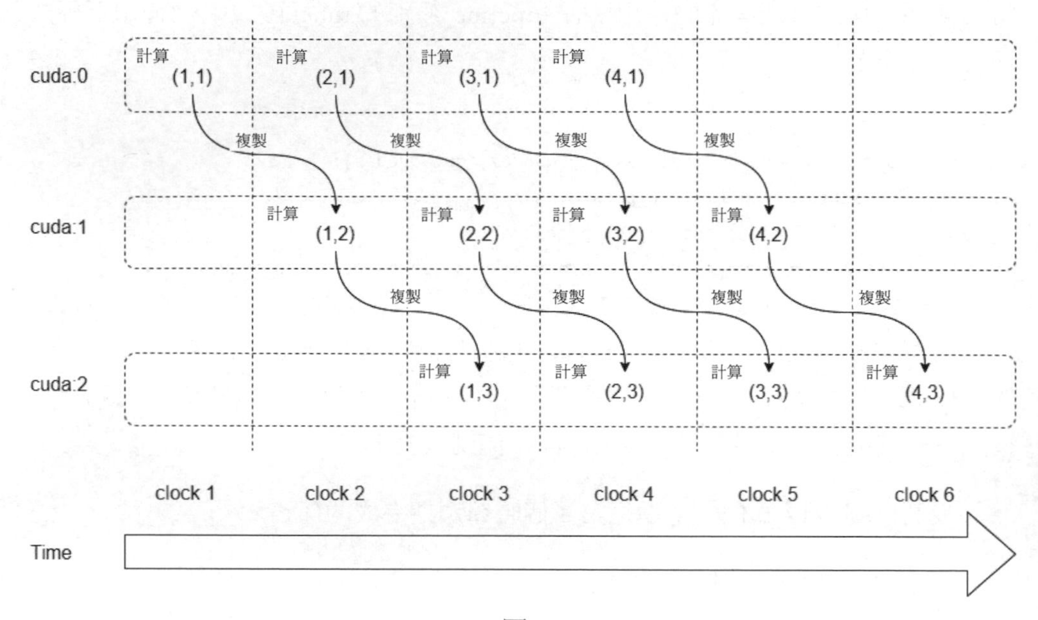

▲ 圖 9-19

3．計算

compute() 函式進行了如下操作。

- 使用 wait(batch, copy_streams[j][i], streams[j]) 函式把輸入從「複製串流」同步到「計算串流」，此操作可以確保複製操作完成。
- 進行計算。
- 使用 wait(batch, streams[j], copy_streams[j][i]) 函式把計算結果從「計算串流」同步到「複製串流」，此操作可以確保計算操作完成。

計算過程如圖 9-18（b）所示。

9.5.3 重計算

接下來我們分析重計算，因為之前在第 8 章 GPipe 中我們介紹過重計算，所以分析過程相對簡略，大家可以特別注意程式和論文之間的印證。

到目前為止，我們沒有討論在使用 Checkpointing 時，torchgipe 如何安排重計算任務 $F'_{i,j}$。當使用 Checkpointing 時，$F'_{i,j}$ 必須在反向傳播任務 $B_{i,j}$ 之前和完成 $B_{i+1,j}$ 之後被排程，這就要求必須在自動求導引擎和計算圖中對該排程進行顯式編碼。PyTorch 透過檢查點的內部自動求導方法來支援此功能。

PyTorch 中的檢查點透過定義一個 torch.autograd.Function 類別來實現，該函式在前向傳播過程中像普通函式一樣計算，不儲存中間啟動值，而儲存輸入。在反向傳播中，該函式透過使用儲存的輸入重計算來建構反向傳播的局部計算圖，並透過在局部計算圖中反向傳播來計算梯度。

然而，這個檢查點把 $F'_{i,j}$ 和 $B_{i,j}$ 緊密地結合在一起，因此 PyTorch 又做了進一步處理，這就對應了論文中的如下論述：我們希望在 $F'_{i,j}$ 和 $B_{i,j}$ 中間插入一些指令，從而實現一個等待操作，等待把資料 $B_{i,j+1}$ 的處理結果 dx_j^j 從裝置 $j+1$ 複製到裝置 j，這樣可以允許 $F'_{i,j}$ 和複製同時發生。

對於這種細粒度的順序控制，torchgpipe 把 Checkpointing 操作改為使用兩個單獨的 torch.autograd.Function 衍生類別 Checkpoint 類別和 Recompute 類別來實現。在任務 $F'_{i,j}$ 的執行時間內，生成具有共用記憶體的 Checkpoint 和 Recompute 實例。該共用記憶體在反向傳播過程中被使用，用於將透過執行 Recompute 生成的本地計算圖傳輸到 Checkpoint，並進行反向傳播。

從 PyTorch 原始程式來看，Checkpoint 類別和 Recompute 類別（程式請參見 GPipe 章節相關部分）就是把普通模式下的 checkpoint() 函式程式分離成兩個階段（forward() 函式被分成兩段，backward() 函式也被分成兩段），從而可以更好地利用管線。

至此，PyTorch 管線並行分析完畢。

PipeDream 之基礎架構

GPipe 管線存在兩個問題：硬體使用率低、記憶體佔用大。於是，微軟 PipeDream 提出了改進方法：使用 1F1B（One Forward pass followed by One Backward pass）策略。這種策略可以解決啟動快取的數量問題，使啟動的快取數量只跟 stage 數量相關，從而進一步節省顯示記憶體佔用空間，可以訓練更大的模型。

PipeDream 可以分為以下四個階段。

- profile 階段：透過對小批次資料進行 profile 來推理出模型訓練時間。
- 計算分區（Compute Partition）階段：依據 profile 結果使用動態規劃演算法把模型劃分為不同的分區。即先依據 profile 結果來確定模型所有層的執行時間，然後進行最佳化，最佳化器傳回一個附帶註釋的運算元圖（Annotated Operator Graph），把每個層映射到一個 stage id 上。
- 模型轉換（Convert Model）階段：對運算元圖執行 BFS（廣度優先搜索演算法）遍歷，為每個 stage 生成一段獨立的 torch.nn.Module 程式。PipeDream 對每個 stage 中的運算元進行排序，以確保它們保持與原始 PyTorch 模型圖的輸入 / 輸出相依關係一致。
- Runtime 階段：當 PipeDream 執行時，根據 1F1B-RR（One-Forward-One-Backward-Round-Robin）策略將每個 stage 分配給單一工作處理程序。

本章就結合原始論文[①]對 PipeDream 這幾個部分進行分析。

10.1 整體思路

本節會分析 PipeDream 整體思路、架構和 profile 部分。

10.1.1 目前問題

下面透過普通管線和 GPipe 管線來分析目前管線並行面臨的問題。

1．普通管線

DNN 模型組成的基本單位是層。在最簡單的情況下，和傳統的模型並行訓練一樣，系統中只有一個小批次是活動的。圖 10-1 是一個計算時間線範例，該範例有四台機器和一個管線，可以認為是一個最樸素的管線。

① 論文 *PipeDream: Generalized Pipeline Parallelism for DNN Training*。

- 在前向傳播時，每個 stage 對本 stage 中層接收到的小批次執行前向傳播，並將結果發送到下一個 stage。輸出 stage 在完成自己的前向傳播後會計算小批次的損失。
- 在反向傳播時，每個 stage 形成反向通道，逐一將損失傳播到上一個 stage。Worker 之間只能同時處理一個小批次，系統中只有一個小批次是活動的，這極大地限制了硬體的使用率。
- 模型並行化需要由程式設計師決定怎樣按照給定的硬體資源分割特定的模型，這在無形中加重了程式設計師的負擔。

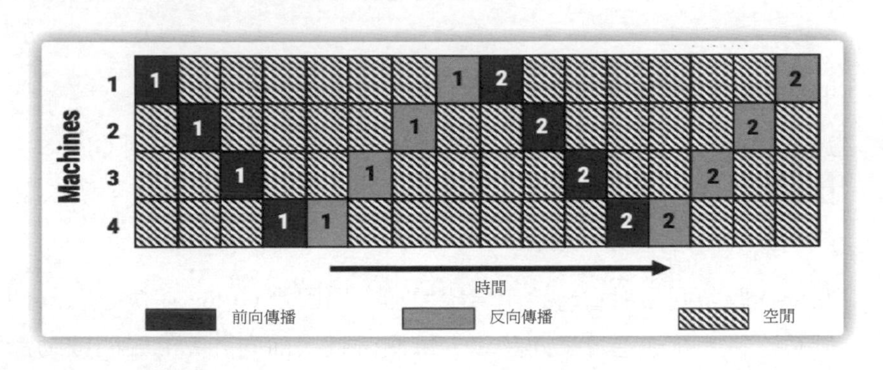

▲ 圖 10-1

圖片來源：論文 *PipeDream: Generalized Pipeline Parallelism for DNN Training*

2．GPipe 管線

因為 PipeDream 是基於 GPipe 進行改進的，所以我們也要分析 GPipe 的問題所在。GPipe 的管線並行訓練如圖 10-2 所示。

- 在樸素管線（圖 10-1）中，如果只有一個活動的小批次，那麼系統在任何給定的時間點最多都只有一個 GPU 處於活動狀態。由於我們希望所有 GPU 都處於活動狀態，因此，GPipe 把輸入資料小批次進行分片，分成 *m* 個微批次，逐一注入管線中，從而透過管線來增強模型並行訓練。
- GPipe 使用現有的技術（如梯度累積）來最佳化記憶體效率，透過丟棄前向傳播和反向傳播之間的啟動儲存來降低記憶體，在反向傳播需要啟動時再重新計算它們。

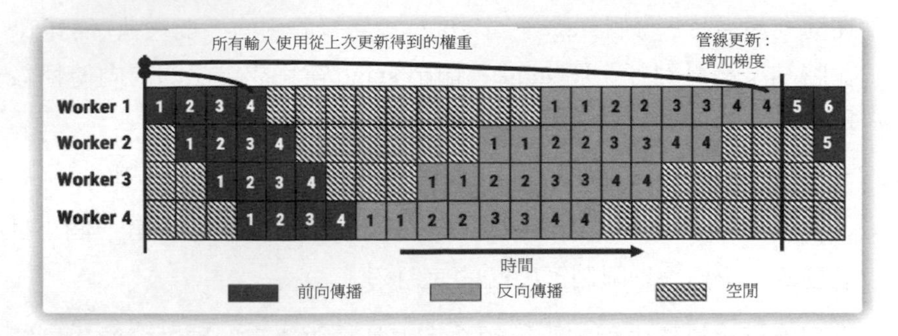

▲ 圖 10-2

圖片來源：論文 *PipeDream: Generalized Pipeline Parallelism for DNN Training*

GPipe 的管線有幾個問題：

- 過多管線更新會導致閒置時間的增加。如果 m 值很小，則 GPipe 可能會由於重新計算銷耗和頻繁的管線更新而降低硬體工作效率，所以 m 值一般都設置得比較大。
- 需要快取 m 份啟動會導致記憶體增加。原因是 GPipe 在執行這 m 個前向計算之後才統一進行反向計算，每個微批次前向計算的中間啟動都要被其反向計算所使用，即使使用了 Checkpointing 技術，每個微批次前向計算的啟動也需要等到對應的反向計算完成之後才能釋放。比如圖 10-2 最下方一行的 Worker 4，其必須先整體進行前向計算（深色 1、2、3、4），再進行反向計算（淺色 1、1、2、2、3、3、4、4），所以必須快取這 4 個微批次的中間變數和梯度。為了盡可能提高管線並行度，通常 m 值都比較大，一般大於兩倍的 stage 數量。即使只快取少數張量，這種策略也依然需要較多顯示記憶體。

10.1.2 1F1B 策略概述

- PipeDream 針對上述問題提出了改進方法—1F1B 策略，即從 F-then-B 進化到 1F1B。PipeDream 是第一個以自動化和通用的方式將管線並行、模型並行和資料並行結合起來的系統。PipeDream 使用模型並行對 DNN 進行劃分，並將每層的子集分配給每個 Worker。與傳統的模型並行不同，

> PipeDream 對小批次資料進行管線處理，實現了潛在的管線並行設計。不同的 Worker 處理不同的輸入，從而保證了管線的滿負荷及並行 BSP。接下來基於微軟公司的原始論文進行分析。

PipeDream 模型的基本單位是層，PipeDream 將 DNN 的這些層劃分為多個 stage，每個 stage 由模型中的一組連續層組成。PipeDream 的主要並行方式就是把模型的不同層放到不同的 stage 上，把不同的 stage 部署在不同的機器上，然後順序地進行前向和反向計算，形成一個管線。每個 stage 對該 stage 中的所有層都執行前向和反向傳播。PipeDream 將包含輸入層的 stage 稱為輸入 stage，將包含輸出層的 stage 稱為輸出 stage。但是每個 stage 可能有不同的副本，這就是資料並行。對於使用資料並行的 stage，PipeDream 採用 Round-Robin 方式將任務分配到各個裝置上，因此需要保證同一個批次資料的前向和反向傳播發生在同一台機器上。

由於前向計算的啟動需要等到對應的反向計算完成後才能釋放，因此在管線並行下，如果想盡可能節省快取啟動的份數，就要儘量縮短每份啟動儲存的時間，也就是讓每份啟動都盡可能早地釋放。要讓每個微批次的資料盡可能早地完成反向計算，則需要把反向計算的優先順序提高，讓微批次標號小的反向計算比微批次標號大的前向計算先做。如果我們讓最後一個 stage 在做完一次微批次的前向計算後，馬上就做本微批次的反向計算，那麼我們就能讓其他的 stage 盡可能早地開始反向計算，這就是 1F1B 策略。

1F1B 的排程模式會在每台 Worker 機器上交替進行微批次資料的前向和反向計算，同時確保這些微批次資料在反向傳播時可以路由到前向傳播的相同 Worker。這種方案可以使得每個 GPU 上都會有一個微批次的資料正在被處理，使所有 Worker 都保持忙碌，不會出現管線暫停的情況，整個管線處於均衡的狀態；同時能確保以固定週期執行每個 stage 上的參數更新，有助於防止出現同時處理過多的微批次的情況，同時可確保模型收斂。

圖 10-3 為實施了 1F1B 的管線。Machine 1 先計算深色 1，然後把深色 1 發送給 Machine 2 繼續計算；Machine 1 接著計算深色 2。Machine 1 和 Machine 2 之間只傳送模型啟動的一個子集，計算和通訊可以並行。另外，1F1B 也會

降低記憶體峰值。我們以圖 10-3 中最後一行的 Machine 4 為例，在計算深色 2（Machine 4 上第 2 個微批次的前向計算）的時候，淺色 1（Machine 4 上第 1 個微批次的反向計算）已經計算結束，因此可以釋放深色 1 的中間變數，從而其記憶體可以被重複使用。

對比圖 10-2 和圖 10-3 可以看出，GPipe 在每個 Worker 上進行連續的前向傳播或者反向傳播，最後才同步聚合多個微批次的梯度。PipeDream 則是在每個 Worker 上交替進行前向傳播和反向傳播。

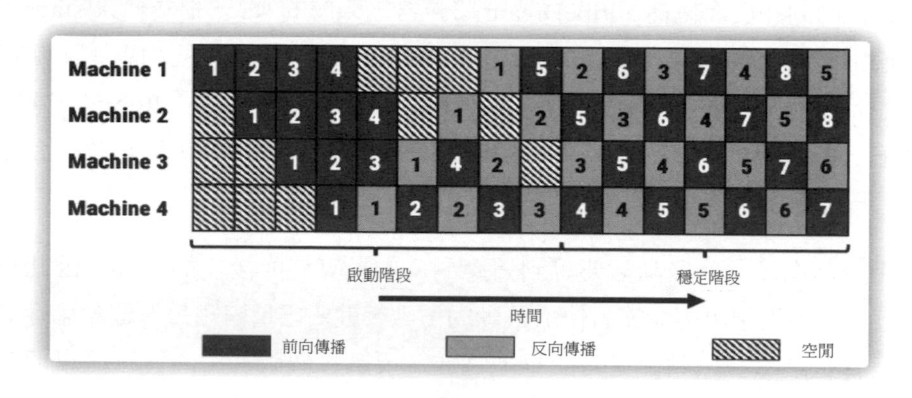

▲ 圖 10-3

圖片來源：論文 *PipeDream: Generalized Pipeline Parallelism for DNN Training*

10.1.3 管線方案

1F1B 策略只是 PipeDream 管線並行方案的一部分，PipeDream 的管線並行是一種新的並行化策略，它將批內並行與批間並行結合起來。本小節我們就分析 PipeDream 面對的挑戰及應對方法。

1 · 挑戰

PipeDream 的目標是以最小化整體訓練時間的方式將管線並行、模型並行和資料並行結合起來。然而，要使這種方法對大型 DNN 模型有效，獲得管線並行化訓練的潛在收益，PipeDream 就必須克服幾個主要挑戰，具體如下。

- 如何高效劃分管線。PipeDream 需要將 DNN 模型高效正確地劃分為若干 stage，每個 stage 被部署在不同的 Worker 上執行。如何劃分管線取決於模型系統結構和硬體部署。因為不好的劃分方式可能會帶來工作量大範圍傾斜，導致 Worker 長時間閒置，所以需要依據一定原則（通訊和資源使用率）來劃分，分配演算法必須考慮模型特質和硬體拓撲。比如，彼此有通訊的層應該被分配到相鄰的處理器；如果多個層操作同一資料結構，則它們應該被分配到同一個處理器上；彼此獨立的層可以被映射到不同處理器上。機器間的過度通訊會降低硬體效率，應在確保訓練任務向前推進的同時，進行合理排程計算以最大化輸送量。
- 如何防止管線瓶頸。在穩定狀態下，一個管線的輸送量由此管線上最慢環節的輸送量決定。如果各個環節的處理能力彼此差距很大，那麼會導致管線中出現閒置時間（氣泡），使得處理最快的環節必須停下來等待其他環節，從而造成「饑餓」現象，導致資源使用率不高。因此需要確保管線中所有 stage 都大致花費相同的計算時間，否則最慢的 stage 將會成為整個管線的瓶頸。
- 如何在不同的輸入資料之間做好排程工作以均衡管線。與傳統的單向管線不同，DNN 模型訓練是雙向的：前向傳播和反向傳播以相反的順序穿過相同層，因此如何協調管線工作是一個問題。
- 面對流水線帶來的非同步性，如何確保訓練有效。管線帶來的一個問題就是權重版本許多。在反向傳播的時候如果使用比在前向傳播時的更低版本權重來計算，則會造成訓練模型品質降低。

2 · 管線劃分演算法

PipeDream 基於一個短期執行分析結果來自動劃分 DNN 模型的層，即使用演算法對不同 stage 之間的計算負載進行平衡，同時最小化通訊。PipeDream 自動劃分演算法的整體目標是依據鏈路頻寬、節點記憶體、節點算力和模型結構等限制在有效的並行搜索空間內建模，從而輸出一個平衡的管線，確保每個 stage 大致執行相同的工作量，同時也確保各 stage 之間通訊的資料量盡可能小，以避免通訊中斷，具體演算法如下。

- 將 DNN 模型的層劃分為多個 stage，使每個 stage 以大致相同的速率完成，即花費大致相同的計算時間。
- 嘗試以拓撲感知的方式儘量減少 Worker 之間的通訊（如果可能，向更高頻寬的鏈路發送較大的輸出）。
- 由於並不總是能夠把 DNN 模型在可用的 Worker 之間做平均分配，因此為了進一步改進負載平衡，PipeDream 允許複製一個 stage 到多個 Worker，在此 stage 上使用多個 Worker 進行資料並行。這樣多個 Worker 就可以被分配到管線的同一個 stage，並行處理一個批次的不同的小批次，提高處理效率。因為資料並行採用了 RR（Round-Robin）策略，所以這套策略也被稱為 1F1B-RR。

此劃分問題等價於最小化管線的最慢 stage 所花費的時間，並且具有最優子問題屬性：在給定 Worker 數量的前提下，輸送量最大化的管線由一系列子管線組成，其中每一個子管線針對較少的 Worker 數量來最大化自己的輸出，因此 PipeDream 使用動態規劃演算法來尋找最優解。

3．profile

DNN 模型訓練有一個特點：對於不同輸入，DNN 模型的計算時間變化很小。PipeDream 充分利用了這一特點，透過對小批次資料進行 profile 來推理出 DNN 模型訓練時間。給定一個具有 n 層和 m 台可用機器的 DNN 模型，PipeDream 首先在一台機器上分析模型，然後記錄前向和反向傳播過程所花費的計算時間、層輸出的大小，以及每個層相關參數的大小，最後輸出一個結果檔案。

分區演算法使用 profile 結果檔案作為輸入，而且還考慮了其他限制，如硬體拓撲、頻寬、Worker 數量和計算裝置的記憶體容量。分區演算法將層分為多個 stage，確定每個 stage 的複製因數（Worker 數）及最小化模型的總訓練時間。整體演算法大致如圖 10-4 所示。

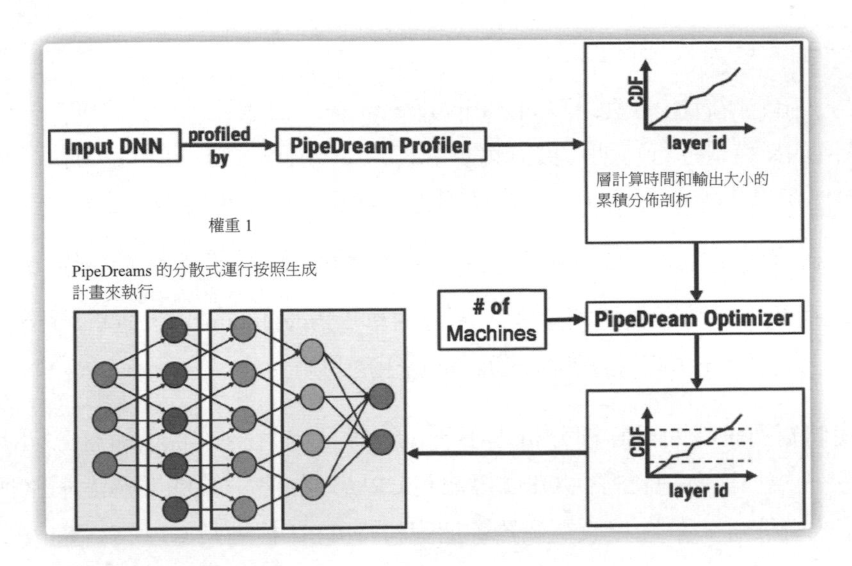

▲ 圖 10-4

圖片來源：論文 *PipeDream: Generalized Pipeline Parallelism for DNN Training*

10.2 profile 階段

profile 是 PipeDream 工作的第一個階段，是分區演算法的基礎。PipeDream 根據 profile 的結果對模型使用動態規劃進行劃分，將模型劃分為不同的 stage，每個 stage 可能擁有若干副本。這是 PipeDream 針對 GPipe 的改進，兩者先對每層的執行時間進行預估，然後對模型進行劃分，但實現上略有不同，具體如下。

- GPipe（特指微軟的原始版本）利用經驗或者數學的方法，先在程式中對執行時間進行預估，然後進行管線平衡。
- PipeDream 根據 profile 的結果對執行時間進行預估。

因為有實際資料作為支撐，所以 PipeDream 更加準確和先進。

1．思路

為了確定所有層的執行時間，PipeDream 在一台機器上使用 1000 個小批次資料對 DNN 模型進行短期（幾分鐘）執行來 profile。對於每一層的執行時間，我們可以透過公式「執行時間 = 計算時間 + 通訊時間」來得到，具體如下。

- 計算時間就是每層前向和反向的計算時間，可以透過 profile 得出。
- 通訊時間需要根據模型大小進行估算，PipeDream 估計通訊所需的時間為需要傳輸的資料量除以通訊鏈路上的頻寬。

我們對通訊時間再詳細分析一下。在管線上，大多數通訊都有三個步驟：① 在發送端機器會把資料從 GPU 傳輸到 CPU；② 發送端機器透過網路把資料發給接收端機器；③ 在接收端機器會把資料從 CPU 移動到 GPU。

因為發送端機器透過網路把資料發給接收端機器是最耗時的，所以 PipeDream 細化此步驟，則得到如下計算時間的途徑。

- PipeDream 基於啟動值來估計從層 i 到層 $i+1$ 傳輸啟動值的時間。
- 如果設定成了資料並行（對於層 i 使用 m 個 Worker 做資料並行），則 PipeDream 使用權重來估計權重同步的時間：如果使用分散式參數伺服器，則需要同步的權重數量被預估為 $4\frac{m-1}{m}.|w_i|$；如果使用 AllReduce，則每個 Worker 給其他 Worker 發送 $\frac{m-1}{m}.|w_i|$ 個位元組，也接收到同樣數量的位元組。

綜上所述，PipeDream 在 profile 中為每個層 i 記錄三個數量，具體如下。

- T_i：層 i 在 GPU 上的前向和反向計算時間之和，即每層前向和反向的計算時間。
- a_i：層 i 輸出啟動的大小（以及在反向傳播過程中輸入梯度的大小），即每層輸出的大小（以位元組為單位）。
- w_i：層 i 權重參數的大小，即每層參數的大小（以位元組為單位）。

2．實現

不同模型或者不同領域有不同的 profile 檔案。下面以 profiler/translation/train.py 為入口來分析 profile 如何實現。

下面舉出一個訓練過程如下，torchsummary 類別的作用是計算網路的計算參數等資訊。

```
class Seq2SeqTrainer:
    def feed_data(self, data_loader, training=True):
        # 樣本集
        for i, (src, tgt) in enumerate(data_loader):
            break
        model_input = (src, src_length, tgt[:-1])
        # 使用 torchsummary 計算網路的計算參數等資訊
        summary = torchsummary.summary(model=self.model, module_whitelist=module_
whitelist,
                                       model_input=model_input, verbose=True)

        for i, (src, tgt) in enumerate(data_loader):
            if training and i in eval_iters:
                # 訓練模型
                self.model.train()
                self.preallocate(data_loader, training=True)

        # 從模型建立圖
        if training:
            create_graph(self.model, module_whitelist, (src, tgt), summary,
                         os.path.join("profiles", self.arch))
```

create_graph() 函式使用 torchgraph.GraphCreator 類別建立一個圖，此圖可以被理解為是模型內部的 DAG 圖，其中每個節點記錄類似如下資訊。

```
node10 -- Dropout(p=0.2) -- forward_compute_time=0.064,
backward_compute_time=0.128, activation_size=6291456.0, parameter_size=0.000
```

建立圖的工作的主要邏輯是給模型的 forward() 函式設置一個 Wrapper（封裝器），並且遍歷模型的子模組，為每個子模組設置此 Wrapper。這樣在模型執行的時候可以透過此 Wrapper 追蹤模型之間的聯繫，比如 TensorWrapper 類別就實現了 Wrapper 功能，TensorWrapper 類別會利用之前 torchsummary.summary() 函式得到的網路等資訊，賦值到 graph_creator.summary 變數中，然後遍歷 graph_creator.summary 來計算 forward_compute_time 等資訊，最終根據這些資訊建構了一個節點。

profile 完成之後，PipeDream 會呼叫 persist_graph() 函式把 profile 結果輸出到檔案。下面以使用原始程式中（pipedream-pipedream/profiler/translation/profiles/gnmt/graph.txt）的結果為例，給大家展示一下。

```
node1 -- Input0 -- forward_compute_time=0.000, backward_compute_time=0.000,
activation_size=0.0, parameter_size=0.000
node4 -- Embedding(32320, 1024, padding_idx=0) -- forward_compute_time=0.073,
backward_compute_time=6.949, activation_size=6291456.0, parameter_size=132382720.000
node5 -- EmuBidirLSTM(  (bidir): LSTM(1024, 1024, bidirectional=True)  (layer1):
LSTM(1024, 1024)  (layer2): LSTM(1024, 1024)) -- forward_compute_time=5.247,
backward_compute_time=0.016, activation_size=12582912.0, parameter_size=67174400.000
......
    node1 -- node4
    node4 -- node5
    node2 -- node5
    node5 -- node6
    ......
```

至此，我們知道了 profile 階段的工作：執行訓練指令稿，依據執行結果計算參數，建立一個模型內部的 DAG 圖，把參數和 DAG 圖持久化到檔案中，後續階段會使用此檔案的內容繼續展示。

10.3 計算分區階段

本節介紹計算分區階段，其功能是先依據 profile 結果確定所有層的執行時間，然後使用動態規劃對模型進行劃分，將模型被劃分為不同的 stage，並得到每個 stage 的副本數。計算結果具體如圖 10-5 所示，此處模型被劃分為兩個 stage，由 3 個 Worker 執行，其中 Worker 1 和 Worker 2 屬於同一個 stage。

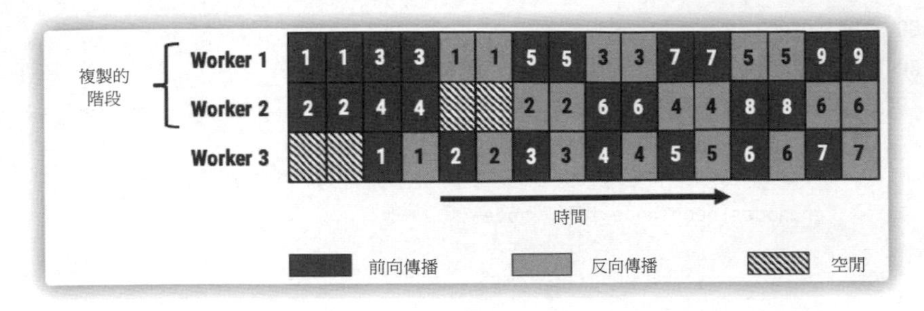

▲ 圖 10-5

圖片來源：論文 *PipeDream: Generalized Pipeline Parallelism for DNN Training*

下面先分析計算分區之前的準備工作：建構圖和建構反鏈。

10.3.1 建構圖

圖主要資料結構有兩個：Graph 和 Node。

1．Graph 和 Node

Graph 是圖的資料結構，其主要成員包括：nodes（圖內節點）、edges（圖內每個節點的輸出邊）、in_edges（圖內每個節點的輸入邊）、_predecessors（圖內每個節點的前序節點）、_successors（圖內每個節點的後序節點）、_antichain_dag（反鏈 DAG）。

Node 從 profile 獲取到資訊，比如 forward_compute_time（前向傳播時間）、backward_compute_time（反向傳播時間）、activation_size（啟動值大小）、parameter_size（參數值大小）。

2．建構圖介紹

圖依據 profile 檔案的字串來建構，具體是針對檔案的每行進行不同處理，程式如下。

```
@staticmethod
def from_str(graph_str):
```

```
    gr = Graph()
    graph_str_lines = graph_str.strip().split('\n')
    for graph_str_line in graph_str_lines: # 逐行處理
        if not graph_str_line.startswith('\t'):
            node = Node.from_str(graph_str_line.strip()) # 建構節點
            gr.nodes[node.node_id] = node
        else:
            # 建構邊
            [in_node_id, node_id] = graph_str_line.strip().split(" -- ")
            if node_id not in gr.in_edges: # 每個節點的輸入邊
                gr.in_edges[node_id] = [gr.nodes[in_node_id]]
            else:
                gr.in_edges[node_id].append(gr.nodes[in_node_id])
            if in_node_id not in gr.edges: # 每個節點的輸出邊
                gr.edges[in_node_id] = [gr.nodes[node_id]]
            else:
                gr.edges[in_node_id].append(gr.nodes[node_id])
    return gr
```

3．反鏈

在有向無環圖中有如下概念。

- 鏈是一些點的集合，在鏈上的任意兩個點 x、y 滿足以下條件：x 能到達 y，或者 y 能到達 x，鏈也可以認為是某一個偏序集 S 的全序子集（所謂全序是指其中任意兩個元素可以進行比較）。
- 反鏈也是一些點的集合，在反鏈上任意兩個點 x、y 滿足以下條件：x 不能到達 y，且 y 也不能到達 x，反鏈也可以認為是某一個偏序集 S 的子集（其中任意兩個元素不可進行比較）。

在 PipeDream 的圖資料結構中也有反鏈的概念。反鏈節點的定義如下。

```
class AntichainNode(Node):
    def __init__(self, node_id, antichain, node_desc=""):
        self.antichain = antichain
        self.output_activation_size = 0.0
        super(AntichainNode, self).__init__(node_id, node_desc)
```

10.3.2 建構反鏈

PipeDream 包含兩個反鏈概念：後續反鏈和增強反鏈。PipeDream 透過後續反鏈和增強反鏈可以建構出一個反鏈 DAG。尋找某個節點後續反鏈的目的是找到 DAG 中的下一個圖分割點 A（可能是若干節點的組合），從而把圖分成不同 stage，而為了確定 A 的執行時間（或者其他資訊），我們又需要找到 A 的增強反鏈。下面逐一進行分析。

1．main() 函式

先從 main() 函式說起。main() 函式業務邏輯的第一部分是建構反鏈和拓撲排序，具體步驟如下。

- 從圖中移除來源節點，此步驟的目的是排除干擾，因為輸入必然在第一層，沒必要讓最佳化器再來選擇把輸入放在哪裡，所以先去除來源節點，後續在轉換模型時再加上。
- 對圖的輸出進行處理，移除沒有用到的輸出。
- 呼叫 gr.antichain_dag() 函式得到反鏈 DAG。
- 呼叫 antichain_gr.topological_sort() 函式對反鏈 DAG 進行拓撲排序，得到一個排序好的節點串列。

因為反鏈 DAG 涉及兩種具體的反鏈概念，所以這裡需要逐一進行分析。

2．增強反鏈

下面分析增強反鏈的概念。每個節點的增強反鏈包括本節點和部分前序節點。選取前序節點演算法是：獲取本節點的全部前序節點清單；如果一個前序節點的出邊目的節點不在全部前序節點清單中，且出邊目的節點不為本節點，則選取此前序節點為增強反鏈的一部分。

從圖 10-6 可以看出，節點 A 的前序節點中有一個分叉節點 Z，在此分叉節點中有一個分叉繞過了節點 A，則節點 A 的增強反鏈就是 [A, Z]。

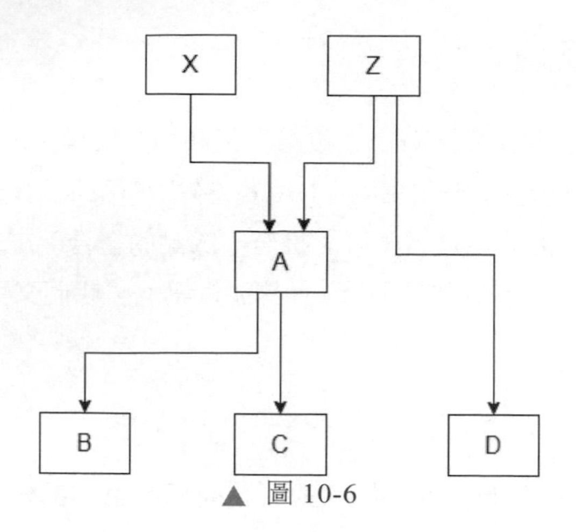

▲ 圖 10-6

對於增強反鏈的概念可以視為：只有將節點 A 與節點 Z 一起進行考慮，才能唯一確定自己節點的執行時間。節點 A 執行時間的計算思路如下。

- 因為各個 stage 都可以管線並行，所以 A 的執行時間應該是以下三個時間的最大值：A 的計算時間、A 的輸入時間、A 的輸出時間。
- A 的輸入時間是以下兩個時間的最大值：X → A 節點輸出時間、Z → A 節點輸出時間。
- 因為不清楚 Z 的內部執行機制，所以不能確定 Z 的兩個輸出之間是否有相依關係，因此，需要把 [A, Z] 放在一起考慮。

事實上 PipeDream 就是這麼處理的：用 [A, Z] 作為一個狀態來統一計算。給節點 A 計算輸出啟動值大小就是透過遍歷其反鏈（增強反鏈）來計算的，即把增強反鏈上的前序節點給節點 A 的輸出疊加起來作為啟動值。

增強反鏈的實現位於 augment_antichain() 函式中，augment_antichain() 會對函式輸入中的每個節點找到其增強反鏈，放入 _augmented_antichains 中。_augmented_antichains 變數是增強反鏈組合，也是一個字典類別，key 值是節點名稱，value 值是 key 節點的增強反鏈。augment_antichain() 函式程式如下。

```
def augment_antichain(self, antichain):
    # 參數 antichain 是一個節點串列
    antichain_key = tuple(sorted(antichain))
    # 如果 key 已經在增強反鏈中，就直接傳回對應 key 的增強反鏈
    if antichain_key in self._augmented_antichains:
        return self._augmented_antichains[antichain_key]
    extra_nodes = set()
    all_predecessors = set()
    # 遍歷參數 list 中的反鏈節點，獲取每個節點的前序節點，歸併在 all_predecessors 中
    for antichain_node in antichain:
        predecessors = self.predecessors(antichain_node)
        all_predecessors = all_predecessors.union(predecessors)
    # 遍歷參數 list 中的反鏈節點
    for antichain_node in antichain:
        # 獲取每個反鏈節點的前序節點串列
        predecessors = self.predecessors(antichain_node)
        # 遍歷每個前序節點
        for predecessor in predecessors:
            # 看每個前序節點的出邊是否在前序節點串列中，且出邊節點是否等於本反鏈節點
            for out_node in self.edges[predecessor.node_id]:
                if out_node not in predecessors and out_node.node_id != antichain_
node:
                    # 把這個前序節點插入附加節點串列中
                    extra_nodes.add(predecessor.node_id)
    # 最終把附加節點串列插入增強節點中
    self._augmented_antichains[antichain_key] = list(extra_nodes) + antichain
    return self._augmented_antichains[antichain_key]
```

從圖 10-7 可以看出，因為有 node 8 的出邊 [node 8, node 14] 存在，所以對於 node 10、node 11、node 12，它們必須把 node 8 加入自己的增強反鏈中。對於 node 10，它必須在結合 node 8 之後才能確定自己的執行時間，即 node 10 的增強反鏈是 [node 8, node 10]。圖 10-7 中也用「augmented」標記出了 node 10 的 augmented 反鏈（本身節點 + 部分前序節點）。

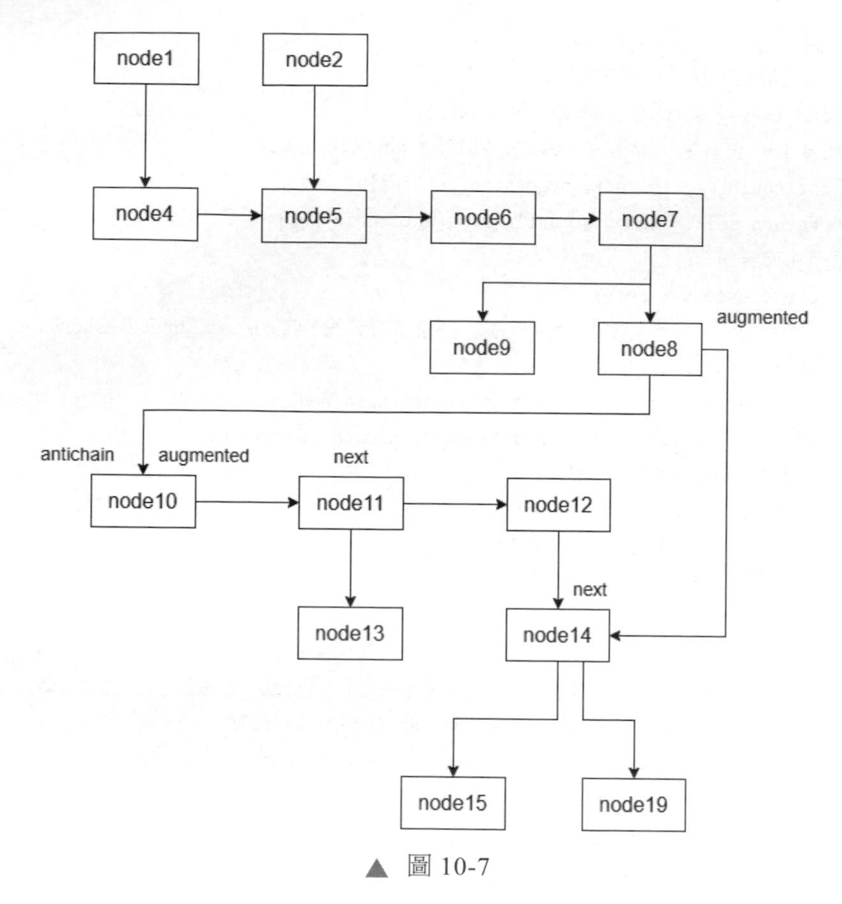

▲ 圖 10-7

3．後續反鏈

後續反鏈可以在 next_antichains() 函式中實現，該函式對函式輸入中的每個節點都找到其後續反鏈，並放入 _next_antichains 中。_next_antichains 變數是一個字典類別，key 值是節點名稱，value 值是 key 節點的後續反鏈。尋找後續反鏈的目的是找到下一個圖分割點。

```
def next_antichains(self, antichain):
    # 建構 antichain 的反鏈 key，其實就是 antichain 自己作為 key
    antichain_key = tuple(sorted(antichain))
    # 如果 key 已經在後續反鏈之中，則傳回這個後續反鏈
    if antichain_key in self._next_antichains:
        return self._next_antichains[antichain_key]
```

```
        next_antichains = []
        antichain_set = set(antichain)
        # 獲取 antichain 的增強反鏈
        augmented_antichain = self.augment_antichain(antichain)
        # 遍歷增強反鏈
        for augmented_antichain_node in augmented_antichain:
            # 遍歷增強反鏈某節點的出邊
            next_nodes = self.edges[augmented_antichain_node] if augmented_antichain_node
in self.edges else []
            # 遍歷增強反鏈某節點的出邊
            for next_node in next_nodes:
                # 如果出邊節點已經在反鏈集合中，則跳過，並進入下一迴圈
                if next_node.node_id in antichain_set:
                    continue
                # 如果出邊節點是後續反鏈，則加入反鏈串列中
                if self.is_next_antichain(augmented_antichain, next_node.node_id):
                    next_antichain = self.construct_antichain(augmented_antichain,
                                                              augmented_antichain_node,
                                                              next_node.node_id)

                    next_antichains.append(next_antichain)
        # 最終把反鏈串列設置為 key 對應的反鏈
        self._next_antichains[antichain_key] = next_antichains
    return self._next_antichains[antichain_key]
```

next_antichains() 用到的 is_next_antichain() 函式程式如下。

```
def is_next_antichain(self, augmented_antichain, new_node):
    successors = self.successors(new_node)
    augmented_antichain_set = set(augmented_antichain)
    for successor in successors:
        if successor.node_id in augmented_antichain_set:
            return False
    return True
```

_next_antichains 變數舉例如下，大家可以結合之前的增強反鏈進行對比分析。

- 以 node 10 為例，其增強節點為 [node 8, node 10]。

- 遍歷這些增強節點找出每一個增強節點的出邊，比如 8 的出邊是 [node 10, node 14]。
- 目前有三個節點 node 10、node 11、node 14 可以繼續處理，因為 node 10 已經在 [node 8，node 10] 中，所以不再考慮 node 10。
- 用 node 14 呼叫 is_next_antichain() 函式來判斷 node 14 是否為後續反鏈。在 is_next_antichain() 函式中，augmented_antichain 變數為 [node 8, node 10]，new_node 變數為 node 14，得到變數 successors 集合為 [node31, node16, node23, node44, node48, …]，共計 22 個節點，因為這些節點都不在 [node 8, node 10] 中，所以 is_next_antichain() 函式傳回為 True，node 14 是後續反鏈節點之一。
- 用 node 11 呼叫 is_next_antichain() 函式。在 is_next_antichain() 函式中，augmented_antichain 變數為 [node 8, node 10]，new_node 變數是 node 11，得到變數 successors 集合為 [node16, node40, node23, …]，因為這些節點都不在 [node 8, node 10] 中，所以 is_next_antichain() 函式的傳回為 True，node 11 是後續反鏈節點之一。

最後得到 node 10 的後續反鏈是 [['node11'], ['node14']]，具體如圖 10-7 所示。在圖上用「Next」來標識 node 11 和 node 14，在這兩個節點上可以對圖進行分割。

4．整體建構

分析完兩種反鏈概念，下面再傳回來分析如何建構 DAG 反鏈。antichain_dag() 函式的目的是依據增強反鏈串列和後續反鏈串列建構一個反鏈 DAG。antichain_dag() 函式的具體程式如下，接下來以 node 8 為例來對圖 10-7 進行講解。

```
def antichain_dag(self):
    if self._antichain_dag is not None:
        return self._antichain_dag

    antichain_dag = Graph()
    antichain_id = 0
    antichain = [self.sources()[0].node_id] # 獲取 source 的第一個節點
```

```
    # 建構首節點，同時利用 augment_antichain() 往 _augmented_antichains 中增加首節點
    source_node = AntichainNode("antichain_%d" % antichain_id, self.augment_
antichain(antichain))
    antichain_dag.source = source_node
    antichain_queue = [antichain] # 把第一個節點插入佇列
    antichain_mapping = {tuple(sorted(antichain)): source_node}

    # 假設佇列中還有節點
    while len(antichain_queue) > 0:
        antichain = antichain_queue.pop(0) # 彈出第一個節點，賦值為 antichain，此處為
node 8
        # key 由 antichain 節點名稱建構，比如 antichain_key = {tuple: 1} node8
        antichain_key = tuple(sorted(antichain))
        # 如果 antichain_key 已經位於 self._next_antichains 中，即 antichain_key 的後續
反鏈已經被記錄，就跳過
        if antichain_key in self._next_antichains:
            continue
        # 獲取 antichain 的後續反鏈，對於 node 8，此處是 [[10],[14]]
        next_antichains = self.next_antichains(antichain)
        # 遍歷後續反鏈 [10,14]
        for next_antichain in next_antichains:
            # 假設下一個反鏈節點的 key 為 10
            next_antichain_key = tuple(sorted(next_antichain))
            if next_antichain_key not in antichain_mapping: # 如果存在，就跳過
                antichain_id += 1
                # 下一個反鏈節點的 value 被設置為 node 10 的增強節點 [ 8, 10 ]
                next_antichain_node = AntichainNode("antichain_%d" % antichain_id,
 self.augment_antichain(next_antichain))
                # 設置 antichain_mapping
                antichain_mapping[next_antichain_key] = next_antichain_node
            # 向反鏈 DAG 插入邊
            antichain_dag.add_edge(antichain_mapping[antichain_key],
                                   antichain_mapping[next_antichain_key])
            # 把最新反鏈節點插入佇列，供下次迭代使用
            antichain_queue.append(next_antichain)

    self._antichain_dag = antichain_dag
    return antichain_dag
```

antichain_dag() 函式的主要作用是設置變數 antichain_mapping，具體流程如下。

- 從變數 antichain_queue 中彈出第一個節點，賦值為變數 antichain，此處為 node 8。
- 獲取變數 antichain 的後續反鏈。node 8 的後續反鏈是 [[node 10],[node 14]]。
- 遍歷後續反鏈 [node 10, node 14]。以 node 10 為例，設置 antichain_mapping 的下一個反鏈節點的 key 值為 10。下一個反鏈節點的 value 值被設置為 node 10 的增強節點 [node 8, node 10]。

可以看到，尋找某節點的後續反鏈的目的是找到下一個圖分割點 A，為了確定 A 的執行時間（或者其他資訊），需要找到 A 的增強反鏈（一些增強反鏈就是一些狀態），antichain_mapping 變數就是 A 的增強反鏈。

在得到反鏈之後，需要進行拓撲排序才能使用如下程式。

```
antichain_gr = gr.antichain_dag()
states = antichain_gr.topological_sort()
```

拓撲排序的目的是，按照拓撲序列的頂點次序，在到達某節點之前，可以保證它的所有前序活動都已經完成，使整個專案可以循序執行，而不發生衝突。PipeDream 使用深度最佳化排序演算法進行的拓撲排序。

5．小結

因為目前的演算法比較複雜，所以這裡總結一下到目前為止的工作。

- 計算出每個節點的增強反鏈，得到增強反鏈組合 _augmented_antichains 變數。
- 計算出每個節點的後續反鏈，尋找某個節點後續反鏈的目的是找到下一個圖分割點 A。為了確定 A 的執行時間（或者其他資訊），需要找到 A 的增強反鏈（一些增強反鏈就是一些狀態）。_next_antichains 變數是後續反鏈組合。

- antichain_dag() 函式會依據 _next_antichains 和 _augmented_antichains 變數進行處理，建構一個反鏈 DAG，即變數 antichain_dag。
- 在得到反鏈 DAG 之後，需要進行拓撲排序後才能使用。拓撲排序的目的是：如果按照拓撲序列的頂點次序排序，那麼整個專案可以循序執行。
- states 變數是對反鏈 DAG 進行拓撲排序後的結果，按照此順序進行訓練是符合邏輯的，後續工作在 states 變數的基礎上進行。

10.3.3 計算分區

至此，圖已經依據後續反鏈被分割成若干狀態（states），每個狀態很重要的一個屬性是其增強反鏈。自動分區演算法具體分為以下兩部分。

- compute_partitioning() 函式使用動態規劃演算法讓這些狀態得出一個最最佳化結果，但是沒有做具體分區。
- analyze_partitioning() 函式利用最最佳化結果做具體分區，排序後得到一個偏序結果。

下面逐一分析。

1．main() 函式

main() 函式程式中與計算分區相關的邏輯如下。

- 為每個狀態設置序號。
- 透過遍歷每個狀態的增強反鏈給每個狀態計算輸出啟動值，啟動值就是該狀態必要前序節點給自己的輸出。
- 依據前序節點計算出每個狀態的關鍵資訊，比如計算時間、啟動值、參數值等。
- 得到整體輸出值 output_activation_sizes 和所有前序節點 id，後面在計算分區時需要用到這兩者。
- 依據 profile 估計出系統內部的計算時間 compute_times_row，即 *i* 節點到後續節點（*i*+1, *i*+2, …）的計算時間。

- 依據 profile 估計出系統內部的啟動值和參數值，計算邏輯與上面類似。
- 遍歷機器集和網路頻寬組合。依據目前的資訊、機器數量、網路頻寬等使用動態規劃演算法計算分區。如果機器集和網路頻寬組合有兩個，則會用每個組合進行一次動態規劃演算法，最後呼叫 all_As.append(A) 函式得到兩個動態規劃的結果，該結果是考慮到各種必要因素之後的最優結果。

最後得到的 compute_times 變數是一個計算時間的二維陣列，也可以認為是矩陣，具體舉例如下。

```
[w12,w13,w14,w15], // 第一個節點到後續節點的計算時間
[None,w23,w24,w25], // 第二個節點到後續節點的計算時間
[None,None, w34, w35], // 第三個節點到後續節點的計算時間
[None,None, None, w45], // 第四個節點到後續節點的計算時間
```

activation_sizes 變數和 parameter_sizes 變數與 compute_times 變數的結構類似。

2．動態規劃

main() 函式使用了動態規劃演算法進行計算分區，接下來進行具體分析。

（1）整體思路

分割演算法的目的是減少模型的整體訓練時間。對於管線系統，此問題等價於最小化管線最慢 stage 所花費的時間。該問題具有最最佳化子問題性質，在給定機器數量的情況下，使輸送量最大化的管線由子管線組成，這些子管線各自做到輸送量最大化。因此，我們可以用動態規劃來尋找此問題的最優解。分區演算法依據 profile 步驟的輸出做如下操作：將層劃分為多個 stage；計算出每個 stage 的複製因數；計算出保持訓練管線繁忙的最佳動態小批次數。

PipeDream 的最佳化器假設機器拓撲是分層的，並且可以被組織成多個等級，如圖 10-8 所示。同一個等級內的頻寬是相同的，而跨等級的頻寬是不同的。假設 k 級由 m_k 個 k-1 層元件組成，這些元件透過頻寬為 B_k 的鏈路連接。在圖 10-8 中，$m_2=2$、$m_1=4$。此外，我們定義 m_0 為 1，即 4 個 m_0 組成一個 m_1，2 個 m_1 組成一個 m_2。在圖 10-8 中，層 0 為深色實線矩形，代表最低層的計算裝置，比如 GPU，4 個 GPU 組成了一個層 1（虛線矩形，代表一個伺服器），2 個層 1 組成了一個層 2（就是圖 10-8 中的全部模組）。

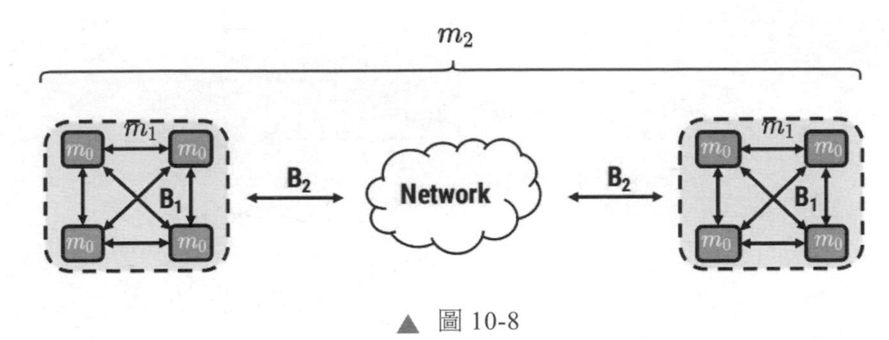

▲ 圖 10-8

圖片來源：論文 *PipeDream: Generalized Pipeline Parallelism for DNN Training*

PipeDream 的最佳化器從最低層到最高層逐步解決動態規劃問題。直觀地說，此過程先在伺服器中找到最佳分區，然後使用這些分區在伺服器之間最優地分割模型。

（2）具體分析

接下來分析動態規劃的具體邏輯。

首先要考慮代價模型。這裡針對每個 stage，都使用 stage 的計算時間和通訊時間之和來作為該 stage 貢獻的執行時間。計算圖的整體執行時間為其所有子 stage 的執行時間總和。

其次，讓 $A(i \rightarrow j,m)$ 表示最佳管線中最慢 stage 所用的時間，該 stage 包含層 i 到層 j，並且在 m 台機器上資料並行。讓 $T(i \rightarrow j,m)$ 表示一個 stage 所需要的時間，該 stage 包含層 i 到層 j，並且在 m 台機器上資料並行。我們的目標是找到 $A(N,M)$ 和相應的劃分。

當最佳管線包含多個 stage 時，它可以被分解成一個最優的子管線（從 i 層到 s 層，由 $m-m'$ 個機器組成）和後續的一個單獨 stage。因此，利用最優子問題的性質可以得到如下公式，即計算包含多個 stage 的最佳管線。

$$T(i \rightarrow j,m) = \frac{1}{m}\max\begin{cases} A^{k-1}(i \rightarrow j,m_{k-1}) & ① \\ \dfrac{2(m-1)\sum_{l=i}^{j}|w_l|}{B_k} & ② \end{cases}$$

$$A^k(i \rightarrow j,m) = \min_{i \leqslant s < j}\min_{1 \leqslant m' < m}\max\begin{cases} A^k(i \rightarrow s,m-m') & ① \\ 2a_s / B_k & ② \\ T^k(s+1 \rightarrow j,m') & ③ \end{cases}$$

在 T 相關公式之中，max 的意義具體如下。

- 第①項是在此 stage 中所有層的總計算時間。
- 第②項是此 stage 中所有層的總通訊時間。
- 因為計算和通訊可以重疊，所以不需要相加，直接取最大數值即可。

在 A 相關公式之中，max 的意義具體如下。

- 第①項是第 i 層和第 s 層之間的最優子管線（由 $m-m'$ 個機器組成）中，最慢 stage 所用的時間。
- 第②項是在層 s 和層 $s+1$ 之間傳遞啟動和梯度所用的時間，B 表示頻寬。
- 第③項是最後單一 stage 的時間（包含 s+1 層到 j 層，由 m' 個資料並行的機器組成）。

下面具體分析如何計算，假設一個圖邏輯如圖 10-9 所示。

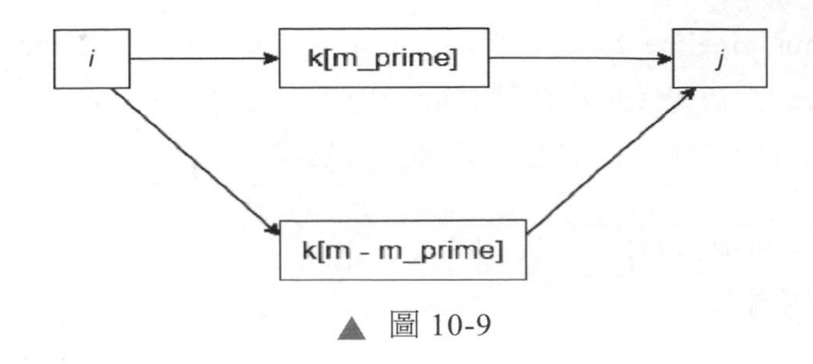

▲ 圖 10-9

上述演算法的邏輯是：由於傳輸和計算是可以重疊的，因此可以在 A [i] [k] [m-m_prime] [0]，last_stage_time，output_transfer_time，input_transfer_time 這幾項之中選一個最大的數值。具體解釋如下。

- A [i] [k] [m-m_prime] [0]：*i* 到 *k* 之間的計算時間，是已經計算好的子問題。
- last_stage_time：last_stage_time 是「*k* 到 *j* 的計算時間」+ 通訊時間。其中，compute_times[k + 1] [j] 是 *k* 到 *j* 的計算時間，compute_times[k + 1] 對應了 *k* 的輸出。通訊時間依據 *k* 到 *j* 的下一個 stage 參數值（parameter_sizes[k + 1] [j]）計算得出，即 last_stage_time = compute_times[k + 1][j] +（parameter_sizes[k + 1] [j]）。
- input_transfer_time：使用 *k* 的輸出啟動值計算出來的通訊時間（就是 *j* 的輸入）。
- output_transfer_time：使用 *j* 的輸出啟動值計算出來的通訊時間。
- 結合 input_transfer_time 和 output_transfer_time 可以知道，資料並行通訊時間是依據通訊量（參數尺寸）、頻寬、下一個 stage 機器數量計算出來的。

最後得到的 A 就是動態規劃最佳化的結果，其中每一個元素 A[i][j][m] 是一個三元組（min_pipeline_time, optimal_split, optimal_num_machines）。三元組中的這三個項的含義是（最小管線時間，i 到 j 之間的最佳分割點，最優機器數目），A[i][j][m] 表示節點 i 到節點 j 之間的計算結果，大致階段如圖 10-10 所示。

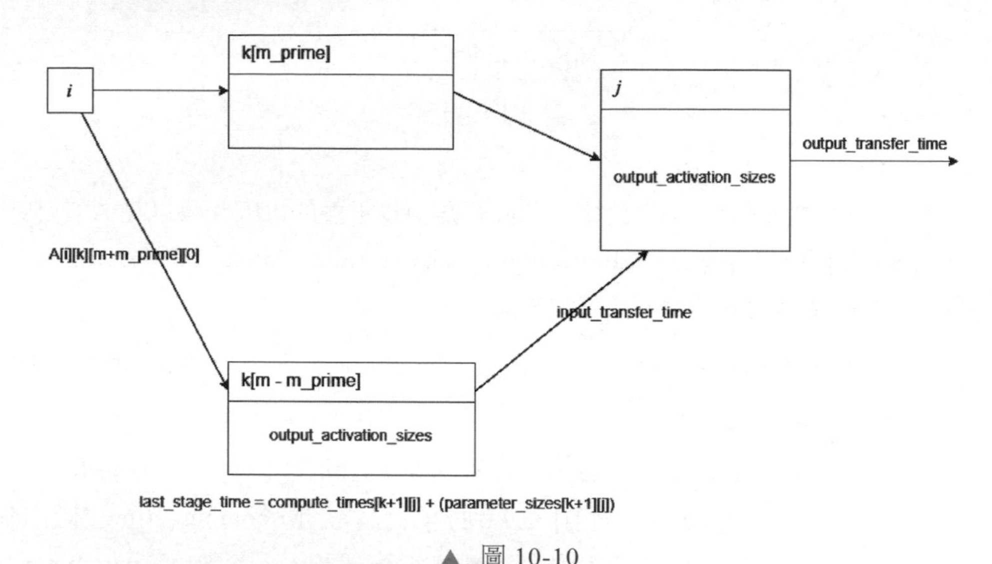

▲ 圖 10-10

演算法的具體程式如下。

```
def compute_partitioning(compute_times, activation_sizes, parameter_sizes,
                         output_activation_sizes, all_predecessor_ids,
                         num_machines, num_machines_within_machine,
                         bandwidth, final_level=True):
    # 初始化
    A = []
    for i in range(len(compute_times)): # 遍歷所有節點
        row_A = []
        for j in range(len(compute_times[0])): # 所有後續節點（即第一個節點的所有後續節
點）
            row_row_A = []
            for m in range(num_machines): # 機器數目
                row_row_A.append((None, None, None))
            row_A.append(row_row_A)
        A.append(row_A)
```

```
    # 得到計算時間
    for i in range(len(compute_times)): # 遍歷所有節點
        for j in range(i, len(compute_times[0])): # 所有後續節點
            cum_compute_time = compute_times[i][j] # i --> j 的計算時間
            cum_activation_size = activation_sizes[i][j] # i --> j 的啟動大小
            cum_parameter_size = parameter_sizes[i][j] # i --> j 的參數大小
            max_m = 1 if straight_pipeline else num_machines # 線性還是並行管線
            for m in range(max_m): # 遍歷管線下一個 stage 的機器
                # 儲存的資料大小
                stashed_data_size = math.ceil((num_machines - (m+1)) / (m+1)) * \
                                              (cum_activation_size + cum_parameter_
size)
                # memory_size 是使用者傳進來的參數，為每個機器的有效記憶體
                # use_memory_constraint 也是使用者傳進來的參數，為使用的記憶體限制
                if use_memory_constraint and stashed_data_size > memory_size:
                    continue
                # 資料並行通訊時間依據參數尺寸、頻寬，以及下一個 stage 機器數量來計算
                data_parallel_communication_time = (4 * m * cum_parameter_size) /
(bandwidth * (m+1))
                # 除以本 stage 機器數量，如果本 stage 機器數量多，就分開計算
                data_parallel_communication_time /= num_machines_within_machine

                if cum_compute_time is None:
                    # 因為需要計算下一個 stage 中每個機器的計算時間，所以還要除以 (m+1)
                    A[i][j][m] = (None, None, None) # 直接賦值
                else:
                    # 三元組，分別是 [( 計算時間 + 通訊時間 ),None,(m+1)]，對應的意義是
min_pipeline_time、optimal_split、optimal_num_machines
                    A[i][j][m] = (sum([cum_compute_time,
                                       data_parallel_communication_time]) / (m+1),
None, (m+1))

    # 需要得到最小計算時間
    min_machines = 1
    max_i = len(compute_times) if not final_level else 1
    for i in range(max_i): # 遍歷節點
        for m in range(min_machines, num_machines): # 遍歷下一個 stage 機器的可能選擇
            for j in range(i+1, len(compute_times[0])): # 遍歷 i 的後續節點
                (min_pipeline_time, optimal_split, optimal_num_machines) = A[i][j][m]
```

```
            if use_fewer_machines and m > 0 and ( # 如果設置了用儘量少的機器，並且
為小於 min_pipeline_time，就設置新的 min_pipeline_time
                min_pipeline_time is None or A[i][j][m-1][0] < min_pipeline_
time):
                (min_pipeline_time, optimal_split, optimal_num_machines) = A[i][j]
[m-1]
            # 遍歷 j 節點的前序機器 k，注意，j 是 i 的後續節點之一
            # 就是在 i --> k --> j 之間找到一個計算時間最小的，其中 A[i][k][m-m_
prime][0] 已經是一個最優子問題
            for k in all_predecessor_ids[j]:
                # 如果 k 已經在之前計算過了，就跳過
                if i > 0 and k in all_predecessor_ids[i-1]:
                    continue
                # 設置質數
                max_m_prime = 2 if straight_pipeline else (m+1)
                for m_prime in range(1, max_m_prime): # prime 用來處理分割
                    # 輸入通訊時間 input_transfer_time，使用 k 的輸出啟動尺寸計算
                    input_transfer_time = (2.0 * output_activation_sizes[k]) / \
                        (bandwidth * m_prime)
                    # 輸出通訊時間 output_transfer_time，使用 j 的輸出啟動尺寸計算
                    output_transfer_time = None
                    if j < len(output_activation_sizes) -1:
                        output_transfer_time = (2.0 *
                            output_activation_sizes[j]) / (bandwidth * m_prime)
                    # last_stage_time 設置為 k 到 j 的計算時間, compute_times[k+1]
[i] 對應 k 的輸出
                    last_stage_time = compute_times[k+1][j]
                    if last_stage_time is None:
                        continue
                    # 設置為 k 到 j 的下一個 stage 參數尺寸
                    last_stage_parameter_size = parameter_sizes[k+1][j]
                    # 設置為 k 到 j 的儲存資料尺寸
                    stashed_data_size = (activation_sizes[k+1][j]) + last_stage_
parameter_size
                    # 依據機器資料計算
                    stashed_data_size *= math.ceil((num_machines - (m+1)) / m_
prime)
                    # 超過機器記憶體就跳過
                    if use_memory_constraint and stashed_data_size > memory_size:
                        continue
```

```
                # last_stage_time 目前是計算時間，還需要加上通訊時間，所以 last_
stage_time 是 k 到 j 的計算時間 + 通訊時間
                last_stage_time = sum([last_stage_time,
                                       ((4 * (m_prime - 1) *
                                        last_stage_parameter_size) /
(bandwidth * m_prime))])
                last_stage_time /= m_prime

                # 如果從 i 到 k 沒有邊，則跳過
                if A[i][k][m-m_prime][0] is None:
                    continue
                # 如果 i 到 k 已經有計算時間，則選一個較大的
                pipeline_time = max(A[i][k][m-m_prime][0], last_stage_time)
                if activation_compression_ratio is not None: # 如果壓縮
                    # 則在 A[i][k][m-m_prime][0], last_stage_time, output_
transfer_time, input_transfer_time 之中選一個最大的
                    input_transfer_time /= activation_compression_ratio
                    # output_transfer_time 也壓縮
                    if output_transfer_time is not None:
                        output_transfer_time /= activation_compression_ratio
                    # 選一個大的
                    pipeline_time = max(pipeline_time, input_transfer_time)
                    if output_transfer_time is not None:
                        pipeline_time = max(pipeline_time, output_transfer_
time)

                # 如果比 min_pipeline_time 小，則設定 min_pipeline_time，為下
一次迴圈做準備
                if min_pipeline_time is None or min_pipeline_time > pipeline_
time:
                    optimal_split = (k, m-m_prime) # 選一個最佳化分割點
                    optimal_num_machines = m_prime
                    min_pipeline_time = pipeline_time
        # 設置
        A[i][j][m] = (min_pipeline_time, optimal_split, optimal_num_machines)

    return A
```

其中，all_As 就是動態規劃的結果。

10.3.4 分析分區

接下來介紹 main() 函式分析階段的邏輯。前面計算分區只是獲得了一個動態規劃最佳化結果，需要在 analyze_partitioning() 函式中進行分析劃分之後，再賦予各個 stage。main() 函式與計算分區相關的變數和邏輯如下。

- states 變數是反鏈 DAG 的結果；all_As 變數是動態規劃得到的最佳化結果，可能有多個。
- splits 變數初始化時只包含一個二元組元素：最初的劃分 (0, len(states))。
- 遍歷 all_As 變數中的動態最佳化結果，對每個動態最佳化結果遍歷其各個邏輯關係，呼叫 analyze_partitioning() 函式對分區進行分析。該函式會對 splits 變數進行分割、遍歷，對 splits 變數進行逐步更新（對分割點逐步、逐階段地細化）。analyze_partitioning() 函式最終傳回一個 partial_splits 變數，這是一個理想分割序列。
- 目前，我們獲得了一個理想的分割序列，但是事情並沒有結束，我們回憶一下分區演算法的目的：先依據 profile 結果確定所有層的執行時間，然後使用動態規劃對模型進行劃分，將模型劃分為不同的 stage 並得到每個 stage 的副本數。分析的最終目的是給模型的每一個子層分配一個 stage，如果某些子層屬於同一個 stage，那麼這些子層最終會被分配到同一個 Worker 上執行。於是接下來的操作就是遍歷 partial_splits 變數，對於每一個分割點，獲取其增強反鏈（states）的所有前序節點，給這些節點打上 stage_id。此處是從前往後遍歷，所以 stage_id 數值逐步增加。
- 把圖寫到檔案中，後續 convert_graph_to_model.py 會把此檔案轉換成模型。
- 做分析對比。

最後，我們總結一下計算分區和分析分區所做的工作。

- 反鏈 DAG 圖已經被分割成若干 states，每個狀態很重要的一個屬性是增強反鏈。states 就是對增強反鏈進行拓撲排序之後的結果，按照此順序進行訓練是符合邏輯的。

- compute_partitioning() 函式使用動態規劃演算法讓這些 states 得出一個最最佳化結果，但是此計算分區只是獲得了一個動態規劃最佳化結果，需要在 analyze_partitioning() 函式中進行分析劃分後，再賦予各個 stage。
- analyze_partitioning() 函式利用動態規劃演算法的最最佳化結果做具體分區，排序後獲得了一個偏序結果，就是理想分割序列。
- 依據 analyze_partitioning() 函式的結果，給模型的每一個子層分配一個 stage，如果某些子層屬於同一個 stage，那麼這些子層最終會被分配到同一個 Worker 節點上執行。

analyze_partitioning() 函式程式如下。

```
def analyze_partitioning(A, states, start, end, network_bandwidth, num_machines,
                         activation_compression_ratio, print_configuration, verbose):
    # start 和 end 分別是本組節點的起始點和終止點
    metadata = A[start][end-1][num_machines-1] # 這是一個三元組  (min_pipeline_time,
optimal_split, optimal_num_machines)
    next_split = metadata[1] # metadata[1] 是 optimal_split，即 (k, m-m_prime)
    remaining_machines_left = num_machines
    splits = []
    replication_factors = []
    prev_split = end - 1 # 前一個分割點

    while next_split is not None: #是否繼續分割
        num_machines_used = metadata[2] # optimal_num_machines
        splits.append(next_split[0]+1) # 獲得了 k + 1，這是關鍵點，因為最後傳回的是
 splits
        compute_time = states[prev_split-1].compute_time - \
            states[next_split[0]].compute_time
        parameter_size = states[prev_split-1].parameter_size - \
            states[next_split[0]].parameter_size

        dp_communication_time = (4 * (num_machines_used - 1) * parameter_size) \
            / (network_bandwidth * num_machines_used)
        pp_communication_time_input = ( # 下一個 stage 的資料登錄時間
            2.0 * states[next_split[0]].output_activation_size *
            (1.0 / float(num_machines_used))) / network_bandwidth
```

```
        pp_communication_time_output = ( # 上一個 stage 的資料輸出時間
            2.0 * states[prev_split-1].output_activation_size *
            (1.0 / float(num_machines_used))) / network_bandwidth
        # 如果需要壓縮，就進行壓縮
        if activation_compression_ratio is not None:
            pp_communication_time_input /= activation_compression_ratio
            pp_communication_time_output /= activation_compression_ratio
        if activation_compression_ratio is None:
            pp_communication_time_input = 0.0
            pp_communication_time_output = 0.0

        compute_time /= num_machines_used # 本 stage 計算時間
        dp_communication_time /= num_machines_used # 資料並行時間

        prev_split = splits[-1] # 設定新的前一分割點
        # next_split 格式是 (k, m-m_prime)，就是 optimal_split 的格式
        # A[i][j][m] 格式是 (min_pipeline_time, optimal_split, optimal_num_machines)
        metadata = A[start][next_split[0]][next_split[1]]
        next_split = metadata[1] # 設定新的下一次分割點，就是 optimal_split
        replication_factors.append(num_machines_used) # 每個stage的 replication factor
        remaining_machines_left -= num_machines_used # 剩餘機器

    num_machines_used = metadata[2]
    remaining_machines_left -= num_machines_used # 剩餘機器
    compute_time = states[prev_split-1].compute_time
    parameter_size = states[prev_split-1].parameter_size
    dp_communication_time = ((4 * (num_machines_used - 1) * parameter_size) /
                             (network_bandwidth * num_machines_used))
    compute_time /= num_machines_used # 計算時間
    dp_communication_time /= num_machines_used # 資料並行通訊時間

    splits.reverse()
    splits.append(end)
    return splits[:-1] # 最後一個不傳回
```

10.3.5 輸出

計算分區階段的輸出模型檔案內容也是一個圖，和 profile 輸出檔案內容類別似，其關鍵之處在於給每一個節點加上了 stage，具體如何使用將在後文進行分析，大致就是可以得到每個 stage 對應哪些節點，比如 stage_id=0 對應的是 node 4，stage_id=1 對應的是 node 5、node 6。接下來的轉換模型階段就要把此輸出模型檔案換成一個 PyTorch 模型，或者說換成一套 Python 檔案。

10.4 轉換模型階段

模型轉換階段是 PipeDream 相對於 GPipe 的一個改進，下面具體分析一下。

- GPipe 的管線劃分（模型具體層的分配）可以視為是一個程式執行前的、介於靜態和動態之間的前置處理，這對於使用者來說並不透明。
- PipeDream 的模型層分配則是依據 profile 結果把同一個 stage 的所有層統一打包生成一個 PyTorch 模型的 Python 檔案。這也屬於前置處理階段，但是無疑比 GPipe 更方便清晰，使用者可以進行二次手動調整。

PipeDream 模型轉換的基本思路如下。

- 載入：從模型的圖檔案中載入模型 DAG 圖進入記憶體。
- 分離子圖：按照 stage 對圖進行處理，把整體 DAG 圖分離成多個子圖。因為在前文中已經把模型的層分配到了各個 stage 上，所以本階段就是使用 partition_graph() 函式把每個 stage 包含的層分離出來。
- 轉換模型：對每個 stage 的子圖應用範本（Template），把每個 stage 子圖生成一個 Python 檔案。對應到程式，即在 main() 函式中，把每個子圖轉換為一個 PyTorch Module，每個 Module 對應著一個 Python 檔案，stage 的每一層是此 Module 的一個子模組。
- 融合模型：把各個 stage 的子圖合併起來，生成整體的模型檔案。在應用範本部分已經生成了若干 torch.nn.Module 的 Python 檔案，每個檔案對應一個子圖。本階段的作用就是把這些子圖合併成一個大圖。對應到 Python 程式，就是生成一個新 Python 檔案，裡面引入各個子圖的 Python 檔案，生成一個總的 torch.nn.Module 檔案。

- 輸出：輸出一個 __init__ 檔案，這樣更容易處理。
- 生成設定：生成相關設定檔，比如資料並行設定檔、模型並行設定檔。

轉換模型的整體流程如圖 10-11 所示。

具體合成模型程式在 optimizer/convert_graph_to_model.py 中，接下來分析其中一些關鍵技術點。

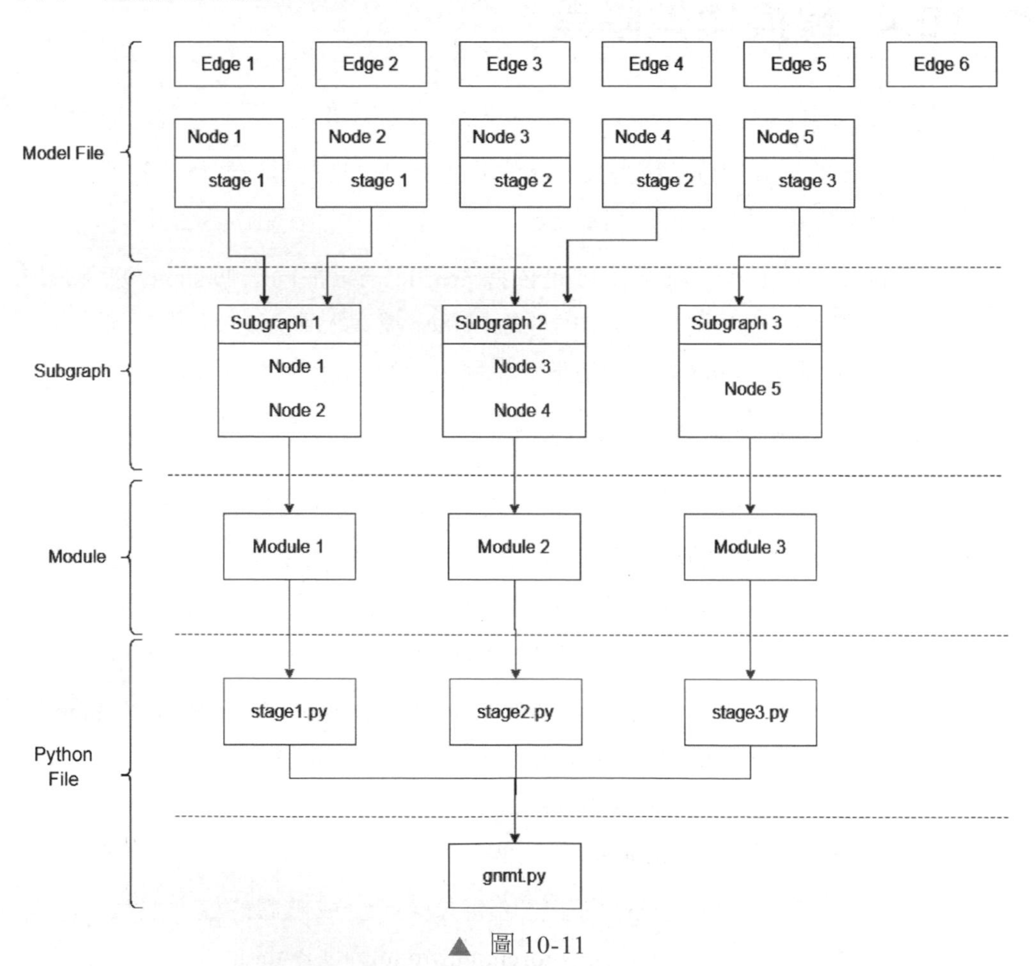

▲ 圖 10-11

10.4.1 分離子圖

convert_graph_to_model.py 的 main() 函式按照 stage 來分離子圖。因為在前文中已經把模型的層分配到了各個 stage 上，所以 main() 函式需要使用 partition_graph() 函式把每個 stage 所包含的層分離出來。partition_graph() 函式對應的程式邏輯為：遍歷節點，找到所有的 stage；在得到所有 stage id 之後，按照 stage id 建構子圖，即針對給定的 stage，在所有節點中查詢對應 stage 的節點來建構一個子圖，具體程式如下。

```
def partition_graph(self):
    stage_ids = set()
    # 遍歷節點，找到所有的 stage
    for node_id in self.nodes:
        stage_ids.add(self.nodes[node_id].stage_id)
    # 假設 stage_ids 為 {0, 1, 2, 3, 4, 5, 6, 7, 8, 9}
    if len(stage_ids) == 1:
        return [self.copy()]
    subgraphs = []
    # 按照 stage 建構子圖
    for stage_id in stage_ids:
        subgraphs.append(self.partition_graph_helper(stage_id))
    return subgraphs

# 針對給定的 stage，在所有節點中查詢對應 stage 的節點，建構一個子圖
def partition_graph_helper(self, stage_id):
    subgraph = Graph()
    for node1_id in self.nodes:
        if self.nodes[node1_id].stage_id == stage_id:
            subgraph.add_node(self.nodes[node1_id])
            if node1_id not in self.edges: continue
            for node2 in self.edges[node1_id]:
                if node2.stage_id == stage_id:
                    subgraph.add_edge(self.nodes[node1_id], node2)
    return subgraph
```

10.4.2 轉換模型

在 main() 函式中，將每個子圖轉換為一個 PyTorch Module，每個 Module 對應著一個 Python 檔案，轉換模型的邏輯為：假如輸入為一個包含了若干節點的圖， convert_subgraph_to_module() 函式會把此圖轉換成為一個 torch.nn.Module。

convert_subgraph_to_module() 函式轉換 torch.nn.Module 的邏輯如下。

- 呼叫 get_input_names() 函式遍歷圖，找到此圖的輸入。
- 如果節點在輸入中，則建構 forward() 函式定義部分，為後續生成程式做準備。
- 遍歷圖中的節點，依據節點性質生成各種 Python 敘述。具體操作為：得到每一層的相關資訊，比如名稱、輸出；如果某節點需要特殊定義，就進行特殊轉換，比如 import、層定義等；歸併 import 敘述；如果節點描述不在聲明白名單中，則記錄，後續會在生成 __init__() 方法時對這些節點生成建構敘述；得到節點入邊；如果節點在內建運算子中，則直接建構 Python 敘述；如果不是內建運算，就直接設置，比如設置為 'out2 = self.layer2(out0, out1)'。
- 確保模組按照原始模型的順序輸出。
- 如果需要初始化權重，則進行初始化。
- 應用範本檔案生成模型，就是把前面生成的各種 Python 敘述填充到範本檔案中。
- 寫入模型 Python 檔案。

在轉換 torch.nn.Module 的過程中會依據應用範本檔案生成模型，範本檔案內容如下，PipeDream 會使用轉換過程中生成的 Python 敘述對範本檔案進行填充。

```
import torch
%(import_statements)s
```

```
class %(module_name)s(torch.nn.Module):
    def __init__(self):
        super(%(module_name)s, self).__init__()
        %(layer_declarations)s

    %(module_methods)s
    # function definition 類別似為 ['out0 = input0.clone()','out1 = input1.clone()']
    def forward(self, %(inputs)s):
        %(function_definition)s
```

最終如下敘述會生成若干模型檔案，每一個子圖會生成一個 Python 檔案。

```
# 寫入模型 Python 檔案
with open(output_filename, 'w') as f:
    f.write(model)
return num_inputs, num_outputs
```

生成的模型檔案範例如下。

```
import torch
class Stage0(torch.nn.Module):
    def __init__(self):
        super(Stage0, self).__init__()
        self.layer6 = torch.nn.Embedding(32320, 1024, padding_idx=0)

    def forward(self, input0, input1, input2):
        out0 = input0.clone()
        out1 = input1.clone()
        out2 = input2.clone()
        out6 = self.layer6(out0)
        return (out1, out2, out6)
```

10.4.3 融合模型

目前為止已經生成了若干包含 torch.nn.Module 的 Python 檔案，每個檔案都對應了一個子圖，融合模型的作用就是把這些子圖合併成一個大圖，對應到 Python 程式，就是生成一個新 Python 檔案，其中把各個子圖的 Python 檔案引入，生成一個總檔案。具體是呼叫 fuse_subgraphs_to_module() 函式生成一個 gnmt.py 檔案，邏輯如下。

- 載入範本檔案。
- 歸併模組名稱。
- 處理函式定義和層定義。
- 遍歷子圖，建構輸出和輸入。
- 增加輸出 / 輸入資訊。
- 應用範本檔案。
- 輸出檔案。

fuse_subgraphs_to_module() 函式傳回的結果之一是 PyTorch_modules 變數，裡面包含了各個 stage 資訊，舉例如下。

```
PyTorch_modules = {list: 10} ['stage0', 'stage1', 'stage2', 'stage3', 'stage4',
'stage5', 'stage6', 'stage7', 'stage8', 'stage9']
```

最終融合結果舉例如下。

```
import torch
from .stage0 import stage0
# 省略匯入其他 stage 的敘述
from .stage8 import stage8
from .stage9 import stage9

class pd(torch.nn.Module):
    def __init__(self):
        super(pd, self).__init__()
        self.stage0 = stage0()
        # 省略
        self.stage8 = stage8()
        self.stage9 = stage9()

    def forward(self, input0, input1, input2):
        (out2, out3, out0) = self.stage0(input0, input1, input2)
```

```
        out4 = self.stage1(out2, out0)
        out5 = self.stage2(out4)
        (out7, out6) = self.stage3(out5)
        (out8, out9) = self.stage4(out7, out6)
        (out10, out12, out11) = self.stage5(out8, out9, out2, out3)
        (out14, out15, out16) = self.stage6(out10, out12)
        (out17, out18, out19) = self.stage7(out14, out15, out16, out11)
        out20 = self.stage8(out14, out17, out18, out19)
        out21 = self.stage9(out20)
        return out21
```

為了便於使用，系統又生成了 __init__ 檔案。就是依據之前的 import_statements、Model 等變數進行生成，得到的 __init__ 檔案舉例如下。

```
from .gnmt import pd
from .stage0 import stage0
# 省略
from .stage8 import stage8
from .stage9 import stage9

def arch():
    return "gnmt"

def model(criterion):
    return [
        (stage0(), ["input0", "input1", "input2"], ["out2", "out3", "out0"]),
        (stage1(), ["out2", "out0"], ["out4"]),
        (stage2(), ["out4"], ["out5"]),
        (stage3(), ["out5"], ["out7", "out6"]),
        (stage4(), ["out7", "out6"], ["out8", "out9"]),
        (stage5(), ["out8", "out9", "out2", "out3"], ["out10", "out12", "out11"]),
        (stage6(), ["out10", "out12"], ["out14", "out15", "out16"]),
        (stage7(), ["out14", "out15", "out16", "out11"], ["out17", "out18",
"out19"]),
        (stage8(), ["out14", "out17", "out18", "out19"], ["out20"]),
        (stage9(), ["out20"], ["out21"]),
        (criterion, ["out21"], ["loss"])
    ]
```

```
def full_model():
    return pd()
```

model() 函式傳回的每個元素（item）的格式如下。

```
(stage, inputs, outputs)
```

convert_graph_to_model.py 接下來會生成設定檔，為後續程式執行做準備，具體可能會生成「dp_conf.json」「mp_conf.json」「hybrid_conf.json」這幾個設定檔。檔案內容大致是：將哪個 torch.nn.Module 設定到哪個 stage 上，將哪個 stage 設定到哪個 rank 上。此處的主要邏輯如下。

- 如果在程式輸入中已經指定了如何把 stage 設定到 rank 上，就進行相關設置。
- 依據 PyTorch_modules 設置 stage 數目和 torch.nn.Module 數目。
- 對具體 rank、stage、torch.nn.Module 的分配進行設置。
- 寫入設定檔。

dp_config.json 是專門為資料並行生成的設定檔，舉例如下。

```
{
    "module_to_stage_map": [0, 0, 0, 0, 0, 0, 0, 0, 0, 0, 0],
    "stage_to_rank_map": {"0": [0, 1, 2, 3, 4, 5, 6, 7, 8, 9]}
}
```

mp_config.json 是專門為模型並行生成的設定檔，舉例如下。

```
{
    "module_to_stage_map": [0, 1, 2, 3, 4, 5, 6, 7, 8, 9, 9],
    "stage_to_rank_map": {"0": [0], "1": [1], "2": [2], "3": [3], "4": [4], "5": [5],
"6": [6], "7": [7], "8": [8], "9": [9]}
}
```

最終結果如圖 10-11 所示，圖內邏輯是，先把模型圖的每個 stage 轉換成一個對應的 Python 檔案，再把這些 Python 檔案整理打包成一個總的 Python 檔案，這樣使用者可以直接使用。

PipeDream 之動態邏輯

目前我們經歷了三個階段：profile、計算分區和模型轉換，獲得了若干 Python 檔案和設定檔。PipeDream 在載入這些檔案之後就可以進行訓練。本章會分析 PipeDream 的動態邏輯。

11.1 Runtime 引擎

介紹 Runtime 引擎的主要目的是讓我們了解一個深度學習（管線並行）訓練 Runtime 應該包括什麼功能。

11.1.1 功能

我們先思考為何要實現一個 Runtime，以及其需要實現什麼功能。

PyTorch 分散式相關資訊如下。

- 在分散式資料並行實現方面，PyTorch 實現了 DDP 功能。
- 在分散式模型並行等方面，PyTorch 提供了 RPC 功能作為支撐基礎，RPC 功能在 PyTorch 1.5 版本中被引入，時間是 2020 年 6 月 12 日。
- 針對 DDP 和 RPC，PyTorch 也相應實現了 distributed.autograd 功能，對使用者遮罩了大量分散式細節，讓使用者對分散式訓練儘量無感。

需要注意，關於 PipeDream 的論文是在 2019 年發佈的，這就意味著 PipeDream 無法精準利用 PyTorch RPC 功能，只能自己實現通訊邏輯，即自行實現對計算圖的支撐。

下面分析一下 PipeDream 的特性。

- PipeDream 把模型並行和資料並行結合在一起，實現了管線並行。
- PipeDream 把一個完整的深度訓練模型拆分開，將各個子模型（子圖）分別放在不同的節點上。

對 PipeDream 來說，PyTorch 單一的 DDP、模型並行和自動求導功能無法滿足其需求，必須將它們結合起來使用。PipeDream 需要自己進行如下處理。

- 多個 stage 間通訊可能會使用到 PyTorch RPC 功能，但是由於 PyTorch RPC 在 2019 年沒有穩定版本，PipeDream 只能自己實現一個分散式運算圖，這樣就用到了 PyTorch distributed 的 P2P 功能。
- 因為通訊的需要，所以 PipeDream 自己管理每個 stage（可能包含若干節點）的發送、接收 rank，也就是設定和管理各個 stage 的生產者和消費者，這也意味著 PipeDream 需要找到每個 stage 的輸入及輸出。

- 由於 P2P 通訊功能的需要，因此 PipeDream 要給每個張量設定一個唯一的標識（對應下文的 tag 概念）。
- 在單一 stage 上進行資料並行會用到 PyTorch DDP 功能。因為用到資料並行，所以 PipeDream 需要自己管理每個 stage 的並行數目。
- 因為需要結合模型並行和資料並行，所以 PipeDream 需要自己管理處理程序工作組。
- 因為在不同機器上執行，所以每個機器在獨立執行訓練指令稿時需要對自己的訓練 Job 進行獨立設定。

下面結合這些功能做具體分析。

11.1.2 整體邏輯

先分析一下 PipeDream Runtime 的整體邏輯。main_with_runtime.py 指令稿是 PipeDream 的入口，我們可以在多個節點上分別執行 main_with_runtime.py 指令稿，由於每個指令稿啟動參數不同，因此在各個節點上就執行了不同的 stage 所對應的模型，範例啟動命令如下。

```
python main_with_runtime.py --module models.vgg16.gpus=4 -b 64 --data_dir <path to
 ImageNet> --rank 0 --local_rank 0 --master_addr <master IP address> --config_path
models/vgg16/gpus=4/hybrid_conf.json --distributed_backend gloo
python main_with_runtime.py --module models.vgg16.gpus=4 -b 64 --data_dir <path to
ImageNet> --rank 1 --local_rank 1 --master_addr <master IP address> --config_path
models/vgg16/gpus=4/hybrid_conf.json --distributed_backend gloo
```

下面以 runtime/translation/main_with_runtime.py 為例進行分析，其整體邏輯如下。

- 解析輸入參數。
- 載入檔案。
- 依據模組建構模型。
- 依據參數進行設定，比如輸入大小、批次大小等。

- 遍歷模型的每個層（跳過最後損失層）進行如下操作。
  * 遍歷每層的輸入，建構輸入張量。
  * 透過呼叫 stage 對應的 forward() 函式，建構輸出張量。
  * 遍歷每層的輸出，設置其類型和形狀。
- 建構輸出值的張量類型。
- 載入設定檔。
- 建構一個 StageRuntime。
- 建立最佳化器。
- 載入資料集。
- 進行訓練，儲存檢查點。

接下來分析其中一些關鍵之處。

11.1.3 載入模型

首先來分析如何載入模型。

模型檔案在第 10 章中生成，__init__ 檔案中 model() 函式傳回值的每個元素的格式為（stage, inputs, outputs），我們需要按照此格式進行載入，具體載入方法如下。

```
# 建立模型的 stages
module = importlib.import_module(args.module)
args.arch = module.arch()
```

然後依據模組建構模型，具體程式如下。

```
model = module.model(criterion)
```

假設有 4 個 stage，則在 model(criterion) 的呼叫中會逐一呼叫 stage0() ~ stage3() 建構每個層。比如 stage3() 會呼叫到自己的 __init__() 函式進行自身的建構，具體程式如下。

```
class Stage3(torch.nn.Module):
    def __init__(self):
        super(stage3, self).__init__()
        self.layer5 = torch.nn.LSTM(2048, 1024)
        self.layer8 = Classifier(1024, 32320)
```

模型載入完成後會設置輸入和輸出，具體邏輯如下。

- 依據參數進行設定。
- 遍歷模型的每個層（跳過最後損失層）做如下操作：遍歷每層的輸入，建構輸入張量；透過呼叫節點對應的 forward() 函式建構輸出；遍歷每層的輸出並設置類型，建構張量形狀。

每個層的格式如下。

```
(
Stage0(), # 本 stage
["input0", "input1"], # 本 stage 的輸入
["out2", "out1"] # 本 stage 的輸出
)
```

最後載入設定檔。

11.1.4 實現

我們用如下參數啟動 main_with_runtime.py，後文介紹的一些變數的數值依據這些參數而得到。

```
--module translation.models.gnmt.gpus=4 --data_dir=wmt16_ende_data_bpe_clean
--config_path pipedream-pipedream/runtime/translation/models/gnmt/gpus=4/mp_ conf.json
--local_rank 3 --rank 3 --master_addr 127.0.0.1
```

當模型載入完成後，在 main() 函式中用如下辦法建構 Runtime。其中，StageRuntime 是執行引擎，提供一個統一的可擴展的基礎設施層。

```
r = runtime.StageRuntime( 省略參數 )
```

1．StageRuntime 類別

StageRuntime 類別定義如下面的程式所示。

```
class StageRuntime:
    def __init__(self, model, distributed_backend, fp16, loss_scale,
                 training_tensor_shapes, eval_tensor_shapes,
                 training_tensor_dtypes, inputs_module_destinations,
                 target_tensor_names, configuration_maps, master_addr,
                 rank, local_rank, num_ranks_in_server, verbose_freq,
                 model_type, enable_recompute=False):
        self.tensors = []
        self.gradients = {}
        self.distributed_backend = distributed_backend
        self.fp16 = fp16
        self.loss_scale = loss_scale
        self.training_tensor_shapes = training_tensor_shapes
        self.eval_tensor_shapes = eval_tensor_shapes
        self.training_tensor_dtypes = training_tensor_dtypes
        self.model_type = model_type
        self.target_tensor_names = target_tensor_names
        self.initialize(model, inputs_module_destinations, configuration_maps,
                        master_addr, rank, local_rank, num_ranks_in_server)
        self.forward_only = False
        self.forward_stats = runtime_utilities.RuntimeStats(forward=True)
        self.backward_stats = runtime_utilities.RuntimeStats(forward=False)
        self.enable_recompute = enable_recompute
        if rank == num_ranks_in_server - 1:
            self.enable_recompute = False
```

StageRuntime 類別主要成員變數為在此節點內部進行前向和反向操作所需要的中繼資料，如張量、梯度、分散式後端、訓練資料的張量類型、輸出值張量形狀等。

2．初始化

StageRuntime 類別初始化函式程式很長，我們逐段進行分析。

（1）設置 tag（標籤）

初始化函式會遍歷模型每一層的輸入和輸出，設置 tensor_tag，就是給每個張量賦予一個獨立且唯一的 tag。tensor_tag 經過層層傳遞，最終會在 distributed_c10d.py 的 recv(tensor=received_tensor_shape, src=src_rank, tag=tag) 函式中作為通訊過程中的標籤。設置 tensor_tag 的程式如下。

```
def initialize(self, model, inputs_module_destinations,
               configuration_maps, master_addr, rank,
               local_rank, num_ranks_in_server):
    tensor_tag = 1
    # 遍歷模型中每一層，每一層的格式是 (_, input_tensors, output_tensors)
    for (_, input_tensors, output_tensors) in model:
        # 遍歷輸入
        for input_tensor in input_tensors:
            if input_tensor not in self.tensor_tags:
                self.tensor_tags[input_tensor] = tensor_tag
                tensor_tag += 1 # 設置 tag
        # 遍歷輸出
        for output_tensor in output_tensors:
            if output_tensor not in self.tensor_tags:
                self.tensor_tags[output_tensor] = tensor_tag
                tensor_tag += 1 # 設置 tag

    for target_tensor_name in sorted(self.target_tensor_names):
        self.tensor_tags[target_tensor_name] = tensor_tag
        tensor_tag += 1 # 設置 tag
    self.tensor_tags["ack"] = tensor_tag
    tensor_tag += 1 # 設置 tag
```

（2）設定 map

下面回憶一下設定檔中的部分定義。

- module_to_stage_map ：本模型被劃分為哪些節點。
- stage_to_rank_map ：每個節點對應了哪些 rank，rank 代表了具體的 Worker 處理程序，比如本節點被幾個 rank 進行資料並行。

我們舉出一個樣例檔案內容如下，模型分為 3 個 stage，每個 stage 有若干 rank。

```
{
    "module_to_stage_map": [0, 1, 2, 2],
    "stage_to_rank_map": {"0": [0, 1, 4, 5, 8, 9, 12, 13], "1": [2, 6, 10, 14],
"2": [3, 7, 11, 15]}
}
```

針對本節的模型，mp_conf.json 設定檔內容如下，每個 stage 只有一個 rank。

```
{
    "module_to_stage_map": [0, 1, 2, 3, 3],
    "stage_to_rank_map": {"0": [0], "1": [1], "2": [2], "3": [3]}
}
```

mp_conf.json 設定檔被載入到記憶體中為：

```
module_to_stage_map = {list: 5} [0, 1, 2, 3, 3]
rank_to_stage_map = {dict: 4} {0: 0, 1: 1, 2: 2, 3: 3}
```

因為有時候也需要反過來查詢，所以程式接下來進行反向設定，得到如下變數。

```
stage_to_module_map = {defaultdict: 4}
 0 = {list: 1} [0]
 1 = {list: 1} [1]
 2 = {list: 1} [2]
 3 = {list: 2} [3, 4]
```

```
stage_to_rank_map = {dict: 4}
 0 = {list: 1} [0]
 1 = {list: 1} [1]
 2 = {list: 1} [2]
 3 = {list: 1} [3]
```

（3）找到自己的設定

因為在命令列設置了 rank，所以接下來 Runtime 從設定檔中依據 rank 找到自己對應的 stage，做進一步設定。

```
stage_to_module_map = collections.defaultdict(list)
for module in range(len(module_to_stage_map)):
    # 此處設定了哪個 stage 擁有哪些 Module
    stage_to_module_map[module_to_stage_map[module]].append(module)

rank_to_stage_map = {}
for stage in stage_to_rank_map:
    for rank in stage_to_rank_map[stage]:
      # 設定了哪個 rank 擁有哪些 stage
        rank_to_stage_map[rank] = stage

self.num_ranks = len(rank_to_stage_map) # 獲得了 world_size，即總共有多少個 rank，有多少個訓練處理程序
self.num_stages = len(stage_to_module_map) # 多少個 stage
self.stage = rank_to_stage_map[self.rank] # 透過自己的 rank 得到自己的 stage
self.rank_in_stage = stage_to_rank_map[self.stage].index(self.rank)  # 本 rank 在stage 中排在第幾位
self.num_ranks_in_stage = len(stage_to_rank_map[self.stage])# 得到自己 stage 的 rank 數目，就是資料並行數
self.num_ranks_in_first_stage = len(stage_to_rank_map[0])
self.num_ranks_in_previous_stage = 0
self.ranks_in_previous_stage = []
if self.stage > 0:
    self.num_ranks_in_previous_stage = len(
        stage_to_rank_map[self.stage - 1])
    self.ranks_in_previous_stage = stage_to_rank_map[self.stage - 1]
self.num_ranks_in_next_stage = 0
```

```
self.ranks_in_next_stage = []
if self.stage < self.num_stages - 1:
    self.num_ranks_in_next_stage = len(
        stage_to_rank_map[self.stage + 1])
    self.ranks_in_next_stage = stage_to_rank_map[self.stage + 1]

modules = stage_to_module_map[self.stage] # 針對範例模型，此處得到 [3,4]，後續會用到

self.modules_with_dependencies = ModulesWithDependencies(
    [model[module] for module in modules])
self.is_criterion = self.stage == (self.num_stages - 1)
if stage_to_depth_map is not None:
    self.num_warmup_minibatches = stage_to_depth_map[
        str(self.stage)]
else:
    self.num_warmup_minibatches = self.num_ranks - 1
    for i in range(self.stage):
        self.num_warmup_minibatches -= len(
            stage_to_rank_map[i])
    self.num_warmup_minibatches = self.num_warmup_minibatches // \
        self.num_ranks_in_stage
```

下面分析幾個變數如何使用。

首先是 num_ranks 變數，其在後續程式中會使用，比如：

```
world_size=self.num_ranks # 依據 num_ranks 得到 world_size
self.num_warmup_minibatches = self.num_ranks - 1 # 依據 num_ranks 得到熱身批次數目
```

其次是 rank_in_stage 變數，後續程式會依據此變數找到本 rank 在 stage 中排在第幾位。

```
self.rank_in_stage = stage_to_rank_map[self.stage].index(self.rank)  #
```

最後，rank_in_stage 變數會傳遞給 Comm 模組，在通訊過程中被使用。

```
self.comm_handler.initialize(
    ...
```

```
    self.rank_in_stage, # 在此處作為參數傳入，在函式裡面代表本節點，後續會進行詳細介紹
    …)
```

（4）設置通訊模組

接下來對通訊模組進行設置，建構了 CommunicationHandler。通訊模組會為後續「設置生產者和消費者」提供服務。

```
else:
    ......
    self.comm_handler = communication.CommunicationHandler(
        master_addr=master_addr,
        master_port=master_port,
        rank=self.rank,
        local_rank=self.local_rank,
        num_ranks_in_server=num_ranks_in_server,
        world_size=self.num_ranks,
        fp16=self.fp16,
        backend=self.distributed_backend)

    # 設置生產者和消費者部分，後面會進行詳細分析
```

（5）設置生產者和消費者

接下來對發送、接收的 rank 進行設置。receive_ranks 和 send_ranks 是本 stage 各個張量對應的發送、接收目標 rank。前面已經提到，在 PipeDream 開發的時候，因為 PyTorch 並沒有發佈穩定的 RPC，所以 PipeDream 只能自己實現一套通訊邏輯關係，或者說是分散式運算圖，生產者和消費者就是分散式運算圖的重要組成部分。此處程式邏輯抽象如下。

- 遍歷模型的 model 變數，假定是 model[i]，注意，此處的 model[i] 是具體的層。一個 stage 可以包括多個層，比如 [layer1, layer 2, layer3]，此 stage 又可以在多個 rank 上進行資料並行，比如 rank 1 和 rank 2 都會執行 [layer1, layer 2, layer3]。
- 對於每個 model[i]，假定遍歷 model [i] 之後的 model 是 model [j]。

- 對 model[i] 的輸出進行遍歷，假定是 tensor_name。
- 如果 tensor_name 也在 model[j] 的輸入中，即 tensor_name 既在 model[i] 的輸出中，也在 module[j] 的輸入中，就說明這兩個層之間可以建立聯繫。如果一個張量只有輸入或者只有輸出，就不需要為此張量建立任何通訊機制。
- 如果 model[i] 和 model[j] 在同一個 stage 中，即同一個節點或者若干節點使用 DDP 控制，那麼就用不到通訊機制。
- 如果 tensor_name 是 model[j] 的輸入，且 model[j] 位於本節點上，則說明本節點的 receive_ranks 包括 model[j] 的輸入（當然也可能包括其他模型的輸入）。所以 tensor_name 的輸入 rank 包括 model[j] 對應的 rank。
- 如果 tensor_name 是 model[i] 的輸出，且 model[i] 位於本節點上，則說明本節點的 send_ranks 包括 model [i] 的輸出（當然也可能包括其他模型的輸出）。所以 tensor_name 的輸出 rank 包括 model[i] 對應的 rank。

具體程式如下。

```
for i in range(len(model)): # 遍歷層，model 格式是 (_, input_tensors, output_tensors)
    for j in range(i+1, len(model)): # 遍歷 i 層之後的若干層
        for tensor_name in model[i][2]: # 找出前面層的輸出張量
            if tensor_name in model[j][1]: # 分析 tensor_name 在不在輸入中，即 tensor_
name 是不是 model[j] 的輸入
                # 如果 tensor_name 既在 model[i] 的輸出，也在 model[j] 的輸入，那麼說明它們
之間可以建立聯繫
                if module_to_stage_map[i] == \
                    module_to_stage_map[j]: # 兩個 module 在一個 node 上，不用通訊機制
                    continue
                # 假設每個 stage 只包括一個機器
                # 如果 tensor_name 是 model[j] 的輸入，且 model[j] 位於本節點上，那麼說明
tensor_name 可以和本節點的 receive_ranks 建立聯繫
                if module_to_stage_map[j] == self.stage:
                    # tensor_name 的輸入 rank 包括 rank i
                    self.receive_ranks[tensor_name] = \
                        stage_to_rank_map[module_to_stage_map[i]]
                # 如果 tensor_name 是 model[i] 的輸出，且 model[i] 位於本節點上，那麼說明
```

```
tensor_name 可以和本節點的 send_ranks 建立聯繫
                if module_to_stage_map[i] == self.stage:
                    # tensor_name 的輸出 rank 包括 rank j
                    self.send_ranks[tensor_name] = \
                        stage_to_rank_map[module_to_stage_map[j]]

 for model_inputs in inputs_module_destinations.keys():
     destination_stage = module_to_stage_map[
         inputs_module_destinations[model_inputs]]
     if destination_stage > self.stage:
         self.send_ranks[model_inputs] = \
             self.ranks_in_next_stage

     if 0 < self.stage <= destination_stage:
         self.receive_ranks[model_inputs] = \
             self.ranks_in_previous_stage

     if destination_stage > 0:
         if model_inputs not in self.tensor_tags:
             self.tensor_tags[model_inputs] = tensor_tag
             tensor_tag += 1
```

（6）設置模組（類型為 torch.nn. Module）

接下來會設置模組，具體會做如下操作。

- 使用 ModulesWithDependencies 類別繼續對模型進行處理，設定輸入和輸出。
- 呼叫 CUDA 把模型和參數移動到 GPU 上。
- 如果需要進行處理，則針對 FP16 進行轉換。

關於 ModulesWithDependencies 部分，我們需要重點說明。之前的程式中有如下敘述，就是得到本 stage 對應的模組索引。

```
modules = stage_to_module_map[self.stage] # 此處得到 [3,4]，後續會用到
```

stage_to_module_map 會設置從 stage 到 modules 的關係，目的是為了得到本 stage 所對應的模組。回憶一下設定檔，本 stage（數值為 3）對應的是索引為 3 和 4 的兩個模組，就是下面的「3,3」。

```
module_to_stage_map = {list: 5} [0, 1, 2, 3, 3]
```

接下來要透過如下程式拿到本 stage 具體包含的模組，也拿到每個模組的輸入和輸出。

```
modules = self.modules_with_dependencies.modules() # 拿到本 stage 包含的模組
for i in range(len(modules)):
    modules[i] = modules[i].cuda()
    if self.fp16:
        import apex.fp16_utils as fp16_utils
        modules[i] = fp16_utils.BN_convert_float(modules[i].half())
```

把執行中的 modules 變數列印出來，得到如下內容。

```
modules = {list: 2}
 0 = {Stage3} Stage3(\n  (layer5): LSTM(2048, 1024)\n  (layer8): Classifier(\n
  (classifier): Linear(in_features=1024, out_features=32320, bias=True)\n  )\n)
 1 = {LabelSmoothing} LabelSmoothing()
```

（7）設置處理程序組

接下來針對每個 stage 的並行數目建立並行組。並行組就是每個 stage 的並行 rank，比如在如下程式中，stage0 對應的 rank 就是 [0, 1, 2]。

```
{
    "module_to_stage_map": [0, 1, 1],
    "stage_to_rank_map": {"0": [0, 1, 2], "1": [3]} # 每個 stage 的 rank，此處目的是得
到並行的機器
}
```

遍歷 stage，針對每個 stage 呼叫 new_group() 函式建立處理程序組。new_group() 函式使用所有處理程序的任意子集建立新的處理程序組。該方法傳回一個分組控制碼，可作為 PyTorch 分散式函式的 group 參數。此處就是本章一開始

提到的：為了資料並行，每個 stage 都需要建立並且管理自己的處理程序組，具體程式如下。

```
# 在每個 Worker 上按照同樣順序初始化所有處理程序組
if stage_to_rank_map is not None:
    groups = []
    for stage in range(self.num_stages): # 遍歷 stage
        ranks = stage_to_rank_map[stage] # 與 stage 的資料並行對應，比如得到 [0, 1, 2]
        if len(ranks) > 1: # 與後面的 DDP 相對應
            groups.append(dist.new_group(ranks=ranks))
        else:
            groups.append(None)
    group = groups[self.stage]
else:
    group = None
```

（8）設置資料並行

呼叫 DDP 進行處理。此處參數 process_group=group 就是前面「設置處理程序組」傳回的針對每個處理程序組建立的一套 DDP。

```
num_parameters = 0
for i in range(len(modules)):
    if group is not None:
        if ((i < (len(modules)-1) and self.is_criterion)
            or not self.is_criterion):
            # 建立分散式資料並行
            modules[i] = torch.nn.parallel.DistributedDataParallel(
                modules[i], process_group=group,
                device_ids=[local_rank], output_device=local_rank)
```

（9）初始化通訊函式

針對此通訊模組進行初始化，具體程式如下。

```
if self.comm_handler is not None:
    self.comm_handler.initialize(
        self.receive_ranks, self.send_ranks,
        self.tensor_tags, self.target_tensor_names,
```

```
        self.training_tensor_dtypes, self.rank_in_stage,
        self.num_ranks_in_stage, self.ranks_in_previous_stage,
        self.ranks_in_next_stage)
```

引擎初始化之後的結果如圖 11-1 所示。

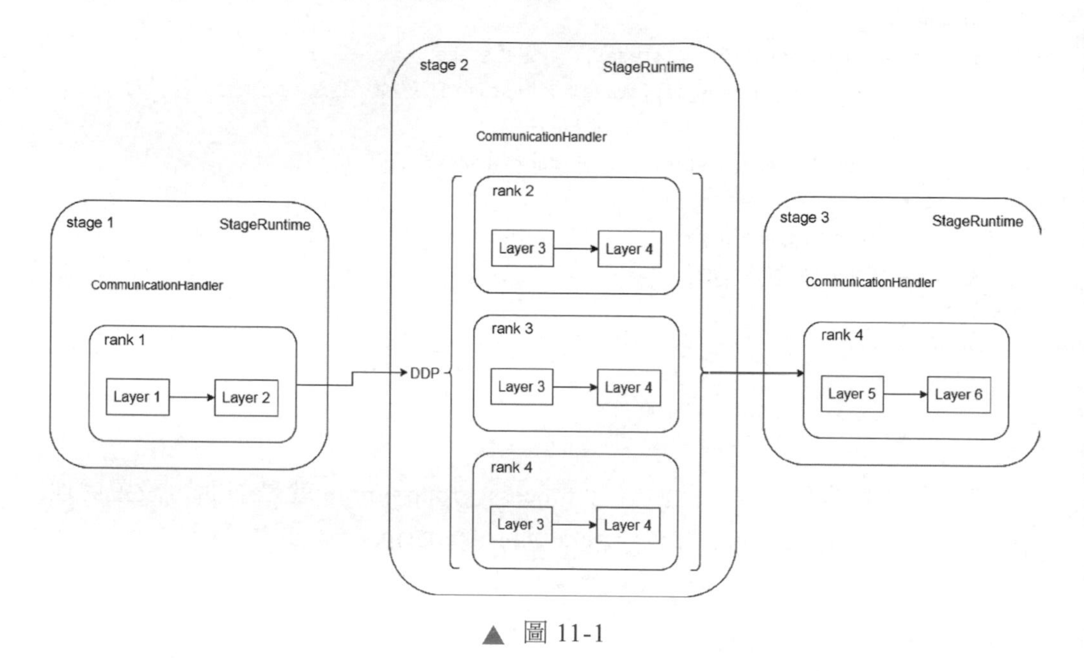

▲ 圖 11-1

3．功能函式

當初始化完成之後，我們再來分析一些基礎功能函式。以下幾個函式都會呼叫通訊模組完成功能。

- receive_tensors_forward() 函式：作用是在前向傳播過程中，從前面層獲取張量。在前向傳播過程中，張量記錄在本實例的 self.tensors 中。
- send_tensors_forward() 函式：作用是在前向傳播過程中，向後面層發送張量。
- receive_tensors_backward() 函式：作用是在反向傳播過程中從前面層獲取張量。注意，此處操作的是 self.send_ranks，在前向傳播過程中的發送 rank 在反向傳播過程中就是接收 rank。在反向傳播過程中，梯度儲存在 self.gradients 中。

- send_tensors_backward() 函式：作用是在反向傳播過程中向後面層發送梯度張量。注意，此處操作的是 self.receive_ranks，在前向傳播過程中的接收 rank 在反向傳播過程中就是發送 rank。
- run_ack() 函式：作用是在傳播過程中給前面層和後面層回應一個確認。

11.2 通訊模組

本節介紹 PipeDream 的通訊模組，通訊模組是引擎的基礎，也是如何使用 PyTorch DDP 和 P2P 的一個完美範例。

11.2.1 類別定義

我們先來思考一下，通訊模組需要哪些功能？

- stage 之間的通訊。stage 在不同機器上如何通訊？在同一個機器上又該如何通訊？
- 深度學習的參數許多，涉及的張量和梯度許多，層數許多，每層的資料並行數目也不同。在此情況下，前向傳播和反向傳播如何保證按照確定次序執行？
- 因為節點上會進行前向傳播、反向傳播，所以需要建立多個執行緒分別傳輸。

我們在下面分析時就結合這些問題進行思考。

在 PipeDream 中，CommunicationHandler 負責 stage 之間的通訊。

- 如果 stage 位於不同機器上，就使用 PyTorch p2p 的 send/recv() 函式。
- 如果 stage 位於同一機器上，就使用 PyTorch p2p 的 broadcast() 函式。

下面程式的主要目的是初始化各種成員變數，我們目前最熟悉的是和 DDP 相關的函式，比如 init_process_group() 函式。

```
class CommunicationHandler(object):
    def __init__(self, master_addr, master_port, rank,
                 local_rank, num_ranks_in_server,
                 world_size, fp16, backend):
        """ 設置處理程序組 """
        self.rank = rank
        self.local_rank = local_rank
        self.backend = backend
        self.num_ranks_in_server = num_ranks_in_server
        self.world_size = world_size
        self.fp16 = fp16

        # 初始化並行環境
        # 以下是為了 DDP
        os.environ['MASTER_ADDR'] = master_addr
        os.environ['MASTER_PORT'] = str(master_port)
        dist.init_process_group(backend, rank=rank, world_size=world_size)

        # 儲存同一個伺服器上 GPU 的 rank 串列
        self.ranks_in_server = []

        # 儲存 GPU 之間直接發送的張量資訊
        self.connection_list = []

        # 儲存處理程序組（為了 broadcast() 函式操作的連接）
        self.process_groups = {}

        rank_of_first_gpu_in_server = rank - rank % num_ranks_in_server
        for connected_rank in range(
            rank_of_first_gpu_in_server,
            rank_of_first_gpu_in_server + num_ranks_in_server):
            if connected_rank == rank:
                continue
            self.ranks_in_server.append(connected_rank)
```

11.2.2 建構

前文提到，當生成了 CommunicationHandler 後，會呼叫 initialize() 函式進行初始化。在初始化程式中，完成如下操作。

- 建構通訊需要的佇列。
- 建構發送訊息的順序。
- 建構處理程序組。

具體分析如下。

1．建構佇列

佇列是發送和接收的基礎，系統先透過索引找到佇列，然後進行相應操作。

initialize() 函式傳入了兩個 rank 串列，具體如下。

- receive_ranks 是本節點的輸入 rank。
- send_ranks 是本節點的輸出 rank。

setup_queues() 函式一共建立了 4 個佇列的清單，具體如下。

- forward_receive_queues：在前向傳播過程中接收張量的佇列，對應了 receive_ranks。
- backward_send_queues：在反向傳播過程中發送張量的佇列，對應了 receive_ranks（前向傳播中接收的物件就是反向傳播中發送的目標）。
- forward_send_queues：在前向傳播過程中發送張量的佇列，對應了 send_ranks。
- backward_receive_queues：在反向傳播過程中接收張量的佇列，對應了 send_ranks（前向傳播中發送的目標就是反向傳播中接收的物件）。

這幾個佇列的大致邏輯如圖 11-2 所示。

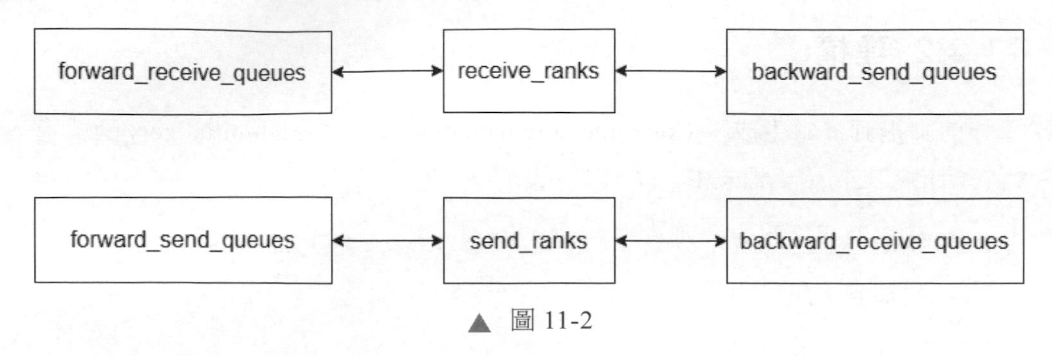

▲ 圖 11-2

下面以 forward_receive_queues 為例來分析一下。

- forward_receive_queues 串列包含多個佇列。
- receive_ranks 串列包含多個 rank，由於每一個 rank 在通訊過程中對應了一個張量，因此可以認為 receive_ranks 包含多個張量，每個張量由一個張量名稱來對應。
- 在 forward_receive_queues 串列中，每一個佇列對應了 receive_ranks 中的一個張量。
- 每個張量對應唯一的 tag，PipeDream 的目的是讓每一個 tag 都有自己的處理程序組，因為任何一個 stage 都有可能並行。
- 針對此張量和此唯一的 tag，註冊 [tag, rank] 到 connection_list 變數。

2．前向 / 反向順序

接下來，initialize() 函式會建立訊息傳遞的前向 / 反向順序，其目的是讓每個 Worker 記錄處理由前向 / 反向層傳來的 rank。

（1）設置順序

setup_messaging_schedule() 函式會建立「前向傳播時接收的順序」和「反向傳播時發送的順序」。此處的重點是：如果前一層 rank 數目比本層（假定是層 i）的 rank 數目多，就把「i 對應的前一層 rank」和「$(i$ + (本層 rank 數目) * $n)$ 所對應的前一層 rank」都加入到本層 i 的索引映射之中，其中 n 等於

num_ranks_in_stage，即把傳播順序放入 self.messaging_schedule 成員變數。假如本 stage 擁有 3 個 rank，則 self.messaging_schedule 就是這 3 個 rank 分別的 message_schedule，每個 message_schedule 裡面對應上一層某些 rank。

我們將上述邏輯細化如下。

- self.messaging_schedule 是一個串列。
- self.messaging_schedule 中的每個元素又是一個串列，即 message_schedule。self.messaging_schedule[i] 表示本層第 *i* 個 rank 對應的上一層的 rank 串列。反向傳播的發送會與正向傳播的接收相匹配。
- message_schedule 其實是本 stage 包括 rank 的一個索引映射。因為是在內部使用的，所以不需要真正的 rank 數值，只要能和內部的佇列等其他內部資料結構映射上即可。

具體邏輯如圖 11-3 所示。

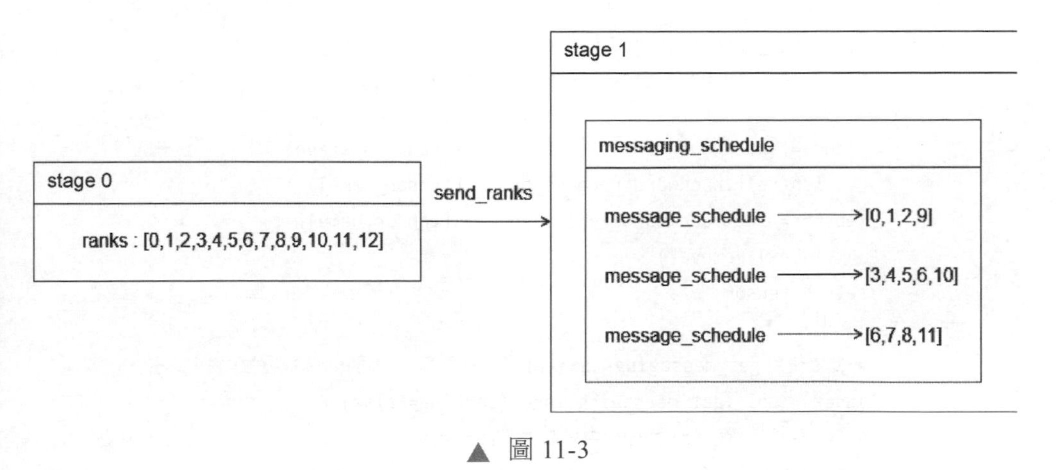

▲ 圖 11-3

（2）使用順序

對順序的使用是在 get_messaging_index() 和 increment_messaging_index() 函式中完成的。

get_messaging_index() 函式用來獲取本次傳遞的物件，就是明確應該和哪個 rank 進行互動。

```
def get_messaging_index(self, sending):
    if sending:
        connection_rank = self.messaging_schedule[
            self.bwd_messaging_scheduling_row][
                self.bwd_messaging_scheduling_col]
    else:
        connection_rank = self.messaging_schedule[
            self.fwd_messaging_scheduling_row][
                self.fwd_messaging_scheduling_col]

return connection_rank
```

在哪裡可以用到 get_messaging_index() 函式？ send() 函式和 recv() 函式在和其他層打交道的時候會用到，比如以下程式。

```
def recv(self, tensor_name, forward_minibatch_id,
             backward_minibatch_id, backward=False):
        if backward:
            index = (backward_minibatch_id + self.rank_in_stage) % \
                len(self.backward_receive_queues[tensor_name])
            tensor = self.backward_receive_queues[tensor_name][
                index].remove()
            return tensor
        else:
            # 此處使用 get_messaging_index() 函式獲取與哪一個 rank 進行互動
            index = self.get_messaging_index(sending=False)
            # 得到使用哪個張量，從佇列中提取對應的最新張量
            tensor = self.forward_receive_queues[tensor_name][
                index].remove()
            if tensor.dtype == torch.float32:
                tensor = tensor.requires_grad_()
            return tensor
```

increment_messaging_index() 函式用來增加訊息序列，就是得到下一次處理應該使用哪個訊息。該函式的兩個參數需要說明：bwd_messaging_scheduling_ col 表示對應上游的哪一個 rank 索引；bwd_messaging_scheduling_row 表示自己的 rank 索引。

receive_tensors_forward() 函式、send_tensors_backward() 函式和 run_ack() 函式都會用到 increment_messaging_index() 函式。

3．建構處理程序組

接下來建立處理程序組，目的是針對每個張量設置兩個處理程序組，一個用於前向傳播，一個用於反向傳播，任何一個 stage 都有可能並行。

我們先了解一下為什麼這樣設計。

create_process_groups() 函式在所有 rank 中都以同樣的順序建立處理程序組。為了以同樣順序建立處理程序組，每個 Worker 都會收集所有 Worker 的連接串列（GPU to GPU）。為了做到這一點，首先每個 Worker 收集所有 Worker 連接串列 connection_list 的最大尺寸，假設這個最大尺寸為 L，然後每個 Worker 建立一個大小為 $L\times 2$ 的張量，其中每行表示一個連接，並根據「它本身連接串列大小」來填充此張量。擁有最大連接串列的 Worker 將填充整個張量。

建構此串列後，將執行 All-Gather 操作，之後每個 Worker 都擁有一個相同的 $N\times L\times 2$ 輸出，其中 N 是 Worker 數量（world_size），輸出的每個索引代表一個 Worker 的連接串列。對於 i = self.rank，輸出將與本 Worker 的本地連接串列相同。

每個 Worker 以相同的順序在連接串列上迭代，檢查是否已建立每個連接（每個連接都將在輸出中出現兩次），如果連接不存在，則對於前向和反向傳播都建立一個新的處理程序組，因為在處理程序組中 rank 永遠是一致的，所以小的 rank 排在前面，大的 rank 排在後面。

傳回到程式中，使用 connection_list_size 的具體邏輯如下。

- 找到 Worker 中最大的連接串列。
- 獲取連接串列的大小，即 connection_list_size。

- 採用集合通訊的方式來對 connection_list_size 進行聚集，得到的 gathered_connection_ list_sizes 就是所有節點上的 connection_list_size 集合。
- 得到連接串列的最大數值。
- 利用最大數值建構張量清單 connection_list_tensor。
- 把張量移動到 GPU 上。
- 採用集合通訊的方式對 connection_list_tensor 進行聚集，得到 aggregated_connection_list。
- 在每個 Worker 上利用 dist.new_group() 建立同樣的處理程序組。
- 遍歷 aggregated_connection_list 中的每一個連接，得到張量對應的 tag，針對每個張量設置兩個處理程序組，一個前向，另一個反向。

連接串列的作用是在每個 Worker 中建立同樣的處理程序組。

在 recv_helper_thread_args() 等函式中會使用處理程序組，其邏輯是：先獲取張量 tensor_name 對應的 tag；然後獲取 tag 對應的處理程序組供呼叫者後續使用。

4．啟動幫手執行緒

建構函式接下來使用 start_helper_threads() 函式啟動幫手執行緒，這些幫手執行緒是為 P2P 所建立的。用到的 rank 字典舉例如下，其中鍵是張量名稱，值是 rank 串列。

```
receive_ranks = {dict: 3}  # 此處就是每個 tensor 對應的接收目標 rank
 'out8' = {list: 1} [2]
 'out9' = {list: 1} [2]
 'out10' = {list: 1} [2]
```

回憶一下之前建立的 4 個佇列：forward_receive_queues、backward_send_queues、forward_send_queues 和 backward_receive_queues。這 4 個佇列其實就對應了 4 個不同的幫手執行緒，具體邏輯如下。

- 針對接收 rank 進行處理，即遍歷 receive_ranks 中的張量，然後遍歷張量對應的 rank，對於每個 rank：如果需要反向處理，則使用 start_helper_thread(self.send_helper_thread_args, send_helper_thread) 建立反向發送執行緒。使用 start_helper_thread(self.recv_helper_thread_args, recv_helper_thread) 建立接收幫手執行緒。
- 針對發送 rank 進行處理，即遍歷 send_ranks 中的張量，然後遍歷張量對應的 ranks，對於每個 rank：如果需要反向處理，則使用 start_helper_thread(self.recv_helper_thread_args, recv_helper_thread) 建立反向接收執行緒。使用 start_helper_thread(self.send_helper_thread_args, send_helper_thread) 建立發送幫手執行緒。
- 針對目標張量進行處理。
- 如果只有前向傳播，則需要補齊確認（ack）。

start_helper_threads() 函式的部分程式如下。

```
# 為接收和發送的每個張量建立佇列
for input_name in self.receive_ranks:
    if input_name in self.target_tensor_names or input_name == "ack":
        continue

    for i in range(len(self.receive_ranks[input_name])):
        if not forward_only:
            self.start_helper_thread(
                self.send_helper_thread_args,
                send_helper_thread,
                [input_name, i, True],
                num_iterations_for_backward_threads)
        self.start_helper_thread(
            self.recv_helper_thread_args,
            recv_helper_thread,
```

```
            [input_name,
             i,
             self.training_tensor_dtypes[input_name],
             False],
            num_iterations_for_backward_threads)
```

具體執行緒建立函式如下（注意，此處函式名稱與 start_helper_threads() 不同）。

```
def start_helper_thread(self, args_func, func, args_func_args, num_iterations):
    args_func_args += [num_iterations]
    args = args_func(*args_func_args) # 使用函式來獲取對應的參數
    helper_thread = threading.Thread(target=func, # 用執行緒主函式來執行執行緒
                                     args=args)
    helper_thread.start()
```

recv_helper_thread 和 send_helper_thread 是接收幫手執行緒和發送幫手執行緒，分別呼叫 recv() 函式和 send() 函式完成具體工作，具體程式如下。

```
def recv_helper_thread(queue, counter, local_rank, tensor_name,
                       src_rank, tag, tensor_shape, dtype,
                       sub_process_group, num_iterations):
    torch.cuda.set_device(local_rank)
    # 本方法將在一個 daemon 幫手執行緒中執行
    for i in range(num_iterations):
        tensor = _recv(
            tensor_name, src_rank, tensor_shape=tensor_shape,
            dtype=dtype, tag=tag,
            sub_process_group=sub_process_group)
        queue.add(tensor)
    counter.decrement()

def send_helper_thread(queue, counter, local_rank, tensor_name,
                       src_rank, dst_rank, tag,
                       sub_process_group, num_iterations):
    torch.cuda.set_device(local_rank)
    # 本方法將在一個 daemon 幫手執行緒中執行
```

```
    for i in range(num_iterations):
        tensor = queue.remove()
        _send(tensor, tensor_name, src_rank, dst_rank,
              tag=tag,
              sub_process_group=sub_process_group)
    counter.decrement()
```

回憶一下，在 create_process_groups() 函式中有如下程式（此處給每一個 tag 設定了處理程序組，在幫手執行緒中要利用這些處理程序組來完成邏輯）。

```
if tag not in self.process_groups[min_rank][max_rank]:
    sub_process_group_fwd = dist.new_group(ranks=[min_rank, max_rank])
    sub_process_group_bwd = dist.new_group(ranks=[min_rank, max_rank])
    self.process_groups[min_rank][max_rank][tag] = {
        'forward': sub_process_group_fwd,
        'backward': sub_process_group_bwd
    }
```

對執行緒主函式參數的獲取是透過 recv_helper_thread_args() 函式和 send_helper_thread_args() 函式來完成的。下面用 send_helper_thread_args() 函式舉例，基本邏輯如下。

- 利用張量名稱獲取到對應的 rank。
- 利用張量名稱獲取到對應的 tag。
- 使用 tag 獲取對應的處理程序組。
- 利用張量名稱和索引得到對應的佇列。
- 傳回參數。

11.2.3 發送和接收

send() 和 recv() 這兩個功能函式用來完成管線 RPC 邏輯。此處有一個透過佇列完成的解耦合，具體如下。

- send() 函式和 recv() 函式會往佇列裡面增加或者提取張量。
- 幫手執行緒會呼叫 _recv() 函式和 _send() 函式向佇列增加或者提取張量。

在佇列的實現過程中，無論是 add() 函式還是 remove() 函式都使用了 threading.Condition，這說明幾個執行緒可以在佇列上透過 add() 函式和 remove() 函式實現等待。

發送功能的邏輯如下。

① 訓練程式呼叫 StageRuntime.run_backward() 函式。

② StageRuntime.run_backward() 函式呼叫 StageRuntime.send_tensors_backward() 函式發送張量 tensor_name。

③ send_tensors_backward() 函式呼叫 CommunicationHandler.send() 函式向 CommunicationHandler 的成員變數 backward_send_queues[tensor_name][index] 增加張量，每個張量對應了若干個佇列。

④ send() 函式呼叫 backward_send_queues.add() 函式，此處會通知阻塞在 backward_send_ queues[tensor_name][index] 佇列上的 send_helper_thread() 函式進行工作。

⑤ CommunicationHandler 的執行緒主函式 send_helper_thread() 之前就阻塞在 backward_send_queues[tensor_name][index] 佇列，此時 send_helper_thread() 會呼叫 queue.remove() 函式從 backward_send_queues[tensor_name][index] 中提取張量。

⑥ send_helper_thread() 函式呼叫 _send() 函式發送張量。

⑦ _send 函式呼叫 dist.send() 函式，dist.send() 函式是 PyTorch 的 P2P API。

發送功能的邏輯如圖 11-4 所示。

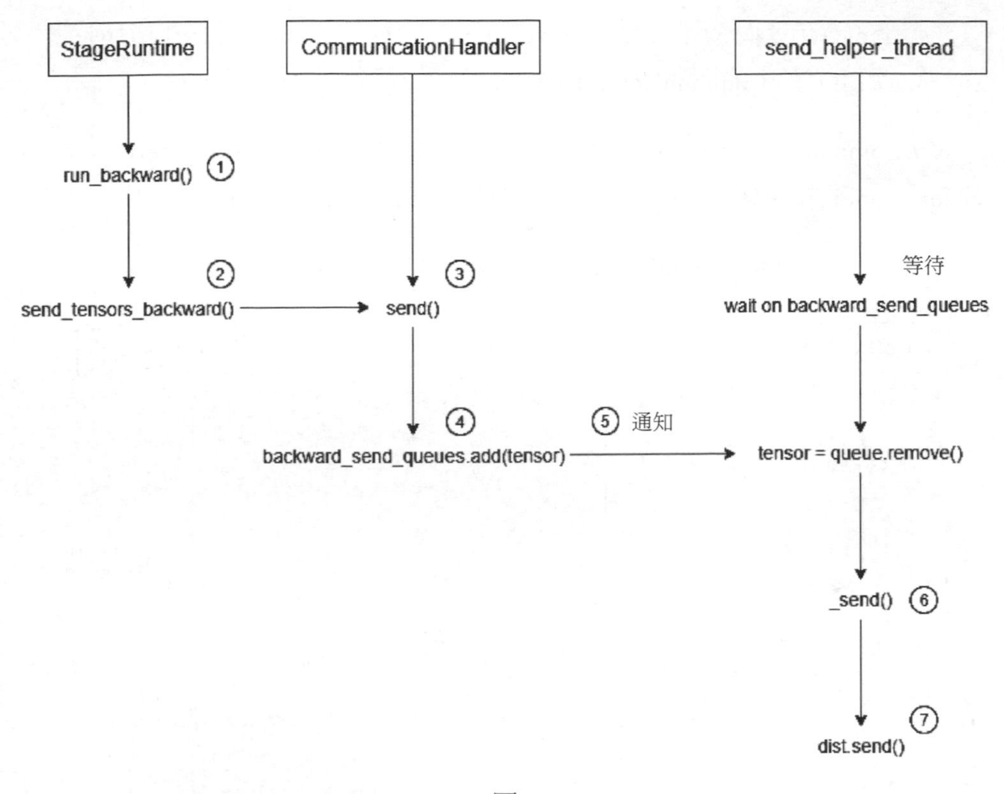

▲ 圖 11-4

接收功能的邏輯如下。

① 在 StageRuntime 訓練程式中呼叫 run_backward() 函式。

② run_backward() 函式呼叫 receive_tensors_backward() 函式。

③ receive_tensors_backward() 函式呼叫 self.gradients[output_name] = self.comm_handler.recv 獲取梯度。CommunicationHandler 的 recv() 成員函式會阻塞在 backward_receive_ queues[tensor_name] [index] 上。

④ CommunicationHandler 的 recv_helper_thread 執行緒呼叫 recv() 函式接收其他 stage 傳來的張量。

⑤ _recv() 函式呼叫 dist.recv() 函式或者 dist.broadcast() 函式接收張量。

⑥ _recv() 函式向 backward_receive_queues[tensor_name] [index] 增加張量，這樣就通知阻塞的 CommunicationHandler 的 recv() 函式恢復工作。

⑦ CommunicationHandler 的 recv() 函式會先從 backward_receive_queues [tensor_name] [index] 中提取梯度，然後傳回給 StageRuntime。

接收功能的邏輯如圖 11-5 所示。

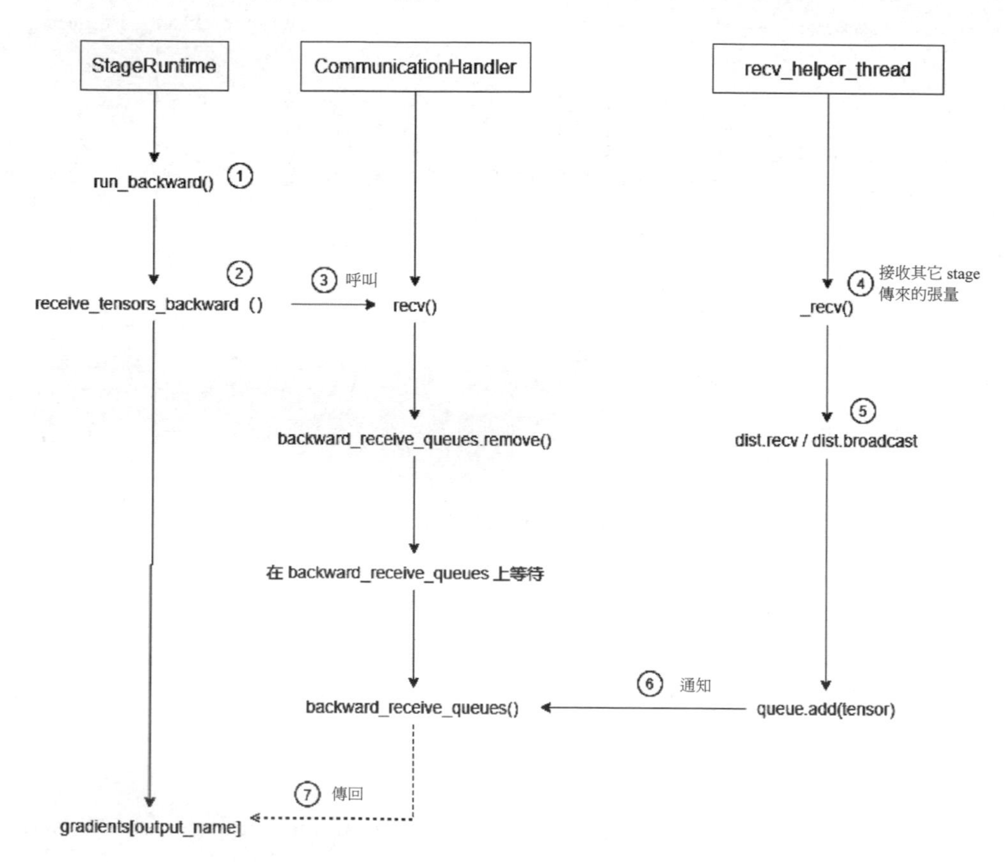

▲ 圖 11-5

11.3 1F1B 策略

本節介紹 1F1B 策略，這是 PipeDream 最大的貢獻之一。

11.3.1 設計思路

1．挑戰

PipeDream 的目標是以最小化整體訓練時間的方式將管線並行性、模型並行性和資料並行性結合起來。要使這種方法對大型 DNN 模型有效，獲得管線並行化訓練的潛在收益，PipeDream 就必須克服以下幾個主要挑戰。

（1）如何跨可用運算資源自動劃分工作，即如何把模型的層分配到不同運算資源上。

（2）在確保訓練任務向前推進的同時，如何排程計算以達到最大化輸送量的目的。

（3）面對流水線帶來的非同步性，如何確保訓練有效。

1F1B 就對應了（2）（3）兩個挑戰，該策略可以解決快取啟動的份數問題，使得啟動的快取數量只跟 stage 數量相關，從而進一步節省顯示記憶體數量。

2．思路

下面剖析一下 1F1B 策略的思路。

1F1B 策略的終極目的是減少啟動的快取數量，降低顯示記憶體佔用率，從而可以訓練更大的模型。1F1B 策略需要解決的問題是：即使使用了 Checkpointing 技術，前向計算的啟動也需要等到對應的反向計算完成之後才能釋放。1F1B 策略的解決思路是儘量減少每個啟動的儲存時間，這就需要每個小批次資料盡可能早地完成反向計算，從而讓每個啟動儘早釋放。注意，PipeDream 中使用的術語是小批次，這與其他框架不同（其他框架使用「微批次」這個術語）。

1F1B 策略的解決方案如下。

- 讓最後一個 stage 在做完一次小批次資料的前向傳播之後立即做該小批次資料的反向傳播，這樣就可以讓其他 stage 盡可能早地開始反向傳播計算。1F1B 策略類似於把整體同步操作變成在許多小資料區塊上的非同步作業，許多小資料區塊都是獨立更新的。
- 在穩定狀態下，1F1B 策略會在每台機器上嚴格交替進行前向計算和反向計算，這樣使得每個 GPU 上都會有一個小批次資料正在處理，從而保證資源的高使用率。
- 面對流水線帶來的非同步性，1F1B 策略使用不同版本的權重來確保訓練的有效性。
- PipeDream 又擴展了 1F1B 策略，對於使用資料並行的 stage，採用 Round-Robin 的排程模式將任務分配在同一個 stage 的各個裝置上，保證了一個批次資料的前向傳播計算和反向傳播計算發生在同一台機器上，這就是 1F1B-RR。

實際上，1F1B 策略就是把一個小批次資料的同步操作變為了許多微批次資料的非同步作業，計算完一個微批次資料立刻進行反向計算，在一個微批次資料的反向計算結束之後就更新對應 Worker 的梯度。所有 Worker 都一起執行起來，可以視為從 BSP 執行變成了 ASP 執行，即 GPipe 是同步更新梯度，PipeDream 是非同步更新梯度。圖 11-6 是實施了 1F1B 的管線。

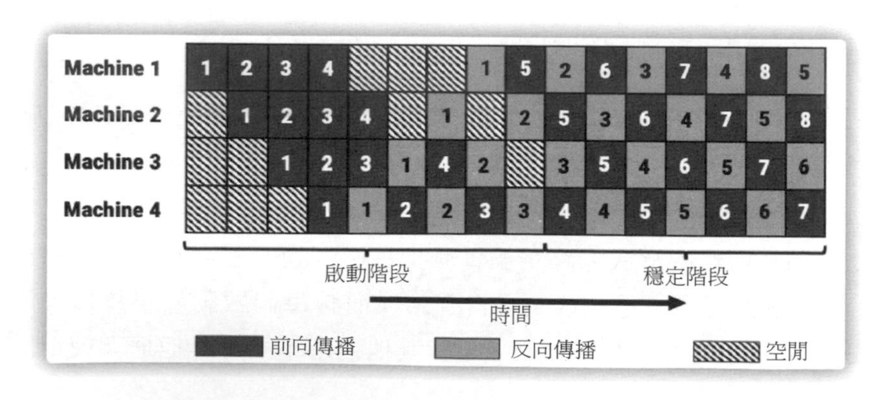

▲ 圖 11-6

圖片來源：論文 *PipeDream: Generalized Pipeline Parallelism for DNN Training*

- 把一個小批次資料分成多個微批次資料，比如把一個小批次資料分成 1、2、3、4 這 4 個微批次資料。把多個微批次資料逐一插入管線。
- Machine 1 先計算藍色 1 的前向傳播，然後把藍色 1 發送給 Machine 2 繼續計算。
- Machine 2 先計算藍色 1 的前向傳播，然後把藍色 1 發給 Machine 3 繼續計算。
- 當藍色 1 由上至下遍歷了 Machine 1 ～ Machine 4 時，就完成了全部前向傳播，於是開始進行反向傳播，對應了第一個綠色 1，然後做反向傳播到 Machine 3 ～ Machine 1。
- 當資料 1 完成了全部反向傳播時，綠色 1 就來到了 Machine 1。
- 當每個 Machine 都完成自己微批次資料的反向傳播之後，會在本地進行梯度更新。
- 由於 Machine 之間只傳送梯度和啟動的一個子集，因此通訊量較小。
- 圖 11-6 舉出了管線的啟動階段和穩定階段，接下來以一次訓練為例進行說明。下面介紹一個名詞—NOAM（活動小批次數目），其是基於演算法生成的分區，為了在穩定狀態下保持管線滿負荷，每個輸入級副本所允許的最小批次處理數是 NUM_OPT_ACTIVE_ MINIBATCHES (NOAM) = ⌈(# machines) / (# machines in the input stage)⌉。

圖 11-6 也顯示了管線的相應計算時間線，因為每個管線有 4 個 stage 在不同機器上執行，所以此設定的 NOAM 為 4。下面具體分析一下執行步驟。

- 在訓練的啟動階段，輸入 stage 先讀取足夠多小批次的資料（就是 NOAM 個資料），以保證管線在穩定 stage 時各個裝置上都有相應的工作在處理。對於圖 11-6，就是輸入 stage 發送 4 個小批次資料傳播到輸出 stage。
- 一旦輸出 stage 完成第一個小批次資料的前向傳播（Machine 4 第一個藍色 1），就開始對同一個小批次資料執行反向傳播（Machine 4 的第一個綠色 1）。

- 開始交替執行後續小批次資料的前向傳播和反向傳播（Machine 4 的 2 前、2 後、3 前、3 後……）。
- 當反向傳播過程開始傳播到管線中的早期 stage 時（就是 Machine 3 ~ Machine 1），每個 stage 開始在不同小批次的前向和反向傳播過程之間交替進行。

在穩定狀態下，每台機器都對一個小批次進行前向傳播或反向傳播。

11.3.2 權重問題

管線訓練模式會造成幾種參數不一致，因為 1F1B 管線實際上是 ASP 計算，沒有協調會導致執行混亂。接下來分析管線的幾個問題。

管線第一個問題是，在單機執行情況下，當計算第二個小批次的時候，需要基於第一個小批次更新之後的模型來計算。但是在管線情況下，如圖 11-7 所示，對於 Machine 1，當第二個小批次開始的時候（紅色圓圈的深藍色 2 號），第一個小批次的反向傳播（最下面一行的綠色 1 號格）還沒有開始。

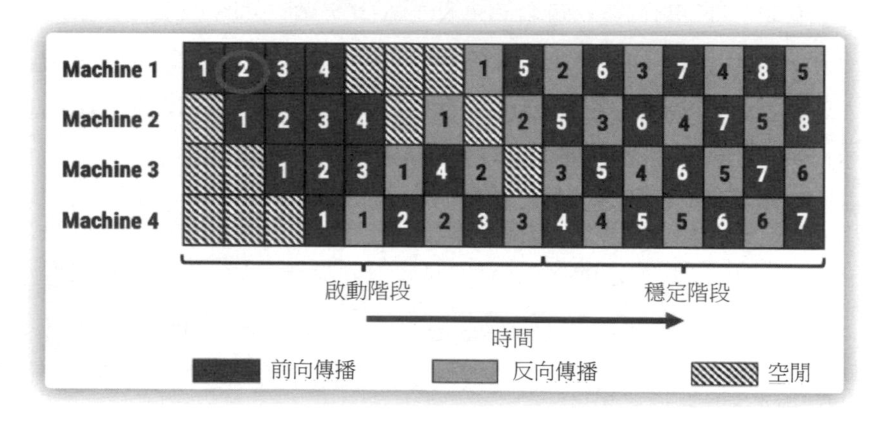

▲ 圖 11-7

管線第二個問題如圖 11-8 所示。對於 Machine 2，當它進行第 5 個小批次資料的前向傳播時（第二行藍色 5），會基於更新兩次的權重進行前向計算（第二行藍色 5 之前有兩個綠色格子，意味著權重被更新了兩次）。

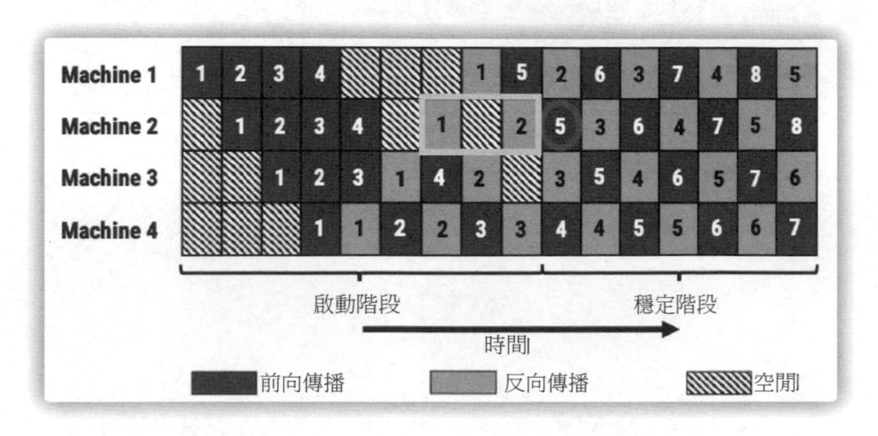

▲ 圖 11-8

在進行第 5 個小批次資料的反向傳播（第二行淺綠色 5）時，用到的權重是更新了 4 次的（第二行前面淺綠色的 1、2、3、4，一共會更新 4 次權重），具體如圖 11-9 所示。前向基於兩次更新，反向基於 4 次更新，這與單節點深度學習假設衝突，會導致訓練效果下降。

上述兩個問題的根本原因在於，在一個 PipeDream 原生管線中，每個 stage 的前向傳播都使用某一個版本的參數來執行，而反向傳播則使用另一個不同版本的參數來執行，即同一個小批次資料的前向傳播和反向傳播使用的參數不一致。

第三個問題是在前向傳播過程中，當每個機器計算的時候，其基於權重被更新的次數不同，或者說同一個小批次資料在不同 stage 做同樣操作（同樣做前向傳播或者同樣做反向傳播）使用的參數版本不一致。比如圖 11-10 中的第 5 個小批次資料（深藍色的 5），在 Machine 1 計算 5 的時候，基於權重是更新一次的（其前面有一個綠色），但是在 Machine 2 計算 5 的時候，基於權重是更新兩次的（其前面有兩個綠色）。

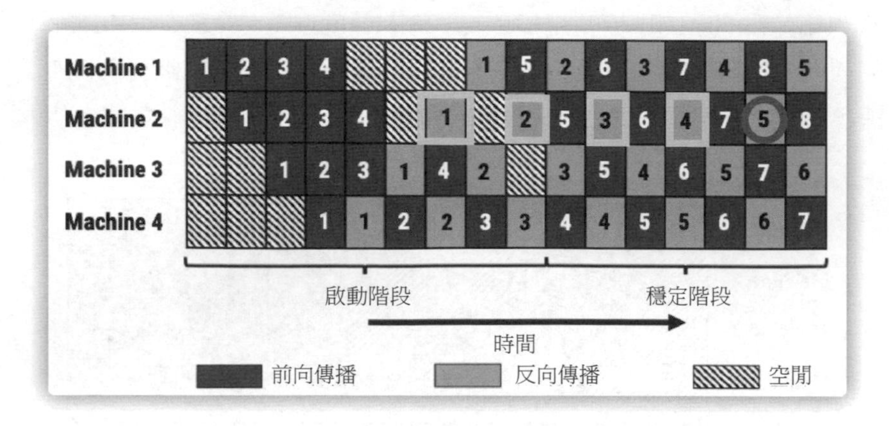

▲ 圖 11-9

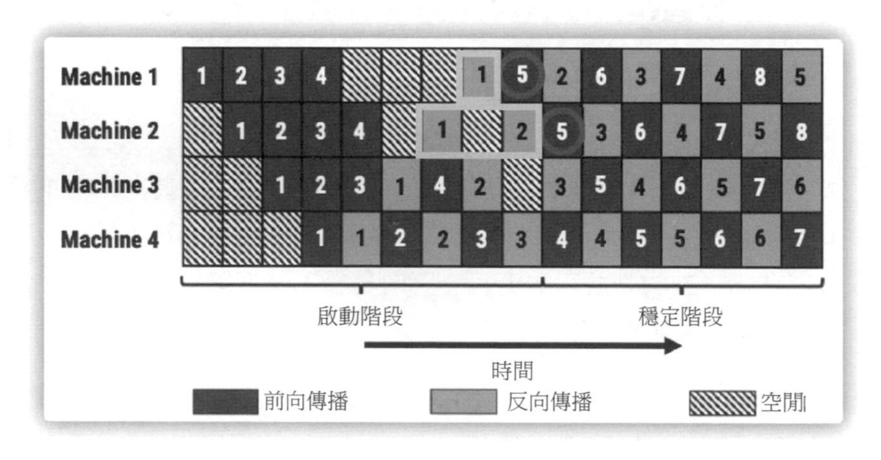

▲ 圖 11-10

為解決上述三個問題，PipeDream 採用了 Weight Stashing（針對前兩個問題）和 Vertical Sync（針對第三個問題）兩種技術，分別介紹如下。

- Weight Stashing。此技術確保相同輸入的前向和反向傳播中使用相同的權重版本。每個機器多備份幾個版本的權重，前向傳播用哪個版本的權重計算，反向傳播也用該版本的權重計算。具體來說就是在計算前向傳播之後，會將該計算參數儲存下來用於同一個小批次資料的反向計算。

Weight Stashing 雖然可以確保在一個 stage 內，相同版本的模型參數被用於給定小批次資料的向前和向後傳播，但是不能保證跨 stage 之間的、一個給定的小批次資料使用模型參數的一致性。

- Vertical Sync。每次進行前向傳播的時候，每個機器基於更新最少的權重來計算。具體來說，在每個小批次資料進入管線時都使用輸入 stage 最新版本的參數，並且參數的版本編號會伴隨該小批次資料整個生命週期，各個 stage 都使用同一個版本的參數做前向和反向傳播（而不像 Weight Stashing 那樣都使用最新版本的參數），從而實現了 stage 間的參數一致性。

1．Weight Stashing

我們以圖 11-11 為例來對 Weight Stashing 進行說明。

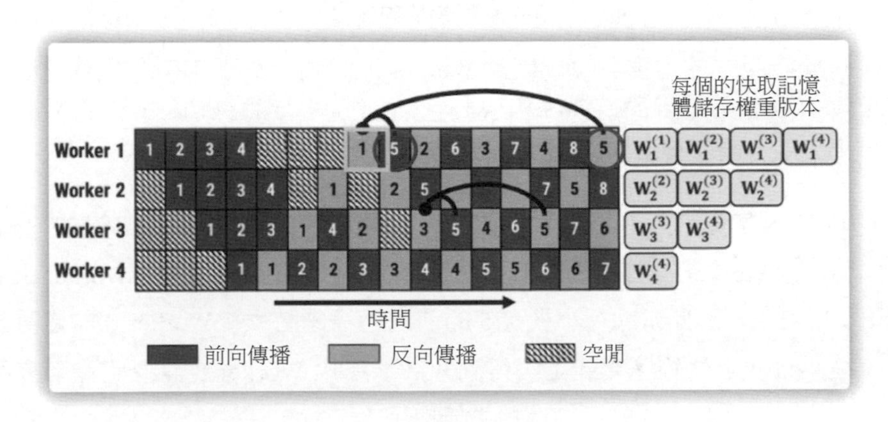

▲ 圖 11-11

Worker 1、Worker 2……各自有自己的權重，記為 W_1 、 W_2 ……即圖 11-11 中的 $W_i^{(j)}$ ，下標 i 表示第 i 個 Worker，上標（j）表示第 j 個小批次資料。在一個 stage（每一個 Worker）中：

- 每一次反向傳播都會導致權重更新，下一次的前向傳播使用最新版本的可用權重。即每個 Worker 的權重在出現一個新的綠色反向傳播之後會被更新。接下來的新操作應該基於此新權重。

- 在計算前向傳播之後，會將該前向傳播使用的權重儲存下來用於同一個小批次資料的反向計算。
- Weight Stashing 確保在一個 stage 內，相同版本的模型參數被用於給定小批次資料的前向和反向傳播。

在圖 11-11 中，Worker 1 第一行的藍色 5 相依於它前面同一行的綠色 1。當 Worker 1 所在行的第一個綠色 1 結束時，代表了小批次 1 完成了本次管線的 4 次前向傳播和 4 次反向傳播，Worker 獲得了一個新版本的權重，即 $W_1^{(1)}$。由於 Worker 1 的兩個小批次 5（藍色前向和綠色反向）都應該基於新版本 $W_1^{(1)}$ 計算，因此需要記錄下來新版本 $W_1^{(1)}$。

當 Worker 1 的第一行綠色 2 結束時，意味著小批次 2 完成了本次管線的 4 次前向傳播和 4 次反向傳播，Worker 1 又獲得了一個新版本的權重。此時由於新進入管線的第一行的小批次 6 的前向傳播和圖 11-11 中未標出的綠色反向傳播都應該基於新版本的權重計算，因此 Worker 1 需要記錄下來新版本權重 $W_1^{(2)}$。同理，Worker 2 第二行的藍色 5 相依於它前面同一行的綠色 2，因此 Worker 2 需要記錄下來新版本權重 $W_2^{(2)}$。

我們再來看 Worker 3。當執行第三行的藍色 5 時，Worker 3 應該執行過 4 次前向傳播（Worker 3 上的藍色 1、2、3、4）和 3 次反向傳播（Worker 3 上綠色的 1、2、3）。因此當執行小批次 5 的前向傳播的時候，Worker 3 的權重已經更新（被小批次 3 的綠色更新），得到 $W_3^{(3)}$，所以 Worker 3 需要記錄下來即得到 $W_3^{(3)}$，為以後小批次 5 的反向傳播更新使用。

於是我們得到：Worker 1 需要記錄 $W_1^{(1)}$，$W_1^{(2)}$，$W_1^{(3)}$，$W_1^{(4)}$，…就是 Worker 1 對應小批次 1、2、3、4 的各個權重，其他 Worker 以此類推。

2 · Vertical Sync

接下來我們分析 Vertical Sync。

目前的問題是 Worker 1 上計算小批次 5 的前向傳播用的是 Worker 1 反向傳播之後的參數，但 Worker 2 上計算小批次 5 使用 Worker 2 反向傳播之後的參數，這樣在最後整理的時候會造成混亂。

Vertical Sync 的工作機制是：每個進入管線的小批次 (b_i) 都與其進入管線輸入 stage 時的最新權重版本 $w^{(i-x)}$ 相聯繫。當小批次資料在管線前向傳播 stage 前進的時候，此版本資訊隨著啟動值和梯度一起流動。在所有 stage 中，b_i 的前向傳播使用儲存的 $w^{(i-x)}$ 來計算，而非像 Weight Stashing 那樣都使用最新版本的參數。在使用儲存的 $w^{(i-x)}$ 計算反向傳播之後，每個 stage 獨立應用權重更新，先建立最新權重 $w^{(i)}$，再刪除 $w^{(i-x)}$。

下面用圖 11-12 來說明。Vertical Sync 強制所有 Worker 在計算小批次 5 的時候都用本 Worker 做小批次 1 反向傳播之後的參數。具體來說就是：對於 Worker 2，忽略綠色 2 更新的權重，使用本 stage 綠色 1 來做 5 的前向傳播。

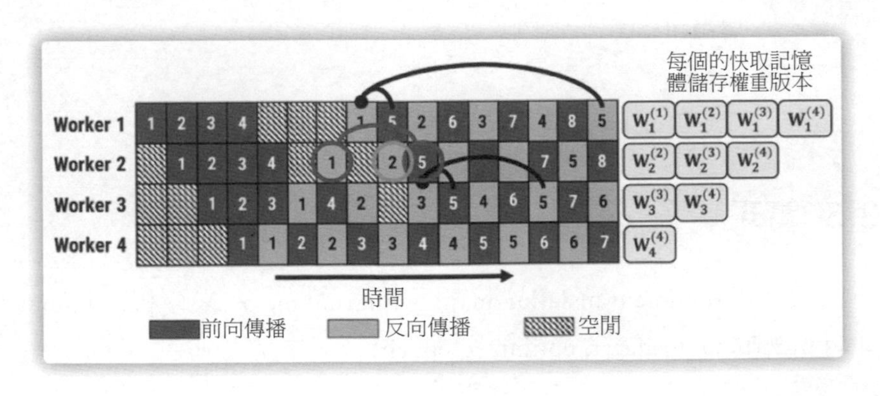

▲ 圖 11-12

同理，對於 Worker 3，Vertical Sync 忽略綠色 2、3 兩次更新之後的權重，使用本 stage 綠色 1（1 反向傳播之後，更新的本 stage 權重）的權重來做藍色 5 的前向傳播。對於 Worker 4，Vertical Sync 使用本 stage 綠色 1（1 反向傳播之後，更新的本 stage 權重）的權重來做藍色 5 的前向傳播，即所有 Worker 都使用綠色 1 更新一次之後的權重，具體獲得了圖 11-13。

但是，這樣的同步方式會導致很多運算資源浪費。比如藍色 5 更新時用綠色 1 的權重，導致 2、3、4 反向傳播的權重都是無效計算，所以預設不使用 Vertical Sync。這樣雖然每層不完全一致，但是由於 Weight Stashing 的存在，所以也可以保證所有的參數都是有效的。

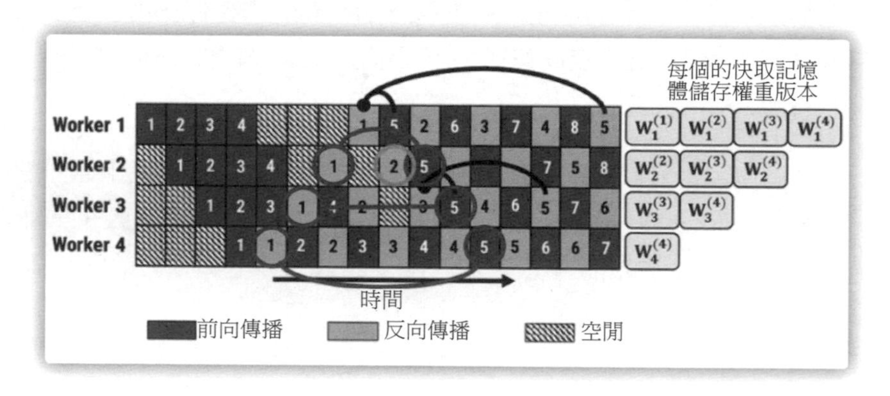

▲ 圖 11-13

11.3.3 實現

下面依然用 runtime/translation/main_with_runtime.py 來分析，其 main() 函式會呼叫 train(train_loader, r, optimizer, epoch) 函式來完成訓練。

我們分析訓練函式 train() 如何實現。

- 首先進入啟動熱身階段，此處需要一直執行到完成第一個小批次資料的所有前向傳播，對應圖 11-6 的啟動階段。
- 然後開始交替執行後續小批次資料的前向傳播和反向傳播，從此時開始，進入穩定階段，在每個 stage 中，對於每一個小批次資料進行如下操作：①實施前向傳播，即 1F1B 之中的 1F，目的是把小批次推送到下游 Worker；②如果是最後 stage，則更新損失；③梯度清零；④載入儲存的隱藏權重；⑤實施反向傳播，即 1F1B 中的 1B；⑥恢復最新權重，即在本 step 內完成了 1F1B；⑦進行下一次 step。

- 最後進行剩餘的反向傳播，對應圖 11-6 中熱身階段的前向傳播。

```
def train(train_loader, r, optimizer, epoch):

    # switch to train mode
    n = r.num_iterations(loader_size=len(train_loader))
    if args.num_minibatches is not None:
        n = min(n, args.num_minibatches)
    r.train(n)
    if not is_first_stage(): train_loader = None
    r.set_loader(train_loader)

    end = time.time()
    epoch_start_time = time.time()

    if args.no_input_pipelining:
        num_warmup_minibatches = 0
    else:
        num_warmup_minibatches = r.num_warmup_minibatches

    # 啟動熱身 stage，需要一直執行到完成第一個小批次資料的所有前向傳播，對應圖 11-6 的啟動
狀態
    for i in range(num_warmup_minibatches):
        r.run_forward() # 前向傳播，就是 1F1B 中的 1F

    # 開始交替執行後續小批次的前向傳播和反向傳播，從此時開始，進入到圖 11-6 的穩定狀態
    for i in range(n - num_warmup_minibatches):
        r.run_forward() # 前向傳播，就是 1F1B 中的 1F

        if is_last_stage(): # 最後 stage
            output, target, loss, num_tokens = r.output, r.target, r.loss.item(),
r.num_tokens()
            losses.update(loss, num_tokens) # 更新損失
        else:
```

```
            # 省略度量資訊

        # 進行反向傳播
        if args.fp16:
            r.zero_grad() # 梯度清零
        else:
            optimizer.zero_grad() # 梯度清零

        optimizer.load_old_params() # 載入隱藏權重（stash weight）

        r.run_backward() # 反向傳播，就是 1B

        optimizer.load_new_params() # 恢復新的權重

        optimizer.step() # 下一次訓練，同時更新參數

    # 最後剩餘的反向傳播，對應著熱身階段的前向傳播
    for i in range(num_warmup_minibatches):
        optimizer.zero_grad()
        optimizer.load_old_params() # 載入隱藏權重
        r.run_backward() # 反向傳播，就是 1B
        optimizer.load_new_params() # 恢復新的權重
        optimizer.step() # 下一次訓練

    # 等待所有幫手執行緒結束
    r.wait()
```

此處只舉出前向傳播程式範例，具體如下。

```
def run_forward(self, recompute_step=False):
      # Receive tensors from previous worker.
     self.receive_tensors_forward() # 接收上一階段的張量
     tensors = self.tensors[-1]

     self._run_forward(tensors) # 進行本階段前向傳播計算

     self.send_tensors_forward() # 發送給下一階段
     self.forward_stats.reset_stats()
     self.forward_minibatch_id += 1
```

```
def _run_forward(self, tensors):
    # 得到 module 和對應的輸入、輸出
    modules = self.modules_with_dependencies.modules()
    all_input_names = self.modules_with_dependencies.all_input_names()
    all_output_names = self.modules_with_dependencies.all_output_names()

    # 遍歷模組
    for i, (module, input_names, output_names) in \
            enumerate(zip(modules, all_input_names, all_output_names)):
        if i == (len(modules) - 1) and self.is_criterion:
            if self.model_type == SPEECH_TO_TEXT:
                output = tensors["output"].transpose(0, 1).float()
                output_sizes = tensors["output_sizes"].cpu()
                target = tensors["target"].cpu()
                target_sizes = tensors["target_length"].cpu()
                input0_size = tensors["input0_size"].cpu()
                module_outputs = [module(output, target, output_sizes, target_sizes)
/ input0_size[0]]
            else:
                module_outputs = [module(tensors[input_name],
                                         tensors["target"])
                                  for input_name in input_names]
                module_outputs = [sum(module_outputs)]
        else:
            module_outputs = module(*[tensors[input_name]
                                      for input_name in input_names])
            if not isinstance(module_outputs, tuple):
                module_outputs = (module_outputs,)
            module_outputs = list(module_outputs)

        # 把計算結果放入 tensors 之中，這樣後續就知道如何發送
        for (output_name, module_output) in zip(output_names, module_outputs):
            tensors[output_name] = module_output

    self.output = tensors[input_names[0]]
    # 如果是最後階段，則做處理
    if self.is_criterion and self.model_type == TRANSLATION:
        loss_per_batch = tensors[output_names[0]] * tensors[self.criterion_input_
```

```
name].size(1)
            loss_per_token = loss_per_batch / tensors["target_length"][0].item()
            self.loss = loss_per_token
        elif self.is_criterion:
            self.loss = tensors[output_names[0]]
        else:
            self.loss = 1
```

Weight Stashing 具體邏輯由 OptimizerWithWeightStashing 類別實現，即訓練時呼叫了 load_old_ params() 函式和 load_new_params() 函式，具體程式如下。

```
class OptimizerWithWeightStashing(torch.optim.Optimizer):
    def __init__(self, optim_name, modules, master_parameters, model_parameters,
                 loss_scale, num_versions, verbose_freq=0, macrobatch=False,
                 **optimizer_args):
        self.modules = modules
        self.master_parameters = master_parameters
        self.model_parameters = model_parameters
        self.loss_scale = loss_scale

        if macrobatch:
            num_versions = min(2, num_versions)
        self.num_versions = num_versions
        self.base_optimizer = getattr(torch.optim, optim_name)(
            master_parameters, **optimizer_args)
        self.latest_version = Version()
        self.current_version = Version()
        self.initialize_queue()
        self.verbose_freq = verbose_freq
        self.batch_counter = 0

        if macrobatch:
            self.update_interval = self.num_versions
        else:
            self.update_interval = 1

    def initialize_queue(self):
        self.queue = deque(maxlen=self.num_versions)
        for i in range(self.num_versions):
```

```
            self.queue.append(self.get_params(clone=True))
        self.buffered_state_dicts = self.queue[0][0] # 隱藏權重變數

    def load_old_params(self):
        if self.num_versions > 1:
            self.set_params(*self.queue[0]) #找到最初的舊權重

    def load_new_params(self):
        if self.num_versions > 1:
            self.set_params(*self.queue[-1]) # 載入最新的權重

    def zero_grad(self): # 用來 reset
        if self.batch_counter % self.update_interval == 0:
            self.base_optimizer.zero_grad()

    def step(self, closure=None):
        # 每 update_interval 個 steps 更新一次梯度
        if self.batch_counter % self.update_interval != self.update_interval - 1:
            self.batch_counter += 1
            return None

        # 省略程式

        self.latest_version = self.latest_version.incr() # 因為多訓練了一步，所以增加
版本編號
        if self.num_versions > 1:
            self.buffered_state_dicts = self.queue[0][0]
            self.queue.append(self.get_params(clone=False)) # 把新的變數存進去

        self.batch_counter += 1
        return loss
```

第四篇

模型並行

Megatron

NVIDIA Megatron 是一個基於 PyTorch 的分散式訓練框架，用來訓練超大規模語言模型，它透過綜合應用資料並行、張量模型並行和管線並行來複現 GPT3，值得我們深入分析其背後機制。本章透過對 NVIDIA Megatron 的分析講解如何進行層內切分模型並行。

12.1 設計思路

本節對 Megatron 相關的兩篇論文、一篇官方 PPT[①]進行分析學習，希望大家可以透過本節內容對 Megatron 設計思路有一個基本了解。

---

① *Megatron-LM: Training Multi-Billion Parameter Language Models Using Model Parallelism*。
Efficient Large-Scale Language Model Training on GPU Clusters Using Megatron-LM。
Training Multi-Billion Parameter Language Models with Megatron。

12.1.1 背景

訓練大模型需要採用並行化來加速。使用硬體加速器來橫向擴展（Scale Out）深度神經網路訓練主要有兩種模式：資料並行和模型並行。

1. 資料並行

資料並行擴展通常效果很好，但有兩個限制：

- 超過某一個點之後，每個 GPU 的資料批次大小變得太小，這降低了 GPU 的使用率，增加了通訊成本。
- 可使用的最大裝置數就是批次大小數量，這限制了可用於訓練的加速器數量。

人們會使用一些記憶體管理技術〔如啟動檢查點（Activation Check pointing）〕來克服資料並行的這種限制，也會透過使用模型並行對模型進行分區來消除這兩個限制，使得權重及其連結的最佳化器狀態不需要同時駐留在處理器上。

2. 模型並行

如果可以先對模型進行有意義的切分，然後分段載入並且傳送到參數伺服器上，同時演算法也支援分段並行處理，那麼理論上就可以進行模型並行。我們可以把模型分為線性模型和非線性模型（神經網路）。

（1）線性模型

針對線性模型，我們可以把模型和資料按照特徵維度進行劃分，將其分配到不同的計算節點上。每個節點的局部模型參數計算都不相依於其他維度的特徵，彼此相對獨立，不需要與其他節點進行參數交換。這樣就可以在每個計算節點上分別採用梯度下降最佳化演算法來最佳化，進行模型並行處理。某些機器學習問題，如矩陣因數化、主題建模和線性回歸，由於使用的批次大小不是非常大，從而提高了統計效率，因此模型並行通常可以實現比資料並行更快的訓練。

（2）非線性模型（神經網路）

神經網路模型與傳統機器學習模型不同，具有如下特點：

- 深度學習的計算本質上是矩陣運算，這些矩陣儲存在 GPU 顯示記憶體之中。
- 神經網路具有很強的非線性，參數之間有較強的連結相依。
- 因為過於複雜，所以神經網路需要較高的網路頻寬來完成節點之間的通訊。

神經網路可以分為層間切分和層內切分。

- 層間切分：可以對神經網路進行橫向按層劃分。每個計算節點只先計算本節點分配到的層，然後透過 RPC 將參數傳遞到其他節點上進行參數的合併。
- 層內切分：如果矩陣過大，一張顯示卡無法載入整個矩陣，就需要把一個大矩陣拆分放置到不同的 GPU 上計算，每個 GPU 只負責模型的一部分。從計算角度來看，這就是對矩陣進行分塊拆分處理。

神經網路這兩種切分方式對應的就是兩種模型並行方式（模型切分的方式）：管線並行和張量模型並行。①

- 管線並行（也叫層間並行）：把模型不同的層放到不同的裝置上，比如把前面幾層放到第一個裝置上，把中間幾層放到第二個裝置上，把最後幾層放到第三個裝置上。
- 張量模型並行（也叫層內並行）：張量模型並行是層內切分，即切分某一層，並放到不同的裝置上。也可以視為把矩陣運算分配到不同的裝置上，比如把某個矩陣乘法切分成多個矩陣乘法，從而放到不同的裝置上。

① Megatron 團隊在論文 *Reducing Activation Recomputation in Large Transformer Models* 中提出了模型並行的新方式：序列並行（Sequence Parallelism），有興趣的讀者可以深入研究。

具體如圖 12-1 所示，上面是層間並行，縱向切一刀，把前面三層放到第一個 GPU 上，把後面三層放到第二個 GPU 上；下面是層內並行，橫向切一刀，把每個張量分成兩塊，放到不同的 GPU 上。

層間切分與層內切分同時存在，是正交和互補的（Orthogonal and Complimentary），如圖 12-2 所示。

（3）通訊

接下來分析模型並行的通訊狀況。

- 管線並行：通訊發生在管線 stage 相鄰的切分點上，類型是 P2P 通訊，單次通訊資料量較少但是比較頻繁。
- 張量模型並行：通訊發生在每層的前向傳播和反向傳播過程之中，通訊類型是 All-Reduce 或者 All-Gather，不但單次通訊資料量大，而且通訊頻繁。

由於張量模型並行一般都在同一個機器之上進行，因此可以透過 NVLink 來加速，管線並行則一般透過 Infiniband 交換機進行連接。

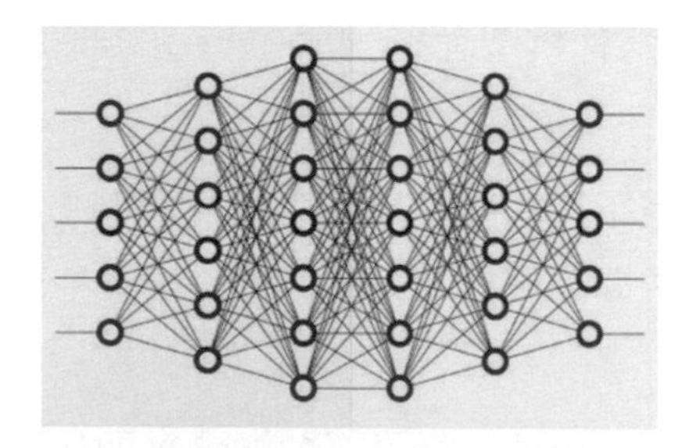

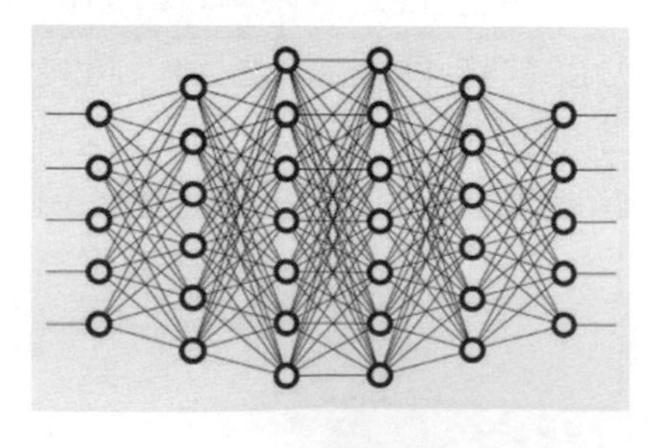

▲ 圖 12-1

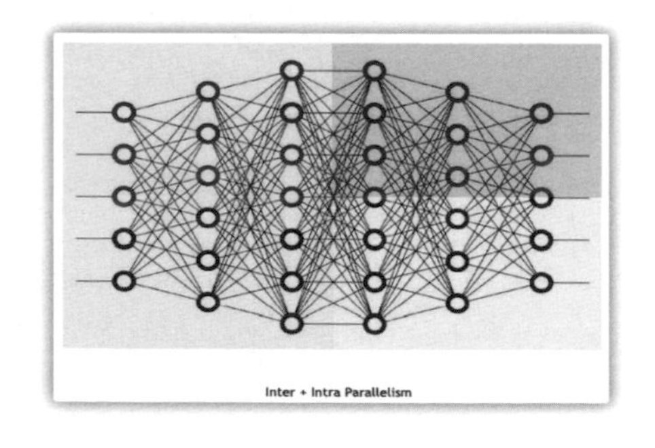

▲ 圖 12-2

12.1.2 張量模型並行

1. 原理

我們用 GEMM 來分析如何進行模型並行，假設此處要進行的是 $\boldsymbol{XA} = \boldsymbol{Y}$，對於模型來說，$\boldsymbol{X}$ 是輸入，$\boldsymbol{A}$ 是權重，$\boldsymbol{Y}$ 是輸出。從數學原理上來看，對於線性層就是先把矩陣分塊進行計算，然後把結果合併，對於非線性層則不做額外設計。

（1）行間並行（Row Parallelism）

Row Parallelism 把 $\boldsymbol{A}$ 按照行切分為兩部分。為了保證運算，我們也把 $\boldsymbol{X}$ 按照列切分為兩部分，此處 X_1 的最後一個維度等於 A_1 的第一個維度，理論上的計算公式如下：

$$\boldsymbol{XA} = [X_1 \quad X_2]\begin{bmatrix} A_1 \\ A_2 \end{bmatrix} = X_1A_1 + X_2A_2 = Y_1 + Y_2 = \boldsymbol{Y}$$

所以，X 和 A_1 就可以被放到第一個 GPU 上計算，X_2 和 A_2 可以被放到第二個 GPU 上計算，然後把結果相加，如圖 12-3 所示。

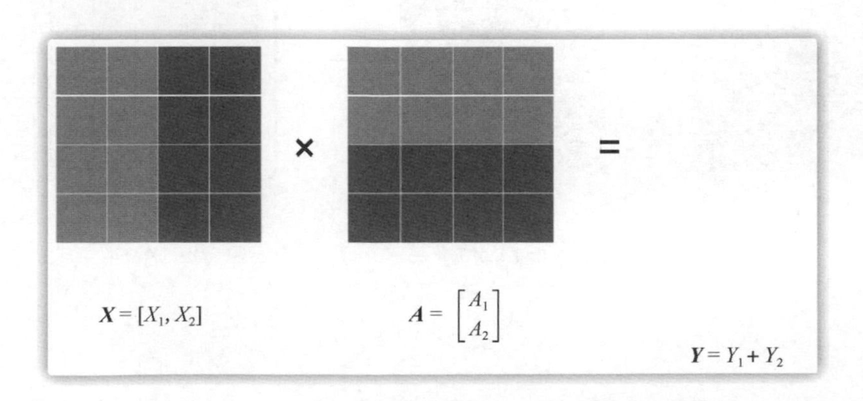

▲ 圖 12-3

行間平行計算分別得出綠色的 Y_1 和藍色的 Y_2，此時可以把 Y_1 和 Y_2 加起來得到最終輸出 $\boldsymbol{Y}$，具體如圖 12-4 所示。

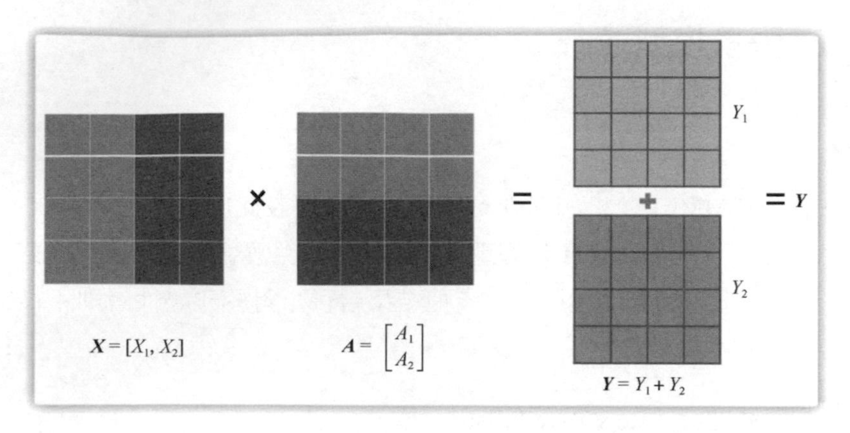

▲ 圖 12-4

（2）列間並行（Column Parallelism）

我們接下來分析另外一種並行方式 Column Parallelism，就是把 ***A*** 按照列來切分，具體如圖 12-5 所示。

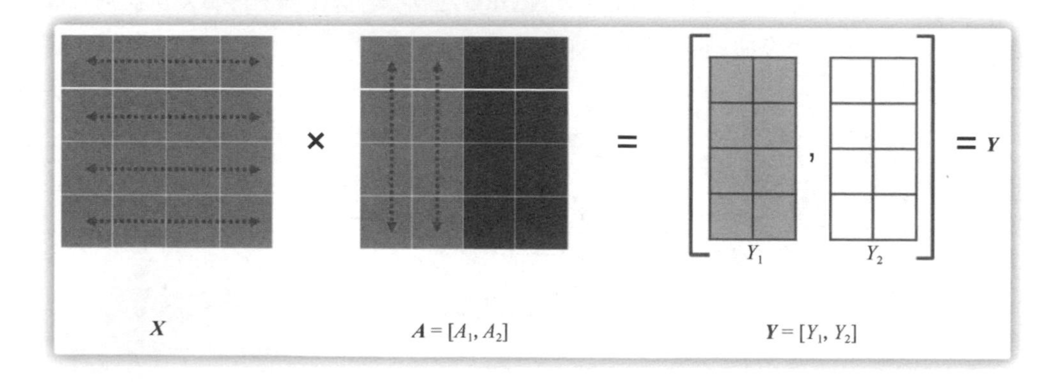

▲ 圖 12-5

最終計算結果如圖 12-6 所示。注意，列並行是將 Y_1,Y_2 進行拼接，行並行則是把 Y_1,Y_2 相加。

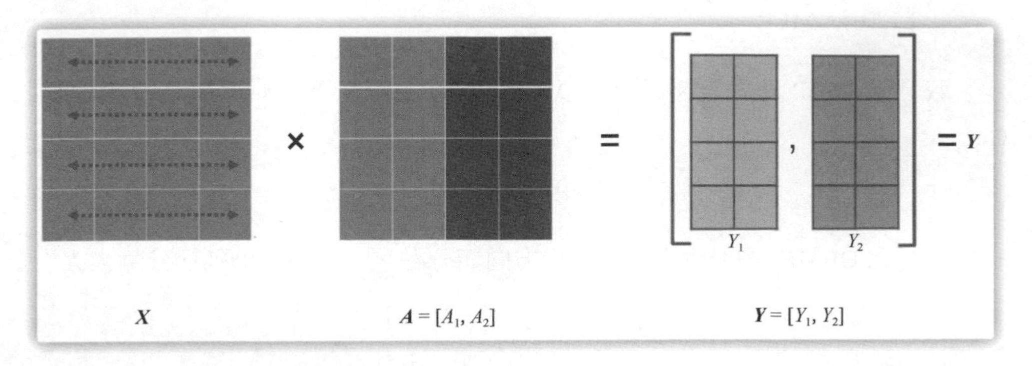

▲ 圖 12-6

2. 模型並行 Transformer

我們接下來分析如何對 Transformer 進行模型並行。此處模型並行特指層內切分，即張量模型並行（Tensor Model Parallel）。

Transformer 本質上是大量的矩陣計算，所以適合 GPU 平行作業。Transformer 層由一個遮罩多頭自注意力區塊（Masked Multi-head Self Attention）和前饋網路（Feed Forward）兩部分組成，前饋網路是一個兩層的多層感知機（MLP），第一層是從 H 變成 4H，第二層是從 4H 變回到 H。

（1）切分 Transformer

分散式張量計算是一種正交且通用的方法，將張量操作劃分到多個裝置上以加速計算或增加模型大小。Megatron 採用了與 Mesh TensorFlow 相似的見解，並利用 Transformer 注意力頭（Attention Head）的計算並行性來並行化 Transformer 模型。然而，Megatron 沒有實現模型並行性的框架和編譯器，而是對現有的 PyTorch Transformer 實現進行了一些有針對性的修改。Megatron 的方法很簡單，不需要任何新的編譯器或程式重寫，只是透過插入一些簡單的基本操作來實現，即 Megatron 把遮罩多頭自注意力區塊和前饋部分都進行切分以並行化，利用 Transformer 網路的結構，透過增加一些同步基本操作來建立一個簡單的模型並行實現。

（2）切分 MLP

我們從 MLP 區塊開始分析。MLP 區塊的第一部分是 GEMM，後面是 GeLU：

$$\boldsymbol{Y} = \mathrm{GeLU}(\boldsymbol{XA})$$

並行化 GEMM 的一個選項是沿行方向切分權重矩陣 $\boldsymbol{A}$，沿列切分輸入 $\boldsymbol{X}$：

$$\boldsymbol{X} = [X_1 \quad X_2], \boldsymbol{A} = \begin{bmatrix} A_1 \\ A_2 \end{bmatrix}$$

於是分區的結果就變成 $\boldsymbol{Y} = \mathrm{GeLU}(X_1A_1 + X_2A_2)$，括弧中的每一項都可以在一個獨立的 GPU 上計算，然後透過 All-Reduce 操作完成求和操作。既然 GeLU 是一個非線性函式，那麼就有 $\mathrm{GeLU}(X_1A_1 + X_2A_2) \neq \mathrm{GeLU}(X_1A_1) + \mathrm{GeLH}(X_2A_2)$，所以這種方案需要在 GeLU 函式之前加上一個同步點，此同步點可以讓不同的 GPU 之間交換資訊。

另一個選項是沿列拆分 $\boldsymbol{A}$，得到 $\boldsymbol{A} = [A_1, A_2]$。該分區允許 GeLU 非線性獨立應用於每個分區 GEMM 的輸出：

$$[Y_1 \quad Y_2] = [\mathrm{GeLU}(\boldsymbol{X}A_1), \mathrm{GeLU}(\boldsymbol{X}A_2)]$$

此方法更好，因為它刪除了同步點，直接把兩個 GeLU 的輸出拼接在一起。因此，我們以列並行方式來劃分第一個 GEMM，並沿其行切分第二個 GEMM，以便它直接獲取 GeLU 層的輸出，而不需要任何其他通訊（比如不再需要 All-Reduce），如圖 12-7 所示。

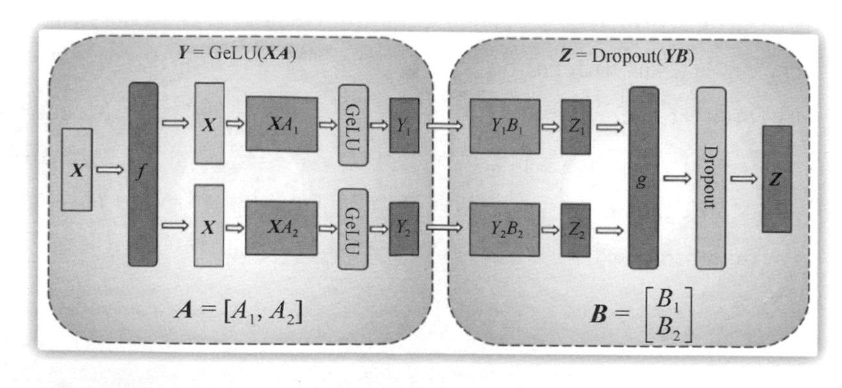

▲ 圖 12-7

圖 12-7 中的第一個部分是 GeLU 操作，第二個部分是 Dropout 操作，具體邏輯如下。

1. MLP 的整個輸入 $\boldsymbol{X}$ 透過 f 運算元放置到每一顆 GPU 上。

2. 對於第一個全連接層做如下操作。

（1）使用列切分，把權重矩陣切分到兩顆 GPU 上，得到 A_1, A_2。

（2）在每一顆 GPU 上進行矩陣乘法運算得到第一個全連接層的輸出 Y_1 和 Y_2。

3. 對於第二個全連接層做如下操作。

（1）使用行切分，把權重矩陣切分到兩個 GPU 上，得到 B_1, B_2。

（2）前面輸出 Y_1 和 Y_2 正好滿足需求，直接可以和 $\boldsymbol{B}$ 的相關部分（B_1, B_2）做相關計算，不需要通訊或者其他操作，就獲得了 Z_1, Z_2，分別位於兩個 GPU 上。

4. Z_1, Z_2 透過 g 運算元做 All-Reduce（這是一個同步點），再透過 Dropout 獲得了最終的輸出 $\boldsymbol{Z}$。

在 GPU 上，第二個 GEMM 的輸出在傳遞到 Dropout 層之前進行精簡。這種方法將 MLP 區塊中的兩個 GEMM 跨 GPU 進行拆分，並且只需要在前向過程中進行一次 All-Reduce 操作（g 運算元）和在反向過程中進行一次 All-Reduce 操作（f 運算元）。這兩個操作符號是彼此共軛體，只需幾行程式就可以在 PyTorch 中實現。作為範例，f 運算元的實現如圖 12-8 所示，g 運算元類似於 f 運算元，在反向函式中使用 Identity 運算元，在前向函式中使用 All-Reduce 操作。

```
class f(torch.autograd.Function):
    def forward(ctx, x):
        return x
    def backward(ctx, gradient):
        all_reduce(gradient)
        return gradient
```

▲ 圖 12-8

（4）切分自注意力區塊（Self-Attention）

此部分的切分如圖 12-9 所示，這是具有模型並行性的 Trans-former 區塊。*f* 運算元和 *g* 運算元是共軛的。*f* 運算元在前向傳播中使用一個 Identity 運算元，在反向傳播之中使用了 All-Reduce，而 *g* 運算元在前向傳播之中使用了 All-Reduce，在反向傳播中使用了 Identity 操作。

- 對於自注意力區塊，Megatron 利用了多頭注意力操作中固有的並行性，以列並行方式對與鍵（***K***）、查詢（***Q***）和值（***V***）相連結的 GEMM 進行分區，從而在一個 GPU 上本地完成與每個注意力頭對應的矩陣乘法。這使我們能夠在 GPU 中切分每個注意力頭的參數和工作負載，讓每個 GPU 得到部分輸出。
- 對於後續的全連接層，因為每個 GPU 上有了部分輸出，所以對於權重矩陣 B 就按行切分，與輸入的 Y_1,Y_2 進行直接計算，然後透過 *g* 運算元之中的 All-Reduce 操作和 Dropout 得到最終結果 ***Z***。

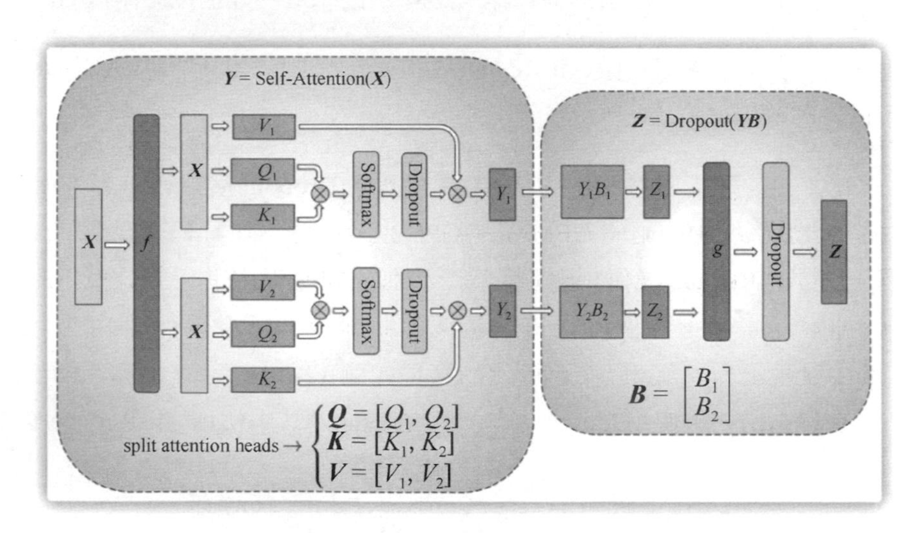

▲ 圖 12-9

（5）通訊

來自線性層（在自注意力層之後）輸出的後續 GEMM 會沿著其行實施並行化，並直接獲取並行注意力層的輸出，而不需要 GPU 之間的通訊。這種用於 MLP 和自注意層的方法融合了兩個 GEMM 組，消除了中間的同步點，從而產生更好的伸縮性。這使我們只需在前向路徑中使用兩個 All-Reduce，在反向路徑中使用兩個 All-Reduce，就能夠在一個簡單的 Transformer 層中執行所有 GEMM。圖 12-10 舉出了 Transformer 層中的通訊操作，在一個單模型並行 Transformer 層的前向和反向傳播中總共有 4 個通訊操作。

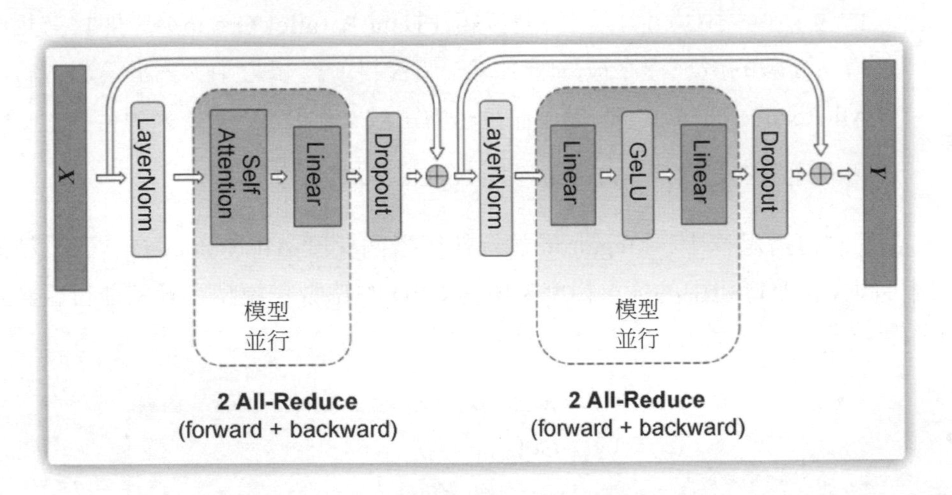

▲ 圖 12-10

（6）小結

Megatron 的模型並行方法旨在減少通訊和控制 GPU 計算範圍。我們不是讓一個 GPU 計算 Dropout（暫退法）、Layer Normalization（層規範化）或 Residual Connection（殘差連接），並將結果廣播給其他 GPU，而是選擇跨 GPU 複製計算。由於模型並行性與資料並行性是正交的，因此 Megatron 可以同時使用二者來訓練大型模型。圖 12-11 顯示了一組用於混合模型並行和資料並行性的 GPU。這是混合模型和資料並行的 GPU 分組，具體是 8 路模型並行和 64 路資料並行。

- 一個模型需要佔據 8 張卡，模型被複製了 64 份，一共啟動了 512 個處理程序。
- 模型並行。同一伺服器內的多個 GPU 形成模型並行組（Model Parallel Group），例如圖中的 GPU 1 到 GPU 8，並包含分佈在這些 GPU 上的模型實例。其餘的 GPU 可能位於同一台伺服器內，也可能位於其他伺服器內，它們執行其他模型並行組。每個模型並行組內的 GPU 執行組內所有 GPU 之間的 All-Reduce。
- 資料並行。在每個模型並行組中具有相同位置的 GPU（例如圖中的 GPU 1，9，…，505）形成資料並行組（Data Parallel Group），即具有相同模型參數的處理程序被分配到同一個資料並行組之中。對於資料並行，All-Reduce 操作在每個模型並行組中選取一個特定 GPU 來執行。
- 所有通訊都是透過 PyTorch 呼叫 NCCL 來實現的。

在反向傳播過程中，Megatron 並行執行多個梯度 All-Reduce 操作，以精簡每個不同資料並行組中的權重梯度。所需 GPU 的總數是模型和資料並行組數量的乘積。

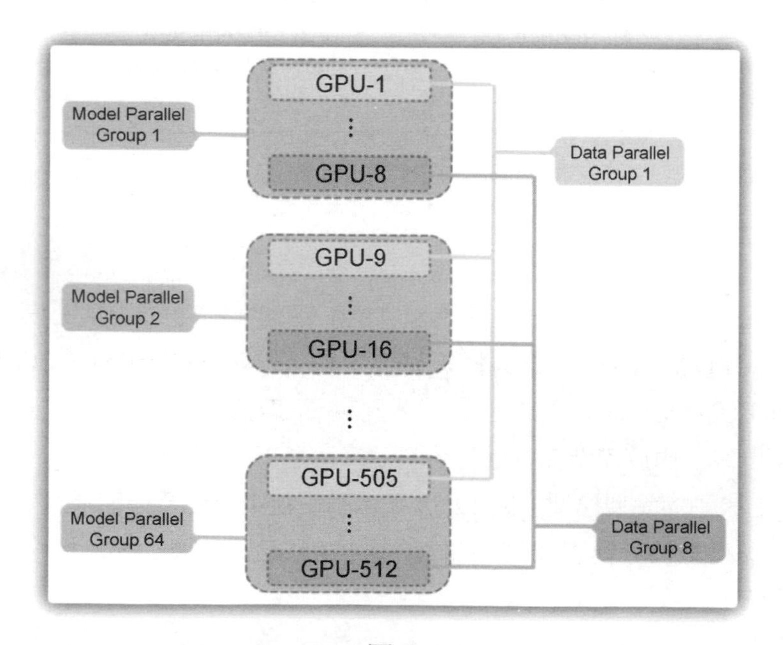

▲ 圖 12-11

12.1.3 並行設定

我們接著看 Megatron 混合使用各種並行的經驗。

- 經驗 1：對於模型並行，如果使用 g 個 GPU 伺服器，則通常應該先把張量模型並行度控制在 g 之內，然後使用管線模型並行來跨伺服器擴展到更大的模型。
- 經驗 2：當使用資料和模型並行，總的模型並行大小應該為 $M = t \cdot d$（t 是張量模型並行度，d 是資料並行度），這樣模型參數和中間中繼資料可以放入 GPU 記憶體。資料並行性可用於將訓練擴展到更多 GPU。
- 經驗 3：最佳微批次大小 b 取決於模型的輸送量和記憶體佔用特性，以及管線深度 p、資料並行度 d 和批次大小 B。

12.1.4 結論

Megatron 使用了 PTD-P（節點間管線並行、節點內張量模型並行和資料並行）來訓練大小模型。

- 張量模型並行被用於節點內（intra-node）的 Transformer 層，這樣在 HGX based 系統上可以高效執行。
- 管線模型並行被用於節點間（inter-node）的 Transformer 層，這樣可以有效利用叢集中多網路卡設計。
- 資料並行則在前兩者基礎之上進行加持，使得訓練可以擴展到更大規模和更快的速度。

12.2 模型並行實現

本節分析 Megatron 如何實現模型並行。模型並行透過對模型進行各種分片來克服單一處理器記憶體限制，這樣模型權重和其連結的最佳化器狀態可以被分發到多個裝置之上。ParallelTransformerLayer 類別就是對 Transformer 層的並行實現。

12.2.1 並行 MLP

ParallelTransformerLayer 類別中包含了 Attention 和 MLP，由於篇幅所限，本書主要對 MLP 進行分析，即分析 ParallelMLP 類別。

1. 問題

首先分析 ParallelMLP 類別遇到的問題。

Megatron 的並行 MLP 包含了兩個線性層，第一個線性層實現了 hidden size 到 4 乘以 hidden size 的轉換，第二個線性層實現了從 4 乘以 hidden size 轉換回 hidden size。具體 MLP 的邏輯如圖 12-12 所示。

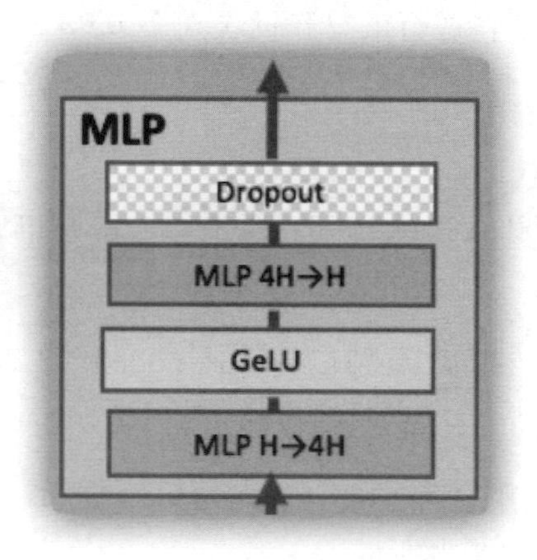

▲ 圖 12-12

於是實現中的焦點問題是：如何把這兩種線性層切開到不同的 GPU 卡上？

ParallelMLP 類別採用了論文中的第二種方案：沿列拆分 $\boldsymbol{A}$，得到 $\boldsymbol{A}=[A_1, A_2]$。該分區允許非線性的 GeLU 獨立應用於每個分區 GEMM 的輸出：

$$[Y_1 \quad Y_2]=[\mathrm{GeLU}(\boldsymbol{X}A_1), \mathrm{GeLU}(\boldsymbol{X}A_2)]$$

然後我們再深入分析一下為何選擇此方案。按照常規邏輯，MLP 的前向傳播應該分為兩個階段，分別對應了圖 12-13 中最上面兩行：

- 第一行先把參數 ***A*** 按照列切分，然後把結果按照列拼接起來，得到的就是與不使用並行策略完全等價的結果。
- 第二行在第一行的基礎上繼續工作，把啟動 ***Y*** 按照列切分，參數 ***B*** 按照行切分做並行，最後把輸出做加法，得到 ***Z***。

但是每個切分都會導致兩次額外的通訊（前向傳播和反向傳播各一次，下面只針對前向傳播進行說明）。因為對於第二行來說，由於其輸入 ***Y*** 的本質是由 XA_1、XA_2 並行聚集完成的，所以為了降低通訊量，我們可以把資料通信延後或者乾脆取消通訊，就是把第一行最後的 All-Gather 和第二行最初的切分省略，這其實就是數學上的傳遞性和結合律（局部之和為全域和）。於是我們就獲得了圖 12-13 的下半部分，也就是論文之中的第二種方案。

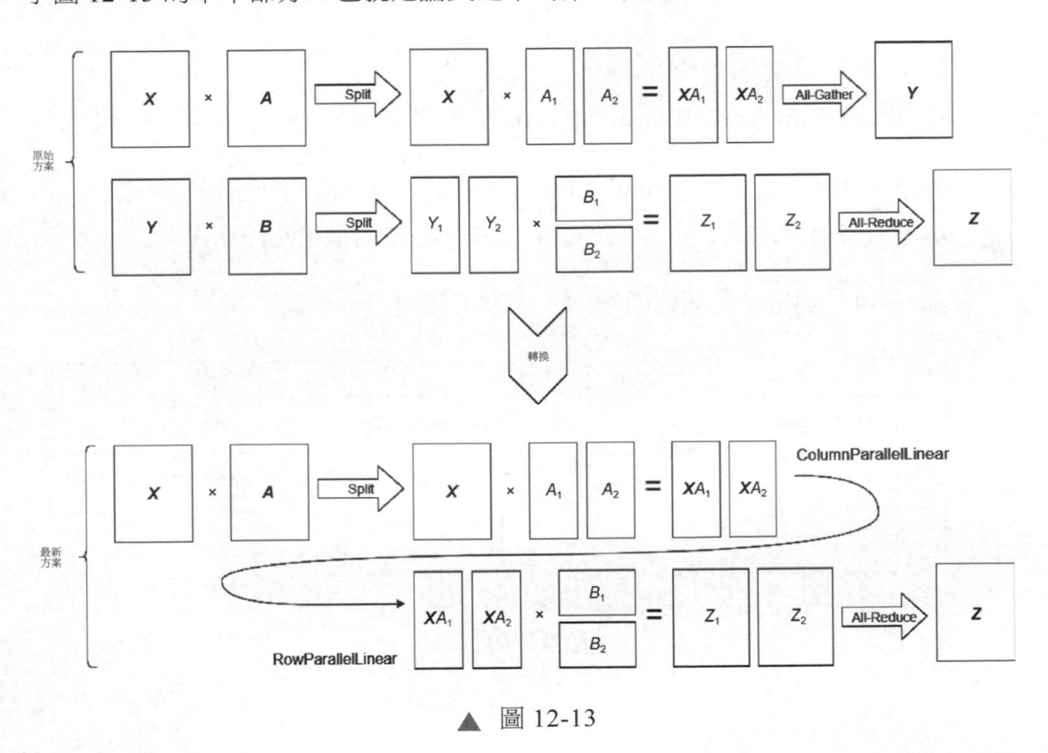

▲ 圖 12-13

結合程式，就是：

- ColumnParallelLinear 類別實現了 MLP 的前半部分或者考慮了此線性層獨立使用的情況。可以認為是圖 12-13 中「最新方案」的第一行。
- RowParallelLinear 類別實現了 MLP 的後半部分或者考慮了此線性層獨立使用的情況。可以認為是圖 12-13 中「最新方案」的第二行。

ParallelMLP 類別的主要作用是把 ColumnParallelLinear 和 RowParallelLinear 這兩個類別結合起來。

2. 初始化

megatron/model/transformer.py 之中 ParallelMLP 類別的初始化程式如下：

- 首先定義了一個 ColumnParallelLinear 類別用來進行第一個 H 到 4 H 的轉換。
- 然後接一個 GeLU 層。
- 接著用 RowParallelLinear 執行 4H 到 H 的轉換。

Dropout 操作在上面 ParallelTransformerLayer 類別的前向操作中進行。所以，MLP 大致如圖 12-14 所示，此處 ***A*** 和 ***B*** 是各自的權重矩陣。

圖 12-14 也對應了前面的圖 12-7，大家可以對照一下兩張圖。

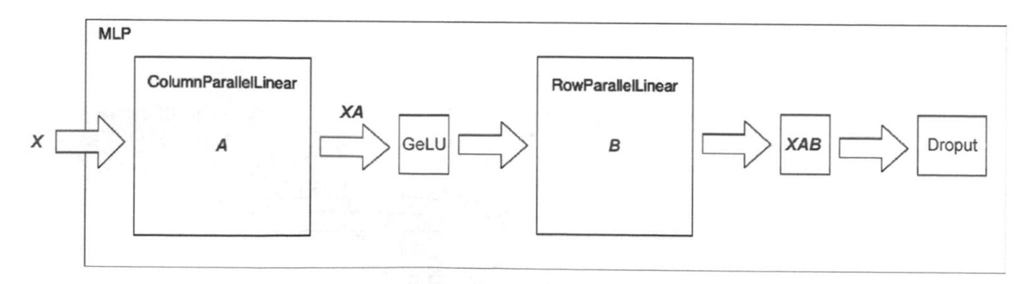

▲ 圖 12-14

3. 前向操作

ParallelMLP 類別的 forward() 函式分別呼叫了 ColumnParallelLinear 完成了 H 到 4H 的轉換，RowParallelLinear 完成了 4H 到 H 的轉換，具體程式如下。

```
class ParallelMLP(MegatronModule):

    def __init__(self, init_method, output_layer_init_method):
        super(ParallelMLP, self).__init__()
        args = get_args()

        # Project to 4h.
        self.dense_h_to_4h = mpu.ColumnParallelLinear( # 列切分
            args.hidden_size,
            args.ffn_hidden_size,
            gather_output=False, # 這裡是 False，採用第二種方案
            init_method=init_method,
            skip_bias_add=True)

        self.bias_gelu_fusion = args.bias_gelu_fusion
        self.activation_func = F.gelu
        if args.openai_gelu:
            self.activation_func = openai_gelu
        elif args.onnx_safe:
            self.activation_func = erf_gelu

        # Project back to h.
        self.dense_4h_to_h = mpu.RowParallelLinear( # 行切分
            args.ffn_hidden_size,
            args.hidden_size,
            input_is_parallel=True,
            init_method=output_layer_init_method,
            skip_bias_add=True)

    def forward(self, hidden_states):
        # [s, b, 4hp]
        intermediate_parallel, bias_parallel = self.dense_h_to_4h(hidden_states) # 縱
向切分
```

```
        if self.bias_gelu_fusion:
             intermediate_parallel = \
                     bias_gelu_impl(intermediate_parallel, bias_parallel)
        else:
            intermediate_parallel = \
                self.activation_func(intermediate_parallel + bias_parallel)

        # [s, b, h]
        output, output_bias = self.dense_4h_to_h(intermediate_parallel) # 橫向切分
        return output, output_bias
```

我們接下來分別介紹 ColumnParallelLinear 和 RowParallelLinear。Column ParallelLinear 可以獨立使用或者作為 ParallelMLP 的前半段，RowParallelLinear 也可以獨立使用或者作為 ParallelMLP 的後半段。

12.2.2 ColumnParallelLinear

ColumnParallelLinear 就是按列進行切分，也就是縱刀流。注意，此處是對權重 $\boldsymbol{A}$ 進行列切分，具體如下面公式所示。

$$\boldsymbol{Y} = \boldsymbol{XA} = \boldsymbol{X}\left[A_1, A_2\right] = \left[\boldsymbol{X}A_1, \boldsymbol{X}A_2\right]$$

切分如圖 12-15 所示。

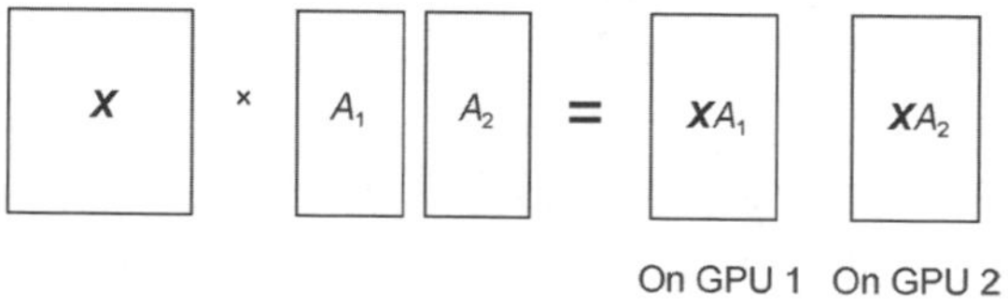

X × A1 A2 = XA1 XA2

On GPU 1 On GPU 2

▲ 圖 12-15

1. 定義

因為 Python 語言特性，此處有用的只是註釋，從註釋中可以看出來，對於 $\boldsymbol{Y} = \boldsymbol{XA} + \boldsymbol{b}$，$\boldsymbol{A}$ 被以如下方式進行並行化：$\boldsymbol{A} = \left[A_1, \cdots, A_p\right]$。

```
class ColumnParallelLinear(torch.nn.Module):
    """ 實施列並行（column parallelism）的 Linear 層
    linear 層定義為 Y = XA + b。A 沿著其第二個維度（dimension）進行並行，具體如下：A = [A_1,
..., A_p].
    """
```

ColumnParallelLinear 的初始化程式中操作為：

- 獲得本張量模型並行組參與訓練的處理程序數。
- 獲得本子模型應輸出的大小。
- 用切分資訊來初始化權重。

2. 邏輯整理

為了更好地進行分析，我們引入圖 12-16，此圖對應了 ColumnParallelLinear 類別的前向傳播和反向傳播過程。f 和 g 運算元其實是從程式之中抽象出來的，可以視為 f 運算元是對輸入的處理，g 運算元建構最終輸出。此處對應了論文 *Megatron-LM: Training Multi-Billion Parameter Language Models Using Model Parallelism* 中如下粗體英文：

> Blocks of Transformer with Model Parallelism. f and g are conjugate. **f is an identity operator in the forward pass and all reduce in the backward pass while g is an all reduce in the forward pass and identity in the backward pass**.

我們整理一下邏輯。

（1）前向傳播

首先，整體語義為：$\boldsymbol{Y} = \boldsymbol{XA} + \boldsymbol{b}$。

其次，前向傳播邏輯如下。

- 輸入：此處 $\boldsymbol{A}$ 沿著列做切分，$\boldsymbol{X}$ 是全部的輸入（每個 GPU 都擁有相同的 $\boldsymbol{X}$）。因為每個 GPU 需要拿到一個完整的輸入 $\boldsymbol{X}$，所以前向操作過程中需要把 $\boldsymbol{X}$ 分發到每個 GPU，這樣就使用了 Identity 操作。

- 計算：經過計算之後，輸出的 Y_1,Y_2 也是按照列被切分過的。每個 GPU 只有自己對應的分區。
- 輸出：Y_1,Y_2 只有合併在一起，才能得到最終輸出的 $\boldsymbol{Y}$。因為 Y_1,Y_2 需要合併在一起，才能得到最終輸出的 $\boldsymbol{Y}$，所以需要有一個 All-Gather 操作來進行聚集，即得到 $\boldsymbol{Y}=[Y_1,Y_2]$。

這些邏輯點在圖 12-16 上方框標識，輸入 $\boldsymbol{X}$ 先經過 f 運算元來處理，輸出 $\boldsymbol{Y}$ 是 g 運算元整合之後的結果。

（2）反向傳播

我們接下來分析反向傳播，對於圖 12-16 來說，反向傳播是從上至下的，梯度先經過 g 運算元，最後被 f 運算元處理。反向傳播的邏輯如下。

- 獲得了反向傳播上游傳過來的梯度 $\dfrac{\partial \boldsymbol{L}}{\partial \boldsymbol{Y}}$，需要對其進行切分，保證每個 GPU 上都有一份梯度 $\dfrac{\boldsymbol{L}}{Y_i}$。操作是 $\dfrac{\partial \boldsymbol{L}}{\partial Y_i}(\text{split})$。

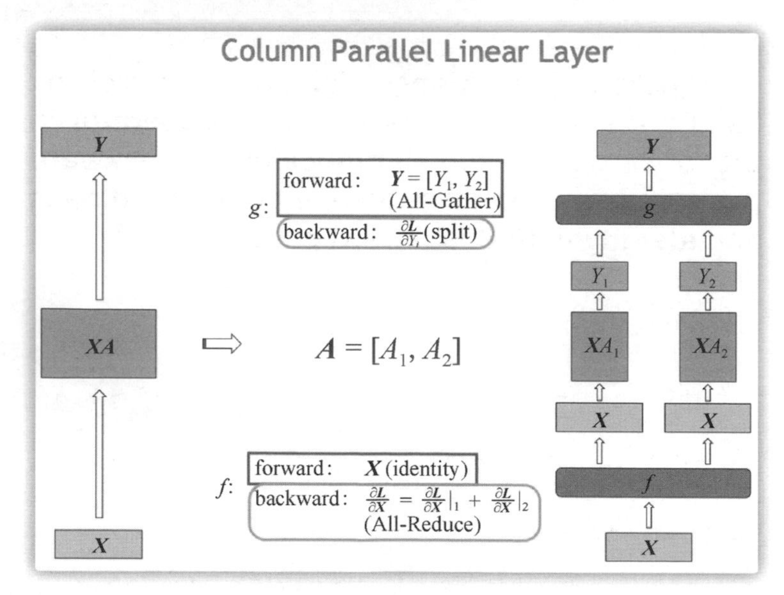

▲ 圖 12-16

- 每個 GPU 上會進行關於 X 的梯度計算，於是每個 GPU 都有一份對 X 的梯度（但是其內容不一樣）。
- 最後需要把各個 GPU 上關於 X 的梯度進行相加，得到完整梯度，這就需要一個 All-Reduce 操作，即 $\frac{\partial \boldsymbol{L}}{\partial \boldsymbol{X}} = \left.\frac{\partial \boldsymbol{L}}{\partial \boldsymbol{X}}\right|_1 + \left.\frac{\partial \boldsymbol{L}}{\partial \boldsymbol{X}}\right|_2$。

反向傳播對應的運算元在圖 12-16 中用圓角矩形標識。

3. 實現

我們接下來結合程式來分析。

（1）ColumnParallelLinear

ColumnParallelLinear 的 forward() 函式完成了 f 運算元和 g 運算元的 forward() 操作，同時把 f 運算元和 g 運算元的 backward() 操作架設起來，具體如下：

- 如果設定了非同步作業，則使用 ColumnParallelLinearWithAsyncAllreduce.apply() 完成 f 運算元的功能，此函式包括了 Identity 操作、矩陣乘法和架設反向傳播操作。
- 如果是同步操作，則做如下操作。
  - 使用 copy_to_tensor_model_parallel_region() 完成前向傳播 Identity 操作，建立反向傳播 All-Reduce（即圖 12-16 中 f 運算元的 backward()）。Identity 操作就是把輸入 $\boldsymbol{X}$ 完整地複製到多個 GPU 上，類似 X 透過 f 運算元的前向操作，變成了 $[X, X, \cdots, X]$。
  - 使用 linear() 對 $[X, X, \cdots, X]$ 和權重 $\boldsymbol{A}$ 完成矩陣乘法操作。
- 如果 gather_output 成員變數為 True，則在前向傳播時把 Y_i 做 All-Gather，因為反向傳播時需要把完整梯度分發到對應的 GPU 上，所以要架設對應的切分操作。如果將 gather_output 設置為 False，則每個 GPU 把自己分區的 4h/p 輸出直接傳送給下一個線性層。

```
def forward(self, input_):
    # 如果選擇忽略 bias，就會設置為 None，後續就不用處理
    bias = self.bias if not self.skip_bias_add else None

    if self.async_tensor_model_parallel_allreduce: # 非同步處理
        # 建立反向傳播時的非同步 All-Reduce
        input_shape = input_.shape
        input_ = input_.view(input_shape[0] * input_shape[1],input_shape[2])
        # 使用非同步 All-Reduce 的矩陣乘法
        output_parallel = ColumnParallelLinearWithAsyncAllreduce.apply(
                input_, self.weight, bias)
        output_parallel = output_parallel.view(
                input_shape[0], input_shape[1], output_parallel.shape[1])
    else: # 同步處理
        # 進行前向傳播操作，主要是圖 12-16 中的 f 操作
        # 也會建立反向傳播 All-Reduce，就是圖 12-16 中 f 運算元的 backward()
        input_parallel = copy_to_tensor_model_parallel_region(input_)

        # 矩陣乘法
        output_parallel = F.linear(input_parallel, self.weight, bias)

    # 下面就是圖 12-16 中的 g 操作
    if self.gather_output: # 是否需要聚集操作
        # 聚集輸出，就是圖 12-16 中 g 運算元的 forward()，張量並行組中的處理程序都有相同的
output
        output = gather_from_tensor_model_parallel_region(output_parallel) #
    else:
        output = output_parallel # 張量並行組中的處理程序持有不同的 output

    output_bias = self.bias if self.skip_bias_add else None # 如果不忽略 bias，則還得
傳出去
    return output, output_bias
```

（2）f 運算元

f 運算元對輸入進行初步處理，具體操作如下：

- 前向傳播時直接複製。
- 反向傳播做 All-Reduce。

程式主要對應了 copy_to_tensor_model_parallel_region() 函式，該函式做了前向賦值操作，同時建構了反向 All-Reduce。

```
def copy_to_tensor_model_parallel_region(input_):
    return _CopyToModelParallelRegion.apply(input_)
```

我們需要分析 _CopyToModelParallelRegion 類別，其 forward() 就是簡單地把輸入轉移到輸出，對應了前向複製 Identity 操作。

```
class _CopyToModelParallelRegion(torch.autograd.Function):
    """ 把輸入傳遞到模型並行區域（region）"""

    @staticmethod
    def forward(ctx, input_):
        return input_ # 簡單地把輸入轉移到輸出，對應了前向複製 Identity 操作

    @staticmethod
    def backward(ctx, grad_output):
        return _reduce(grad_output) # 當反向傳播時，輸入多個 GPU 上的整體梯度，透過 All-
Reduce 合併
```

對應的反向傳播就使用了 All-Reduce，當反向傳播時，輸入多個 GPU 上的整體梯度，透過 All-Reduce 合併。

```
def _reduce(input_):
    """ 對模型並行組的輸入張量執行 All-Reduce"""

    # 如果只使用一個 GPU，則直接傳回
    if get_tensor_model_parallel_world_size()==1:
        return input_
```

```
    # All-Reduce
    torch.distributed.all_reduce(input_, group=get_tensor_model_parallel_group())

    return input_
```

（3）*g* 運算元

g 運算元最終生成輸出 ***Y***，具體邏輯是：

- 前向傳播時做 All-Gather。
- 反向傳播需要執行切分操作，把梯度分發到不同的 GPU 上。

g 運算元程式如下，呼叫了 _GatherFromModelParallelRegion 類別完成業務邏輯：

```
def gather_from_tensor_model_parallel_region(input_):
    return _GatherFromModelParallelRegion.apply(input_)
```

_GatherFromModelParallelRegion 類別具體程式如下：

```
class _GatherFromModelParallelRegion(torch.autograd.Function):
    """ 從模型並行區域聚集輸入，然後做拼接（Concatinate）"""

    @staticmethod
    def forward(ctx, input_):
        return _gather(input_)

    @staticmethod
    def backward(ctx, grad_output):
        return _split(grad_output)
```

12.2.3 RowParallelLinear

RowParallelLinear 按照行進行切分，是橫刀流，注意，此處對權重 $\boldsymbol{A}$ 實施行切分。比如公式為 $\boldsymbol{Y} = \boldsymbol{XA}$，$\boldsymbol{X}$ 是輸入，$\boldsymbol{A}$ 是權重，$\boldsymbol{Y}$ 是輸出，行切分就是針對 $\boldsymbol{A}$ 的第一個維度進行切分，此處 X_1 最後一個維度等於 A_1 第一個維度。

$$\boldsymbol{XA} = \left[X_1, X_2\right]\begin{bmatrix} A_1 \\ A_2 \end{bmatrix} = X_1A_1 + X_2A_2 = Y_1 + Y_2 = \boldsymbol{Y}$$

具體如圖 12-17 所示。

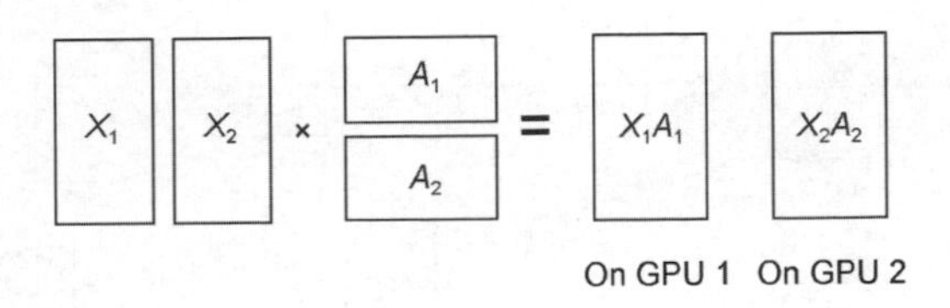

▲ 圖 12-17

1. 定義

RowParallelLinear 定義中只有註釋有用，可以看出來如何切分。

```
class RowParallelLinear (torch.nn.Module):
    """ 使用行並行（row parallelism）的 Linear 層。
    Linear 層定義為 Y = XA + b·A 被沿著第一維進行並行，X 沿著第二維進行並行，具體如下：
                -   -
               | A_1 |
               | .   |
           A = | .   |        X = [X_1, ..., X_p]
               | .   |
               | A_p |
                -   -
    """
```

和列切分類似，初始化時主要獲取每個權重分區的大小，並據此切分權重。

2. 邏輯整理

為了更好地進行分析，我們引入圖 12-18，它對應了 RowParallelLinear 類別的前向傳播和反向傳播過程。此處的 f 運算元和 g 運算元其實是從程式中抽象出來的，可以視為 f 運算元是對輸入的處理，g 運算元得到最終輸出。

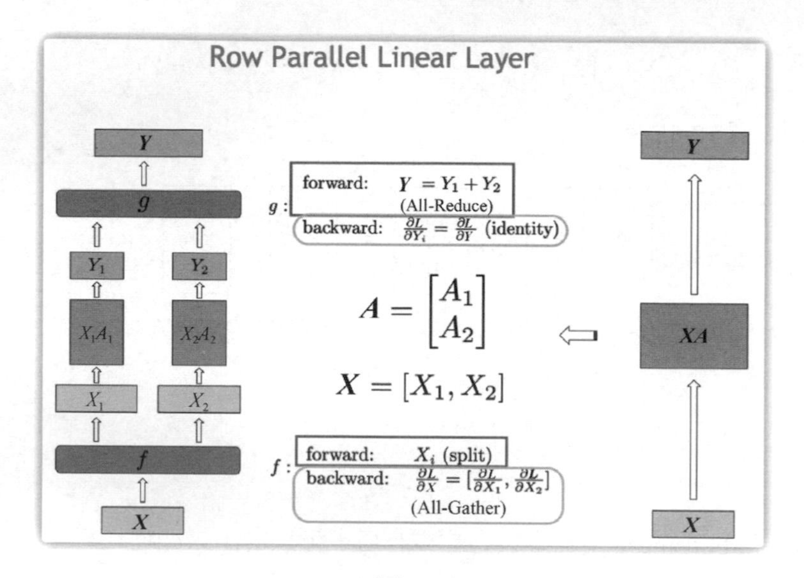

▲ 圖 12-18

（1）前向傳播

首先，整體語義為：$Y = XA + b$。

其次，前向傳播時的邏輯如下。

- 輸入：此處 A 沿著行做切分，因為 A 的維度發生了變化，所以 X 也需要做相應變化，X 就必須按照列做切分，這樣 X 的每個分塊才能與 A 的每個分塊相乘，於是獲得了 $[X_1, X_2]$，這兩個分區要分別放到兩個 GPU 上。此處如果輸入是已經切分過的 (input_is_parallel 為 True)，則不需要再進行切分。

- 計算：$Y_1 = X_1 A_1$ 和 $Y_2 = X_2 A_2$ 。經過計算之後，輸出的 Y_1, Y_2 的形狀（shape）就是最終 Y 的形狀。經過計算之後，每個 GPU 只有自己對應的分區。
- 輸出：Y_1, Y_2 只有合併在一起才能得到最終輸出的 $\boldsymbol{Y}$。但是因為 Y_1, Y_2 形狀相同，都等於 $\boldsymbol{Y}$ 的形狀，所以只要進行簡單的矩陣相加（因為是兩個 GPU，所以其間還有等待操作）即可，這就是 All-Reduce 操作。

這些邏輯點在圖 12-18 中用方框標識，輸入 $\boldsymbol{X}$ 先經過 f 運算元來處理，輸出 $\boldsymbol{Y}$ 是 g 運算元整合之後的結果。

（2）反向傳播

我們接下來分析反向傳播，對於圖 12-18 來說，反向傳播是從上至下的，梯度先經過 g 運算元，最後被 f 運算元處理。反向傳播的邏輯如下：

- 獲得了反向傳播上游傳過來的梯度 $\frac{\partial \boldsymbol{L}}{\partial \boldsymbol{Y}}$ ，因為 Y_1, Y_2 的形狀相同，所以直接把梯度 $\frac{\partial \boldsymbol{L}}{\partial \boldsymbol{Y}}$ 傳給每個 GPU 即可，操作是 $\frac{\partial \boldsymbol{L}}{\partial Y_i} = \frac{\partial \boldsymbol{L}}{\partial \boldsymbol{Y}}(\text{identity})$ 。此處解釋一下，在前向傳播時，因為 XA 的結果需要 All-Reduce，可以視為求和（sum）運算元，所以反向傳播時直接複製梯度即可。
- 每個 GPU 上會進行關於 X 的梯度計算，於是每個 GPU 都有一份對 X 的梯度（但是其內容不一樣）。
- 最後需要把各個 GPU 上關於 X 的梯度進行聚集，得到完整梯度，就是 forward() 中切分操作對應的反向操作，按照最後一列對梯度進行拼接，即 All-Gather 操作。

反向傳播對應的運算元在圖 12-18 中用圓角矩形標識。

3. 實現

我們接下來分析程式如何實現。

（1）RowParallelLinear

RowParallelLinear 的 forward() 函式完成了 *f* 運算元和 *g* 運算元的 forward() 操作，同時把 *f* 運算元和 *g* 運算元的 backward() 操作架設起來，具體如下：

```
def forward(self, input_):
    # 此處，輸入的張量已經被切分到每個 GPU，輸出張量是 All-Reduce 之後的整體
    if self.input_is_parallel:  # 是否已經是切分的輸入
        # Transformer's MLP 到達此處，因為輸入已經切分，所以不會做分發
        input_parallel = input_
    else:
        # 獨立的行並行（row parallel）線性層到達此處，會進行前向切分和反向拼接
        input_parallel = scatter_to_tensor_model_parallel_region(input_)

    # 矩陣乘法，比如 X_i 和 A_i 進行乘法操作
    output_parallel = F.linear(input_parallel, self.weight)

    # 進行前向 All-Reduce 操作，這樣每個 GPU 上都是完整的最新結果，同時架設了反向的
Identity 操作
    output_ = reduce_from_tensor_model_parallel_region(output_parallel)
    if not self.skip_bias_add:
        # 加上偏置
        output = output_ + self.bias if self.bias is not None else output_
        output_bias = None
    else:
        output = output_
        output_bias = self.bias
    return output, output_bias
```

（2）*f* 運算元

scatter_to_tensor_model_parallel_region() 對應了 *f* 運算元，其作用是：

- 前向時切分輸入，同時架設反向的 All-Gather 操作。
- 反向時進行 All-Gather 操作。

f 運算元程式為：

```
def scatter_to_tensor_model_parallel_region(input_):
    return _ScatterToModelParallelRegion.apply(input_)
```

具體 _ScatterToModelParallelRegion 完成了實際業務：

```
class _ScatterToModelParallelRegion(torch.autograd.Function):
    """ 切分輸入，只保留本 rank 對應的小塊（chuck）"""

    @staticmethod
    def forward(ctx, input_):
        return _split(input_)

    @staticmethod
    def backward(ctx, grad_output):
        return _gather(grad_output)
```

（3）g 運算元

reduce_from_tensor_model_parallel_region() 對應了 g 運算元，作用是：

- 前向時進行 All-Reduce，得到最終輸出。
- 反向時直接執行複製操作。

g 運算元程式為：

```
def reduce_from_tensor_model_parallel_region(input_):
    return _ReduceFromModelParallelRegion.apply(input_)
```

具體業務如下：

```
class _ReduceFromModelParallelRegion(torch.autograd.Function):
    """ 對模型並行區域的輸入進行 All-Reduce 操作 """

    @staticmethod
    def forward(ctx, input_):
        return _reduce(input_) # 前面有介紹

    @staticmethod
    def backward(ctx, grad_output):
        return grad_output # Indentity 操作，直接把輸入複製到兩個 GPU 上
```

12.2.4 總結

我們總結一下 MLP 的並行實現，如圖 12-19 所示，其中邏輯如下：

- 中間灰色底的是論文中的概念圖。
- 聯繫程式可知，平行作業由一個 ColumnParallelLinear 接上一個 RowParallelLinear 來共同完成，我們把概念圖轉化為圖中左側①和②兩個大方框。
- ColumnParallelLinear 對權重進行列切分，RowParallelLinear 對權重進行行切分。
- 其中 ColumnParallelLinear 的 Y_1, Y_2 沒有經過 All-Gather 操作（即略過 g 運算元），而是直接輸入到 RowParallelLinear 中，接到 RowParallel Linear 的 X_1, X_2 ，即 RowParallelLinear 沒有 f 運算元。所以概念圖中的 f 運算元就是 ColumnParallelLinear 的 f 運算元，g 運算元就是 RowParallel Linear 的 g 運算元。

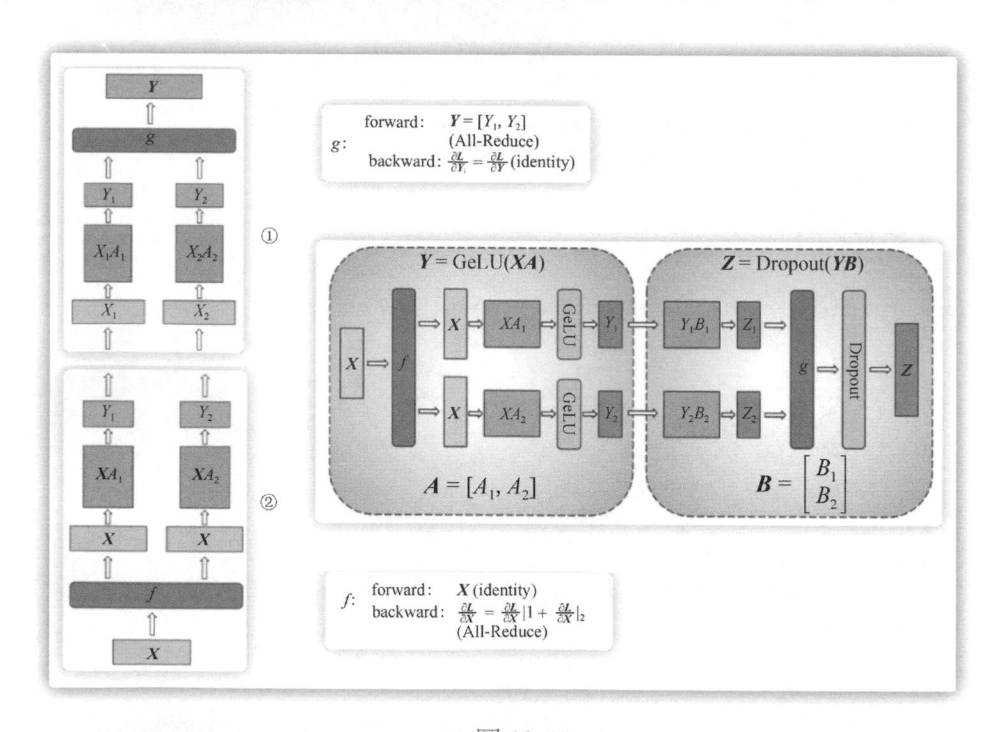

▲ 圖 12-19

12.3 如何設置各種並行

對於給定的模型，現在還需要解決兩個問題：

- 如何把模型切分給節點？比如哪個節點負責哪些層。
- 在資料並行、模型並行、管線並行這幾種並行中，每個節點分別屬於哪個層？

我們接下來進行仔細分析。

12.3.1 初始化

initialize_model_parallel() 函式會設置模型並行，所以接下來分析該函式。

我們首先把 initialize_model_parallel() 函式程式摘錄出來（此函式的作用是對模型進行分組），初始化處理程序組相關的各種全域變數。此處註釋非常詳盡，後續會依據這些原始註釋來進行深入分析。

```
def initialize_model_parallel(tensor_model_parallel_size_=1,
                              pipeline_model_parallel_size_=1,
                              virtual_pipeline_model_parallel_size_=None,
                              pipeline_model_parallel_split_rank_=None):
    """
    Initialize model data parallel groups.

    Arguments:
        tensor_model_parallel_size: number of GPUs used for tensor model
parallelism.
        pipeline_model_parallel_size: number of GPUs used for pipeline model
 parallelism.
        virtual_pipeline_model_parallel_size: number of virtual stages
(interleaved
                                              pipeline).
        pipeline_model_parallel_split_rank: for models with both encoder and
decoder,
                                            rank in pipeline with split point.
```

```
    Let's say we have a total of 16 GPUs denoted by g0 ... g15 and we
    use 2 GPUs to parallelize the model tensor, and 4 GPUs to parallelize
    the model pipeline. The present function will
    create 8 tensor model-parallel groups, 4 pipeline model-parallel groups
    and 8 data-parallel groups as:
        8 data_parallel groups:
            [g0, g2], [g1, g3], [g4, g6], [g5, g7], [g8, g10], [g9, g11], [g12,
g14], [g13, g15]
        8 tensor model-parallel groups:
            [g0, g1], [g2, g3], [g4, g5], [g6, g7], [g8, g9], [g10, g11], [g12,
 g13], [g14, g15]
        4 pipeline model-parallel groups:
            [g0, g4, g8, g12], [g1, g5, g9, g13], [g2, g6, g10, g14], [g3, g7,
g11, g15]
    Note that for efficiency, the caller should make sure adjacent ranks
    are on the same DGX box. For example if we are using 2 DGX-1 boxes
    with a total of 16 GPUs, rank 0 to 7 belong to the first box and
    ranks 8 to 15 belong to the second box.
    """
    # Get world size and rank. Ensure some consistencies.
    world_size = torch.distributed.get_world_size()
    tensor_model_parallel_size = min(tensor_model_parallel_size_, world_size)
    pipeline_model_parallel_size = min(pipeline_model_parallel_size_, world_size)
ensure_divisibility(world_size,
                        tensor_model_parallel_size * pipeline_model_parallel_size)
    data_parallel_size = world_size // (tensor_model_parallel_size *
                                        pipeline_model_parallel_size)

    num_tensor_model_parallel_groups = world_size // tensor_model_parallel_size
    num_pipeline_model_parallel_groups = world_size // pipeline_model_parallel_size
    num_data_parallel_groups = world_size // data_parallel_size

    if virtual_pipeline_model_parallel_size_ is not None:
        _VIRTUAL_PIPELINE_MODEL_PARALLEL_RANK = 0
        _VIRTUAL_PIPELINE_MODEL_PARALLEL_WORLD_SIZE = virtual_pipeline_model_parallel_
size_

    if pipeline_model_parallel_split_rank_ is not None:
```

```
    _PIPELINE_MODEL_PARALLEL_SPLIT_RANK = pipeline_model_parallel_split_rank_

rank = torch.distributed.get_rank()

# Build the data-parallel groups.
all_data_parallel_group_ranks = []
for i in range(pipeline_model_parallel_size):
    start_rank = i * num_pipeline_model_parallel_groups
    end_rank = (i + 1) * num_pipeline_model_parallel_groups
    for j in range(tensor_model_parallel_size):
        ranks = range(start_rank + j, end_rank,
                      tensor_model_parallel_size)
        all_data_parallel_group_ranks.append(list(ranks))
        group = torch.distributed.new_group(ranks)
        if rank in ranks:
            _DATA_PARALLEL_GROUP = group

    # Build the model-parallel groups.
for i in range(data_parallel_size):
    ranks = [data_parallel_group_ranks[i]
             for data_parallel_group_ranks in all_data_parallel_group_ranks]
    group = torch.distributed.new_group(ranks)
    if rank in ranks:
        _MODEL_PARALLEL_GROUP = group

# Build the tensor model-parallel groups.
    for i in range(num_tensor_model_parallel_groups):
    ranks = range(i * tensor_model_parallel_size,
                  (i + 1) * tensor_model_parallel_size)
    group = torch.distributed.new_group(ranks)
    if rank in ranks:
        _TENSOR_MODEL_PARALLEL_GROUP = group

# Build the pipeline model-parallel groups and embedding groups
# (first and last rank in each pipeline model-parallel group).
for i in range(num_pipeline_model_parallel_groups):
    ranks = range(i, world_size,
                  num_pipeline_model_parallel_groups)
    group = torch.distributed.new_group(ranks)
```

```
    if rank in ranks:
        _PIPELINE_MODEL_PARALLEL_GROUP = group
        _PIPELINE_GLOBAL_RANKS = ranks
    group = torch.distributed.new_group(embedding_ranks)
```

其次，程式中提到了全域變數初始化，對於 Megatron，每個處理程序都有自己的全域 rank、本地 rank 和全域變數。主要變數如下：

- _TENSOR_MODEL_PARALLEL_GROUP：當前 rank 所屬的 Intra-layer model parallel group，即張量模型並行處理程序組。
- _PIPELINE_MODEL_PARALLEL_GROUP：當前 rank 所屬的 Inter-layer model parallel group，即管線並行處理程序組。
- _MODEL_PARALLEL_GROUP：當前 rank 所屬的模型並行處理程序組，其涵蓋以上兩組。
- _DATA_PARALLEL_GROUP：當前 rank 所屬的資料並行處理程序組。

接下來，initialize_model_parallel() 的註釋值得我們深入學習。從註釋中可以知道如下資訊。

- 假定目前有 16 個 GPU，屬於兩個節點，rank 0 ～ 7 屬於第一個節點，rank 8 ～ 15 屬於第二個節點。
- 「create 8 tensor model-parallel groups, 4 pipeline model-parallel groups」這句說明將一個完整模型切分成 8 個張量模型並行組和 4 個管線並行組。接下來以圖 12-1 中下面的模型為例進行分析。
  - ＊沿著行橫向切了一刀：tensor_model_parallel_size = 16/8 = 2，即 2 個 GPU 進行張量模型並行。
  - ＊沿著列縱向切了三刀：pipeline_model_parallel_size = 16/4 = 4，即 4 個 GPU 進行管線並行。
  - ＊因此，一個模型分為 8 塊，每一塊放在一個 GPU 上，即模型被切分到 8 個 GPU。透過計算可知 16 GPUs / 8 GPUs = 2 模型，即 16 張卡可以放置兩個完整模型。

- 因為張量模型並行組大小是 2，即 16 個 GPU 被分成 8 組（張量模型並行組），所以這 8 組內容是 [g0, g1], [g2, g3], [g4, g5], [g6, g7], [g8, g9], [g10, g11], [g12, g13], [g14, g15]。
- 因為管線並行組大小是 4，即 16 個 GPU 被分成 4 組（管線並行組），所以這 4 組內容是 [g0, g4, g8, g12], [g1, g5, g9, g13], [g2, g6, g10, g14], [g3, g7, g11, g15]。
- 因為資料並行組大小是 2，即 16 個 GPU 被分成 8 組（資料並行組），所以這 8 組內容是 [g0, g2], [g1, g3], [g4, g6], [g5, g7], [g8, g10], [g9, g11], [g12, g14], [g13, g15]。
- 以上這些處理程序組都透過 torch.distributed.new_group() 來設置，這樣組內處理程序之間就知道哪些處理程序在同一個組內，也知道怎麼互相通訊。

最後，我們把本章最開始的模型切分，如圖 12-20 所示，模型一共被分成 8 塊。其中，第一層被切分為 A 和 B，所以 A 與 B 之間就是張量模型並行，後面 C 與 D 之間也是張量模型並行，以此類推。

我們接下來的目標就是用程式來分析如何生成註釋裡面的各種模型組，或者說從註釋入手，分析 Megatron 如何把多種並行模式組合在一起。

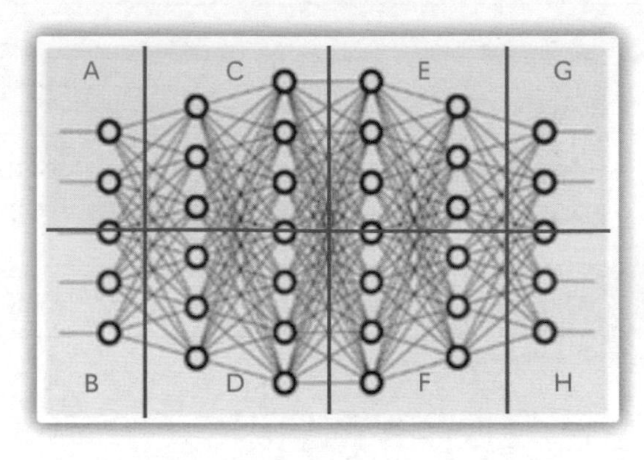

▲ 圖 12-20

12.3.2 起始狀態

我們回憶一下具體切分的策略，也就是 GPU 分配策略。從程式中可以看到如下註釋：

```
Note that for efficiency, the caller should make sure adjacent
 ranks are on the same DGX box. For example if we are using 2
DGX-1 boxes with a total of 16 GPUs, rank 0 to 7 belong to the
first box and ranks 8 to 15 belong to the second box.
```

這句話的意思是：呼叫者需要確保相鄰的 rank 在同一個節點上。我們的例子中有兩個節點，其中第一個節點擁有 GPU 0 ～ 7，就是 rank 0 ～ 7，第二個節點是 GPU 8 ～ 15，就是 rank 8 ～ 15，具體如圖 12-21 所示。此處每行是 4 個 GPU，因為「4 GPUs to parallelize the model pipeline」，對應管線的每 stage 是 16/4=4 個 GPU。

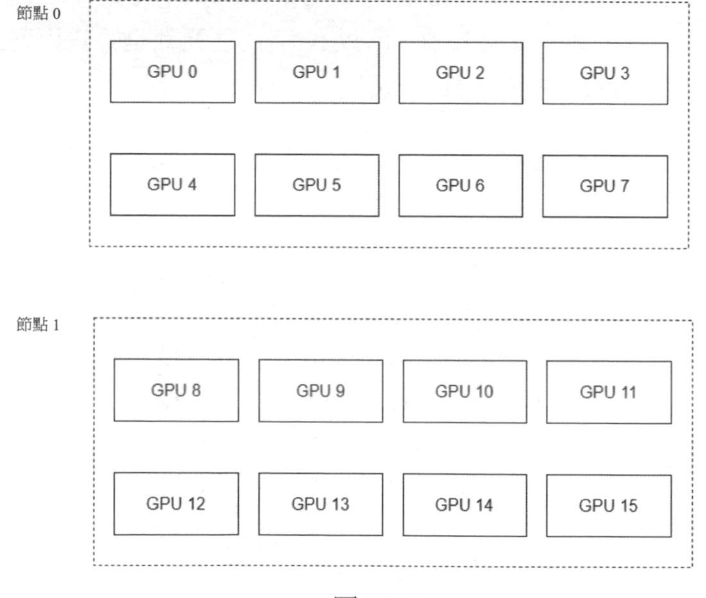

▲ 圖 12-21

依據註釋，我們得出目前分組情況和一些全域資訊。

- 論文之中的 Notation 部分指出了符號使用情況，具體如下。

  ∗ p 是管線並行度，t 是張量模型並行度，d 是資料並行度。

  ∗ n 是 GPU 數目，Megatron 要求 $p \cdot t \cdot d = n$。

- 一共有 16 個 GPU，所以 world_size 為 16，即 Notation 中的 n。
- 使用兩個 GPU 進行張量模型並行，所以 tensor_model_parallel_size = 2，即 Notation 中的 t。
- 使用四個 GPU 進行管線並行，所以 pipeline_model_parallel_size = 4，即 Notation 中的 p。這意味著管線深度為 4，即 4 個 GPU 是串列的。
- 依據上面規定，$d = n / (t \cdot p) = 2$，即 data_parallel_size = 2。因為 $t \cdot p$ 是訓練一個模型所需要的 GPU 數量，d = 總 GPU 數量 / 訓練一個模型需要的 GPU 數量，因此這些 GPU 可以訓練 d 個模型，即此 d 個模型可以用 d 個微批次一起訓練，所以資料並行度為 d。

接下來結合程式分析需要分成多少個處理程序組，以及它們在程式中的變數是什麼。

- num_tensor_model_parallel_groups：從張量模型並行角度分成 8 個處理程序組。
- num_pipeline_model_parallel_groups = world_size // pipeline_model_parallel_size：從模型並行角度分成 4 個處理程序組。
- num_data_parallel_groups = world_size // data_parallel_size：從模型並行角度分成 8 個處理程序組，即會有 8 個 DDP，每個 DDP 包括 2 個 rank。

具體變數如下。

```
world_size = 16
tensor_model_parallel_size = 2 # 張量模型並行度是 2
GPUspipeline_model_parallel_size = 4 # 管線模型並行度是 4
data_parallel_size = world_size // (tensor_model_parallel_size *
```

```
                                    pipeline_model_parallel_size) # 2
num_tensor_model_parallel_groups = world_size // tensor_model_parallel_size # 8
num_pipeline_model_parallel_groups = world_size //
pipeline_model_parallel_size # 4
num_data_parallel_groups = world_size // data_parallel_size # 8
```

12.3.3 設置張量模型並行

我們接下來分析如何將節點上的 GPU 分給張量模型並行組。

對於上面的例子，16 / 2 = 8，即分成 8 個處理程序組，每個組 2 個 rank。這些分組分別是：[g0, g1], [g2, g3], [g4, g5], [g6, g7], [g8, g9], [g10, g11], [g12, g13], [g14, g15]，我們獲得了如下資訊：

- [g0, g1] 的意義是：模型某一層被分切為兩半，這兩半分別被 g0 和 g1 執行。[g2, g3] 表示另一層被分為兩半，這兩半分別被 g2, g3 執行。
- 每一個張量模型並行組（_TENSOR_MODEL_PARALLEL_GROUP）的 rank 一定是相鄰的，比如 [g0, g1], [g2, g3]。
- 注意，0 ~ 7 不代表同一個模型。0 ~ 7 代表同一個節點上的 GPU。
- 本處理程序需要查看自己的 rank 在分組中的哪一個，才能確定自己的分組，比如 rank 2 發現自己在 [g2, g3] 中，就能確定自己的 _TENSOR_MODEL_PARALLEL_GROUP 是 [g2, g3]。所以 _TENSOR_MODEL_PARALLEL_GROUP = group 就記錄了本 rank 的處理程序組資訊。

我們再來看程式：

```
# 建立張量模型並行組
for i in range(num_tensor_model_parallel_groups): # 8
    ranks = range(i * tensor_model_parallel_size,
                  (i + 1) * tensor_model_parallel_size)
    group = torch.distributed.new_group(ranks) # 生成 8 組
    if rank in ranks:
        # 如果本 rank 在某一 list 中，比如 1 在 [0,1] 中，則本 rank 就屬於 new_group([0,1])
        _TENSOR_MODEL_PARALLEL_GROUP = group
```

如圖 12-22 所示，每個張量模型組用一個虛線小矩形框標識，一共 8 個。

我們接下來分析如何使用。

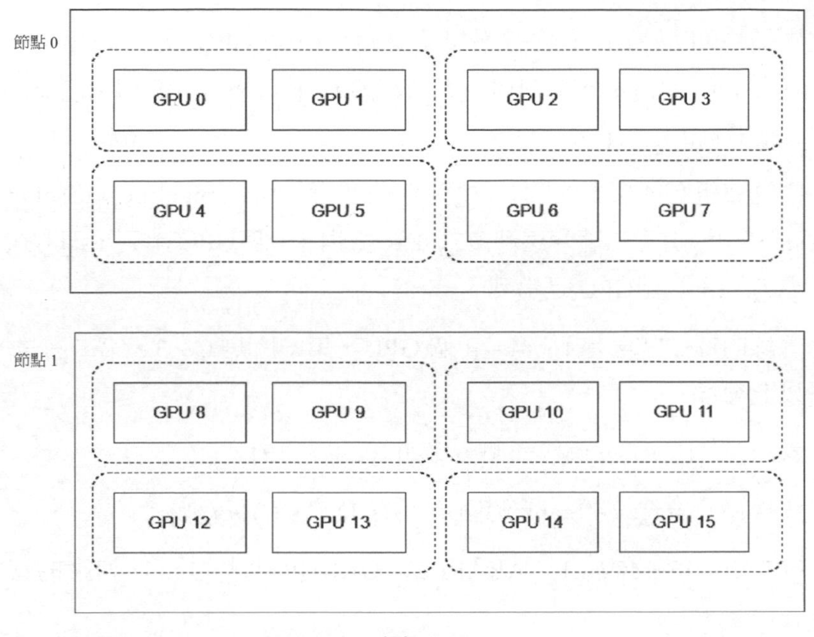

▲ 圖 12-22

get_tensor_model_parallel_group() 傳回了自己 rank 對應的張量模型組。

```
def get_tensor_model_parallel_group():
    """ 獲取呼叫者 rank 所在的張量模型並行組 """
    return _TENSOR_MODEL_PARALLEL_GROUP
```

在 megatron/mpu/mappings.py 中有對張量模型組的使用，就是當管線反向傳播時利用 _TENSOR_MODEL_PARALLEL_GROUP 在組內進行集合通訊。

```
def _reduce(input_):
    """ 對跨模型並行組的輸入張量執行 All-Reduce"""
    torch.distributed.all_reduce(input_,
group=get_tensor_model_parallel_group())
    return input_
```

12.3.4 設置管線並行

我們接下來分析如何將節點上的 GPU 分給管線模型並行組。

從註釋中可以看到，管線分組是把此 16 個 GPU 分成 4 組，每組 4 個 GPU，得到 [g0, g4, g8, g12], [g1, g5, g9, g13], [g2, g6, g10, g14], [g3, g7, g11, g15]。由此得到如下資訊。

- 因為每組有 4 個 GPU 進行模型管線並行，所以 pipeline_model_parallel_size = 4。這意味著管線深度為 4，每組內 4 個 GPU 串列，即 [g0, g4, g8, g12]，這 4 個 GPU 是串列的。
- 管線的每一層含有 16 / 4 = 4 個 GPU，第一層是 0 ~ 3，第二層是 5 ~ 8，以此類推。
- 管線組是隔 *n* // *p* 個取一個，比如 [0, 4, 8, 12]。
- 管線每個 stage *i* 的 rank 範圍是：[(*i*-1)·//*p*, (*i*)·*n*//*p*]。
- _PIPELINE_MODEL_PARALLEL_GROUP 代表本 rank 對應的管線處理程序組。
- _PIPELINE_GLOBAL_RANKS 代表處理程序組的 rank。
- 本處理程序需要查看自己的 rank 在分組中的哪一個，據此才能確定自己的分組。假如本處理程序是 rank 2，則可以確定本處理程序的管線處理程序組 _PIPELINE_MODEL_PARALLEL_ GROUP 是 [g2, g6, g10, g14]。

具體程式如下：

```
# 建立管線模型並行組和嵌入組 (embedding groups)
 for i in range(num_pipeline_model_parallel_groups): # 4
    ranks = range(i, world_size, # 每隔 n // p 個取一個
                 num_pipeline_model_parallel_groups)
    group = torch.distributed.new_group(ranks)
    if rank in ranks:
        _PIPELINE_MODEL_PARALLEL_GROUP = group
        _PIPELINE_GLOBAL_RANKS = ranks
```

拓展後如圖 12-23 所示，現在看到增加了 4 個從上到下的虛線箭頭，分別對應了 4 組管線串列，橫向層是 stage 0 ~ stage 3。

我們接下來分析如何使用。

get_pipeline_model_parallel_group 傳回了自己 rank 對應的管線模型組。

```
def get_pipeline_model_parallel_group():
    """ 獲取呼叫者 rank 所在的管線模型並行組 """
    return _PIPELINE_MODEL_PARALLEL_GROUP # 得到本 rank 的處理程序組
```

管線並行需要做 stage 之間（inter-stage）的雙向 P2P 通訊，此功能主要相依 _communnicate() 函式，_communicate() 函式封裝了 PyTorch 的基礎通訊函式，在此基礎之上又建構了一些 API 方法。為了通訊，_communicate() 需要獲取到管線中本 rank 的上下游 rank。如何知道？使用管線組資訊就可以。具體透過 get_pipeline_model_parallel_next_rank() 和 get_pipeline_model_parallel_prev_rank() 來完成。假如本處理程序是 rank 6，則管線處理程序組 ranks 是 [g2, g6, g10, g14]，就可知本 rank 的上下游 rank 分別是 2 和 10。

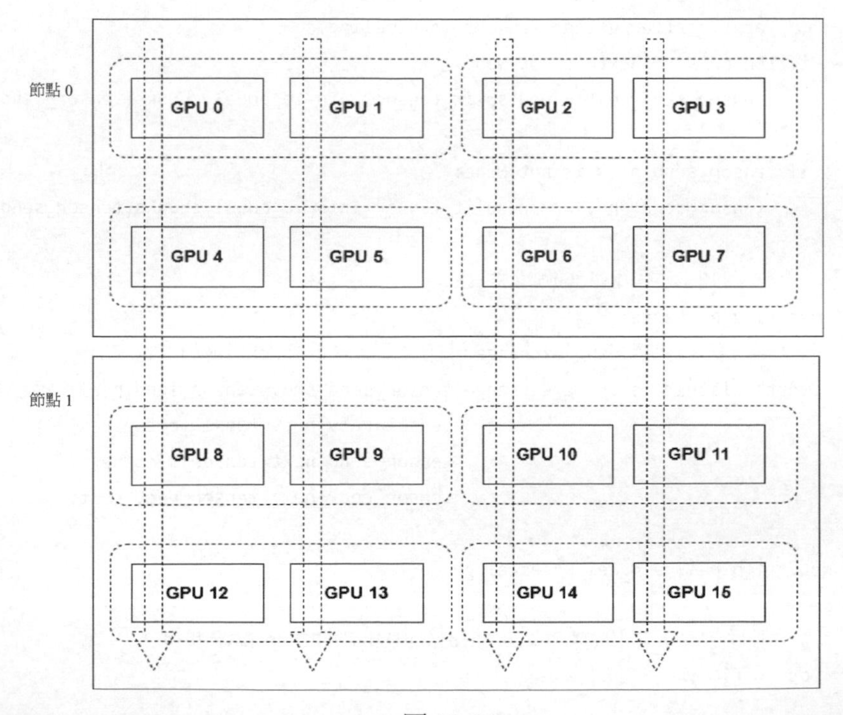

▲ 圖 12-23

_communnicate() 的摘要程式如下。

```
def _communicate(tensor_send_next, tensor_send_prev, recv_prev, recv_next,
                 tensor_shape, use_ring_exchange=False, dtype_=None):
    args = get_args()
    tensor_recv_prev = None
    tensor_recv_next = None

    # 如果需要接受張量，則先分配空張量，接受的張量會存在此處
    if recv_prev:
        tensor_recv_prev = torch.empty(tensor_chunk_shape,
                                       requires_grad=requires_grad,
                                       device=torch.cuda.current_device(),
                                       dtype=dtype)
    if recv_next:
        tensor_recv_next = torch.empty(tensor_chunk_shape,
                                       requires_grad=requires_grad,
                                       device=torch.cuda.current_device(),
                                       dtype=dtype)

    if not override_scatter_gather_tensors_in_pipeline and \
            args.scatter_gather_tensors_in_pipeline:
        if tensor_send_next is not None:
            tensor_send_next = mpu.split_tensor_into_1d_equal_chunks(tensor_send_next)

        if tensor_send_prev is not None:
            tensor_send_prev = mpu.split_tensor_into_1d_equal_chunks(tensor_send_prev)

    # 向「前向」和「反向」兩個反向都發送張量
    if use_ring_exchange:
        # 如果需要，則使用 ring exchange，這個是新版本 PyTorch 才有的
        torch.distributed.ring_exchange(tensor_send_prev=tensor_send_prev,
                                        tensor_recv_prev=tensor_recv_prev,
                                        tensor_send_next=tensor_send_next,
                                        tensor_recv_next=tensor_recv_next,

group=mpu.get_pipeline_model_parallel_group())
    else:
        # 先根據目標 rank 生成對應的 torch.distributed.P2POp，放入串列
        ops = []
```

```
        if tensor_send_prev is not None:
            send_prev_op = torch.distributed.P2POp(
                torch.distributed.isend, tensor_send_prev,
                mpu.get_pipeline_model_parallel_prev_rank())
            ops.append(send_prev_op)
        if tensor_recv_prev is not None:
            recv_prev_op = torch.distributed.P2POp(
                torch.distributed.irecv, tensor_recv_prev,
                mpu.get_pipeline_model_parallel_prev_rank())
            ops.append(recv_prev_op)
        if tensor_send_next is not None:
            send_next_op = torch.distributed.P2POp(
                torch.distributed.isend, tensor_send_next,
                mpu.get_pipeline_model_parallel_next_rank())
            ops.append(send_next_op)
        if tensor_recv_next is not None:
            recv_next_op = torch.distributed.P2POp(
                torch.distributed.irecv, tensor_recv_next,
                mpu.get_pipeline_model_parallel_next_rank())
            ops.append(recv_next_op)

        # 然後做批次非同步 send/recv
        if len(ops) > 0:
            reqs = torch.distributed.batch_isend_irecv(ops)
            for req in reqs:
                req.wait() # 用 wait 來同步

    # 省略其他程式碼

    return tensor_recv_prev, tensor_recv_next
```

get_pipeline_model_parallel_next_rank() 和 get_pipeline_model_parallel_prev_rank() 的程式如下：

```
def get_pipeline_model_parallel_next_rank():
    rank_in_pipeline = get_pipeline_model_parallel_rank()
    world_size = get_pipeline_model_parallel_world_size()
    return _PIPELINE_GLOBAL_RANKS[(rank_in_pipeline + 1) % world_size]
```

```
def get_pipeline_model_parallel_prev_rank():
    rank_in_pipeline = get_pipeline_model_parallel_rank()
    world_size = get_pipeline_model_parallel_world_size()
    return _PIPELINE_GLOBAL_RANKS[(rank_in_pipeline - 1) % world_size]
```

其中 get_pipeline_model_parallel_world_size() 函式獲取到本處理程序組的 world size：

```
def get_pipeline_model_parallel_world_size():
    """ 傳回被管線模型處理程序組的 world size"""
    global _MPU_PIPELINE_MODEL_PARALLEL_WORLD_SIZE
    if _MPU_PIPELINE_MODEL_PARALLEL_WORLD_SIZE is not None:
        return _MPU_PIPELINE_MODEL_PARALLEL_WORLD_SIZE
    return torch.distributed.get_world_size(group=get_pipeline_model_parallel_group())
```

12.3.5 設置資料並行

我們接下來分析如何設置資料並行。

對於註釋例子，16 / 2 = 8 說明分成 8 個處理程序組，每個組 2 個 rank。這些分組分別是：[g0, g2], [g1, g3], [g4, g6], [g5, g7], [g8, g10], [g9, g11], [g12, g14], [g13, g15]，據此得到如下資訊。

- 由於 $t{\cdot}p$ 是訓練一個模型所需要的 GPU 數量，因此 d = 總 GPU 數目 / 一個模型需要的 GPU 數目 = n / ($t{\cdot}p$)，即目前提供的這 n 個 GPU 可以同時訓練 d 個模型，可以把 d 個微批次資料登錄到這 d 個模型一起訓練，所以資料並行度為 d。
- 得到 data_paralle_size = 16 / (2 × 4) = 2。
- 本處理程序需要透過查看自身 rank，才能確定自己屬於哪個分組，rank 2 對應的資料並行處理程序組是 [g0, g2]。

我們再用實驗程式來確定有哪些組，以及每個組裡面包含什麼。

- 管線被分成了 p 個 stage，每個 stage 有 n // p 個 GPU，stage i 的 rank 範圍是 $[i{\cdot}n//p, (i+1){\cdot}n//p]$，即 rank 2 所在的 stage 的 rank 是 [0,1,2,3]。

- 在每一個 stage 之中，ranks = range(start_rank + j, end_rank, tensor_model_ parallel_size)，即該 stage 的 *n*//*p* 個 GPU 中，每隔 *t* 個取一個作為資料並行組之中的一份，因此每個資料並行組大小為 *n* // *p* // *t* = *d*。

具體程式如下：

```
# 建立資料並行組
all_data_parallel_group_ranks = []
for i in range(pipeline_model_parallel_size): # 遍歷管線深度
    start_rank = i * num_pipeline_model_parallel_groups # 找到每個 stage 的起始 rank
    end_rank = (i + 1) * num_pipeline_model_parallel_groups # 找到每個 stage 的終止 rank
    for j in range(tensor_model_parallel_size): # 遍歷張量模型分組大小
        ranks = range(start_rank + j, end_rank, # 每隔 t 個取一個作為資料並行組中的一份
                      tensor_model_parallel_size)
        all_data_parallel_group_ranks.append(list(ranks))
        group = torch.distributed.new_group(ranks)
        if rank in ranks:
            _DATA_PARALLEL_GROUP = group
```

列印輸出如下資訊，和註釋一致。

```
[[0, 2], [1, 3], [4, 6], [5, 7], [8, 10], [9, 11], [12, 14], [13, 15]]
```

對應圖片拓展如圖 12-24 所示，其中，每個新增的雙向箭頭對應一個 DDP（兩個 rank），比如 [2, 3] 對應一個 DDP。

我們接下來分析如何使用。get_data_parallel_group() 會得到本 rank 對應的 _DATA_PARALLEL_GROUP。

```
def get_data_parallel_group():
    """ 獲取呼叫者 rank 所在的資料並行組 """
    return _DATA_PARALLEL_GROUP
```

在 allreduce_gradients() 之中，會利用 get_data_parallel_group() 對本資料並行組進行 All-Reduce 操作。

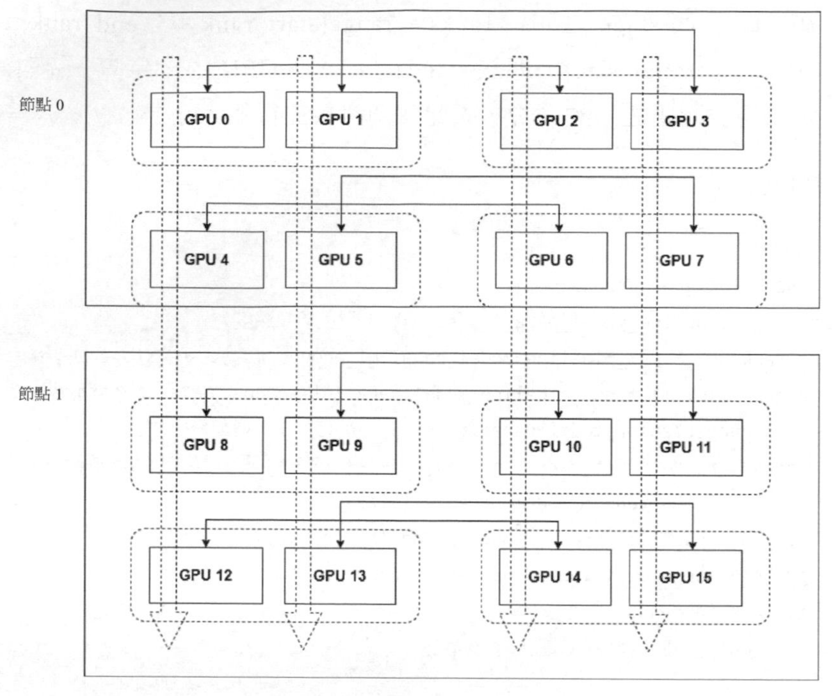

▲ 圖 12-24

12.3.6 模型並行組

Megatron 的模型並行組生成程式如下：

```
# 建立模型並行組
for i in range(data_parallel_size):
    ranks = [data_parallel_group_ranks[i]
             for data_parallel_group_ranks in all_data_parallel_group_ranks]
    group = torch.distributed.new_group(ranks)
    if rank in ranks:
        _MODEL_PARALLEL_GROUP = group
```

_MODEL_PARALLEL_GROUP 就是本 rank 對應的模型並行組，具體使用方法如下：

```
def get_model_parallel_group():
    """ 獲取呼叫者 rank 所在的模型並行組 """
    return _MODEL_PARALLEL_GROUP
```

在裁剪梯度操作中會用到 get_model_parallel_group()，就是在本模型的全部 rank 之中進行梯度裁剪相關操作。

針對本節實例可以得到模型並行組如下：[0, 1, 4, 5, 8, 9, 12, 13] [2, 3, 6, 7, 10, 11, 14, 15]。於是目前邏輯如圖 12-25 所示，整體分成兩組，左邊是模型 0 對應的全部 rank，右面是模型 1 的 rank。

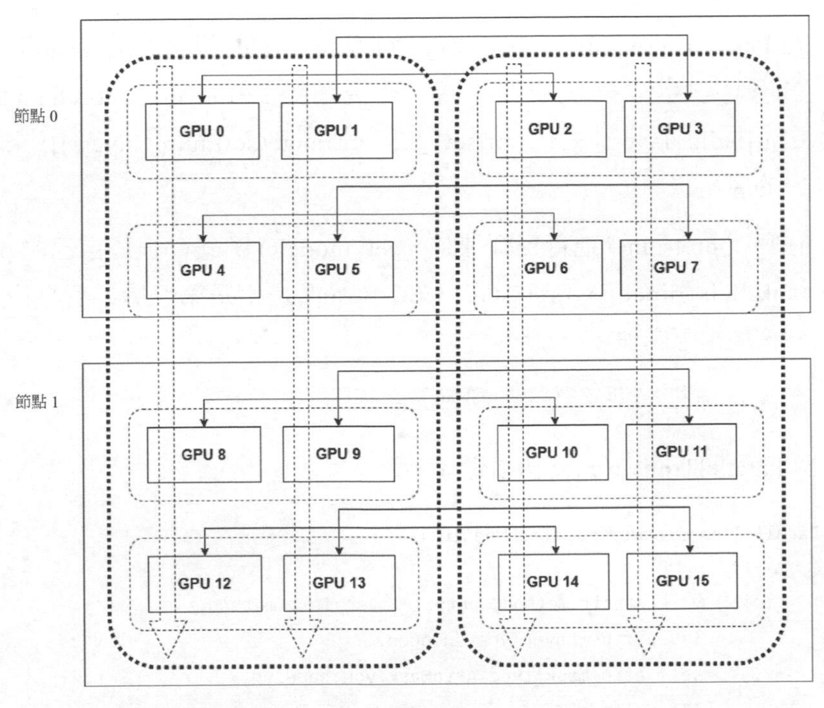

▲ 圖 12-25

12.3.7 如何把模型分塊到 GPU 上

我們最後還有一個問題沒有涉及，即如何把模型分塊放到對應的 GPU 上，也就是如何與最初分成 A, B, ⋯, H 的圖 12-20 對應起來。答案為：不是根據模型來把模型部分複製到對應的 rank 或者 GPU，而是 rank 或者 GPU 主動過來複製自己對應的層，具體如下。

- 因為呼叫了 mpu.initialize_model_parallel() 函式來設置模型並行、資料並行等各種處理程序組，所以每個 rank 對應的處理程序都有自己的全域變數，即處理程序自動被映射到 GPU 上。比如 rank 1 對應的處理程序在啟動之後才知道自己是 rank 1，然後從初始化的全域變數中知道自己的資料並行組是 [g1, g3]，張量模型並行組是 [g0, g1]，管線模型並行組是 [g1, g5, g9, g13]。
- 在 ParallelTransformer 的初始化過程中，rank 根據 offset 變數來知道自己應該生成模型的哪些層，然後透過 self.layers = torch.nn.ModuleList([build_layer(i + 1 + offset) for i in range(self.num_layers)]) 來生成對應的層。
- 在呼叫 pretrain() 進行預訓練時，get_model() 函式會根據自己的 pipeline rank 和 is_pipeline_first_stage 知道本 rank 是不是第一層或者最後一層，然後做相應處理。
- 最後 rank 把模型參數複製到自己對應的 GPU 上。

具體 ParallelTransformer 初始化程式如下：

```
class ParallelTransformer(MegatronModule):

    def __init__(self, init_method, output_layer_init_method,
                 layer_type=LayerType.encoder,
                 self_attn_mask_type=AttnMaskType.padding,
                 pre_process=True, post_process=True):
        # 省略程式

        # Transformer 層
        def build_layer(layer_number):
            return ParallelTransformerLayer(
                init_method, output_layer_init_method,
                layer_number, layer_type=layer_type,
                self_attn_mask_type=self_attn_mask_type)

        # 下面 offset 就是根據 rank 知道自己應該生成模型的哪些層
        if args.virtual_pipeline_model_parallel_size is not None:
```

```
            self.num_layers = self.num_layers // args.virtual_pipeline_model_
parallel_size
            offset = mpu.get_virtual_pipeline_model_parallel_rank() * (
                args.num_layers // args.virtual_pipeline_model_parallel_size) + \
                (mpu.get_pipeline_model_parallel_rank() * self.num_layers)
        else:
            offset = mpu.get_pipeline_model_parallel_rank() * self.num_layers

        self.layers = torch.nn.ModuleList(
            [build_layer(i + 1 + offset) for i in range(self.num_layers)])
```

最終效果如圖 12-26 所示，其中名稱相同子模組具有同樣的參數，可以資料並行，即兩個 A 可以資料並行。一列上的層之間可以管線串列，比如 A → C → E → G 就是串列，圖中每一行 4 個 GPU 代表管線的一個 stage。每個虛線圓角小矩形框標識的兩個橫向相鄰 GPU 是張量模型並行。深色的 A~H 代表模型 1，淺色的 A~H 代表模型 2。

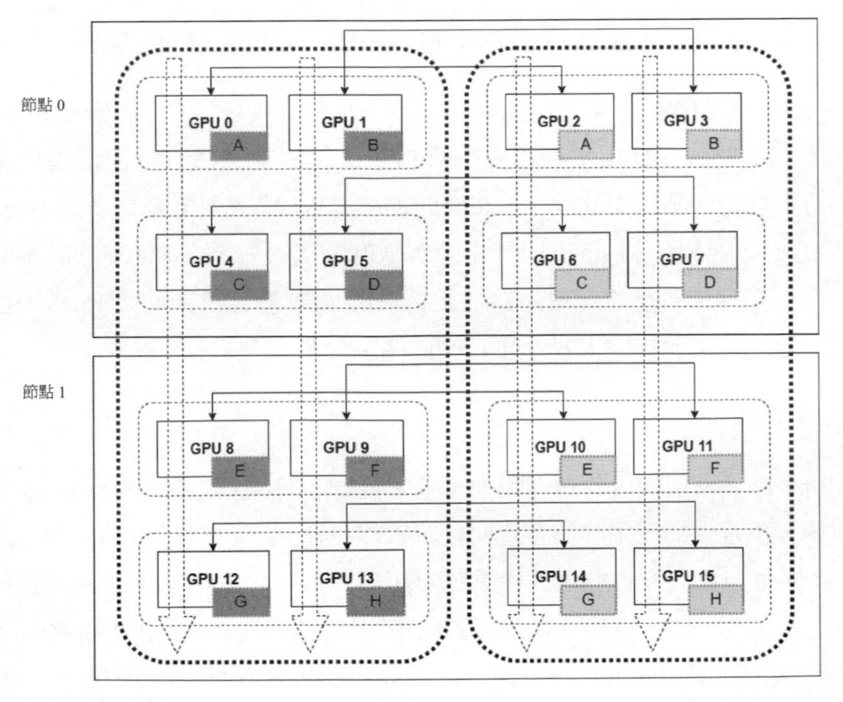

▲ 圖 12-26

12.4 Pipedream 的管線更新

在管線訓練過程中，如何給管線各個 stage 安排執行序列是關鍵，所以此處我們分析如何做排程。概括來說，Megatron 基於 PipeDream-2BW（Megatron 和 Pipedream 有共同主要作者）實現了定期更新（PipeDream-Flush），要點如下。

- PipeDream-2BW 在管線中維護了兩個版本的模型權重，2BW 是雙緩衝權重（Double- Buffered Weights），PipeDream-2BW 會為每個微批次生成一個新的權重版本，因為有些剩餘反向傳播仍然相依於舊版本，所以新的權重版本無法立即取代舊版本，但是由於只儲存了兩個版本，因此極大降低了記憶體佔用。
- PipeDream-Flush 則在 PipeDream-2BW 上增加了一個全域同步的管線更新操作，思路類似於 GPipe。這種方法透過以輸送量的部分能力下降為代價來減少記憶體佔用（即只維護一個版本的模型權重）。

我們接下來分析 PipeDream-2BW 和 PipeDream-Flush 的具體設計思路。

PipeDream-2BW 使用記憶體高效的管線並行來訓練不適合單一加速器的大型模型。它的雙緩衝權重更新和更新機制確保了高輸送量、低記憶體佔用率和類似於資料並行的權重更新語義。PipeDream-2BW 將模型拆分為多個 Worker 上的多個 stage，並對每個 stage 進行相同次數的複製（在同一 stage 的副本間進行資料並行）。這種管線並行適用於堆疊結構的模型（例如 Transformer 模型）。為了更好地說明來龍去脈，我們從 GPipe 開始分析。

（1）GPipe

GPipe 維護模型權重的單一版本。輸入批次被分成更小的微批次。權重梯度是累積的，不會立即應用，並且定期更新管線以確保不需要保持多個權重版本。GPipe 提供了類似於資料並行的權重更新語義。圖 12-27 顯示了 GPipe 執行的時間線。週期性管線更新可能會很昂貴，從而限制輸送量。緩解此銷耗的一種方法是在管線內進行額外的累積，但這並不總是切實可行的，原因在於：a）在巨大的規模因數（scale factor）下，能支援的最小批次大小較大（與 scale factor

成比例），且大批次會影響模型的收斂性；b）GPipe 需要保持與批次大小成比例的啟動儲存。

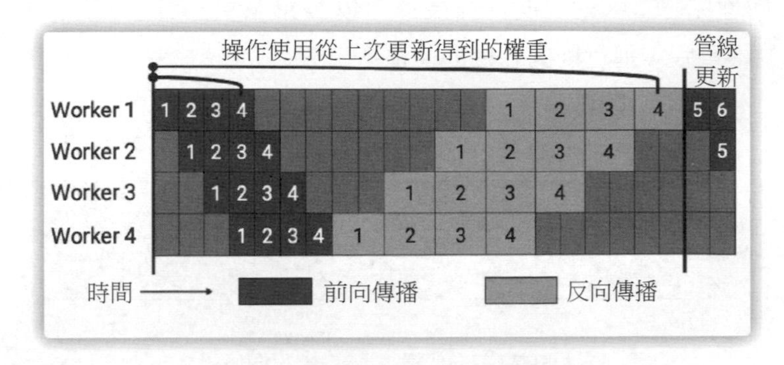

▲ 圖 12-27

圖片來源：論文 *Memory-Efficient Pipeline-Parallel DNN Training*

（2）Double-Buffered Weight Updates（雙緩衝權重更新，2BW）

PipeDream-2BW 結合 1F1B 排程使用一種新穎的 2BW 方案，其中每個 Worker 在不同輸入的前向和反向傳播之間交替，以確保在特定輸入的前向和反向傳播中使用相同的權重版本。2BW 的記憶體佔用比 PipeDream 和 GPipe 低，並且避免了 GPipe 昂貴的管線更新。[1]

梯度以較小的微批次粒度來計算。對於任何輸入微批次，PipeDream-2BW 對輸入的前向和反向傳播都使用相同的權重版本。在以批次粒度應用梯度更新之前，PipeDream-2BW 會在多個微批次上累積梯度更新，從而限制權重版本的數量（否則需要維護多個版本的權重）。

PipeDream-2BW 為每 m 個微批次生成一個新的權重版本（$m\geq d$，d 是管線深度）。為了簡單起見，首先假設 $m=d$（圖 12-28 中 $d=4$）。行進中（in-flight）的輸入不能使用最新的權重版本進行反向傳播（例如，在 $t=21$ 時，Worker 3 上的輸入 7），因為在其他 stage 上，這些輸入已在使用較舊的權重版本進行前向傳播。因此，需要緩衝新生成的權重版本以備將來之需。但是因為用於生成新

① 參考論文 *Memory-Efficient Pipeline-Parallel DNN Training*。

權重版本的權重版本可以立即丟棄（後續透過該 stage 的輸入不再使用舊權重版本），所以需要維護的權重版本總數最多為 2。例如，在圖 12-28 中，每個 Worker 在處理完輸入 8 的反向傳播後都可以丟棄 $W^{(0)}$，因為所有後續輸入都將使用更高的權重版本進行前向和反向傳播。

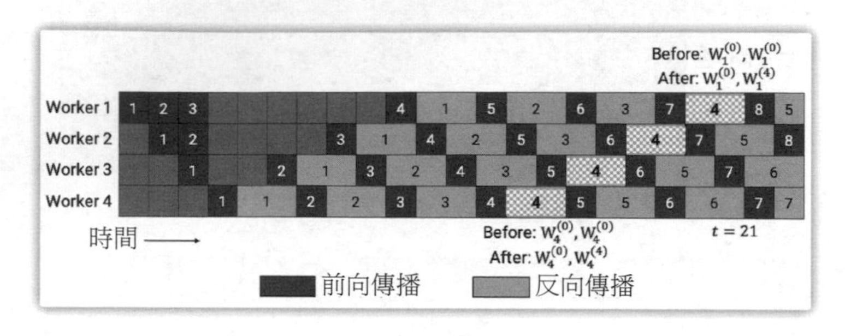

▲ 圖 12-28

圖片來源：論文 *Memory-Efficient Pipeline-Parallel DNN Training*

給定輸入微批次 k（基於 1 開始的索引）使用的權重版本為 $\max(\lfloor (k-1/m \rfloor -1,0))$，其中 m 是批次中的微批次數（圖 12-28 中為 4）。對於輸入 k 的前向和反向傳播，此權重版本相同。m 可以是任何大於或等於 d 的數字，額外的梯度累積（較大的 m）會增大全域批次大小。

圖 12-28 的時間軸顯示了 PipeDream-2BW 的雙緩衝權重更新方案，時間軸是 x 軸。在不喪失通用性的情況下，假設反向傳播的時間是前向傳播的兩倍。PipeDream-2BW 在每個 Worker 上只儲存兩個權重版本，減少了總記憶體佔用，同時不再需要昂貴的管線暫停。$W_i^{(v)}$ 表示 Worker i 上具有版本 v 的權重（包含從輸入 v 生成的權重梯度）。在方格綠色框中會生成新的權重版本。$W_4^{(4)}$ 首先用在新輸入 9 的前向傳播之中。

圖 12-28 的 Before 意為做丟棄動作之前，系統的兩個權重緩衝，After 意為做丟棄動作之後，系統的兩個權重緩衝。

（3）Weight Updates with Flushes (PipeDream-Flush)

PipeDream-Flush 的記憶體佔用比 2BW 和原生（Vanilla）最佳化器更低，但其代價是較低的輸送量。該 schedule 重用了 PipeDream 的 1F1B schedule，但保持單一權重版本，並引入定期管線更新，以確保權重更新期間的權重版本一致性。在假定具有兩個管線 stage 的情況下，PipeDream-Flush 和 GPipe 的時間流如圖 12-29 所示。

為何要選擇 1F1B？因為它將行進中的微批次數量縮減到管線深度 d，而非 GPipe 的微批次數量 m，所以 1F1B 是記憶體高效（memory-efficient）的。為了降低氣泡時間，一般來說設置 $m >> d$。

記憶體佔用小。在使用 PipeDream-Flush 時，行進中的輸入啟動總數小於或等於管線深度，這使其記憶體佔用比 GPipe 低，GPipe 必須保持輸入啟動與微批次數量（m）成比例。PipeDream Flush 的記憶體佔用也低於 PipeDream-2BW，因為它只需要維護一個權重版本。

從語義學（Semantics）角度可以保證正確性。定期管線更新確保可以使用最新權重版本計算的梯度來執行權重更新。這將使權重更新用如下方式進行：$W^{(t+1)} = W^{(t)} - \nu \cdot \nabla f(W^{(t)})$。

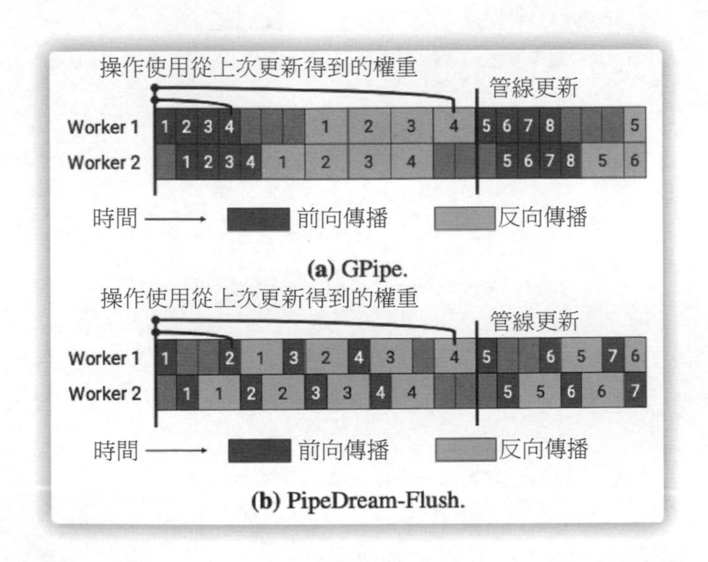

▲ 圖 12-29

圖片來源：論文 *Memory-Efficient Pipeline-Parallel DNN Training*

GPipe 和 PipeDream Flush 都使用管線更新；PipeDream-Flush 在穩定狀態下交替進行前向和反向傳播，透過僅保留行進中微批次的啟動來保持較低的記憶體佔用。

PipeDream-Flush 把一次迭代分成三個階段，具體如下。

- 預熱前向傳播階段（Warmup Forward Passes）：在這裡，除了最後一個 stage，每個 Worker 都會做不同數目的前向計算，並且向其下游發送啟動，直到最後一個 stage 被激發。該階段將行進中的批次數量（未完成反向傳播且需要保持啟動的微批次數量）限制在管線深度之內，而非一個批次中的微批次數量。
- 穩定 1F1B 階段（Run 1F1B in Steady State）：在進入穩定狀態之後，每個 Worker 都進行 1F1B 操作。
- 冷卻反向傳播階段（Cooldown Backward Passes）：此階段會把行進中的微批次執行完畢，且只是執行反向計算和向反向計算下游發送梯度。

具體更新會在每一次訓練 step 時呼叫 optimizer.step() 完成，此時內部兩個啟動值佇列全部清空過，也就完成了定期更新操作。

PyTorch 如何實現模型並行

PyTorch 分散式支援兩種強大的範式：DDP 用於完全同步的資料並行訓練，RPC 框架支援分散式模型並行。本章我們結合 PyTorch 設計文件來分析 PyTorch 如何支援模型並行，即看看 PyTorch 如何透過 RPC 框架來把任意計算放到遠端裝置上執行。

13.1 PyTorch 模型並行

13.1.1 PyTorch 特點

我們首先來看 PyTorch 本身的特點，以及這些特點如何影響模型並行的實現。

- PyTorch 以張量為基本單元，符合演算法工程師寫 Python 指令稿的直覺，工程師可以用物件導向的方式進行模型架設和訓練，對張量進行賦值、切片，非常方便。
- PyTorch 是單卡角度，每個裝置上的張量、模型指令稿都是獨立的，模型指令稿完全對稱（Mirror）。對於最簡單的資料並行來說，PyTorch 的設計是合理的。當每個裝置上的指令稿執行到相同資料批次的模型更新部分時，大家統一做一次模型同步就完成了資料並行，這就是 PyTorch 的 DDP 模組所完成的工作。

以上兩個特點適合於資料並行，但對模型並行而言則有問題。對於 PyTorch 來說，實現模型並行就需要相應地實現前向傳播函式以便跨裝置移動中間輸出。但是在分散式情況下，如果使用者想要將模型參數分配到不同裝置上，往往就會遇到需要人工指定模型切分方式、手工撰寫資料通信邏輯程式等問題，相當於直接對物理裝置進行程式設計，所以分散式使用的門檻比較高。

13.1.2 範例

接下來，筆者使用官方範例來展示如何使用 PyTorch 進行單機上的模型並行，其中加入了一些自己的思考和理解。

1. 基本用法

讓我們從一個包含兩個線性層的簡單模型（ToyModel）開始。要在兩個 GPU 上執行此模型，只需將每個線性層放在不同的 GPU 上，並相應地移動輸入資料和中間層的輸出以便和層的裝置進行匹配。

```
import torch
import torch.nn as nn
import torch.optim as optim

class ToyModel(nn.Module):
    def __init__(self):
        super(ToyModel, self).__init__()
        self.net1 = torch.nn.Linear(10, 10).to('cuda:0')
        self.relu = torch.nn.ReLU()
        self.net2 = torch.nn.Linear(10, 5).to('cuda:1')

    def forward(self, x):
        x = self.relu(self.net1(x.to('cuda:0')))
        return self.net2(x.to('cuda:1'))
```

ToyModel 的程式與在單一 GPU 上的實現方式非常相似，只是修改了兩個部分：網路建構部分和 forward() 部分。

- __init__() 函式使用了兩個 to(device) 敘述在相關裝置上放置線性層，這樣把整個網路拆分成兩個部分，這兩部分可以分別執行在不同 GPU 之上。
- forward() 函式使用了兩個 to(device) 敘述在相關裝置上放置張量，這樣可以把一個層的輸出結果透過 tensor.to() 複製到另一個層所在的 GPU 上。

以上就是模型中需要更改的地方。backward() 函式和 torch.optim() 函式不需要修改，它們自動接管梯度，仿佛模型依然在一個 GPU 之上執行。在呼叫損失函式時，使用者只需要確保標籤與網路的輸出在同一裝置上。

```
model = ToyModel()
loss_fn = nn.MSELoss()
optimizer = optim.SGD(model.parameters(), lr=0.001)

optimizer.zero_grad()
outputs = model(torch.randn(20, 10))
labels = torch.randn(20, 5).to('cuda:1')
loss_fn(outputs, labels).backward()
optimizer.step()
```

此處最重要的是 labels = torch.randn(20, 5).to('cuda:1')，這保證了標籤在 cuda:1 之上。回憶一下之前 forward() 函式的程式：self.net2(x.to('cuda:1'))。這兩行程式確保標籤與輸出在同一裝置 cuda:1 上。

forward 操作和設定標籤之後的結果如圖 13-1 所示，現在輸出和標籤都在 GPU 1 之上。

2. 問題與方案

總結一下目前狀況，發現存在兩個問題：

- 雖然有多顆 GPU，但是在整個執行過程中的每一個時刻，只有一個 GPU 在計算，其他 GPU 處於空閒狀態。
- 中間計算結果需要在 GPU 之間做複製工作，這會使性能惡化。

因此我們需要針對這兩個問題進行處理，具體而言就是：①讓所有 GPU 都活躍起來。②減少複製傳輸時間。

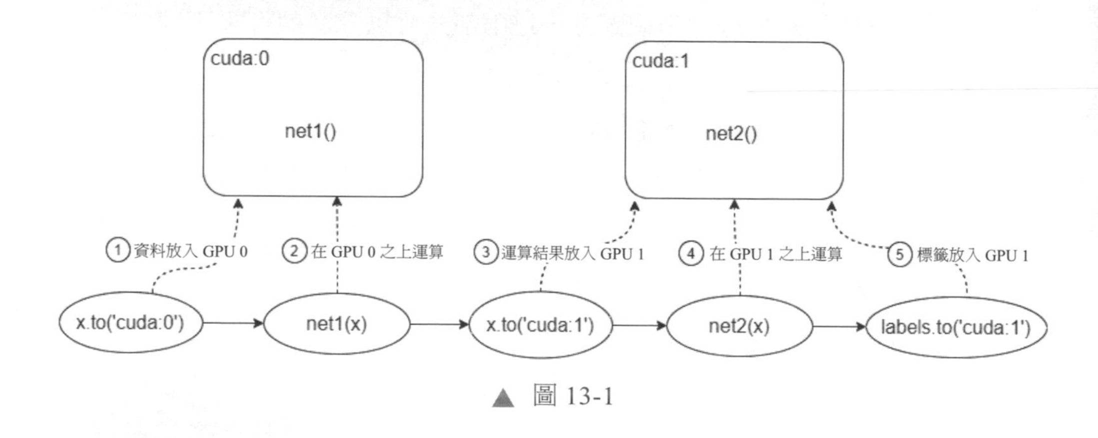

▲ 圖 13-1

兩個問題解決方案如下。

（1）讓所有 GPU 都活躍起來：加入管線機制，即將每個批次做進一步劃分，組成一個切分管線，這樣當一個切分資料到達第二個子網路時，可以將接下來的切分資料送入第一個子網路。這樣兩個連續的切分資料就可以在兩個 GPU 上同時執行。

（2）複製傳輸時間：使用一些硬體和軟體的結合方法來增加頻寬減少延遲，比如：

- 硬體層面包括單機內部的 PCIe（PCI-Express）、NVlink、NVSwitch；多機之間的 RDMA（Remote Direct Memory Access）網路。
- 軟體堆疊包括 GPUDirect 的一系列技術，比如 P2P（Peer-to-Peer）、RDMA、Async、Storage 等。

接下來我們分析為了支援模型並行，PyTorch 做了哪些基礎工作。

13.2 分散式自動求導之設計

我們首先分析一下分散式自動求導的設計和內部結構，因為基礎是自動求導機制和分散式 RPC 框架，所以我們先研究一下分散式 RPC 框架，然後對上下文、傳播演算法、最佳化器等一一進行研究。

13.2.1 分散式 RPC 框架

RPC 是一種設計或者技術思想，而非協定或者規範。對 RPC 最簡單的理解就是一個節點請求另外一個節點所提供的服務，但對於使用者程式來說需要維護一個本地呼叫的感覺，即呼叫遠端函式要像呼叫本地函式一樣，使遠端服務或者程式看起來像執行在本地。

PyTorch 的分散式 RPC 框架可以讓使用者很方便地遠端執行函式：允許遠端通訊；提供一個高級 API 來自動區分拆分到多台機器上的模型；支援引用遠端物件而無須複製真實資料；提供自動求導和最佳化器 API 來執行反向傳播和跨 RPC 邊界更新參數。這些功能可以分為四組 API，是 PyTorch 分散式的四大支柱。

1. 遠端程序呼叫（RPC）

RPC 支援使用給定的參數在指定的 Worker 上執行函式並獲取傳回值或建立對傳回值的引用。有三個主要的 RPC API：同步呼叫 rpc_sync()、非同步呼叫 rpc_async() 和 remote()（非同步執行並傳回對遠端傳回值的引用）。

2. 遠端參照（RRef）

RRef 是指向本地或遠端物件的分散式共用指標。RRef 可以與其他 Worker 共用，並且引用計數將被透明處理。每個 RRef 只有一個所有者，該 RRef 只存在于該所有者之中。持有 RRef 的非所有者 Worker 可以透過明確請求來從所有者那裡獲取物件的副本。當 Worker 需要存取某個資料物件，但該 Worker 既不是物件的建立者（remote() 函式的呼叫者）也不是物件的所有者時，RRef 就很有用。分散式最佳化器就是此類的一個範例用法。

3. 分散式自動求導（Distributed Autograd）

分散式自動求導將所有參與前向傳播 Worker 的本地自動求導引擎捏合在一起，並在反向傳播期間自動連結它們以計算梯度。如果前向傳播需要跨越多台機器，分散式自動求導尤其有用，例如分散式模型並行訓練、參數伺服器訓練等。有了此特性，使用者程式不再需要擔心如何跨 RPC 邊界發送梯度，以及應該以什麼順序啟動本地自動求導引擎。

4. 分散式最佳化器（Distributed Optimizer）

建構分散式最佳化器需要一個 PyTorch 原生最佳化器（例如，SGD、Adagrad 等）和一個 RRef 的參數串列，即首先在每個不同的 RRef 所有者之上建立一個原生最佳化器實例，然後執行 step() 函式更新相應參數。當使用者進行分散式前向和反向傳播時，參數和梯度將分散在多個 Worker 中，因此需要讓每個相關 Worker 進行最佳化。分散式最佳化器將所有這些本地最佳化器整合為一，並提供了簡潔的建構函式和 step() API。

PyTorch 為什麼使用 RPC ？其中一個原因是：無論是前向傳播還是反向傳播，都有可能傳輸巨大的張量，其序列化 / 反序列的銷耗和耗時都太大，而 PyTorch RPC 可以極佳地解決此問題（有興趣的讀者可以深入研究其程式）。

13.2.2 自動求導記錄

在原生（非分散式）前向傳播期間，PyTorch 並沒有顯式建構出一個用於執行反向傳播的自動求導圖，而是建立了若干反向傳播所需的資料結構，這些資料結構形成了一個虛擬圖關係。我們以 $Q = X - Z$ 為例，在前向計算時會做如下操作。

- 執行減法操作。減法操作會派發到某一個裝置之上，接下來會進行 Q 的建構，即得到前向計算結果 Q。
- 建構如何進行反向傳播：
  * 建構一個減法的反向計算函式 SubBackward0 實例。
  * 初始化 SubBackward0 實例的輸出邊 next_edges_（就是反向傳播的下游），next_edges_ 成員的值來自前向傳播的輸入參數 X 和 Z。
  * 把 Q 設置為 SubBackward0 實例的輸入。此時獲得了反向傳播的輸入和輸出。
- 將前向計算結果 Q 與反向傳播方法（SubBackward0）聯繫起來。使用 SubBackward0 實例初始化 Q 的成員變數 autograd_meta->grad_fn。當對 Q 進行反向計算時，會使用 Q 的 autograd_meta->grad_fn 成員進行反向計算，即執行 SubBackward0 操作。

對於分散式自動求導，除了普通引擎要考慮的因素之外，還要考慮節點之間的互動，因此我們需要在前向傳播期間追蹤所有 RPC，以確保正確執行反向傳播。為此，當執行 RPC 時，我們把 send function（以下稱為 send 自動求導函式）和 recv function（以下稱為 recv 自動求導函式）附加到自動求導圖之上，具體操作如下。

- 將 send 自動求導函式附加到 RPC 的發起源節點之上，send 自動求導函式的輸出邊指向 RPC 輸入張量的自動求導函式。在反向傳播期間，send 自動求導函式從 RPC 目標節點接收到自己的輸入，此輸入對應 recv 自動求導函式的輸出。
- 將 recv 自動求導函式附加到 RPC 的接收目標節點之上，recv 自動求導函式的輸入從某些運算元得到，這些運算元使用輸入張量在 RPC 接收目標節點上執行操作。在反向傳播期間，recv 自動求導函式的輸出梯度將被發送到 RPC 的來源節點之上，並且作為 send 自動求導函式的輸入。

- PyTorch 會為每個 send-recv 對分配一個全域唯一的 autograd_message_id 以標識該 send-recv 對。在反向傳播期間，此 autograd_message_id 被用來查詢遠端節點上的相應自動求導函式。
- 當呼叫 torch.distributed.rpc.RRef.to_here() 函式時，PyTorch 為涉及的 RRef 張量增加一個 send-recv 對。

13.2.3 分散式自動求導上下文

分散式自動求導的每個前向和反向傳播都被分配唯一的上下文（類型為 torch.distributed.autograd.context），此上下文具有全域唯一的 autograd_context_id。每個節點都會根據需要來決定是否建立上下文。上下文的作用如下。

1. 執行分散式反向傳播的多個節點可能會在同一個張量上累積梯度並且把梯度儲存在張量的 grad 成員變數之上。在執行最佳化器之前，張量的 grad 可能累積了來自各種分散式反向傳播的梯度，該效果類似於在本地進行多次呼叫 torch.autograd.backward()。因此，在每個反向傳播過程裡，梯度將被累積在上下文之中，這樣就可以把每個反向傳播梯度分離開。在 DistAutogradContext 類別之中，對應的成員變數是 c10::Dict<torch::Tensor, torch::Tensor> accumulatedGrads_。

2. 在前向傳播期間，我們在上下文中儲存每個自動求導傳播的 send 和 recv 自動求導函式，這確保我們在自動求導圖中儲存對相應節點的引用以使節點保持活動狀態。除此之外，這也使 PyTorch 在反向傳播期間很容易查詢到對應的 send 和 recv 自動求導函式。

3. 在一般情況下，我們也使用此上下文來儲存每個分散式自動求導傳播的一些中繼資料。

使用者可以採用如下方法來設置自動求導上下文：

```
import torch.distributed.autograd as dist_autograd
with dist_autograd.context() as context_id:
  loss = model.forward()
  dist_autograd.backward(context_id, loss)
```

需要注意，模型的前向傳播必須在分散式自動求導上下文管理器中呼叫，因為需要一個有效的上下文來確保所有的send和recv自動求導函式被儲存起來，並且在所有參與節點之上執行反向傳播。

13.2.4 分散式反向傳播演算法

在本節中，我們將概述在分散式反向傳播期間準確計算相依關係所遇到的挑戰，並且說明分散式反向傳播的演算法。

1. 計算相依關係

首先，考慮在單台機器上執行以下程式：

```
a = torch.rand((3, 3), requires_grad=True)
b = torch.rand((3, 3), requires_grad=True)
c = torch.rand((3, 3), requires_grad=True)
d = a + b
e = b * c
d.sum.().backward()
```

圖 13-2 就是上面的程式對應的自動求導圖。

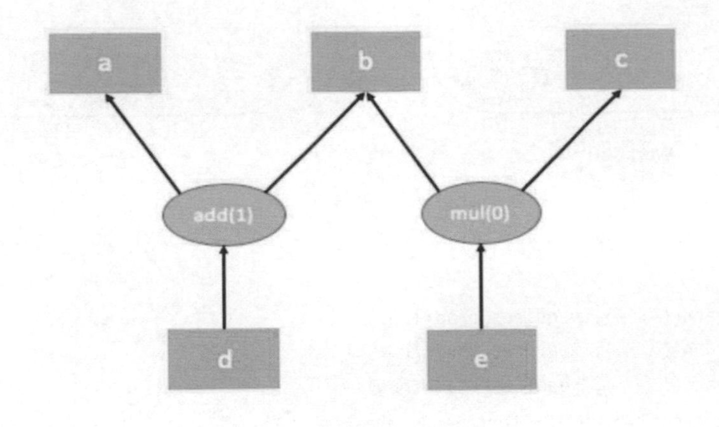

▲ 圖 13-2

作為反向傳播的一部分，自動求導引擎執行的第一步是計算自動求導圖中每個節點的相依項數量，這有助於自動求導引擎知道圖中的節點何時就緒並可以執行。add(1) 和 mul(0) 的括弧內數字表示相依關係的數量，這意味著在反向傳播期間，add 節點需要 1 個輸入，mul 節點不需要任何輸入（即 mul 節點不需要執行）。本地自動求導引擎透過從根節點（在本例中是 d）遍歷圖來計算這些相依關係。在現實中，自動求導圖中的某些節點可能不會在反向傳播中執行。

下面程式使用 RPC 完成加法和乘法操作，該程式的連結自動求導圖如圖 13-3 所示。

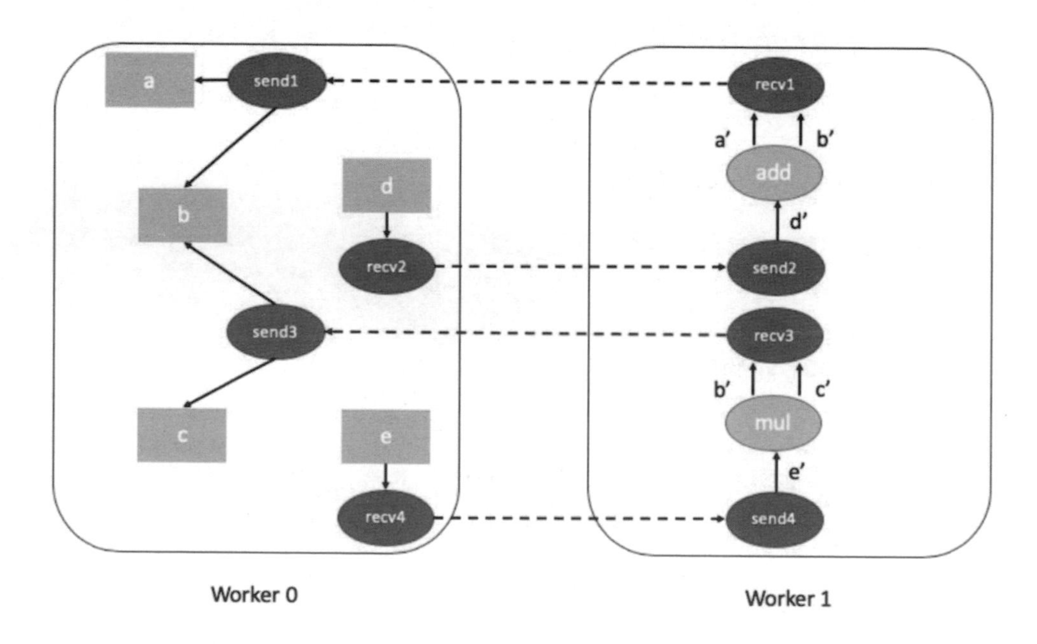

▲ 圖 13-3

```
a = torch.rand((3, 3), requires_grad=True)
b = torch.rand((3, 3), requires_grad=True)
c = torch.rand((3, 3), requires_grad=True)
d = rpc.rpc_sync("worker1", torch.add, args=(a, b))
e = rpc.rpc_sync("worker1", torch.mul, args=(b, c))
loss = d.sum()
```

計算此分散式自動求導圖的相依項非常具有挑戰性，而且銷耗（在計算或網路通訊方面）較大。為了避免大量銷耗，可以假設每個 send 和 recv 自動求導函式都是反向傳播的有效部分（大多數應用不會執行未使用的 RPC）。這可以簡化分散式自動求導演算法並且演算法效率更高，但缺點是應用程式需要了解這些限制。此簡化演算法就是 FAST 模式演算法。

2. FAST 模式演算法

該演算法的關鍵假設是：當我們執行反向傳播時，每個 send 自動求導函式的相依為 1。換句話說，我們假設 send 自動求導函式會透過 RPC 從另一個節點接收梯度。FAST 演算法如下：

（1）從具有反向傳播根（root）的 Worker（這個 Worker 的所有根都必須存在於本地）開始執行。

（2）查詢當前分散式自動求導上下文（Distributed Autograd Context）的所有 send 自動求導函式。

（3）用得到的根和檢索到的所有 send 自動求導函式在本地開始計算相依。

（4）計算完相依後，使用得到的根來啟動本地自動求導引擎。

（5）當自動求導引擎執行某個 recv 自動求導函式時，因為每個 recv 自動求導函式都知道目標 Worker 的 id（其被記錄為前向傳播的一部分），所以該 recv 自動求導函式透過 RPC 將輸入梯度發送到相關的目標 Worker。該 recv 自動求導函式還將 autograd_context_id 和 autograd_message_id 也發送到遠端主機。

（6）當遠端主機收到此請求時，使用 autograd_context_id 和 autograd_message_id 來查詢相應的 send 自動求導函式。

（7）如果這是目標 Worker 第一次收到對某個 autograd_context_id 的請求，那麼它將按照上面的第 1~3 點所述在本地計算相依。

（8）將在第 6 點查詢到的 send 自動求導函式插入佇列，這樣後續可以在目標 Worker 的本地自動求導引擎上繼續執行。

（9）我們並不是在張量的 grad 成員變數之上累積梯度，而是在每個分散式自動求導上下文之上分別累積梯度。梯度儲存在 Dict[Tensor, Tensor] 之中，Dict[Tensor, Tensor] 是從張量到其連結梯度的映射，可以使用 get_gradients() API 檢索該映射。

分散式自動求導的完整範例程式如下：

```
def my_add(t1, t2):
  return torch.add(t1, t2)

# 在 Worker 0 上
# 建立自動求導上下文。參與分散式反向傳播的計算必須在分散式自動求導上下文管理器之中完成
with dist_autograd.context() as context_id:
  t1 = torch.rand((3, 3), requires_grad=True)
  t2 = torch.rand((3, 3), requires_grad=True)

  # 在遠端執行計算
  t3 = rpc.rpc_sync("Worker1", my_add, args=(t1, t2))

  # 基於遠端計算結果在本地執行計算
  t4 = torch.rand((3, 3), requires_grad=True)
  t5 = torch.mul(t3, t4)

  # 計算損失
  loss = t5.sum()

  # 執行反向傳播
  dist_autograd.backward(context_id, [loss])

  # 從上下文獲取梯度
  dist_autograd.get_gradients(context_id)
```

具有相依關係的分散式自動求導圖如圖 13-4 所示（簡單起見，t5.sum() 被排除在外）。

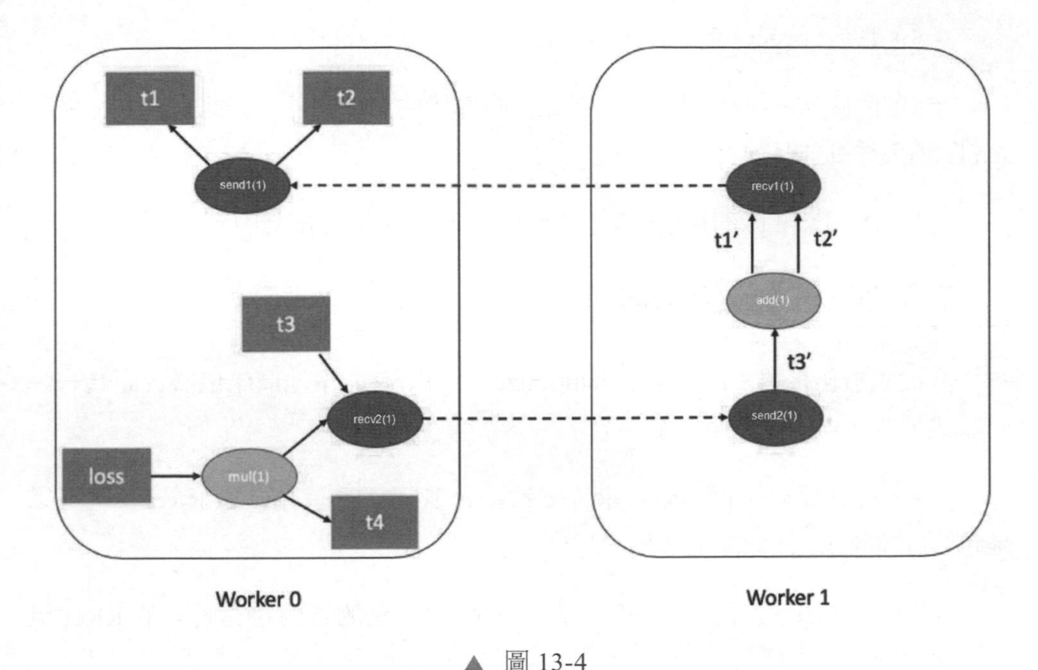

▲ 圖 13-4

針對上述範例，我們解析 FAST 模式演算法的執行流程如下：

（1）從位於 Worker 0 的根 loss 和 send1 開始計算相依關係，得到 send1 的相依數為 1，mul 的相依數為 1。

（2）在 Worker 0 上啟動本地自動求導引擎。首先執行 mul 函式，將其輸出作為 t4 的梯度，累積儲存在自動求導上下文中，然後執行 recv2，它將這些梯度發送到 Worker 1。

（3）由於這是 Worker 1 第一次知道此反向傳播，因此它將計算相依關係，並且相應地把 send2、add 和 recv1 的相依關係標記出來。

（4）在 Worker 1 的本地自動求導引擎上將 send2 插入佇列，該引擎將依次執行 add 和 recv1。

（5）當執行 recv1 時，recv1 將梯度發送到 Worker 0。

（6）由於 Worker 0 已經計算了此反向傳播的相依關係，因此它在本地僅將 send1 插入佇列並且執行。

（7）t1、t2 和 t4 的梯度會累積到分散式自動求導上下文中。

13.2.5 分散式最佳化器

分散式最佳化器（DistributedOptimizer）將所有的本地最佳化器合而為一，分散式最佳化器的具體操作如下：

（1）得到要最佳化的參數串列，這些參數可以是遠端參數 RRef，也可以是包含在本地 RRef 的本地參數。

（2）設定本地最佳化器類別，該最佳化器類別的實例將在所有的 RRef 擁有者之上執行。

（3）分散式最佳化器在每個工作節點上建立一個本地最佳化器實例，對於每一個本地最佳化器實例，分散式最佳化器都保持一個指向該實例的 RRef。

（4）當呼叫 DistributedOptimizer.step() 函式時，分散式最佳化器使用 RPC 在相應的遠端 Worker 上遠端執行遠端 Worker 的本地最佳化器。需要注意的是，必須為 DistributedOptimizer.step() 函式提供一個分散式自動求導 context_id。本地最佳化器將使用此 context_id 在相應上下文中儲存梯度。

13.3 RPC 基礎

因為無論是前向傳播還是反向傳播都需要相依 RPC 來完成，所以我們先分析封裝於 RPC 之上的一些基本功能，比如代理、訊息接收、發送等。

13.3.1 RPC 代理

因為 dist.autograd 套件的相關功能基於 RPC 代理來完成，所以我們需要仔細分析代理。RpcAgent 是收發 RPC 訊息的代理基礎類別，其功能如下：

- 提供了 send API 來處理請求和應答。
- 設定了回呼函式 cb_ 來處理接收到的請求。
- cb_ 會呼叫到 RequestCallbackImpl，RequestCallbackImpl 實現了回呼邏輯。

TensorPipeAgent 是 PyTorch 目前和後續會使用的版本。TensorPipeAgent 利用 TensorPipe 在可用傳輸或通道之中移動張量和資料。它就像一個混合的 RPC 傳輸，提供共用記憶體（Linux）和 TCP（Linux 和 Mac）支援。TensorPipe 的好處之一是可以根據底層硬體規格來選擇最合適的通道（Channel），比如 GPU 到 GPU、GPU 到 CPU 都會選擇不同的通道。

13.3.2 發送邏輯

我們來分析發送邏輯。Python 部分的樣例程式如下：

```
# Perform some computation remotely.
t3 = rpc.rpc_sync("worker1", my_add, args=(t1, t2))
```

首先來到 rpc_sync()，其呼叫 _invoke_rpc() 函式。

```
@_require_initialized
def rpc_sync(to, func, args=None, kwargs=None, timeout=UNSET_RPC_TIMEOUT):
    fut = _invoke_rpc(to, func, RPCExecMode.SYNC, args, kwargs, timeout)
    return fut.wait()
```

_invoke_rpc() 函式依據呼叫類型不同（內建操作、script、udf 這三種），選擇了不同路徑。從此處開始進入 C++ 世界。

然後，我們忽略 udf 和 script，選用 _invoke_rpc_builtin（內建操作）對應的 pyRpcBuiltin() 來分析。pyRpcBuiltin() 會呼叫到 sendMessageWithAutograd() 函式。而 sendMessageWithAutograd() 函式會利用代理發送 FORWARD_AUTOGRAD_REQ。sendMessageWithAutograd() 程式如下：

```
c10::intrusive_ptr<JitFuture> sendMessageWithAutograd(RpcAgent& agent,
    const WorkerInfo& dst,
    torch::distributed::rpc::Message&& wrappedRpcMsg,
    bool forceGradRecording, const float rpcTimeoutSeconds,
    bool forceDisableProfiling) {
  auto msg = getMessageWithAutograd( // 與上下文互動，建構 FORWARD_AUTOGRAD_REQ
      dst.id_, std::move(wrappedRpcMsg),
      MessageType::FORWARD_AUTOGRAD_REQ,
      forceGradRecording, agent.getDeviceMap(dst));

  c10::intrusive_ptr<JitFuture> fut;
  if (!forceDisableProfiling && torch::autograd::profiler::profilerEnabled()) {
    auto profilerConfig = torch::autograd::profiler::getProfilerConfig();
    auto msgWithProfiling = getMessageWithProfiling(
        std::move(msg),
        rpc::MessageType::RUN_WITH_PROFILING_REQ, // 建構訊息
        std::move(profilerConfig));
    // 利用代理發送訊息
    fut = agent.send(dst, std::move(msgWithProfiling), rpcTimeoutSeconds);
  } else {
    fut = agent.send(dst, std::move(msg), rpcTimeoutSeconds);
  }

  return fut;
}
```

發送流程如圖 13-5 所示，sendMessageWithAutograd() 使用 RpcAgent::getCurrentRpcAgent() 得到 RpcAgent::currentRpcAgent_ 成員變數，即獲得了全域設置的代理，然後透過代理發送訊息。

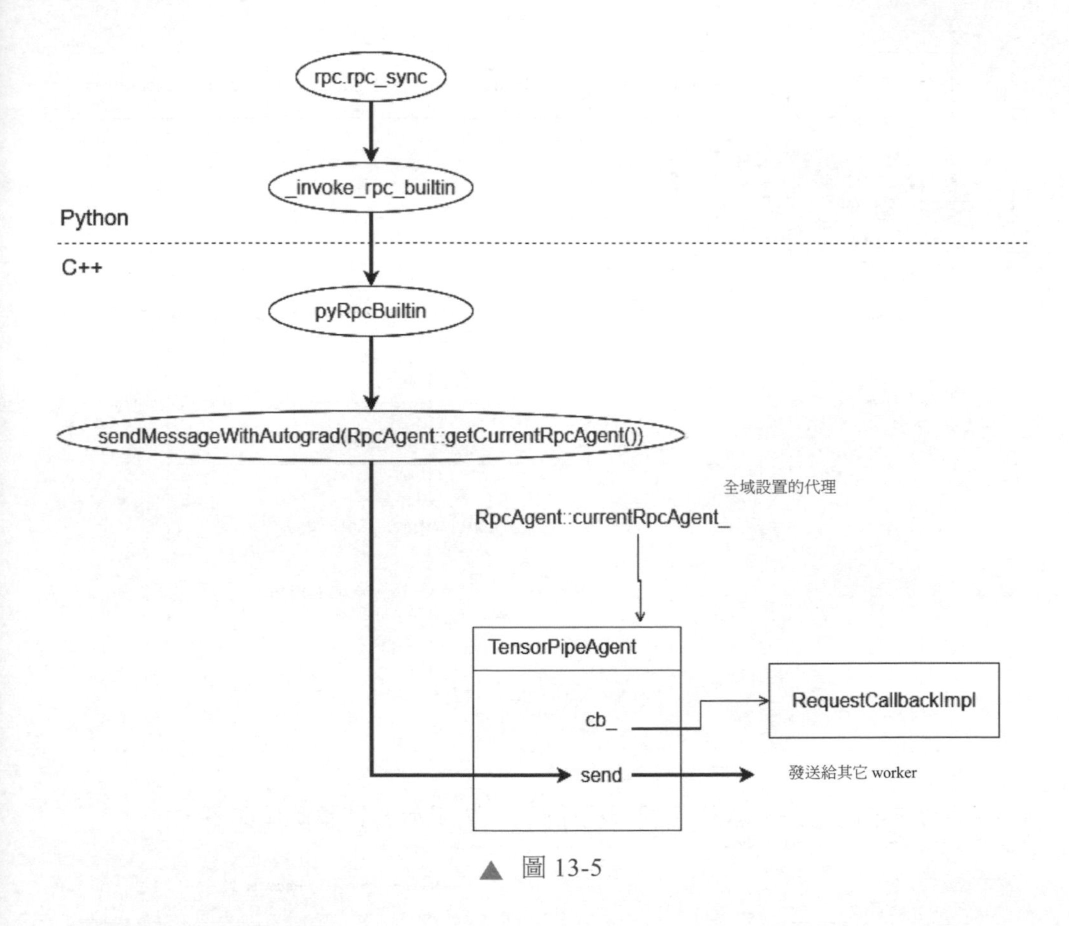

▲ 圖 13-5

13.3.3 接收邏輯

我們接下來分析接收方的邏輯。當代理接收到訊息之後，會呼叫 Request Callback::operator() 函式，即我們前面所說的回呼函式。operator() 函式會呼叫 processMessage() 函式來處理訊息。這一系列呼叫邏輯如圖 13-6 所示。

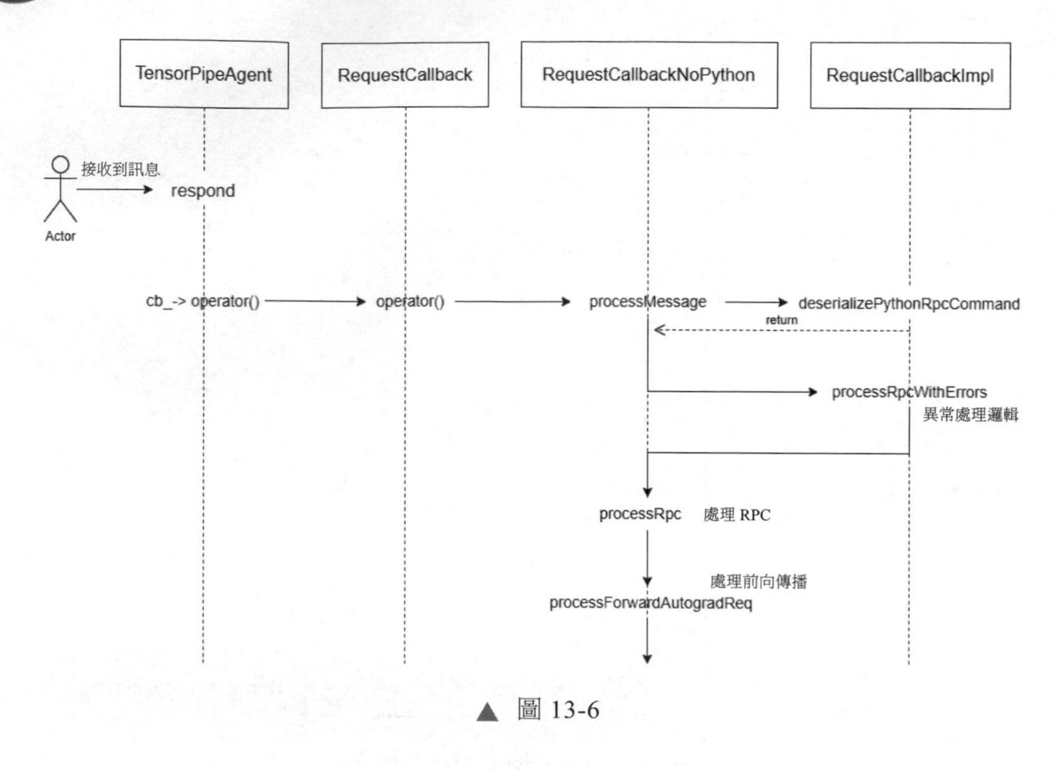

▲ 圖 13-6

結合之前的發送，我們拓展圖例如圖 13-7 所示，具體操作如下。

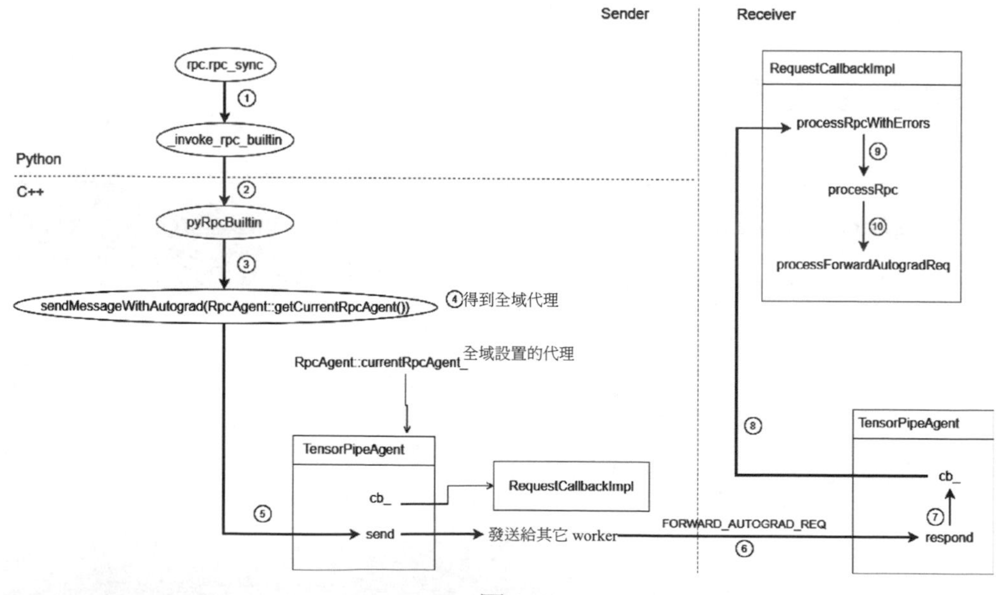

▲ 圖 13-7

（1）當發送方需要在遠端執行自動梯度計算時，會呼叫 rpc.rpc_sync() 函式。

（2）從 Python 呼叫到 C++ 世界，C++ 世界的入口函式為 pyRpcBuiltin。

（3）呼叫 sendMessageWithAutograd() 函式通知接收方。

（4）呼叫 RpcAgent::getCurrentRpcAgent() 函式得到本地代理。

（5）呼叫本地代理的 send() 函式。

（6）send() 函式發送 FORWARD_AUTOGRAD_REQ 給接收方 Worker。

（7）遠端接收方的 respond() 函式會呼叫接收方 Agent 的回呼函式 cb_。

（8）呼叫到 RequestCallbackImpl 的 processRpcWithErrors() 函式。

（9）呼叫 processRpc() 函式。

（10）呼叫到 processForwardAutogradReq() 函式，完成了基於 RPC 的分散式自動求導的啟動過程。

13.4 上下文相關

前文我們已經知道 dist.autograd 套件如何發送和接收訊息，本節再來分析如何把發送和接收兩個動作協調起來，如何確定每個發送 / 接收節點，以及如何確定每一個訊息互動 Session（階段）。

13.4.1 設計脈絡

在前文中，當發送訊息時，我們在 sendMessageWithAutograd() 函式之中透過 getMessageWithAutograd() 函式獲得了 FORWARD_AUTOGRAD_REQ 類型的訊息。而 getMessageWithAutograd() 函式會與上下文互動，其程式如下：

```
Message getMessageWithAutograd(const rpc::worker_id_t dstId,
    torch::distributed::rpc::Message&& wrappedRpcMsg,
```

```
    MessageType msgType, bool forceGradRecording,
    const std::unordered_map<c10::Device, c10::Device>& deviceMap) {

  // 獲取到 DistAutogradContainer
  auto& autogradContainer = DistAutogradContainer::getInstance();
  // 獲取到上下文，每個 Worker 都有自己的上下文
  auto autogradContext = autogradContainer.currentContext();

  // 給原生 RPC 資訊加上自動求導資訊
  // newAutogradMessageId 會生成一個訊息 id
  AutogradMetadata autogradMetadata( // 建構 AutogradMetadata
      autogradContext->contextId(), autogradContainer.newAutogradMessageId());
  auto rpcWithAutograd = std::make_unique<RpcWithAutograd>(
      RpcAgent::getCurrentRpcAgent()->getWorkerInfo().id_,
      msgType, autogradMetadata, std::move(wrappedRpcMsg),
      deviceMap);

  if (tensorsRequireGrad) {
    // 為 'send' 記錄自動求導資訊
    addSendRpcBackward( // 把本地上下文、自動求導引擎的詮釋資訊等一起打包
        autogradContext, autogradMetadata, rpcWithAutograd->tensors());
  }
  // 記錄 worker id
  autogradContext->addKnownWorkerId(dstId);
  return std::move(*rpcWithAutograd).toMessage(); // 最終建構一個訊息
}
```

於是就引出了 AutogradMetadata、DistAutogradContainer 和 DistAutogradContext 等一系列基礎類別，我們概括一下這些基礎類別的整體設計思路。

先分析問題：假如一套系統包括 a、b、c 三個節點，每個節點執行一個 Worker，當執行一個傳播操作時，會在這三個節點之間互相傳播資訊。因此我們需要一個在這三個節點之中唯一標識此傳播過程的機制。在此傳播過程中，也要在每一個節點之上把每一對 send-recv 都標識出來，這樣才能讓節點支援多個平行作業。

針對這些問題，PyTorch 提供具體方案如下：

- 使用上下文來唯一標識一個傳播過程。DistAutogradContext 類別儲存一個 Worker 上的每一個分散式自動求導的相關資訊，該上下文在分散式自動求導之中封裝前向和反向傳播，並且累積梯度，這避免了多個 Worker 在彼此的梯度上互相影響。每個自動求導過程都被賦予一個唯一的 autograd_context_id，DistAutogradContainer 依據此 autograd_context_id 來唯一標識此求導過程的上下文。
- 使用 autogradMessageId 來標識一對 send-recv 自動求導函式。每個 send-recv 對被分配一個全域唯一的 autograd_message_id 以唯一地標識該 send-recv 對。這對於在反向傳播期間查詢遠端節點上的相應自動求導函式很有用。

● 每個 Worker 都需要有一個地方來儲存上下文和訊息 id，這就是 DistAutogradContainer 類別。每個 Worker 都擁有唯一一個單例 DistAutograd Container，DistAutogradContainer 負責：

  * 儲存每一個自動求導過程的分散式上下文。

  * 一旦此自動求導過程結束，就清除分散式上下文的資料。

這樣在前向傳播期間，PyTorch 可以在上下文中儲存每個自動求導傳播的 send 和 recv 自動求導函式，以確保我們在自動求導圖中儲存對相關節點的引用以使節點保持活動狀態。在反向傳播期間，在上下文之中也可以方便查詢到對應的 send 和 recv 自動求導函式。

13.4.2 AutogradMetadata

1. 定義

AutogradMetadata 類別用來在不同節點之間傳遞自動求導的詮譯資訊，即封裝上下文等資訊。發送方通知接收方自己的上下文資訊，接收方會依據收到的這些上下文資訊做相應處理，在處理過程中，接收方會使用 autogradContextId 和 autogradMessageId 分別作為上下文和訊息的唯一標識。

- autogradContextId 是全域唯一整數，用來標識一個唯一的分散式自動求導傳播過程（包括前向傳播和反向傳播）。一個傳播過程包括在反向傳播鏈條上的多對 send-recv 自動求導函式。
- autogradMessageId 是全域唯一整數，標識一對 send-recv 自動求導函式。每個 send-recv 對被分配一個全域唯一的 autograd_message_id 以唯一地標識該 send-recv 對。這對於在反向傳播期間查詢遠端節點上的相應自動求導函式很有用。

```
struct TORCH_API AutogradMetadata {
  int64_t autogradContextId;
  int64_t autogradMessageId;
};
```

那麼問題來了，在多個節點之間，autogradContextId 和 autogradMessageId 分別怎麼做到全域唯一呢？

2. autogradMessageId

我們先概括一下：autogradMessageId 由 rank 間接生成，然後依靠在 new AutogradMessageId() 內部進行遞增來保證唯一性。具體思路如下。

首先，在下面的程式中，因為每個 Worker 的 rank 唯一，就保證了 Worker id 唯一，也保證了 next_autograd_ message_id_ 唯一。

```
// 使用 rank 來初始化 worker id
worker_id = rank;
container.worker_id_ = worker_id;

// 依據 worker_id 來生成 next_autograd_message_id_
container.next_autograd_message_id_ = static_cast<int64_t>(worker_id) <<
kAutoIncrementBits
```

其次，在建構訊息時會使用 newAutogradMessageId() 得到 autograd Message Id。而 next_autograd_message_id_ 會在 newAutogradMessageId() 內部遞增，所以 autogradMessageId 是全域唯一的。

```
int64_t DistAutogradContainer::newAutogradMessageId() {
  return next_autograd_message_id_++;
}
```

我們用圖 13-8 來分析其邏輯。

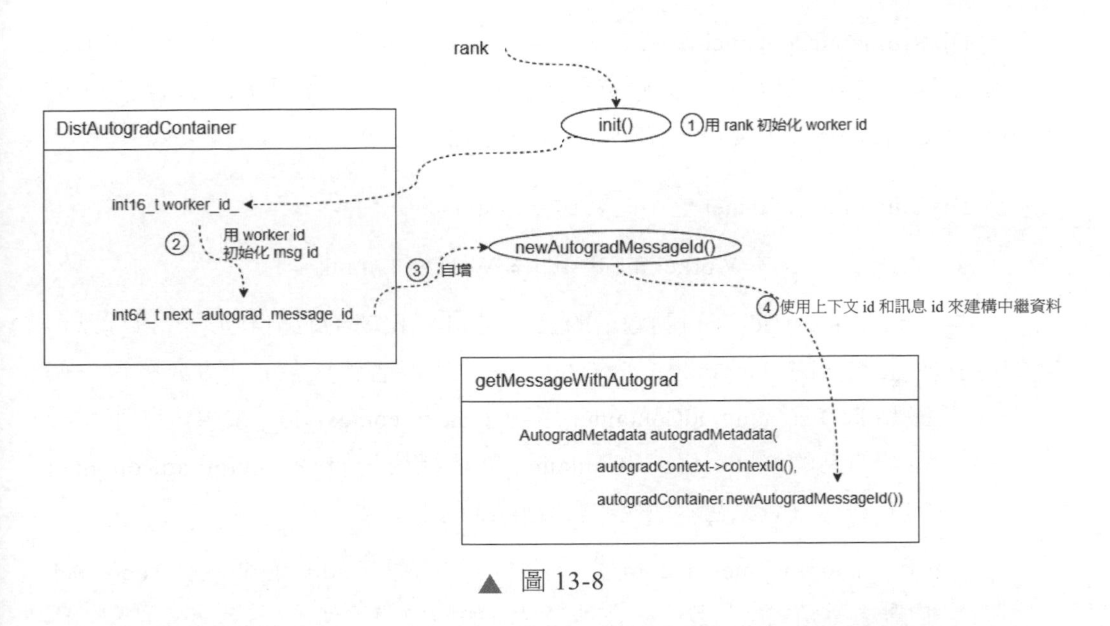

▲ 圖 13-8

為了分析 autogradContextId 為什麼可以保證唯一性，我們需要先分析 DistAutogradContainer 和 DistAutogradContext 這兩個類別。

13.4.3 DistAutogradContainer

每個 Worker 擁有一個單例 DistAutogradContainer（分散式自動求導容器），其負責：

- 儲存每一個自動求導過程的分散式上下文。一個 Container 之中有多個上下文。
- 一旦此自動求導過程結束，就清除對應的分散式上下文資料。

每個自動求導過程被賦予一個唯一的 autograd_context_id。在每個 Container 中，此求導過程的上下文依據此 autograd_context_id 來唯一確認。autograd_context_id 是一個 64 位的全域唯一 id，前 16 位是 worker_id（即 rank id），後 48 位在每個 Worker 內部自動遞增。

DistAutogradContainer 還負責維護全域唯一的訊息 id，用來連結 send-recv 自動求導函式對。其格式類似於 autograd_context_id，是一個 64 位元整數，前 16 位元是 worker_id，後 48 位在 Worker 內部自動遞增。

DistAutogradContainer 之中的關鍵變數如下。

- worker_id_：本 Worker 的 id，即本 Worker 的 rank。
- next_context_id_：自動遞增的上下文 id，用來給每個自動求導過程賦予一個唯一的 autograd_context_id。在一個傳播鏈條上，其實只有第一個節點的 DistAutogradContainer 用到了 next_context_id_ 來生成上下文，後續節點的 DistAutogradContainer 都依據第一個 DistAutogradContainer 的上下文 id 資訊在本地生成對應此 id 的上下文。
- next_autograd_message_id_ ：全域唯一的訊息 id，用來連結 send-recv 自動求導函式對。此變數在本節點發送時會使用到。
- std::vector<ContextsShard> autograd_contexts_ 儲存了上下文串列。

init() 成員變數函式建構了 DistAutogradContainer，利用 worker_id 對本地成員變數進行相關賦值。

13.4.4 DistAutogradContext

DistAutogradContext 儲存了在一個 Worker 上的每一個分散式自動求導的相關資訊，其在分散式自動求導中封裝前向和反向傳播、累積梯度，這避免了多個 Worker 在彼此的梯度上互相影響。

1. 定義

DistAutogradContext 的主要成員變數有如下三個。

- contextId_：上下文 id。由前文可知，contextId_ 全域唯一。
- sendAutogradFunctions_：map 類型變數，收集所有發送請求對應的反向傳播運算元 SendRpcBackward。
- recvAutogradFunctions_：map 類型變數，收集所有接收請求對應的反向傳播運算元 RecvRpcBackward。

我們後續會結合引擎對 SendRpcBackward 和 RecvRpcBackward 進行分析。DistAutogradContext 的定義如下。

```
// DistAutogradContext 儲存在一個 Worker 上的單次分散式自動求導傳播的資訊
class TORCH_API DistAutogradContext {
  const int64_t contextId_;
  std::unordered_set<rpc::worker_id_t> knownWorkerIds_;
  // 從 autograd_message_id 映射到相關的 send 自動求導函式
  std::unordered_map<int64_t, std::shared_ptr<SendRpcBackward>>
      sendAutogradFunctions_;
  // 從 autograd_message_id 映射到相關的 recv 自動求導函式
  std::unordered_map<int64_t, std::shared_ptr<RecvRpcBackward>>
      recvAutogradFunctions_;
  c10::Dict<torch::Tensor, torch::Tensor> accumulatedGrads_; // 梯度累積在此
  std::unordered_map<c10::Device, c10::Event> gradReadyEvents_;
  const c10::impl::VirtualGuardImpl impl_;
  std::shared_ptr<torch::autograd::GraphTask> graphTask_;
  std::vector<c10::intrusive_ptr<rpc::JitFuture>> outStandingRpcs_;
};
```

2. 建構

我們首先分析如何建構上下文，有 getOrCreateContext() 和 newContext() 兩種途徑。

getOrCreateContext() 函式用來得到上下文，如果已經有上下文，就直接獲取，如果沒有，就新建構一個。接收方會用到此方法，相當於被動呼叫，發送方則會呼叫 newContext() 方法來建立上下文，相當於主動呼叫。

我們以 newContext() 這個主動呼叫為例來分析。當分散式呼叫 newContext() 時，Python 世界會生成一個上下文。

```
with dist_autograd.context() as context_id:
    output = model(indices, offsets)
    loss = criterion(output, target)
    dist_autograd.backward(context_id, [loss])
    opt.step(context_id)
```

DistAutogradContext 的 __enter__ 方法會呼叫 _new_context() 函式在 C++ 世界生成一個上下文。C++ 世界之中對應的方法是 DistAutogradContainer::getInstance().newContext()，此處每一個執行緒都有一個 autograd_context_id。

```
static thread_local int64_t current_context_id_ = kInvalidContextId;
```

newContext() 生成一個 DistAutogradContext，並且透過 Container 的成員變數 next_context_id_ 的遞增操作來指定下一個上下文的 id。

```
const ContextPtr DistAutogradContainer::newContext() {
  auto context_id = next_context_id_++; // 遞增，指定下一個上下文 id
  current_context_id_ = context_id;  // 在此處設置了本地執行緒的 current_context_id_
  auto& shard = getShard(context_id);
  auto& context = shard.contexts
          .emplace(std::piecewise_construct,
              std::forward_as_tuple(context_id),
              std::forward_as_tuple(
                  std::make_shared<DistAutogradContext>(context_id)))
          .first->second;
  return context;
}
```

3. 如何共用上下文

with 敘述中生成的 context_id 可以在所有 Worker 之上唯一標識一個分散式傳播（包括前向傳播和反向傳播）。每個 Worker 儲存與此 context_id 連結的中繼資料，這是正確執行分散式自動載入過程所必需的。

因為需要在多個 Worker 之中都儲存此 context_id 連結的中繼資料，所以就需要一個封裝發送 / 接收的機制在 Worker 之間傳遞此中繼資料，封裝機制就是我們前面提到的 AutogradMetadata。接下來分析如何發送 / 接收上下文詮譯資訊。

（1）發送方

當發送訊息時，getMessageWithAutograd() 會使用 autogradContainer.currentContext() 獲取當前上下文，然後進行發送。於是現在可以拓展圖 13-8 到圖 13-9，其中加入了上下文 id。

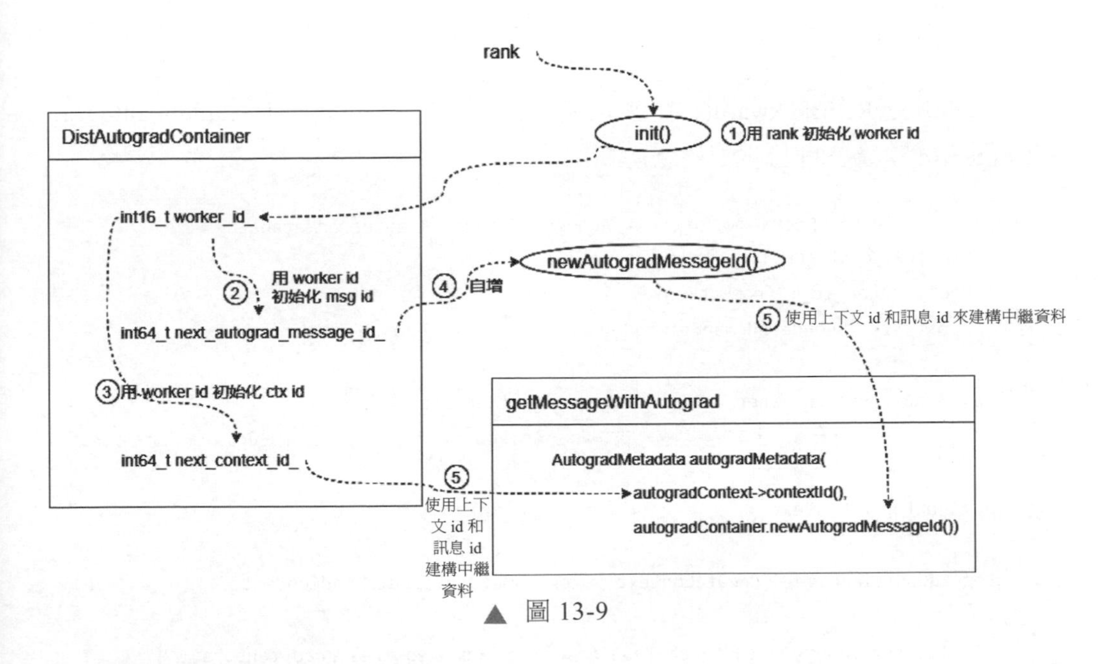

▲ 圖 13-9

addSendRpcBackward() 函式把 SendRpcBackward 傳入當前上下文之中，後續反向傳播時會取出此 SendRpcBackward。

```
void addSendRpcBackward(const ContextPtr& autogradContext,
    const AutogradMetadata& autogradMetadata,
    std::vector<torch::Tensor>& tensors) {

  // 附加相關的自動求導邊
  auto grad_fn = std::make_shared<SendRpcBackward>();
  grad_fn->set_next_edges(
      torch::autograd::collect_next_edges(tensors_with_grad));

  // 為 grad_fn 加上相關的輸入詮譯資訊
  for (const auto& tensor : tensors_with_grad) {
    grad_fn->add_input_metadata(tensor);
```

```
  }

  // 在當前上下文之中記錄 send 自動求導函式
  autogradContext->addSendFunction(grad_fn, autogradMetadata.autogradMessageId);
}
```

（2）接收方

addRecvRpcBackward() 中會依據傳遞過來的 autogradMetadata.autogradContextId 建構一個上下文。

```
ContextPtr addRecvRpcBackward(const AutogradMetadata& autogradMetadata,
    std::vector<torch::Tensor>& tensors,
    rpc::worker_id_t fromWorkerId,
    const std::unordered_map<c10::Device, c10::Device>& deviceMap) {

  auto& autogradContainer = DistAutogradContainer::getInstance();
  // 生成或者得到一個上下文，把發送方的 autogradContextId 傳入，利用 autogradContextId
作為鍵，後續可以查詢到此上下文
  auto autogradContext =

autogradContainer.getOrCreateContext(autogradMetadata.autogradContextId);

  if (!tensors.empty() && torch::autograd::compute_requires_grad(tensors)) {
    // 把張量作為輸入附加到自動求導函式
    auto grad_fn = std::make_shared<RecvRpcBackward>(
        autogradMetadata, autogradContext, fromWorkerId, deviceMap);
    for (auto& tensor : tensors) {
      if (tensor.requires_grad()) {
        torch::autograd::set_history(tensor, grad_fn);
      }
    }

    // 用必須的資訊來更新自動求導上下文
    autogradContext->addRecvFunction(
        grad_fn, autogradMetadata.autogradMessageId);
  }

  return autogradContext;
}
```

這樣，發送方和接收方就共用了一個上下文，而且此上下文的 id 是全域唯一的。具體邏輯如圖 13-10 所示，上方是發送方，下方是接收方。

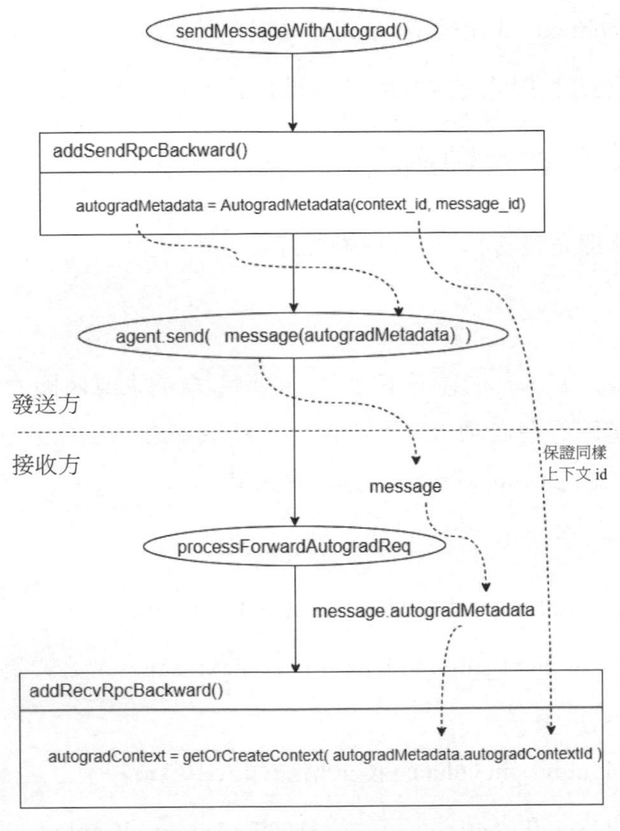

▲ 圖 13-10

- 發送方操作如下：
  - ∗ 利用本地 context_id 建構 AutogradMetadata，AutogradMetadata 含有 ctx_id、msg_id。
  - ∗ 利用 AutogradMetadata 建構訊息。
  - ∗ 利用 agent.send() 發送訊息。
- 接收方操作如下：
  - ∗ 收到訊息。

    * 從訊息之中解析出 AutogradMetadata。
    * 從 AutogradMetadata 提取出 context_id。
    * 利用 context_id 建構本地的 DistAutogradContext。
- 這樣發送方和接收方就共用了一個上下文（此上下文的 id 全域唯一）。

13.4.5 前向傳播互動過程

我們接下來把完整的發送 / 接收過程詳細分析一下。

1. 發送

在前向傳播期間，我們在上下文中儲存每個自動求導傳播的 send 和 recv 自動求導函式，這確保在自動求導圖中儲存對相關節點的引用，在反向傳播期間也容易查詢到對應的 send 和 recv 自動求導函式。

程式邏輯如下：

- 生成一個 grad_fn，其類型是 SendRpcBackward。
- 呼叫 collect_next_edges() 函式和 set_next_edges() 函式為 SendRpc Back ward 增加後續邊。
- 呼叫 add_input_metadata() 函式增加輸入中繼資料。
- 呼 叫 addSendFunction() 函 式 往 DistAutogradContext 的 sendAutograd Functions_ 成員變數之中增加 SendRpcBackward，後續可以按照此訊息 id 得到此 SendRpcBackward。

其中 addSendFunction() 函式程式如下：

```
void DistAutogradContext::addSendFunction(
    const std::shared_ptr<SendRpcBackward>& func,
    int64_t autograd_message_id) {
  TORCH_INTERNAL_ASSERT(
      sendAutogradFunctions_.find(autograd_message_id) ==
      sendAutogradFunctions_.end());
  sendAutogradFunctions_.emplace(autograd_message_id, func);
}
```

此時發送方邏輯如圖 13-11 所示，裡面已經設置了成員變數數值。

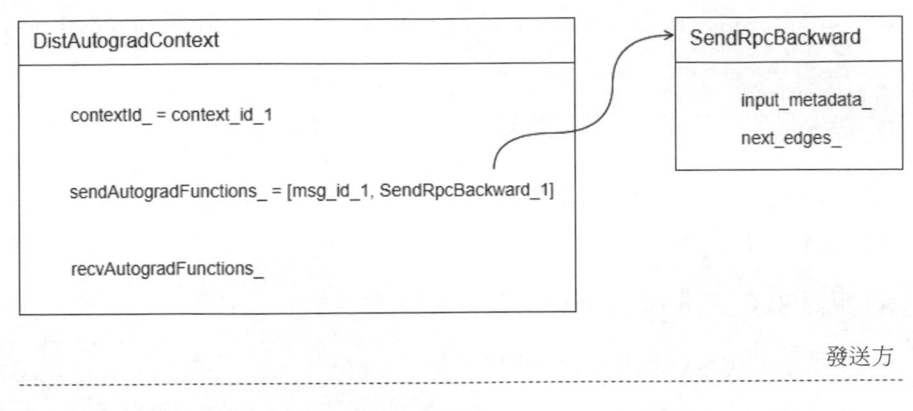

▲ 圖 13-11

2. 接收

我們略過代理發送，轉而分析接收方對 FORWARD_AUTOGRAD_ REQ 的處理業務流程。

在接收方，TensorPipeAgent 會呼叫到 RequestCallbackNoPython::processRpc() 函式。在 processRpc() 中呼叫 processForwardAutogradReq() 函式繼續處理。

```
void RequestCallbackNoPython::processRpc(RpcCommandBase& rpc,
    const MessageType& messageType, const int64_t messageId,
    const c10::intrusive_ptr<JitFuture>& responseFuture,
    std::shared_ptr<LazyStreamContext> ctx) const {

    case MessageType::FORWARD_AUTOGRAD_REQ: {
      // 會來到此處
      processForwardAutogradReq(rpc, messageId, responseFuture, std::move(ctx));
      return;
    }
}
```

processForwardAutogradReq() 函式負責處理訊息，其處理邏輯如下：

- 雖然 processForwardAutogradReq() 收到了前向傳播請求，但因為此處是接收方，後續需要進行反向傳播，所以對 deviceMap 進行轉置。

- 使用 addRecvRpcBackward() 函式將 RPC 訊息加入上下文。
- 因為可能會有嵌套（nested）命令，所以需要再一次呼叫 processRpc() 函式。
- 設置最原始的訊息為處理完畢狀態，進行相關業務操作。

addRecvRpcBackward() 函式會對上下文進行處理，此處設計思路與發送階段相同，具體邏輯如下：

- 根據 RPC 資訊中的 autogradContextId 拿到本地上下文。
- 生成一個 RecvRpcBackward 實例。
- 用 RPC 資訊中的張量對 RecvRpcBackward 進行設定，包括呼叫 torch::autograd::set _history(tensor, grad_fn) 函式。
- 呼叫 addRecvFunction() 函式把 RecvRpcBackward 實例加入到上下文。

addRecvFunction() 函式會查看 recvAutogradFunctions_ 之中是否已經存在此訊息 id 對應的運算元，如果沒有就增加。

```
void DistAutogradContext::addRecvFunction(
    std::shared_ptr<RecvRpcBackward>& func,int64_t autograd_message_id) {
  std::lock_guard<std::mutex> guard(lock_);
  TORCH_INTERNAL_ASSERT(
      recvAutogradFunctions_.find(autograd_message_id) ==
      recvAutogradFunctions_.end());
  recvAutogradFunctions_.emplace(autograd_message_id, func);
}
```

至此，在發送方和接收方都有一個 DistAutogradContext，假設其 id 都是 context_id_1。在 每個 DistAutogradContext 之內，均以 msg_id_1 作為鍵儲存了值，發送方儲存的值是 SendRpcBackward，接收方儲存的值是 Recv RpcBack ward。

我們再加入 Container，拓展一下目前邏輯，結果如圖 13-12 所示。

- 每個 Worker 包括一個 DistAutogradContainer。

- 每個 DistAutogradContainer 包括若干個 DistAutogradContext，依據上下文 id 提取 DistAutogradContext。
- 每個 DistAutogradContext 包括 sendAutogradFunctions_ 和 recvAutogradFunctions_，利用訊息 id 來獲取 SendRpcBackward 或者 RecvRpcBackward。

於是就建構出反向傳播鏈條，也就維護了一個 Session。

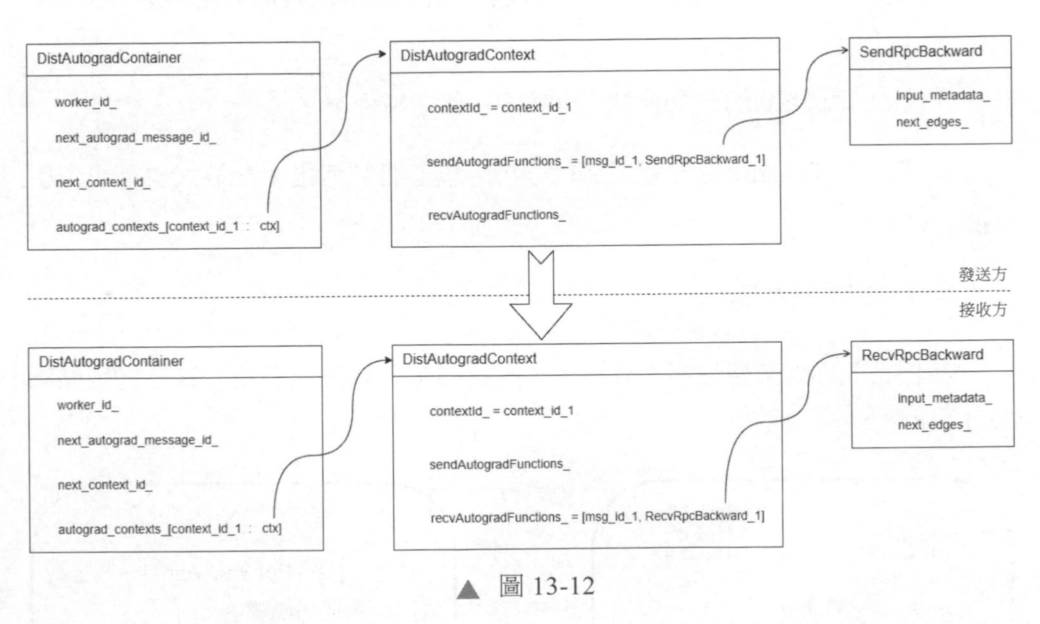

▲ 圖 13-12

13.5 如何切入引擎

我們已經知道了分散式自動求導如何基於 RPC 進行傳遞，如何在節點之間互動，節點如何區分並維護這些 Session。基於這些知識，本節繼續分析反向傳播如何切入到引擎。

為了更好地前行，我們需要回憶一下前面幾節的內容。

首先，對於分散式自動求導，我們需要在前向傳播期間追蹤所有 RPC，以確保正確執行反向傳播。為此，當執行 RPC 時，我們把 send 和 recv 自動求導函式附加到自動求導圖之上。

其次，在前向傳播的具體程式之中，我們在上下文中儲存每個自動求導傳播的 send 和 recv 自動求導函式。

至此，關於整體流程，我們就有了幾個疑問：

- 分散式反向計算圖的起始位置如何發起反向傳播，怎麼傳遞給反向傳播的下一個環節？
- 反向傳播的內部環節何時呼叫 BACKWARD_AUTOGRAD_REQ ？ recv 操作何時被呼叫？
- 以上兩個環節分別如何進入分散式自動求導引擎？

我們接下來就圍繞這些疑問進行分析，核心是如何進入分散式自動求導引擎。

13.5.1 反向傳播

我們首先從計算圖範例來分析，該計算圖加上分散式相關運算元之後如圖 13-13 所示。

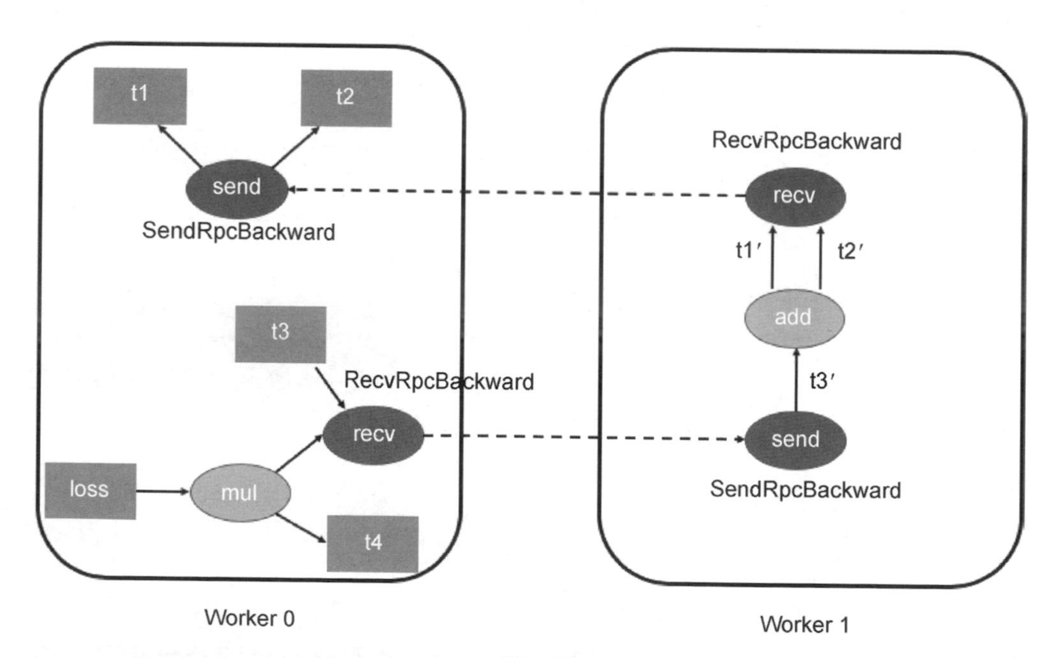

▲ 圖 13-13

我們接下來分析如何進入分散式自動求導引擎，結合圖例就是思考以下問題：

- Worker 0 如何主動發起反向傳播，然後進入本地分散式引擎？
- Worker 0 在引擎內部如何發起對 Worker 1 的反向傳播請求？
- Worker 1 如何被動接收反向傳播訊息，然後進入本地分散式引擎？

1. 發起反向傳播

我們按照從下往上的順序查詢如何發起反向傳播，發現有以下兩種途徑：

- 外部主動發起，如圖 13-13 中 Worker 0 的 loss 主動呼叫 backward() 函式。
- 內部隱式發起，如圖 13-13 中 Worker 0 的 t3 透過 recv 告訴 Worker 1 啟動反向傳播。

我們接下來對以上兩種途徑進行分析。

（1）外部主動發起

此處我們從上往下分析。在範例中，使用者會顯式呼叫到 dist_autograd.backward(context_id, [loss]) 函式。

```
void backward(int64_t context_id, const variable_list& roots,
    bool retain_graph) {
  DistEngine::getInstance().execute(context_id, roots, retain_graph);
}
```

Python 程式會進入到 dist_autograd_init() 函式。此處生成上下文，定義了 backward() 函式、get_gradient() 函式等。最終呼叫到 DistEngine::getInstance().execute(context_id, roots, retain_graph) 完成反向傳播，這就進入了引擎。

（2）內部隱式發起

接下來分析內部隱式發起。此處程式比較隱蔽，我們採用從下至上的方式來剝絲抽繭。我們知道，如果節點之間要求反向傳播，則會發送 BACKWARD_

AUTOGRAD_REQ，所以我們從 BACKWARD_AUTOGRAD_REQ 開始發起尋找。原來 RecvRpcBackward::apply() 函式建構了 PropagateGradientsReq 類別，PropagateGradientsReq 使用 toMessage() 來建構一個 BACKWARD_AUTOGRAD_REQ 訊息。所以我們知道，在當前工作節點，RecvRpcBackward 的執行會發送 BACKWARD_AUTOGRAD_REQ 給下一個節點，具體如圖 13-14 所示。

對應到圖 13-13 上，就是 Worker 0 的 t3 給 Worker 1 發送 BACKWARD_AUTOGRAD_REQ 訊息，於是我們拓展得到圖 13-15。

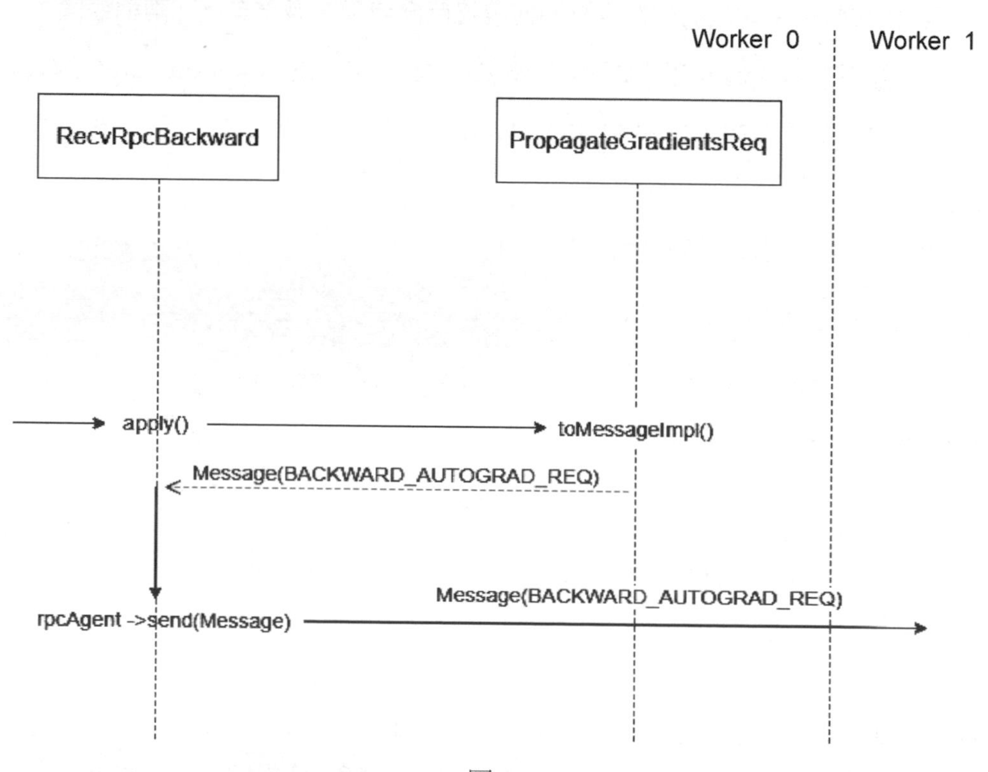

▲ 圖 13-14

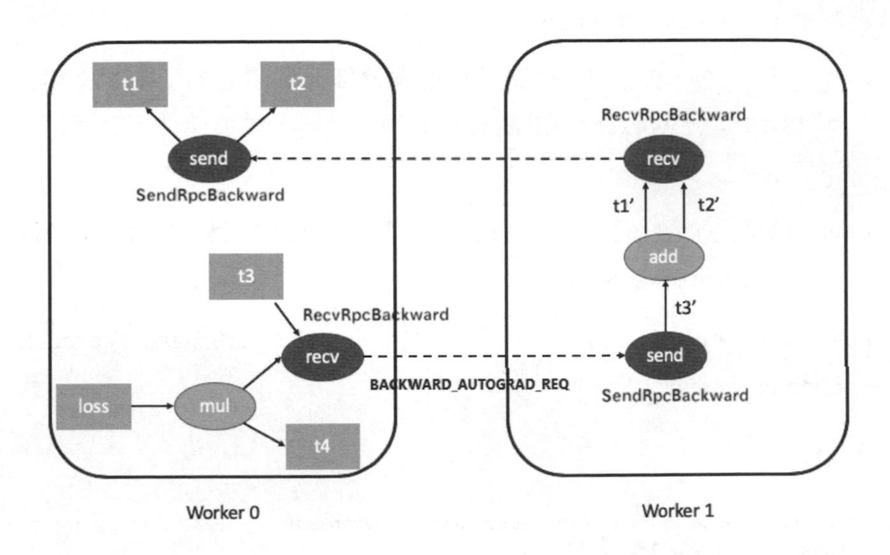

▲ 圖 13-15

2. 接收反向傳播

接下來分析接收方如何處理反向傳播（從而進入引擎），我們回到圖 13-15，看 Worker 1 上的 send 節點如何接收反向傳播訊息。

首先，在生成 TensorPipeAgent 時會把 RequestCallbackImpl 設定為回呼函式，這是代理的統一應答函式。其次，前面介紹代理接收邏輯的時候，我們也提到了代理最終會進入 RequestCallbackNoPython:: processRpc() 函式，該函式中有對 BACKWARD_AUTOGRAD_ REQ 的處理邏輯。

```
void RequestCallbackNoPython::processRpc(…) const {
  switch (messageType) {
    case MessageType::BACKWARD_AUTOGRAD_REQ: {
      processBackwardAutogradReq(rpc, messageId, responseFuture); // 此處呼叫
      return;
    };
```

於是在接收方收到 BACKWARD_AUTOGRAD_REQ 訊息之後，RequestCallbackNoPython::processBackwardAutogradReq() 函式會進行如下操作：

- 獲取 DistAutogradContainer。
- 獲取上下文。該上下文是之前在前向傳播過程建立的，由前文可知，在圖 13-15 中，Worker 0 和 Worker 1 的每個自動求導傳播都共用同一個上下文 id。
- 依據發送方的上下文 id 從自己上下文中獲取到對應的 SendRpcBackward，賦值到變數 sendFunction。
- 使用 sendFunction 為參數，呼叫 DistEngine:: getInstance().executeSendFunctionAsync() 函式進行引擎處理。

具體程式如下。

```
void RequestCallbackNoPython::processBackwardAutogradReq(
    RpcCommandBase& rpc,
    const int64_t messageId,
    const c10::intrusive_ptr<JitFuture>& responseFuture) const {
  auto& gradientsCall = static_cast<PropagateGradientsReq&>(rpc);
  const auto& autogradMetadata = gradientsCall.getAutogradMetadata();

  // 獲取相關的自動求導上下文
  auto autogradContext = DistAutogradContainer::getInstance().retrieveContext(
      autogradMetadata.autogradContextId);

  // 查詢相關的發送函式，後續會放入引擎的執行佇列
  std::shared_ptr<SendRpcBackward> sendFunction =
      autogradContext->retrieveSendFunction(autogradMetadata.autogradMessageId);

  // 設置梯度
  sendFunction->setGrads(gradientsCall.getGrads());

  // 呼叫分散式引擎來執行計算圖
  auto execFuture = DistEngine::getInstance().executeSendFunctionAsync(
      autogradContext, sendFunction, gradientsCall.retainGraph());

  // 省略其他程式碼
}
```

Worker 1 的 DistEngine::getInstance().executeSendFunctionAsync() 函式內部經過輾轉處理，最終又會發送 BACKWARD_AUTOGRAD_REQ 到反向傳播鏈路上 Worker 1 的下游（即 Woker 0），我們繼續在範例圖之上修改拓展，增加一個新的 BACKWARD_AUTOGRAD_REQ，結果如圖 13-16 所示。

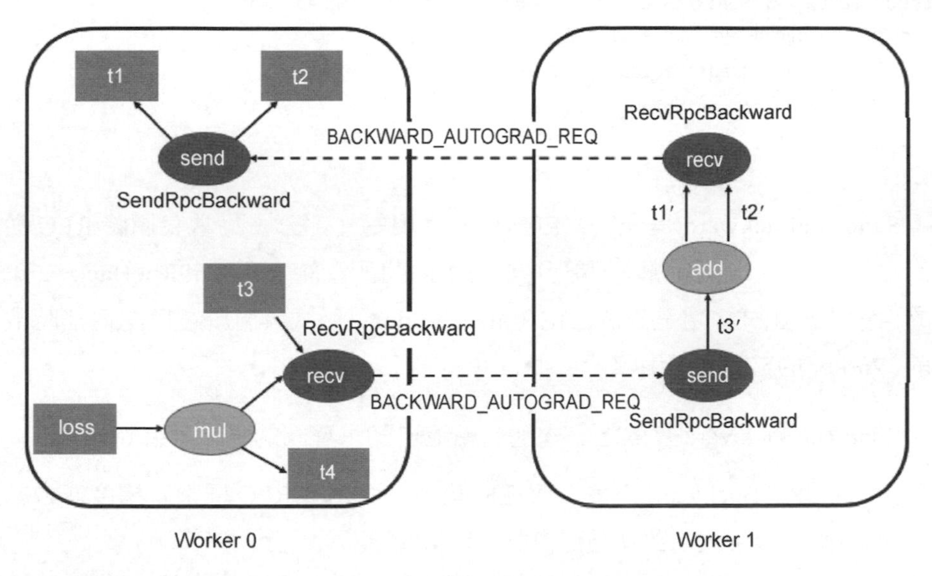

▲ 圖 13-16

13.5.2 SendRpcBackward

我們順著上面的被動呼叫進入引擎來繼續深入。被動呼叫進入引擎從 SendRpcBackward 開始，SendRpcBackward 是前向傳播之中發送行為對應的反向傳播運算元。DistAutogradContext 儲存一個 Worker 之上的每一個分散式自動求導的相關資訊。比如 DistAutogradContext 之中有一個成員變數 sendAutogradFunctions_，其記錄了本 Worker 所有發送行為對應的反向傳播運算元。sendAutogradFunctions_ 中的內容都是 SendRpcBackward。於是我們就來分析 SendRpcBackward。

```
std::unordered_map<int64_t, std::shared_ptr<SendRpcBackward>>
sendAutogradFunctions_;
```

1. 定義

SendRpcBackward 是 Node 的衍生類別，因為它是 Node，所以繼承了 next_edges 成員變數，可以看到 SendRpcBackward 新增成員的變數是 grads_。

```
struct TORCH_API SendRpcBackward : public torch::autograd::Node {
  torch::autograd::variable_list apply(
      torch::autograd::variable_list&& inputs) override;
  torch::autograd::variable_list grads_;
};
```

SendRpcBackward 是分散式自動求導實現的一部分，每當我們將 RPC 從一個節點發送到另一個節點時，都會向自動求導圖增加一個 SendRpcBackward 類型的自動求導函式，這是一個占位（placeholder）函式，用於在反向傳播時啟動當前 Worker 的自動求導引擎。

SendRpcBackward 實際上是本地節點上自動求導圖的根，其特點如下。

- SendRpcBackward 不會接收任何輸入，而是由 RPC 框架將梯度傳遞給該自動求導函式以啟動局部自動求導計算。
- SendRpcBackward 的輸入邊是 RPC 方法的輸入，就是梯度。
- 在反向傳播過程中，此自動求導函式將在自動求導引擎中排隊等待執行，引擎最終將執行自動求導圖的其餘部分。

在前向傳播過程之中，addSendRpcBackward() 會建構一個 SendRpcBackward，並把其前向傳播輸入邊作為反向傳播的輸出邊設置在 SendRpcBackward 中。

2. 梯度

SendRpcBackward 新增成員變數是 grads_，SendRpcBackward 提供了 set、get 操作來設置和使用 grads_。何時會使用 set 操作和 get 操作？在 RequestCallbackNoPython:: processBackwardAutogradReq() 中有如下操作：

（1）使用 sendFunction->setGrads(gradientsCall.getGrads()) 來設置遠端傳遞來的梯度，此處是 set 操作。

（2）呼叫 DistEngine::getInstance().executeSendFunctionAsync() 來執行引擎開始本地反向計算。

（3）executeSendFunctionAsync 會用 sendFunction->getGrads() 提取梯度進行操作，此處是 get 操作。

具體如圖 13-17 所示。

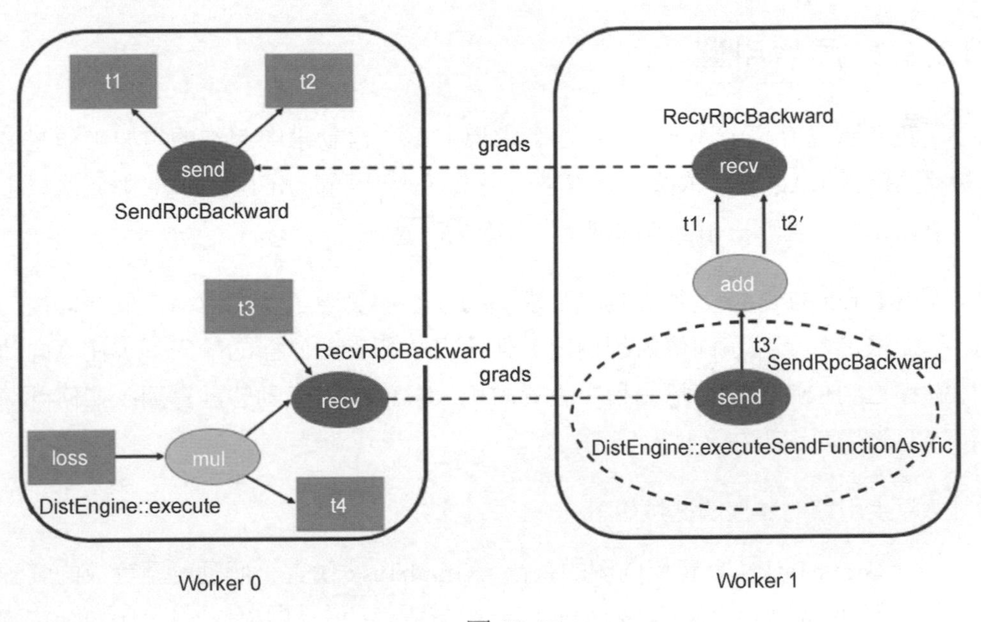

▲ 圖 13-17

13.5.3 總結

我們可以看到有兩種途徑進入分散式自動求導引擎，啟動反向傳播：

- 範例程式主動（顯式）呼叫 backward() 函式，進而呼叫到 DistEngine ::getInstance().execute() 函式進入引擎，即 Worker 0 上的操作，進入點對應本地的計算根節點 loss。

- 被動（隱式）呼叫 DistEngine::getInstance().executeSendFunctionAsync() 進入引擎，就是 Worker 1 之上的 send（Worker 0 的 send 對應了另一個被動呼叫）操作。進入點對應本地的 SendRpcBackward 運算元。

既然反向傳播的發起源頭都歸結到了分散式引擎，下面就分析分散式引擎的基本靜態架構和整體執行邏輯。

13.6 自動求導引擎

13.6.1 原生引擎

我們首先介紹 PyTorch 原生自動求導引擎。自動求導引擎的主要工作是面對反向傳播 DAG 圖，依據一定策略來決定下一步啟動哪個運算元，並且應該把該運算元排程到哪一個合適的硬體裝置上去計算。

PyTorch 的 Engine 類別是自動求導的核心，實現了反向傳播。反向傳播方向是從根節點（即正向傳播的輸出）到輸出（即正向傳播的輸入），在反向傳播過程之中依據前向傳播過程中設置的相依關係生成了動態計算圖，如何計算相依關係是關鍵所在。

原生引擎的其他關鍵類如下。

- GraphTask：負責反向圖的執行。GraphTask 代表一個動態圖等級的資源管理物件，擁有一次反向傳播執行所需要的全部中繼資料，比如計算圖中所有 Node 的相依關係，未就緒 Node 的等待佇列。GraphTask 的關鍵成員變數 std::atomic<uint64_t> outstanding_tasks_{0} 會記錄當前任務數目；std::unordered_map<Node*, int> dependencies_ 用來判斷圖中節點是否已經可以被執行。
- NodeTask：封裝了可被執行的求導函式。因為 GraphTask 只包括本計算圖的整體資訊，但是 GraphTask 不清楚具體某一個節點應該如何計算梯度，所以引入了一個新類型 NodeTask。NodeTask 封裝了一個可以被執行的求導函式。生產線程不停地向就緒佇列（ReadyQueue）插入 NodeTask，消費執行緒則從就緒佇列中提取 NodeTask 進行處理。

Engine 類別的入口是 execute() 函式，該函式主要邏輯如下。

- 根據根節點 roots 建構 GraphRoot。
- 根據 roots 之中的 Node 實例及各層之間的關係來建構計算圖，遍歷計算圖所有節點進行計算。要點如下：1）透過 next_edge() 函式不斷找到可以執行的下一條邊，最終完成整個計算圖的計算；2）利用佇列在多執行緒之間協調，從而完成反向計算工作。

多執行緒之間協調方式如圖 13-18 所示，圖中細實線表示資料結構之間的關係，粗實線表示呼叫流程，細虛線表示資料流程，中間「Device ReadyQueues」代表所有裝置的佇列。具體邏輯如下。

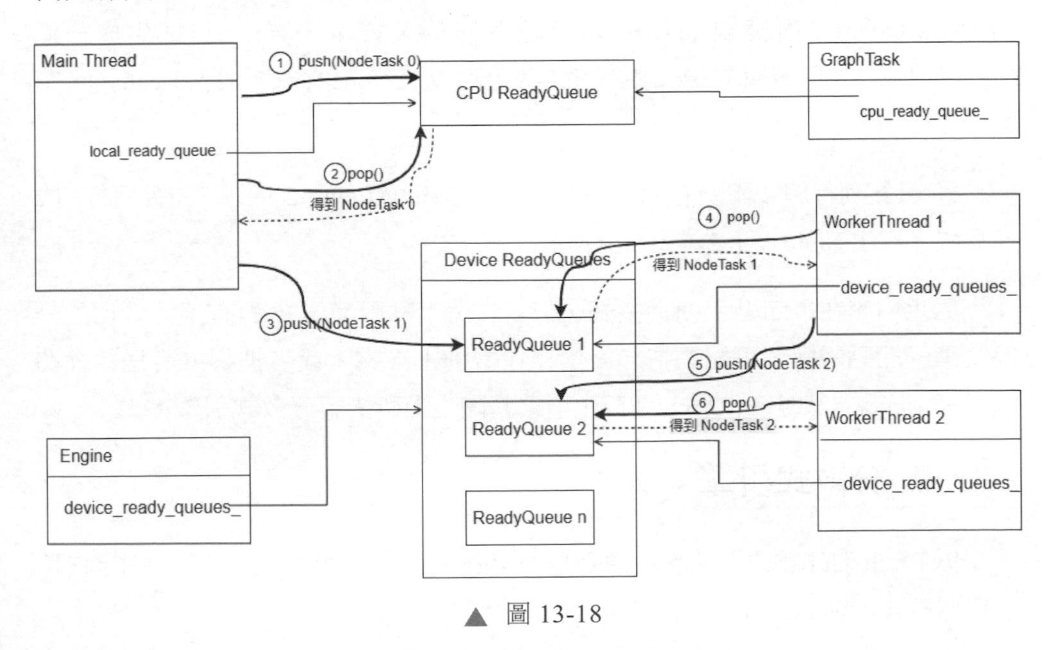

▲ 圖 13-18

① 主執行緒使用 push(NodeTask) 往 GraphTask.cpu_ready_queue_ 插入 NodeTask 0。

② 主執行緒使用 pop() 從 GraphTask.cpu_ready_queue_ 取出 NodeTask 0，假設這個 NodeTask 0 的裝置 index 是 1。

③ 主執行緒使用 push(NodeTask) 往 device 1 對應的 ReadyQueue 1 插入 NodeTask 1。

④ 裝置執行緒 1 阻塞在 device 1 對應的 ReadyQueue 1，這時候被喚醒，取出 NodeTask 1。

⑤ 裝置執行緒 1 處理 NodeTask 1，即呼叫 evaluate_function() 函式對 Node Task 所封裝的求導函式執行反向計算。在 evaluate_function() 函式中，當完成一個節點的反向計算後，會查詢下一個可以計算的節點（也就是下一條可以計算的邊），如果找到了，就取出下一條邊，然後依據這個邊建構一個 NodeTask，放入對應的工作執行緒（依據下一條邊的 device 等資訊找到該工作執行緒）的 ReadyQueue。對應圖 13-18，假設這個邊的裝置是 device 2，則生成一個 NodeTask 2，這個 NodeTask 2 裝置就是 2，然後把 NodeTask 2 插入 ReadyQueue 2。

⑥ 裝置執行緒 2 阻塞在 device 2 對應的 ReadyQueue 2，此時裝置執行緒 2 被喚醒，取出 NodeTask 2，繼續處理。

原生引擎在單節點上執行良好，但是在分散式環境下就力有不逮。比如分散式葉子節點的操作可能是把梯度儲存在當前上下文，或者把梯度發送給網路的下一個節點。因此 PyTorch 在原生引擎基礎之上建構了分散式引擎。

13.6.2 分散式引擎

PyTorch 的分散式引擎實現類別是 DistEngine，該類別定義如下，引擎使用了單例模式，Worker 中只有一個單例在執行。

```
class TORCH_API DistEngine {
  // 儲存自動求導上下文 id 的 Set，這些上下文已經在此節點上被初始化，即已經計算好相依關係
  std::unordered_set<int64_t> initializedContextIds_;
  // 本地自動求導引擎的引用
  torch::autograd::Engine& engine_;
```

```
  // 分散式引擎中的 CPU 執行緒使用的就緒佇列
  // See Note [GPU to CPU continuations]
  // 每個 GraphTask 都把 global_cpu_ready_queue_ 設置為自己的 cpu_ready_queue_
  std::shared_ptr<torch::autograd::ReadyQueue> global_cpu_ready_queue_;
  // See Note [GPU to CPU continuations]
  std::thread global_cpu_thread_;
};
```

在 DistEngine 之中，global_cpu_ready_queue_ 和 global_cpu_thread_ 是重要的 CPU 相關成員變數，需要重點說明。程式中定義這兩個 CPU 全域相關成員變數時，均注明需要看 [GPU to CPU continuations] 註釋。這兩個成員變數的具體初始化位置在建構函式之中：

```
DistEngine::DistEngine() : initializedContextIds_(),
      engine_(Engine::get_default_engine()),
      global_cpu_ready_queue_(std::make_shared<ReadyQueue>()),
      global_cpu_thread_( // 建構兩個變數
          &DistEngine::globalCpuThread, this, global_cpu_ready_queue_) {
  global_cpu_thread_.detach(); // detach 之後就開始獨立執行
}
```

以下是對「GPU to CPU continuations」註釋的翻譯和理解。

為了執行 GPU 任務的延續（continuations），需要初始化一個單獨的 CPU 執行緒來處理。分散式引擎的多執行緒結構僅適用於 CPU 任務。如果我們有 CPU → GPU → CPU 這樣的任務順序，分散式自動求導就沒有執行緒來執行最後一個 CPU 任務。為了解決此問題，PyTorch 引入了一個全域 CPU 執行緒來處理這種情況，它將負責執行這些 CPU 任務。

CPU 執行緒有自己的就緒佇列（ready_queue），這是 DistEngine 所有 GraphTask 共有的 CPU 就緒佇列（cpu_ready_queue），所有 GPU 到 CPU 的延續都在此執行緒上排隊。全域 CPU 執行緒只需將任務從全域佇列中取出，並在 JIT 執行緒上呼叫 execute_graph_task_until_ready_ queue_empty() 函式執行相應的任務。

在 DistEngine::computeDependencies() 函式裡會有設置 global_cpu_ready_queue_ 的操作。因為每個 GraphTask 都把 global_cpu_ready_queue_ 賦值給自己的成員變數 cpu_ready_queue_，所以如果 GraphTask 最後傳回需要 CPU 執行時期，會統一使用 global_cpu_ready_queue_。

```
void DistEngine::computeDependencies(const ContextPtr& autogradContext,
    const edge_list& rootEdges, const variable_list& grads,
    const std::shared_ptr<Node>& graphRoot, edge_list& outputEdges,
    bool retainGraph) {

  // 建構 Graph Task 和 Graph Root.
  auto graphTask = std::make_shared<GraphTask>( // 呼叫 GraphTask 的建構函式
      /* keep_graph */ retainGraph,
      /* create_graph */ false,
      /* depth */ 0,
      /* cpu_ready_queue */ global_cpu_ready_queue_, // 傳入
      /* exit_on_error */ true);

  // 省略其他 GraphTask 初始化操作

  // 上下文裡面設置了 GraphTask
  autogradContext->setGraphTask(std::move(graphTask));
}
```

globalCpuThread 是工作執行緒，作用是先從就緒佇列裡面彈出 NodeTask，然後執行 NodeTask。

```
void DistEngine::globalCpuThread(
    const std::shared_ptr<ReadyQueue>& ready_queue) {
  while (true) {
    NodeTask task = ready_queue->pop();
    auto graphTask = task.base_.lock();

    // 在 JIT 執行緒上執行
    at::launch([this, graphTask, graphRoot = task.fn_,
                variables =
                    InputBuffer::variables(std::move(task.inputs_))]() mutable {
      InputBuffer inputs(variables.size());
```

```
        for (size_t i = 0; i < variables.size(); i++) {
          inputs.add(i, std::move(variables[i]), c10::nullopt, c10::nullopt);
        }
        execute_graph_task_until_ready_queue_empty(
            /*node_task*/ NodeTask(graphTask, graphRoot, std::move(inputs)),
            /*incrementOutstandingTasks*/ false);
      });
    }
  }
```

13.6.3 整體執行

DistEngine 的整體執行邏輯在 DistEngine::execute() 之中完成，具體分為如下步驟：

- 使用 contextId 得到相關前向傳播上下文。
- 使用 validateRootsAndRetrieveEdges() 函式進行驗證。
- 建構一個 GraphRoot 來驅動反向傳播，可以認為 GraphRoot 是一個虛擬根。
- 使用 computeDependencies() 函式計算相依。
- 使用 runEngineAndAccumulateGradients() 函式進行反向傳播計算。
- 使用 clearAndWaitForOutstandingRpcsAsync() 函式等待 RPC 完成。

與原生引擎（非分散式引擎）相比較，分散式引擎多了一個計算根節點（root）邊和生成邊上梯度資訊的過程。在普通前向傳播過程之中這些是已經設定好的，但是在分散式運算中，前向傳播沒有計算這些，所以需要在反向傳播之前計算出來。

我們接下來對整體執行邏輯進行詳細分析。

13.6.4 驗證節點和邊

validateRootsAndRetrieveEdges() 函式會驗證節點和邊的有效性，具體邏輯如下：

- 驗證根節點的有效性，獲取根節點的邊。
- 判斷根節點是否為空。
- 判斷根節點是否需要計算梯度。
- 判斷根節點是否有梯度函式。
- 計算梯度的邊，生成相應的梯度。
- 呼叫 validate_outputs() 函式來驗證輸出。

原生引擎和分散式引擎都會呼叫 validate_outputs() 函式，其中包含了大量的驗證程式，具體如下。

- 如果梯度數量與邊數目不同，則退出。
- 遍歷梯度，對於每個梯度：

  * 獲取對應的邊，如果邊無效，則處理下一個梯度。

  * 使用 input_metadata 獲取輸入資訊。

  * 如果梯度沒有定義，則執行到下一個梯度。

  * 如果梯度尺寸與輸入形狀不同，則退出。

  * 對梯度的裝置、中繼資料的裝置進行一系列判斷。

我們和原生引擎對比一下驗證部分，發現原生引擎只呼叫了 validate_outputs() 函式。因此 DistEngine 驗證部分功能可以總結為：

- 做驗證（與原生引擎相比是新增部分）。
- 根據 roots 來計算根節點對應的邊和生成對應梯度（與原生引擎相比是新增部分）。
- 呼叫 validate_outputs() 函式驗證輸出。

13.6.5 計算相依

深度學習的求導引擎實際上是計算各個運算元之間相互相依關係的引擎，因為一個運算元啟動的時機相依於該運算元的輸入是否就緒。

computeDependencies() 函式透過廣度優先演算法遍歷反向計算圖，統計計算圖中每個節點的相依。computeDependencies() 分為幾個部分：①做準備工作；②計算相依關係；③根據相依關係得到需要計算哪些函式。我們回憶一下 13.2.4 小節中的 FAST 模式演算法，本節對應了該演算法的前三項，是分散式引擎和原生引擎的重大區別之一。

1. 第一部分 準備工作

因為此處是計算本地的相依關係，所以需要從根節點和本地的 SendRpc Backward 開始遍歷、計算。大家可以回憶一下圖 13-17，以及 13.5.3 小節。根節點是本地主動反向求導的開始，SendRpcBackward 是本地被動反向求導的開始。

我們要先做一些準備工作才能進行後續計算，具體如下。

- 生成一個 GraphTask，但不需要給 GraphTask 傳一個 cpu_ready_queue，因為後面將呼叫 execute_graph_task_until_ready_queue_empty() 函式，那裡會給每一個呼叫者建立一個獨立的 ReadyQueue。生成 GraphTask 的目的是：GraphTask 是反向計算的執行者。
- 用 seen 變數記錄已經存取過的節點。
- 建構一個 Node 類型的佇列 queue，把根節點插入佇列 queue。
- sendFunctions() 函式會從上下文 DistAutogradContext 類別的成員變數 sendAutogradFunctions_ 中拿到出邊串列，串列每一項的類型是二元組 (int64_t, std::shared_ptr<SendRpcBackward>)。

  * sendAutogradFunctions_ 之前在 addSendFunction() 之中被增加，參見 13.4.5 小節。

  * 在普通狀態下，根節點在反向傳播時已經有了後續邊（next edges），但分散式模式下的出邊在 sendAutogradFunctions_ 之中。
- 遍歷 sendFunctions() 的傳回值，對於每一條出邊做如下操作：

  * GraphTask 出邊數目增加，對應程式為 graphTask->outstanding_tasks_++。

* 在佇列 queue 之中插入該出邊的 SendRpcBackward。
* 最後，佇列 queue 裡面是根節點和每條出邊的 SendRpcBackward，即需要執行的節點。

sendFunctions() 的程式如下。

```
std::unordered_map<int64_t, std::shared_ptr<SendRpcBackward>>
DistAutogradContext::sendFunctions() const {
  std::lock_guard<std::mutex> guard(lock_);
  return sendAutogradFunctions_;
}
```

我們接下來分析 outstanding_tasks_。outstanding_tasks_ 是 GraphTask 的成員變數，用來記錄當前任務數目。

（1）原生引擎

在原生引擎中，GraphTask 已經有 outstanding_tasks_ 成員變數，這是待處理 NodeTask 的數量，用來判斷該 GrapTask 是否還需要執行，如果數目為 0，則說明任務結束了。

- 當 GraphTask 被建立出來時，此數值為 0。
- 如果有一個 NodeTask 被送入到就緒佇列，則 outstanding_tasks_ 增加 1。
- 工作執行緒執行一次 evaluate_function(task) 後，outstanding_tasks_ 值減 1。
- 如果此數量不為 0，則此 GraphTask 依然需要執行。

（2）分散式引擎

分散式引擎在計算相依時會遍歷 sendFunctions() 的傳回值（即出邊串列），上下文中有幾個 SendRpcBackward，就把 outstanding_tasks_ 加幾，每多一條出邊，就意味著多了一個計算過程。

執行時，void DistEngine::execute_graph_task_until_ready_queue_empty() 函式和 Engine::thread_main() 函式的呼叫都會減少 outstanding_tasks_。

2. 第二部分計算相依

此部分會透過遍歷圖來計算相依關係。

此時佇列裡面是根節點和若干 SendRpcBackward，這些是本地反向求導計算圖的開始點，接下來從佇列中不停接地彈跳出這些節點，沿著反向傳播計算圖進行計算，具體邏輯如下：

- 建立變數 edge_list recvBackwardEdges，用來記錄所有的 RecvRpcBackward。
- 遍歷所有節點（從佇列 queue 之中不停彈出節點），遍歷每個節點（根節點或者 SendRpcBackward）的後續邊，如果可以得到一個邊 nextFn，則：
  * 該邊對應的節點相依度加 1，即 dependencies[nextFn] += 1。
  * 如果此邊之前沒有被存取過，就插入佇列 queue。
  * 如果此邊本身沒有出邊，則說明此邊是葉子節點，葉子節點有 RecvRpcBackward 和 AccumulateGrad 兩種。
  * 如果此邊的類型是 RecvRpcBackward，則把此邊放到 recvBackwardEdges 中。
  * AccumulateGrad 被插入最終出邊串列 outputEdges，注意，RecvRpcBackward 也插入此處。將 RecvRpcBackward 放在 outputEdges 中意味著需要執行此函式（與我們對 FAST 模式演算法的假設一致，即所有 send-recv 自動求導函式在反向傳播中都有效），因此也需要執行其所有祖先函式。

在執行以上操作之後，區域變數 recvBackwardEdges 裡面是 RecvRpcBackward，outputEdges 裡面是 AccumulateGrad 和 RecvRpcBackward，這是兩種不同的葉子節點，所以需要分開處理。

- RecvRpcBackward：分散式葉子節點。在前向圖中是 RPC 接收節點，在反向圖中是本 Worker 向下游發送的出發點，參見圖 13-19。RecvRpcBackward 需要執行。

- AccumulateGrad：普通葉子節點，就是本地葉子節點。AccumulateGrad 需要把反向計算圖傳播到當前節點的梯度累積起來。

PyTorch 設計文件之中有如下思路可以印證：葉子節點應該是 AccumulateGrad 或 RecvRpcBackward。對於 AccumulateGrad，我們不執行 AccumulateGrad，而是在自動求導上下文中累積梯度。對於 RecvRpcBackward，則沒有在 RecvRpcBackward 上下文累積任何梯度。RecvRpcBackward 被增加為出邊，以指示它是葉子節點，這有助於正確計算本地自動求導圖的相依關係。

比如，對於 Worker 1，recv 是葉子節點，是一個 RecvRpcBackward，它需要把梯度傳遞給 Worker 0；對於 Worker 0 上面的子圖，t1、t2 也是葉子節點，都是 AccumulateGrad，如圖 13-19 所示。

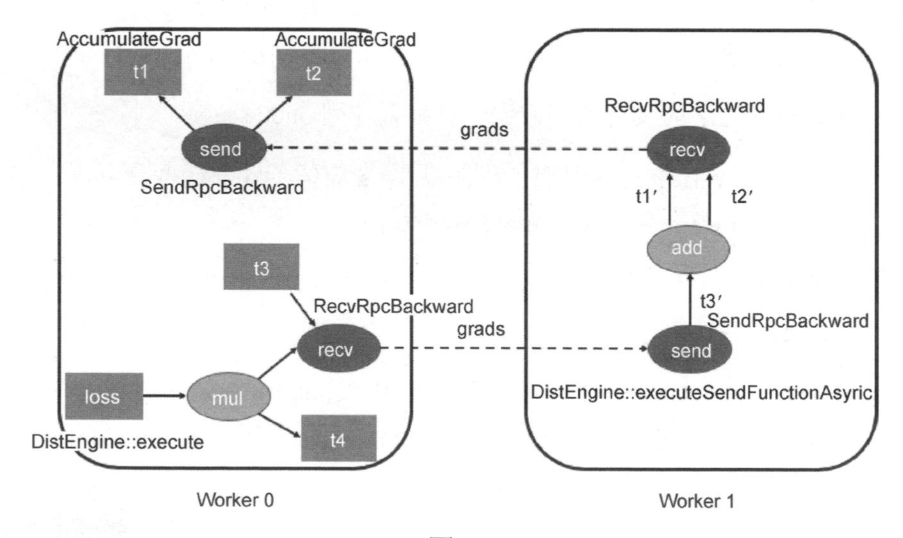

▲ 圖 13-19

3. 第三部分獲取自動求導函式

這部分會根據相依關係找到需要計算哪些自動求導函式，此部分邏輯簡述如下：

- 建立一個虛擬 GraphRoot，它指向上下文和原始 GraphRoot 的所有 send 自動求導函式。然後使用 outputEdges 和虛擬 GraphRoot 來執行 init_to_ execute()。這確保我們標記如下運算元：只能從本地特定的 send 自動求導函式來存取，而不需要從提供的根來存取的運算元。

- 因為 init_to_execute() 會把 RecvRpcBackward 標識成不需要執行，而 RecvRpcBackward 實際上需要執行。所以接下來把 outputEdges 中的所有 RecvRpcBackward 運算元標記成需要執行。

我們具體來分析上述演算法如何執行。此時，recvBackwardEdges 裡面是 RecvRpcBackward，outputEdges 裡面是 AccumulateGrad 和 RecvRpcBackward。我們需要根據這些資訊來標識後續如何執行，具體邏輯如下。

- 如果 outputEdges 不為空，則把 outputEdges 的資訊插入 GraphTask.exec_info_ 之中：
  * 建構一個 edge_list edges，就是出邊串列。
  * 遍歷 sendFunctions，得到輸出串列，加入出邊串列 edges。
  * 把根節點也加入 edges。
  * 使用 edges 建立一個虛擬根節點 dummyRoot。
  * 呼叫 init_to_execute(dummyRoot) 對 GraphTask 進行初始化。
  * 遍歷 GraphTask 的 exec_info 進行處理。exec_info_ 的資料結構是 std::unordered_map<Node*, ExecInfo> 。對於每一個 exec_info 做如下操作：①分析此張量是否在所求梯度的張量路徑上。如果不在路徑之上，就跳到下一個張量。②拿到 exec_info_ 的 Node。如果 Node 是葉子節點，則遍歷張量路徑上的節點，給張量插入鉤子。此處是關鍵，就是給 AccumulateGrad 對應的張量加上了鉤子，用於後續累積梯度。
- 遍歷 recvBackwardEdges，對於每個 RecvRpcBackward，在 GraphTask.exec_info_ 中的對應項上都設置為「需要執行」。

至此，相依項處理完畢，所有需要計算的函式資訊都位於 GraphTask.exec_info_ 之上，AccumulateGrad 對應的張量被加上了鉤子，RecvRpcBackward 對應項標識為「需要執行」。我們將在下一節分析如何執行 GraphTask。

computeDependencies() 函式程式如下：

```
void DistEngine::computeDependencies(const ContextPtr& autogradContext,
    const edge_list& rootEdges, const variable_list& grads,
    const std::shared_ptr<Node>& graphRoot,
    edge_list& outputEdges, bool retainGraph) {

  // 第一部分，準備工作
  // 1. 生成一個 GraphTask
  auto graphTask = std::make_shared<GraphTask>(
      /* keep_graph */ retainGraph,
      /* create_graph */ false,
      /* depth */ 0,
      /* cpu_ready_queue */ global_cpu_ready_queue_,
      /* exit_on_error */ true);

  std::unordered_set<Node*> seen; // 記錄已經存取過的節點
  std::queue<Node*> queue; // 一個 Node 類型的 queue
  queue.push(static_cast<Node*>(graphRoot.get())); // 插入根對應的 Node
  auto sendFunctions = autogradContext->sendFunctions(); // 獲取出邊

  // 2. 獲取出邊串列
  // 在普通狀態下，根節點內在反向傳播時候，已經有了 next edges，但是在分散式模式下，出邊在
sendFunctions 之中
  for (const auto& mapEntry : sendFunctions) { // sendFunctions 就是出邊，之前在
addSendFunction 之中被增加
    graphTask->outstanding_tasks_++; // 增加出邊數目
    queue.push(mapEntry.second.get()); // 後續用 queue 來處理，插入的是 SendRpcBackward
  }

  // 第二部分，遍歷圖，計算相依關係，此時 queue 裡面是根節點和若干 SendRpcBackward
  edge_list recvBackwardEdges; // 記錄所有的 RecvRpcBackward
  auto& dependencies = graphTask->dependencies_; // 獲取相依關係
  while (!queue.empty()) { // 遍歷所有出邊
    auto fn = queue.front(); // 得到出邊
    queue.pop();

    for (const auto& edge : fn->next_edges()) { // 遍歷 Node（根節點或者
SendRpcBackward）的 next_edges
```

```
      if (auto nextFn = edge.function.get()) { // 得到一個邊
        dependencies[nextFn] += 1; // 對應的節點相依度加 1
        const bool wasInserted = seen.insert(nextFn).second; // 是否已經存取過
        if (wasInserted) { // 如果已經插入了，就說明之前沒有存取過，否則插不進去
          queue.push(nextFn); // 既然之前沒有存取過，就插入到 queue

          if (nextFn->next_edges().empty()) { // 如果這個邊本身沒有輸出邊，則說明是葉子節
點
            if (dynamic_cast<RecvRpcBackward*>(nextFn)) {
              recvBackwardEdges.emplace_back(edge); // 特殊處理
            }
            outputEdges.emplace_back(edge); // 最終輸出邊
          }
        }
      }
    }
  }

  // 此時，recvBackwardEdges 裡面是 RecvRpcBackward，outputEdges 裡面是 AccumulateGrad
和 RecvRpcBackward

  // 以下是第三部分，根據相依關係找到需要計算哪些 functions
  if (!outputEdges.empty()) {
    edge_list edges;
    for (const auto& mapEntry : sendFunctions) { // 遍歷
      edges.emplace_back(mapEntry.second, 0); // 得到出邊串列
    }

    edges.emplace_back(graphRoot, 0); // 把根節點也加入出邊串列
    GraphRoot dummyRoot(edges, {}); // 建立一個虛擬 Root
    // 如果出邊不為空，則會呼叫 init_to_execute() 對 GraphTask 進行初始化
    graphTask->init_to_execute(dummyRoot, outputEdges, /*accumulate_grad=*/false,
/*min_topo_nr=*/0);
    // exec_info_ 的資料結構是 std::unordered_map<Node*, ExecInfo>
    for (auto& mapEntry : graphTask->exec_info_) {
      auto& execInfo = mapEntry.second;
      if (!execInfo.captures_) { // 看看此張量是否在所求梯度的張量路徑上
        continue;// 如果不在路徑之上，就跳到下一個張量
      }
```

```
        auto fn = mapEntry.first; // 拿到 Node
        if (auto accumulateGradFn = dynamic_cast<AccumulateGrad*>(fn)) {
          for (auto& capture : *execInfo.captures_) { // 遍歷張量路徑上的節點
            capture.hooks_.push_back(
                std::make_unique<DistAccumulateGradCaptureHook>( // 給張量插入 hook
                    std::dynamic_pointer_cast<AccumulateGrad>(
                        accumulateGradFn->shared_from_this()),
                    autogradContext));
          }
        }
      }

      // 標識 RecvRPCBackward 需要執行
      for (const auto& recvBackwardEdge : recvBackwardEdges) {
        graphTask->exec_info_[recvBackwardEdge.function.get()].needed_ = true;
      }
    }

    // 把 GraphTask 設定在上下文之中
    autogradContext->setGraphTask(std::move(graphTask));
}
```

5. 小結

我們總結一下 computeDependencies() 計算相依的邏輯。

1）從 DistAutogradContext 之中獲取 sendAutogradFunctions_。在普通狀態下，在反向傳播時，根節點已經有了後續邊，但是在分散式模式下，出邊儲存在 sendAutogradFunctions_ 之中，所以要提取出來。

2）遍歷 sendAutogradFunctions_，把 Node（類型是 SendRpcBackward）加入佇列，此時佇列之中是根節點和一些 SendRpcBackward。遍歷佇列進行處理，處理結果是兩個 edge_list 類型的區域變數：recvBackwardEdges 裡面是 RecvRpc Backward，outputEdges 裡面是 AccumulateGrad 和 RecvRpcBackward，我們需要根據這些資訊來標識後續如何執行。

3）遍歷 recvBackwardEdges 和 outputEdges，把相關資訊加入 GraphTask.exec_info_。

4）至此，相依項處理完畢，所有需要計算的函式資訊都位於 GraphTask.exec_info_ 之上。

- AccumulateGrad 被加入了鉤子，用來後續累積梯度。
- RecvRpcBackward 被設置了「需要執行」。

具體資料變化如圖 13-20 所示。

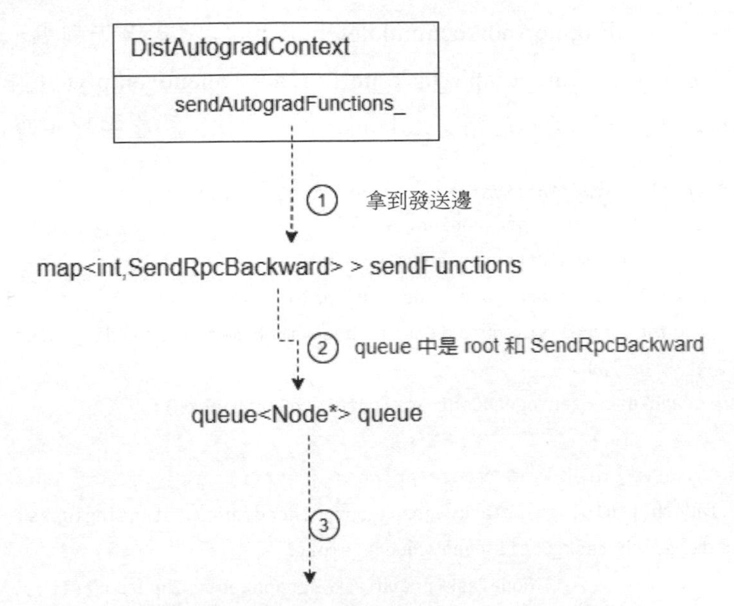

▲ 圖 13-20

13.6.6 執行 GraphTask

目前引擎已經完成了反向計算圖的相依計算。相依項已經在 computeDependencies() 之中處理完畢，所有需要計算的函式資訊都位於 GraphTask.exec_info_ 之上。我們接著分析引擎如何依據這些相依進行反向傳播，相關程式是 runEngineAndAccumulateGradients()。

1. runEngineAndAccumulateGradients()

引擎會呼叫 runEngineAndAccumulateGradients() 函式進行反向傳播計算、累積梯度。runEngineAndAccumulateGradients() 函式會先封裝一個 NodeTask，然後以此呼叫 execute_graph_task_until_ready_queue_empty() 函式，該函式會使用 at::launch() 來啟動執行緒。at::launch() 會在執行緒之中呼叫傳入的 func 參數。

```
c10::intrusive_ptr<c10::ivalue::Future> DistEngine::
    runEngineAndAccumulateGradients(
        const ContextPtr& autogradContext,
        const std::shared_ptr<Node>& graphRoot,
        const edge_list& outputEdges, bool incrementOutstandingTasks) {
  // 得到 GraphTask
  auto graphTask = autogradContext->retrieveGraphTask();

  // 啟動一個執行緒來執行 execute_graph_task_until_ready_queue_empty
  at::launch([this, graphTask, graphRoot, incrementOutstandingTasks]() {
  execute_graph_task_until_ready_queue_empty(
        /*node_task*/ NodeTask(graphTask, graphRoot, InputBuffer(0)),
        /*incrementOutstandingTasks*/ incrementOutstandingTasks);
  });

  // 處理結果
  auto& futureGrads = graphTask->future_result_;
  auto accumulateGradFuture =
      c10::make_intrusive<c10::ivalue::Future>(c10::NoneType::get());

  futureGrads->addCallback(
      [autogradContext, outputEdges, accumulateGradFuture](c10::ivalue::Future&
futureGrads) {
```

```
      try {
        const variable_list& grads =
            futureGrads.constValue().toTensorVector();
         // 標識已經結束
        accumulateGradFuture->markCompleted(c10::IValue());
      } catch (std::exception& e) {
        accumulateGradFuture->setErrorIfNeeded(std::current_exception());
      }
    });

  return accumulateGradFuture;
}
```

2. execute_graph_task_until_ready_queue_empty()

execute_graph_task_until_ready_queue_empty() 函式類似於 Engine::thread_main()，透過 NodeTask 來完成本 GraphTask 的執行，其中 evaluate_function() 會不停地向 cpu_ready_queue 插入新的 NodeTask。execute_graph_task_until_ready_queue_empty() 函式具體會做如下操作：

- 初始化原生引擎執行緒。
- 為每個呼叫者建立一個 cpu_ready_queue，用來從 root_to_execute 開始遍歷 graph_task，這允許用不同的執行緒對 GraphTask 並存執行。cpu_ready_queue 是一個 CPU 相關的佇列。
- 把傳入的 node_task 插入 cpu_ready_queue。
- 沿著反向計算圖從根部開始一直計算到葉子節點，即取出一個 NodeTask，利用 engine_.evaluate_function() 呼叫具體 Node 對應的函式，以此類推，直到佇列為空。

execute_graph_task_until_ready_queue_empty() 程式如下。

```
void DistEngine::execute_graph_task_until_ready_queue_empty(
    NodeTask&& node_task, bool incrementOutstandingTasks) {

  engine_.initialize_device_threads_pool(); // 初始化原生引擎執行緒
  // 為每個呼叫者建立一個 cpu_ready_queue，用來從 root_to_execute 開始遍歷 graph_task，這允
```

```
許用不同的執行緒對 GraphTask 並存執行。cpu_ready_queue 是一個 CPU 相關的佇列
  std::shared_ptr<ReadyQueue> cpu_ready_queue = std::make_shared<ReadyQueue>();
  auto graph_task = node_task.base_.lock();

  // 把傳入的 node_task 插入 cpu_ready_queue
  cpu_ready_queue->push(std::move(node_task), incrementOutstandingTasks);

  torch::autograd::set_device(torch::autograd::CPU_DEVICE);
  graph_task->owner_ = torch::autograd::CPU_DEVICE;
  while (!cpu_ready_queue->empty()) { // 沿著反向計算圖從根部開始一直計算到葉子節點
    std::shared_ptr<GraphTask> local_graph_task;
    {
      NodeTask task = cpu_ready_queue->pop(); // 取出一個 NodeTask
      if (task.fn_ && !local_graph_task->has_error_.load()) {
        AutoGradMode grad_mode(local_graph_task->grad_mode_);
        try {
          GraphTaskGuard guard(local_graph_task);
          engine_.evaluate_function( // 呼叫具體 Node 對應的函式
              local_graph_task, task.fn_.get(), task.inputs_, cpu_ready_queue);
        } catch (std::exception& e) {
          engine_.thread_on_exception(local_graph_task, task.fn_, e);
          break;
        }
      }
    }
    // Decrement the outstanding task.
    --local_graph_task->outstanding_tasks_; // 處理了一個 NodeTask
  }
  // 檢查是否完成了計算
  if (graph_task->completed()) {
    graph_task->mark_as_completed_and_run_post_processing();
  }
}
```

另外，如下情形也會呼叫 execute_graph_task_until_ready_queue_empty() 函式，下面的序號對應圖 13-21 中的數字。

① 在 runEngineAndAccumulateGradients() 函式中會呼叫。此處就是使用者主動呼叫 backward() 的情形。

② 在 executeSendFunctionAsync() 函式中會呼叫。此處對應了某節點從反向傳播上一節點接收到梯度之後的操作。

③ 在 globalCpuThread 中會呼叫。這是 CPU 工作專用線程，我們馬上會介紹。

Engine.evaluate_function() 函式之中也有兩種執行路徑。

④ Engine.evaluate_function() 函式會針對 AccumulateGrad 來累積梯度。

⑤ Engine.evaluate_function() 函式會呼叫 RecvRpcBackward 來向反向傳播下游發送訊息。

我們總結一下幾個計算梯度的流程，如圖 13-21 所示。

3. evaluate_function()

上面的程式中會呼叫原生引擎的 Engine::evaluate_function() 函式來完成操作。evaluate_function() 函式會查看 exec_info_，如果沒有設置為需要執行，則不處理。

在此處，我們也可以回憶上文提到的 recvBackwardEdges 如何與 exec_info_ 互動：遍歷 recvBackwardEdges，對於每個 RecvRpcBackward，在 GraphTask.exec_info_ 之中的對應項上都設置為「需要執行」。

RecvRpcBackward 的具體執行就在 evaluate_function() 函式中完成。evaluate_function() 函式的主要邏輯是：

- 如果節點是中間節點，則正常計算。
- 如果節點是葉子節點 AccumulateGrad，則在上下文累積梯度。

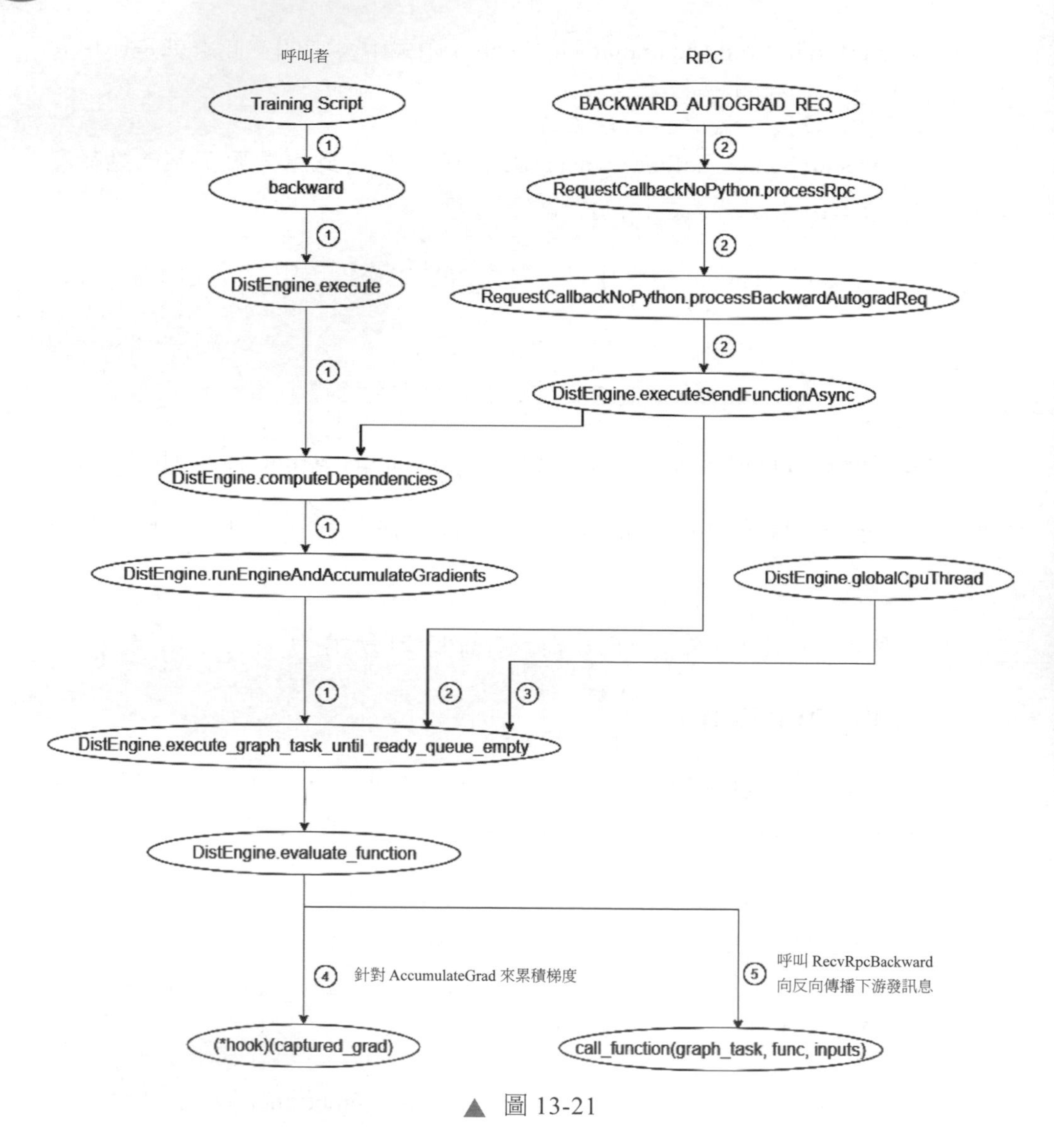

▲ 圖 13-21

- 如果節點是葉子節點 RecvRpcBackward，則會給對應的反向傳播下游節點發送 RPC 訊息。

Engine::evaluate_function() 具體程式如下所示：

```
void Engine::evaluate_function(std::shared_ptr<GraphTask>& graph_task,
    Node* func, InputBuffer& inputs,
    const std::shared_ptr<ReadyQueue>& cpu_ready_queue) {
  auto& exec_info_ = graph_task->exec_info_;
  if (!exec_info_.empty()) {
    auto& fn_info = exec_info_.at(func);
    if (auto* capture_vec = fn_info.captures_.get()) {
      std::lock_guard<std::mutex> lock(graph_task->mutex_);
      for (const auto& capture : *capture_vec) {
        auto& captured_grad = graph_task->captured_vars_[capture.output_idx_];
        captured_grad = inputs[capture.input_idx_];
        for (auto& hook : capture.hooks_) {
          captured_grad = (*hook)(captured_grad); // 對應 AccumulateGrad，此處會呼叫鉤
子，就是 DistAccumulateGradCaptureHook 的 operator()，captured_grad 就是累積的梯度
        }
      }
    }
    if (!fn_info.needed_) {
      // 如果沒有設置 " 需要執行 "，則直接傳回。RecvRpcBackward 會設置 " 需要執行 "
      return;
    }
  }

  // 如果節點是中間節點，則正常計算；如果節點是 RecvRpcBackward，也會進行相關呼叫
  auto outputs = call_function(graph_task, func, inputs);

  // 後續程式省略，主要內容是從 outputs 之中尋找後續可以計算的 Node。找到一個 Node 之後，
會依據是否就緒來處理這個 Node，比如放入哪一個 queue，是就緒佇列，還是未就緒佇列
```

4. globalCpuThread

globalCpuThread 是工作執行緒，該執行緒會從就緒佇列裡面彈出 NodeTask 執行。對於 globalCpuThread，其參數 ready_queue 是 global_cpu_ready_queue_。對於原生引擎也會設置一個 CPU 私用佇列。

5. 小結

分散式引擎與原生引擎在計算部分的主要不同之處如下：

- 如果葉子節點是 RecvRpcBackward，則會給對應的下游節點發送 RPC 訊息。
- 如果葉子節點是 AccumulateGrad，則在上下文累積梯度。

執行 RecvRpcBackward 涉及如何將 RPC 呼叫閉環，執行 AccumulateGrad 涉及如何把異地 / 本地的梯度累積到本地上下文，我們接下來分析這兩部分如何處理。

13.6.7 RPC 呼叫閉環

前文我們介紹了接收方如何處理反向傳播 RPC 呼叫，接下來分析引擎如何發起反向傳播 RPC 呼叫，讓此 RPC 流程可以閉環。此處適用於圖 13-17 之中 Worker 0 呼叫 recv，讓執行進入到 Worker 1 這種情況。其對應 PyTorch 設計文件中如下內容：當自動求導引擎執行該 recv 自動求導函式時，該函式透過 RPC 將輸入梯度發送到相關的 Worker。每個 recv 自動求導函式都知道目標 Worker id，因為它被記錄為前向傳播的一部分。recv 自動求導函式透過 autograd_context_id 和 autograd_message_id 為依託與遠端主機互動。

具體到分散式引擎，「執行 recv 自動求導函式」操作對應：當引擎發現某一個 Node 是 RecvRpcBackward 時，則呼叫其 apply() 函式。

注意，此處對應了 13.5.3「被動（隱式）進入分散式引擎」。

```
void Engine::evaluate_function(std::shared_ptr<GraphTask>& graph_task,
    Node* func, InputBuffer& inputs,
    const std::shared_ptr<ReadyQueue>& cpu_ready_queue) {
  // 省略

  // 呼叫 RecvRpcBackward.apply 函式
  auto outputs = call_function(graph_task, func, inputs);

  // 後續程式省略
```

於是我們來分析 RecvRpcBackward。

RecvRpcBackward 定義如下：

```
class TORCH_API RecvRpcBackward : public torch::autograd::Node {
  torch::autograd::variable_list apply(
      torch::autograd::variable_list&& grads) override;
  const AutogradMetadata autogradMetadata_;

  std::weak_ptr<DistAutogradContext> autogradContext_;
  // RPC 發送方的 Worker id。反向傳播時我們需要把梯度發送給此 Worker id.
  rpc::worker_id_t fromWorkerId_;
  // 對於透過 RPC 發送來的張量的裝置映射
  const std::unordered_map<c10::Device, c10::Device> deviceMap_;
};
```

apply() 函式的作用是：

- 把傳入的梯度 grads 放入 outputGrads，因為要輸出給反向傳播的下一環節。
- 利用 outputGrads 來建構 PropagateGradientsReq，對應 BACKWARD_AUTOGRAD_ REQ 訊息。
- 透過 RPC 發送 BACKWARD_AUTOGRAD_REQ 訊息給反向傳播的下一環節。

```
variable_list RecvRpcBackward::apply(variable_list&& grads) {
  std::vector<Variable> outputGrads;
  for (size_t i = 0; i < grads.size(); i++) { // 把傳入的梯度 grads 放入 outputGrads
    const auto& grad = grads[i];
    if (grad.defined()) {
      outputGrads.emplace_back(grad);
    } else {
      // 沒有梯度的張量就設置為 0
      outputGrads.emplace_back(input_metadata(i).zeros_like());
    }
  }
```

```
    auto sharedContext = autogradContext_.lock();

    PropagateGradientsReq gradCall( // 建構 PropagateGradientsReq
        autogradMetadata_, outputGrads,
        sharedContext->retrieveGraphTask()->keep_graph_);

    // 給相關節點發送梯度
    auto rpcAgent = rpc::RpcAgent::getCurrentRpcAgent();
    auto jitFuture = rpcAgent->send( // 發送給反向傳播過程的下一個節點
        rpcAgent->getWorkerInfo(fromWorkerId_),
        std::move(gradCall).toMessage(), // 呼叫了 toMessageImpl
        rpc::kUnsetRpcTimeout,
        deviceMap_);

    // 在上下文之中記錄 future
    sharedContext->addOutstandingRpc(jitFuture);

    return variable_list();
}
```

為了論述完整，我們接下來分析接收方如何處理反向傳播。

在生成 TensorPipeAgent 時會把 RequestCallbackImpl 設定為回呼函式。這是代理的統一應答函式。前面分析代理接收邏輯時我們也提到了，接收方會進入 RequestCallbackNoPython:: processRpc() 函式。其中可以看到有對 BACKWARD_AUTOGRAD_REQ 的處理邏輯。接收方接下來會呼叫 processBackwardAutogradReq() 函式，在 processBackwardAutogradReq() 函式之中會做如下操作：

- 獲取 DistAutogradContainer。
- 獲取上下文。
- 呼叫 executeSendFunctionAsync() 函式進入引擎。

由此，我們可以印證前面提到的，有兩種途徑進入引擎：

- 一個是範例程式（顯式）主動呼叫 backward() 函式，進而呼叫到 DistEngine:: getInstance().execute，就是圖 13-17 中的 Worker 0。
- 一個是被動呼叫 DistEngine::getInstance().executeSendFunctionAsync() 函式，就是圖 13-17 中的 Worker 1。

executeSendFunctionAsync() 函式開始進入引擎，注意，此處接收方也進入了引擎，在接收方進行計算。executeSendFunctionAsync() 會直接呼叫 execute_graph_task_until_ready_ queue_empty() 函式在引擎中繼續處理。此處可以參考 13.2.4 小節中的 FAST 演算法步驟的 6~8 項。

發送和接收的邏輯具體如圖 13-22 所示。

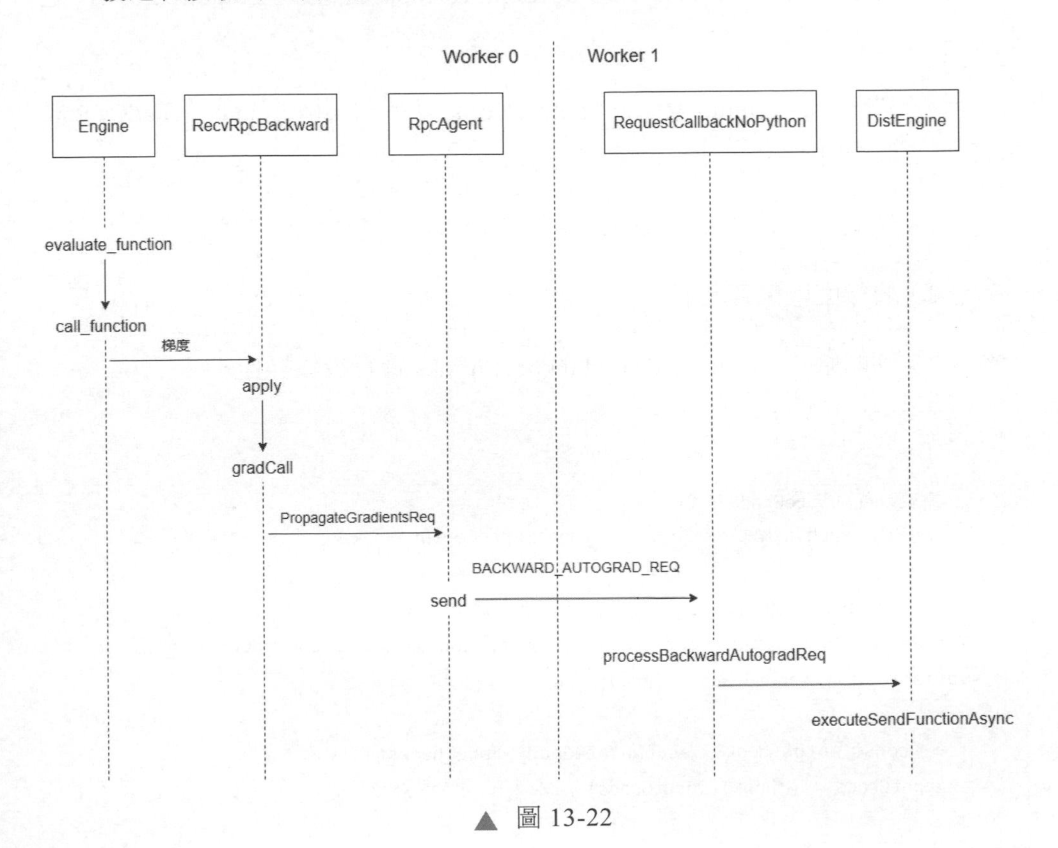

▲ 圖 13-22

13.6.8 DistAccumulateGradCaptureHook

目前看起來整體邏輯已經完成，但實際上缺了一塊，即對應了 PyTorch 設計文件中的：我們不是在張量的 grad 成員變數之上累積梯度，而是在每個分散式自動求導上下文之上分別累積梯度。梯度儲存在 Dict[Tensor, Tensor] 之中。即如何把異地 / 本地的梯度累積到本地上下文。

我們分析思路是由下往上的，首先分析累積梯度的運算元 AccumulateGrad 具體儲存在哪裡。簡要來說，AccumulateGrad 儲存在 DistAccumulateGradCapture Hook 之中。在計算相依時，computeDependencies() 函式會生成 DistAccumulate GradCaptureHook，DistAccumulateGrad CaptureHook 被記錄在 capture.hooks_ 之中。

然後分析 DistAccumulateGradCaptureHook 類別。DistAccumulateGradCapture Hook 有三個作用：

（1）呼叫原始 AccumulateGrad 的 pre hooks 來修改輸入梯度。

（2）將梯度累積到上下文。

（3）呼叫原始 AccumulateGrad 的 post hooks 進行後續操作。

其定義如下：

```
class DistAccumulateGradCaptureHook
    : public GraphTask::ExecInfo::Capture::GradCaptureHook {

  at::Tensor operator()(const at::Tensor& grad) override {
    ThreadLocalDistAutogradContext contextGuard{ContextPtr(autogradContext_)};
    variable_list inputGrads = {grad};

    for (const auto& hook : accumulateGrad_->pre_hooks()) {
      inputGrads = (*hook)(inputGrads); // 呼叫 pre-hooks
    }

    if (inputGrads[0].defined()) {
      autogradContext_->accumulateGrad( // 累積梯度
```

```
        accumulateGrad_->variable, inputGrads[0], 3 /* num_expected_refs */);
    }
    const variable_list kEmptyOuput;
    for (const auto& hook : accumulateGrad_->post_hooks()) {
      (*hook)(kEmptyOuput, inputGrads); // 呼叫 post-hooks
    }
    return inputGrads[0];
  }

  std::shared_ptr<AccumulateGrad> accumulateGrad_; // 需要累積的目標向量，在其之上進行
後續操作
  ContextPtr autogradContext_;
};
```

接下來分析累積梯度的一個完整流程。

首先，execute_graph_task_until_ready_queue_empty() 會呼叫到原生引擎的 engine_.evaluate_ function。

```
void DistEngine::execute_graph_task_until_ready_queue_empty(
    NodeTask&& node_task, bool incrementOutstandingTasks) {

  while (!cpu_ready_queue->empty()) {
    std::shared_ptr<GraphTask> local_graph_task;
    {
      NodeTask task = cpu_ready_queue->pop();

      if (task.fn_ && !local_graph_task->has_error_.load()) {
        AutoGradMode grad_mode(local_graph_task->grad_mode_);
        GraphTaskGuard guard(local_graph_task);
        engine_.evaluate_function( // 呼叫原生引擎
              local_graph_task, task.fn_.get(), task.inputs_, cpu_ready_queue);
      }
    }
    --local_graph_task->outstanding_tasks_;
  }
  // 省略其他程式碼
}
```

其次，在原生引擎程式之中，evaluate_function() 函式會呼叫鉤子，即呼叫 DistAccumulateGradCaptureHook。

```
void Engine::evaluate_function(std::shared_ptr<GraphTask>& graph_task,
    Node* func, InputBuffer& inputs,
    const std::shared_ptr<ReadyQueue>& cpu_ready_queue) {
  auto& exec_info_ = graph_task->exec_info_;
  if (!exec_info_.empty()) {
    auto& fn_info = exec_info_.at(func);
    if (auto* capture_vec = fn_info.captures_.get()) {
      for (const auto& capture : *capture_vec) {
        auto& captured_grad = graph_task->captured_vars_[capture.output_idx_];
        captured_grad = inputs[capture.input_idx_];
        for (auto& hook : capture.hooks_) {
          captured_grad = (*hook)(captured_grad); // 此處呼叫 hook，即
DistAccumulateGradCaptureHook 的 operator()，captured_grad 是累積的梯度
        }
      }
    }
  }

  // 後續省略
```

接下來，在 DistAccumulateGradCaptureHook 的 operator() 方法中會呼叫下面程式來進行累積梯度操作。

```
autogradContext_->accumulateGrad(
      accumulateGrad_->variable, inputGrads[0], 3 /* num_expected_refs */);
```

累積梯度會在上下文領域內進行。在 DistAutogradContext::accumulateGrad() 中則會呼叫到 AccumulateGrad 運算元進行累積。

```
void DistAutogradContext::accumulateGrad(
    const torch::autograd::Variable& variable, // variable 是目標變數
    const torch::Tensor& grad, // grad 是梯度，需要累積到 variable 之上
    size_t num_expected_refs) {

  AutoGradMode grad_mode(false);
  at::Tensor new_grad = AccumulateGrad::callHooks(variable, grad); // 計算
```

```
  AccumulateGrad::accumulateGrad( // 呼叫運算元函式來累積梯度
      variable, old_grad, new_grad,
      num_expected_refs + 1,
      [this, &variable](at::Tensor&& grad_update) {
        auto device = grad_update.device();
        accumulatedGrads_.insert(variable, std::move(grad_update));
        recordGradEvent(device);
      });
}
```

AccumulateGrad 運算元的定義如下：

```
struct TORCH_API AccumulateGrad : public Node {
  explicit AccumulateGrad(Variable variable_);

  variable_list apply(variable_list&& grads) override;

  static at::Tensor callHooks(
      const Variable& variable,
      at::Tensor new_grad) {
    for (auto& hook : impl::hooks(variable)) {
      new_grad = (*hook)({new_grad})[0];
    }
    return new_grad;
  }

  template <typename T>
  static void accumulateGrad( // 此處會進行具體的累積梯度操作
      const Variable& variable, at::Tensor& variable_grad,
      const at::Tensor& new_grad, size_t num_expected_refs,
      const T& update_grad) {
    if (!variable_grad.defined()) {
      if (!GradMode::is_enabled() &&
          !new_grad.is_sparse() &&
          new_grad.use_count() <= num_expected_refs &&
          (new_grad.is_mkldnn() || utils::obeys_layout_contract(new_grad, variable)))
{

        update_grad(new_grad.detach()); // 梯度操作
```

```
  } else if (
      !GradMode::is_enabled() && new_grad.is_sparse() &&
      new_grad._indices().is_contiguous() &&
      new_grad._values().is_contiguous() &&
      new_grad._indices().use_count() <= 1 &&
      new_grad._values().use_count() <= 1 &&
      new_grad.use_count() <= num_expected_refs) {

    update_grad(at::_sparse_coo_tensor_unsafe(
        new_grad._indices(),
        new_grad._values(),
        new_grad.sizes(),
        new_grad.options()));
  } else {
    if (new_grad.is_sparse()) {
      update_grad(new_grad.clone()); // 梯度操作
    } else {
      if (new_grad.is_mkldnn()) {
        update_grad(new_grad.clone());
      } else {
        update_grad(utils::clone_obey_contract(new_grad, variable));
      }
    }
  }
} else if (!GradMode::is_enabled()) {
  if (variable_grad.is_sparse() && !new_grad.is_sparse()) {
    auto result = new_grad + variable_grad;
      update_grad(std::move(result));
  } else if (!at::inplaceIsVmapCompatible(variable_grad, new_grad)) {
    auto result = variable_grad + new_grad;
    update_grad(std::move(result)); // 梯度操作
  } else {
    variable_grad += new_grad; // 梯度操作
  }
} else {
  at::Tensor result;
  if (variable_grad.is_sparse() && !new_grad.is_sparse()) {
    result = new_grad + variable_grad;
  } else {
    result = variable_grad + new_grad;
```

```
      }
      update_grad(std::move(result)); // 梯度操作
    }
  }

  Variable variable;
};
```

累積梯度的整體邏輯如圖 13-23 所示，左邊是資料結構之間的關係，右邊是演算法流程，右邊的序號和箭頭表示演算法執行是從上至下的。在執行過程中會用到左邊的資料結構。演算法與資料結構的呼叫關係由橫向虛線箭頭表示。

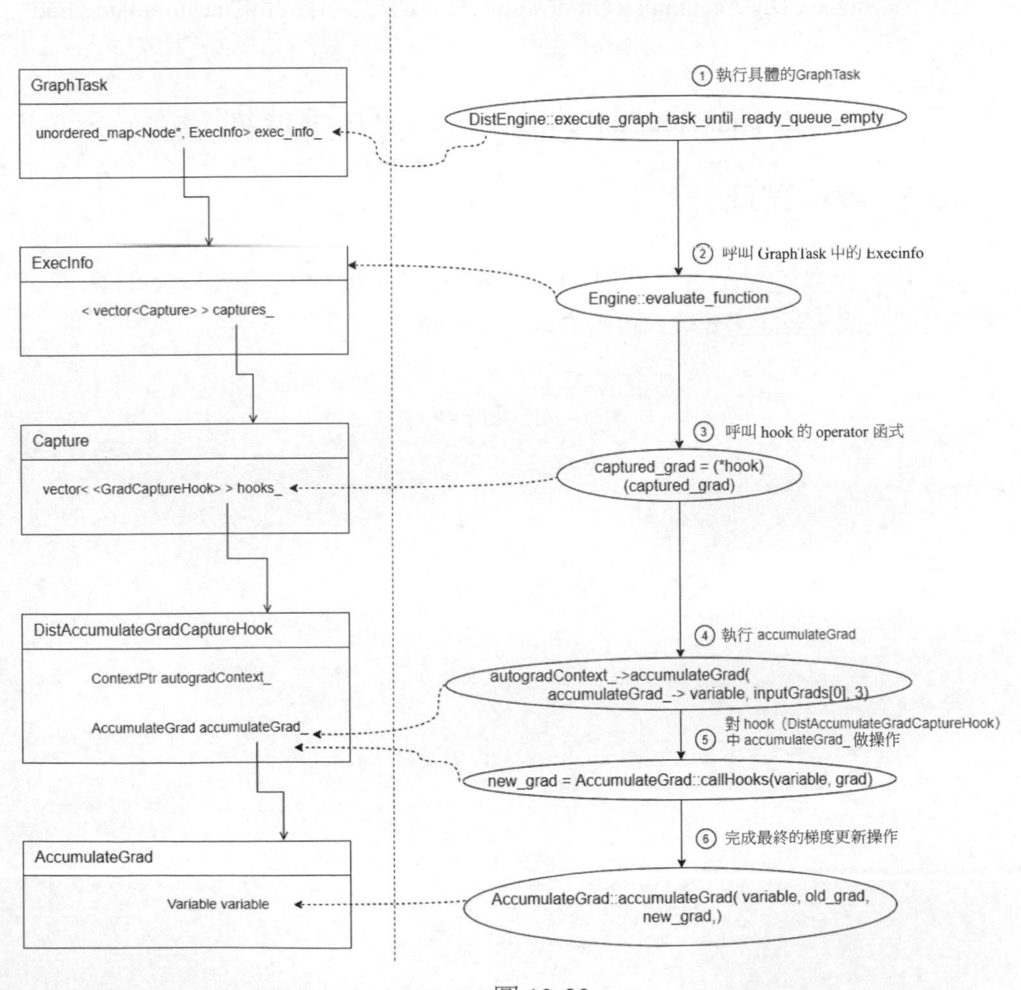

▲ 圖 13-23

對於圖 13-23 上的數字，具體解釋如下。

① 分散式引擎呼叫 execute_graph_task_until_ready_queue_empty() 函式來執行具體的 GraphTask。

② Engine::evaluate_function() 呼叫 GraphTask 之中的 ExecInfo。

③ 會存取 GradCaptureHook，呼叫 hook。hook 的 operator() 函式會呼叫到 autogradContext_-> accumulateGrad()。

④ autogradContext_ 執行 accumulateGrad()。

⑤ 對 hook（DistAccumulateGradCaptureHook）之中儲存的 accumulate Grad_ 做操作。

⑥ AccumulateGrad::accumulateGrad() 會完成最終的梯度更新操作。

13.6.9 等待完成

最後，分散式引擎會呼叫 clearAndWaitForOutstandingRpcsAsync() 函式來等待處理完成。至此，分散式自動求導分析完畢。

分散式最佳化器

本章重點介紹分散式環境下的最佳化器，包括資料並行和模型並行（包含管線並行）最佳化器。DP 的最佳化器、DDP 的最佳化器和 Horovod 的最佳化器是資料並行最佳化器。PyTorch 分散式最佳化器和 Pipe Dream 分散式最佳化器是模型並行最佳化器。

14.1 原生最佳化器

因為分散式最佳化器是在原生最佳化器（非分散式最佳化器）上拓展的，所以我們先了解一下原生最佳化器，下面透過一個例子來看原生最佳化器在訓練過程中造成的作用。

```
class ToyModel(nn.Module):
    def __init__(self):
        super(ToyModel, self).__init__()
        self.net1 = nn.Linear(10, 10)
        self.relu = nn.ReLU()
        self.net2 = nn.Linear(10, 5)
   def forward(self, x):
        return self.net2(self.relu(self.net1(x)))

net = ToyModel()
optimizer = optim.SGD(params=net.parameters(), lr = 1)
optimizer.zero_grad()
input = torch.randn(10,10)
outputs = net(input)
outputs.backward(outputs)
optimizer.step()
```

接下來我們按照「模型參數建構最佳化器→引擎計算梯度→最佳化器最佳化參數→最佳化器更新模型」的順序來介紹一下原生最佳化器邏輯，具體如圖 14-1 所示。

- 根據模型參數建構最佳化器
  - ＊採用 optimizer = optim.SGD(params=net.parameters()) 建構最佳化器，params 被賦值到最佳化器的內部成員變數 param_groups 之上。此處對應圖 14-1 中的①。
  - ＊模型包括兩個 Linear，這些層如何更新參數？答案如下。
    - ■ Linear 裡面的 weight、bias 成員變數都是 Parameter 類型。Parameter 建構函式參數 requires_grad=True。如此設置說明 Parameter 預設需要計算梯度。所以 Linear 的 weight、bias 需要引擎計算梯度。因此 weight、bias 被增加到 ToyModel 的 _parameters 成員變數之中。
  - ＊透過 parameters() 函式來獲取 ToyModel 的 _parameters 成員變數，parameters() 函式傳回的是一個迭代器（iterator）。接下來會用此迭代器作為參數建構 SGD 最佳化器。現在 SGD 最佳化器的 parameters 是一個指向 ToyModel._parameters 的迭代器。這說明最佳化器實際上直接最佳化 ToyModel 的 _parameters。

* 所以最佳化器直接最佳化更新 Linear 的 weight 和 bias。其實最佳化器就是一套程式而已，具體是最佳化一個模型的參數還是使用者指定的其他變數，則需要在建構時指定。

- 引擎計算梯度
  * 如何保證 Linear 可以計算梯度？答案是：成員變數 weight、bias 都是 Parameter 類型，預設需要計算梯度，而 Linear 可以計算 weight、bias 梯度。此處對應圖 14-1 中的②。
  * 對於模型來說，引擎計算出來的這些梯度累積在哪裡？答案是：因為 Linear 實例都是使用者顯式定義的，所以都是葉子節點。葉子節點透過 AccumulateGrad 把梯度累積在模型參數張量 autogradmeta.grad_ 之中。此處對應圖 14-1 中的③。
- 最佳化器最佳化參數
  * 呼叫 step() 函式進行最佳化，最佳化目標是最佳化器內部成員變數 self.parameters。此處對應圖 14-1 中的④。
  * self.parameters 是一個指向 ToyModel._parameters 的迭代器。這說明最佳化器實際上直接最佳化 ToyModel 的 _parameters。
- 最佳化器更新模型
  * 最佳化目標（self.parameters）的更新直接作用到模型參數上。此處對應圖 14-1 中的⑤。

原生最佳化的主要功能是使用梯度來進行最佳化，更新當前參數。資料並行之中的最佳化器則是另外一種情況，因為每個 Worker 自己計算梯度，所以分散式最佳化器主要技術困難問題如下：

- 是每個 Worker 都有自己的最佳化器，還是只有一個 Worker 有最佳化器，並由這個唯一最佳化器來統一做最佳化？

- 如果只有一個最佳化器，那麼如何把各個 Worker 的梯度合併起來，讓每個 Worker 都把梯度傳給這唯一的最佳化器？
- 如果每個 Worker 都有自己的本地最佳化器，本地最佳化器最佳化本地模型，那麼如何確保每個 Worker 之中的模型始終保持一致？

這些問題的答案根據具體框架方案的不同而不同，我們接下來就看一看在 DP/DDP/Horovod 之中分別如何實現。

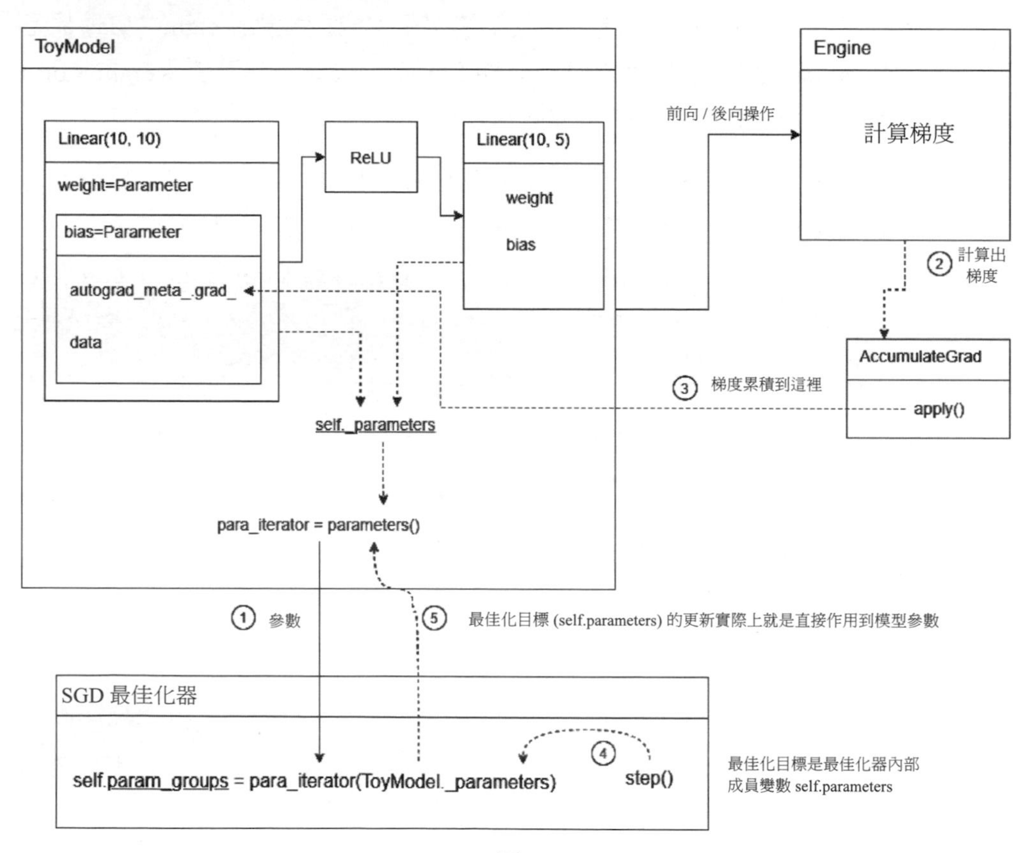

▲ 圖 14-1

14.2 DP 的最佳化器

PyTorch 在 DP 中使用多執行緒並行，應用中只有一個最佳化器。DP 修改了 forward() 和 backward() 方法，把每個執行緒的梯度精簡在一起然後做最佳化，所以雖然是資料並行，但是最佳化器不需要做修改。我們舉出一個簡化的圖示，如圖 14-2 所示，每個執行緒進行梯度計算，最後把梯度精簡到 GPU 0，在 GPU 0 之上進行最佳化。

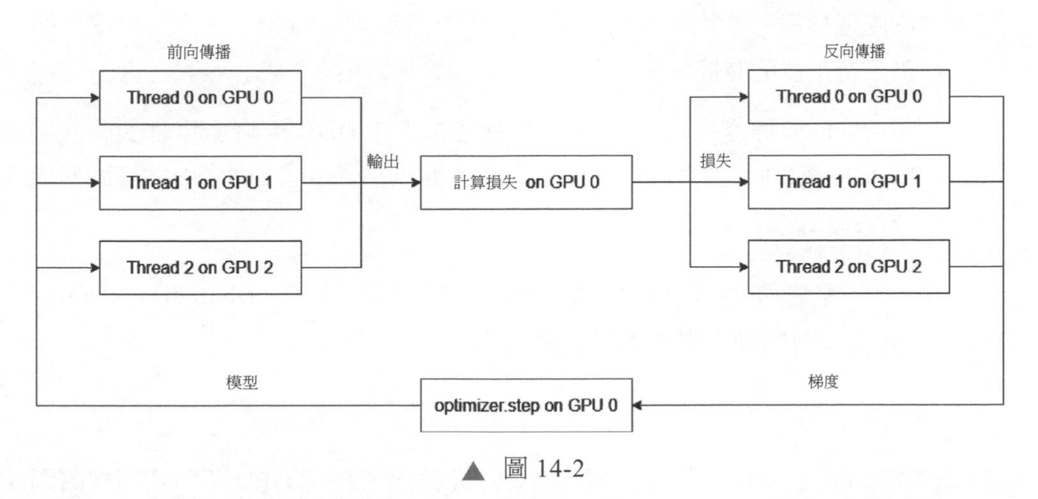

▲ 圖 14-2

14.3 DDP 的最佳化器

前文中的圖 6-10 來自快手 *BAGUA:Scalingup Distributed Learning* 論文，圖中羅列了原生訓練過程與 DDP/Horovod 的對比。

- 圖 6-10 上面的 Vanilla 是原生訓練過程，其中 U 部分對應的是最佳化器過程。原生最佳化器主要功能是根據梯度來更新模型當前參數：w.data -= w.grad * lr 。
- 圖 6-10 下面部分是 DDP/Horovod 最佳化過程，其反向計算和精簡梯度在一定程度上可以並行處理。

14.3.1 流程

在 DDP 中依然使用原生最佳化器，但採用多處理程序方式，每個處理程序都完成訓練的全部流程，只是在反向計算時需要使用 All-Reduce 來精簡梯度。DDP 有以下兩個特點：

- 每個處理程序維護自己的原生最佳化器，並在每次迭代中執行一個完整的最佳化步驟。由於梯度已經聚集並跨處理程序平均，因此梯度對於每個處理程序都相同，這意味著不需要廣播參數，減少了在節點之間傳輸張量所花費的時間。
- All-Reduce 操作在反向傳播過程中完成。在 DDP 初始化時會生成一個 Reducer 類別，其內部會註冊 autograd_hook，autograd_hook 在反向傳播時進行梯度同步。

DDP 選擇了修改 PyTorch 核心來適應分散式需求。在 DistributedDataParallel 模型的初始化和前向操作中做相關處理，具體邏輯如下：

（1）DDP 使用多處理程序並行載入資料，不需要廣播資料和拷貝模型。

（2）在每個 GPU 上執行前向傳播，計算輸出。每個 GPU 都執行同樣的訓練，不需要有主 GPU。

（3）在每個 GPU 上計算損失，執行反向傳播來計算梯度，可以在計算某些梯度的同時對另外一些梯度執行 All-Reduce 操作。

（4）更新模型參數。因為每個 GPU 都從完全相同的模型開始訓練，並且梯度被 All-Reduce，因此每個 GPU 在反向傳播結束時最終得到平均梯度的相同副本，所有 GPU 上的權重更新都相同，這樣所有 Worker 上的模型都一致，也就不需要模型同步。

因為在模型的前向傳播和反向傳播之中進行修改，所以最佳化器也不需要修改，每個 Worker 分別在自己本地處理程序中進行最佳化。

14.3.2 最佳化器狀態

如何保證各個處理程序的最佳化器狀態相同？因為 DDP 只是使用最佳化器，不負責同步最佳化器狀態，DDP 不對此負責，所以需要使用者協作操作來保證各處理程序間的最佳化器狀態相同。這圍繞著兩個環節來進行。

- 如何保證最佳化器參數初始值相同？答案是：最佳化器初始值相同由「使用者在 DDP 模型建立後才初始化最佳化器」來確保。
- 如何保證最佳化器參數每次更新值相同？答案是：因為每次更新的梯度都是 All-Reduced 過的，所以各個最佳化器拿到相同的梯度變化數值。

此訓練邏輯如圖 14-3 所示。

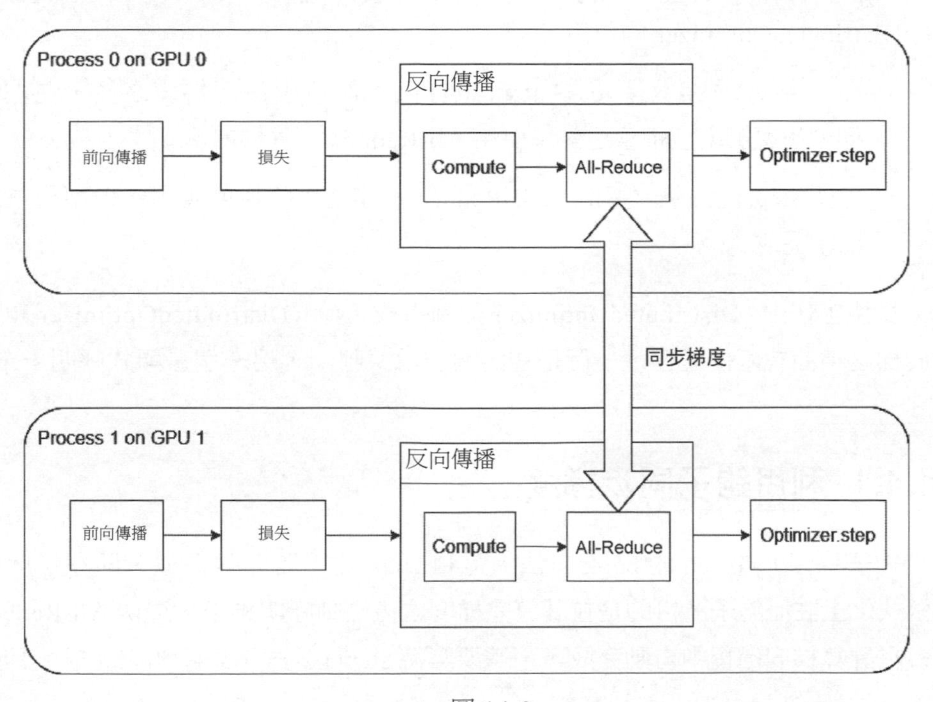

▲ 圖 14-3

14.4 Horovod 的最佳化器

Horovod 並沒有對模型的前向傳播 / 反向傳播進行修改，而是對最佳化器進行了修改，實現了一個 DistributedOptimizer。我們以 horovod/torch/optimizer.py 為例。

```
An optimizer that wraps another torch.optim.Optimizer, using an
 All-Reduce to combine gradient values before applying gradients
 to model weights. All-Reduce operations are executed after each
 gradient is computed by loss.backward()  in parallel with each
other. The step() method ensures that all All-Reduce operations
are finished before applying gradients to the model.
```

DistributedOptimizer 的作用是：

- 在 Worker 並存執行 loss.backward() 函式計算出每個梯度之後，在「將梯度應用于模型權重之前」使用 All-Reduce 合併梯度。
- 呼叫 step() 函式確保所有 All-Reduce 操作在「將梯度應用于模型權重之前」完成。

具體工作由 _DistributedOptimizer 類別完成，而 _DistributedOptimizer 類別對於梯度精簡有兩個途徑，一個是透過鉤子隱式呼叫，另一個是顯式呼叫 step() 函式。

14.4.1 利用鉤子同步梯度

鉤子採用 PyTorch 的 hook 方法，這和 DDP 的思路非常類似，即在梯度計算函式之上註冊鉤子，目的是在計算完梯度之後立刻呼叫鉤子，這樣 All-Reduce 就會在計算梯度過程中自動完成，不需要等待 step() 函式顯式呼叫來完成。具體如下：

- 在每個 GPU 之上計算損失，執行反向傳播來計算梯度，在計算梯度的同時對梯度執行 All-Reduce 操作。

- 更新模型參數。因為每個 GPU 都從完全相同的模型開始訓練，並且梯度被 All-Reduce，所以每個 GPU 在反向傳播結束時最終得到平均梯度的相同副本，所有 GPU 上的權重更新都相同，也就不需要模型同步。

1. 註冊鉤子

Horovod 透過 _register_hooks() 函式來註冊鉤子，該函式內部呼叫到 _make_hook() 函式。

```
def _register_hooks(self):
    # 註冊 hooks
    for param_group in self.param_groups: # 遍歷組
        for p in param_group['params']: # 遍歷組中的參數
            if p.requires_grad: # 如果需要計算梯度
                p.grad = p.data.new(p.size()).zero_()
                self._requires_update.add(p)
                p_tmp = p.expand_as(p)
                grad_acc = p_tmp.grad_fn.next_functions[0][0] # 獲取梯度函式
                grad_acc.register_hook(self._make_hook(p)) # 註冊鉤子到梯度函式之上
                self._grad_accs.append(grad_acc)
```

_make_hook() 函式會建構並傳回鉤子函式，鉤子函式會在反向傳播時被呼叫，其內部執行了 All-Reduce。

```
def _make_hook(self, p):
    def hook(*ignore):
        # 省略部分程式
        handle, ctx = None, None
        self._allreduce_delay[p] -= 1
        if self._allreduce_delay[p] == 0:
            if self._groups is not None: # 我們略過處理 groups 相關部分
            else:
                handle, ctx = self._allreduce_grad_async(p) # 被呼叫時會進行 All-
Reduce
        self._handles[p] = (handle, ctx) # 把 handle 註冊到本地

    return hook
```

2. 精簡梯度

精簡梯度就是在反向傳播階段呼叫鉤子函式，進行 All-Reduce。

```
def _allreduce_grad_async(self, p):
    name = self._parameter_names.get(p)
    tensor = p.grad
    tensor_compressed, ctx = self._compression.compress(tensor)
    # 呼叫 allreduce_async_ 完成 MPI 呼叫
    handle = allreduce_async_(tensor_compressed, name=name, op=self.op,
                              prescale_factor=prescale_factor,
                              postscale_factor=postscale_factor)
    return handle, ctx
```

14.4.2 利用 step() 函式同步梯度

step() 函式定義如下，如果需要強制同步，就呼叫 self.synchronize() 函式，否則呼叫基礎類別的 step() 函式來更新參數。

```
def step(self, closure=None):
        if self._should_synchronize:
            self.synchronize()
        self._synchronized = False
        return super(self.__class__, self).step(closure)
```

synchronize() 函式用來強制 All-Reduce 操作完成，這對於梯度裁剪（gradient clipping）或者其他有原地梯度修改的操作特別有用，這些操作需要在呼叫 step() 函式之前完成。

我們接下來看一下 synchronize() 函式。此處最重要的是 outputs = synchronize (handle) 呼叫 horovod.torch.mpi_ops.synchronize 完成了同步操作，此處因為兩個函式名稱相同，所以容易被誤會成遞迴。

```
from horovod.torch.mpi_ops import synchronize

def synchronize(self):
    completed = set()
    for x in self._handles.keys():
      completed.update(x) if isinstance(x, tuple) else completed.add(x)
    missing_p = self._requires_update - completed # 找到目前沒有計算完畢的梯度

    for p in missing_p:
        handle, ctx = self._allreduce_grad_async(p) # 對於沒有計算完畢的梯度，顯式進行
All-Reduce
        self._handles[p] = (handle, ctx) # 記錄下來本次計算的 handle 操作

    for p, (handle, ctx) in self._handles.items():
        if handle is None: # 如果沒有記錄呼叫過 All-Reduce
            handle, ctx = self._allreduce_grad_async(p)  # 進行 All-Reduce
            self._handles[p] = (handle, ctx)

    for p, (handle, ctx) in self._handles.items(): # 最後統一進行同步
        if isinstance(p, tuple):
            outputs = synchronize(handle) # 呼叫 MPI 同步操作
            for gp, output, gctx in zip(p, outputs, ctx):
                self._allreduce_delay[gp] = self.backward_passes_per_step
                gp.grad.set_(self._compression.decompress(output, gctx))
        else:
            output = synchronize(handle) # 呼叫 MPI 同步操作
            self._allreduce_delay[p] = self.backward_passes_per_step
            p.grad.set_(self._compression.decompress(output, ctx))

    self._handles.clear()
    self._synchronized = True
```

step() 函式邏輯如圖 14-4 所示。

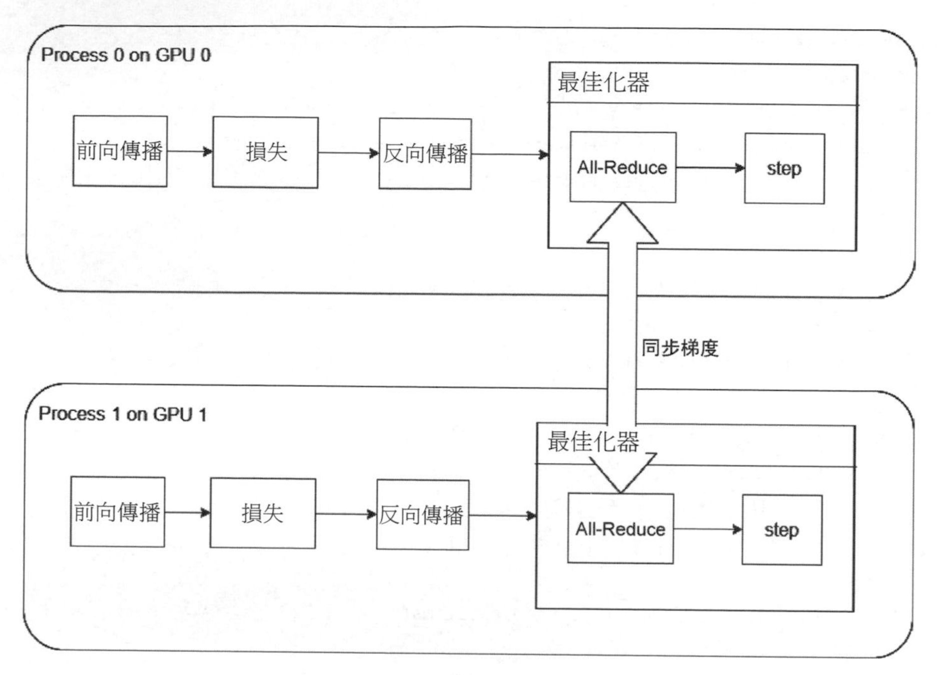

▲ 圖 14-4

至此，資料並行最佳化器分析完畢。

14.5 模型並行的分散式問題

PyTorch 分散式最佳化器和 PipeDream 最佳化器主要涉及模型並行。目前無論是 DP、DDP 還是 Horovod，實質上都處理資料並行，而資料並行不適用於模型太大而無法放入單一 GPU 的某些用例，於是人們引入了模型並行。與此對應，最佳化器也需要做不同的修改以適應模型並行的需求。

我們先設想一下，如果自己實現分散式最佳化器則應該如何處理。假如模型分為三個部分，有三個主機可以訓練。我們會顯式地把這三個部分分別部署到三個主機之上，在三個主機之上都有一套自己的訓練程式，在每套訓練程式之中都有自己的本地最佳化器負責最佳化本地子模型的參數。具體實現思路如圖 14-5 所示，其中實線表示呼叫流程，虛線表示資料流程。

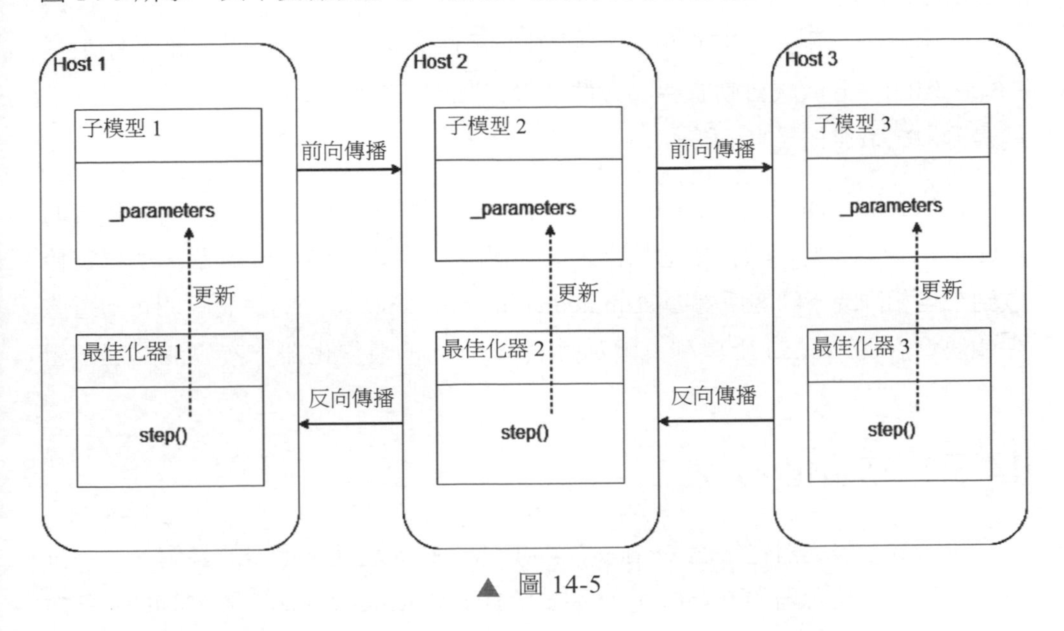

▲ 圖 14-5

有幾個問題需要我們解決：

- 如何劃分模型到不同機器上？如何把程式分割到不同機器上？
- 如何跨機器把前向傳播、反向傳播連接在一起？
- 各個機器之間是同步執行的還是非同步執行的？如果是同步執行的，如何讓整個系統用同一個步驟執行？
- 如何把這些最佳化器結合在一起？還是最佳化器各做各的，彼此沒有任何聯繫？

我們接下來看一看 PyTorch 和 PipeDream 如何解決上述問題。

14.6 PyTorch 分散式最佳化器

PyTorch 使用基於 RPC 的分散式訓練元件來解決上述問題，該元件包括 RPC、RRef、分散式自動求導和分散式最佳化器。RPC、RRef 和分散式自動求導是分散式最佳化器的基礎。

PyTorch 的 DistributedOptimizer 獲得了分散在各個 Worker 上的參數的 RRef，然後對這些參數在本地執行最佳化器。對於單一 Worker 來說，如果它接收到來自相同或不同客戶對 DistributedOptimizer.step() 函式的併發呼叫，則這些呼叫將會在此 Worker 上串列，因為每個 Worker 的最佳化器一次只能處理一組梯度。

14.6.1 初始化

分散式最佳化器在每個 Worker 節點上建立其本地最佳化器的實例，並將持有這些本地最佳化器的 RRef。可以視為，DistributedOptimizer 是 Master，它擁有遠端 Worker 節點上的最佳化器的代理。DistributedOptimizer 的初始化程式如下：

```
def __init__(self, optimizer_class, params_rref, *args, **kwargs):
    per_worker_params_rref = defaultdict(list)
    for param in params_rref:
        per_worker_params_rref[param.owner()].append(param)

    # 拿到對應的本地最佳化器類別
    if optimizer_class in DistributedOptimizer.functional_optim_map and jit._state._
enabled:
        optim_ctor = DistributedOptimizer.functional_optim_map.get(optimizer_class)
    else:
        optim_ctor = optimizer_class
    self.is_functional_optim = (optim_ctor != optimizer_class)

    if self.is_functional_optim:
        optimizer_new_func = _new_script_local_optimizer
```

```
    else:
        optimizer_new_func = _new_local_optimizer

    remote_optim_futs = []
    for worker, param_rrefs in per_worker_params_rref.items():
        remote_optim_rref_fut = rpc.rpc_async(
            worker, # 在 worker 上生成其本地最佳化器
            optimizer_new_func, # rpc_async 呼叫
            args=(optim_ctor, param_rrefs) + args,
            kwargs=kwargs,
        )
        remote_optim_futs.append(remote_optim_rref_fut)

    # 本地儲存的遠端各個節點上的最佳化器
    self.remote_optimizers = _wait_for_all(remote_optim_futs)
```

以 _new_local_optimizer 為例，其生成了 _LocalOptimizer。_LocalOptimizer 是本地最佳化器，其執行在遠端 worker 節點之上，Master 擁有這些本地最佳化器的代理。

```
def _new_local_optimizer(optim_cls, local_params_rref, *args, **kwargs):
    return rpc.RRef(
        _LocalOptimizer(optim_cls, local_params_rref, *args, **kwargs))
```

分散式最佳化器對應的邏輯如圖 14-6 所示。

- RRef1 和 RRef2 是遠端待最佳化的參數，比如類型都是 torch.rand((3, 3))。
- optim_rref1 和 optim_rref2 分別是節點 1 上分散式最佳化器所持有的位於節點 2 和節點 3 上本地最佳化器的 RRef。

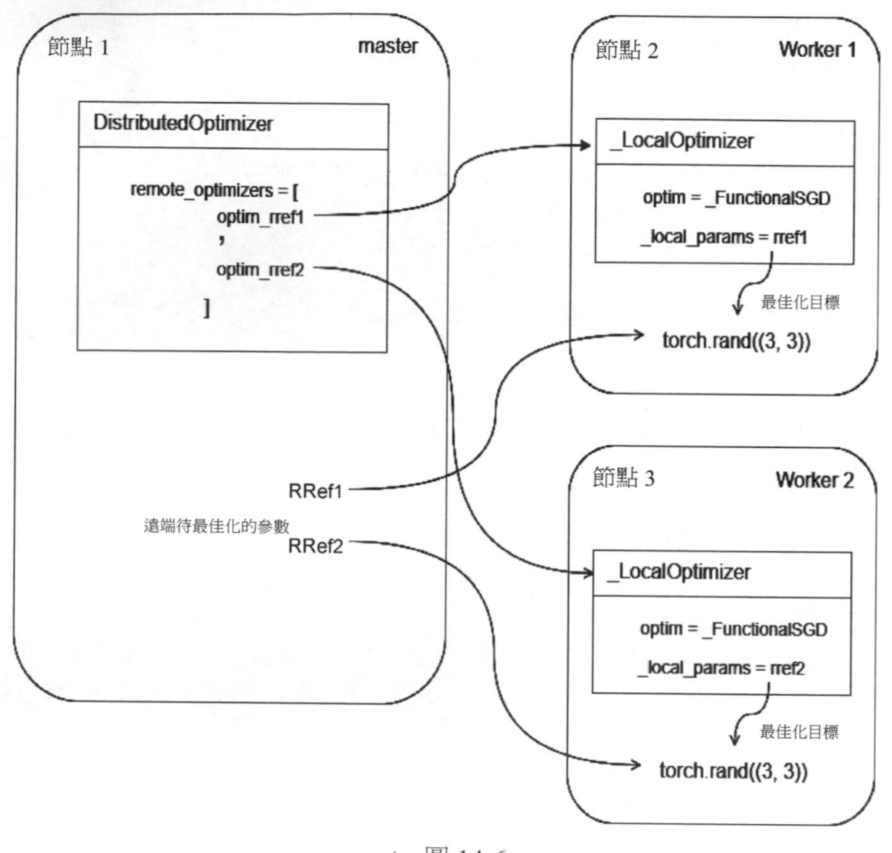

▲ 圖 14-6

14.6.2 更新參數

DistributedOptimizer 在最佳化時，其成員函式 step() 會遍歷儲存的最佳化器，逐一呼叫 _local_optimizer_step() 函式進行最佳化。為什麼可以在節點 1 之上統一呼叫這些遠端最佳化器？因為只有在更新完所有參數之後，才能呼叫下一輪前向傳播，因此可以統一呼叫，然後等待全部完成。

```
def step(self, context_id):
    if self.is_functional_optim:
        optimizer_step_func = _script_local_optimizer_step
    else:
        optimizer_step_func = _local_optimizer_step # 賦值
```

```
    rpc_futs = []
    for optimizer in self.remote_optimizers: # 遍歷 _LocalOptimizer
        rpc_futs.append(rpc.rpc_async( # 非同步異地呼叫
            optimizer.owner(),
            optimizer_step_func, # 逐一呼叫
            args=(optimizer, context_id),
        ))
    _wait_for_all(rpc_futs) # 等待完成
```

1. 本地最佳化

_local_optimizer_step() 的作用就是得到 _LocalOptimizer，然後呼叫 step() 函式。

```
def _local_optimizer_step(local_optim_rref, autograd_ctx_id):
    local_optim = local_optim_rref.local_value()
    local_optim.step(autograd_ctx_id)
```

_LocalOptimizer 的 step() 函式首先獲取分散式梯度，然後用此梯度進行參數最佳化。

```
class _LocalOptimizer(object):
    def __init__(self, optim_cls, local_params_rref, *args, **kwargs):
        self._local_params = [rref.local_value() for rref in local_params_rref]
        self.optim = optim_cls(
            self._local_params,
            *args,
            **kwargs)

    def step(self, autograd_ctx_id):
        # 獲取到分佈上下文裡面計算好的梯度
        all_local_grads = dist_autograd.get_gradients(autograd_ctx_id)
        with _LocalOptimizer.global_lock:
            for param, grad in all_local_grads.items():
                param.grad = grad
            self.optim.step() # 參數最佳化
```

2. 獲取分散式梯度

C++ 世界的 getGradients() 程式如下，梯度已經累積到 DistAutogradContext 的成員變數 accumulatedGrads_ 之中。

```
const c10::Dict<torch::Tensor, torch::Tensor> DistAutogradContext::
    getGradients() const {
  std::lock_guard<std::mutex> guard(lock_);
  for (auto& entry : gradReadyEvents_) {
    auto& event = entry.second;
    event.block(impl_.getStream(event.device()));
  }
  // 分散式梯度已經累積在 DistAutogradContext 的成員變數 accumulatedGrads_ 之中
  return accumulatedGrads_;
}
```

所以我們進行邏輯拓展如下。

① DistributedOptimizer 呼叫 optim_rref1 和 optim_rref2 的 step() 函式在遠端 Worker 之上進行最佳化。

② Worker 1 和 Worker 2 上的 _LocalOptimizer 分別對本地 _local_params_ 進行最佳化。

③ 最佳化結果會累積在節點的 DistAutogradContext 中的 accumulatedGrads_ 成員變數中。

這樣，整個模型的各個子模型就在各個節點上以統一的步驟進行訓練 / 最佳化，具體如圖 14-7 所示，其中細實線表示資料結構之間的關係，粗實線表示呼叫流程。

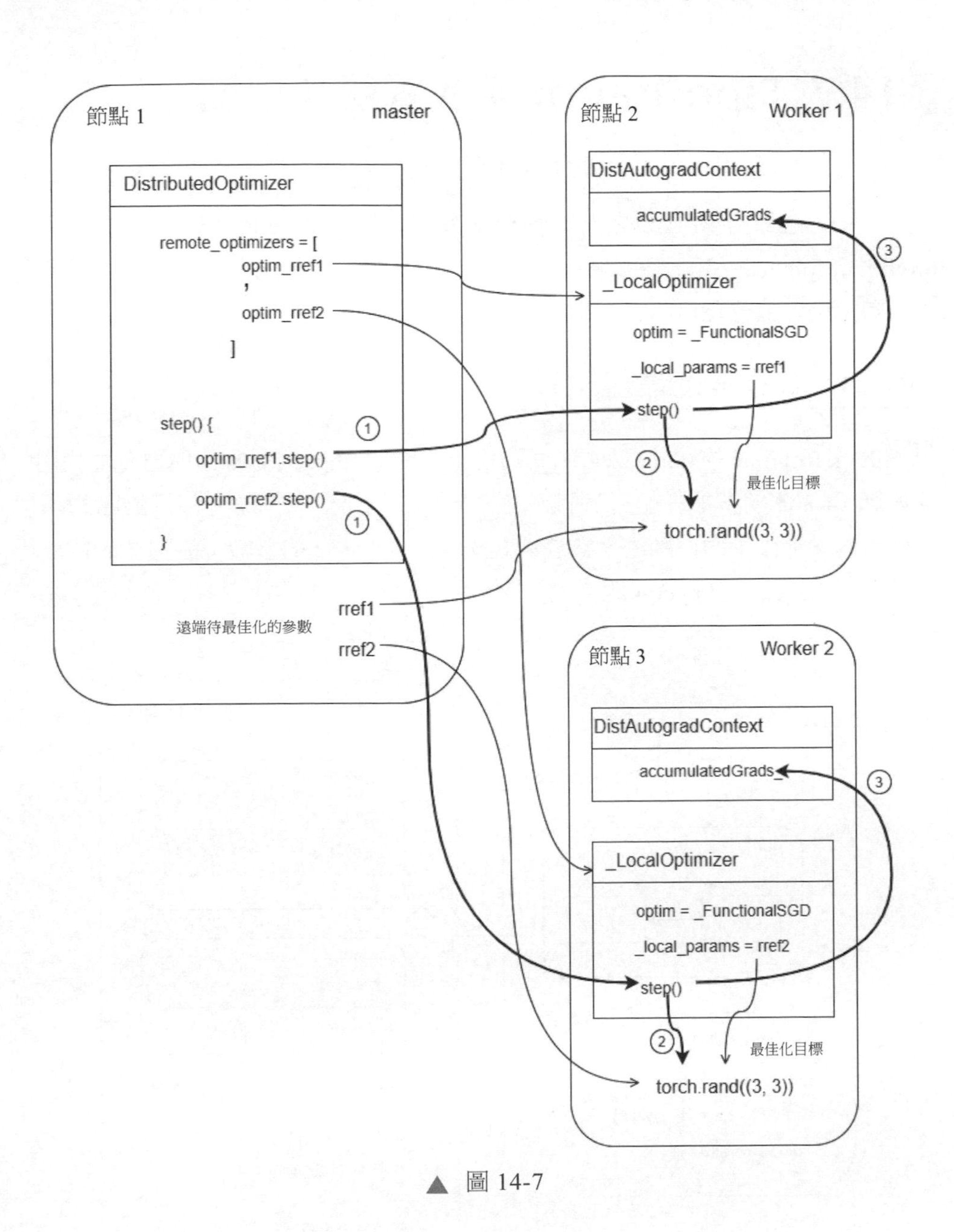

節點 1
master
DistributedOptimizer
remote_optimizers = [
optim_rref1
,
optim_rref2
]
step() {
optim_rref1.step()
optim_rref2.step()
}
①
①
rref1
遠端待最佳化的參數
rref2
節點 2
Worker 1
DistAutogradContext
accumulatedGrads
③
_LocalOptimizer
optim = _FunctionalSGD
_local_params = rref1
step()
②
最佳化目標
torch.rand((3, 3))
節點 3
Worker 2
DistAutogradContext
accumulatedGrads
③
_LocalOptimizer
optim = _FunctionalSGD
_local_params = rref2
step()
②
最佳化目標
torch.rand((3, 3))

▲ 圖 14-7

14.7 PipeDream 分散式最佳化器

最後我們來看 PipeDream 如何實現分散式最佳化器。其主要思路是：PipeDream 在每個 Worker 之上啟動全部程式，因為每個節點的模組（類型為 torch.nn.Module）不同，所以每個本地最佳化器的待最佳化參數是本地模組的參數，每個節點最佳化自己負責的部分模組。

14.7.1 如何確定最佳化參數

StageRuntime 的 initialize() 函式透過本節點的 stage 資訊來建構自己的模組。比如圖 14-8 的模型被分配到兩個節點之上，每個節點兩個層。每個節點的模型參數不同，節點 1 的待最佳化參數是 Layer 1、Layer 2 的參數；節點 2 的待最佳化參數是 Layer 3、Layer 4 的參數。

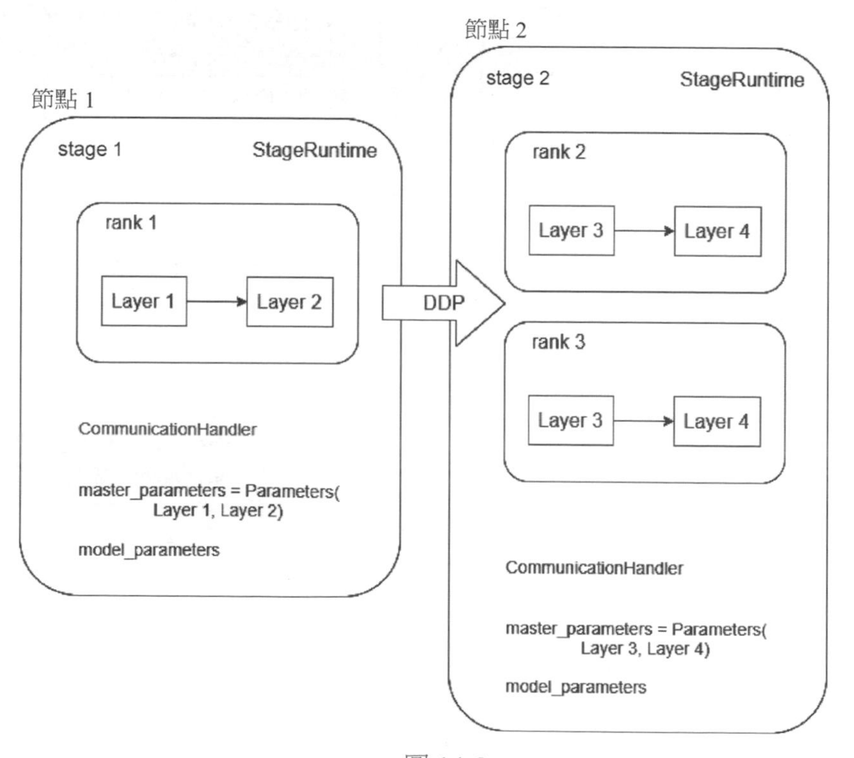

▲ 圖 14-8

PipeDream 用 Runtime（StageRuntime） 的 master_parameters 和 model_parameters 變數來建構本地最佳化器 SGDWithWeightStashing。

```
class SGDWithWeightStashing(OptimizerWithWeightStashing): # 基礎類別
    def __init__(self, modules, master_parameters, model_parameters,
                 loss_scale, num_versions, lr=required, momentum=0,
                 dampening=0, weight_decay=0, nesterov=False, verbose_freq=0,
                 macrobatch=False):
        super(SGDWithWeightStashing, self).__init__(
            optim_name='SGD',
            modules=modules, master_parameters=master_parameters,
            model_parameters=model_parameters, loss_scale=loss_scale,
            num_versions=num_versions, lr=lr, momentum=momentum,
            dampening=dampening, weight_decay=weight_decay,
            nesterov=nesterov, verbose_freq=verbose_freq,
            macrobatch=macrobatch,
        )
```

OptimizerWithWeightStashing 是 SGDWithWeightStashing 的基礎類別。OptimizerWithWeightStashing 會生成一個原生最佳化器，賦值在 base_optimizer。

```
class OptimizerWithWeightStashing(torch.optim.Optimizer):
    def __init__(self, optim_name, modules, master_parameters, model_parameters,
                 loss_scale, num_versions, verbose_freq=0, macrobatch=False,
                 **optimizer_args):
        self.modules = modules
        self.master_parameters = master_parameters
        self.model_parameters = model_parameters
        self.loss_scale = loss_scale

        # 生成一個原生最佳化器
        self.base_optimizer = getattr(torch.optim, optim_name)(
            master_parameters, **optimizer_args)
```

此時邏輯拓展如圖 14-9 所示，每個最佳化器使用自己節點的參數進行最佳化。

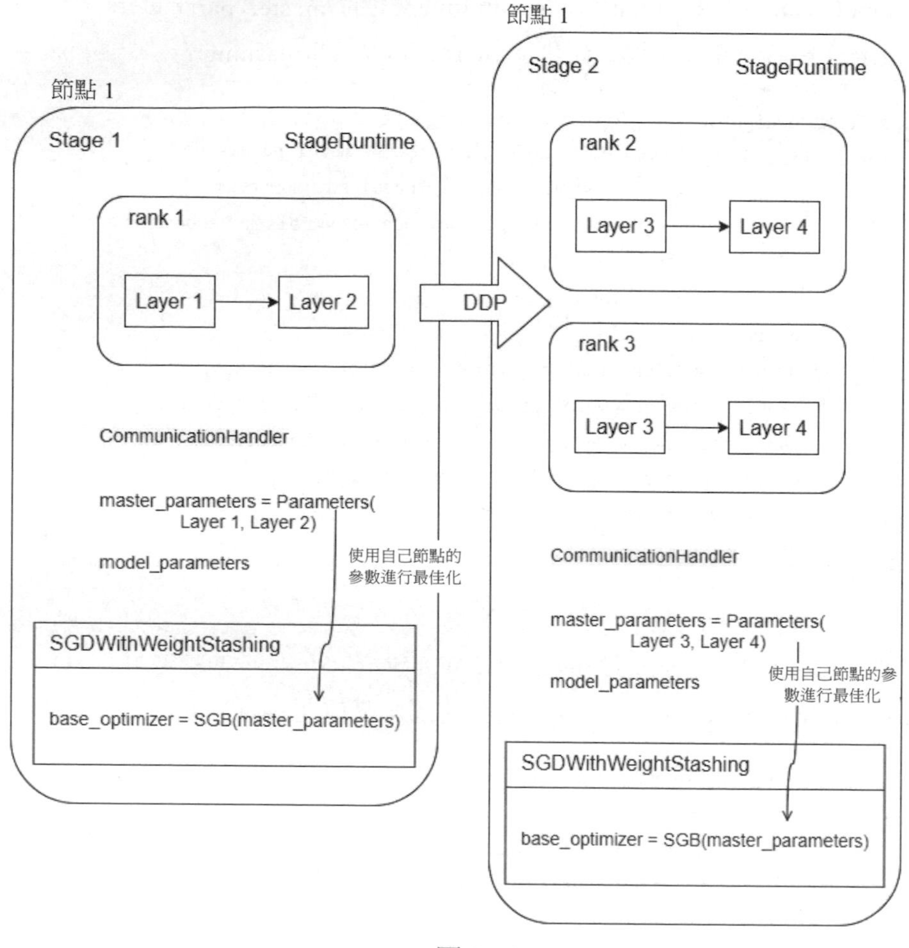

▲ 圖 14-9

14.7.2 最佳化

1. 整體最佳化

因為 PipeDream 整體上是非同步執行的，所以最佳化是非同步最佳化，具體訓練程式如下：

```
def train(train_loader, r, optimizer, epoch):
    # 開始熱身階段的前向傳播
    for i in range(num_warmup_minibatches):
```

```
        r.run_forward()

    for i in range(n - num_warmup_minibatches):
        # 執行前向傳播
        r.run_forward()

        # 執行反向傳播
        r.run_backward()
        optimizer.load_new_params()
        optimizer.step()

    # 執行剩餘的反向傳播
    for i in range(num_warmup_minibatches):
        optimizer.zero_grad()
        optimizer.load_old_params()
        r.run_backward()
        optimizer.load_new_params()
        optimizer.step()

    # 等待所有幫手執行緒結束
    r.wait()
```

2. 最佳化器最佳化

直接使用 SGDWithWeightStashing 的 step() 函式進行最佳化，最後也呼叫 OptimizerWithWeightStashing(torch.optim.Optimizer) 的 step() 函式。

```
def step(self, closure=None):
    """ 執行單次最佳化 """
    # 每 update_interval 個 step 之後更新梯度
    if self.model_parameters is not None:
        if self.loss_scale != 1.0:
            # 處理梯度
            for parameter in self.master_parameters:
                parameter.grad.data = parameter.grad.data / self.loss_scale

    for p in self.param_groups[0]['params']:
        if p.grad is not None: # 繼續處理累積的梯度
            p.grad.div_(self.update_interval)
```

```
loss = self.base_optimizer.step() # 進行最佳化
return loss
```

最終邏輯如圖 14-10 所示，其中細實線表示資料結構之間的關係，粗實線表示呼叫流程。

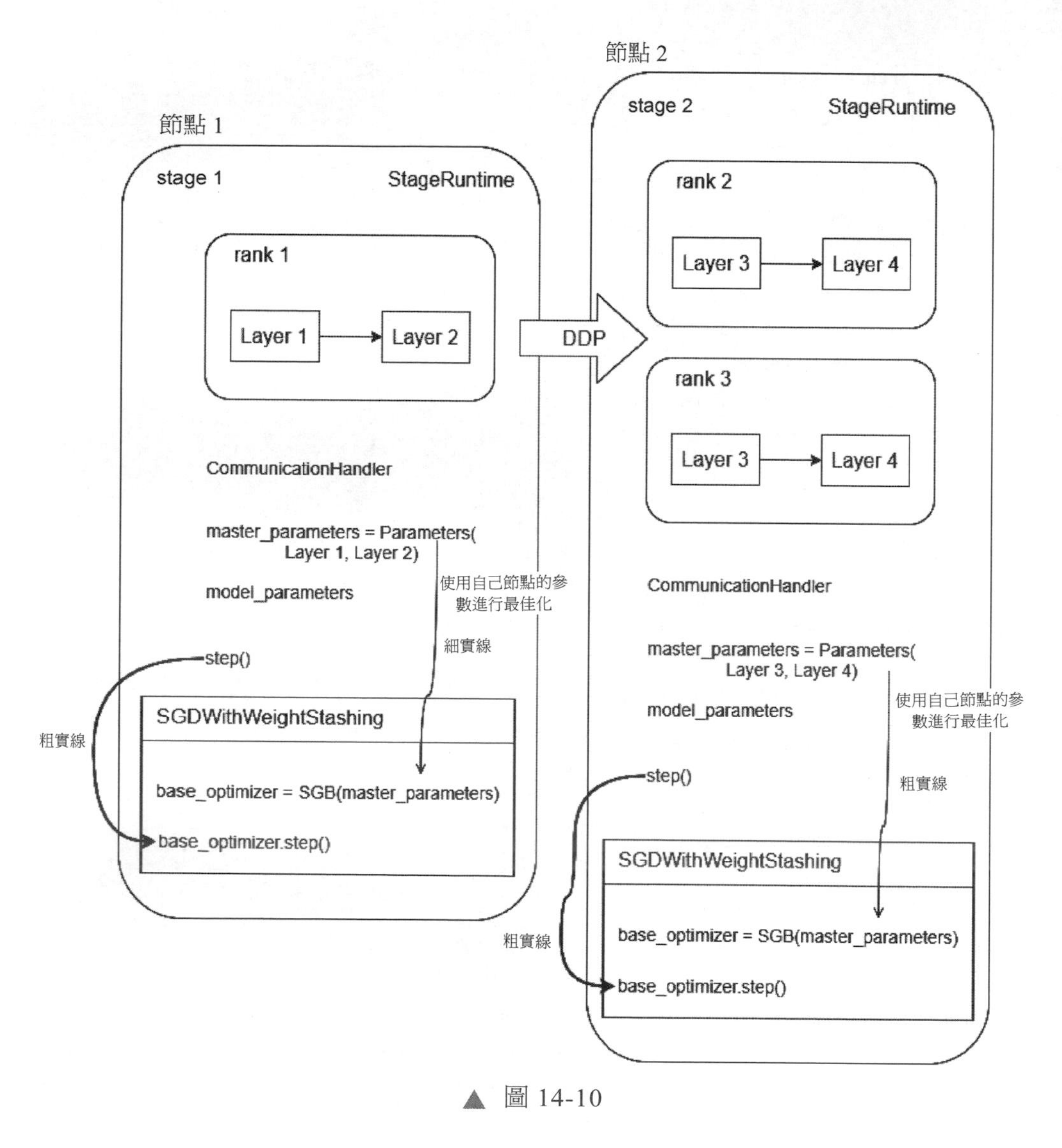

▲ 圖 14-10

至此，分散式最佳化器分析完畢。

第五篇

TensorFlow 分散式

分散式執行環境之靜態架構

在具體介紹 TensorFlow 分散式的各種策略（Strategy）之前，我們先分析分散式的基礎：分散式環境。只有把基礎打扎實，才能在以後的分析工作中最大程度地掃清障礙，事半功倍。本章和第 16 章程式使用的部分 API 不是最新版本，因為我們的目的是了解 TensorFlow 分散式的設計思想，舊版本的 API 反而會更加清晰（目前業界很多公司依然基於較低版本的 TensroFlow，所以舊版本 API 更有分析意義），另外，這兩章提到的很多概念在後續版本中依然在使用，只是換了一種對外呈現方式。①

① 對於有深入學習 TensorFlow 框架意願的讀者，在此推薦劉光聰（horance-liu@github）的電子書《TensorFlow 核心剖析》，筆者從劉先生處參考、受益良多。

15.1 整體架構

我們從幾個不同角度對分散式模式進行拆分，如何拆分不是絕對的，這些角度可能會彼此有部分包含，只是筆者認為這麼劃分更容易理解。

15.1.1 叢集角度

我們從叢集和業務邏輯角度拆分分散式模式如下。

- Cluster：TensorFlow 叢集。
  - ∗ 一個 TensorFlow 叢集包含一個或者多個 TensorFlow 服務端，一個叢集一般會專注於一個相對高層的目標，比如用多台機器並行地訓練一個神經網路。
  - ∗ 訓練被切分為一系列 Job，每個 Job 會負責一系列 Task。當叢集有多個 Task 時，需要使用 tf.train.ClusterSpec 來指定每一個 Task 的機器。
- Job：一個 Job 包含一系列致力於完成某個相同目標的 Task，一個 Job 中的 Task 通常會執行在不同的機器中。一般存在如下兩種 Job。
  - ∗ PS Job：PS 是 Parameter Server 的縮寫，PS 負責處理與儲存、更新變數等相關的工作。
  - ∗ Worker Job：用於承載那些計算密集型的無狀態節點，負責資料計算。
- Task：一個 Task 完成一個具體任務，一般會連結到某個 TensorFlow 服務端的處理過程。
  - ∗ Task 屬於一個特定的 Job，並且在該 Job 的任務清單中有唯一的索引 task_index。
  - ∗ Task 通常與一個具體的 tf.train.Server 相連結，執行在獨立的處理程序中。
  - ∗ 可以在一個機器上執行一個或者多個 Task，比如單機多 GPU。

我們舉出以上三者的關係，如圖 15-1 所示，Cluster 包含多個 Job，Job 包含 1 個或多個 Task。

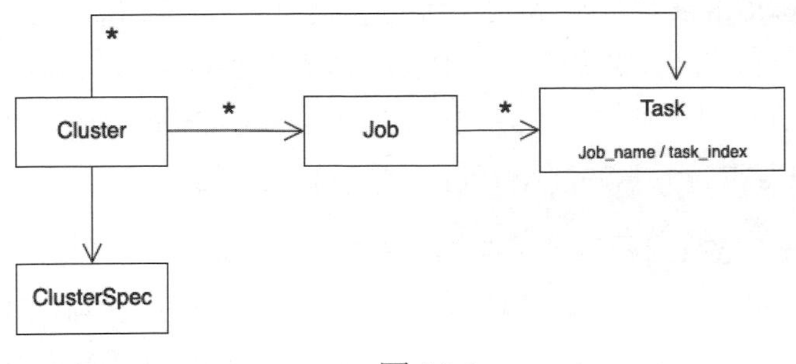

▲ 圖 15-1

15.1.2 分散式角度

我們接下來從分散式業務邏輯和架構角度具體分析一下。大家知道，Master-Worker 架構是分散式系統中常見的一種架構，比如：GFS 中有 Master 和 ChunkServer，Spanner 中有 Zonemaster 和 Spanserver，Spark 中有 Driver 和 Executor，Flink 中有 JobManager 和 TaskManager。在此架構下，Master 通常負責維護叢集詮譯資訊、排程任務，Workers 則負責具體計算或者維護具體資料分片。

TensorFlow 分散式也採用了 Master-Worker 架構，為了更好地進行說明，我們舉出一個官方的分散式 TensorFlow 架構圖（如圖 15-2 所示），其中三個角色是從邏輯角度來審視的。

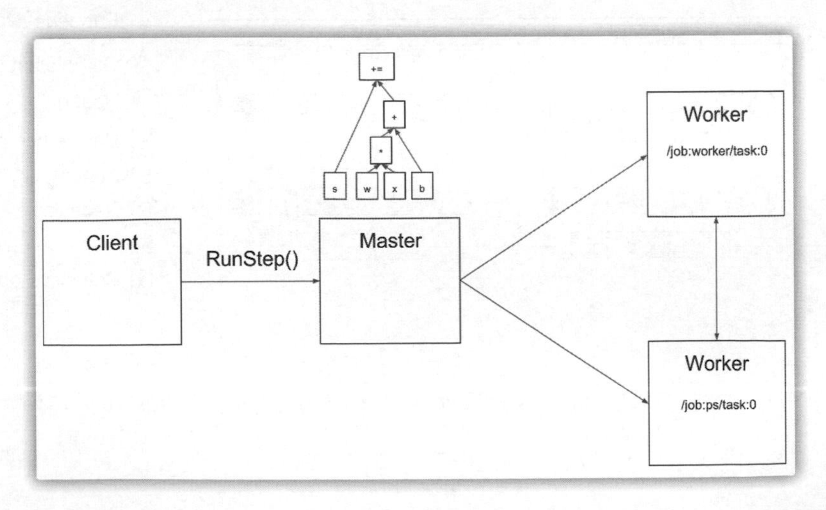

▲ 圖 15-2

- Client：Client 利用分散式環境進行計算。一個 Client 通常是一段建構 TensorFlow 計算圖的程式，Client 透過迴圈呼叫 RPC 讓 Master 進行迭代計算（例如訓練）。計算圖透過 session.run() 交給 Runtime 系統，Runtime 系統分為一個 Master 和若干個 Worker。
- Master：當收到執行計算圖的命令之後，Master 負責協調排程，比如對計算圖進行編譯、剪枝和最佳化，把計算圖拆分成多個子圖，將每個子圖分配給不同的 Worker，觸發各個 Worker 併發地執行子圖。
- Worker：負責計算收到的子圖。當接收到註冊子圖訊息之後，Worker 會將計算子圖依據本地計算裝置進行二次切分，並把二次切分之後的子圖分配各個裝置，然後啟動計算裝置併發地執行子圖。Worker 之間透過處理程序間通訊完成資料交換。

圖 15-2 上的叢集包括三個節點，每個節點上都執行一個 TensorFlow Server。此處每一個 Master、Worker 都是 TensorFlow Server。其中下方的 Worker 的具體角色是參數伺服器，負責維護參數、更新參數等，上方的 Worker 是 Worker Job，會把梯度發給參數伺服器進行參數更新。

我們接下來以圖 15-3 為例，分析如何從另外一個更高層次的角度審視 TensorFlow 的分散式的三種角色。

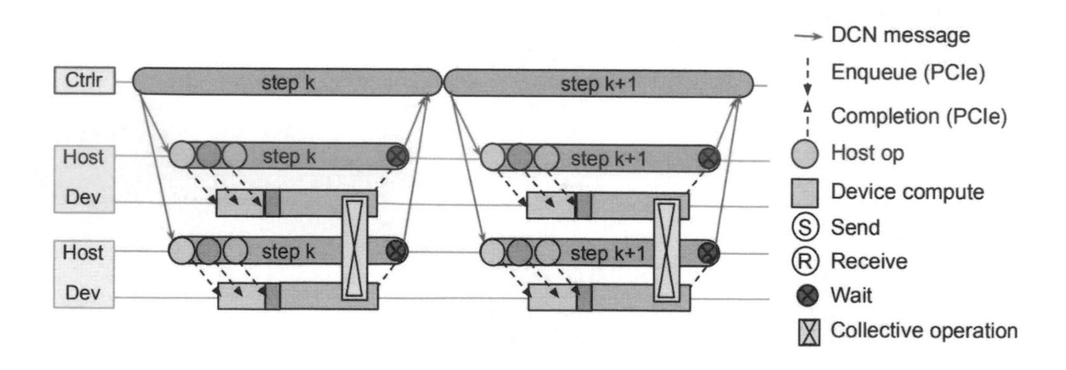

▲ 圖 15-3

圖片來源：論文 *Pathways: Asynchronous Distributed Dataflow for ML*

Pathway 是 Jeff Dean 提出的下一代 AI 架構，在 *Pathways:Asgnchronous Distributed Dataflowfor ML* 論文中把 Client 和 Master 歸為一個實體：Controller。而 Worker 在圖 15-3 上由 Host（CPU）和 Device（GPU）組成。使用 Controller 的一個最大好處是可以對計算圖進行靈活的最佳化和排程。

在具體執行時，Controller 把每個 step 的子圖發給 Worker 來執行。在 Worker 執行結束之後會通知 Controller。圖 15-3 中的箭頭代表訊息發送。比如 Controller 會從上自下驅動 Worker。Worker 內部的 Host 會驅動 Device。Worker 也會向 Controller 發送訊息來回報進度（對應圖 15-3 中由下至上的箭頭）。圖中藍色交叉方框為集合通訊（在 RDMA 或者 NVLink 之上）。

作為對比，我們分析 PyTorch 和 Horovod。它們都採用一種簡單且對稱的方式，不需要外部控制器，只有內部控制器（就是程式本身），所以 PyTorch 在所有 Host 上都執行相同程式，即每個 Host 都在獨立控制，具體如圖 15-4 所示。

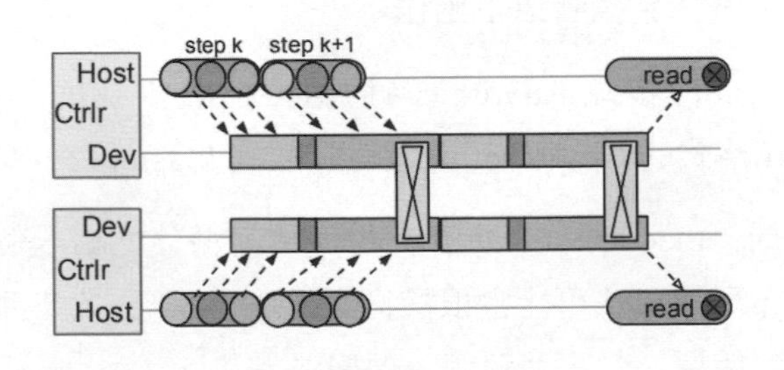

▲ 圖 15-4

圖片來源：*Pathways: Asynchronous Distributed Dataflow for ML*

15.1.3 系統角度

接下來從具體軟體系統角度來剖析，TensorFlow 分散式系統在實現上有如下概念。

- TensorFlow Server：執行 tf.train.Server 實例的處理程序，是一個叢集中的一員，通常包括 MasterService 與 WorkerService。Server 可以和叢集中的其他 Server 進行通訊。

- MasterService：一個 gRPC Service 用於與遠端的分散式裝置進行互動，協調排程多個 WorkerService。MasterService 的特點如下。

  * MasterService 對應於 //tensorflow/core/protobuf/master_service.proto，內部有 CreateSession、RunStep 等介面，所有的 TensorFlow Server 都實現了 MasterService。

  * Client 可以與 MasterService 互動以執行分散式運算。Client 一般會建立一個 ClientSession（客戶階段），ClientSession 通常是一個 tensorflow::Session 實例，透過 RPC 形式與一個 Master 保持聯繫。該 Master 會相應地建立一個 MasterSession（主階段）。

  * 一個 MasterService 會包含多個 MasterSession 並且維護 MasterSession 的狀態。每個 MasterSession 封裝了一個計算圖及其相關的狀態，這些 MasterSession 通常對應同一個 ClientSession。

- MasterSession：它負責以下工作。

  * 建立 Client 與後端 Runtime 的通道，造成橋樑的作用，比如可以將 Protobuf 格式的 GraphDef 發送至分散式 Master。

  * 使用布局（Placement）演算法將每個節點分配給一個裝置（本地或遠端）。布局演算法可能會根據從系統中 Worker 收集到的統計資料（例如記憶體使用、頻寬消耗等）做出決定。

  * 為了支援跨裝置和跨處理程序的資料流程和資源管理，MasterSession 會在計算圖中插入中間節點和邊。

  * 向 Worker 發出命令，讓 Worker 執行與本 Worker 相關的子圖。

- WorkerSession：Worker 透過 WorkerSession 來標識一個執行序列（註冊計算圖、執行命令等操作），WorkerSession 屬於一個 MasterSession。

- WorkerService：一個 gRPC Service，代表 MasterService 在 Worker 的一組本地裝置上執行資料流程計算圖。一個 WorkerService 會保持 / 追蹤客戶計算圖的多個子圖，這些子圖對應於應該在此 Worker 上執行的節點，也包括處理程序間通訊所需的任何額外節點。WorkerService

對應於 worker_service.proto。所有的 TensorFlow Server 也都實現了 WorkerService。

我們現在知道，在每個 Server 上都會執行 MasterService 和 WorkerService 這兩個服務，這意味著 Server 可能同時扮演 Master 和 Worker 這兩個角色，比如在圖 15-5 中，在叢集的每個節點上都執行著一個 TensorFlow Server。每個 Server 上都有兩種 Service（MasterService 和 WorkerService），只不過在此系統之中，目前有實際意義的分別是 MasterService（位於 Master 之上）和 WorkerService（位於兩個 Worker 之上），在圖 15-5 中用底線標識。

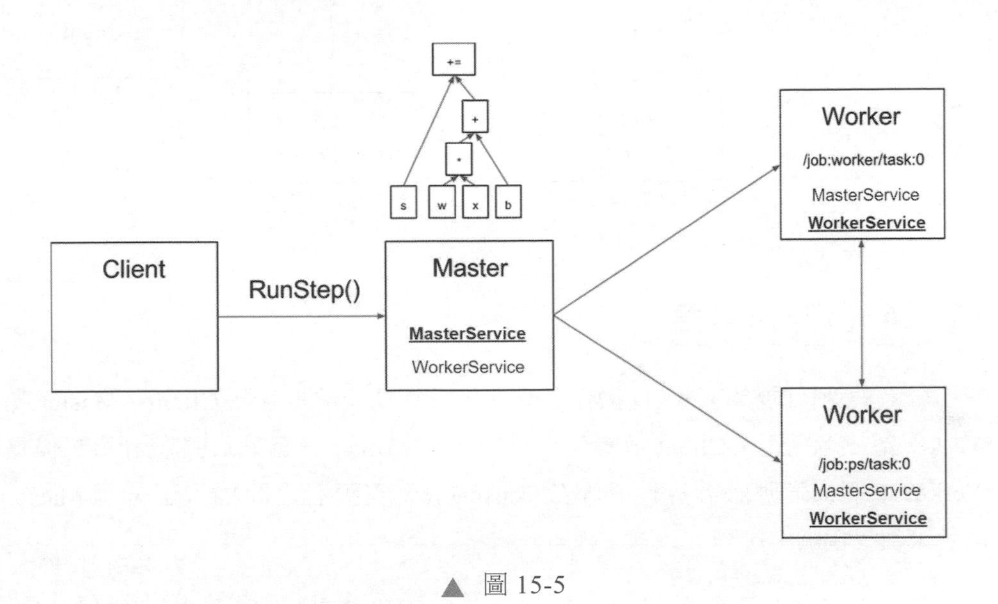

▲ 圖 15-5

我們接著看其他一些可能。

- 如果 Client 被連線了叢集中的一個 Server A，則此 Server A 就扮演了 Master 角色，叢集中的其他 Server 就是 Worker，但是 Server A 同時也可以扮演 Worker 角色。
- Client 可以和 Master 位於同一個處理程序之內，此時 Client 和 Master 直接使用函式呼叫來互動，避免了 RPC 銷耗。

- Master 可以和 Worker 位於同一個處理程序之內，此時兩者直接使用函式呼叫來進行互動，避免了 RPC 銷耗。
- 可以有多個 Client 同時連線一個叢集，如圖 15-6 所示，此時叢集中有兩個 Server 可以扮演 Master/Worker 角色，另外兩個 Server 只可以扮演 Worker 角色。

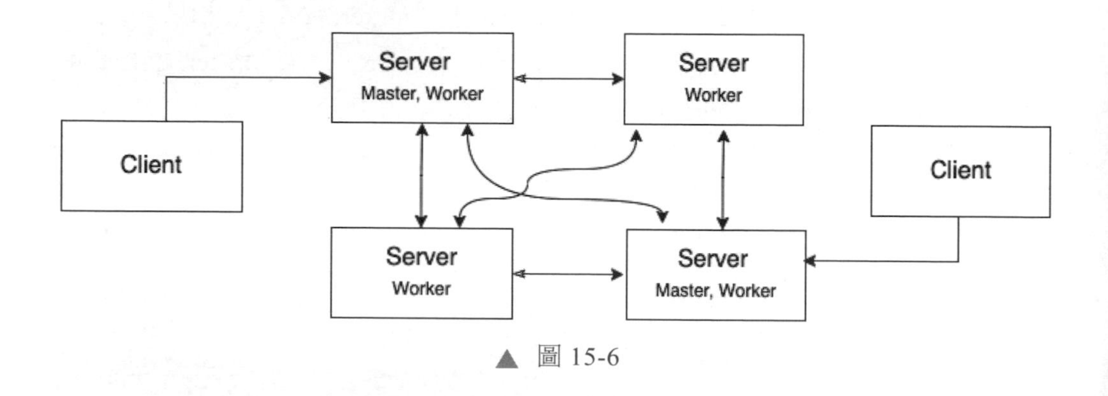

▲ 圖 15-6

15.1.4 圖操作角度

分散式執行的核心是如何操作計算圖。計算功能被拆分為 Client、Master 和 Worker 這三個角色。Client 負責建構計算圖，Worker 負責執行具體計算，但是 Worker 如何知道應該計算什麼呢？ TensorFlow 在兩者之間插入了一個 Master 角色來負責協調、排程。

前文介紹過，在分散式模式下，PyTorch 會對計算圖進行切分，並且執行操作，TensorFlow 與之類似。

- 從切分角度看，TensorFlow 對計算圖執行了二級切分操作：
  - * MasterSession 首先生成 ClientGraph（客戶子圖），然後透過 SplitByWorker() 函式完成一級切分，得到多個 PartitionGraph（分區子圖），再把 PartitionGraph 串列註冊到多個 Worker 上。
  - * WorkerSession 透過 SplitByDevice() 函式把自己得到的計算圖進行二級切分，把切分之後的 PartitionGraph 分配給本 Worker 的每個裝置。

- 從執行角度來看，計算圖的具體執行只發生在 Worker 上。
  * Master 啟動各個 Worker 併發地執行 PartitionGraph 串列。
  * Worker 在每個裝置上啟動 Executor 來執行 PartitionGraph。

因為執行是按照切分後的維度進行的，所以此處只演示切分，如圖 15-7 所示。

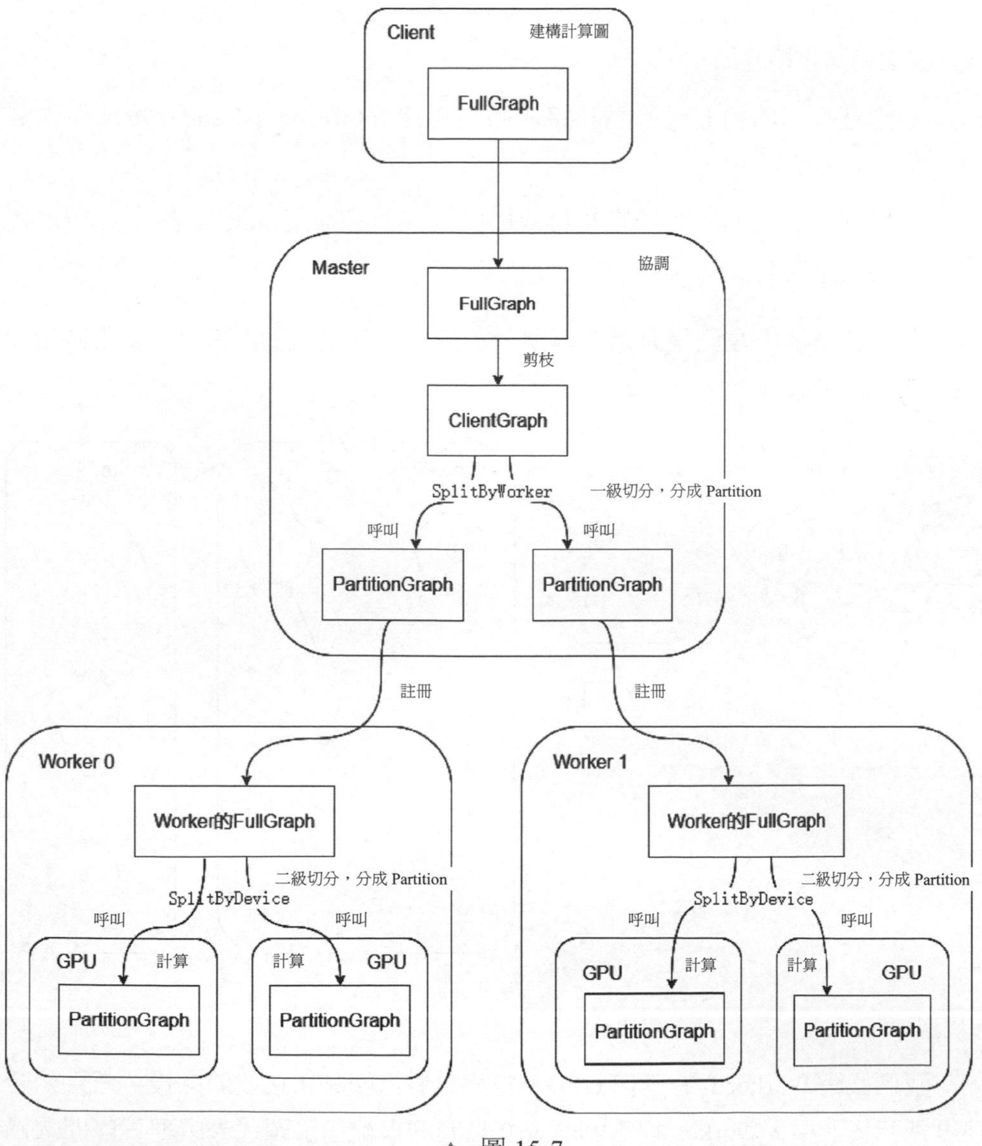

▲ 圖 15-7

15.1.5 通訊角度

下面我們從通訊角度對分散式模式進行分析。TensorFlow 訊息傳輸的通訊元件被叫作 Rendezvous，這是一個從生產者向消費者傳遞張量的抽象。一個 Rendezvous 是一個通道的表（table）。生產者呼叫 Send() 方法從一個指定的通道發送一個張量。消費者呼叫 Recv() 方法從一個指定的通道接收一個張量。

在分散式模式中會對跨裝置的邊進行切分，在邊的發送端和接收端會分別插入發送節點和接收節點。

- 處理程序內的發送節點和接收節點透過 IntraProcessRendezvous 類別實現資料交換。
- 處理程序間的發送節點和接收節點透過 GrpcRemoteRendezvous 類別實現資料交換。

比如圖 15-8 中左側是原始計算圖，右側是切分之後的計算圖，5 個節點被分配到兩個 Worker 上。

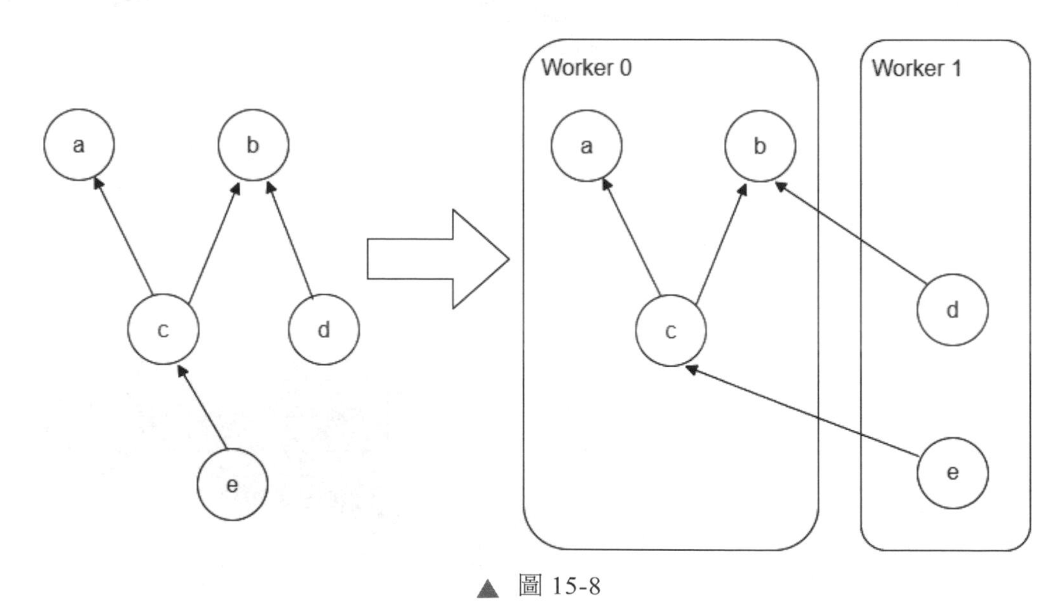

▲ 圖 15-8

我們假設 Worker 0 有兩個 GPU，當插入發送節點和接收節點後，效果如圖 15-9 所示，其中，Worker 1 與 Worker 0 之間的實線粗箭頭代表處理程序間透過

GrpcRemoteRendezvous 實現資料交換，Worker 0 內部兩個 GPU 之間的虛線粗箭頭代表處理程序內部透過 IntraProcessRendezvous 實現資料交換。

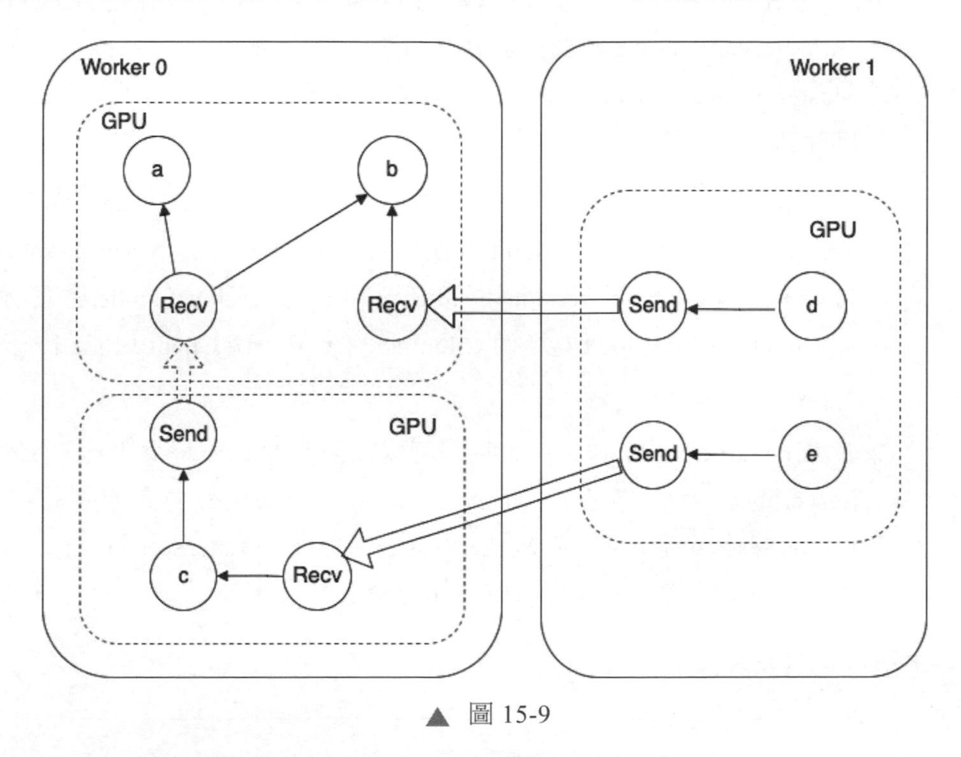

▲ 圖 15-9

15.2 Server

15.2.1 邏輯概念

我們可以從多個角度來分析 Server，其特點如下。

- Server 是一個叢集中的一員，負責管理本地裝置集。
- Server 是基於 gRPC 的伺服器，可以和叢集中的其他 Server 進行通訊。
- Server 是執行 tf.train.Server 實例的處理程序，tf.train.Server 內部通常包括 MasterService 與 WorkerService，這是 Master 和 Worker 這兩種服務的對外介面。Server 可以同時扮演這兩種角色。

- Server 的實現是 GrpcServer。
  - * GrpcServer 內部有一個成員變數 grpc::Server server_，這是 gRPC 通訊的 Server，Server 會監聽訊息，並且把命令發送到內部兩個服務 MasterService 和 WorkerService 之中對應的那個。對應的服務會透過回呼函式進行業務處理。
  - * 當 GrpcServer 是 Master 角色時，對外服務是 MasterService。MasterService 為每一個連線的 Client 啟動一個 MasterSession，MasterSession 被一個全域唯一的 session_handle 標識，此 session_handle 會傳遞給 Client。Master 可以為多個 Client 服務，但一個 Client 只能和一個 Master 打交道。
  - * 當 GrpcServer 是 Worker 角色時，可以為多個 Master 提供服務。GrpcServer 的對外服務是 WorkerService，WorkerService 為每個連線的 MasterSession 生成一個 WorkerSession 實例。MasterSession 可以讓 WorkerSession 實例註冊計算圖、執行命令。

Server 的具體邏輯如圖 15-10 所示。

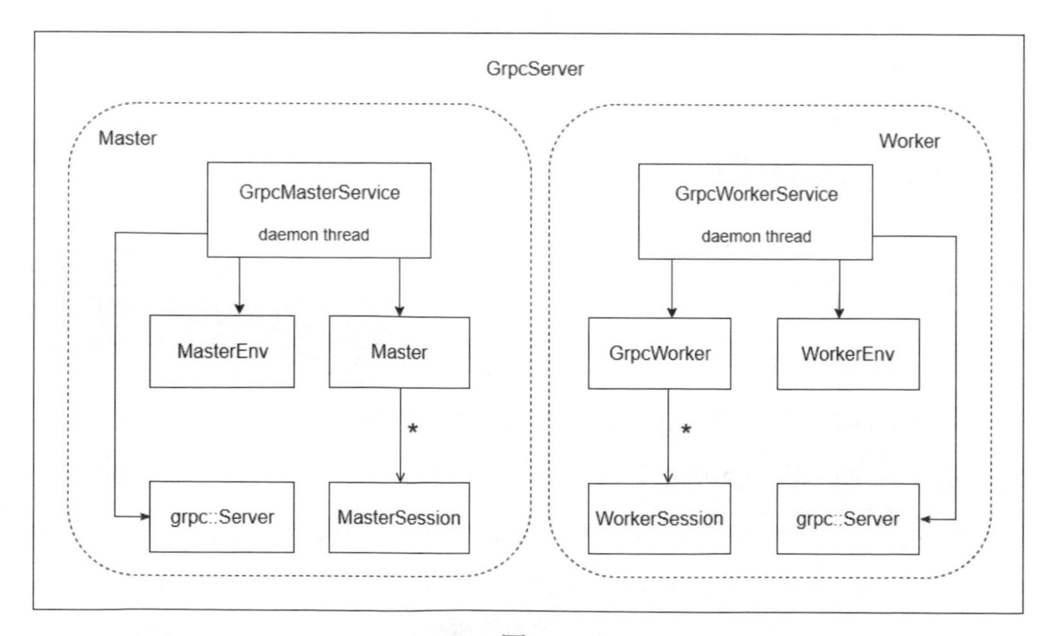

▲ 圖 15-10

Server 的 __init__() 函式的主要作用是呼叫 c_api.TF_NewServer() 函式建立 Server。

```
self._server = c_api.TF_NewServer(self._server_def.SerializeToString())
if start:
   self.start()
```

TF_NewServer() 進入 C++ 世界，呼叫 tensorflow::NewServer() 建立了 C++ 世界的 Server。

```
Status NewServer(const ServerDef& server_def,
               std::unique_ptr<ServerInterface>* out_server) {
 ServerFactory* factory;
 TF_RETURN_IF_ERROR(ServerFactory::GetFactory(server_def, &factory));
 return factory->NewServer(server_def, ServerFactory::Options(), out_server);
}
```

NewServer() 會基於註冊 / 工廠的機制來建立 TensorFlow Server 物件。GrpcServer 早就被註冊到系統中了，GrpcServerFactory 是對應的工廠類別，如果 ServerDef 的成員變數 protocol 是「grpc」，則 NewServer() 會生成 GrpcServer。因此我們接下來就分析 GrpcServer。

15.2.2 GrpcServer

GrpcServer 的主要內容如下。

1. 定義

ServerInterface 是基礎介面，代表一個輸出 Master 和 Worker 服務的 Tensor Flow Sever。GrpcServer 是 ServerInterface 的衍生類別，負責管理當前處理程序中 MasterService 和 WorkerService 的實例，透過 Start()、Stop()、Join() 組成了註釋中提到的狀態機，狀態機的特點如下。

- 在 New 狀態上啟動 grpc::Server，但是沒有對外提供服務。
- 在 Started 狀態上啟動 MasterService 和 WorkerService 這兩個對外的 RPC 服務。

- 在 Stopped 狀態下停止 MasterService 和 WorkerService。

GrpcServer 的主要成員變數如下。

- MasterEnv master_env_：MasterEnv 類型，是 Master 所使用的工作環境。
- worker_env_：WorkerEnv 類型，是 Worker 所使用的工作環境。
- master_impl_：具體執行業務操作的 Master 實例。
- worker_impl_：具體執行業務操作的 GrpcWorker 實例。
- master_service_：GrpcMasterService 實例。
- worker_service_：GrpcWorkerService 實例。
- master_thread_：MasterService 用來實現 RPC polling（等待事件機制）的執行緒。
- worker_thread_：WorkerService 用來實現 RPC polling 的執行緒。
- std::unique_ptr<::grpc::Server> server_ ：gPRC 通訊 Server。

具體來說，GrpcServer 的工作是啟動若干個執行緒，分別執行 GrpcMasterService、GrpcWorkerService 和 GrpcEagerServiceImpl。

2. 初始化

GrpcServer 的初始化邏輯大致如下。

- 獲取各種相關設定，初始化 MasterEnv 和 WorkerEnv。
- 建立裝置管理員（Device Manager）。
- 建構裝置串列。
- 建立 RpcRendezvousMgr。
- 建立 Server 必要的設置項。
- 建立 Master 及對應的 GrpcMasterService。GrpcMasterService 是對外提供服務的實體，當訊息到達時會呼叫 GrpcMasterService 的訊息處理函式，具體業務則由 Master 提供。

- 建立 GrpcWorker 及對應的 GrpcWorkerService。GrpcWorkerService 是對外提供服務的實體，當訊息到達時會呼叫 GrpcWorkerService 的訊息處理函式，具體業務則由 GrpcWorker 提供。
- 呼叫 builder.BuildAndStart() 函式啟動 gRPC 通訊伺服器 grpc::Server，當伺服器啟動後，GrpcServer 依然是 New 狀態，沒有提供對外服務，需要在狀態機轉換到 Started 狀態後才會對外提供服務。
- 建立 gRPC 需要的環境。
- 建立 WorkerCache。
- 建立一個 SessionMgr，隨後會在此 SessionMgr 中建立 WorkerSession。
- 設置 MasterSession 的工廠類別，在需要時會呼叫工廠類別來建立 MasterSession，因為有的任務（比如 PS）是不需要 MasterSession 的。
- 註冊 LocalMaster。當 Client 和 Master 在同一個處理程序中時，Local Master 用於處理程序內的直接通訊。

3. Master

Master 是具體提供業務的物件。生成 Master 的相關敘述如下，其中用 target() 函式來獲取 Master 的種類。

```
master_impl_ = CreateMaster(&master_env_);
LocalMaster::Register(target(), master_impl_.get(),
                      config.operation_timeout_in_ms());
```

CreateMaster() 的程式如下。

```
std::unique_ptr<Master> GrpcServer::CreateMaster(MasterEnv* master_env) {
 return std::unique_ptr<Master>(new Master(master_env, 0.0));
}
```

由以下 target() 程式可知，Master 在此時對應的目標是「grpc://」。

```
const string GrpcServer::target() const {
 return strings::StrCat("grpc://", host_name_, ":", bound_port_);
}
```

LocalMaster 則會把 Master 註冊到自己內部。

```
// 為處理程序內（in-process）的 Client 提供直接連線 Master 的途徑
LocalMaster::Register(target(), master_impl_.get(),
                      config.operation_timeout_in_ms());
```

4. Worker

初始化程式中如下敘述用於建立 Worker，預設呼叫 NewGrpcWorker() 來建立 GrpcWorker（具體提供業務的物件）。

```
worker_impl_ = opts.worker_func ? opts.worker_func(&worker_env_, config)
                                : NewGrpcWorker(&worker_env_, config);
```

5. WorkerEnv

WorkerEnv 把各種相關設定歸總在一起供 Worker 使用，可以認為它是 Worker 執行時期的上下文。WorkerEnv 與 Server 具有同樣的生命週期，在 Worker 執行時期全程可見。WorkerEnv 的主要變數如下。

- Env* env：跨平臺 API。
- SessionMgr* session_mgr：為 Worker 管理 WorkerSession 集合，比如 Session 的產生和銷毀，同時還維護當前 Worker 的 Session 控制碼到 Session 的映射。
- std::vector<Device*> local_devices：本地裝置集。
- DeviceMgr* device_mgr：管理本地裝置集和遠端裝置集。
- RendezvousMgrInterface* rendezvous_mgr：管理 Rendezvous 實例集。
- thread::ThreadPool* compute_pool：執行緒池，每次有運算元執行就從執行緒池中獲取一個執行緒。

6. MasterEnv

MasterEnv 把各種相關設定歸總在一起供 Master 使用，可以認為它是 Master 執行時期的上下文，在 Master 的整個生命週期可見。MasterEnv 的主要成員變數如下。

- Env* env：跨平臺 API。
- vector<Device*> local_devices：本地裝置集。
- WorkerCacheFactory worker_cache_factory：工廠類別，用於建立 WorkerCacheInterface 實例。
- MasterSessionFactory master_session_factory：工廠類別，用於建立 MasterSession 實例。
- WorkerCacheInterface：用於建立 WorkerInterface 實例，WorkerInterface 被用來呼叫遠端 WorkerService 的服務。
- OpRegistryInterface* ops：用於查詢特定運算元的中繼資料。
- CollectiveExecutorMgrInterface* collective_executor_mgr：用於執行集合操作。

7. 啟動

在 Server 的 __init__() 函式中最後會呼叫 start() 函式。在呼叫之前，Server 是 New 狀態，在呼叫 start() 函式後，GrpcServer 的狀態變為 Started 狀態。start() 函式中會啟動三個獨立執行緒 master_thread_、worker_thread_ 和 eager_thread_，分別是 MasterService、WorkerService 和 EagerService 的訊息處理器，也會生成 extra_service_threads_（如果設定了 extra_services_）。至此，GrpcServer 才對外提供 MasterService 和 WorkerService 這兩種服務。我們會在第 18 章中單獨分析 EagerService。

15.3 Master 的靜態邏輯

15.3.1 總述

Server 上執行了兩個 RPC 服務，分別是 MasterService 和 WorkerService。如果 Client 連線到 Server，那麼 Server 就是 Master 角色，Client 存取的就是 MasterService 服務。

Master 角色的具體實現是 MasterService。MasterService 是一個 gRPC Service，用於和一系列遠端的分散式裝置進行互動來協調和控制多個 Worker Service 的執行過程，MasterService 的相關邏輯如下。

- 所有的 TensorFlow Server 都實現了 MasterService。MasterService 內部有 CreateSession、RunStep 等介面。
- Client 可以與 MasterService 互動以執行分散式 TensorFlow 計算。Client 使用介面 MasterInterface 獲取遠端 MasterService 的服務。MasterInterface 的兩個實現是 LocalMaster 和 GrpcRemoteMaster。
- 一個 MasterService 會追蹤多個 MasterSession。每個 MasterSession 封裝了一個計算圖及其相關狀態。
- MasterSession 執行在 Master 上。在 Session 建立後，Master 傳回一個控制碼給 Client，該控制碼用於連結 Client 和 MasterSession。每個 MasterSession 對應一個 ClientSession。Client 可以透過呼叫 CreateSession 介面向 Master 發送一個初始圖，並且透過呼叫 ExtendSession 介面向圖增加節點。說明：本小節的 Master 是一個概念角色，比如某個節點是 Master 節點。在 TensorFlow 分散式實現中也有一個具體名稱為 Master 的類別，我們後續會分析 Master 類別。

15.3.2 介面

Client 透過 GrpcSession 呼叫 MasterService。既然是 RPC 服務，那麼在 Client 和 MasterService 之間就需要有一個介面規範。此規範定義在 master_service.proto 檔案中，該檔案定義了各個介面的訊息本體，摘錄如下：

```
service MasterService {
rpc CreateSession(CreateSessionRequest) returns (CreateSessionResponse);
  rpc ExtendSession(ExtendSessionRequest) returns (ExtendSessionResponse);
  ...
}
```

Client 使用介面 MasterInterface 獲取遠端 MasterService 的服務。MasterInterface 是介面類別，也是 Client 與 TensorFlow MasterService 進行通訊的抽象介面。此介面既支援基於 RPC 的 Master 實現，也支援不需要 RPC 往返的處理程序內部的 Master 實現。MasterInterface 的所有介面都是同步介面，這樣 Client 就能像呼叫本地函式那樣呼叫遠端 MasterService 提供的服務。

MasterInterface 有如下兩種實現，都是用來和 MasterService 進行通訊的。

- LocalMaster 用於處理程序內的直接通訊，此時 Client 和 Master 在同一個處理程序中。
- GrpcRemoteMaster 使用 gRPC 來和 MasterService 進行通訊，此時 Client 和 Master 分別被部署在兩個不同處理程序中，具體特點如下。
  - * 可以呼叫工廠方法 NewGrpcMaster() 生成 GrpcRemoteMaster 實例。
  - * GrpcRemoteMaster 實現了 gRPC Client，它透過樁（stub）存取遠端 Master 上的 MasterService 服務，對應的具體服務是 GrpcMasterService。

MasterInterface 的使用方式如圖 15-11 所示，GrpcSession 使用 master_ 成員變數來呼叫 MasterInterface。如果 Client 和 Master 在同一個處理程序中，則直接使用 LocalMaster，否則使用 GrpcRemoteMaster 來利用 gRPC 存取遠端的 GrpcMasterService。在圖 15-11 中兩個矩形封裝的 Master 代表實際的 Master 類別，此類實現了 Master 角色的具體功能。

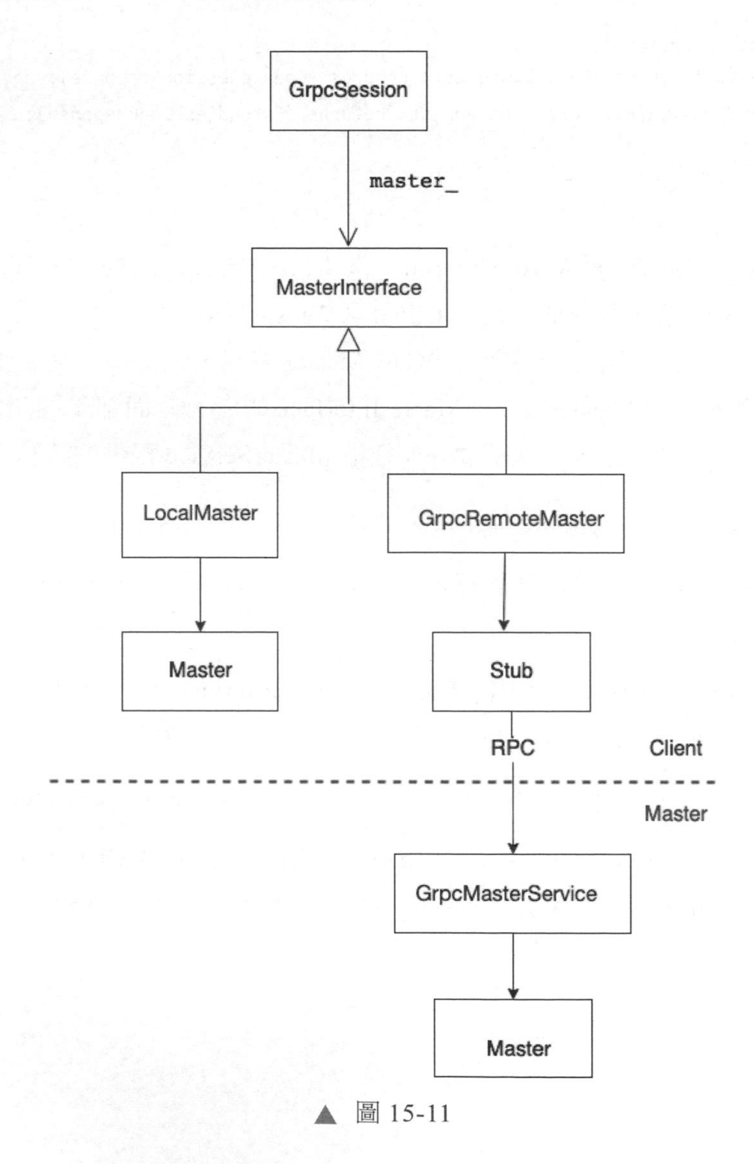

▲ 圖 15-11

15.3.3 LocalMaster

當 Client 執行時期，GrpcSession 首先使用 LocalMaster 嘗試獲取本地 Master，如果沒有得到本地 Master，則 GrpcSession 會建立 GrpcRemoteMaster，傳回給 Client。如果此時 Client 和 Master 沒有跨節點，則 LocalMaster 使 Client 和 Master 之間能夠直接進行處理程序內通訊，這樣就可以給同處理程序內的 Client 提供更高效的 Master 服務。

LocalMaster 的主要成員變數是 master_impl_。LocalMaster 其實是一個殼，它將呼叫請求直接轉發給 master_impl_。master_impl_ 是當 Client 和 Master 沒有跨節點時本地直接呼叫的類別。

LocalMaster 使用靜態變數 local_master_registry_ 來註冊 Master。Grpc Server 在初始化時會把 target="grpc://" 生成的 Master 註冊到本地 LocalMaster，即把 Master 註冊到此靜態變數 local_master_registry_ 中。

當呼叫 GrpcSession::Create() 方法時，如果 Client 和 Master 在同一個處理程序中，並且 Lookup() 函式在本地（local_master_registry_）能夠找到註冊的 Master，則會生成一個 LocalMaster 傳回，同時 LocalMaster 的 master_impl_ 就會被設定成所找到的 Master；如果找不到，則 GrpcSession::Create() 方法會建立一個 GrpcRemoterMaster，這樣就可以同遠端 Master 進行互動了。

相關程式如下：

```
// Lookup() 會在 local_master_registry_ 中查詢註冊的 Master
std::unique_ptr<LocalMaster> LocalMaster::Lookup(const string& target) {
  std::unique_ptr<LocalMaster> ret;
  mutex_lock l(*get_local_master_registry_lock());
  auto iter = local_master_registry()->find(target);
  if (iter != local_master_registry()->end()) {
    ret.reset(new LocalMaster(iter->second.master,
                              iter->second.default_timeout_in_ms));
  }
  return ret;
}
```

```
// Register() 會註冊 Master 到 local_master_registry_
void LocalMaster::Register(const string& target, Master* master,
                           int64 default_timeout_in_ms) {
  mutex_lock l(*get_local_master_registry_lock());
  local_master_registry()->insert(
      {target, MasterInfo(master, default_timeout_in_ms)});
}

// 在建構 GrpcServer 時會進行註冊
Status GrpcServer::Init(const GrpcServerOptions& opts) {
  // 省略其他程式碼
  // 註冊 local_master_registry_ 時，如果 master_impl_ 沒有資料，則沒法註冊
  LocalMaster::Register(target(), master_impl_.get(), config.operation_timeout_in_
ms());
  // 省略其他程式碼
}
```

圖 15-12 是 Lookup() 函式可以找到在本地註冊的 Master 的情況。在這種情況下，因為本地（local_master_registry_）已經註冊了 Master，所以會生成 LocalMaster 進行本地操作。

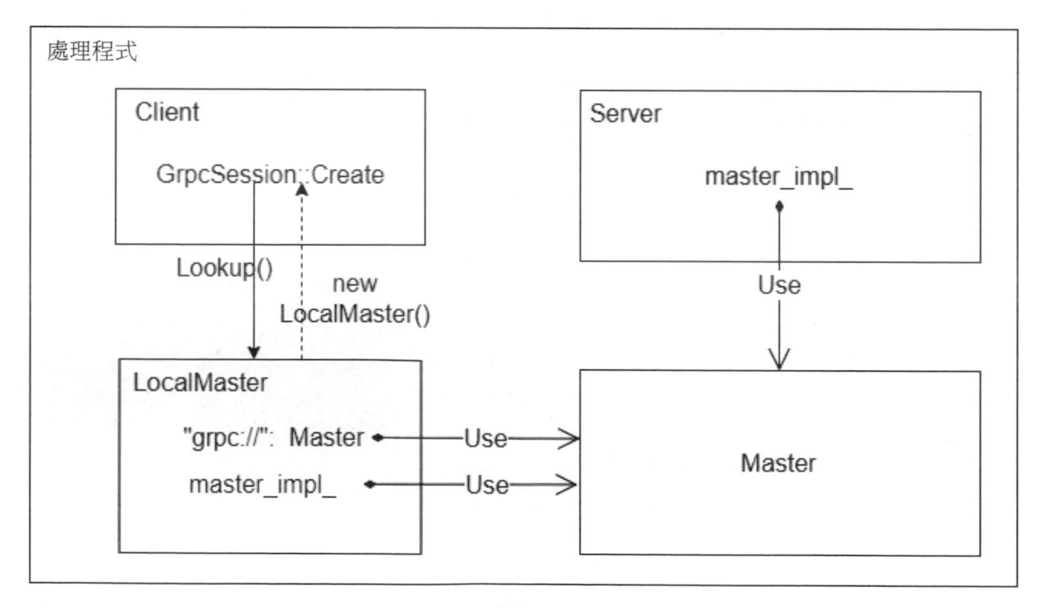

▲ 圖 15-12

再來看 Client 和 Master 處於不同處理程序的情況（如圖 15-13 所示）。因為本地沒有啟動 Server，所以此時處理程序 1 中的 LocalMaster 沒有指向任何 Master，也就沒法註冊到 local_master_registry_，於是 GrpcSession::Create() 方法的第①步驟 Lookup() 傳回空值。因此 GrpcSession::Create() 方法執行第②步驟，建立 GrpcRemoteMaster，進行遠端互動。在處理程序 2 中，雖然 Server 向 LocalMaster 註冊了 Master，但是因為沒有 Client 呼叫本處理程序的 GrpcSession::Create() 方法，所以 master_impl_ 沒有指向任何 Master。

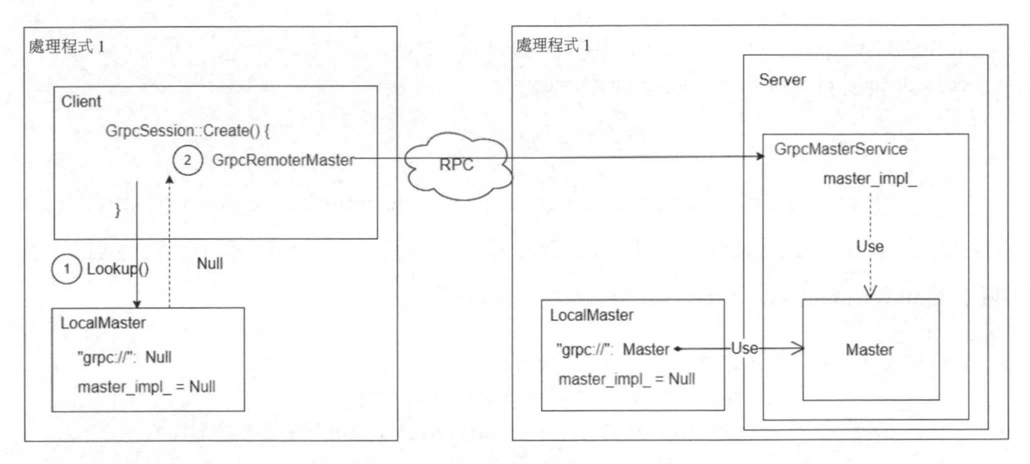

▲ 圖 15-13

LocalMaster 呼叫內部成員變數 master_impl_ 來完成業務功能，比如 CreateSession() 函式就轉交給了 master_impl_->CreateSession(request, response, [&n, &ret](const Status& s){⋯}) 函式。

15.3.4 GrpcRemoteMaster

GrpcRemoteMaster 是 gRPC 用戶端的一種實現，它透過樁來呼叫遠端 Master 上的 GrpcMasterService 服務，呼叫行為猶如本地函式呼叫一樣。大家可以回憶一下圖 15-11，遠端 GrpcMasterService 實現了 MasterService 服務定義的所有介面，是 MasterService 服務的真正實體。GrpcSession 和 GrpcRemote Master 從某種意義上講都是 Client 實現的一部分。

當建立 GrpcSession 時，Create() 函式會先使用 Lookup() 查詢有沒有 Master，如果找到就直接傳回 LocalMaster，如果找不到，就會呼叫 NewGrpcMaster() 生成一個 GrpcRemoteMaster。當建立 GrpcRemoteMaster 實例時，需要透過 target 來指定 Master 服務的位址和通訊埠，並且建立對應的 RPC 通道。

GrpcRemoteMaster 具體定義如下，其主要成員變數之一 MasterServiceStub 是 gRPC 的樁。

```
class GrpcRemoteMaster : public MasterInterface {
  using MasterServiceStub = grpc::MasterService::Stub;
  std::unique_ptr<MasterServiceStub> stub_;
};
```

GrpcRemoteMaster 的功能很簡單，即透過 MasterServiceStub 來呼叫遠端 MasterService 的相應介面。我們以 CreateSession() 函式為例進行分析，發現呼叫了 CallWithRetry() 函式。

```
Status CreateSession(CallOptions* call_options,
                     const CreateSessionRequest* request,
                     CreateSessionResponse* response) override {
  return CallWithRetry(call_options, request, response,
                       &MasterServiceStub::CreateSession);
}
```

CallWithRetry() 函式又呼叫了 s = FromGrpcStatus((stub_.get()->pfunc)(&ctx, request, response)) 獲取 MasterService::Stub 來繼續處理。MasterService::Stub 內部則呼叫 gRPC 實現發送功能。

```
::grpc::Status MasterService::Stub::CreateSession(
    ::grpc::ClientContext* context, const CreateSessionRequest& request,
    CreateSessionResponse* response) {
  return ::grpc::internal::BlockingUnaryCall(
      channel_.get(), rpcmethod_CreateSession_, context, request, response);
}
```

所以 GrpcRemoteMaster 的呼叫流程應該是：GrpcRemoteMaster 接收到 gRPC Session 的請求，將請求轉交給 gRPC MasterService，這期間經歷了

GrpcSession → GrpcRemoteMaster → GrpcMasterService → Master → MasterSession 一系列流程。

15.3.5 GrpcMasterService

GrpcMasterService 實現了 RPC 對應的 MasterService。GrpcMasterService 會做如下操作。

- 預先了解哪些本地裝置可以給客戶使用，也會發現遠端裝置並且追蹤裝置的統計資料。
- 維護、管理即時計算圖 Session（MasterSession），這些 Session 將呼叫本地或者遠端裝置來對收到的計算圖進行計算。
- Session 的功能是：對收到的計算圖進行分析、剪枝，把節點放到可用裝置上，透過呼叫 RunGraph 操作在 Worker 上進行圖計算。

GrpcServer 的 master_service_ 成員變數是 GrpcMasterService 類別的實例。GrpcServer 使用 master_thread_ 執行緒來執行 GrpcMasterService 的 HandleRPCsLoop() 方法。

```
master_thread_.reset(
    env_->StartThread(ThreadOptions(), "TF_master_service",
                      [this] { master_service_->HandleRPCsLoop(); }));
```

GrpcMasterService 中最主要的成員變數 master_impl_ 是 Server 傳入的 Master 指標，這是一個 Master 類別的實例。另外，當 GrpcMasterService 初始化時，會得到 gRPC 的訊息佇列 cq_。

在執行緒主迴圈中，HandleRPCsLoop() 函式會呼叫 GrpcMasterService 的內建函式來處理 RPC 訊息。在具體訊息回應中會呼叫 master_impl_ 進行處理，當 Master 處理完成後，處理函式將回呼一個 lambda 運算式向 Client 傳回應答訊息。

GrpcMasterService 提供的 API 有 CreateSession、ExtendSession、PartialRunSetup、RunStep、CloseSession、ListDevices、Reset、MakeCallable、RunCallable 和 ReleaseCallable。我們針對其中兩個進行分析。

1. CreateSession

在 CreateSessionRequest 訊息中會帶有 Client 設定的計算圖和設定資訊。Master 在接收到請求後會為此 Client 建立一個 MasterSession 實例，並建立一個唯一標識該 MasterSession 實例的 session_handle，session_handle 為 string 類型。MasterSession 實例和 session_handle 的連結儲存在 Master 類別成員變數 std::unordered_map<string, MasterSession*> sessions_ 中。

Master 傳回訊息 CreateSessionResponse 給 Client。CreateSessionResponse 訊息中攜帶：

- session_handle。用於標識 Master 側的 MasterSession 實例，Client 的 GrpcSession 據此和 Master 端的 MasterSession 建立連結，隨後，Client 在與 Master 的所有互動中均會在請求訊息中攜帶 session_handle，Master 透過 session_handle 在自己的類別成員變數 std::unordered_map<string, MasterSession*> sessions_ 中找到相對應的 MasterSession 實例。
- 初始 graph_version。用於後續發起 ExtendSession 操作，往原始的計算圖中追加新的節點。

CreateSession 的具體邏輯如圖 15-14 所示。

▲ 圖 15-14

2. RunStep

用戶端會迭代執行 RunStep，相關請求訊息 RunStepRequest 的變數較多，舉例如下。

- session_handle：用來查詢哪一個 MasterSession 實例。
- feed：輸入的 NamedTensor 串列。
- fetch：待輸出張量的名稱串列。
- target：執行節點串列。

應答訊息 RunStepResponse 主要攜帶 tensor，即輸出的張量清單。

RunStep 的邏輯如圖 15-15 所示。

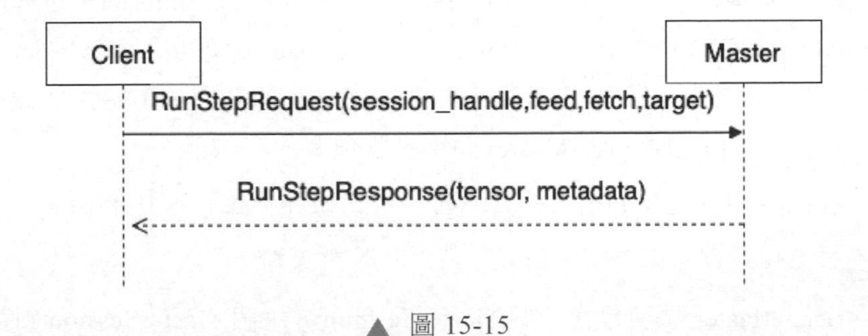

▲ 圖 15-15

15.3.6 業務實現 Master 類別

前面提到，GrpcServer 會建立 Master 類別的實例。當收到 Client 的訊息後，在具體訊息回應中，GrpcMasterService 的執行緒會呼叫 master_impl_ 進行處理，即把業務邏輯委託給 Master 類別來實現。所以我們接下來就分析 Master 類別是如何進行處理的。

Master 其實不是 MasterInterface 的衍生類別，它們沒有什麼繼承關係。從成員變數 sessions_ 可以看出，Master 的功能主要是管理 MasterSession。

```
class master {
  MasterEnv* env_ = nullptr; // Not owned.
```

```
  // Maps session handles to sessions.
  std::unordered_map<string, MasterSession*> sessions_ TF_GUARDED_BY(mu_);
};
```

我們再整理一下 Master 類別的相關業務邏輯。

分散式執行的核心是如何操作計算圖，計算功能被拆分為 Client、Master 和 Worker 這三個角色。Client 負責建構計算圖，Worker 負責執行具體計算。但是 Worker 怎麼知道應該計算什麼？為了解決這個問題，TensorFlow 在兩者之間插入了一個 Master 角色來負責協調、排程，此 Master 角色在程式中就是 MasterInterface 介面。Client 使用 MasterInterface 介面來獲取遠端 MasterService 的服務。

雖然 Master 類別不是 MasterInterface 的實現（MasterInterface 的兩個實現是 LocalMaster 和 GrpcRemoteMaster），但是 Master 類別實現了 MasterService 的具體業務，因此 Master 類別就融入計算功能業務邏輯之中。這幾個類別之間的邏輯關係如圖 15-11 所示。Master 類別具體負責內容如下。

- Master 類別預先知道本地有哪些裝置可以作為客戶使用的裝置，也會發現遠端裝置，並追蹤這些遠端裝置的統計資料。
- 一個 Master 類別包含多個 MasterSession。每個 MasterSession 封裝了一個計算圖及其相關狀態。MasterSession 將做如下操作。
  - ∗ 精簡最佳化計算圖，比如剪枝 / 分割 / 插入發送和接收運算元。
  - ∗ 協調 / 排程資源。比如哪個計算應該在哪個裝置執行，按照「圖→分區→裝置」策略把子圖劃分到硬體裝置之上。
  - ∗ 把分割後的各個子圖發送給各個 Worker，每一個子圖對應一個 MasterSession，並最終透過在 Worker 上啟動 RunGraph 操作來驅動圖的計算。
- Master 類別維護圖計算 Session 的狀態。

至此，Master 靜態邏輯介紹完畢。

15.4 Worker 的靜態邏輯

本節分析 Worker 的靜態邏輯。

15.4.1 邏輯關係

Worker 各個類別之間的邏輯關係如下。

TensorFlow Worker 類別是執行計算的實體，Worker 類別的主要功能如下。

- 接收 Master 的請求。
- 管理 WorkerSession。
- 處理註冊的子圖，比如按照自己節點上的裝置情況對子圖進行二次切分。
- 在每個裝置上執行註冊的子圖。
- 支援 Worker 之間（Worker-to-Worker）的張量傳輸等。具體如何處理會依據 Worker 和 Worker 的位置關係來決定，比如 CPU 和 GPU 之間透過 cudaMemcpyAsync，本地 GPU 之間透過 DMA，遠端 Worker 之間透過 gRPC 或者 RDMA 來完成通訊。
- 執行完畢之後可以從計算圖的終止節點（sink）中取出結果。

與 MasterService 類別似，對於 WorkerService 的存取透過 WorkerInterface 來完成。WorkerInterface 是 Worker 的介面類別，是 Master 與 TensorFlowWorker Service 互動的介面，主要功能如下。

- 定義非同步虛擬函式，比如 CreateWorkerSessionAsync()，衍生類別將實現它們。這些虛擬函式和 GrpcWorkerService 支援的 GrpcWorkerMethod 一一對應，也和 protobuf 的設定一一對應。
- 定義同步函式，比如 CreateWorkerSession()，這些同步函式會透過類似 CallAndWait(&ME::CreateWorkerSessionAsync, request, response) 的方法來呼叫具體非同步虛擬函式。這樣 Master 或者 Worker 就可以像呼叫本地函式那樣呼叫遠端 WorkerService 的方法。同步介面在非同步介面之上實現，透過使用 CallAndWait 轉接器來完成對非同步的封裝。

Worker 相關類別之間的聯繫如圖 15-16 所示，其中最上面的 Worker 或者 Master 會呼叫 WorkerInterface，而 WorkerInterface 有三種實現，具體如下。

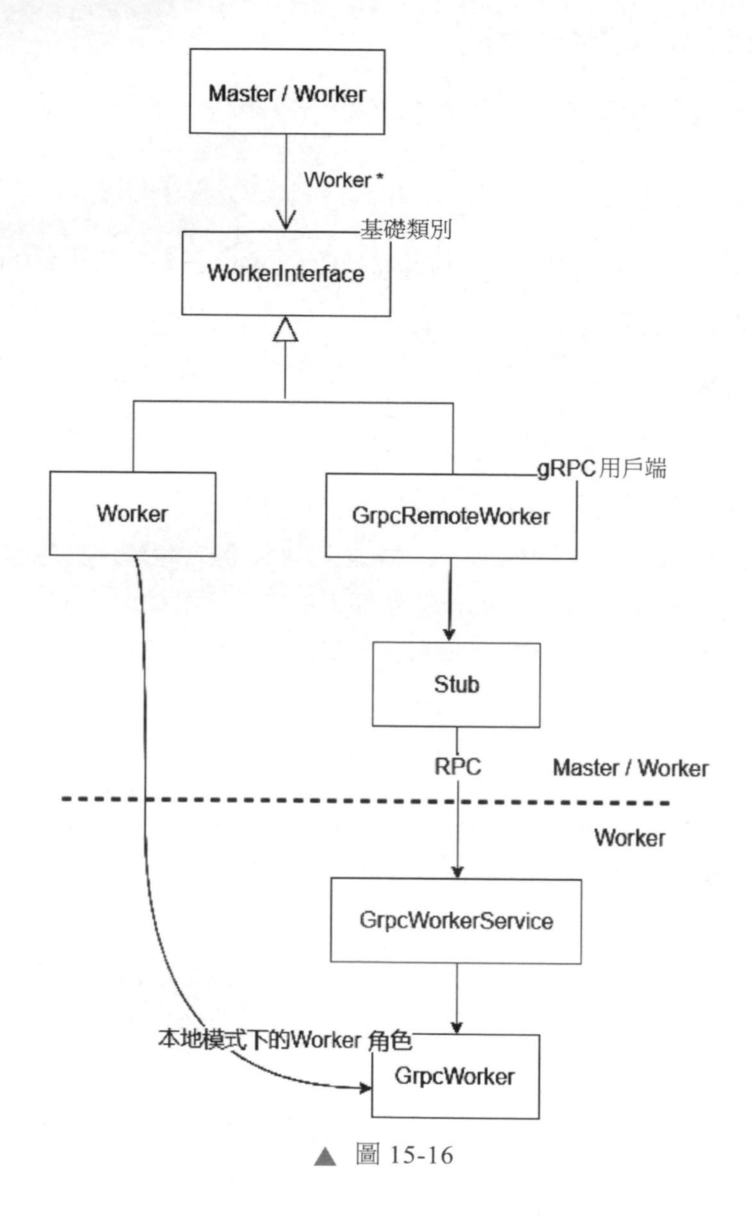

▲ 圖 15-16

- Worker：提供了 WorkerEnv 和 PartialRunMgr。Worker 可以被子類別化，以便為不同的傳輸機制提供特定方法的實現。

- GrpcWorker：從 Worker 類別再次衍生，是本地模式下的 Worker 角色，GrpcWorker 實現了業務邏輯。如果 Master 和 Worker 都在本地，則可以直接呼叫，不需要 RPC 的網路傳輸。
- GrpcRemoteWorker：在分散式模式下，Worker 位於遠端，本地需要使用 GrpcRemoteWorker 來存取遠端 Worker。GrpcRemoteWorker 的特點如下。
  - ⁎ GrpcRemoteWorker 是 gRPC 用戶端，透過樁來存取遠端 Worker 上的 GrpcWorkerService 服務。
  - ⁎ GrpcWorkerService 實現了 WorkerService 定義的所有介面，但實際業務轉發給本地 GrpcWorker 完成。

15.4.2 GrpcRemoteWorker

GrpcRemoteWorker 是遠端 Worker 的一個本地代理，GrpcRemoteWorker 的相關邏輯如下。

- 本地 Master 先對計算圖進行分區，然後依據分區確定是在本地還是遠端，分別呼叫本地 Worker 或 GrpcRemoteWorker 來執行分區的子計算圖。
- 本地 GrpcRemoteWorker 在 GetOrCreateWorker() 函式中生成。
- GrpcRemoteWorker 會透過 IssueRequest 向遠端發送 gRPC 請求。比如字串「createworkersession_」對應的請求就是遠端的「/tensorflow.WorkerService/ CreateWorkerSession」。
- 當遠端 GrpcWorkerService 守護處理程序收到請求後，呼叫本地 Worker 處理請求，完成後傳回結果。

15.4.3 GrpcWorkerService

首先分析 WorkerService，這是一個 RPC 服務介面，定義了一個 TensorFlow 服務。WorkerService 代表 MasterService 在一組本地裝置上執行資料流程圖。一個 WorkerService 會追蹤多個「註冊後的計算圖」。每個註冊後的計算圖是客戶計算圖的一個子圖，該圖對應那些應該在此 Worker 上執行的節點，以及使用 RecvTensor 方法進行處理程序間通訊所需的額外節點。

Master 會依據 ClusterSpec 的內容在叢集中尋找其他 Server 實例，找到之後把這些 Server 實例作為 Worker 角色。Master 接著把子圖分發給這些 Worker 節點，然後安排這些 Worker 完成具體子圖的計算過程。Worker 之間如果存在資料相依，則透過處理程序間通訊進行互動。無論是 Master 呼叫 Worker，還是 Worker 之間互相存取，都要遵循 WorkerService 定義的介面規範。WorkerService 的所有介面定義在 worker_service.proto 檔案中。

GrpcWorkerService 就是 WorkerService 的一個實現。在圖 15-16 之中，GrpcWorkerService 是一個關鍵環節。

然後具體分析 GrpcWorkerService，包括其介面、執行緒、如何使用等。

（1）介面

在 WorkerService 介面中涉及許多概念，我們需要仔細整理一下。前面提到，Client 和 Master 之間透過 session_handle / MasterSession 進行合作，Master 和 Worker 之間透過 MasterSession 和 WorkerSession 進行合作，MasterSession 會統一管理多個隸屬於它的 WorkerSession。此處需要理清楚幾個概念之間的關係。

- session_handle：其目的是為了讓 MasterSession 統一管理多個 Worker Session。session_handle 與 MasterSession 一一對應，在建立 MasterSession 時生成。session_handle 會透過 CreateSessionResponse 訊息向後返給 Client，也可以透過 CreateWorkerSessionRequest 訊息向前發送給 Worker，這樣從「Client 到 Master，再到 Worker」這條鏈路就由 session_handle 唯一標識。
- graph_handle：當 GraphMgr::Register() 註冊子圖時，生成的切分子圖透過 RegisterGraphRespons 訊息返給 Master。傳回的子圖被該 graph_handle 標識。在叢集內部會透過 (session_handle, graph_handle) 二元組來唯一地標識某個子圖。
- step_id：因為 Master 會讓多個 Worker 併發執行計算，所以會廣播通知大家執行 RunGraph 操作。為了區別不同的 step，Master 為每次 RunStep() 生成全域唯一的標識 step_id，並且透過 RunGraphRequest 訊息把 step_id 發送給 Worker。

（2）使用

當 Server 初始化時用如下程式建立 GrpcWorker 以及對應的 WorkerService。

```
// 建立 GrpcWorker 以及對應的 GrpcWorkerService
worker_impl_ = opts.worker_func ? opts.worker_func(&worker_env_, config)
                                : NewGrpcWorker(&worker_env_, config);
worker_service_ = NewGrpcWorkerService(worker_impl_.get(), &builder,
                                       opts.worker_service_options)
```

因為 GrpcWorkerService 需要作為守護處理程序處理傳入的 gRPC 請求，所以在建構函式中會建立若干執行緒用來回應請求。在 GrpcServer 中使用 worker_thread_ 執行緒來執行 GrpcWorkerService 的 HandleRPCsLoop() 方法，見以下程式。

```
worker_thread_.reset(
    env_->StartThread(ThreadOptions(), "TF_worker_service",
                      [this] { worker_service_->HandleRPCsLoop(); }));
```

業務迴圈和回應請求在執行緒中完成。GrpcWorkerServiceThread::HandleRPCsLoop() 函式是執行緒主迴圈，和 MasterService 類別似。此處先準備好一些 gRPC 呼叫的等待佇列，這些呼叫請求與後面的 GrpcWorkerMethod 列舉一一對應。

GrpcWorkerMethod 列舉定義了 Worker 具體有哪些 RPC 服務，比如 kCreateWorkerSession 和 kRegisterGraph。訊息名稱與方法的映射關係在 GrpcWorkerMethodName() 函式中。AsyncService 預先透過呼叫 gRPC 附帶的 AddMethod 介面和 MarkMethodAsync 介面把每個 RPC 服務註冊為 gRPC 非同步服務。

Worker 對於請求的處理與 Master 類別似。每個請求會呼叫到一個業務 Handler，具體 Handler 透過巨集來設定，Handler 依據設定來決定是否使用執行緒池 compute_pool->Schedule() 來進行計算，此處就用到了 WorkerEnv 裡整合的模組。具體業務處理則呼叫 Worker 完成。

```
const char* GrpcWorkerMethodName(GrpcWorkerMethod id) {
  switch (id) {
    case GrpcWorkerMethod::kCreateWorkerSession:
      return "/tensorflow.WorkerService/CreateWorkerSession";
    case GrpcWorkerMethod::kRegisterGraph:
      return "/tensorflow.WorkerService/RegisterGraph";
    // 省略其他程式碼
```

從執行緒角度看邏輯，如圖 15-17 所示，此處假定有三個執行緒。Server 的執行緒 worker_thread_ 啟動了 GrpcWorkerService::HandleRPCsLoop()，HandleRPCsLoop() 會啟動兩個 GrpcWorkerServiceThread 執行緒，每個 GrpcWorkerServiceThread 在 GrpcWorkerServiceThread:: HandleRPCsLoop 中回應 gRPC 請求，進行業務處理。此處需要注意，GrpcWorkerService 和 GrpcWorkerServiceThread 都有 HandleRPCsLoop() 方法。

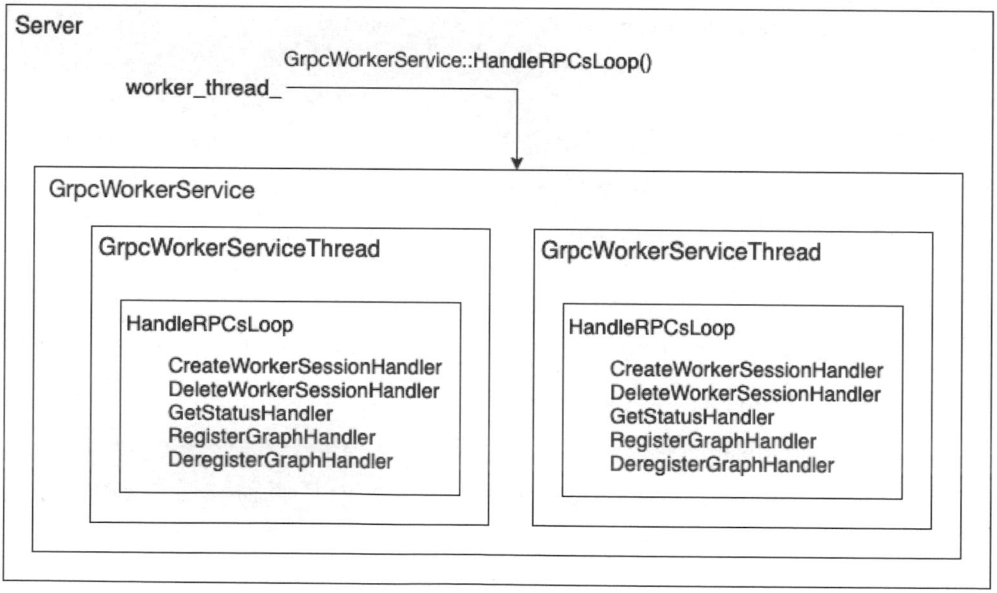

Server
GrpcWorkerService::HandleRPCsLoop()
worker_thread_
GrpcWorkerService
GrpcWorkerServiceThread
HandleRPCsLoop
CreateWorkerSessionHandler
DeleteWorkerSessionHandler
GetStatusHandler
RegisterGraphHandler
DeregisterGraphHandler
GrpcWorkerServiceThread
HandleRPCsLoop
CreateWorkerSessionHandler
DeleteWorkerSessionHandler
GetStatusHandler
RegisterGraphHandler
DeregisterGraphHandler

▲ 圖 15-17

（3）業務邏輯

接下來分析幾個業務邏輯。

① CreateWorkerSession

在 CreateWorkerSessionRequest 訊息中會傳遞 MasterSession 對應的 session_handle，Worker 接收到訊息後據此生成一個 WorkerSession。在一個叢集中，MasterSession 在建立 WorkerSession 時，都會把自己對應的 session_handle 傳過去，這樣，WorkerSession 就可以透過 session_handle 知道自己屬於哪個 MasterSession。MasterSession 實例也可以統一管理隸屬於它的所有 WorkerSession。GrpcWorker 透過 SessionMgr 完成對 WorkerSession 的管理，既可以透過 Master 的 Task 名稱來確定 WorkerSession，也可以透過 session_handle 來確定。

CreateWorkerSession 的邏輯如圖 15-18 所示。

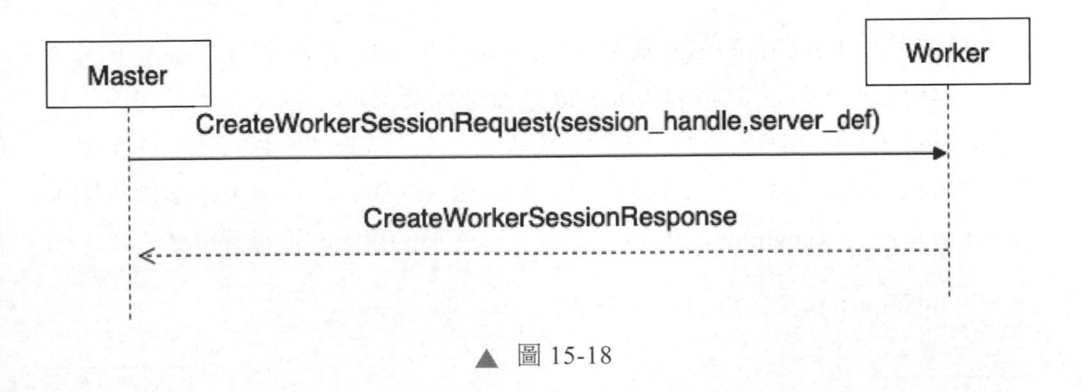

▲ 圖 15-18

② RegisterGraph

RegisterGraph 會把子圖註冊到 Worker 上。RegisterGraphRequest 訊息會攜帶 MasterSession 對應的 session_handle 和子圖 graph_def。Worker 在接收訊息、完成子圖註冊 / 初始化後會傳回該子圖的 graph_handle 給 Master。對於每個 Session，在 Master 將對應圖的節點放在一個裝置上後，會將整個圖分割成許多子圖。一個子圖中的所有節點都在同一個 Worker 中，但可能在該 Worker 擁有的許多裝置上（例如某些節點在 CPU0 上，某些節點在 GPU1 上）。在執行 step 之前，Master 需要為 Worker 註冊子圖。成功的註冊會傳回一個圖的控制碼，以便在以後的 RunGraph 請求中使用。

RegisterGraphRequest 的邏輯如圖 15-19 所示。

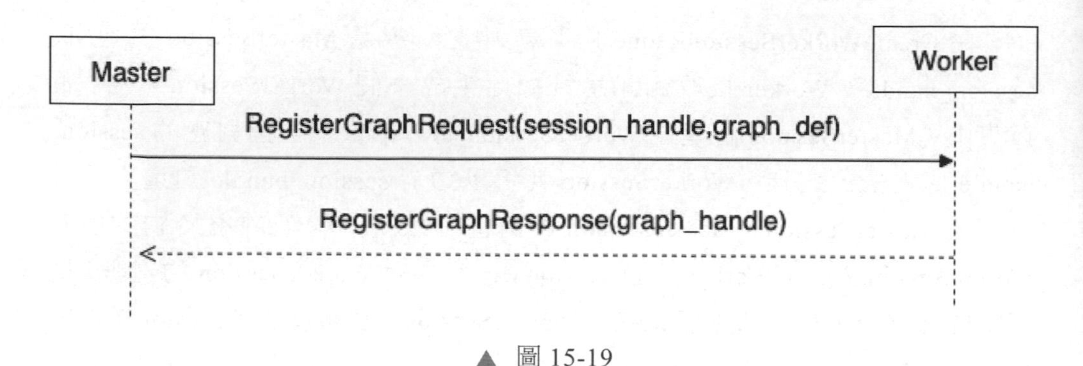

▲ 圖 15-19

③ RunGraph

Master 用 RunGraphRequest 執行在 graph_handle 下註冊的所有子圖。Master 會生成一個全域唯一的 step_id 來區分圖計算的不同 step。子圖間可以使用 step_id 進行通訊（例如發送 / 轉發操作），以區分不同執行產生的張量。RunGraphRequest 訊息的 send 變數指明子圖輸入的張量，recv_key 變數指明子圖輸出的張量。RunGraphResponse 會傳回 recv_key 對應的張量清單。

RunGraph 的邏輯如圖 15-20 所示。

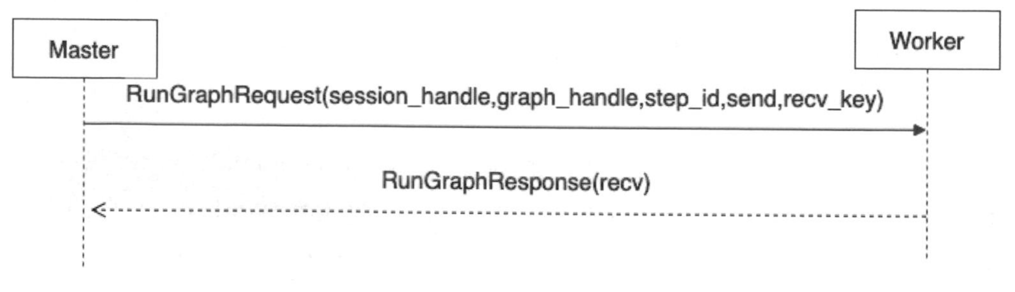

▲ 圖 15-20

④ RecvTensor

在執行時期，兩個 Worker 之間可能會交換資料，此時生產者只是把準備好的張量放入 Rendezvous，消費者會主動發起 RecvTensorRequest 請求，RecvTensorRequest 裡 step_id 標識是哪次 step，rendezvous_key 標識要接收張量的通道。一個 RecvTensor 請求可以從通道中獲取一個張量，也可以透過多個 RecvTensor 請求在同一個通道中發送和接收多個張量。最終生產者的張量會透過 RecvTensorResponse 返給消費者。

RecvTensor 的邏輯具體如圖 15-21 所示。

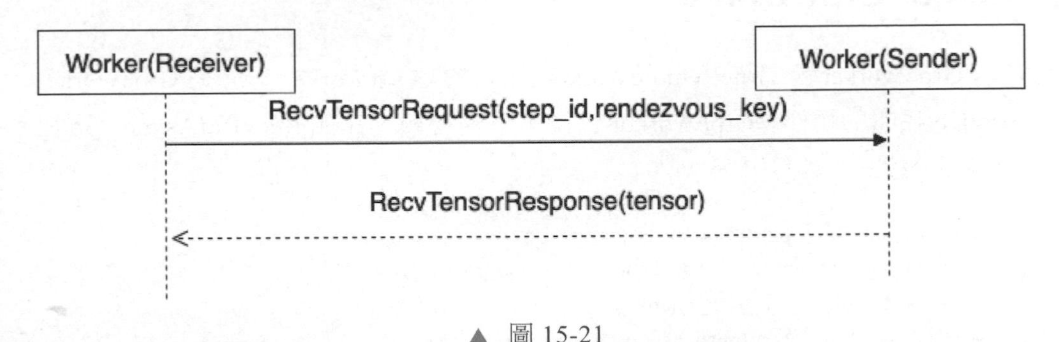

▲ 圖 15-21

15.4.4 Worker

Worker 類別在圖 15-16 中造成承上啟下的作用。Worker 類別可以被子類別化，以便為不同的傳輸機制提供特定方法的專門實現。例如，為了處理大型二進位資料，GrpcWorker 專門實現了 RecvTensorAsync() 方法以支援更高效的 gRPC 資料結構。

```
class Worker : public WorkerInterface {
 protected:
  WorkerEnv* const env_;  // Not owned.
  RecentRequestIds recent_request_ids_;
 private:
  PartialRunMgr partial_run_mgr_;
  CancellationManager cancellation_manager_;
  TF_DISALLOW_COPY_AND_ASSIGN(Worker);
};
```

我們舉出一個方法來看看，程式如下。

```
void Worker::CleanupAllAsync(const CleanupAllRequest* request,
                             CleanupAllResponse* response,
                             StatusCallback done) {
  std::vector<string> containers;
  for (const auto& c : request->container()) containers.push_back(c);
  env_->device_mgr->ClearContainers(containers);
  done(Status::OK());
}
```

15.4.5 GrpcWorker

GrpcWorker 是 GrpcRemoteWorker 對應的遠端 Worker，也是 GrpcWorker Service 呼叫的物件，GrpcWorker 實現了業務邏輯，比如 RecvBufAsync。這裡摘錄部分程式，具體如下。

```
class GrpcWorker : public Worker {
  std::unique_ptr<GrpcResponseCache> response_cache_;
  const int32 recv_buf_max_chunk_;
  virtual void GrpcRecvTensorAsync(CallOptions* opts,
                                   const RecvTensorRequest* request,
                                   ::grpc::ByteBuffer* response,
                                   StatusCallback done);
  void RecvBufAsync(CallOptions* opts, const RecvBufRequest* request,
                    RecvBufResponse* response, StatusCallback done) override;
  void CleanupGraphAsync(const CleanupGraphRequest* request,
                         CleanupGraphResponse* response,
                         StatusCallback done) override;
}
```

至此，Worker 的靜態邏輯介紹完畢。

分散式執行環境之動態邏輯

本章從動態執行的角度來分析分散式執行環境。

16.1 Session 機制

Session 機制是 TensorFlow 分散式 Runtime 的核心，我們接下來按照從 Client 到 Worker 的流程，從前往後整理 Session 機制。

16.1.1 概述

1. Session 分類

分散式模式包括如下 Session，分別負責控制不同角色的生命週期：

- GrpcSession 位於 Client 之上，控制 Client 的 Session 生命週期。
- MasterSession 位於 Master 之上，可能存在多個 Client 同時連線到同一個 Master 的情況，Master 會為每個 Client 建構一個 MasterSession。MasterSession 控制 Master 的 Session 生命週期。
- WorkerSession 位於 Worker 之上，可能存在多個 Master 同時連線到同一個 Worker 的情況，Worker 會為每個 Master 建立一個 WorkerSession。WorkerSession 控制 Worker 的 Session 生命週期。

如圖 16-1 所示，此處 Master 和 Worker 都是 Server 的實例，在每個 Server 之上執行一個 MasterService 和一個 WorkerService。每個 Server 可能會扮演不同角色，具體取決於使用者如何設定計算圖和叢集。因為存在兩層一對多的關係，所以為了區別這種不同的資料流程和控制關係，有邏輯關係的三種 Session 被綁定在同一個 session_handle 之上，每個 session_handle 標識一條完整的資料流程。

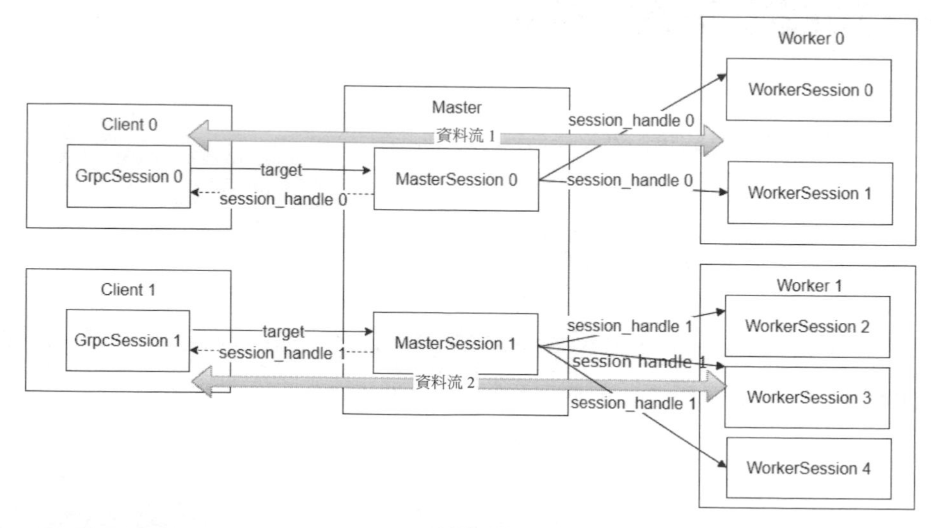

▲ 圖 16-1

2. Session 流程

我們從 GrpcSession 入手，其基本功能如下。

- 建立 Session。包括：1）獲取遠端裝置集；2）在 Master 之上建立 MasterSession；3）在各個 Worker 之上建立 WorkerSession。
- 迭代執行。包括：1）啟動執行；2）圖切分；3）註冊子圖；4）執行子圖。
- 關閉 Session。包括：1）關閉 MasterSession；2）關閉 WorkerSession。

在分散式模式下，Master 執行時期被 MasterSession 控制，生命週期如圖 16-2 所示。

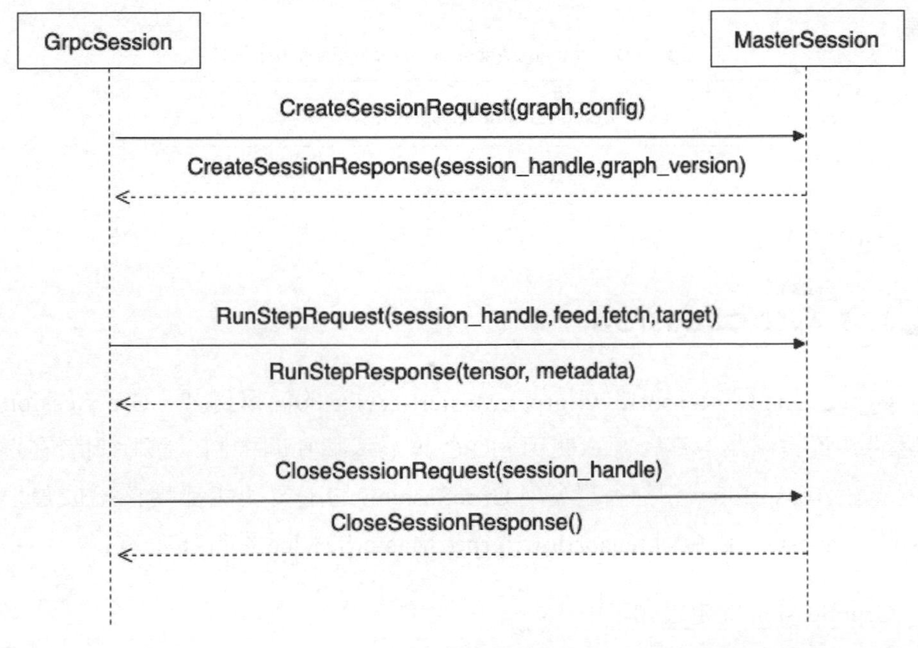

▲ 圖 16-2

在分散式模式下，Worker 執行時期由 WorkerSession 控制，生命週期如圖 16-3 所示。

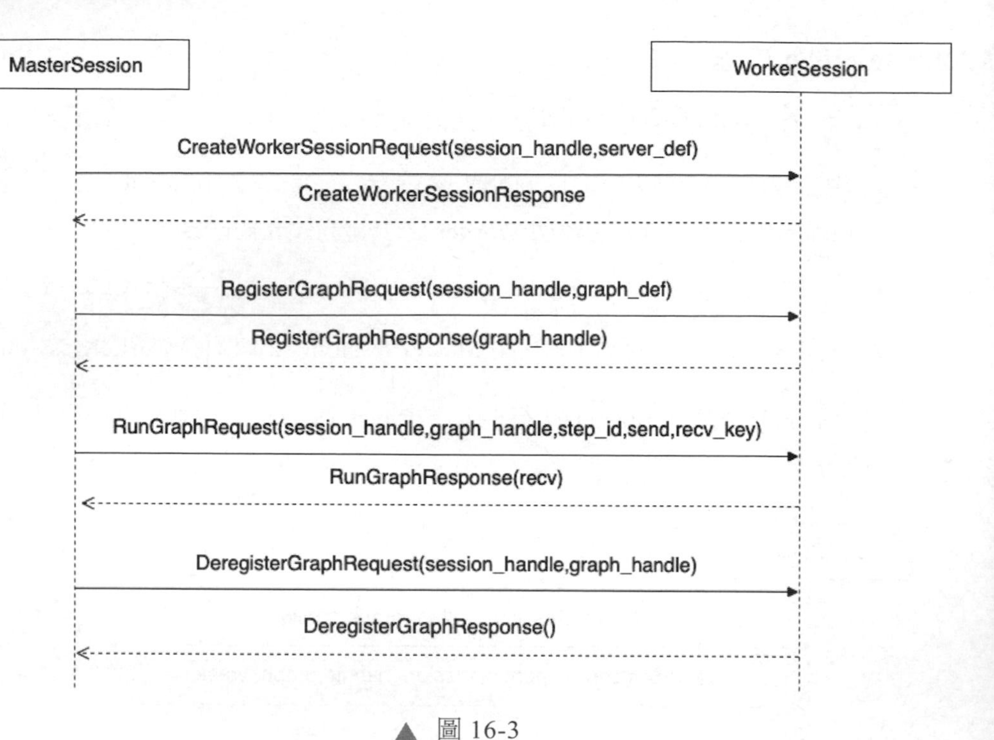

▲ 圖 16-3

16.1.2 GrpcSession

GrpcSession 是 tensorflow::grpc::MasterService 的簡單封裝。GrpcSession 使用遠端裝置集作為運算資源，使用 gRPC 作為遠端呼叫機制，讓呼叫者在遠端裝置上對 TensorFlow 圖進行計算。GrpcSession 的主要功能都轉接給成員變數 master_，master_ 將會對 tensorflow::grpc::MasterService 進行呼叫。

GrpcSession 的定義如下。

```
class GrpcSession : public Session {
  mutex mu_;
  const SessionOptions options_;
  std::unique_ptr<MasterInterface> master_;
   // Master 傳回的 handle，用來標識本 Session.
  string handle_ TF_GUARDED_BY(mu_);
  // 圖的當前版本編號
  int64_t current_graph_version_ TF_GUARDED_BY(mu_);
```

```
  bool is_local_ = false;
};
```

GrpcSession 由 GrpcSessionFactory 多態建立，如果 protocal 使用了「grpc://」就會產生 GrpcSession。而 GrpcSessionFactory 會預先註冊到系統之上。

Client 透過 GrpcSession 呼叫 MasterService，透過 MasterInterface 與 MasterService 進行互動。所以說，此處最重要的就是建構 MasterInterface 實例。我們在上一章中提到過，MasterInterface 有兩種實現，這兩種實現都用來和 MasterService 進行通訊，分別對應了不同的應用場景：

- LocalMaster 用於處理程序間的直接通訊，此時 Client 和 Master 在同一個處理程序。
- GrpcRemoteMaster 則使用 gRPC 和 MasterService 進行通訊，此時 Client 和 Master 分別部署在兩個不同處理程序。GrpcRemoteMaster 實現了 gRPC 用戶端，它透過樁存取遠端 Master 上的 MasterService 服務。

GrpcSession 會依據 options.target 來決定如何建立 Master，options.target 一般就是「grpc://」，如果透過 LocalMaster::Lookup() 方法找到 LocalMaster 類別，就直接使用，如果沒有找到，就使用 NewGrpcMaster() 函式生成一個 GrpcRemoteMaster。

在建立 GrpcSession 之後，系統會接著建立 MasterSession，這透過 GrpcSession:: Create(graph_def) 完成。GrpcSession::Create(graph_def) 會先建構 CreateSessionRequst 訊息，然後透過 GrpcRemoteMaster 把初始計算圖發給 Master。Master 收到 CreateSessionRequst 訊息之後就建構相應的 Master Session，傳回 CreateSessionResponse 再發給 GrpcSession。

16.1.3 MasterSession

MasterSession 位於 Master 之上，Master 會為每個連線的 Client 建構一個 MasterSession。MasterSession 控制 Master 的 Session 生命週期。

MasterSession 的定義（只摘錄部分成員變數）如下。

```
// 用來封裝圖計算（資源設定、布局策略、執行等）的 Session
class MasterSession : public core::RefCounted {
  SessionOptions session_opts_;
  const MasterEnv* env_;
  const string handle_;
  std::unique_ptr<std::vector<std::unique_ptr<Device>>> remote_devs_;
  const std::unique_ptr<WorkerCacheInterface> worker_cache_;
  WorkerCacheInterface* get_worker_cache() const;
  // 本 Session 使用的裝置
  std::unique_ptr<DeviceSet> devices_;
  uint64 NewStepId(int64_t graph_key);
  std::unique_ptr<GraphExecutionState> execution_state_ TF_GUARDED_BY(mu_);
  int64_t graph_version_;
};
```

MasterSession::Create(graph_def) 完成了建立工作，具體如下。

- 呼叫 MakeForBaseGraph() 函式初始化計算圖，並生成 SimpleGraphExecutionState 實例。
- 呼叫 CreateWorkerSessions() 函式。如果是動態設定叢集，則廣播通知給所有 Worker，讓 Worker 建立對應的 WorkerSession。

MakeForBaseGraph() 函式會建構 GraphExecutionState，依據 GraphDef 建構對應的 FullGraph（完整計算圖），呼叫 ConvertGraphDefToGraph() 函式完成從 GraphDef 到 Graph 的格式轉換。GraphDef 是原始圖結構，也是 TensorFlow 把 Client 建立的計算圖使用 Protocol Buffer 序列化之後的結果。GraphDef 包含了圖的中繼資料。Graph 不僅包含圖的中繼資料，也包含圖結構的其他資訊，被 Runtime 系統所使用。

InitBaseGraph() 函式會呼叫 Placer.run() 函式完成運算元編排，即把計算圖中的運算元放到最適合的裝置上計算，這樣可以最大化效率。Placer 類別會對 Graph 做分析，並且結合使用者的要求對每個節點如何布局進行微調，比如讓生產者和消費者儘量在同一個裝置上，優先選擇性能高的裝置。

當 MasterSession 建立成功後，如果有動態設定叢集，則會廣播讓所有 Worker 動態建立 WorkerSession。函式 MasterSession::CreateWorkerSessions() 完成了建立 WorkerSession 的工作，具體邏輯為：

- 呼叫 ReleaseWorker() 函式來釋放已有的 Worker。
- 呼叫 GetOrCreateWorker() 函式在快取中獲取 Worker，如果沒有，則會建構 Worker。
- 遍歷 Worker，呼叫 CreateWorkerSessionAsync() 函式讓每個 Worker 各自建立一個 WorkerSession，每個請求都會用 set_session_handle(handle_) 把 MasterSession 的 session_handle 設置進來，這樣每個 WorkerSession 都和 MasterSession 共用同樣的 session_handle，它們都隸屬於同一個 MasterSession。

遠端 Worker 在 GrpcWorkerService 中接收到訊息，收到的 CreateWorkerSessionRequest 訊息將由 CreateWorkerSessionHandler 回呼處理。CreateWorkerSessionHandler 是一個巨集，作用是在執行緒池中啟動一個可執行的執行緒，觸發 Worker（就是 GrpcWorker）的 CreateWorkerSession() 函式來動態建立 WorkerSession 實例。

目前建立 Session 的整體邏輯如圖 16-4 所示，圖中的數字代表執行順序。

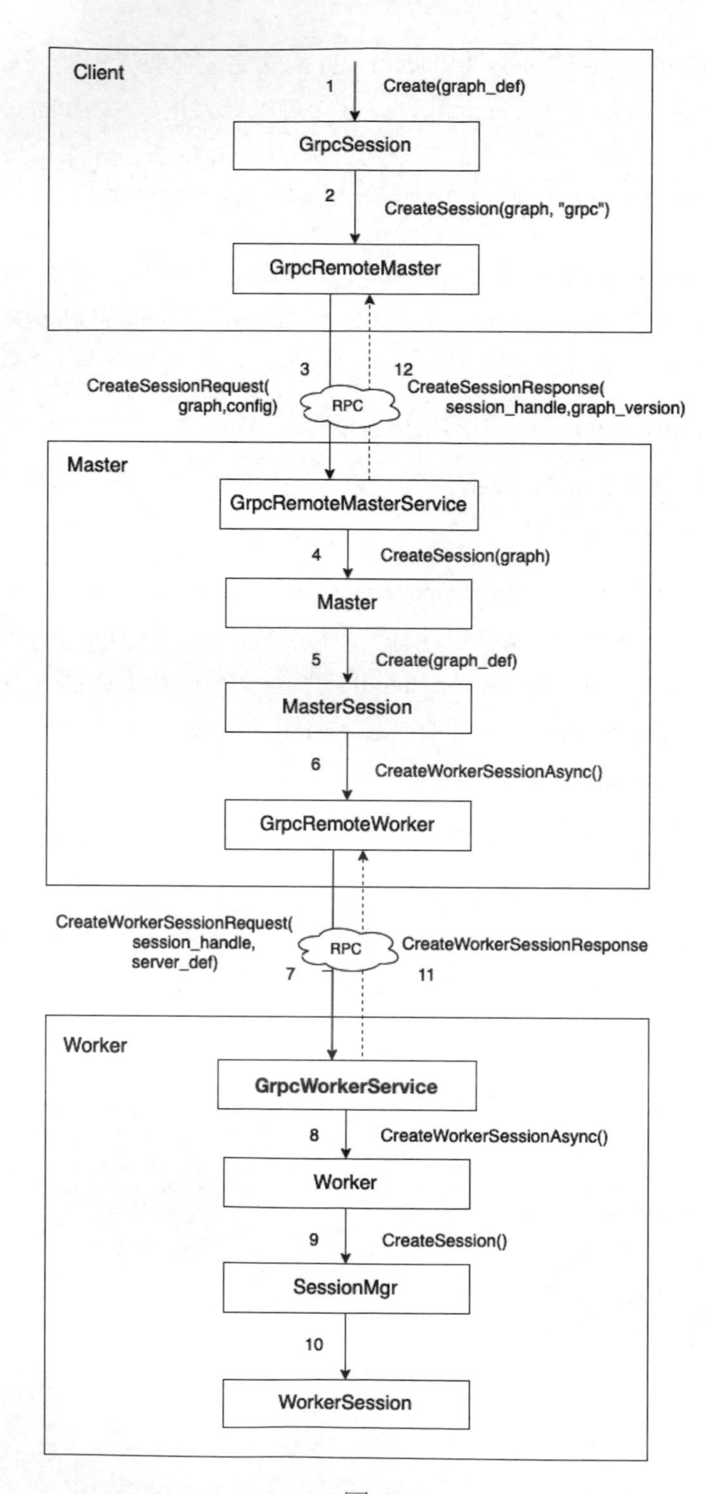
Client
1
Create(graph_def)
GrpcSession
2
CreateSession(graph, "grpc")
GrpcRemoteMaster
3
CreateSessionRequest(
graph,config)
RPC
12
CreateSessionResponse(
session_handle,graph_version)
Master
GrpcRemoteMasterService
4
CreateSession(graph)
Master
5
Create(graph_def)
MasterSession
6
CreateWorkerSessionAsync()
GrpcRemoteWorker
CreateWorkerSessionRequest(
session_handle,
server_def)
7
RPC
CreateWorkerSessionResponse
11
Worker
GrpcWorkerService
8
CreateWorkerSessionAsync()
Worker
9
CreateSession()
SessionMgr
10
WorkerSession

▲ 圖 16-4

16.1.4 WorkerSession

對於 CreateWorkerSessionRequest，GrpcWorker 最終呼叫的是 WorkerInterface 的 CreateWorkerSession() 函式。CreateWorkerSessionRequest 訊息中攜帶了 MasterSession 分配的 session_handle，GrpcWorker 將據此建立一個 WorkerSession，session_handle 在此 Worker 之內唯一標識此 WorkerSession。

在 GrpcWorker 的 WorkerEnv 上下文中有一個 SessionMgr 類別實例，SessionMgr 負責統一管理和維護所有 WorkerSession 的生命週期。SessionMgr 也維護了 session_handle 和 WorkerSession 之間的對應關係，SessionMgr 與 WorkerSession 是一對多的關係，每個 WorkerSession 實例使用 session_handle 標識，SessionMgr 主要成員變數如下。

- std::map<string, std::shared_ptr> sessions_：維護了 session_handle 和 WorkerSession 的對應關係。
- std::shared_ptr legacy_session_：全域唯一的 WorkerSession 實例，在沒有呼叫 CreateWorkerSession 的情況下，也可以透過 legacy_session_ 執行一些相關操作。

具體邏輯關係如圖 16-5 所示。

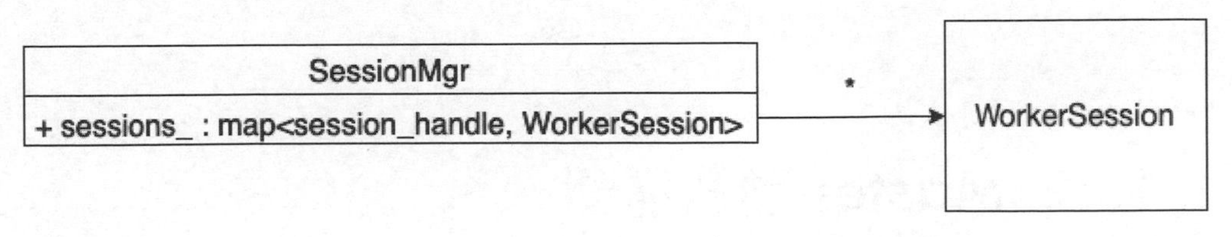

▲ 圖 16-5

WorkerSession 中的具體成員變數舉例如下。

- string session_name_：Session 名稱。
- string worker_name_：Worker 名稱，比如「/job:mnist/replica:0/task:1」。
- std::shared_ptr <WorkerCacheInterface> worker_cache_：Worker 快取。

- std::unique_ptr <GraphMgr> graph_mgr_ ：本 Session 註冊的計算圖，每個 Worker 可以註冊和執行多個計算圖，每個計算圖使用 graph_handle 標識。
- std::unique_ptr <DeviceMgr> device_mgr_ ：本地計算裝置集合資訊。

WorkerSession 具體邏輯如圖 16-6 所示。

至此，我們整理完 Session 基本流程，下面對業務進行詳細分析。

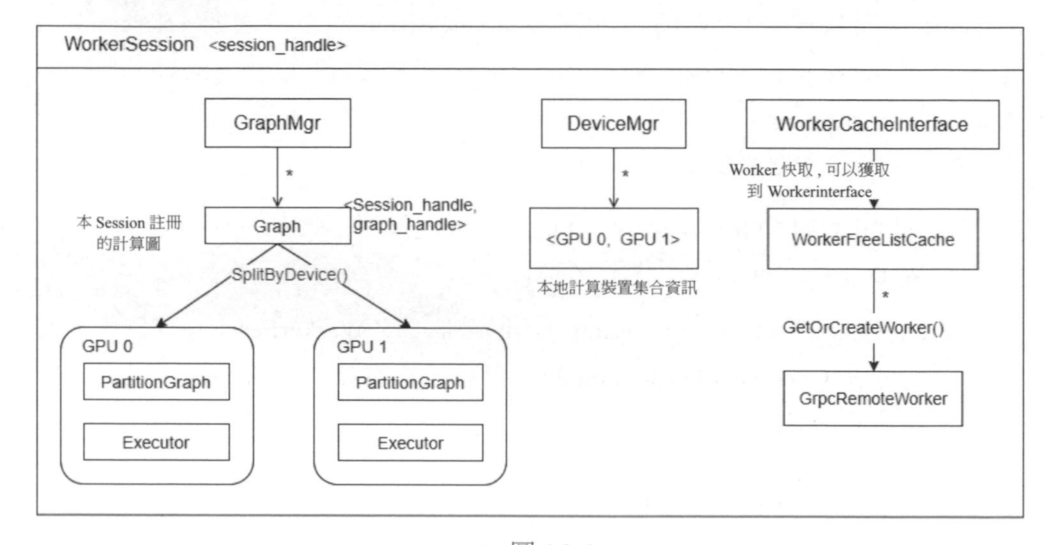

▲ 圖 16-6

16.2 Master 動態邏輯

本節從 Client 開始，分析 Master 如何對計算圖進行處理。

16.2.1 Client 如何呼叫

首先，Client 呼叫 GrpcSession::Run() 函式開始執行，Run() 函式會呼叫 RunHelper() 函式。RunHelper() 函式增加 feed 和 fetch，然後，呼叫 RunProto() 函式執行 Session。最後，RunProto() 函式呼叫 master_->RunStep() 函式完成業務功能。master_ 就是 GrpcRemoteMaster。

GrpcRemoteMaster 是位於 Client 的 gRPC 用戶端實現，它的 RunStep() 函式透過 gRPC 樁來呼叫遠端服務 MasterService 的 RunStep 介面，即發送一個 RunStepRequest 請求。遠端 Master 會處理此請求。

於是我們得到 Client 邏輯如圖 16-7 所示。

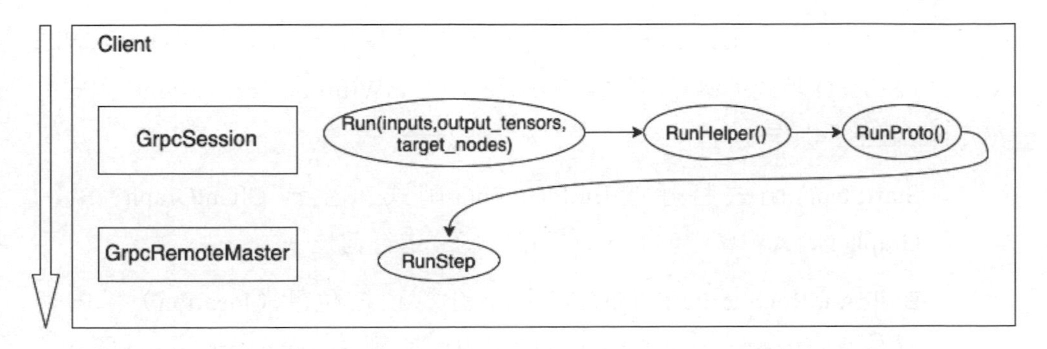

▲ 圖 16-7

16.2.2 Master 業務邏輯

從現在開始，我們進入 Master 角色對應的伺服器。GrpcMasterService 執行的是 gRPC 服務，當收到 RunStepRequest 訊息時，系統會呼叫 RunStepHandler() 函式，此函式使用 GrpcMasterService 的成員變數 master_impl_->RunStep() 函式繼續操作。master_impl_ 是 Master 實例，RunStep() 函式會呼叫 MasterSession 進行計算，於是正式進入到 Master 的業務邏輯，接下來就分析如何進一步處理。

1. 整體概述

我們先來做一下整體概述。Master 的主要業務邏輯如下。

- 剪枝：完成對 FullGraph 的剪枝，生成 ClientGraph，即可以執行的最小相依子圖。
- 切分註冊：按照 Worker 維度將 ClientGraph 切分為多個 PartitionGraph。
- 執行：將 PartitionGraph 串列註冊給各個 Worker（此處有一個 RPC 操作），並啟動各個 Worker 對 PartitionGraph 串列進行併發執行（此處也有一個 RPC 操作）。

Master 的具體邏輯如下。

首先，Master 會呼叫 FindMasterSession() 函式找到 session_handle 對應的 MasterSession，這之後，邏輯就由 MasterSession 來接管，比如呼叫 MasterSession::Run() 函式。

其次，MasterSession::Run() 函式有兩種呼叫路徑，此處選擇 DoRunWithLocalExecution() 函式這個呼叫路徑來分析。DoRunWithLocalExecution() 函式會做如下三個主要操作。

- StartStep() 函式將呼叫 BuildGraph() 函式來生成 ClientGraph，BuildGraph() 函式中會呼叫 PruneGraph() 函式進行剪枝。
- BuildAndRegisterPartitions() 函式將計算圖按位置（location）不同切分為多個子圖，並且註冊。該函式會呼叫到 RegisterPartitions() 函式，RegisterPartitions() 函式進而呼叫到 DoBuildPartitions() 函式。
- RunPartitions() 函式執行子圖。此處的一個子圖就對應一個 Worker，即對應一個 WorkerService。

我們接下來對 DoRunWithLocalExecution() 函式中後面兩個主要操作（切分註冊和執行）進行分析。

2. 切分註冊

因為單一裝置的運算能力和儲存都不足，所以需要對大型模型進行模型分片，本質就是把模型和相關計算進行切分之後分配到不同的裝置之上。TensorFlow 的布局（Placement）機制就是解決模型分片問題，即標明哪個操作放置在哪個裝置之上。Placement 機制最早是由 Google Spanner 提出來的，其提供跨區資料移轉時的管理功能，也有一定的負載平衡意義。TensorFlow 的 Placement 參考了 Spanner 的思想，其原則是：儘量滿足使用者需求；儘量使用計算更快的裝置；優先考慮近鄰性，避免複製；確保分配之後的程式可以執行。在布局機制完成之後，每個節點就擁有了布局資訊，而 Partition() 函式就可以根據這些節點的資訊對計算圖進行切分。

DoBuildPartitions() 函式會呼叫 Partition() 函式正式進入切分。Partition() 函式的主要邏輯如下。

- 切分原計算圖，產生多個子圖。
- 如果跨裝置的節點互相有相依，則插入發送和接收節點對。
- 如果需要插入控制流（Control Flow）邊則插入。

具體操作如下。

- 分析原計算圖，補齊控制流邊。
  * 為控制流的分散式執行增加程式。新圖是原圖的等價變換，並且可以被任意分割以便分散式執行。
- 為每個運算元的節點 / 邊建構記憶體 / 裝置資訊，為切分做準備。
  * TensorFlow 希望參與計算的張量被分配到裝置上，參與控制的張量被分配到主機之上，所以既需要對每個運算元進行分析，確定運算元在 CPU 或者 GPU 上的版本，也需要確定運算元輸入和輸出張量的記憶體資訊，比如某些運算元雖然位於 GPU 之上，但是依然需要從 CPU 讀取資料，又比如有些資料需要強制放到 CPU 之上，因為該資料對 GPU 不友善。
- 對遍歷圖的節點進行分析和切分，插入發送 / 接收節點和控制流邊，最終得到多個子圖。
  * 從原圖取出一個節點 dst，拿到 dst 的位置資訊，依據位置資訊拿到該節點在分區之中的 GraphDef，增加節點，設置裝置。
  * 將 dst 在原來圖中的輸入邊分析出來，連同控制流邊一起插入輸入陣列之中。
  * 取出 dst 的一個輸入邊，得到邊的來源節點 src，從而得到 src 節點的圖。在圖上增加發送節點、接收節點或者控制節點。如果 src 和 dst 分別屬於兩個分區，則需要把原來兩者之間的普通邊切分開，在它們中間增加發送（SEND）節點與接收（RECV）節點，這樣就可以將發送節點與接收節點劃歸在兩個不同分區之內。

- 收尾工作，比如完善子圖的版本資訊、函式程式庫等。

切分之後如圖 16-8 所示。

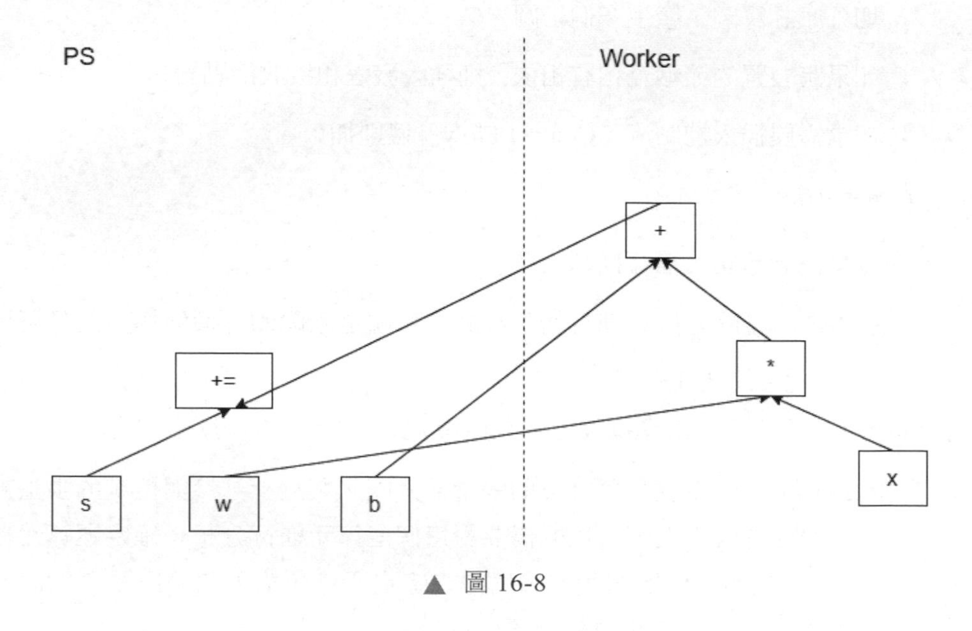

▲ 圖 16-8

插入發送節點 / 接收節點之後如圖 16-9 所示。

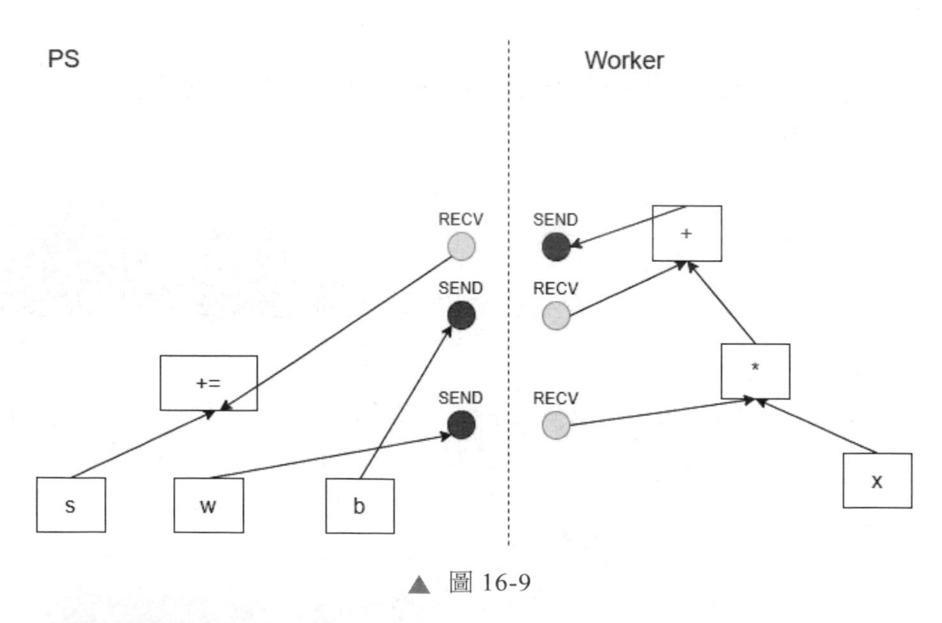

▲ 圖 16-9

現在分區完畢，我們來到了註冊階段。DoRegisterPartitions() 函式會設置哪個 Worker 負責哪個分區的關鍵程式是：

- 呼叫 part->worker = worker_cache_->GetOrCreateWorker(part->name) 來設置每個 part 的 Worker。
- 呼叫 part.worker->RegisterGraphAsync(&c->req, &c->resp, cb) 來註冊圖。RegisterGraphAsync() 會呼叫 GrpcRemoteWorker，最終發送 RegisterGraphRequest 訊息給下游 Worker。

注意，除非計算圖被重新編排，或者重新啟動 Master 處理程序，否則 Master 只會執行一次 RegisterGraph() 函式。概念圖如圖 16-10 所示。

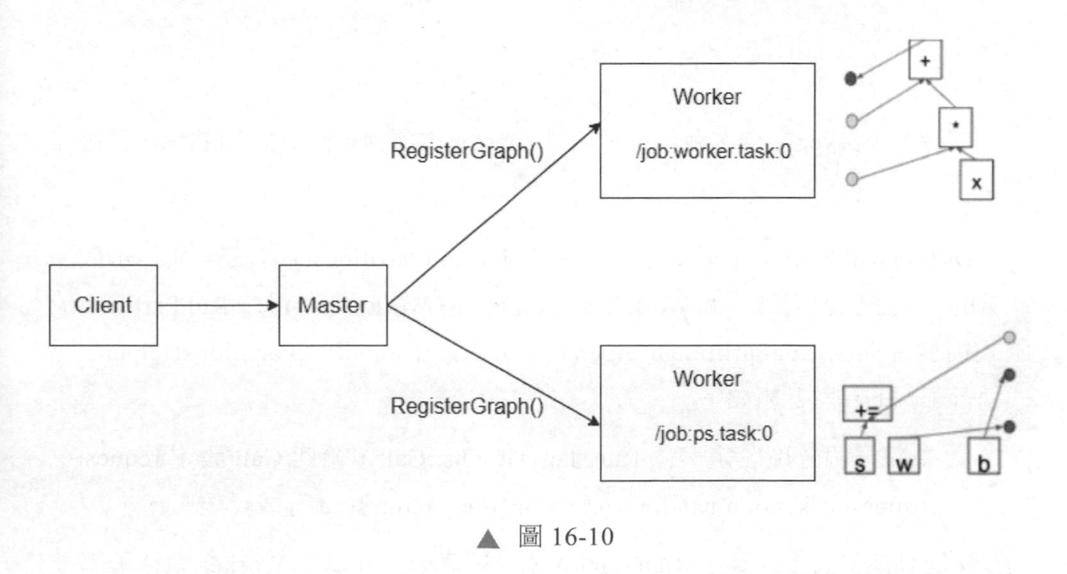

▲ 圖 16-10

3. 執行計算圖

既然已經成功分區，也把子圖註冊到了遠端 Worker 之上，每個 Worker 都擁有自己的子圖，那麼接下來就是執行子圖。Master 透過呼叫 RunGraph() 函式在 Worker 上觸發子圖運算，Worker 會使用 GPU/CPU 運算裝置執行 TensorFlow 核心運算。在 Worker 之間、裝置之間會依據情況不同而採用不同的傳輸方式，具體邏輯如圖 16-11 所示。

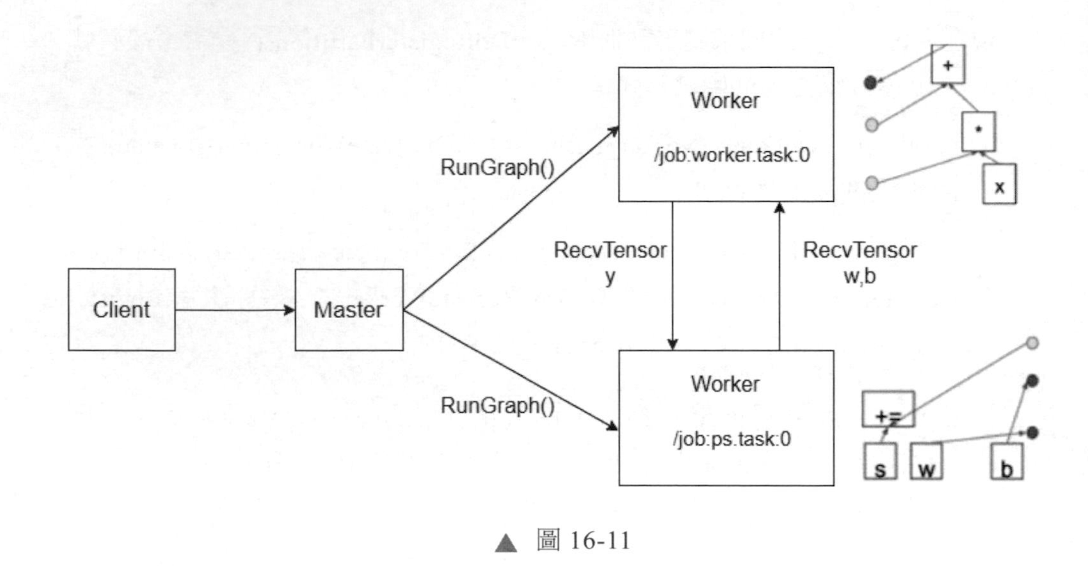

▲ 圖 16-11

在深入 Worker 之前，我們整理一下 Master 內部執行計算圖的邏輯，具體如下。

DoRunWithLocalExecution() 函式會呼叫 RunPartitions() 函式來執行子圖。此處的一個子圖就對應一個 Worker，即對應一個 WorkerService。RunPartitions() 函式則會呼叫到 RunPartitionsHelper() 函式執行子圖。RunPartitionsHelper() 函式執行子圖的具體邏輯如下。

- 為每一個分區設定一個 RunManyGraphs::Call，給此 Call 設定 request、response、session handle、graph handle、request id 等成員變數。
- 給每個 Worker 發送 RunGraphAsync 訊息來通知遠端 Worker 執行子圖。
- 註冊各種回呼函式，等待 RunGraphAsync 的執行結果。
- 處理執行結果。

RunGraphAsync 具體定義在 GrpcRemoteWorker 中。GrpcRemoteWorker 的每個函式呼叫 IssueRequest() 函式發起一個非同步 gRPC 呼叫。遠端執行的 Grpc WorkerService 作為守護處理程序將會處理傳入的 gRPC 請求。

DoRunWithLocalExecution() 函式的整體邏輯如圖 16-12 所示。

4. 小結

目前 Session 的執行邏輯如圖 16-13 所示，注意此處有兩個 gRPC 呼叫，一個是 RegisterGraph，另一個是 RunGraph。

我們馬上對 Worker 一探究竟。

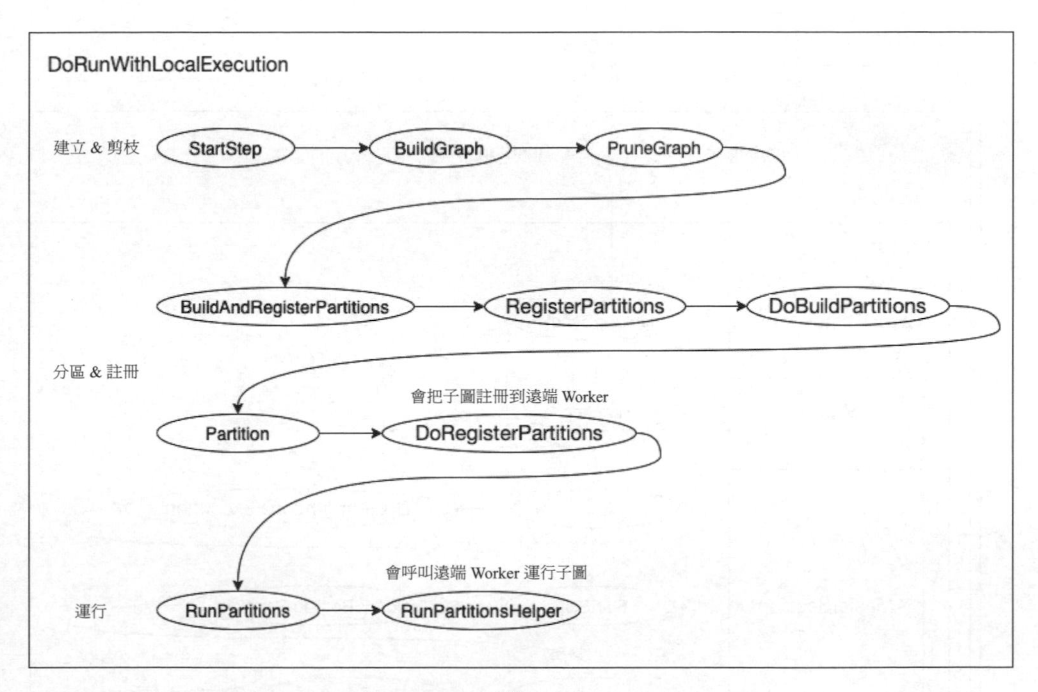

▲ 圖 16-12

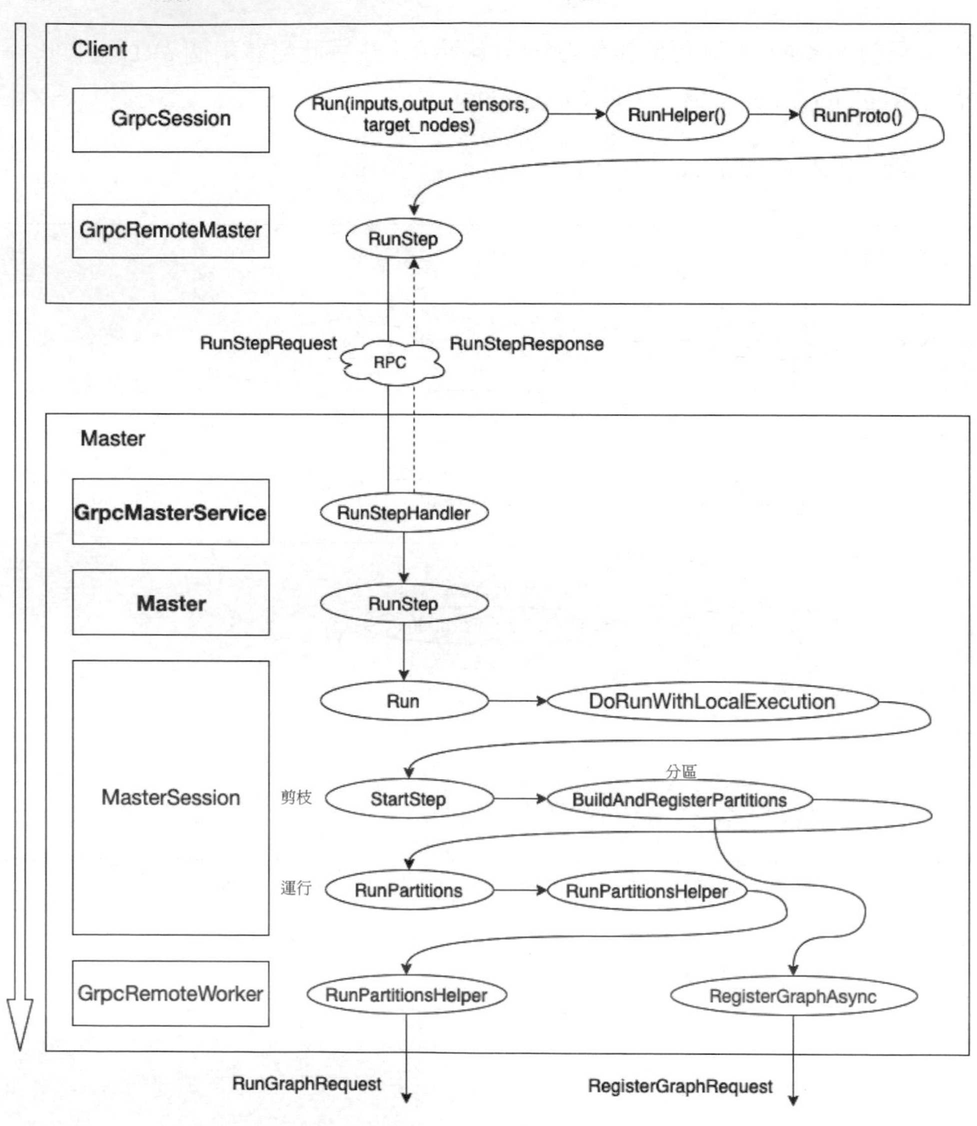
時間流
類別
函式
Client
GrpcSession
Run(inputs,output_tensors, target_nodes)
RunHelper()
RunProto()
GrpcRemoteMaster
RunStep
RunStepRequest
RPC
RunStepResponse
Master
GrpcMasterService
RunStepHandler
Master
RunStep
MasterSession
Run
DoRunWithLocalExecution
分區
剪枝
StartStep
BuildAndRegisterPartitions
運行
RunPartitions
RunPartitionsHelper
GrpcRemoteWorker
RunPartitionsHelper
RegisterGraphAsync
RunGraphRequest
RegisterGraphRequest

▲ 圖 16-13

16.3 Worker 動態邏輯

16.3.1 概述

我們首先回顧一下到目前為止各種概念之間的關係。

- Client 會建構 FullGraph，但是因為此 FullGraph 無法並存執行，所以需要切分最佳化。
- Master 會對 FullGraph 進行處理，比如進行剪枝等操作，生成 ClientGraph，即可以執行的最小相依子圖。然後根據叢集內 Worker 資訊把 ClientGraph 繼續切分成多個 PartitionGraph。接下來把這些 PartitionGraph 註冊給每個 Worker。

接下來分析 Worker 的流程概要。此時流程來到某個特定 Worker 節點，在 Worker 節點之中的流程如下。

如果 Worker 節點收到了註冊請求 RegisterGraphRequest，則此訊息會攜帶 MasterSession 分配的 session_handle 和子圖 graph_def（GraphDef 形式）。Worker 把計算圖按照本地裝置集繼續切分成多個 PartitionGraph，把 Partition Graph 分配給每個裝置，每個計算裝置對應一個新的 PartitionGraph，然後在每個計算裝置上啟動一個 Executor 類別，等待後續執行命令。Executor 類別是 TensorFlow 中 Session 執行器的抽象，提供非同步執行局部圖的 RunAsync 虛方法及同步封裝版本 Run 方法。

如果 Worker 節點收到 RunGraphAsync，則各個裝置開始執行。Worker Session 會呼叫 session-> graph_mgr()->ExecuteAsync() 函式執行，同時呼叫 StartParallelExecutors。此處會啟動一個 ExecutorBarrier。當某一個計算裝置執行完所分配的 PartitionGraph 後，ExecutorBarrier 計數器將會增加 1，如果所有裝置都完成 PartitionGraph 串列的執行，則 barrier.wait() 阻塞操作將退出。

我們接下來逐步分析上述流程。

16.3.2 註冊子圖

當 Worker 節點收到 RegisterGraphRequest 之後，首先來到 GrpcWorker Service，實際呼叫的是「/tensorflow.WorkerService/RegisterGraph」對應的巨集，展開就是 RegisterGraphHandler，RegisterGraphHandler 進而呼叫 RegisterGraph() 函式。

RegisterGraph() 函式實際呼叫的是 WorkerInterface::RegisterGraph() 函式，該函式內部會轉到 RegisterGraphAsync() 函式。RegisterGraphAsync() 函式最後來到 Worker 的實現：首先依據 session_handle 查詢到 WokerSession，然後呼叫 GraphMgr 類別。

GraphMgr 負責追蹤一組在 Worker 註冊的計算圖。每個註冊的圖都由 GraphMgr 生成的控制碼 graph_handle 來辨識，並傳回給呼叫者。在成功註冊後，呼叫者使用圖控制碼執行一個圖。每個執行都透過呼叫者生成的全域唯一 step_id 與其他執行區分開來。只要使用的 step_id 不同，多個執行就可以同時獨立地使用同一個圖，多個執行緒就可以併發地呼叫 GraphMgr 的方法。

具體各個類別之間的關係和功能如圖 16-14 所示，註冊圖就是往 GraphMgr 的 table_ 變數中註冊新項，而執行圖就是執行 table_ 變數中的具體項。

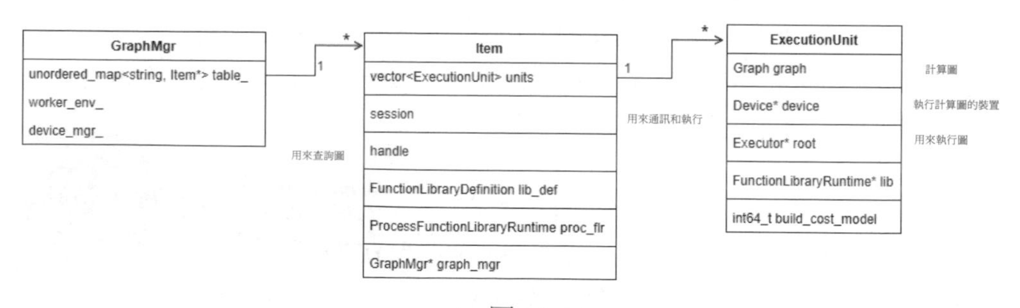

▲ 圖 16-14

GraphMgr::Register() 完成了註冊圖功能，但實際程式在 InitItem() 函式之中。InitItem() 函式的主要功能是對圖進行處理：

- 在得到 Session 的一個 gdef（類型為 GraphDef）之後，建立執行器（Executor 類別），Executor 在此函式之中對應 GraphMgr::ExecutionUnit 資料結構。
- 如果 gdef 中的一個節點被 Session 中的其他圖共用，例如，一個參數（params）節點被一個 Session 中的多個圖共用，則其他圖將重複使用該 gdef 的運算元核心。
- 如果 gdef 被分配給多個裝置，則可能會向 gdef 增加額外的節點（例如發送 / 接收節點）。額外節點的名稱透過呼叫 new_name(old_name) 生成。
- 給分配了 gdef 的每個裝置填入一個 Executor。

需要注意，InitItem() 函式使用 SplitByDevice() 函式按照裝置進行圖的二次切分。註冊圖的邏輯大致如圖 16-15 所示，即使用 Master 傳來的各種資訊來生成一個 Item，註冊在 GraphMgr 之中，同時也為該 Item 生成 ExecutionUnit，其中 graph_handle 根據 handle 生成。

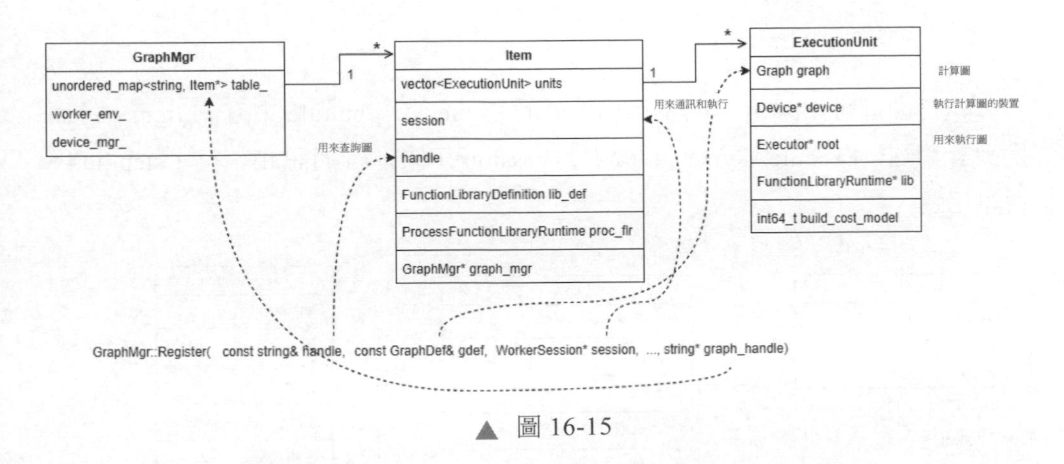

▲ 圖 16-15

16.3.3 執行子圖

Master 用 RunGraphRequest 來執行在 graph_handle 下註冊的所有子圖，RunGraphRequest 請求中有一個全域唯一的 step_id 來區分圖計算的不同 step。子圖之間可以使用 step_id 進行彼此通訊（例如發送 / 轉發操作），以區分不同執行產生的張量。

RunGraphRequest 訊息的 send 參數表示子圖輸入的張量，recv_key 指明子圖輸出的張量。RunGraphResponse 會傳回 recv_key 對應的張量清單。

執行邏輯首先來到 GrpcWorkerService，呼叫的是 /tensorflow.WorkerService/RunGraph。此處把計算任務放進執行緒池佇列，具體業務邏輯在 Worker::RunGraphAsync() 函式中。在 RunGraphAsync() 函式中有兩條執行路徑，我們選擇 DoRunGraph() 函式這條執行路徑進行分析。DoRunGraph() 函式主要呼叫了 session->graph_mgr()->ExecuteAsync() 函式來執行計算圖。ExecuteAsync() 函式的具體邏輯大致如下。

- 找到一個子圖。
- 計算子圖成本（cost）。
- 生成一個 Rendezvous，使用參數 session 初始化 Rendezvous，後續 Rendezvous 利用此 session 進行通訊。
- 發送張量到 Rendezvous。
- 呼叫 StartParallelExecutors() 函式執行子計算圖。

執行圖邏輯如圖 16-16 所示，ExecuteAsync 使用 handle 來查詢 Item，進而找到計算圖。ExecuteAsync() 參數中的 session 用來進行通訊和執行，step_id 與通訊相關。

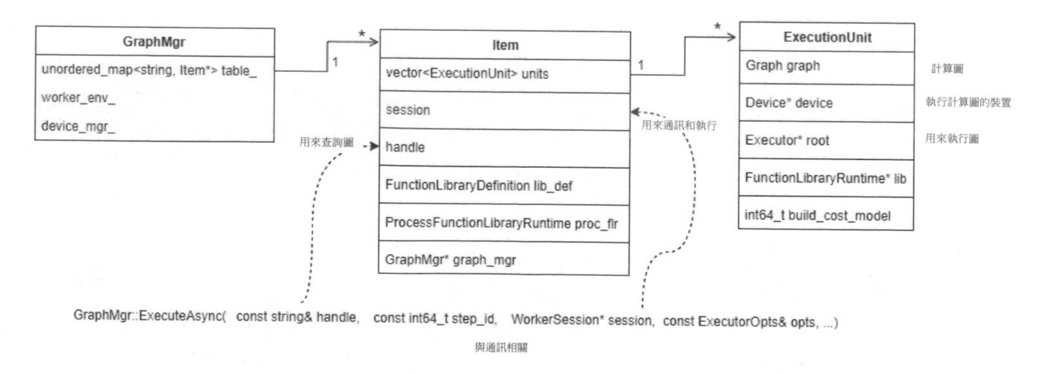

▲ 圖 16-16

ExecuteAsync() 函式呼叫了 StartParallelExecutors() 函式來完成平行計算，StartParallelExecutors() 函式會啟動一個 ExecutorBarrier，用來同步各個平行計算。先完成計算的裝置會阻塞在 barrier.wait()，當某一個計算裝置執行完所分配的 PartitionGraph 後，ExecutorBarrier 計數器將會增加 1，如果 PartitionGraph 清單內容全部被執行完畢，barrier.wait() 阻塞操作將退出。

我們用圖 16-17 來小結一下註冊 / 執行子圖。

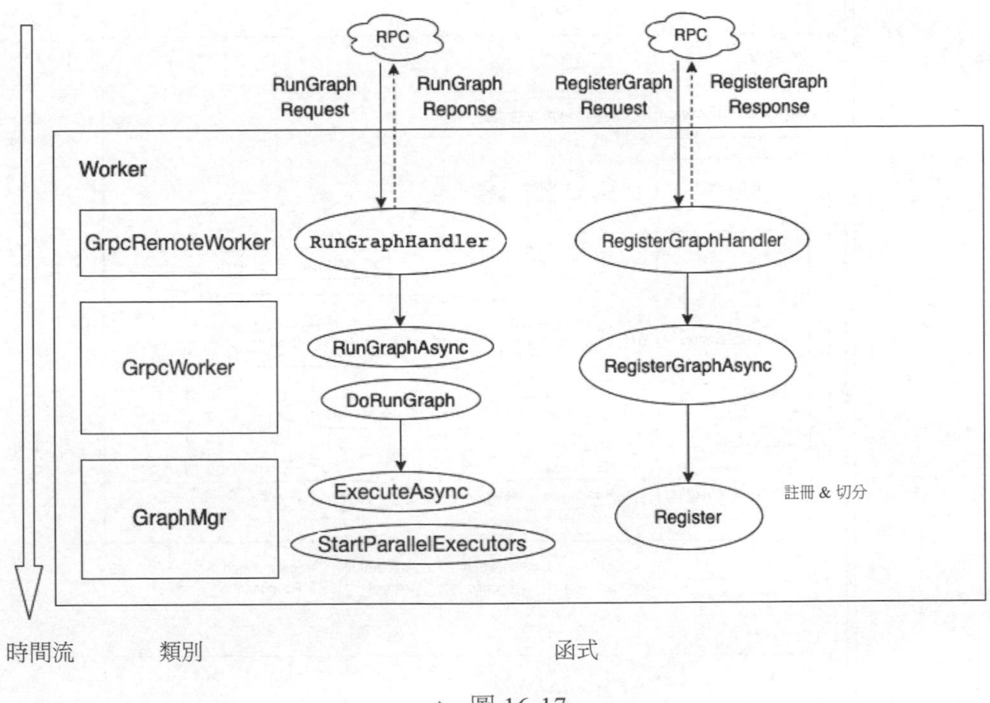

▲ 圖 16-17

16.3.4 分散式運算流程總結

最後，我們總結整個分散式運算流程，如圖 16-18 所示。

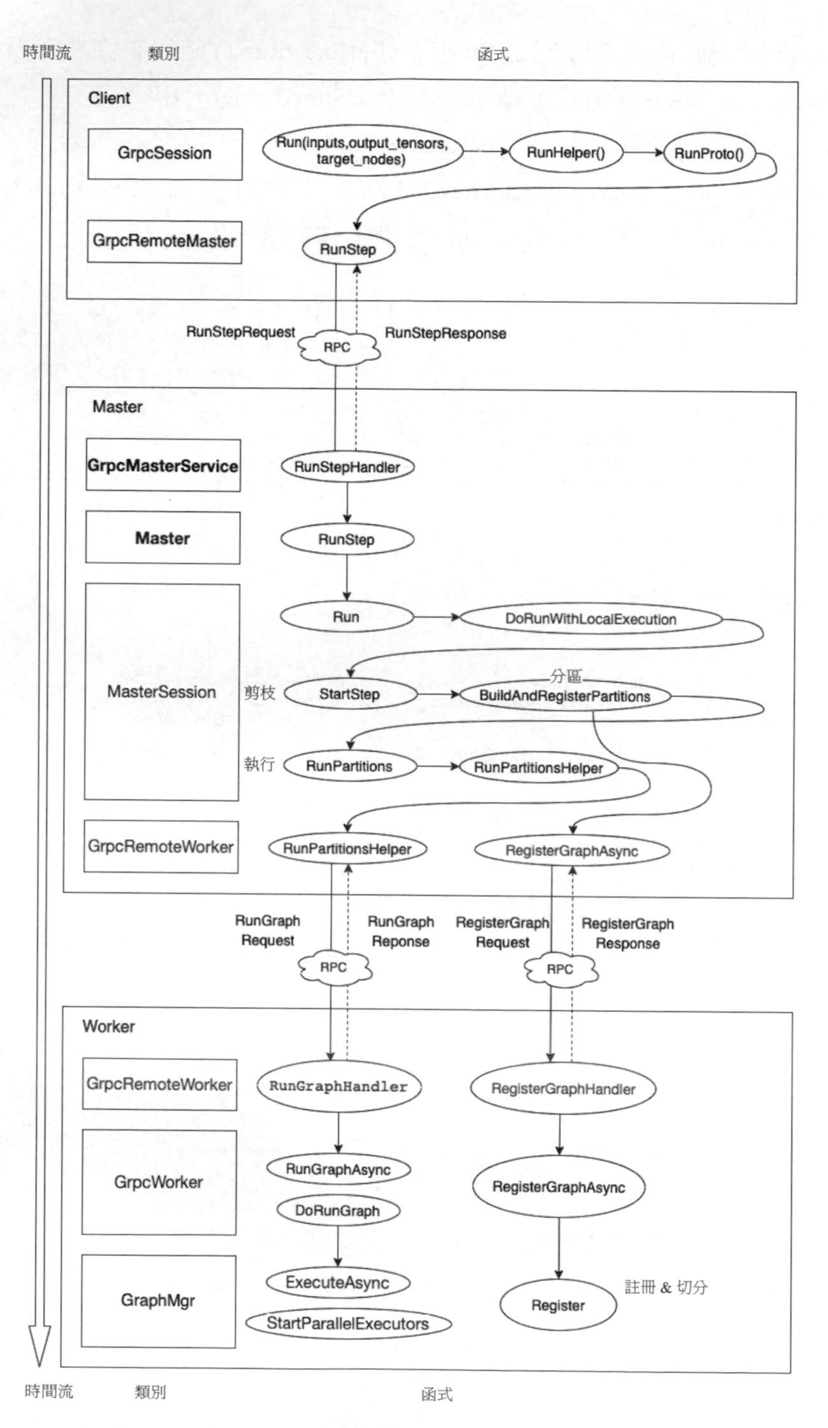

時間流
類別
函式
Client
GrpcSession
Run(inputs,output_tensors, target_nodes)
RunHelper()
RunProto()
GrpcRemoteMaster
RunStep
RunStepRequest
RPC
RunStepResponse
Master
GrpcMasterService
RunStepHandler
Master
RunStep
MasterSession
Run
DoRunWithLocalExecution
剪枝
StartStep
分區
BuildAndRegisterPartitions
執行
RunPartitions
RunPartitionsHelper
GrpcRemoteWorker
RunPartitionsHelper
RegisterGraphAsync
RunGraph Request
RunGraph Reponse
RegisterGraph Request
RegisterGraph Response
RPC
RPC
Worker
GrpcRemoteWorker
RunGraphHandler
RegisterGraphHandler
GrpcWorker
RunGraphAsync
DoRunGraph
RegisterGraphAsync
GraphMgr
ExecuteAsync
StartParallelExecutors
Register
註冊 & 切分
時間流
類別
函式

▲ 圖 16-18

16.4 通訊機制

當計算圖在裝置之間劃分之後，由於跨裝置的 PartitionGraph 之間可能存在著資料相依關係，因此 TensorFlow 在它們之間插入發送 / 接收節點，借此完成資料互動，也使得運算元和通訊互相解耦。在分散式模式之中，發送 / 接收節點透過 RpcRemoteRendezvous 完成資料交換，所以我們需要先分析 TensorFlow 中的資料交換機制或者說訊息傳輸的通訊元件 Rendezvous。

迄今為止，在分散式機器學習中我們看到大多 Rendezvous 出現在彈性計算和通訊相關部分，雖然具體意義各有細微不同，但是基本意義都類似，即會合、聚會、集會、約會等。

16.4.1 協調機制

在分散式模式中會對跨裝置的邊進行切分，在邊的發送端和接收端會分別插入發送節點和接收節點。由於發送節點和接收節點的處理速度可能彼此不匹配，因此 TensorFlow 使用 Rendezvous 來做協調。

- 處理程序內的發送 / 接收節點透過 IntraProcessRendezvous 實現資料交換。
- 處理程序間的發送 / 接收節點透過 GrpcRemoteRendezvous 實現資料交換。

當執行某次 step 時，如果兩個 Worker 需要互動資料，則相應操作可以簡化為如下步驟：

- 生產者生成張量，放入本地表。如果此時已經接到消費者需要資料的請求，則直接發送給消費者。
- 消費者向生產者發送 RecvTensorRequest 訊息，訊息中攜帶二元組 (step_id, rendezvous_key)。
- 如果生產者已經準備好資料，則會從本地表獲取相應的張量資料，並透過 RecvTensorResponse 傳回。否則設定回呼函式，當資料準備好之後發送給消費者。

WorkerInterface 的衍生類別為發送 / 接收提供資料傳輸的通道，比如可以基於底層的 gRPC 通訊函式庫完成通訊。

1. 訊息識別字

我們在學習 PyTorch 分散式時就知道，每次分散式通訊都需要有一個全域唯一的識別字。與 PyTorch 類別似，TensorFlow 也需要為每一個「發送 / 接收對」確定一個唯一的識別字，這樣在多組訊息並行發送時才不會發生訊息錯位。此識別字就是 ParsedKey，對應 RecvTensorRequest 訊息之中的 rendezvous_key 參數。ParsedKey 的主要成員變數如下。

- src_device：發送裝置。
- src：和 src_device 資訊相同，只不過表示為結構。
- src_incarnation：用於偵錯，當某個 Worker 重新啟動後，該值會發生變化，這樣就可以區分之前出錯的 Worker。
- dst_device：接收方裝置。
- dst：和 dst_device 資訊相同，只不過表示為結構。
- edge_name：邊名稱，可以是張量名稱，也可以是某種特殊意義的字串。

生成字串 key 的結果範例如下：

```
src_device ; HexString(src_incarnation) ; dst_device ; name ; frame_iter.frame_id :
frame_iter.iter_id
```

系統會使用 ParseKey() 函式來解析 key，生成 ParsedKey。ParseKey() 函式對輸入參數 key 的前四個域做了映射，拋棄第五個域 frame_iter.frame_id。其他域都直接對應字面意思，只是 edge_name 對應了 name 域。

2. Rendezvous

Rendezvous 是一個用於從生產者向消費者傳遞張量的功能抽象。一個 Rendezvous 是一個通道的表。每個通道都由一個 Rendezvous 鍵來標記。該鍵編碼為 <生產者，消費者> 對，其中生產者和消費者是 TensorFlow 裝置。

生產者呼叫 Send() 函式在一個命名的通道上發送一個張量。消費者呼叫 Recv() 函式從一個指定的通道接收一個張量。生產者可以傳遞多個張量給消費者，消費者按照生產者發送的順序接收它們。

消費者可以在張量產生之前或之後安全地請求張量，也可以選擇進行阻塞式呼叫或提供回呼，無論哪種情況，消費者都會在張量可用時收到它。

Rendezvous 的相關類別系統如圖 16-19 所示。

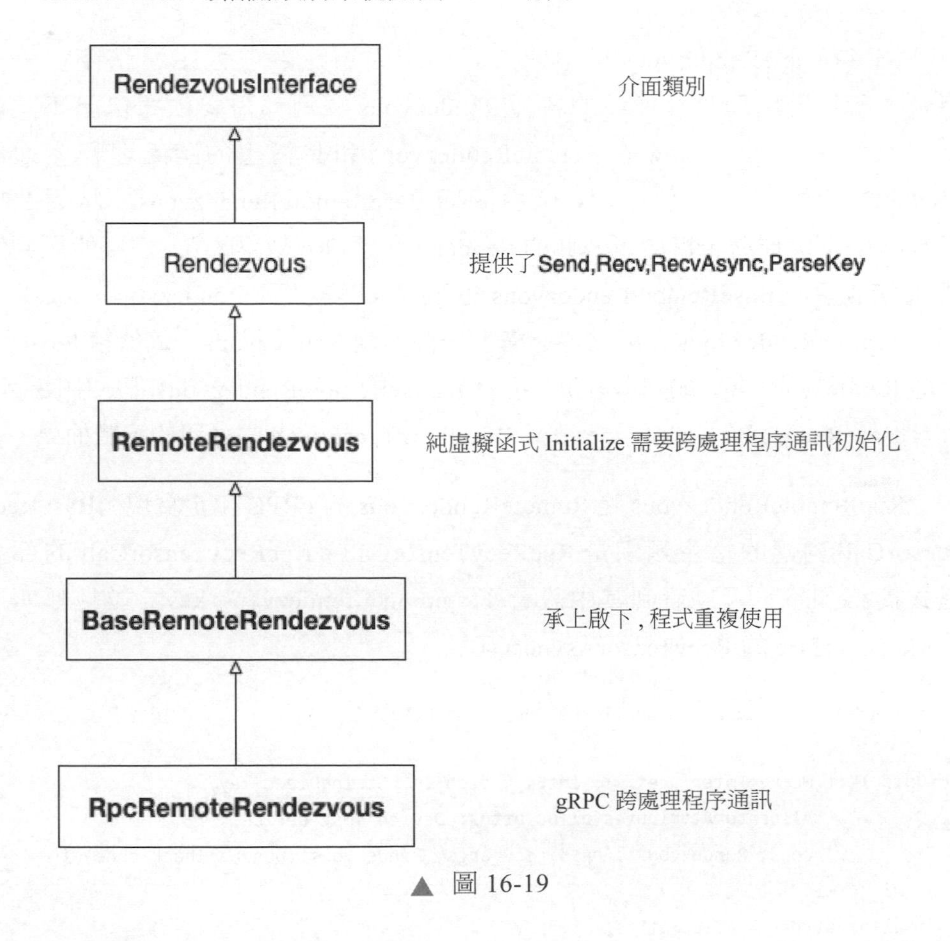

▲ 圖 16-19

RendezvousInterface 是介面類別，定義了虛擬函式。

基礎實現類別 Rendezvous 提供了最基本的 Send() 函式、Recv() 函式和 RecvAsync() 函式的實現，也提供了 ParseKey() 函式功能。

跨處理程序實現類別 RemoteRendezvous 繼承了 Rendezvous，Remote Rendezvous 只增加了一個純虛擬函式 Initialize()。因為需要借助 Session 完成初始化工作，所以所有跨處理程序通訊的衍生類別都需要重寫 Initialize() 函式。RemoteRendezvous 可以處理兩個遠端處理程序中生產者或消費者的通訊，也增加了與遠端 Worker 協調的功能。RemoteRendezvous 初始化分為兩步：①建構物件。②初始化物件。RendezvousMgrInterface 的用戶端必須保證最終傳回的 RemoteRendezvous 呼叫了 Initialize() 函式。

BaseRemoteRendezvous 是中間層類別。因為跨處理程序通訊存在不同協定，所以跨處理程序通訊的各種 Rendezvous 類別都需要依據自己不同的協定來實現。TensorFlow 在 RemoteRendezvous 和其衍生的跨處理程序通訊 Rendezvous 類別之間加入了一個中間層 BaseRemoteRendezvous，此類造成了承上啟下的作用，提供了公共的 Send() 函式和 Recv() 函式，盡可能做到程式重複使用。BaseRemoteRendezvous 主要成員變數是 Rendezvous* local_。BaseRemoteRendezvous 在建立時建構了一個本地 Rendezvous，賦值給 local_，本地 Rendezvous 會完成基本業務。另外，BaseRemoteRendezvous 程式中使用了大量 BaseRecvTensorCall 作為參數，BaseRecvTensorCall 是通訊的實體抽象。

RpcRemoteRendezvous 是 RemoteRendezvous 的 gRPC 協定實現。BaseRecv TensorCall 對應的衍生類別是 RpcRecvTensorCall。RpcRecvTensorCall 的部分程式摘錄如下，可以看到其中設置了 step_id、rendezvous_key，並且呼叫了 WorkerInterface 的 RecvTensorAsync() 函式。

```
class RpcRecvTensorCall : public BaseRecvTensorCall {

  void Init(WorkerInterface* wi, int64_t step_id, StringPiece key,
            AllocatorAttributes alloc_attrs, Device* dst_device,
            const Rendezvous::Args& recv_args, Rendezvous::DoneCallback done) {
    wi_ = wi;
    alloc_attrs_ = alloc_attrs;
    dst_device_ = dst_device;
    recv_args_ = recv_args;
    done_ = std::move(done);
    req_.set_step_id(step_id);
    req_.set_rendezvous_key(key.data(), key.size());
```

```
    req_.set_request_id(GetUniqueRequestId());
  }

  void StartRTCall(std::function<void()> recv_done) {
    auto cb = [this, abort_checked,
               recv_done = std::move(recv_done)](const Status& s) {
      abort_checked->WaitForNotification();
      recv_done();
    };
    wi_->RecvTensorAsync(&opts_, &req_, &resp_, std::move(cb));
  }
}
```

3. 管理類別

一個 Server 上可能有多個 Rendezvous，且多個 Rendezvous 需要被統一管理起來，比如建立和銷毀 RemoteRendezvous，這就對應了 RendezvousMgr 概念。RendezvousMgr 會追蹤一組本地的 Rendezvous 實例。本 Worker 發送的所有張量都在 RendezvousMgr 中緩衝，直到張量被接收。每個全域唯一的 step_id 都對應一個由 RendezvousMgr 管理的本地 Rendezvous 實例。

從類別系統來說，RendezvousMgrInterface 是介面類別。BaseRendezvousMgr 實現了管理類別的基本功能，比如依據 step_id 查詢 Rendezvous。

我們接下來分析如何進行接收和發送。

16.4.2 發送流程

因為分散式場景下的發送流程並不涉及跨處理程序傳輸，所以和本地場景下的發送傳輸過程相同，只是把張量放到 Worker 的本地表之中，完全不涉及跨網路傳輸。這是非阻塞操作。發送流程的簡化邏輯如下。

- BaseRemoteRendezvous 的 Send() 函式呼叫了 local_->Send() 完成功能。local_ 指向了一個 LocalRendezvous 實例。
- LocalRendezvous::Send() 會把張量插入本地表。

16.4.3 接收流程

發送端已經把準備好的張量放入本地表，接收端需要從發送端的表中取出張量，此處就涉及跨處理程序傳輸。接收的簡化處理過程如下。

- 接收方是 Client，它首先將所需要的張量對應的 ParsedKey 拼接出來，然反向發送方發出請求，ParsedKey 被攜帶於請求之中。
- 發送方是 Server，在接收到請求後，它立即在本地表中查詢 Client 所需要的張量，找到後將張量封裝成 Response 發送回接收方。

此處重點是：資料傳輸由接收方發起，向發送方主動發出請求來觸發通訊過程，這與我們常見的模式不同。

Worker 中既有同步呼叫，又有非同步呼叫，我們選擇對非同步呼叫進行分析。

Client 的呼叫序列如下：

- 全域函式 RecvOutputsFromRendezvousAsync() 函式呼叫到 BaseRemoteRendezvous:: RecvAsync() 函式。
- RecvAsync() 函式呼叫到 RecvFromRemoteAsync() 函式。
- RpcRemoteRendezvous() 函式檢查各項參數，準備 RpcRecvTensorCall，隨後啟動 call->Start() 函式，Start() 函式呼叫到 StartRTCall() 函式。RpcRecvTensorCall 繼承了 BaseRecvTensorCall 這個抽象基礎類別，RpcRecvTensorCall 是 gRPC 呼叫的抽象，封裝了複雜的後續呼叫鏈。
- RpcRecvTensorCall::StartRTCall() 函式會呼叫 Worker 的 RecvTensorAsync() 函式來完成傳輸，其實就是呼叫 GrpcRemoteWorker 的 RecvTensorAsync() 函式。於是我們回到了熟悉的 Worker 流程。

Server 其實就是張量發送方，其接收到 RecvTensorRequest 之後的邏輯如下。

- GrpcWorkerServiceThread::HandleRPCsLoop 的 for 迴圈插入了 1000 個處理機制，這是事先快取的，為了加速處理。處理機制設定了 GrpcWorkerMethod::kRecvTensor 由 GrpcWorkerServiceThread::RecvTensorHandlerRaw() 函式處理。
- GrpcWorkerServiceThread 是服務端處理請求的執行緒類別，會呼叫 GrpcWorker 來繼續處理，這裡使用 WorkerCall 作為參數。WorkerCall 是服務端處理 gRPC 請求和回應的類別。
- GrpcWorker 是真正負責處理請求邏輯的 Worker，是 GrpcRemoteWorker 的服務端版本。GrpcWorker::GrpcRecvTensorAsync() 函式使用 rendezvous_mgr->RecvLocalAsync() 函式從本地 table 查詢用戶端所需要的張量。
- BaseRendezvousMgr::RecvLocalAsync 呼叫到 BaseRemoteRendezvous::RecvLocalAsync() 函式，進而呼叫到 BaseRemoteRendezvous::RecvLocalAsyncInternal() 函式。
- 最終使用 LocalRendezvous::RecvAsync 從本地 table 讀取張量。
- 執行回到 GrpcWorker::GrpcRecvTensorAsync() 函式，這裡呼叫 Grpc::EncodeTensor- ToByteBuffer() 函式張量編碼，最後利用 gRPC 把張量發送回用戶端。

16.4.4 總結

具體發送 / 接收流程總結如圖 16-20 所示，其中虛線表示傳回張量。Worker 0 和 Worker 1 指代的是工作者角色，並不是 Worker 類別。

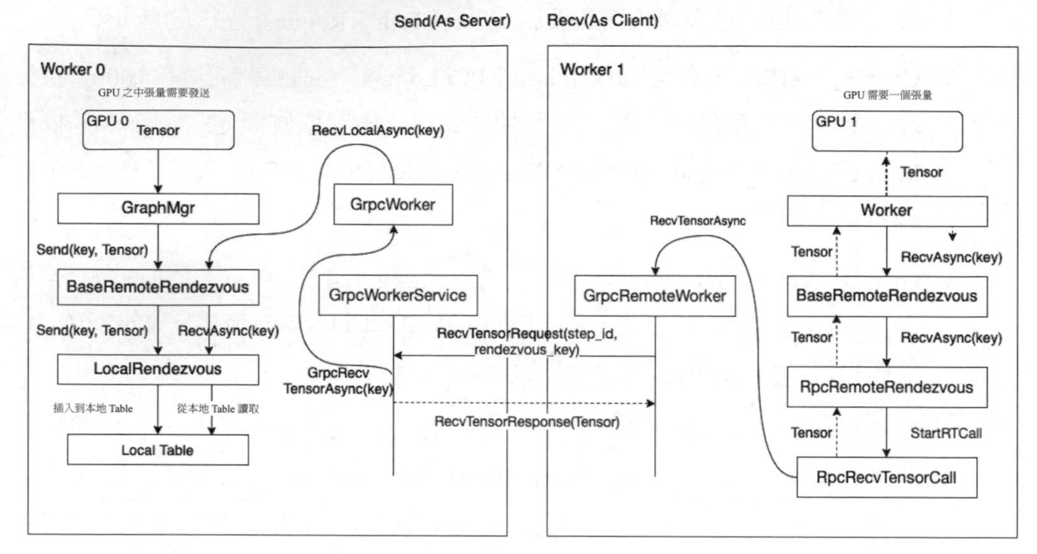
Send(As Server)
Recv(As Client)
Worker 0
GPU 之中張量需要發送
GPU 0
Tensor
GraphMgr
Send(key, Tensor)
BaseRemoteRendezvous
Send(key, Tensor)
RecvAsync(key)
LocalRendezvous
插入到本地 Table
從本地 Table 讀取
Local Table
RecvLocalAsync(key)
GrpcWorker
GrpcWorkerService
GrpcRecv
TensorAsync(key)
RecvTensorRequest(step_id,
rendezvous_key)
RecvTensorResponse(Tensor)
Worker 1
GPU 需要一個張量
GPU 1
Tensor
Worker
RecvTensorAsync
Tensor
RecvAsync(key)
GrpcRemoteWorker
BaseRemoteRendezvous
Tensor
RecvAsync(key)
RpcRemoteRendezvous
Tensor
StartRTCall
RpcRecvTensorCall

▲ 圖 16-20

分散式策略基礎

有了 TensorFlow 分散式做基礎，本章來分析分散式策略。

17.1 使用 TensorFlow 進行分散式訓練

17.1.1 概述

tf.distribute.Strategy 是一個可在多個 GPU、多台機器或 TPU 上進行分散式訓練的 TensorFlow API。使用此 API，使用者只需改動較少程式就能基於現有模型和訓練程式實現單機多卡、多機多卡等情況的分散式訓練。

tf.distribute.Strategy 旨在實現以下目標：

- 覆蓋不同維度的使用者用例。
- 易於使用，支援多種使用者（包括研究人員和 ML 工程師等）。
- 具有開箱即用的高性能。
- 從使用者模型程式之中解耦，這樣可以輕鬆切換策略。
- 支援自訂訓練迴圈（Custom Training Loop）、Estimator、Keras。
- 支援 Eager execution。

tf.distribute.Strategy 可用於 Keras、Model.fit 等高級 API，也可用於分散式自訂訓練迴圈中，比如將模型建構和 model.compile() 呼叫封裝在 strategy.scope() 內部。

在 TensorFlow 2.x 中，使用者可以立即執行程式，也可以使用 tf.function 在計算圖中執行。雖然 tf.distribute.Strategy 對兩種執行模式都支援，但使用 tf.function 效果更佳。建議僅將 Eager 模式用於偵錯。

接下來將介紹各種策略，以及如何在不同情況下使用它們。

17.1.2 策略類型

tf.distribute.Strategy 計畫涵蓋不同維度上的許多用例，目前已支援其中的部分組合，將來還會增加其他組合。一些維度舉例如下。

- 同步和非同步訓練：這是透過資料並行進行分散式訓練的兩種常用方法。在同步訓練中，所有工作處理程序都同步地對輸入資料的不同片段進行訓練，並且會在每一步中聚合梯度。在非同步訓練中，所有工作處理程序都獨立訓練輸入資料並非同步更新變數。在通常情況下，同步訓練透過 All-Reduce 實現，而非同步訓練透過參數伺服器架構實現。
- 硬體平臺：使用者可能需要將訓練擴展到一台機器上的多個 GPU 或一個網路中的多台機器（每台機器擁有 0 個或多個 GPU），或擴展到雲端 TPU 上。

要支援這些用例，主要有 MirroredStrategy、TPUStrategy、MultiWorker MirroredStrategy、CentralStorageStrategy、ParameterServerStrategy 5 種策略可選。在下一部分，我們將說明當前在哪些場景中支援哪些策略。表 17-1 為快速概覽[①]。

➔ 表 17-1

Training API	MirroredStrategy	TPUStrategy	MultiWorkerMirroredStrategy	CentralStorageStrategy	ParameterServerStrategy
Keras Model.fit	Supported	Supported	Supported	Experimental support	Experimental support
Custom training loop	Supported	Supported	Supported	Experimental support	Experimental support
Estimator API	Limited Support	Not supported	Limited Support	Limited Support	Limited Support

1. MirroredStrategy

MirroredStrategy 支援在一台機器的多個 GPU 上進行同步分散式訓練（單機多卡資料並行）。該策略會為每個 GPU 裝置建立一個模型副本。模型中的每個變數都會在所有副本之間形成鏡像。這些變數將共同形成一個類型為 MirroredVariable（鏡像變數）的概念上的單一變數。透過進行相同的更新操作，這些變數彼此保持同步。

MirroredVariable 的同步更新只是提高了計算速度，並不能像 CPU 並行那樣可以把記憶體之中的變數共用，即顯示卡平行計算只提高速度，並不會讓使用者資料量加倍，增加資料量仍然會拋出記憶體溢位錯誤。

MirroredStrategy 使用 All-Reduce 演算法在裝置之間傳遞變數更新。根據裝置之間可用的通訊類型，可以使用的 All-Reduce 演算法和實現方法有很多。預設使用 NVIDIA NCCL 作為 All-Reduce 實現。使用者可以選擇其他選項，也可以自己撰寫。

① 實驗性支持指不保證該 API 的相容性。

MirroredStrategy 具體邏輯如圖 17-1 所示。②

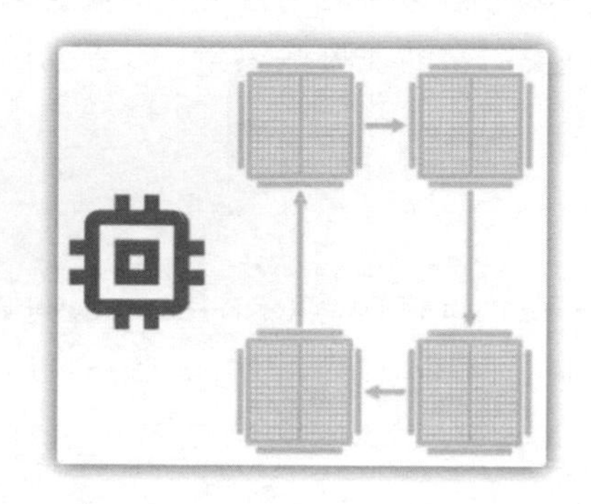

▲ 圖 17-1

2. TPUStrategy

使用者可以使用 TPUStrategy 在 TPU 上進行 TensorFlow 訓練。TPU 是 Google 的專用 ASIC，旨在顯著加速機器學習工作負載。

就分散式訓練架構而言，TPUStrategy 和 MirroredStrategy 相同，即實現同步分散式訓練。在 TPUStrategy 之中，TPU 會在多個 TPU 核心之間實現高效的 All-Reduce 和其他集合運算。

3. MultiWorkerMirroredStrategy

MultiWorkerMirroredStrategy 與 MirroredStrategy 非常相似，它實現了跨多個工作處理程序的同步分散式訓練（多機多卡分散式版本），而每個工作處理程序可能有多個 GPU。與 MirroredStrategy 類別似，MultiWorkerMirroredStrategy 會跨所有工作處理程序在每個裝置的模型中建立所有變數的副本。MultiWorker MirroredStrategy 具體邏輯如圖 17-2 所示。

② 如無特殊說明，本章非線條圖均來自 TensorFlow 官方文件。

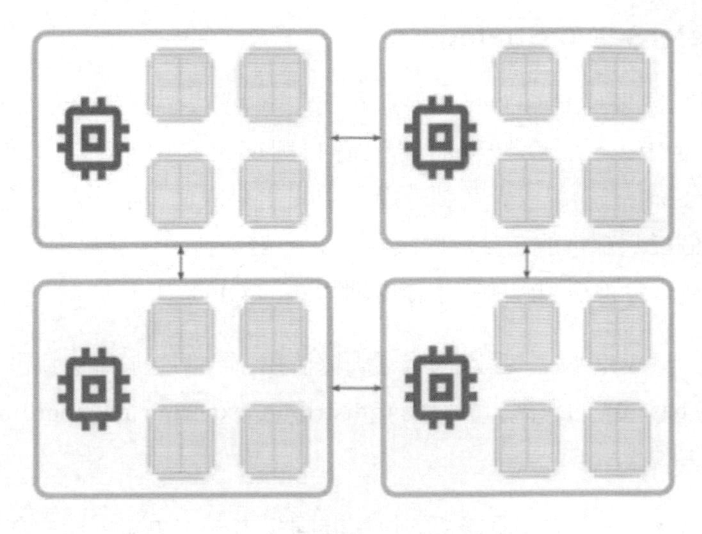

▲ 圖 17-2

MultiWorkerMirroredStrategy 使用 CollectiveOps 作為多工作處理程序 All-Reduce 通訊方法來保持變數同步。CollectiveOps 可以根據硬體、網路拓撲和張量大小在 TensorFlow 執行期間自動選擇 All-Reduce 演算法。它還實現了其他性能最佳化，比如可以將小張量上的多個 All-Reduce 轉化為大張量上的 All-Reduce。

4. CentralStorageStrategy

CentralStorageStrategy 也執行同步訓練。在這種策略下，變數不會被鏡像，而是統一放在 CPU 上。運算會複製到所有本地 GPU 上（這屬於 in-graph 複製，即一個計算圖覆蓋多個模型副本）。如果只有一個 GPU，則所有變數和運算都將被放在該 GPU 上。CentralStorageStrategy 可以處理類似嵌入（Embedding）無法放置在一個 GPU 之上的情況。CentralStorageStrategy 具體邏輯如圖 17-3 所示。

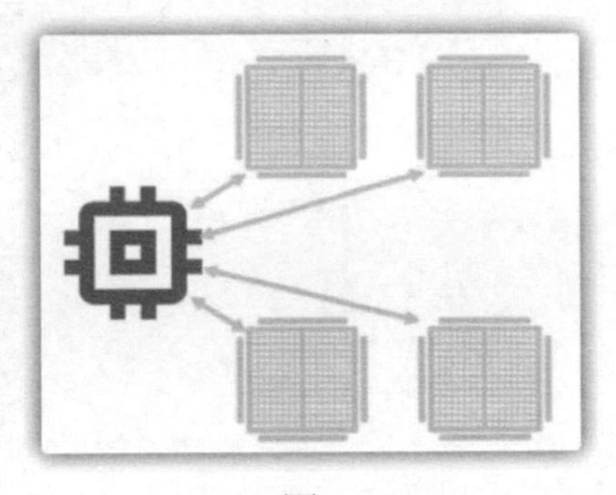

▲ 圖 17-3

5. ParameterServerStrategy

參數伺服器架構是常見的資料並行方法，可以在多台機器上擴展訓練。在 TensorFlow 中，一個參數伺服器架構的訓練叢集由 Worker 和參數伺服器（Parameter Server）[①]組成。在訓練過程中使用參數伺服器來統一建立 / 管理變數（模型每個變數都被放在參數伺服器上），變數在每個步驟中被 Worker 讀取和更新。計算則會被複製到所有工作處理程序的 GPU 中。

在 TensorFlow 2.x 中，參數伺服器訓練使用了一個基於中央協調者（Central Coordinator- based）的架構，這透過 tf.distribute.experimental.coordinator.Cluster Coordinator 類別來完成。

TensorFlow 2.x 參數伺服器架構使用非同步方式來更新，即會在各工作節點上獨立進行變數的讀取和更新，無須採取任何同步操作。由於工作節點彼此互不相依，因此該策略可以對 Worker 進行容錯處理。

在此實現中，Worker 和參數伺服器執行 tf.distribution.Servers 來聽取 Coordinator（協調者）的任務。Coordinator 負責建立資源，分配訓練任務，寫入檢查點，並處理任務失敗的情況。

ParameterServerStrategy 具體邏輯如圖 17-4 所示。

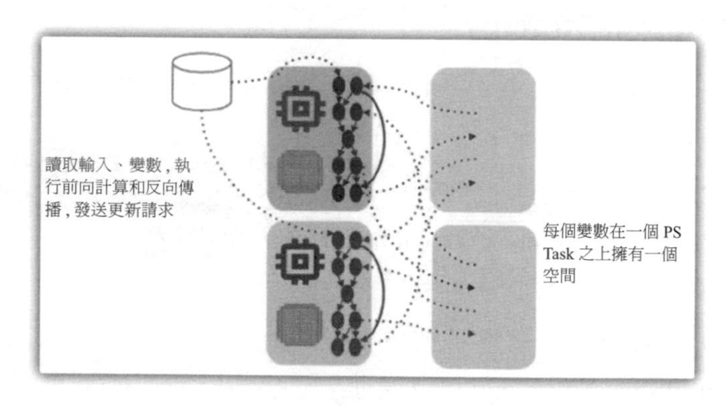

▲ 圖 17-4

① 在 TensorFlow 中指明兩種角色分為 Worker 和參數伺服器，和前面 PS-Lite 章節不同。PS-Lite 章節中的 Server 對應本章的參數伺服器。

如果要在 Coordinator 上執行，則使用者需要使用 ParameterServerStrategy 物件來定義訓練步驟，並使用 ClusterCoordinator 將訓練步驟分派給遠端 Worker。

6. 其他策略

除上述策略外，還有其他兩種策略可能對使用 tf.distribute API 進行原型設計和偵錯有幫助。

當作用域（Scope）內沒有顯式指定分佈策略時會使用預設策略（Default Strategy）。此策略會實現 tf.distribute.Strategy 介面，但只具有直傳（Pass-Through）功能，不提供實際分發（Distribution）功能。例如，strategy.run(fn) 只會呼叫 fn。使用該策略撰寫的程式與未使用任何策略撰寫的程式完全一樣。使用者可以將其視為「無運算（no-op）」策略。

tf.distribute.OneDeviceStrategy 是一種將所有變數和計算放在單一指定裝置上的策略。

```
strategy = tf.distribute.OneDeviceStrategy(device="/gpu:0")
```

此策略與預設策略在諸多方面存在差異。在預設策略中執行 TensorFlow 與沒有任何分佈策略的情況下直接執行 TensorFlow 相比，變數放置邏輯保持不變。但是當使用 OneDeviceStrategy 時，在作用域內建立的所有變數都會被顯式地放在指定裝置上。此外，透過 OneDeviceStrategy.run() 呼叫的任何函式也會被放在指定裝置上。

17.2 DistributedStrategy 基礎

我們從策略的類別系統結構開始研究 DistributedStrategy。

從系統角度或者說從開發者的角度看，策略是基於 Python 作用域來實現的一套機制。TensorFlow 提供了一組分散式策略，如 ParameterServerStrategy、CollectiveStrategy 來作為 Python 作用域，這些策略可以被用來捕捉使用者函式中的模型宣告和訓練邏輯，並且將在使用者程式開始時生效。在後端，分散式系統可以重寫計算圖，並根據選擇的策略（參數伺服器或集合通訊）來合併相應的語義。

因此我們分析的核心就是如何把資料讀取、模型參數和分散式運算融合到 Python 作用域之中，本節我們就從策略的類別系統結構和讀取資料開始分析。

17.2.1 StrategyBase

StrategyBase 是一個基於裝置串列之上的計算分佈策略，是 V1 策略和 V2 策略類別的基礎類別。StrategyBase 初始化方法中最主要的就是設定 extended 變數，該變數的類型是 StrategyExtendedV2 或者 StrategyExtendedV1。

在建立和執行模型時，應該先使用 tf.distribution.Strategy.scope 來指定一個策略。指定策略意味著將使程式處於此策略的跨副本上下文（Cross-Replica Context）中，因而此策略將負責控制比如變數布局（Variable Placement）這樣的功能。

如果使用者正在撰寫一個自訂訓練迴圈，則需要多呼叫一些方法，具體如下。

- 使用 tf.distribut.Strategy.experimental_distribute_dataset() 將 tf.data.Dataset 轉換，使之能產生每副本（Per-Replica）值。如果使用者想手動指定資料集如何在各個副本之間進行劃分，則使用 tf.distribut.Strategy.distribut_datasets_from_function()。
- 使用 tf.distribution.Strategy.run() 為每個副本執行函式，該函式使用每副本值（如 tf.distribution.DistributedDataset 物件）並傳回一個每副本值。此函式在副本上下文中執行，這意味著每個操作都在每個副本上單獨執行。
- 使用一個方法（如 tf.distributed.Strategy.reduce()）將得到的每副本值轉換成普通的張量。

1. 作用域

分發策略的作用域（範圍）決定了如何建立變數以及在何處建立變數，比如對於 MultiWorkerMirroredStrategy 而言，建立的變數類型是 MirroredVariable，策略將它們複製到每個 Worker 之上。scope() 函式主要透過呼叫 _extended._scope() 來實現作用域功能。scope() 傳回了一個上下文管理器（Context Manager），可以設置本策略為當前策略，並且分發變數。

```
def scope(self):
  return self._extended._scope(self)
```

當進入了 tf.distribute.Strategy.scope 之後，TensorFlow 會執行如下操作。

- Strategy 被安裝在全域上下文內作為當前策略。在此範圍內呼叫 tf.distribution.get_strategy() 將傳回此策略。在此範圍之外，它將傳回預設的無運算策略。
- 進入此作用域也就進入了跨副本上下文。
- 作用域內的變數建立將被策略攔截。每個策略都定義了它要如何影響變數的建立。像 MirroredStrategy、TPUStrategy 和 MultiWorkerMirored Strategy 這樣的同步策略會在每個副本上建立變數，而 Parameter ServerStrategy 則在參數伺服器上建立變數。
- 在某些策略中也可以輸入預設的裝置範圍：比如在 MultiWorkerMirored Strategy 中，每個 Worker 上輸入的預設裝置範圍是 /CPU:0。

注意，進入作用域不會自動分配計算，除非是像 Keras、model.fit() 這樣的高級 API。如果使用者沒有使用 model.fit()，則需要使用 strategy.run() API 顯式分配該計算。

2. StrategyExtendedV2

StrategyExtendedV2 為需要分佈感知（Distribution-Aware）的演算法提供額外的 API。接下來我們分析如何更新一個分散式變數（Distributed Variable）。分散式變數是在多個裝置上建立的變數，比如 MirroredVariable 和 SyncOnRead（讀取時同步）變數。更新分散式變數的標準模式如下。

（1）在傳遞給 tf.distribution.Strategy.run 的函式中進行計算，得到一個（Update, Variable）串列，即（更新，變數）對串列。例如，某個更新可能是關於某個變數的損失梯度。

（2）透過呼叫 tf.distribution.get_replica_context().merge_call() 來切換到跨副本模式，呼叫時將更新和變數作為參數。

（3）透過呼叫 tf.distribution.StrategyExtended.reduce_to(VariableAggregation.SUM, t, v)（針對一個變數）或 tf.distribution.StrategyExtended.batch_reduce_to（針對一個變數清單）對更新進行求和。

（4）為每個變數呼叫 tf.distribution.StrategyExtended.update(v) 來更新它的值。

如果使用者在副本上下文中呼叫 tf.keras.optimizer.Optimizer.apply_gradients() 方法，則步驟（2）~（4）會由類別 tf.keras.optimizer.Optimizer 自動完成。

事實上，更新分散式變數的更高層次的解決方案是對該變數呼叫分配（Assign）操作，就像使用者對普通的 tf.Variable 一樣操作。使用者可以在副本上下文（Replica Context）和跨副本上下文中呼叫該方法。

- 對於一個 MirroredVariable，在副本上下文中呼叫分配操作需要在變數建構函式中指定聚合（Aggregation）類型。在這種情況下，使用者需要自行處理在步驟（2）~（4）中描述的上下文切換和同步。如果使用者在跨副本上下文中對 MirroredVariable 呼叫分配操作，則只能分配一個值，或者從一個鏡像的 tf.distribution.DistributedValues 中分配值。
- 對於一個 SyncOnRead 變數，在副本上下文中，使用者可以簡單地呼叫分配操作，而不發生任何聚合。在跨副本上下文中，使用者只能給一個 SyncOnRead 變數分配一個值。

3. 繼承關係

Strategy 繼承關係如圖 17-5 所示，其中 V1 版本是一條路線，V2 版本（即 Strategy）是另一條路線。

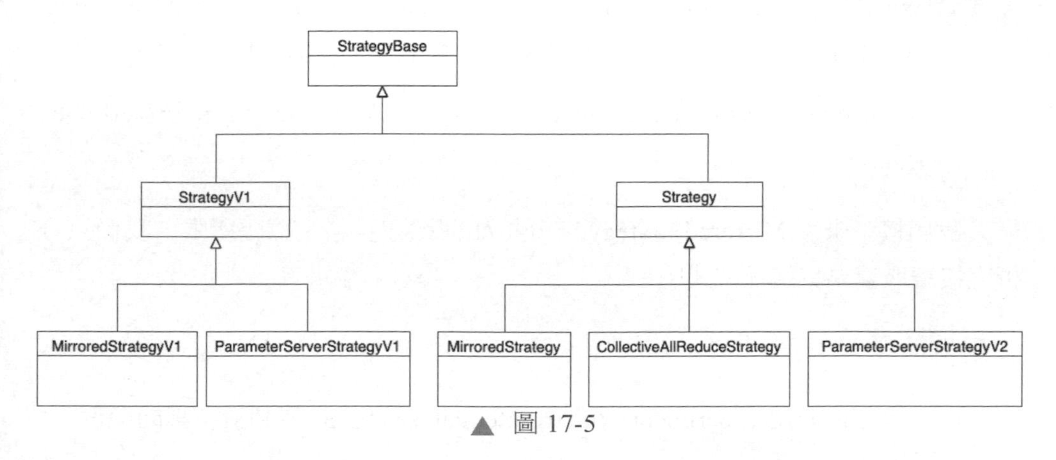

▲ 圖 17-5

Extended 繼承關係如圖 17-6 所示。

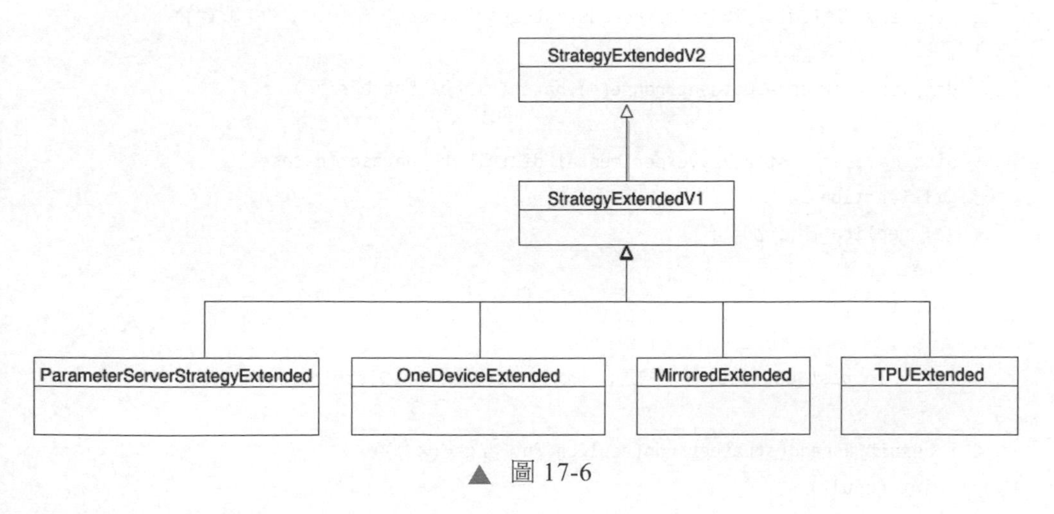

▲ 圖 17-6

17.2.2 讀取資料

我們接下來分析如何讀取資料。輸入資料集主要有如下兩種實現。

- experimental_distribute_dataset： 從 tf.data.Dataset 生 成 tf.distribute.DistributedDataset，得到的資料集可以像常規資料集一樣迭代讀取。
- _distribute_datasets_from_function：透過呼叫 dataset_fn 來分發 tf.data.Dataset。

我們接下來用 MirroredStrategy 來分析如何讀取資料。篇幅所限，我們只分析直接讀取資料集這種方式。

1. 用例

以下是如何使用 experimental_distribute_dataset() 直接得到資料集的範例。

```
>>> global_batch_size = 2
>>> # 設定裝置是可選操作
... strategy = tf.distribute.MirroredStrategy(devices=["GPU:0", "GPU:1"])
>>> # 建立一個資料集
... dataset = tf.data.Dataset.range(4).batch(global_batch_size)
>>> # 分發此資料集
... dist_dataset = strategy.experimental_distribute_dataset(dataset)
>>> @tf.function
... def replica_fn(input):
...   return input*2
>>> result = []
>>> # 遍歷 tf.distribute.DistributedDataset
... for x in dist_dataset: # x 的類型是 tf.distribution.DistributedValues
...   # 處理資料集元素
...   result.append(strategy.run(replica_fn, args=(x,)))
>>> print(result)
[PerReplica:{
  0: <tf.Tensor: shape=(1,), dtype=int64, numpy=array([0])>,
  1: <tf.Tensor: shape=(1,), dtype=int64, numpy=array([2])>
}, PerReplica:{
  0: <tf.Tensor: shape=(1,), dtype=int64, numpy=array([4])>,
  1: <tf.Tensor: shape=(1,), dtype=int64, numpy=array([6])>
}]
```

2. 基礎類別實現

StrategyBase 方法主要的三種資料相關操作是：分批（Batching）、分片（Sharding）和預先存取（Prefetching）。

在上面的程式片段中，分批操作具體如下。

- dataset 首先按照 global_batch_size 進行分批。
- 然後呼叫 experimental_distribute_dataset() 函式把 dataset 按照一個新批次大小進行重新分批，新分批大小等於「全域分批大小除以同步副本數量」。使用者可以用 Python 風格的 for 迴圈（Pythonic for loop）來遍歷它。
- x 是一個 tf.distribution.DistributedValues，其包含所有副本的資料，每個副本都會得到新批次大小的資料。
- tf.distribution.Strategy.run 將負責把 x 中每副本對應的資料分發給每個副本的執行工作函式 replica_fn。

分片包含跨多個 Worker 的自動分片（Autosharding），具體操作如下。

- 首先，在多 Worker 分散式訓練中，在一組 Worker 上自動分片資料集意味著每個 Worker 都被分配了整個資料集的一個子集（如果設置了正確的 tf.data.experimental. AutoShardPolicy）。這是為了確保在每個步驟中，每個 Worker 都會處理一個全域的、包含不重疊的資料集元素的批次。
- 然後，每個 Worker 內的分片意味著該方法將在所有 Worker 裝置之間分割資料（如果存在多個）。無論多 Worker 是否設定自動分片，這種情況都會發生。
- 對於跨多個 Worker 的自動分片，預設模式是 tf.data.experimental.AutoShardPolicy.AUTO。如果資料集是從讀者（Reader）資料集（如 tf.data.TFRecordDataset、tf.data.TextLineDataset）中建立的，則該模式將嘗試按檔案分片。否則按資料分片，每個 Worker 將讀取整個資料集，但是只處理分配給它的分片。

對於預先存取，在預設情況下，該方法在使用者提供的 tf.data.Dataset 實例的末尾增加一個預先存取轉換。預先存取轉換的參數是 buffer_size，就是需要同步的副本數量。

3. MirroredExtended

我們用 MirroredExtended 來分析 _experimental_distribute_dataset 的實現，MirroredExtended 其實是呼叫 input_lib.get_distributed_dataset() 來對資料集進行處理的。input_lib 提供了一些關於處理輸入資料的基礎功能。get_distributed_dataset() 是一個通用函式，可以被所有策略用來傳回分散式資料集，於是我們需要分析分散式資料集 DistributedDataset。

4. DistributedDataset

DistributedDataset 支援預先分發資料到多個裝置。DistributedDataset._create_cloned_datasets_from_dataset() 方法會在每個 Worker 上對資料集進行複製和分片（此處使用 InputWorkers 獲取裝置資訊）。首先會嘗試按檔案分片，以便每個 Worker 都可以看到不同的檔案子集。如果無法做到，則嘗試對最終輸入進行分片，這樣每個 Worker 都將執行整個前置處理管線，而只收到自己的資料集分片。

其次，_create_cloned_datasets_from_dataset() 函式將每個 Worker 上的資料集都重新分批（Rebatch）成 num_replicas_in_sync 個更小的批次。這些更小的批次被分發到該 Worker 的所有副本中。此時流程圖如圖 17-7 所示，可以看到資料集功能逐漸加強，從 _RemoteDataset 升級到 _AutoShardDataset。

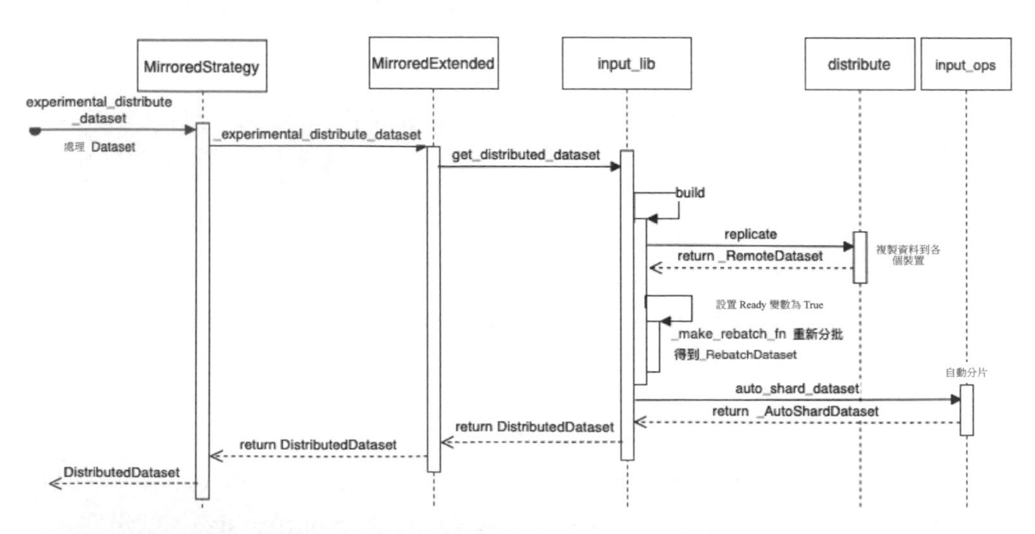

▲ 圖 17-7

（1）資料集

因為上面涉及了多種資料集，所以我們要再整理一下其中的關係，具體可以視為在資料集 DatasetV2 的基礎之上逐步增加功能，最終傳回給使用者，此增強或者說遞進關係如下。

_RemoteDataset 對應遠端資料集。_RemoteDataset 繼承了 dataset_ops.DatasetSource。dataset_ops.DatasetSource 繼承 DatasetV2（即 data.Dataset）。_RemoteDataset 會利用 with ops.device(device) 把資料集設定到遠端裝置上。

_RebatchDataset 的功能是將資料重新分批。_AutoShardDataset 的作用是對資料集自動分片。_AutoShardDataset 接收了一個現有的資料集，並嘗試自動找出如何在多 Worker 場景下使用圖重寫（Graph Rewrite）來對資料集進行分片。

具體關係如圖 17-8 所示，DistributedDataset 成員變數 _cloned_datasets 清單包括多個 _AutoShardDataset，每一個針對一個 Worker。

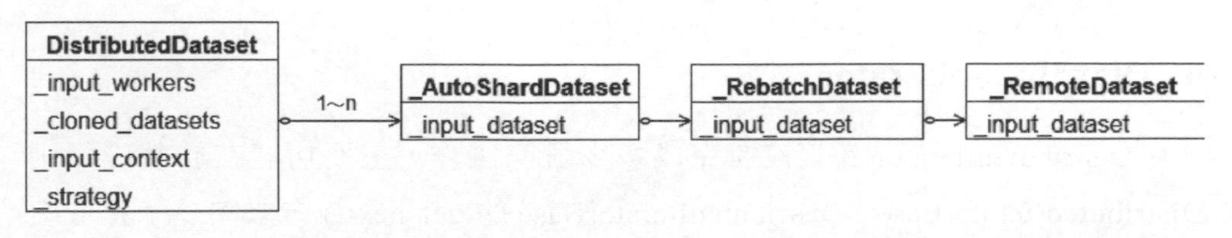

▲ 圖 17-8

（2）迭代資料

我們接下來分析 DistributedDataset 如何迭代，__iter__ 方法會針對每個 Worker 都建立一個迭代器，最後統一傳回一個 DistributedIterator，具體邏輯如圖 17-9 所示。

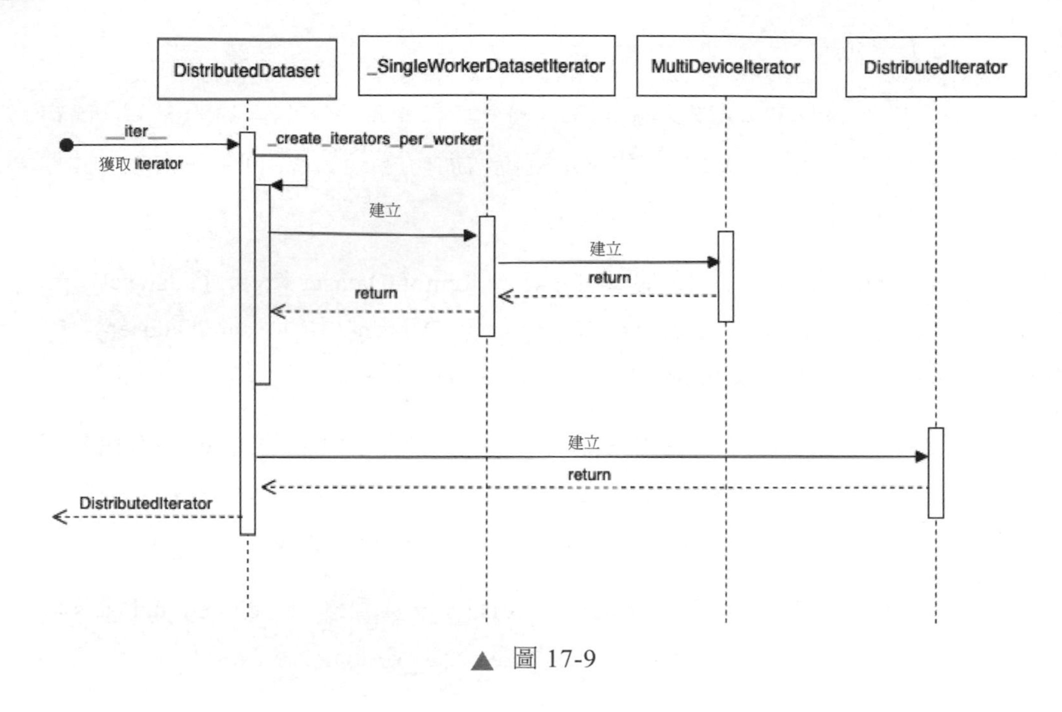

▲ 圖 17-9

5. DistributedIterator

DistributedIterator 其實沒有完成多少實際工作，主要功能在於基礎類別 DistributedIteratorBase。DistributedIteratorBase 的 get_next() 方法完成了獲取資料功能，具體是：

- 找到所有 Worker 資訊。
- 計算副本數目。
- 獲取資料並且重新組合。

結合程式則是：

- _calculate_replicas_with_values() 計算出有資料的副本數目。
- _get_value_or_dummy() 獲取具體資料。
- _create_per_replica() 完成了具體資料的重新組合。

* 對於 OneDeviceStrategy 以外的策略，它會建立一個每副本資料，資料的類型規格（Spec）被設置為資料集的元素規格。這有助於避免對不完整的（Partial）批次進行回溯（Retrace）。

* 對於單客戶策略，_create_per_replica() 只是呼叫 distribution_utils.regroup() 完成操作。

具體邏輯如圖 17-10 所示。

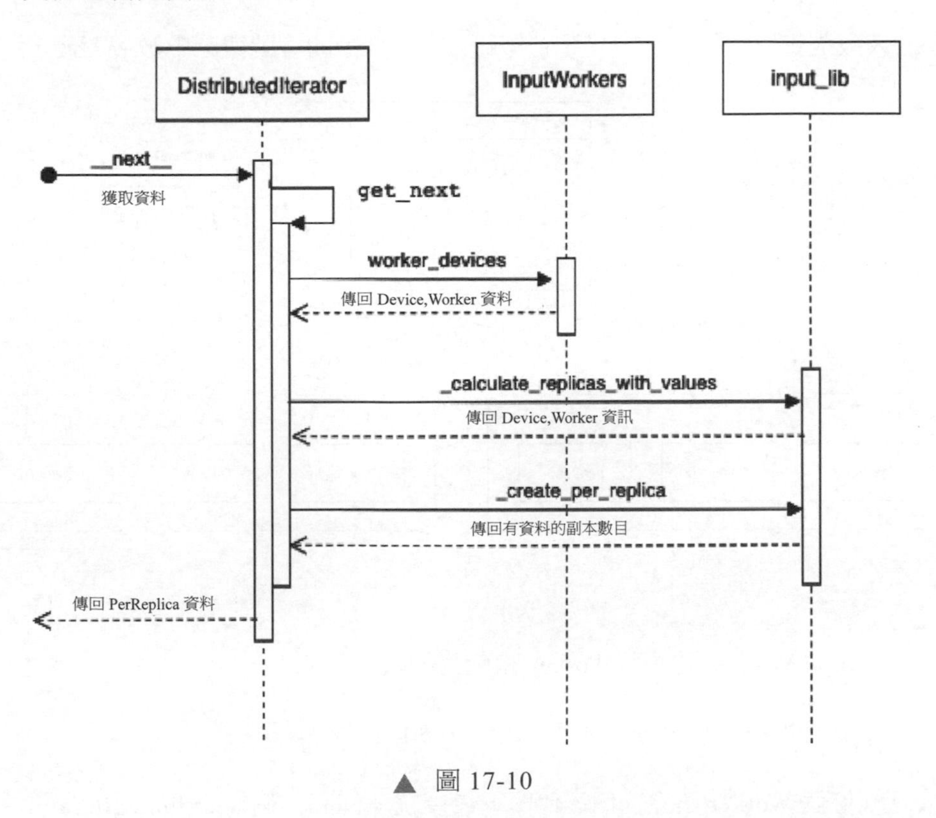

▲ 圖 17-10

至此，對於讀取資料我們其實已經有了一個比較基礎的分析，其中最主要的幾個類別之間的邏輯如下。

- InputWorker 會維護從輸入 Worker 裝置到計算裝置的一對多映射（1-to-many mapping），可以認為 InputWorker 把 Worker 綁定到裝置之上。

- DistributedDataset 是資料集，其內部有一系列複雜的處理機制。首先把資料集複製到一系列裝置上，然後對資料集進行一系列增強。資料集首先是 _RemoteDataset，然後逐步升級到 _AutoShardDataset。
- DistributedDataset 的 __iter__ 方法會針對每個 Worker 都建立一個迭代器，最後統一傳回一個 DistributedIterator。
- DistributedIterator 的 get_next() 方法完成了獲取資料的任務。

大致邏輯概念如圖 17-11 所示，下面文字之中的序號與圖中數字對應。

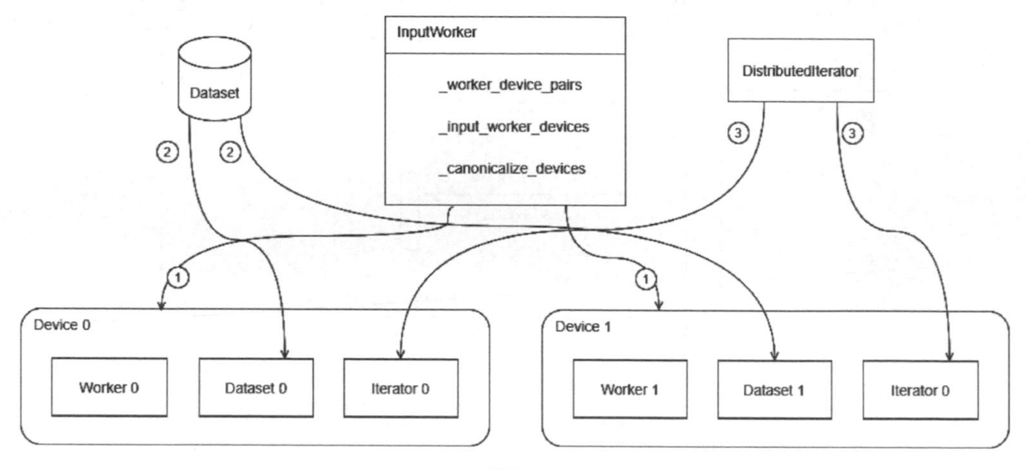

▲ 圖 17-11

① InputWorker 提供了 Worker 和裝置的映射關係。

② 資料集被分配到各個裝置或者說 Worker 之上。

③ 每個 Worker 建立一個迭代器，最後統一傳回一個 DistributedIterator。

17.3 分散式變數

在 TensorFlow 中，分散式變數是在多個裝置上建立的變數，比如 Mirrored Variable 和 SyncOnRead 變數。分散式變數提供了一個全域程式設計模型或者角度，讓使用者採取單程式單資料（SPSD）的角度來程式設計，而底層實際透過單程式多資料（SPMD）擴展的過程來分發程式和張量，對使用者遮罩了相關通訊操作。

本節我們就透過一系列問題來對分散式變數進行分析：

- 變數操作如何與策略聯繫起來？
- 如何生成 MirroredVariable ？
- 如何把張量分發到各個裝置上？
- 如何對外保持一個統一的視圖？
- 變數之間如何保持一致？

17.3.1 MirroredVariable

前文提到，為了支援同步訓練，tf.distribute.MirroredStrategy 為每個 GPU 裝置都建立一個模型副本。模型中的每個變數都會在所有副本之間進行鏡像。這些變數彼此保持同步，並且共同形成一個類型為 MirroredVariable 的單一的概念上的變數。

1. 類別系統

MirroredVariable 的作用是儲存一個從副本到變數的映射，這些變數的值可以保持同步。MirroredVariable 沒有任何新增成員變數，只是實現了一些成員函式。

```
class MirroredVariable(DistributedVariable, Mirrored):
  """ 持有一個從副本到變數的映射（map），這些變數的值會保持同步 """
```

我們以 scatter_update() 函式為例分析，如果不是分散式情景，則 scatter_update() 會直接呼叫 _primary 成員變數進行處理，如果是分散式情景，則會呼叫基礎類別方法處理。再比如 _update_replica() 函式在更新時會呼叫 _on_write_update_replica() 函式進行副本同步，_on_write_update_replica() 函式又會使用上下文來進行更新。

只看這些成員函式，我們很難對 MirroredVariable 有一個清晰的認識，還需要從 MirroredVariable 的類別系統入手分析。

MirroredVariable 類別系統如圖 17-12 所示，我們接下來一一分析這些相關類別。

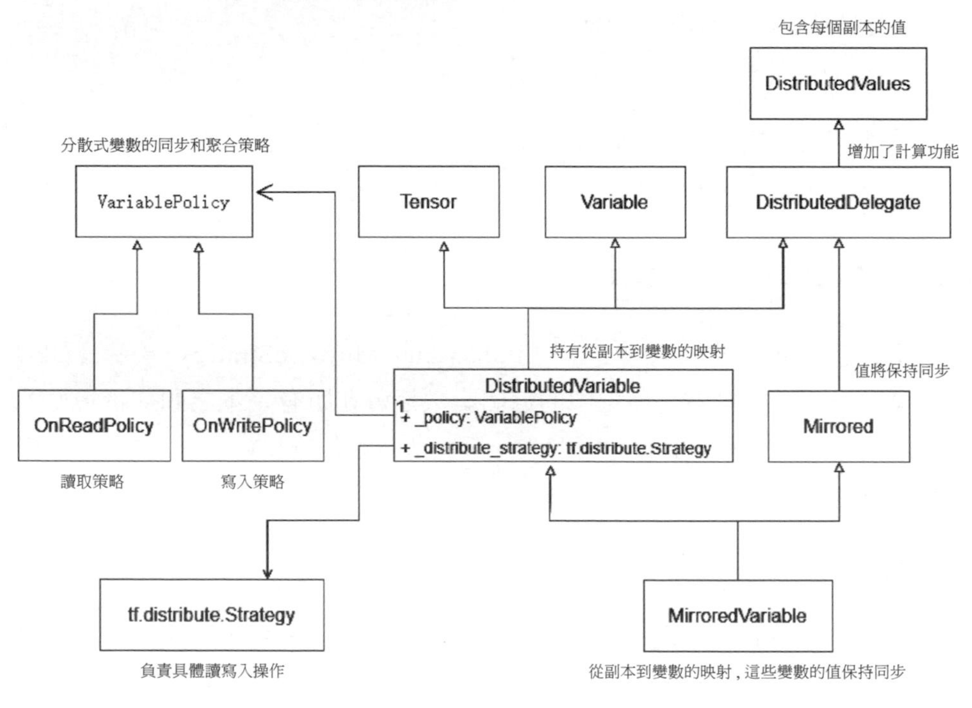

▲ 圖 17-12

（1）DistributedValues

我們首先分析 DistributedValues。tf.distributed.DistributedValues 概念適合表示多個裝置上的值，它包含一個從副本 id 到值的映射。

DistributedValues 在每個副本上都有一個值。根據子類別的不同，這些值可以在更新時同步，也可以在需要時同步，或者從不同步。DistributedValues 可以進行精簡以獲得跨副本的單一值來作為 tf.distributed.Strategy.run() 的輸入，或使用 tf.distributed.Strategy.experimental_ local_results() 檢查每個副本的值。

tf.distributed.DistributedValues 的兩種代表性類型是 PerReplica 值和 Mirrored 值。

- PerReplica 值存在於 Worker 裝置上，每個副本都有不同的值。它們可以由 tf.distribution. Strategy.experimental_distribute_dataset() 和 tf.distribution. Strategy.distribution_datasets_ from_function() 傳回的分散式資料集迭代產生，也可以由 tf.distribution.Strategy.run() 傳回。PerReplica 值的作用是：持有一個 map 資料結構，用來維持從副本到未同步值的映射。
- Mirrored 值與 PerReplica 值類似，只是所有副本上的值都相同。我們可以在跨副本上下文中安全地讀取 Mirrored 值。

（2）DistributedDelegate

DistributedDelegate 在 DistributedValues 之上增加了計算功能。具體透過 _get_as_operand() 呼叫基礎類別 DistributedValues 的 _get 方法，進而得到值，然後進行計算。

（3）Mirrored

Mirrored 代表了在多個裝置上建立的變數，透過對每個副本應用相同的更新來保持變數的同步。Mirrored 由 tf.Variable(…synchronization= tf.Variable Synchronization.ON_WRITE…) 建立。通常它們只用於同步類型的訓練。

回憶一下 DistributedValues 的功能，它儲存一個從副本到值的映射，這些值將保持同步，DistributedValues 沒有實現 _get_cross_replica() 方法。因為 Mirrored 的目的是在跨副本模式下可以直接使用，所以 Mirrored 實現了 _get_cross_replica()。_get_cross_replica() 呼叫了基礎類別 DistributedValues 的 _get_on_device_or_primary() 方法，該方法會傳回本副本對應的數值，或者直接傳回 _primary 對應的數值。

（4）Policy

我們接下來分析分散式政策（Policy）。

VariablePolicy 是分散式政策的基礎類別，定義了分散式變數的同步和聚合的政策。當在 tf.distribution 範圍內建立變數時，鑒於 tf.Variable 上設置了 synchronization 和 aggregation 參數，tf.distribution 會建立一個適當的政策物件並將其分配給分散式變數。所有的變數操作都被委託給相應的政策物件來完成。

OnReadPolicy 是讀取政策，比如其成員變數 _get_cross_replica 就會呼叫 var.distribute_strategy. reduce() 來完成讀取操作。

OnWritePolicy 是寫入政策，主要呼叫 var._get_on_device_or_primary() 來完成各種操作，比如 _get_cross_replica() 就呼叫 var._get_on_device_or_primary() 來完成操作，也呼叫了 values_util 之中的各種基礎操作。

（5）DistributedVariable

順著類別關係，我們最後來到 DistributedVariable，此處其實是 MirroredVariable 的主要功能所在。DistributedVariable 持有從副本到變數的映射，對於 MirroredVariable 來說，self._policy 就是 OnWritePolicy，更新變數透過 _policy 完成。如何處理需要看實際情況，但是最終都歸結到 Strategy 類別或者 StrategyExtended 類別上。比如，讀取時會呼叫 _get_cross_replica()，其內部呼叫分散式政策。分散式政策會呼叫 var.distribute_strategy 完成精簡，具體如圖 17-13 所示。

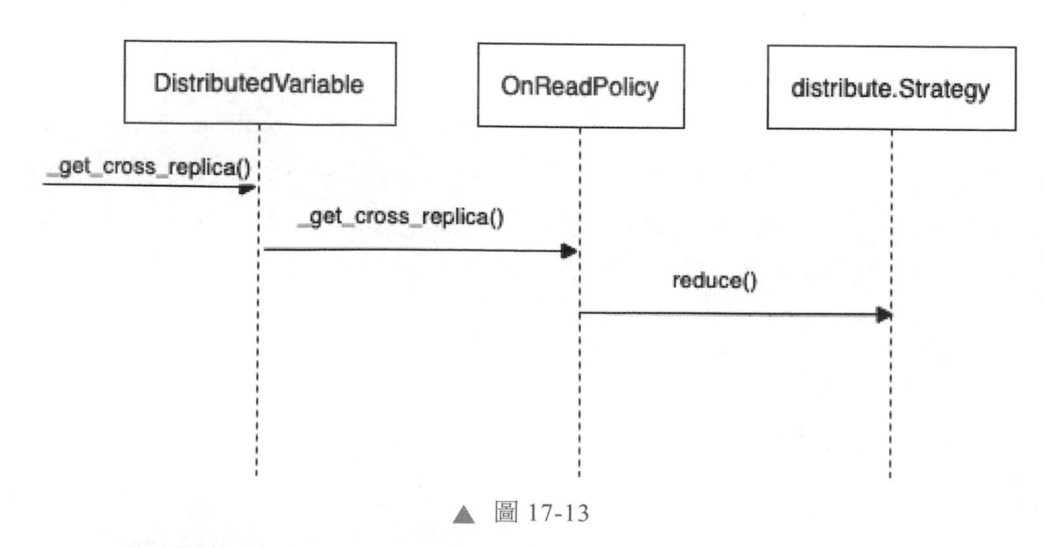

▲ 圖 17-13

更新操作舉例如下，scatter_update() 會呼叫 _policy 完成更新操作。前面在 OnWritePolicy 之中討論過，scatter_update() 會呼叫 DistributedVariable 的 _update() 方法。最後呼叫 _update_cross_replica() 進行跨副本更新。展示如圖 17-14 所示。

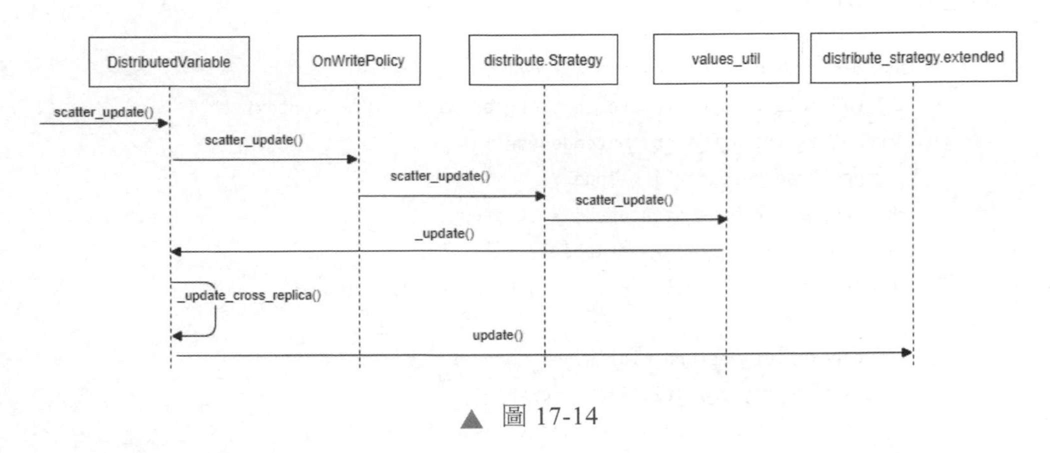

▲ 圖 17-14

經過上述分析，我們發現，MirroredVariable 的很多功能最終落實在 tf.distribute.Strategy 上。

2. 建構變數

在 MirroredStrategy 下建立的變數是一個 MirroredVariable。如果在策略的建構參數中沒有指定裝置，那麼它將使用所有可用的 GPU。如果沒有找到 GPU，它將使用可用的 CPU。TensorFlow 將一台機器上的所有 CPU 都視為單一的裝置，並在內部使用執行緒進行並行化。我們接下來分析如何建構 MirroredVariable。

```
strategy = tf.distribute.MirroredStrategy(["GPU:0", "GPU:1"])
with strategy.scope():
    x = tf.Variable(1.) # x是MirroredVariable
```

首先，在 tensorflow/python/distribute/distribute_lib.py 之中有如下程式，說明在 scope 的使用過程中其實是 _extended 起了作用。

```
def scope(self):
  return self._extended._scope(self)
```

然後，我們來到 StrategyExtendedV2，StrategyExtendedV2 的 creator_with_resource_vars() 函式可以提供一種建立變數的機制，creator_with_resource_vars() 內部則呼叫衍生類別的 _create_variable() 來建立變數。

```
def _scope(self, strategy):
    # 提供一種建立變數的機制
    def creator_with_resource_vars(next_creator, **kwargs):
        """Variable creator to use in  _CurrentDistributionContext ."""
        _require_strategy_scope_extended(self)
        kwargs["use_resource"] = True
        kwargs["distribute_strategy"] = strategy
        # 呼叫衍生類別的 _create_variable() 來建立變數
        created = self._create_variable(next_creator, **kwargs)

        if checkpoint_restore_uid is not None:
          created._maybe_initialize_trackable()
          created._update_uid = checkpoint_restore_uid
        return created

      #  此處使用了 creator_with_resource_vars
      return _CurrentDistributionContext(
          strategy,
          variable_scope.variable_creator_scope(creator_with_resource_vars), # 設定如
何建立變數
          variable_scope.variable_scope(
              variable_scope.get_variable_scope(),
              custom_getter=distributed_getter), self._default_device)
```

此時邏輯如圖 17-15 所示，程式邏輯進入 scope，經過一系列操作之後獲得了 _CurrentDistributionContext，_CurrentDistributionContext 維護了策略相關的資訊，設置各種作用域，傳回策略，使用者會呼叫 creator_with_resource_vars() 函式來建立變數。

有了上面的分析，我們可知，當使用者使用了 Strategy 時，creator_with_resource_vars() 會使用 Strategy 的 _create_variable() 最終生成變數。create_variable() 負責具體業務，裡面會用到 self._devices，然後呼叫到了 distribute_ utils.create_mirrored_variable()，distribute_utils.create_ mirrored_variable() 會使用 real_mirrored_creator()、VARIABLE_CLASS_MAPPING 和 create_mirrored_variable() 來建立變數。

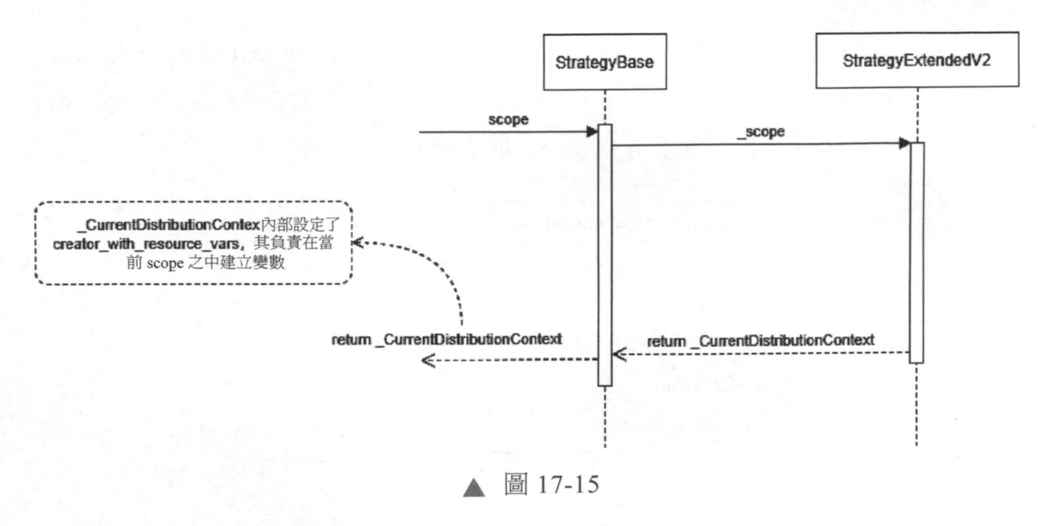

▲ 圖 17-15

- real_mirrored_creator() 會設定具體的變數名稱，後續呼叫則會據此來設定變數應該放到哪個裝置之上。第一個裝置依然採用原來的名稱，後續裝置則在原變數名稱之後加上「/replica_ 裝置編號」，這樣就可以和原始變數區別開來。接著會把原始變數的值賦給對應的副本變數。
- VARIABLE_CLASS_MAPPING 用來設定生成哪種類型的變數。VARIABLE_ POLICY_MAPPING 設定使用何種政策來應對讀 / 寫同步。

```
VARIABLE_POLICY_MAPPING = {
    vs.VariableSynchronization.ON_WRITE: values_lib.OnWritePolicy,
    vs.VariableSynchronization.ON_READ: values_lib.OnReadPolicy,
}

VARIABLE_CLASS_MAPPING = {
    "VariableClass": values_lib.DistributedVariable,
    vs.VariableSynchronization.ON_WRITE: values_lib.MirroredVariable,
vs.VariableSynchronization.ON_READ: values_lib.SyncOnReadVariable,
}
```

tensorflow/python/distribute/distribute_utils.py 的 create_mirrored_variable() 會具體建立變數。對於我們的例子，class_mapping 就是 values_lib.MirroredVariable。

最終建構邏輯如圖 17-16 所示，_CurrentDistributionContext 成員函式 _var_creator_scope() 會指向 creator_with_resource_vars()。當生成變數時，creator_with_resource_vars() 會逐層呼叫，最後生成 MirroredVariable。

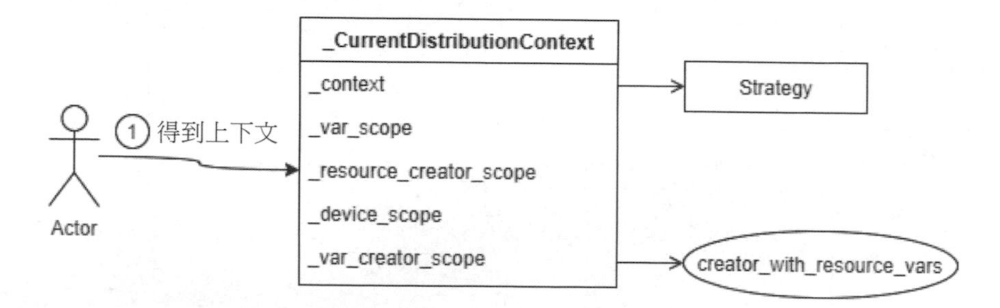

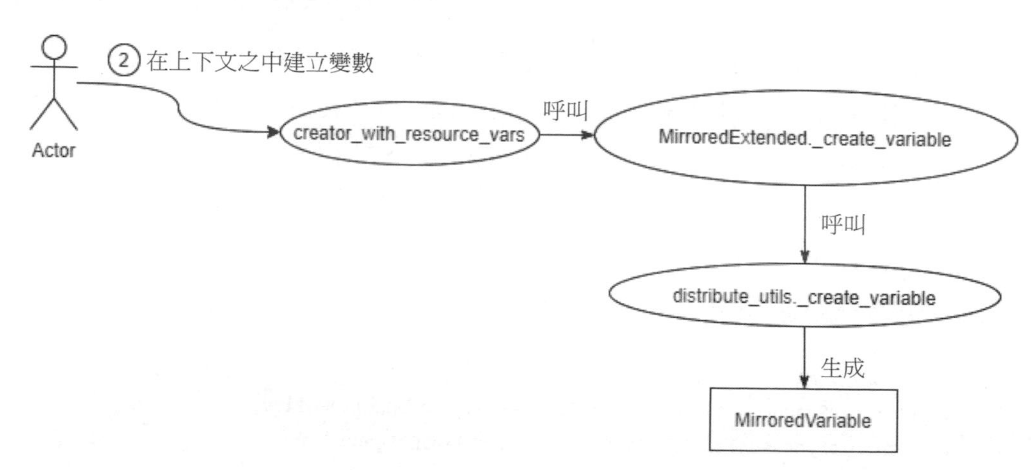

▲ 圖 17-16

3. 總結

本節開始的問題我們回答如下。

- 變數操作如何與策略聯繫起來？
  * 讀寫變數最終都會落到 Strategy 類別或者 StrategyExtended 類別之上。
- 如何生成 MirroredVariable ？
  * 使用者在 MirroredStrategy 的作用域之中會獲得上下文，上下文提供了建立變數的方法，使用者在 MirroredStrategy 相關上下文之中建立的變數自然就是 MirroredVariable。
- 如何把張量分發到各個裝置上？
  * 當使用 Strategy 時，會使用 Strategy 的 _create_variable() 生成變數。_create_variable() 最終呼叫到 _real_mirrored_creator()。
  * _real_mirrored_creator() 會設定具體的變數名稱，第一個裝置依然採用原來的名稱，後續裝置則在原變數名稱之後加上「/replica_ 裝置編號」。
  * 後續在布局時，會根據變數名稱設定變數應該放到哪個裝置之上。
- 如何對外保持一個統一的視圖？
  * 在上下文之中，使用者得到的是 MirroredVariable，其對外遮罩了內部變數，提供了統一視圖。比如，當讀取時會呼叫 _get_cross_replica() 函式，該函式內部呼叫分散式政策，而分散式政策會呼叫 distribute_strategy 完成精簡。
- 變數之間如何保持一致？
  * 在分析 scatter_update() 時我們知道，更新變數會呼叫到 strategy.extended，在 strategy.extended 中，變數之間透過例如 All-Reduce 來保持一致，我們後文會詳細分析此部分。

用圖 17-17 來演示，假設有一個由 3 個張量組成的 MirroredVariable A 變數，每個 Worker 都覺得自己在更新 MirroredVariable A，但實際上分別更新不同的張量，張量之間透過例如 All-Reduce 來保持一致。

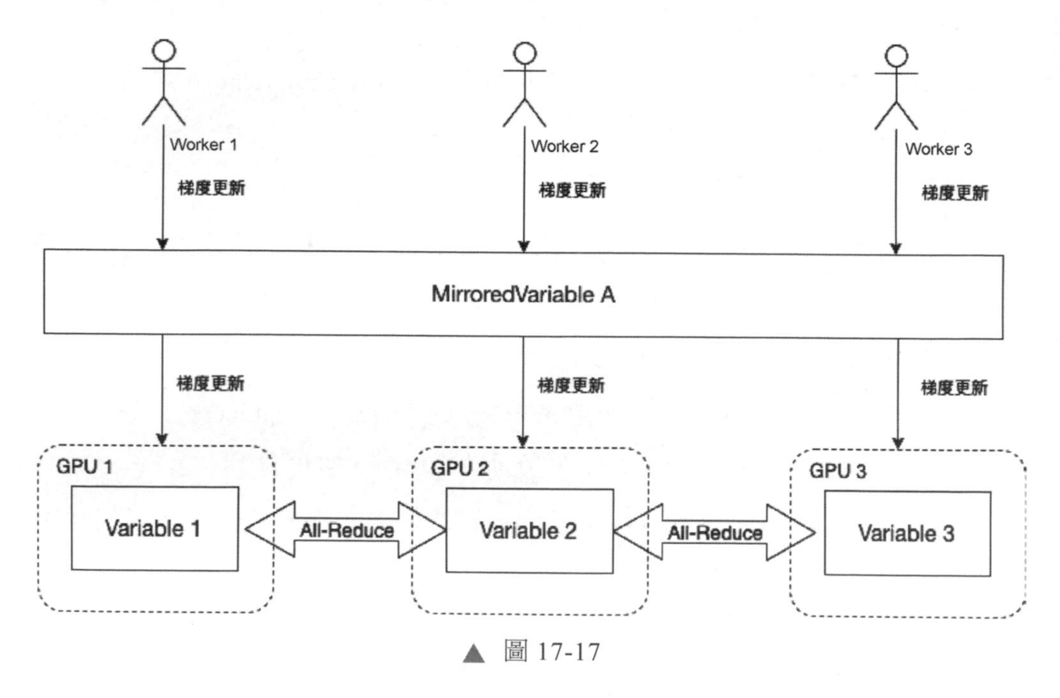

▲ 圖 17-17

17.3.2 ShardedVariable

在機器學習訓練之中，如果變數太大，無法放入單一裝置（例如大型嵌入），則可能需要在多個裝置上對此變數進行分片，具體如圖 17-18 所示。

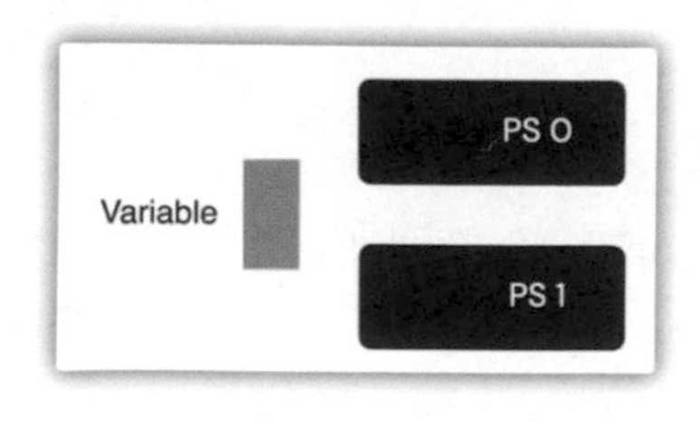

▲ 圖 17-18

在 TensorFlow 中，與分片思想對應的概念就是 ShardedVariable。變數分片（Variable Sharding）是指將一個變數分割成多個較小的變數，這些變數被稱為分片（Shards）。ShardedVariable 可以看作一個容器，容器中的變數被視為分片。ShardedVariable 類別維護一個可以獨立儲存在不同裝置（例如多個參數伺服器）上的較小變數的清單，並負責儲存和恢復這些變數，它們就像是一個較大的變數一樣。變數分片對於緩解存取這些分片時的網路負載很有用，對於在多個參數伺服器上分配一個普通變數的計算和儲存也很有用。

在使用 ShardedVariable 之後，我們可以拓展圖 17-18 得到圖 17-19。

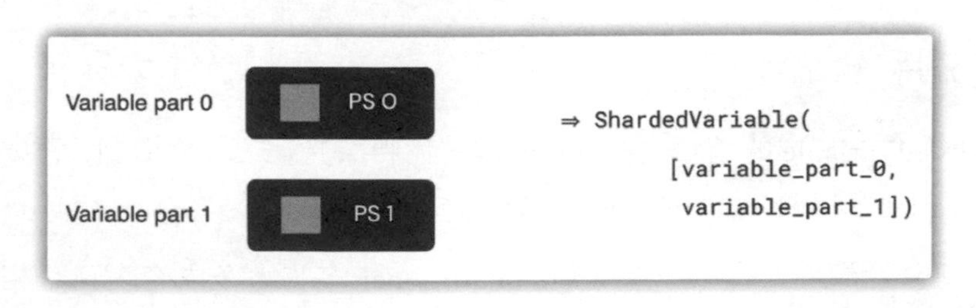

▲ 圖 17-19

ShardedVariable 類別的物件可以先用給定數量的分片進行儲存，然後從檢查點恢復到不同數量的分片。對於 ShardedVariable，我們依然用幾個問題來引導分析。

- 如何將參數儲存到參數伺服器之上？
- 如何對參數實現分片儲存？
- 如何把計算（梯度更新參數的操作）放到參數伺服器之上？（會在後續章節進行分析）
- Coordinator 是隨機分配計算的嗎？（會在後續章節進行分析）

ShardedVariable 的定義其實沒有太多內容，主要精華都在基礎類別 Sharded VariableMixin 之中，如圖 17-20 所示。

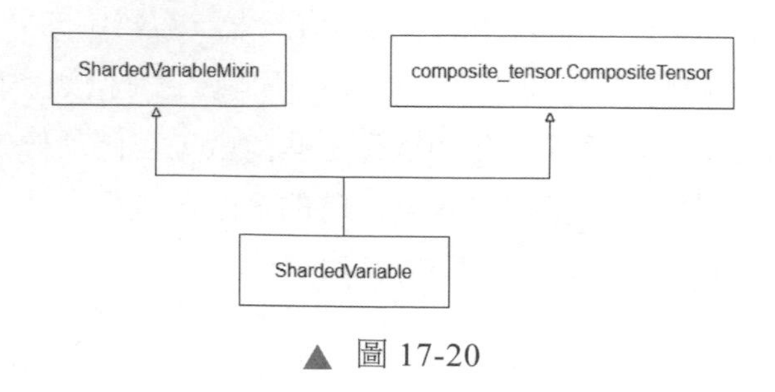

▲ 圖 17-20

1. 如何分片

ShardedVariable 的精華之一就是分片，我們探究一下分片機制。需要注意，ShardedVariable 目前只支援在第一個維度進行分片。

- 在分片類別系統中，基礎類別 Partitioner 沒有太多內容，只是相依衍生類別實現具體業務功能。
- FixedShardsPartitioner 會把變數分成固定的分片。
- MinSizePartitioner 為每個分片分配最小尺寸的分片器。該分片器確保每個分片至少有 min_shard_bytes 個位元組，並嘗試分配盡可能多的分片，即保持分片盡可能小。
- MaxSizePartitioner 分片器確保每個分片最多有 max_shard_bytes 大的尺寸，並嘗試分配盡可能少的分片，即保持分片盡可能大。

2. ShardedVariableMixin

ShardedVariableMixin 是核心所在，其主要成員變數如下。

- _variables：分片變數。
- _var_offsets：分片變數在 ShardedVariableMixin 對應的偏移，即先把 _variables 看作一個整體，然後用偏移在 _variables 中查詢對應的資料。

- _shape：ShardedVariableMixin 的形狀。
- _name：ShardedVariableMixin 的名稱。

我們用如下範例分析。

```
variables = [
  tf.Variable(np.array([[3, 2]]), shape=(1, 2), dtype=tf.float32),
  tf.Variable(np.array([[3, 2], [0, 1]]),  shape=(2, 2), dtype=tf.float32),
  tf.Variable(np.array([[3, 2]]),  shape=(1, 2), dtype=tf.float32)
]
sharded_variable = ShardedVariableMixin(variables)
```

sharded_variable 內部成員變數列印如下，可以看到，_var_offsets 就是把所有參數分片看作一個整體，從中找到對應的分片。

```
_shape = {TensorShape: 2} (4, 2)
_var_offsets = {list: 3} [[0, 0], [1, 0], [3, 0]]
first_dim = {int} 4
```

上面的例子中 3 個變數整體打包，使用者可以使用 offset 查詢資料，程式如下。

```
[[3,2][3,2],[0,1],[3,2]]
```

我們再來分析。假設某參數有 4 個分片，如圖 17-21 所示，如果變數均分在兩個參數伺服器上，則具體如圖 17-22 所示。

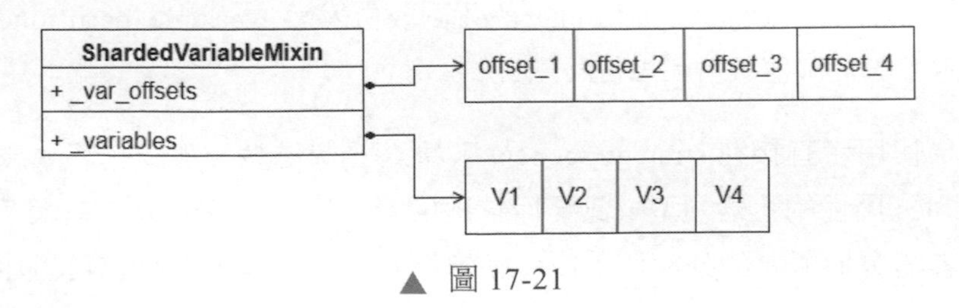

▲ 圖 17-21

如何獲取參數分片？可以透過從 ShardedVariable 之中把指定部分作為一個張量來獲取分片。具體邏輯是：分析傳入 ShardedVariable 的 Spec 參數，根據其內容對 ShardedVariable 進行處理，獲取一個參數分片。

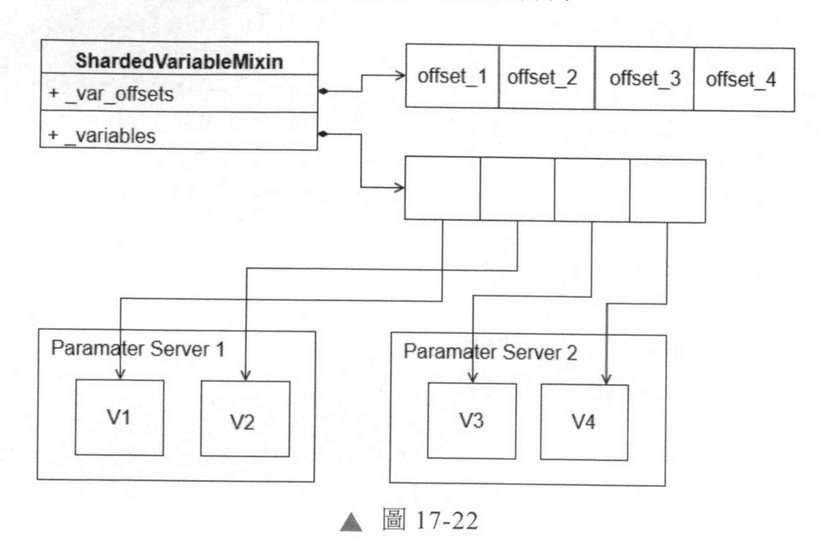

▲ 圖 17-22

3. 建構

我們接下來分析 ParameterServerStrategyV2 中 ShardedVariable 的建構過程。

要啟用變數分片，使用者可以在建構 ParameterServerStrategy 物件時傳入一個 variable_ partitioner。當每次建立變數時，variable_partitioner 都會被呼叫，它能沿變數的維度傳回分片的數量。當 ParameterServerStrategyV2Extended 初始化時，會把傳入的 variable_partitioner 設置到成員變數 _variable_partitioner 之中，也會設定參數伺服器數目和 Worker 數目。

如果使用者直接在 strategy.scope() 下建立一個變數，那麼它將成為一個具有 variables 屬性的容器類型，此屬性將提供對分片串列的存取。在大多數情況下，此容器會把所有的分片連接後自動轉換為一個張量，因此它可以作為一個正常的變數使用。

我們接下來分析建立過程，也就是如何把變數分片分發到不同參數伺服器上。具體程式位於 _create_variable() 函式，思路如下。

- 如果沒有設定分片生成器，就用輪詢排程（Round-Robin）策略（_create _variable_ round_robin()）把變數分配到參數伺服器之上。
- 如果設定了分片生成器，則做如下操作。

  * 對 rank 0 不做分片。
  * 透過 _variable_partitioner 得到分片數目。
  * 分片數目需要大於第一維數目，否則用第一維數目作為分片數目。
  * 計算張量偏移。
  * 生成很多小張量。
  * 使用 _create_variable_round_robin() 建構小張量清單。
  * 用小張量清單來生成 ShardedVariable。

_create_variable_round_robin() 方法使用輪詢排程策略決定如何進行具體布局。其實就是給張量設定了對應的裝置名稱，後續在做布局操作時就按照裝置名稱進行操作。注意，此處是 ShardedVariable 的關鍵所在。

```
def _create_variable_round_robin(self, next_creator, **kwargs):
  with ops.colocate_with(None, ignore_existing=True):
    # 顯式把 CPU:0 裝置設置給 PS
    with ops.device("/job:ps/task:%d/device:CPU:0" %
                    (self._variable_count % self._num_ps)):
      var = next_creator(**kwargs)
      self._variable_count += 1
      return var
```

_create_variable_round_robin() 的參數 next_creator 一般來說是 _create_var_creator 方法，此處先使用了 AggregatingVariable 和 CachingVariable 來建構變數清單 var_list，然後利用 var_list 建構 ShardedVariable。

```
def _create_var_creator(self, next_creator, **kwargs):
  aggregation = kwargs.pop("aggregation", vs.VariableAggregation.NONE)

  def var_creator(**kwargs):
    """Create an AggregatingVariable."""
```

```
    v = next_creator(**kwargs)
    wrapped_v = ps_values.CachingVariable(v)
    wrapped = ps_values.AggregatingVariable(self._container_strategy(),
                                            wrapped_v, aggregation)
    return wrapped

  if self._num_replicas_in_sync > 1:
    return var_creator
  else:
    def variable_creator_single_replica(**kwargs):
      v = next_creator(**kwargs)
      return ps_values.CachingVariable(v)
    return variable_creator_single_replica
```

ShardedVariable 也是一種形式上的模型並行，比如圖 17-23 把矩陣 ***A***、***B*** 分解到兩個參數伺服器之上，分別與 ***C*** 相乘，最後把相乘結果在 Worker 上聚合成一個最終結果張量。

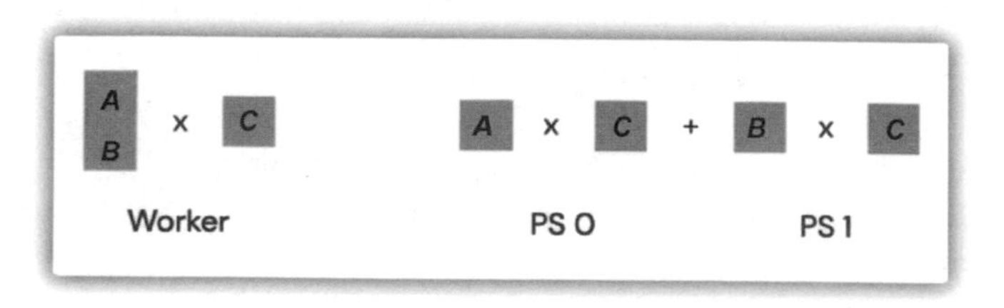

▲ 圖 17-23

MirroredStrategy

本章我們來分析 MirroredStrategy 分散式策略究竟如何運作。

18.1 MirroredStrategy 集合通訊

MirroredStrategy 通常指在一台機器上使用多個 GPU 進行訓練。主要困難是如何更新 MirroredVariable，以及如何分發計算。本節我們分析 MirroredStrategy 的整體思路和如何更新變數。

18.1.1 設計思路

MirroredStrategy 是單機多卡同步的資料並行分散式訓練策略，此策略有兩種隱含意義。

- 資料並行的意義：Worker 會收到 tf.data.Dataset 傳來的資料，在訓練開始後，每次傳入一個批次資料時都會把資料分成 *N* 份，這 *N* 份資料被分別傳入 *N* 個計算裝置。
- 同步的意義：在訓練中，每個 Worker 都會在自己獲取的輸入資料上進行前向計算和反向計算，並且在每個步驟結束時整理梯度。只有當所有裝置均更新本地變數後，才會進行下一輪訓練。

針對上面兩種意義或者說需求，MirroredStrategy 主要邏輯如下。

- MirroredStrategy 自動使用所有能被 TensorFlow 發現的 GPU 來做分散式訓練，如果使用者只想使用部分 GPU，則需要指定使用哪些裝置。
- 在訓練開始前，MirroredStrategy 把一份完整的模型副本複製到所有計算裝置（GPU）上。模型中的每個變數都會先進行鏡像複製，然後被放置到相應的 GPU 上，這些變數就是 MirroredVariable。
- MirroredStrategy 透過 All-Reduce 演算法在每個 GPU 之間對所有變數保持同步更新，具體是在計算裝置間進行高效交換梯度並精簡梯度，這樣最終每個裝置都有了所有裝置的梯度精簡結果，然後使用此結果來更新各個 GPU 的本地變數。All-Reduce 演算法預設使用 NcclAllReduce，使用者可以透過設定 cross_device_ops 參數來修改為其他演算法（如 HierarchicalCopyAllReduce）。

MirroredStrategy 的整體邏輯如圖 18-1 所示。

因為前文對 PyTorch 的資料並行實現 DDP 有了較為深入的分析，所以我們此處的分析重點就是尋找 TensorFlow 和 PyTorch 的異同點。能夠想到的問題是：

- 如何分發模型？（答案是透過 MirroredVariable 來實現，在前面章節已經分析過）。
- 如何保持模型變數對外提供一個統一視圖？（答案是透過 Mirrored Variable 來實現，在前面章節已經分析過）。

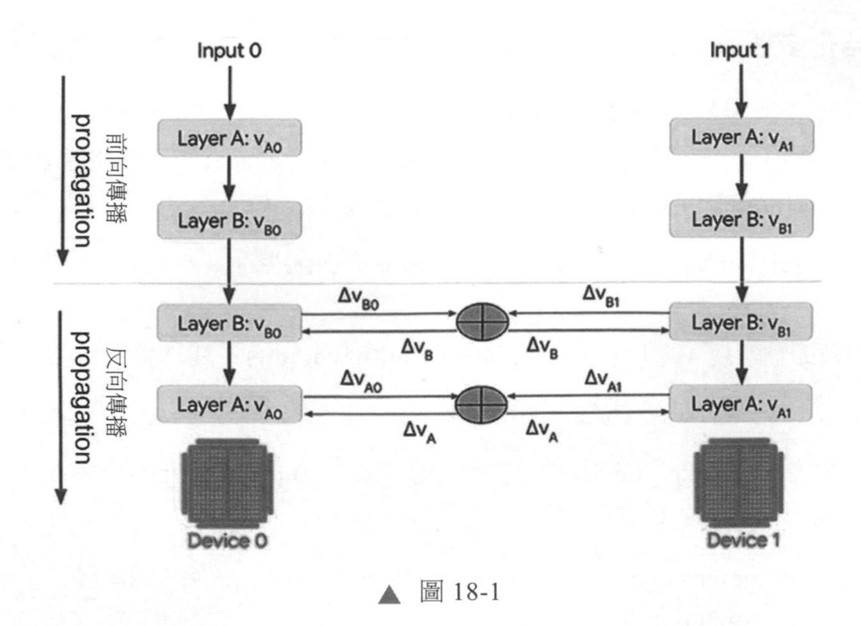

▲ 圖 18-1

- 在單機上是多處理程序訓練還是多執行緒訓練？
- 如何分發計算？

從前面對 MirroredVariable 的介紹可知，這些變數最終都使用 Strategy 或者 StrategyExtended 進行操作，於是我們從 MirroredStrategy 開始著手分析。

18.1.2 實現

MirroredStrategy 主要工作委託給 MirroredExtended 來實現。MirroredExtended 的核心成員變數如下。

- devices：本次訓練所擁有的裝置。
- _collective_ops_in_use：底層集合通訊操作。

MirroredStrategy 初始化分為如下兩種。

- 單一節點：初始化單一節點上的單一 Worker，初始化集合通訊操作。
- 多個節點：呼叫 _initialize_multi_worker() 函式來初始化多個節點上的多個 Worker。

1. 初始化多個 Worker

因為這部分程式在 MultiWorkerMirroredStrategy 場景下被呼叫，所以此處只是大概介紹一下。初始化使用 CollectiveAllReduceExtended 進行操作，CollectiveAllReduceExtended 擴展了 MirroredExtended。

```
class CollectiveAllReduceExtended(mirrored_strategy.MirroredExtended):
```

在多節點環境下會呼叫到 _initialize_multi_worker()，其具體邏輯如下。

- 初始化 Worker，這是一個字串串列。
- 初始化 worker_devices，這是一個元組（Tuple）串列，內容是 Worker 和裝置的對應關係。
- 設置 _inferred_cross_device_op，此變數可由使用者指定，或者是 NcclAllReduce。

2. 跨裝置操作

我們接下來先分析跨裝置如何選擇集合操作，再研究單 Worker 初始化。

基本上所有的分散式策略都透過某些集合通訊運算元來跨裝置進行資料通信，比如 MirroredStrategy 使用 CollectiveOps 來對變數保持同步，而 CollectiveOps 會在 TensorFlow 執行時自動根據硬體規格、當前網路拓撲及張量大小來選擇合適的 All-Reduce 演算法。

具體用到的集合操作類別或者方法如下。

CrossDeviceOps 是跨裝置操作的基礎類別，目前其衍生類如下。

- tf.distribute.ReductionToOneDevice。
- tf.distribute.NcclAllReduce。
- tf.distribute.HierarchicalCopyAllReduce。

ReductionToOneDevice 先將跨裝置的值複製到一個裝置上進行精簡，然後將精簡後的值廣播出來，它不支援批次處理。

AllReduceCrossDeviceOps 是 NcclAllReduce 和 HierarchicalCopyAllReduce 的基礎類別。

NcclAllReduce 方法使用 NCCL 進行 All-Reduce。

HierarchicalCopyAllReduce 使用 Hierarchical 演算法進行 All-Reduce。它把資料沿著一些層次系統（Hierarchy）的邊精簡到某一個 GPU，並沿著同一路徑廣播回每個 GPU。對於批次處理 API，張量將被重新封包或聚合以便更有效地跨裝置運輸。

CollectiveAllReduce 使用集合通訊進行 All-Reduce，這是 TensorFlow 自己實現的演算法。

目前具體邏輯如圖 18-2 所示，可以看到有許多實現方式，如何選擇就需要具體情況具體分析。

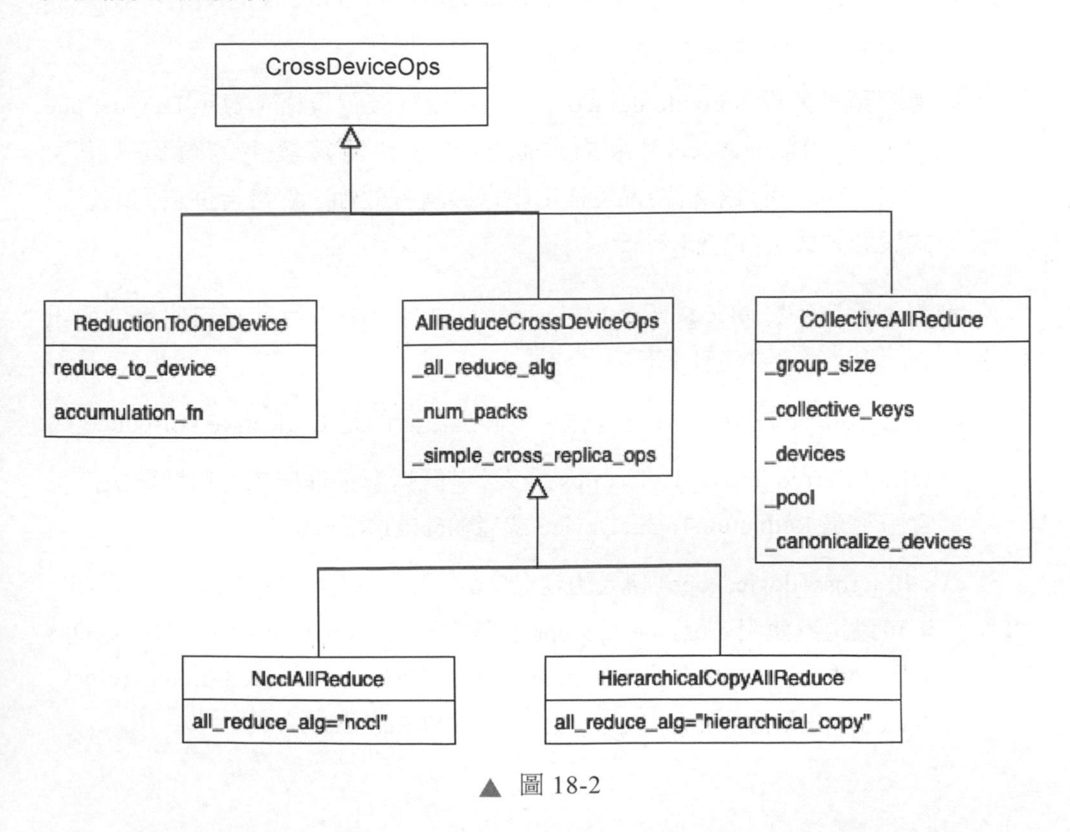

▲ 圖 18-2

3. 單節點初始化

我們研究的重點是單節點初始化，其主要邏輯如下。

- 初始化單一 Worker。
- 透過 _make_collective_ops() 來建立集合操作。

初始化單一 Worker 的重點邏輯如下。

- 拿到本次訓練使用的裝置 _devices，舉例如下：('/replica:0/task:0/device:GPU:0', '/replica:0/task:0/device:GPU:1')。
- 得到輸入對應的裝置 _input_workers_devices，舉例如下：('/replica:0/task:0/device: CPU:0':0, '/replica:0/task:0/device:GPU:0', '/replica:0/task:0/device:GPU:1')，此變數後續會被用來建立 InputWorkers。
- 依據已有條件推理出來 _inferred_cross_device_ops 的實際內容，_inferred_cross_device_ops 是跨裝置使用的操作。
- 得到預設裝置 _default_device，此處會設置裝置規格（對應 DeviceSpec 類別）。DeviceSpec 用來描述狀態儲存和計算發生的位置，使用 DeviceSpec 可以解析裝置規格字串以驗證有效性，然後合併它們或以程式設計方式組合它們。

跨裝置操作透過 select_cross_device_ops() 推理完成，目前有三個集合通訊相關的成員變數，需要整理一下。

- self._collective_ops：集合操作，實際上設定的是 CollectiveAllReduce。
- self._inferred_cross_device_ops：根據裝置情況推理出來的跨裝置操作，實際上是 ReductionToOneDevice 或者 NcclAllReduce。
- self._cross_device_ops：傳入的設定參數。如果使用者想重寫跨裝置通訊，則可以透過使用 cross_device_ops 參數來提供 tf.distribute.CrossDeviceOps 的實例。比如：mirrored_strategy = tf.distribute.MirroredStrategy(cross_device_ops=tf.distribute.HierarchicalCopyAllReduce())。

18.1.3 更新分散式變數

我們接下來分析如何更新分散式變數，限於篇幅，此處只是大致把流程走通，有興趣的讀者可以深入研究。

分散式變數是在多個裝置上建立的變數，變數 MirroredVariable 和 SyncOnRead 是兩個例子。一個操作分散式變數的範例程式如下。首先呼叫 reduce_to() 進行精簡，然後呼叫 update() 進行更新。

```
>>> @tf.function
... def step_fn(var):
...
...   def merge_fn(strategy, value, var):
...     #  對此變數執行 All-Reduce，變數類型是 tf.distribute.DistributedValues.
...     reduced = strategy.extended.reduce_to(tf.distribute.ReduceOp.SUM,
...         value, destinations=var)
...     strategy.extended.update(var, lambda var, value: var.assign(value),
...         args=(reduced,))
...
...   value = tf.identity(1.)
...   tf.distribute.get_replica_context().merge_call(merge_fn,
...     args=(value, var))
>>>
>>> def run(strategy):
...   with strategy.scope():
...     v = tf.Variable(0.)
...     strategy.run(step_fn, args=(v,))
...     return v
>>>
>>> run(tf.distribute.MirroredStrategy(["GPU:0", "GPU:1"]))
MirroredVariable:{
  0: <tf.Variable 'Variable:0' shape=() dtype=float32, numpy=2.0>,
  1: <tf.Variable 'Variable/replica_1:0' shape=() dtype=float32, numpy=2.0>
}
>>> run(tf.distribute.experimental.CentralStorageStrategy(
...     compute_devices=["GPU:0", "GPU:1"], parameter_device="CPU:0"))
<tf.Variable 'Variable:0' shape=() dtype=float32, numpy=2.0>
>>> run(tf.distribute.OneDeviceStrategy("GPU:0"))
<tf.Variable 'Variable:0' shape=() dtype=float32, numpy=1.0>
```

我們首先分析 reduce_to() 操作。

程式先來到 StrategyExtendedV2。reduce_to(self, reduce_op, value, destinations, options=None) 聚合了 tf.distribution.DistributedValues 和分散式變數，它同時支援稠密值和 tf.IndexedSlices。此 API 目前只能在跨副本背景下呼叫。其他用於跨副本精簡的變形如下。

- tf.distribution.StrategyExtended.batch_reduce_to：批次版本 API。
- tf.distribution.ReplicaContext.all_reduce：在副本上下文中的對應 API 版本，它同時支援批次處理和非批次處理的 All-Reduce。
- tf.distribution.Strategy.reduce：在跨副本上下文中的精簡到主機的 API，此 API 更加便捷。

參數 destinations 指定將參數 value 精簡到哪裡，例如「GPU:0」。使用者也可以傳入一個張量，這樣精簡的目的地將是該張量的裝置。

程式接著來到 MirroredExtended.reduce_to()，MirroredExtended 接下來有幾種執行流程，比如使用 MirroredExtended._get_cross_device_ops() 得到集合通訊函式進行精簡。

```
return self._get_cross_device_ops(value).reduce(reduce_op,
        value, destinations=destinations,
        options=self._communication_options.merge(options))
```

我們其次分析 update() 操作，具體流程如下。

- update() 接收的參數包括一個要更新的分散式變數 var，一個更新函式 fn，以及用於 fn 的 args 和 kwargs，在 fn 之中把從 args 和 kwargs 傳遞的值應用於 var 的每個元件變數。
- update() 會先把更新組合成清單，然後呼叫 distribute_utils.update_regroup()。
- distribute_utils.update_regroup() 會完成重分組（Regroup）操作，限於篇幅，此處不做深入介紹，有興趣的讀者可以自行研究。

reduce_to() 和 update() 的邏輯如圖 18-3 所示。

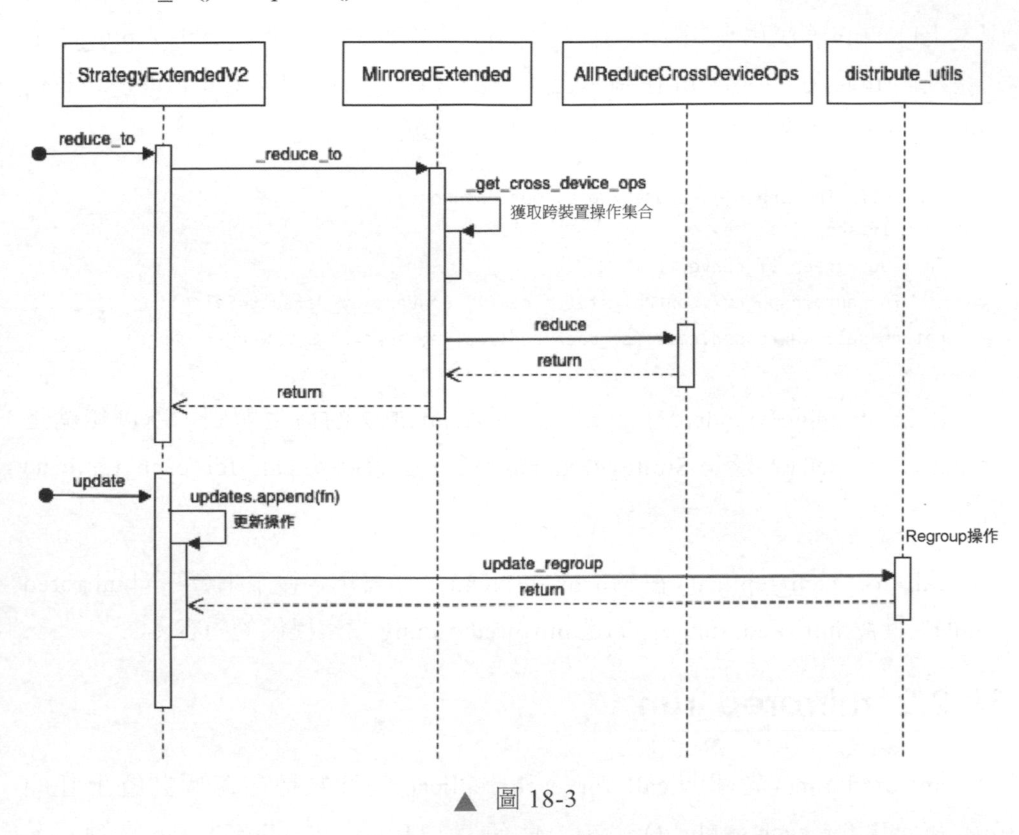

▲ 圖 18-3

18.2 MirroredStrategy 分發計算

透過本節我們希望了解的是 MirroredStrategy 如何分發計算。

18.2.1 執行

官方程式範例如下，我們需要從 strategy.run() 開始看。

```
>>> def run(strategy):
...   with strategy.scope():
...     v = tf.Variable(0.)
...     strategy.run(step_fn, args=(v,))
...     return v
```

tf.distribution 物件分發計算的主要手段是 Strategy 的 run 方法，它在每個副本上呼叫 fn（使用者指定的函式）。run 方法使用 call_for_each_replica() 函式完成對 fn 的呼叫。當 fn 在副本上下文被呼叫，可以呼叫 tf.distribution.get_replica_context() 來存取諸如 all_reduce 等成員變數。

```
def run(self, fn, args=(), kwargs=None, options=None):
  with self.scope():
    fn = autograph.tf_convert(
        fn, autograph_ctx.control_status_ctx(), convert_by_default=False)
    return self._extended.call_for_each_replica(fn, args=args, kwargs=kwargs)
```

因為 StrategyExtendedV1 是 StrategyExtendedV2 的衍生類別，所以無論是 StrategyExtendedV1 還是 StrategyExtendedV2，都會呼叫 call_for_each_replica() 方法。

call_for_each_replica() 在 MirroredExtended 中實現，接下來會呼叫 mirrored_run()。此處 mirrored_run() 指的是 mirrored_run.py 檔案提供的內容。

18.2.2 mirrored_run

mirrored_run() 先呼叫 call_for_each_replica()，目的是在每個裝置上呼叫 fn。在 call_for_each_replica() 之中，會建立 _MirroredReplicaThread 來執行。每個裝置會啟動一個執行緒，並存執行 fn，直至所有 fn 都完成。call_for_each_replica() 程式摘錄如下。

```
def _call_for_each_replica(distribution, fn, args, kwargs):

  coord = coordinator.Coordinator(clean_stop_exception_types=(_RequestedStop,))

  shared_variable_store = {}
  devices = distribution.extended.worker_devices

  threads = []
  for index in range(len(devices)):
    variable_creator_fn = shared_variable_creator.make_fn(
        shared_variable_store, index)
    t = _MirroredReplicaThread(distribution, coord, index, devices,
```

```
                              variable_creator_fn, fn,
                              distribute_utils.caching_scope_local,
                              distribute_utils.select_replica(index, args),
                              distribute_utils.select_replica(index, kwargs))
    threads.append(t)

  for t in threads:
    t.start()

  return distribute_utils.regroup(tuple(t.main_result for t in threads))
```

_MirroredReplicaThread 的定義比較好理解：此執行緒在一個裝置上執行某個方法。需要注意，在 __init__() 處呼叫了 context.ensure_initialized()。下一小節我們要分析 Context 概念。

```
class _MirroredReplicaThread(threading.Thread):
  """ 此執行緒在一個裝置上執行某個方法 """
  def __init__(self, dist, coord, replica_id, devices, variable_creator_fn, fn,
               caching_scope, args, kwargs):
    self.coord = coord
    self.distribution = dist
    self.devices = devices
    self.replica_id = replica_id
    self.variable_creator_fn = variable_creator_fn
    self.main_fn = fn
    self.main_args = args
    self.main_kwargs = kwargs
    self.main_result = None
    self._name_scope = self.graph.get_name_scope()
    context.ensure_initialized() # 確保初始化上下文
    ctx = context.context() # 獲取上下文

  def run(self):
    try:
      with self.coord.stop_on_exception(), \
          _enter_graph(self._init_graph, self._init_in_eager), \
          _enter_graph(self.graph, self.in_eager,
                       self._variable_creator_stack), \
          context.device_policy(self.context_device_policy), \
```

```
        _MirroredReplicaContext(self.distribution,
                                self.replica_id_in_sync_group), \
        # 這裡設定了某一個裝置
        ops.device(self.devices[self.replica_id]), \
        ops.name_scope(self._name_scope), \
        variable_scope.variable_scope(
            self._var_scope, reuse=self.replica_id > 0), \
        variable_scope.variable_creator_scope(self.variable_creator_fn):

      # 執行使用者函式
      self.main_result = self.main_fn(*self.main_args, **self.main_kwargs)
      self.done = True
finally:
  self.has_paused.set()
```

目前的互動流程如圖 18-4 所示。

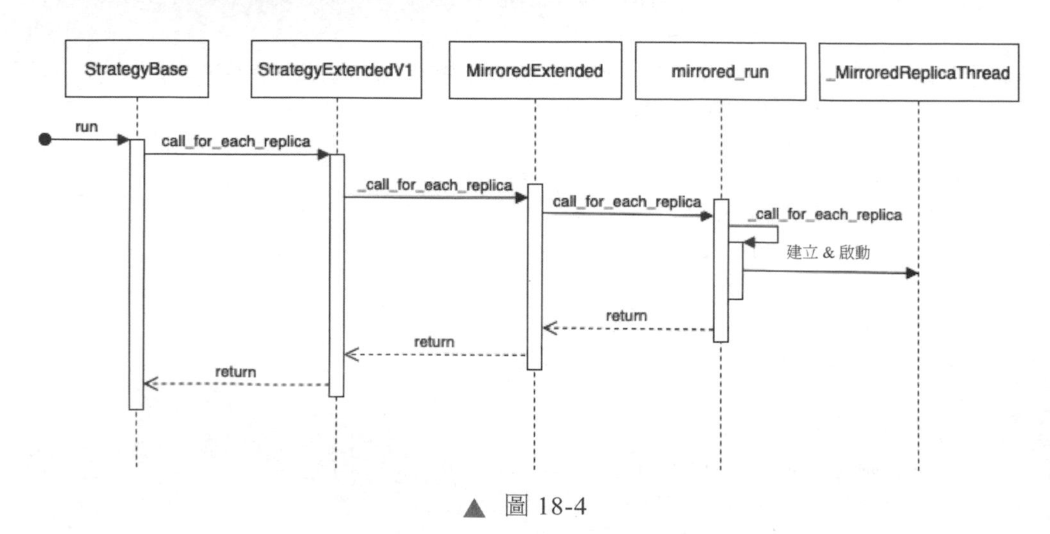

▲ 圖 18-4

我們也可以從另一個角度來看（大致如圖 18-5 所示），此處假定有兩個裝置，對應啟動了兩個執行緒來進行訓練。

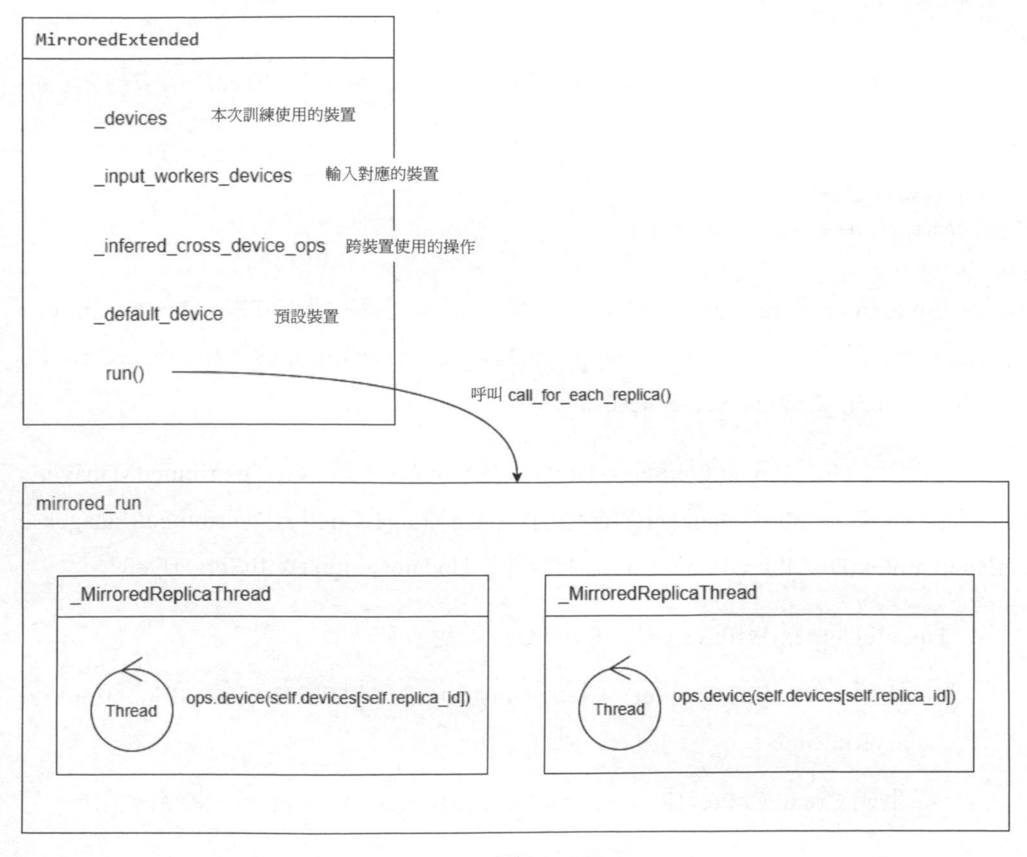

▲ 圖 18-5

18.2.3 Context

本小節是對前面分散式執行環境的有機補充。之前我們接觸的 TensorFlow 分散式都是基於 Session 之上的，但是在 TensorFlow 2 中已經取消了 Session。現在，我們在 MirroredReplicaThread 中找到了一個和 Session 對應的概念，即 Context。Session 的作用是與 TensorFlow Runtime 互動，Context 也有類似的作用。Context 儲存和 Runtime 互動所需要的所有資訊，但是 Context 生命週期遠遠比 Session 長。可以認為 Context 在某種程度上涵蓋了 TensorFlow 1 Session 概念環境中 Master 的作用。我們接下來分析 Context 初始化流程。

Python Context 是 C++ Context 的包裝器，ensure_initialized() 用來確保初始化。

```
def ensure_initialized():
  context().ensure_initialized()
```

context().ensure_initialized() 中呼叫了很多名稱類似 TFE_ContextOptionsSetXXX 的設置函式，比如 pywrap_tfe.TFE_ContextOptionsSetRunEagerOpAsFunction 和 TFE_ContextSetServerDef。

我們用 TFE_ContextSetServerDef() 來分析，其呼叫了 GetDistributedManager() 方法。GetDistributedManager() 方法獲得了 EagerContextDistributedManager。EagerContextDistributedManager 又呼叫到了 UpdateContextWithServerDef()。

UpdateContextWithServerDef() 有幾個關鍵步驟：

- 使用 tensorflow::eager::CreateClusterFLR() 生成 DistributedFunctionLibraryRuntime。
- 生成 CreateContextRequest，呼叫 CreateRemoteContexts 來發送請求。

在下面 CreateClusterFLR() 程式之中可以看到一系列熟悉的名稱，比如 grpc_server、remote_workers、worker_env、worker_session 等都是我們前面遇到的 Runtime 概念。如此看來，雖然 Session API 不存在，但是內部依然使用了這些概念，只是經由 Context 來重新組織封裝。

```
tensorflow::DistributedFunctionLibraryRuntime* cluster_flr =
     tensorflow::eager::CreateClusterFLR(context_id, context,
                                         worker_session.get());
 auto remote_mgr = std::make_unique<tensorflow::eager::RemoteMgr>(
     /*is_master=*/true, context);
 LOG_AND_RETURN_IF_ERROR(context->InitializeRemoteMaster(
```

```
    std::move(new_server), grpc_server->worker_env(), worker_session,
    std::move(remote_eager_workers), std::move(new_remote_device_mgr),
    remote_workers, context_id, r, device_mgr, keep_alive_secs, cluster_flr,
    std::move(remote_mgr)));
```

前面提到了呼叫 CreateRemoteContexts() 來發送請求，該方法會建立遠端上下文，既然與遠端有關係，就說明會用到 gRPC 機制，具體程式是 eager_client->CreateContextAsync(…)。CreateRemoteContexts() 的摘要程式如下。

```
Status CreateRemoteContexts(EagerContext* context,
                            const std::vector<string>& remote_workers,
                            uint64 context_id, uint64 context_view_id,
                            int keep_alive_secs, const ServerDef& server_def,
                            eager::EagerClientCache* remote_eager_workers,
                            bool async,
                            const eager::CreateContextRequest& base_request) {
  int num_remote_workers = remote_workers.size();
  BlockingCounter counter(num_remote_workers);
  std::vector<Status> statuses(num_remote_workers);

  for (int i = 0; i < num_remote_workers; i++) {
    const string& remote_worker = remote_workers[i];
    DeviceNameUtils::ParsedName parsed_name;
    if (!DeviceNameUtils::ParseFullName(remote_worker, &parsed_name)) {

    core::RefCountPtr<eager::EagerClient> eager_client;
    statuses[i] = remote_eager_workers->GetClient(remote_worker, &eager_client);

    eager::CreateContextRequest request;
    eager::CreateContextResponse* response = new eager::CreateContextResponse();
    request.set_context_id(context_id);
    request.set_context_view_id(context_view_id);
    *request.mutable_server_def() = server_def;
    request.mutable_server_def()->set_job_name(parsed_name.job);
    request.mutable_server_def()->set_task_index(parsed_name.task);

request.mutable_server_def()->mutable_default_session_config()->MergeFrom(
        server_def.default_session_config());
```

```
    std::vector<bool> filtered_device_mask;
    context->FilterDevicesForRemoteWorkers(
        remote_worker, base_request.cluster_device_attributes(),
        &filtered_device_mask);

    for (int i = 0; i < filtered_device_mask.size(); i++) {
      if (filtered_device_mask[i]) {
        const auto& da = base_request.cluster_device_attributes(i);
        *request.add_cluster_device_attributes() = da;
      }
    }
    request.set_async(async);

    eager_client->CreateContextAsync( // 使用 gRPC 機制
        &request, response,
        [i, &statuses, &counter, response](const Status& s) {
          statuses[i] = s;
          delete response;
          counter.DecrementCount();
        });
  }
}
```

eager_client 實際上是 GrpcEagerClient 的實例，GrpcEagerClient 是 gRPC 的用戶端，實現了 gRPC 的用戶端介面 EagerClient。

```
class GrpcEagerClient : public EagerClient
```

eager_client->CreateContextAsync() 方法會發送 CreateContextRequest RPC 請求。於是我們獲得了目前具體邏輯如圖 18-6 所示。

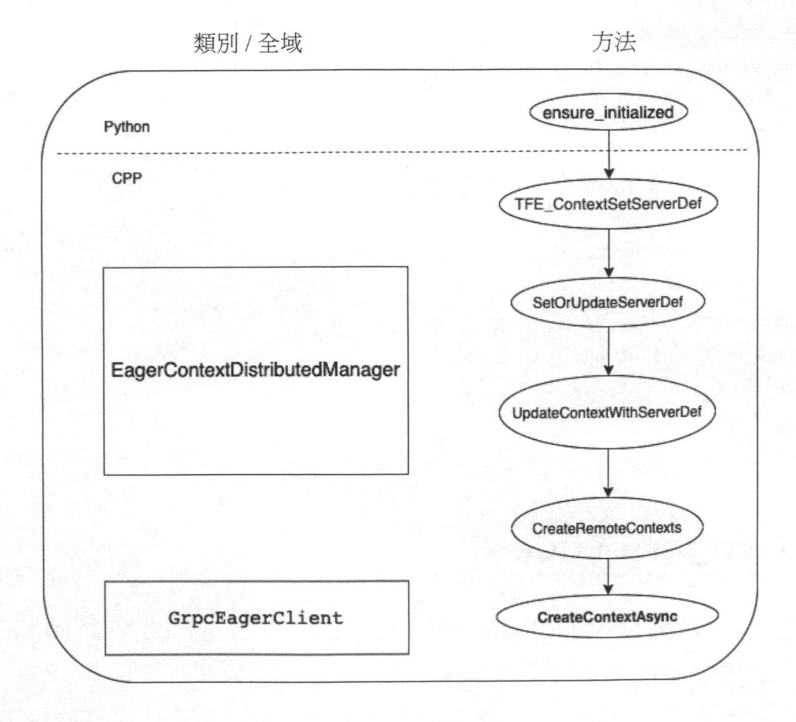

▲ 圖 18-6

18.2.4 通訊協定

以上對應了分散式環境之中 Client 的邏輯，我們需要分析 Server（也就是 Worker 角色）的邏輯。順著 RPC 接著深挖，我們發現了一個之前在 Runtime 中看到但是並沒有分析過的 tensorflow/core/protobuf/eager_service.proto，這是接下來的關鍵。

首先分析如何建立遠端上下文，具體訊息定義如下。

```
message CreateContextRequest {
  ServerDef server_def = 1;
  bool async = 2;
  int64 keep_alive_secs = 3;
  VersionDef version_def = 4;
  repeated DeviceAttributes cluster_device_attributes = 6;
  fixed64 context_id = 7;
```

```
  fixed64 context_view_id = 8;
  bool lazy_copy_remote_function_inputs = 9;
}
```

其次分析如何執行方法，具體訊息定義如下。

```
message RunComponentFunctionRequest {
  fixed64 context_id = 1;
  Operation operation = 2;
  repeated int32 output_num = 3;
}
```

有了協定為基礎，我們接下來分析對應的服務。

18.2.5 EagerService

注意，以下是 Server（Worker 角色）之中的邏輯。之前我們略過 Eager Service，此處進行補充分析。

EagerService 定義了一個 TensorFlow 服務，代表一個遠端 Eager 執行器（Eager Executor），Eager 執行器會在一組本地裝置上動態（Eagerly）執行操作。該服務將追蹤它所存取的各種用戶端和裝置，允許用戶端在它能夠存取的任何裝置上排隊執行操作，並安排從 / 到任何對等體的資料傳輸。

一個用戶端可以生成多個上下文，以便能夠獨立執行操作，但不能在兩個上下文之間共用資料。注意：一般用戶端生成的上下文應該是獨立的，但低級別的 TensorFlow 執行引擎不是，它們可能會共用一些資料（例如裝置的 ResourceMgr）。

我們首先分析 EagerService 的邏輯。

AsyncServiceInterface 是處理 RPC 的非同步介面，GrpcEagerServiceImpl 繼承了 AsyncServiceInterface。GrpcEagerServiceImpl 也是一個 gRPC Service，GrpcServer 會在執行緒之中執行 GrpcEagerServiceImpl。

GrpcEagerServiceImpl 定義如下。

```
class GrpcEagerServiceImpl : public AsyncServiceInterface {
  const WorkerEnv* const env_;
  EagerServiceImpl local_impl_;

  thread::ThreadPool enqueue_streaming_thread_;
  std::unique_ptr<::grpc::Alarm> shutdown_alarm_;

  std::unique_ptr<::grpc::ServerCompletionQueue> cq_;
  grpc::EagerService::AsyncService service_;

  TF_DISALLOW_COPY_AND_ASSIGN(GrpcEagerServiceImpl);
};
```

GrpcServer 之中建構 GrpcEagerServiceImpl 程式如下。

```
Status GrpcServer::Init(const GrpcServerOptions& opts) {
  eager_service_ = new eager::GrpcEagerServiceImpl(&worker_env_, &builder);
```

在 GrpcServer::Start() 中完成了執行緒啟動，隨後在 HandleRPCsLoop() 中完成對 RPC 的處理。

GrpcEagerServiceImpl 重要的成員變數是 EagerServiceImpl 類型的 local_impl_，EagerServiceImpl 類別是具體業務邏輯的實現者。當收到訊息時，GrpcEagerServiceImpl 會 使 用 local_impl_.method(&call->request, &call->response)) 來呼叫 EagerServiceImpl 的具體邏輯。

EagerServiceImpl 定義如下，我們只舉出部分成員變數。

```
class EagerServiceImpl {
  const WorkerEnv* const env_;
  std::unordered_map<uint64, ServerContext*> contexts_
      TF_GUARDED_BY(contexts_mu_);
};
```

我們接下來分析如何建立遠端上下文。

在接收到 CreateContextRequest 之後，遠端 Server（此處是 Worker 角色）首先呼叫 GrpcEagerServiceImpl 的 CreateContextHandler()，然後呼叫 Eager

ServiceImpl 的 CreateContext()。context_id 的作用類似於 session_id，因為是 Worker 角色，所以在 EagerServiceImpl:: CreateContext 的程式中處處可見 worker_session。CreateContext() 程式摘錄如下。

```
Status EagerServiceImpl::CreateContext(const CreateContextRequest* request,
                                       CreateContextResponse* response) {
  auto context_it = contexts_.find(request->context_id());
  auto* r = env_->rendezvous_mgr->Find(request->context_id());
  auto session_name =
      tensorflow::strings::StrCat("eager_", request->context_id());

  TF_RETURN_IF_ERROR(env_->session_mgr->CreateSession(
      session_name, request->server_def(), request->cluster_device_attributes(),
      true));
  int64_t context_id = request->context_id();

  std::shared_ptr<WorkerSession> worker_session;
  TF_RETURN_IF_ERROR(env_->session_mgr->WorkerSessionForSession(
      session_name, &worker_session));

  tensorflow::DeviceMgr* device_mgr = worker_session->device_mgr();

  std::function<Rendezvous*(const int64_t)> rendezvous_creator =
      [worker_session, this](const int64_t step_id) {
        auto* r = env_->rendezvous_mgr->Find(step_id);
        r->Initialize(worker_session.get()).IgnoreError();
        return r;
      };

  SessionOptions opts;
  opts.config = request->server_def().default_session_config();
  tensorflow::EagerContext* ctx = new tensorflow::EagerContext(
      opts, tensorflow::ContextDevicePlacementPolicy::DEVICE_PLACEMENT_SILENT,
      request->async(), device_mgr, false, r, worker_session->cluster_flr(),
      env_->collective_executor_mgr.get());
  core::ScopedUnref unref_ctx(ctx);

  std::vector<string> remote_workers;
  worker_session->worker_cache()->ListWorkers(&remote_workers);
```

```
  remote_workers.erase(std::remove(remote_workers.begin(), remote_workers.end(),
                                   worker_session->worker_name()),
                       remote_workers.end());

  std::unique_ptr<tensorflow::eager::EagerClientCache> remote_eager_workers;
  TF_RETURN_IF_ERROR(worker_session->worker_cache()->GetEagerClientCache(
      &remote_eager_workers));
  DistributedFunctionLibraryRuntime* cluster_flr =
      eager::CreateClusterFLR(request->context_id(), ctx, worker_session.get());

  auto remote_mgr =
      absl::make_unique<tensorflow::eager::RemoteMgr>(/*is_master=*/false, ctx);
  Status s = ctx->InitializeRemoteWorker(
      std::move(remote_eager_workers), worker_session->remote_device_mgr(),
      remote_workers, request->context_id(), request->context_view_id(),
      std::move(rendezvous_creator), cluster_flr, std::move(remote_mgr),
      std::move(session_destroyer));

  // 省略其他程式碼
}
```

因此，我們得到遠端 Worker 業務互動邏輯如圖 18-7 所示。

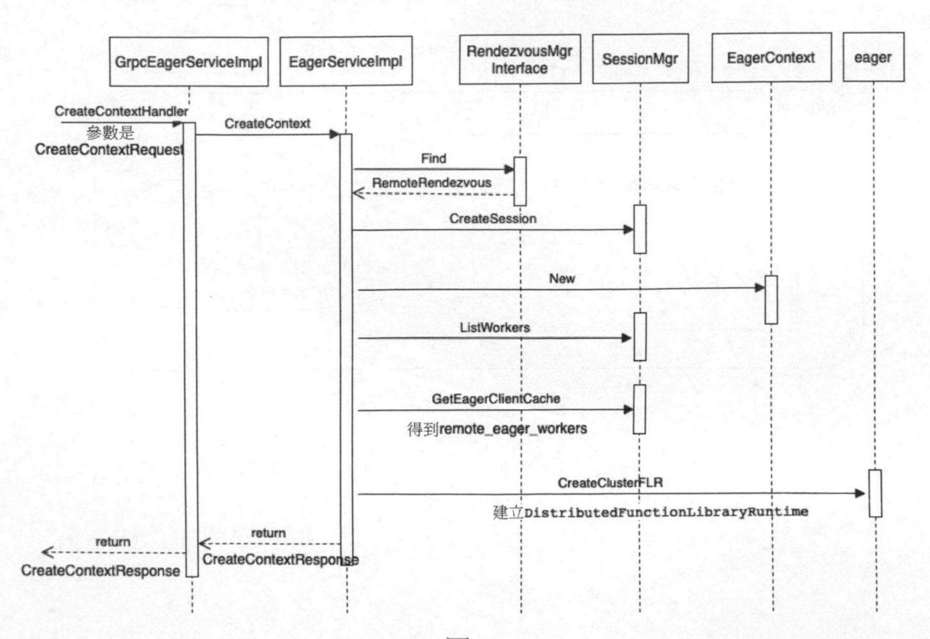

▲ 圖 18-7

建立服務整體邏輯如圖 18-8 所示。

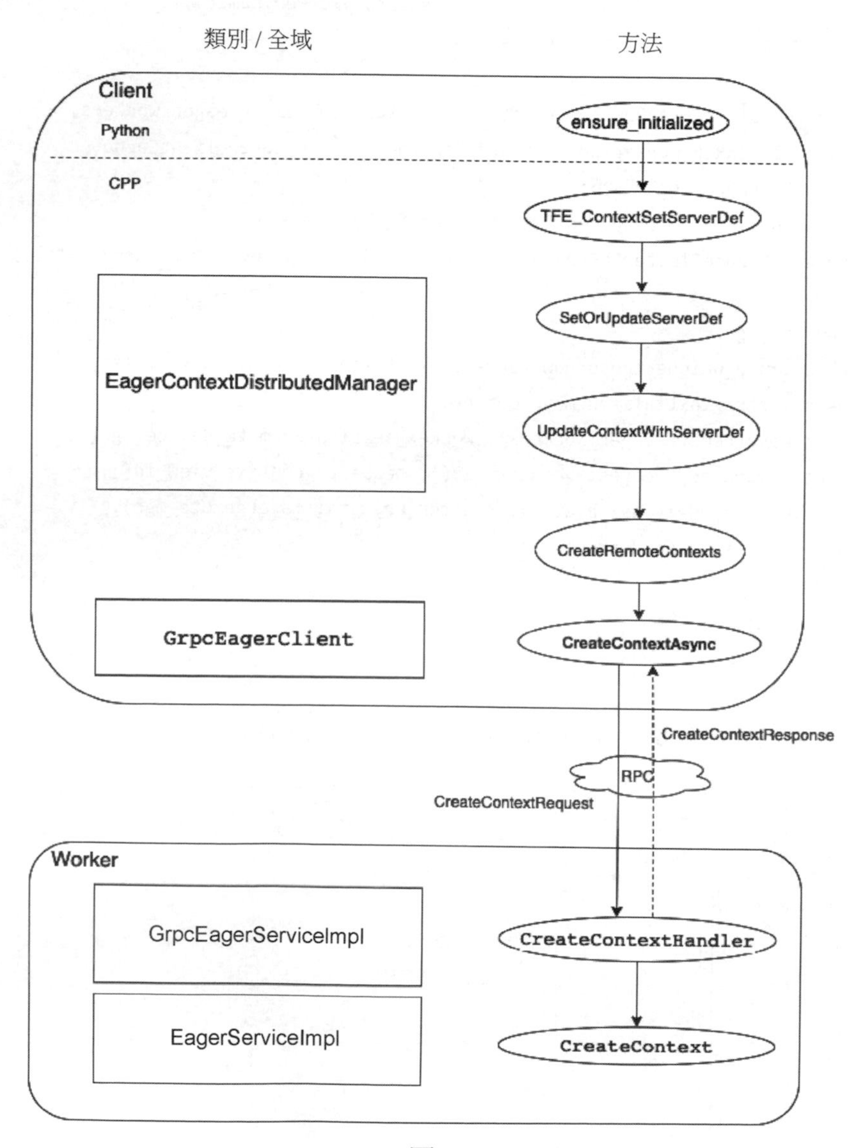

▲ 圖 18-8

至此，上下文環境分析完畢，遠端分散式執行的基礎也建立起來，我們接下來分析如何在遠端執行訓練程式。

18.2.6 在遠端執行訓練程式

前面提到，Client 使用如下敘述建立 DistributedFunctionLibraryRuntime。

```
tensorflow::DistributedFunctionLibraryRuntime* cluster_flr =
    tensorflow::eager::CreateClusterFLR(context_id, context, worker_session.get());
```

Server 在 EagerServiceImpl::CreateContext 中也使用如下敘述建立 DistributedFunctionLibraryRuntime。

```
DistributedFunctionLibraryRuntime* cluster_flr =
eager::CreateClusterFLR(request->context_id(), ctx, worker_session.get());
```

CreateClusterFLR() 定義如下。

```
DistributedFunctionLibraryRuntime* CreateClusterFLR(
    const uint64 context_id, EagerContext* ctx, WorkerSession* worker_session) {
  return new EagerClusterFunctionLibraryRuntime(
      context_id, ctx, worker_session->remote_device_mgr());
}
```

於是我們引出了 TensorFlow 的核心概念之一：FunctionLibraryRuntime。DistributedFunction- LibraryRuntime 就是 FunctionLibraryRuntime 的分散式拓展，或者說是分散式基礎 API。

EagerClusterFunctionLibraryRuntime 是 DistributedFunctionLibraryRuntime 的具體實現，用來在服務之間透過 RPC 執行 tf.function。類別邏輯如圖 18-9 所示，其中 ClusterFunctionLibraryRuntime 也是一個衍生類別，但是和我們的分析關係不大。

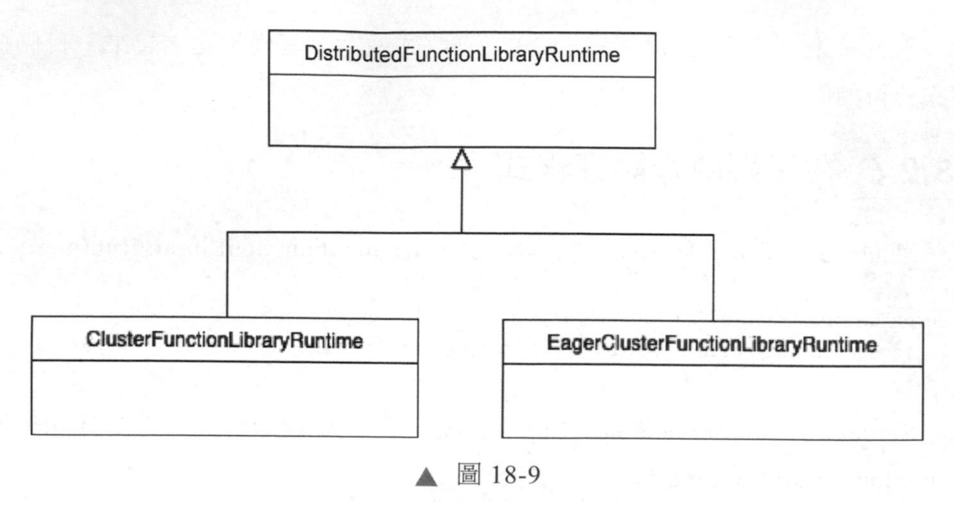

▲ 圖 18-9

如果 Client 希望執行計算圖，則會進入 EagerClusterFunctionLibraryRuntime 的 Run() 方法，RunComponentFunctionAsync() 會發送 RunComponentFunctionRequest 來通知遠端 Worker。遠端 Worker 處理之後傳回 RunComponentFunctionResponse。

遠端 Worker 首先呼叫 GrpcEagerServiceImpl 的 RunComponentFunctionHandler()，然後呼叫 EagerServiceImpl::RunComponentFunction() 處理具體業務，進而呼叫 EagerLocalExecuteAsync() 完成具體執行。

我們得到執行業務的最終邏輯如圖 18-10 所示。

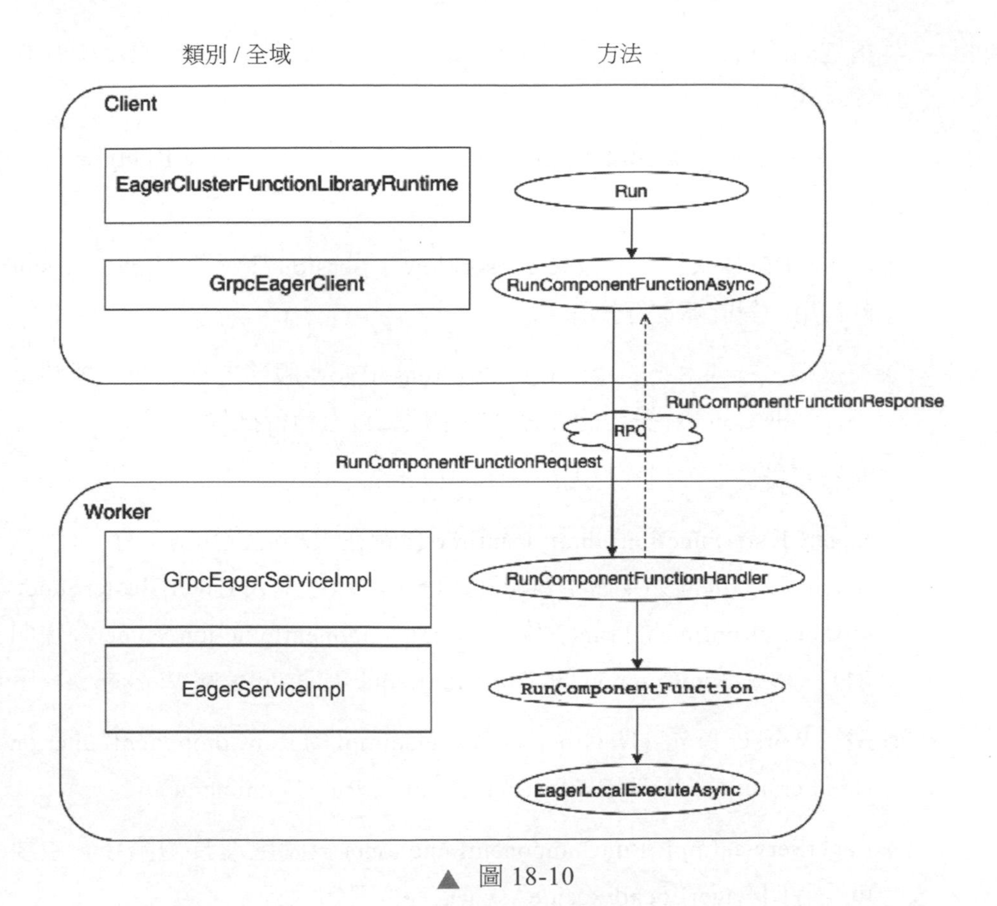

▲ 圖 18-10

18.2.7 總結

我們總結一下 MirroredStrategy 的問題和邏輯。

- 如何更新 MirroredVariable ？
  - ＊ 一個操作分散式變數的範例如下：首先呼叫 reduce_to() 進行精簡，然後呼叫 update() 進行更新。
- 本地是多執行緒計算還是多處理程序計算？
  - ＊ MirroredStrategy 在本地會使用多執行緒進行訓練：在 _call_for_each_replica() 之中會建立執行緒 _MirroredReplicaThread 來執行 fn（使用者

指定的函式）。每個裝置啟動一個執行緒，並存執行 fn，直至所有 fn 都完成。

- 本章出現的新概念 Context 和我們之前分析的 TensorFlow Runtime 怎麼聯繫起來？
  * Context 在某種程度上造成 TensorFlow 1 Session 概念環境之中 Master 的作用，對計算進行分發。
  * 在遠端，EagerService 定義了一個 TensorFlow 服務，它會建立遠端上下文，把 Context 分發的計算放在本地裝置上執行操作。
- 如何分發計算？如何在遠端執行訓練程式？
  * EagerClusterFunctionLibraryRuntime 負責在服務之間透過 RPC 來執行 function。Client 如果希望執行計算圖，本地會進入 EagerClusterFunctionLibraryRuntime 的 run() 方法，RunComponentFunctionAsync 會呼叫 RPC（發送 RunComponent- FunctionRequest）通知遠端 Worker。
  * 遠端 Worker 首先呼叫 GrpcEagerServiceImpl 的 RunComponentFunctionHandler()，然後呼叫 EagerServiceImpl 的 RunComponent()。
  * EagerServiceImpl::RunComponentFunction() 負責處理具體業務，主要就是呼叫 EagerLocalExecuteAsync() 完成具體執行。
  * 遠端 Worker 處理業務之後傳回 RunComponentFunctionResponse。

至此，MirroredStrategy 分析完畢。

Parameter Server Strategy

本章我們來分析 ParameterServerStrategy 分散式策略如何運作。

19.1 ParameterServerStrategyV1

先看 ParameterServerStrategyV1。目前工業界還有很多公司在使用此版本程式，而且其內部機制也比較清晰易懂，值得我們分析。

19.1.1 思路

ParameterServerStrategyV1 是一個非同步的多 Worker 參數伺服器策略。此策略需要兩個角色：Worker 和參數伺服器（PS）。ParameterServerStrategyV1 的主要作用就是把變數和對這些變數的更新分佈在 PS 之上，把計算分佈在 Worker 之上。我們將從幾個方面來研究：1）如何獲取資料；2）如何生成變數；3）如何執行。接下來我們就透過分析程式來回答這些問題。

1. 整體邏輯

在 ParameterServerStrategyV1 策略下，當每個 Worker 有一個以上的 GPU 時，操作將被複製到所有 GPU 上，但變數不會被複製，所有 Worker 共用一個共同的視圖以確定某一個變數被分配到哪個參數伺服器。這假設每個 Worker 獨立執行相同的程式，而參數伺服器則執行一個標準伺服器。也意味著，雖然每個 Worker 將在所有 GPU 上同步計算一個梯度更新，但 Worker 之間的更新是非同步進行的。即使只有 CPU 或一個 GPU，也應該呼叫 call_for_each_replica(fn, …) 來進行任何可能跨副本（即多個 GPU）複製的操作。

ParameterServerStrategyV1 的定義和初始化比較簡單，主要使用 ParameterServerStrategyExtended 完成初始化。ParameterServerStrategyExtended 衍生自 distribute_lib.StrategyExtendedV1，提供了可以分散式感知的 API。

ParameterServerStrategyExtended 在初始化之中會完成獲取叢集資訊的工作。_initialize_strategy() 依據規格不同選擇啟動本地還是多 Worker，我們只研究多 Worker 的情況，也就是 _initialize_multi_worker() 函式。

_initialize_multi_worker() 會做一系列設定，比如：

- 獲取 GPU 數量，從叢集設定之中獲取設定資訊。
- 設定工作裝置和輸入裝置名稱，設定計算裝置串列。
- 分配裝置策略，得到參數伺服器裝置串列。

2. 分配裝置

我們接下來分析如何分配裝置。在初始化狀態下，分配裝置就是給每個計算圖指定一個裝置名稱，在後續真正執行時期，系統會根據此裝置名稱再進行具體分配裝置。

replica_device_setter() 函式傳回一個裝置函式，或者說是策略。當為副本建立計算圖時，此策略將提供資訊，該資訊用來指導計算圖應該分配到哪個裝置上。裝置函式與 with tf.device(device_function) 一起使用。如果參數 cluster 為 None 且參數 ps_tasks 為 0，則傳回的函式為 no-op。如果參數 ps_tasks 數值不為 0，則後續變數就放到 ps_device 之上，否則放到 worker_device 之上，具體程式如下。

```
def replica_device_setter(ps_tasks=0, ps_device="/job:ps",
                          worker_device="/job:worker",
                          merge_devices=True, cluster=None,
                          ps_ops=None, ps_strategy=None):
  if ps_strategy is None:
    ps_strategy = _RoundRobinStrategy(ps_tasks)
  chooser = _ReplicaDeviceChooser(ps_tasks, ps_device, worker_device,
                                  merge_devices, ps_ops, ps_strategy)
  return chooser.device_function
```

replica_device_setter() 函式的邏輯分為兩步：

第一步是設定布局策略（Placement Strategy）。在預設情況下，PS 任務上只放置變數操作（Variable ops），布局策略以輪詢排程（Round-Robin）機制在 PS 任務之間進行分配。也可以採用比如 tf.contrib.training.GreedyLoadBalancing Strategy 等布局策略。

_RoundRobinStrategy 具體定義如下。

```
class _RoundRobinStrategy(object):
  def __init__(self, num_tasks):
    self._num_tasks = num_tasks
    self._next_task = 0
  def __call__(self, unused_op):
    task = self._next_task
```

```
    self._next_task = (self._next_task + 1) % self._num_tasks
    return task
```

第二步是依據策略建立一個 _ReplicaDeviceChooser，然後傳回 _ReplicaDeviceChooser.device_function。_ReplicaDeviceChooser.device_function() 函式之中會使用成員變數 self._ps_strategy 來決定具體裝置名稱，會依據 self._ps_tasks 的資訊來決定變數是放在 ps_device 之上還是 worker_device 之上。

```
def device_function(self, op):
""" 為 op 選擇一個裝置 """

  current_device = pydev.DeviceSpec.from_string(op.device or"")
  if self._ps_tasks and self._ps_device and node_def.op in self._ps_ops:

    if ps_job and (not current_job or current_job == ps_job):
      # 此處使用了策略
      ps_device = ps_device.replace(task=self._ps_strategy(op))

    ps_device = ps_device.make_merged_spec(current_device)
    return ps_device.to_string()
```

裝置相關的邏輯總結如圖 19-1 所示。

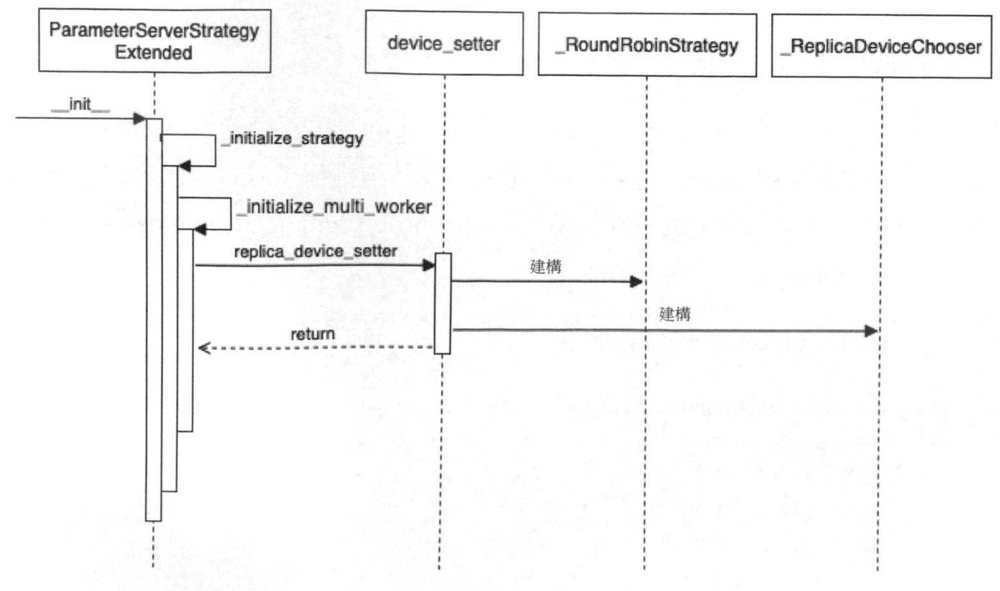

▲ 圖 19-1

在初始化之後，ParameterServerStrategyExtended 如圖 19-2 所示。

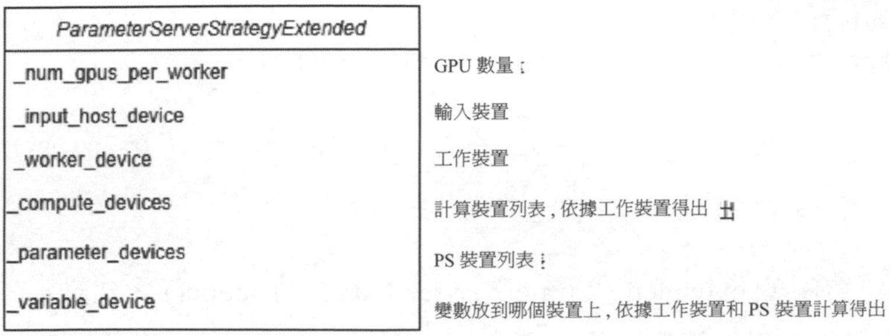

ParameterServerStrategyExtended	
_num_gpus_per_worker	GPU 數量；
_input_host_device	輸入裝置
_worker_device	工作裝置
_compute_devices	計算裝置列表，依據工作裝置得出
_parameter_devices	PS 裝置列表；
_variable_device	變數放到哪個裝置上，依據工作裝置和 PS 裝置計算得出

▲ 圖 19-2

19.1.2 資料

我們接下來分析如何獲取訓練資料。因為 distribute_datasets_from_function() 會呼叫基礎類別 StrategyBase 的 distribute_datasets_from_function()，所以我們要分析基礎類別 StrategyBase。

在 StrategyBase 之中，distribute_datasets_from_function() 依靠呼叫 dataset_fn 來分發 tf.data.Dataset。使用者傳入的參數 dataset_fn 是一個輸入函式。此輸入參數帶有 InputContext 參數，並傳回一個 tf.data.Dataset 實例。dataset_fn 得到的資料集應該是已按每個副本的批次大小（即全域批次大小除以同步副本的數量）完成分批次和分片。distribute_datasets_from_function() 本身不會做分批次和分片操作。

dataset_fn 將在每個 Worker 的 CPU 裝置上被呼叫並且會生成一個資料集，其中該 Worker 上的每個副本都會將一個輸入批次移出（即如果一個 Worker 有兩個副本，則在每個 step 之中，兩個批次將會被從資料集中移出）。這種方法有多種用途。它允許使用者指定自己的分批切分邏輯，而且在資料集無限大的情況下，分片可以透過依據隨機種子的不同來建立資料集副本。

19.1.3 作用域和變數

我們接下來分析作用域和變數之間的關係。

ParameterServerStrategyV1 的 scope() 函式會呼叫基礎類別的 scope() 函式。

```
def scope(self):
  return super(ParameterServerStrategyV1, self).scope()
```

StrategyBase 的 scope() 函式首先傳回一個上下文管理器（Context Manager），然後使用當前策略來建立分散式變數。

Strategy 會呼叫 extended。StrategyExtendedV2 的 scope() 函式設定如何建立變數、獲取變數、獲取變數作用域等機制。由於 scope() 函式會傳回給使用者一個 _CurrentDistributionContext，因此當使用者使用比如 creator_with_resource_vars() 時，就會呼叫衍生策略的 _create_variable() 來建立變數。

creator_with_resource_vars() 函式建立變數操作是透過 _create_var_creator() 函式來完成的，此處主要呼叫了 ps_values.AggregatingVariable 來生成變數。

ParameterServerStrategyExtended 在呼叫 _initialize_multi_worker() 初始化時透過 device_setter.replica_device_setter() 設定了 self._variable_device，因此在建立變數時就知道應該如何把變數分配到裝置之上。

```
self._variable_device = device_setter.replica_device_setter(
        ps_tasks=num_ps_replicas, # 參數伺服器
        worker_device=self._worker_device, # 工作裝置
        merge_devices=True, cluster=cluster_spec)
```

建立變數程式如下。with ops.device(self._variable_device) 會把後續作用域之中的變數放到 self._variable_device 之上。

```
def _create_variable(self, next_creator, **kwargs):

  # 建立變數
  var_creator = self._create_var_creator(next_creator, **kwargs)

  with ops.colocate_with(None, ignore_existing=True):
    with ops.device(self._variable_device): # 此處使用到 replica_device_setter()
      return var_creator(**kwargs)
```

```
# 具體建立變數透過 _create_var_creator() 完成，此處主要呼叫
# ps_values.AggregatingVariable() 來生成變數
def _create_var_creator(self, next_creator, **kwargs):
  if self._num_replicas_in_sync > 1:
    def var_creator(**kwargs):
      v = next_creator(**kwargs)
      # 建立變數
      wrapped = ps_values.AggregatingVariable(self._container_strategy(), v,
                                              aggregation)
      return wrapped

    return var_creator
```

AggregatingVariable 為變數加了一個包裝器，這樣對變數的操作就落到了策略之上。

```
class AggregatingVariable(variables_lib.Variable, core.Tensor):
  """ 提供一個變數的包裝器，這樣此變數可以跨副本進行聚合 """

  def __init__(self, strategy, v, aggregation):
    self._distribute_strategy = strategy # 設定了策略
    self._v = v
    v._aggregating_container = weakref.ref(self)
    self._aggregation = aggregation

  @property
  def distribute_strategy(self):
    return self._distribute_strategy

  def _assign_func(self, *args, **kwargs):
    with ds_context.enter_or_assert_strategy(self._distribute_strategy):

      # 使用跨副本上下文
      if ds_context.in_cross_replica_context():
        # 使用策略來更新
        return self._distribute_strategy.extended.update(
            self, f, args=args, kwargs=kwargs)
```

具體邏輯如圖 19-3 所示，第一個操作序列是建立變數，第二個操作序列是處理變數。

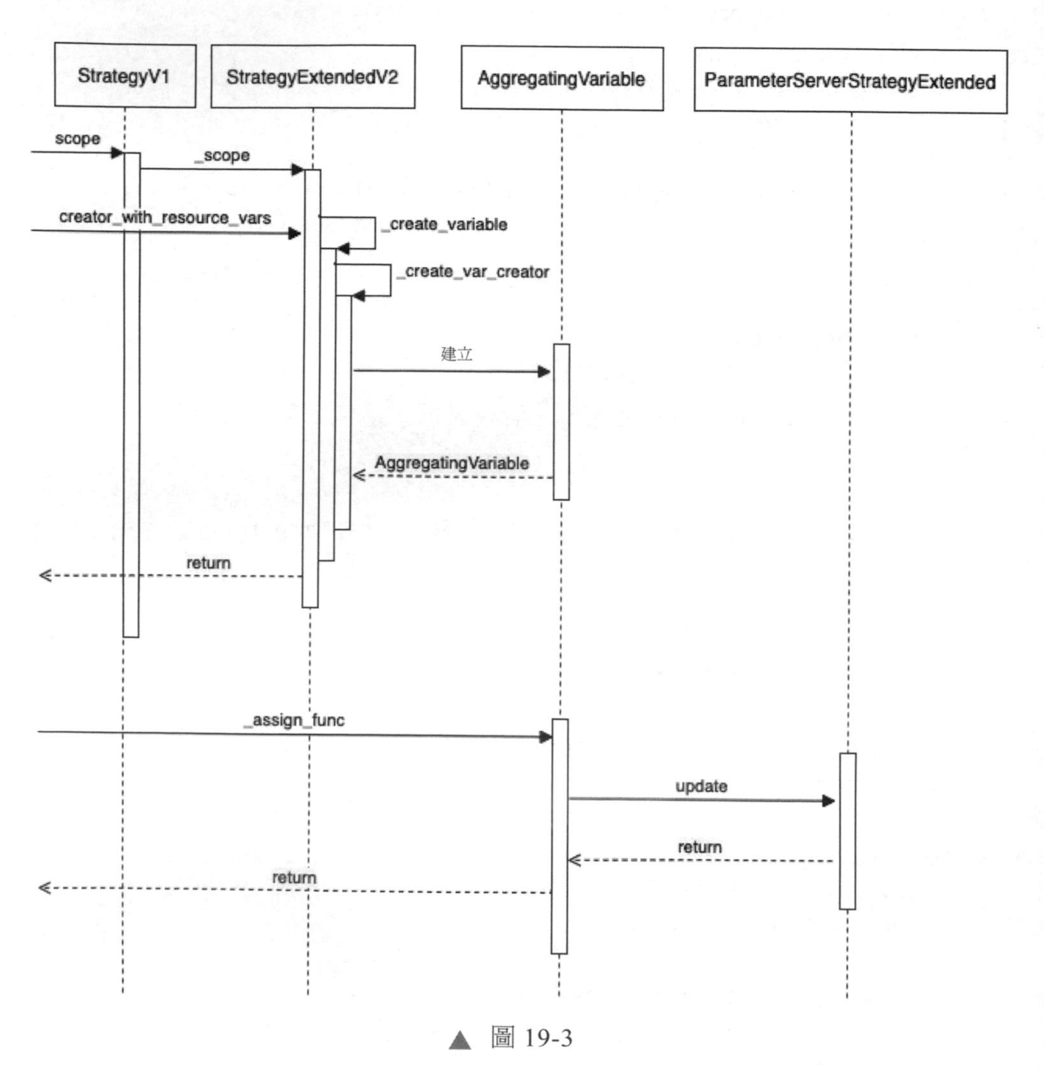

▲ 圖 19-3

19.1.4 執行

我們接下來分析 ParameterServerStrategyV1 如何執行。

ParameterServerStrategyV1 呼叫了基礎類別 StrategyV1 的 run() 方法，此方法是用 tf.distribution 物件分發計算的主要方法。它在每個副本上呼叫 fn（使用者指定的函式）。

fn 可以在副本上下文透過呼叫 tf.distribution.get_replica_context() 來存取諸如 all_reduce 成員變數等成員。args 或 kwargs 中的所有參數都可以是一個嵌套的張量結構，例如一個張量清單，在這種情況下，args 和 kwargs 將被傳遞給在每個副本上呼叫的 fn。args 或 kwargs 也可以是包含張量或複合張量的 tf.distributedValues，在這種情況下，每個 fn 呼叫將得到與副本對應的 tf.distributedValues 的元件。

run() 方法的執行來到了 StrategyExtendedV2，此時呼叫衍生類別的 _call_for_each_replica() 函式。衍生類別 ParameterServerStrategyExtended 的 _call_for_each_replica() 如下。

```
def _call_for_each_replica(self, fn, args, kwargs):
    return mirrored_run.call_for_each_replica(self._container_strategy(), fn,
                                              args, kwargs)
```

mirrored_run 部分已經在前文分析過，不再贅述，具體邏輯如圖 19-4 所示。

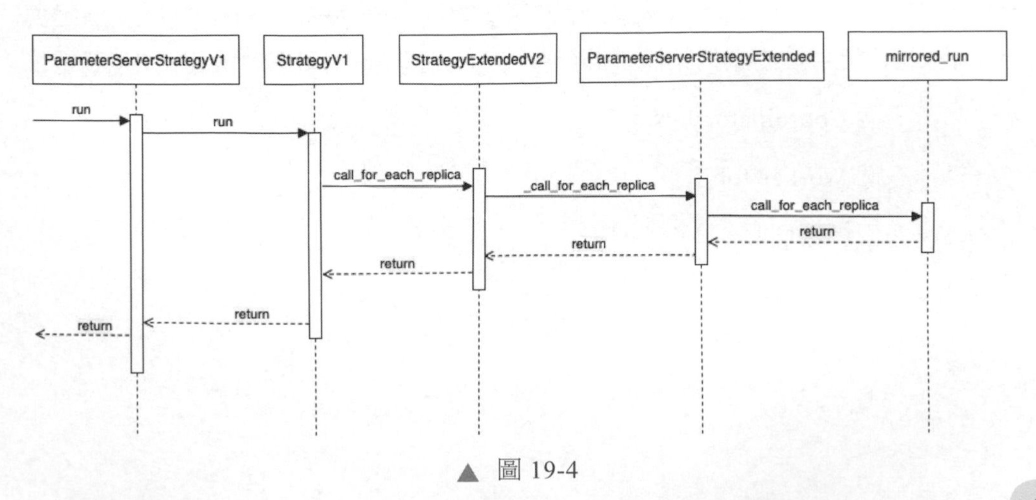

▲ 圖 19-4

或者從另一個角度來看，具體邏輯如圖 19-5 所示。

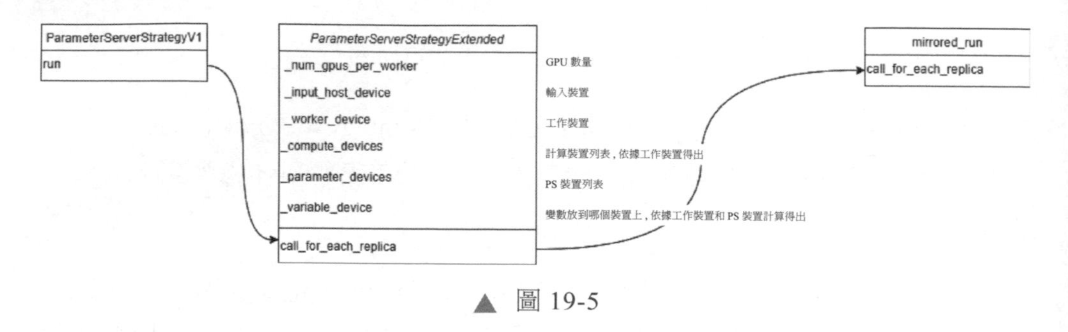

▲ 圖 19-5

19.2 ParameterServerStrategyV2

對於 ParameterServerStrategy V2，前文已經介紹過變數、作用域和如何執行，主要分析如何使用，下一節會研究分發計算。

19.2.1 如何使用

在 TensorFlow 2 中，參數伺服器訓練由 ParameterServerStrategy 類別提供支援，該類別將訓練步驟分佈到一個可擴展為數千個 Worker 的叢集。

無論選擇哪種 API（Model.fit 或自訂訓練迴圈），TensorFlow 2 中的分散式訓練都會涉及如下概念。一個 Cluster（TensorFlow 叢集）有若干個 Job，每個 Job 可能包括一個或多個 Task。而當使用參數伺服器訓練時，TensorFlow 2 推薦使用一種基於中央協調的架構來進行參數伺服器訓練，具體建議使用如下設定。

- 一個 Coordinator Job。
- 多個 Worker Job。
- 多個參數伺服器 Job。

Coordinator 負責建立資源、分配訓練任務、寫入檢查點和處理失敗任務，Worker 和參數伺服器則執行 tf.distribution.Server 來聽取 Coordinator 的請求。如果使用 Model.fit API，則參數伺服器訓練需要 Coordinator 使用 ParameterServer Strategy 物件和 tf.keras.utils.experimental. DatasetCreator 作為輸入。

Coordinator 使用 ParameterServerStrategy 來定義參數伺服器上的變數和 Worker 的計算，使用 ClusterCoordinator 來協調叢集。在自訂訓練迴圈中，ClusterCoordinator 類別是用於 Coordinator 的關鍵元件，具體特點如下。

- 對於參數伺服器訓練，ClusterCoordinator 需要與 ParameterServerStrategy 一起工作。
- 此 tf.distribution.Strategy 物件需要使用者提供叢集的資訊，並使用這些資訊來定義訓練 step。ClusterCoordinator 物件將這些訓練 step 的執行分派給遠端 Worker。

ClusterCoordinator 提供的最重要的 API 是 schedule，schedule 會把 tf.function 分派到 Worker 上執行。除了排程遠端函式之外，ClusterCoordinator 還可以在所有 Worker 上建立資料集，以及當一個 Worker 從失敗中恢復時重建這些資料集。

19.2.2 執行

如果直接呼叫 run() 方法來執行，則 ParameterServerStrategy 和其他策略策略類似，比如在 parameter_server_strategy_v2 之中呼叫了 mirrored_run，我們不再贅述。

```
  def _call_for_each_replica(self, fn, args, kwargs):
    return mirrored_run.call_for_each_replica(self._container_strategy(), fn, args,
kwargs)
```

另一種方式是使用 ClusterCoordinator 來執行，我們接下來就結合自訂訓練迴圈進行分析。

19.3 ClusterCoordinator

19.3.1 使用

ClusterCoordinator 是一個用於安排和協調遠端函式執行的物件。該類別用於建立容錯（fault-tolerant）資源和排程函式到遠端 TensorFlow 伺服器。

ClusterCoordinator 大體邏輯如圖 19-6 所示。

在使用 ParameterServerStrategy 定義所有的計算後，使用者可以使用 ClusterCoordinator 類別來建立資源並將訓練 step 分配給 Worker，具體範例如下。

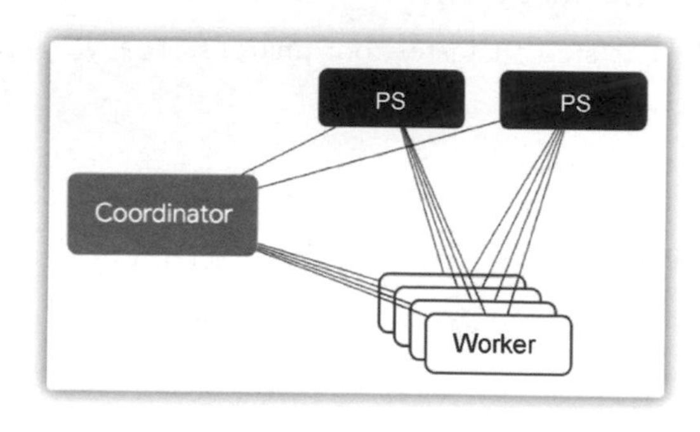

▲ 圖 19-6

首先，我們建立一個 ClusterCoordinator 物件並傳入策略物件。

```
strategy = tf.distribute.experimental.ParameterServerStrategy(cluster_resolver=...)
coordinator = tf.distribute.experimental.coordinator.ClusterCoordinator(strategy)
```

其次，建立屬於每個 Worker（Per-Worker）的資料集和迭代器。建議在下面程式的 per_worker_dataset_fn() 中，將 dataset_fn 包裹到 strategy.distribution_datasets_from_function 裡，無縫高效率地把資料預先存取到 GPU。

```
@tf.function
def per_worker_dataset_fn():
  return strategy.distribute_datasets_from_function(dataset_fn)
```

```
per_worker_dataset = coordinator.create_per_worker_dataset(per_worker_dataset_fn)
per_worker_iterator = iter(per_worker_dataset)
```

最後，使用 ClusterCoordinator.schedule() 將計算分配給 Worker。

- schedule 方法把一個 tf.function 插入佇列，並立即傳回一個類似 future 的 RemoteValue。佇列之中的函式將被派發給 Worker，RemoteValue 將被非同步填充結果。
- 使用者可以使用 ClusterCoordinator.join 方法來等待所有被排程（scheduled）的函式執行完成。

```
@tf.function
def step_fn(iterator):
    return next(iterator)

for i in range(num_epoches):
  for _ in range(steps_per_epoch):
    coordinator.schedule(step_fn, args=(per_worker_iterator,))
  coordinator.join()
```

依據前面的程式，我們總結問題如下：1）Worker 如何具體執行使用者函式？2）如何獲取資料？接下來就透過分析來解決這些問題。

19.3.2 定義

ClusterCoordinator 的主要思路如下。

- Coordinator 不是訓練 Worker 之一，它負責建立資源（如變數和資料集），排程 tf.function，儲存檢查點等。
- 為了使訓練工作順利進行，Coordinator 把 tf.function 分發到 Worker 上執行。
- 在收到 Coordinator 的請求後，Worker 會執行 tf.function，具體為從參數伺服器讀取變數、執行操作和更新參數伺服器上的變數。
- 每個 Worker 只處理來自 Coordinator 的請求，並與參數伺服器進行通訊，而不與叢集中的其他 Worker 直接互動。

從圖 19-7 可以看到 ClusterCoordinator 的業務流程。

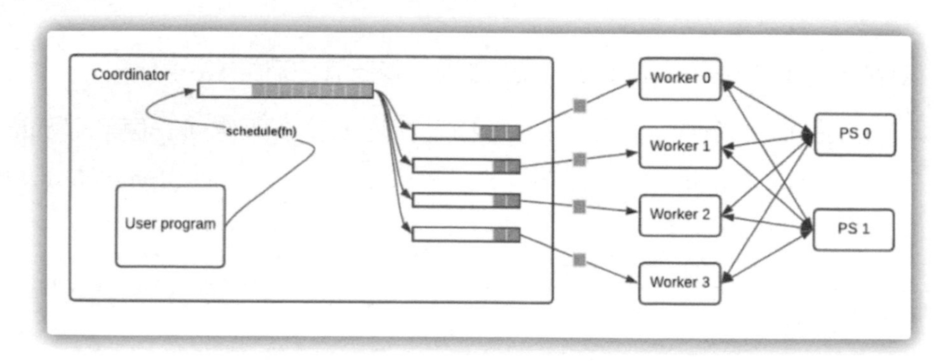

▲ 圖 19-7

ClusterCoordinator 定義具體如下，主要是設定 _strategy 成員變數，生成 _cluster 成員變數。

```
class ClusterCoordinator(object):

  def __new__(cls, strategy):
    if strategy._cluster_coordinator is None:
      strategy._cluster_coordinator = super(
          ClusterCoordinator, cls).__new__(cls)
    return strategy._cluster_coordinator

  def __init__(self, strategy):
      self._strategy = strategy
      self.strategy.extended._used_with_coordinator = True
      self._cluster = Cluster(strategy)
      self._has_initialized = True
```

我們接下來分析 ClusterCoordinator 提供的幾個主要 API。①

① 在 ClusterCoordinator 模組內有一個 Worker 類別，這是遠端 Worker 的代言人。本小節後續如果沒有特殊說明，Worker 專指 ClusterCoordinator 模組內的 Worker 類別。

ClusterCoordinator 提供的最重要的 API 是 schedule()，schedule() 會分派 fn（使用者定義函式）到一個 Worker，以便非同步執行，具體如下。

- schedule() 是非阻塞的，因為它把 fn 插入佇列，並立即傳回一個類似 future 的 coordinator.RemoteValue 物件。fn 在佇列之中排隊，等待稍後執行。
- 在佇列之中排隊的函式將被派發給 Worker 來非同步執行，函式的 RemoteValue 將被非同步賦值。
- schedule() 不需要執行分配任務，傳遞進來的 fn 可以在任何可用的 Worker 上執行。
- 可以呼叫 fetch() 來等待 fn 執行完成，並從 Worker 那裡獲取輸出，也可以呼叫 ClusterCoordinator.join() 來等待所有預定的 fn 完成。

失敗和容錯的策略如下。

- 由於 Worker 在執行 fn 的任何時候都可能失敗，因此 fn 有可能被部分執行，ClusterCoordinator 保證發生問題後，fn 最終將在可用的 Worker 上執行。
- schedule API 保證 fn 至少在 Worker 上執行一次；如果 fn 對應的 Worker 在執行過程中失敗，則由於 fn 的執行不是原子操作，因此一個 fn 可能被執行多次。
- 如果被執行的 Worker 在結束之前變得不可用，則該 fn 將在另一個可用的 Worker 上重試。
- 如果任何先前排程的 fn 出現錯誤，則 schedule() 將拋出一個錯誤，並清除到目前為止收集的錯誤。使用者可以在傳回的 RemoteValue 上呼叫 fetch() 來檢查 fn 是否已經執行、失敗或取消，如果需要，則可以重新安排相應的 fn。當 schedule() 引發異常時，它保證沒有任何 fn 仍在執行。

schedule() 的具體定義如下，資料迭代器作為參數之一會和 fn 一起被傳入。

```
def schedule(self, fn, args=None, kwargs=None):
  with self.strategy.scope():
    remote_value = self._cluster.schedule(fn, args=args, kwargs=kwargs)
    return remote_value
```

join() 會阻塞，直到所有預定排程的 fn 都執行完畢，join() 具體特點如下。

- 如果先前安排的任何 fn 產生錯誤，則 join() 將因為抛出一個錯誤而失敗，並清除到目前為止收集的錯誤。如果發生這種情況，那麼一些先前安排的 fn 可能沒有被執行。
- 使用者可以對傳回的 RemoteValue 呼叫 fetch() 來檢查它們是否已經執行、失敗或取消。
- 如果一些已經取消的 fn 需要重新安排，則使用者應該再次呼叫 schedule()。
- 當 join() 傳回或抛出異常時，它保證沒有任何 fn 仍在執行。

done() 方法用來檢測所分發的 fn 是否已經全部執行完畢。如果先前分發的任何 fn 引發錯誤，done() 將會傳回失敗。

19.3.3 資料

除排程遠端函式外，ClusterCoordinator 還在所有 Worker 上建立資料集，並當一個 Worker 從失敗中恢復時重建這些資料集。使用者可以透過呼叫 dataset_fn 在 Worker 裝置上建立資料集。一些關鍵邏輯如下。

1. 建立資料集

可以使用 create_per_worker_dataset() 在 Worker 上建立資料集，這些資料集由 dataset_fn 生成，並傳回一個代表這些資料集的集合。在這樣的集合上呼叫 __iter__() 函式會傳回一個 tf.distribution.experimental.coordinator.PerWorkerValues，它是一個迭代器的集合，集合中的迭代器已經被放置在各個 Worker 上。

create_per_worker_dataset() 呼叫之後會傳回 PerWorkerDatasetFromDataset 或者 PerWorkerDatasetFromDatasetFunction。PerWorkerDistributedDataset 代表了從一個資料集方法建立的 Worker 使用的分散式資料集。在 PerWorkerDatasetFromDatasetFunction 類別的 __iter__() 函式之中有如下操作。

- 呼叫 _create_per_worker_iterator() 得到一個 iter(dataset)。
- 呼叫 self._coordinator._create_per_worker_resources() 為每個 Worker 生成一個迭代器。_create_per_worker_resources() 會呼叫各個 Worker 的方法來讓每個 Worker 得到資料。
- 傳回一個 PerWorkerDistributedIterator。

PerWorkerDatasetFromDatasetFunction 類別的 __iter__() 函式程式如下。

```
def __iter__(self):
  def _create_per_worker_iterator():
    dataset = self._dataset_fn()
    return iter(dataset)

  per_worker_iterator = self._coordinator._create_per_worker_resources(
      _create_per_worker_iterator)

  for iterator_remote_value in per_worker_iterator._values:
    iterator_remote_value._type_spec = (
        input_lib.get_iterator_spec_from_dataset(
            self._coordinator.strategy, self._dataset_fn.structured_outputs))

  return PerWorkerDistributedIterator(per_worker_iterator._values)
```

2. PerWorkerValues

PerWorkerValues 是一個值串列，每個 Worker 對應串列之中的一個值，每個值都位於相應的 Worker 上。當被用作 schedule() 的 args 或 kwargs 時，某一個 Worker 的特定值將被傳遞到該 Worker 上執行的函式中。獲取資料的邏輯如圖 19-8 所示。

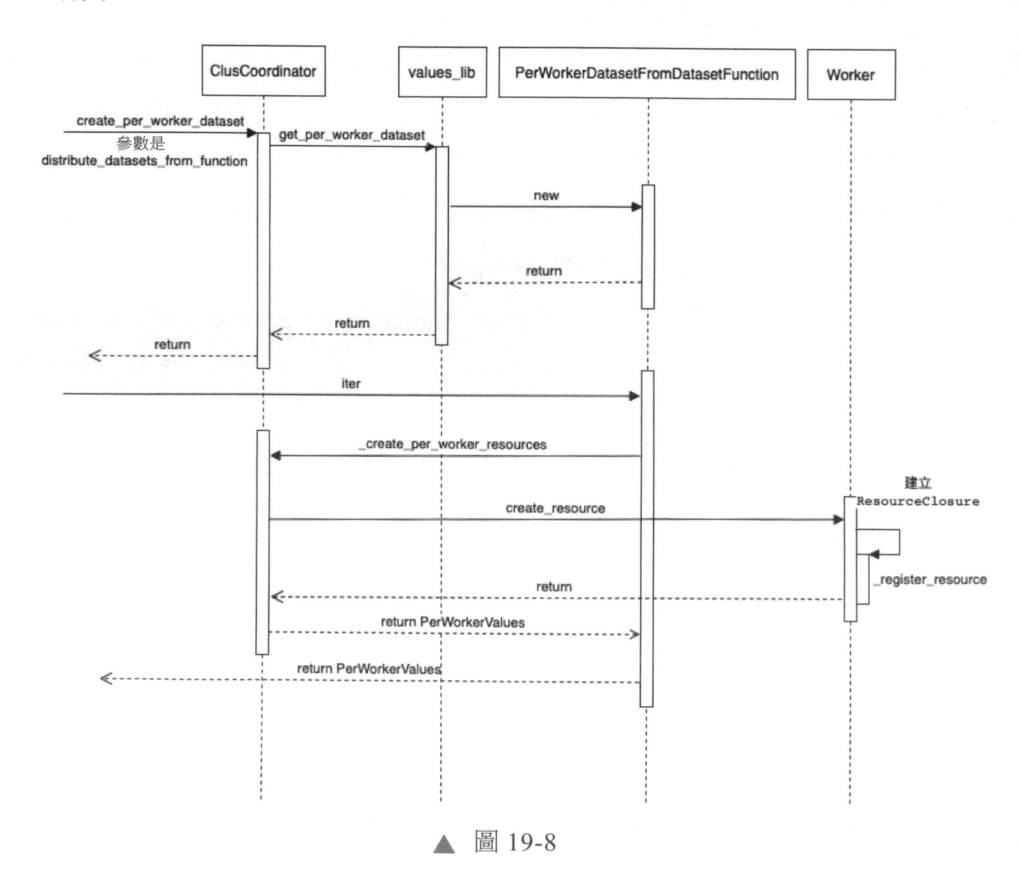

▲ 圖 19-8

19.3.4 Cluster

Cluster 是業務執行者，是一個 Worker 叢集的抽象概念，其定義如下。

```
class Cluster(object):
  def __init__(self, strategy):
    self._num_workers = strategy._num_workers
```

```
self._num_ps = strategy._num_ps
self._transient_ps_failures_threshold = int(
    os.environ.get("TF_COORDINATOR_IGNORE_TRANSIENT_PS_FAILURES", 3))
self._potential_ps_failures_lock = threading.Lock()
self._potential_ps_failures_count = [0] * self._num_ps
self.closure_queue = _CoordinatedClosureQueue()
self.failure_handler = WorkerPreemptionHandler(context.get_server_def(),
                                               self)
worker_device_strings = [
    "/job:worker/replica:0/task:%d" % i for i in range(self._num_workers)
]
self.workers = [ # 生成Worker類別的串列，Worker是遠端Worker的代言人
    Worker(i, w, self) for i, w in enumerate(worker_device_strings)
]
```

在 Cluster 初始化方法之中會做如下處理。

- 設置如何忽略參數伺服器暫時錯誤。
- 設定 Worker 的裝置名稱，即給每個 Worker 指定一個裝置。
- 生成一系列 Worker。

此處要注意的是如何忽略因為遠端 Worker 暫態連接錯誤而報告的故障。

- 遠端 Worker 和參數伺服器之間的暫態連接問題會由 Worker 轉發給 Coordinator，這將導致 Coordinator 認為存在參數伺服器故障。
- 暫態與永久的參數伺服器故障之間的區別是遠端 Worker 報告的數量。當此環境變數設置為正整數 K 時，Coordinator 忽略最多 K 個失敗報告，也就是說，只有超過 K 個執行錯誤，並且這些錯誤是由於同一個參數伺服器實例導致的，我們才認為該參數伺服器實例產生了失敗。

Cluster 類別提供的最重要的 API 是 schedule/join 這對函式。schedule 是非阻塞的，它把一個 tf.function 插入佇列，並立即傳回一個 RemoteValue。schedule() 的具體邏輯如圖 19-9 所示，虛線表示資料集被傳入，此處的 Queue 是敘述 from six.moves import queue 引入的 queue.Queue，我們接下來在 _CoordinatedClosureQueue 之中會見到。

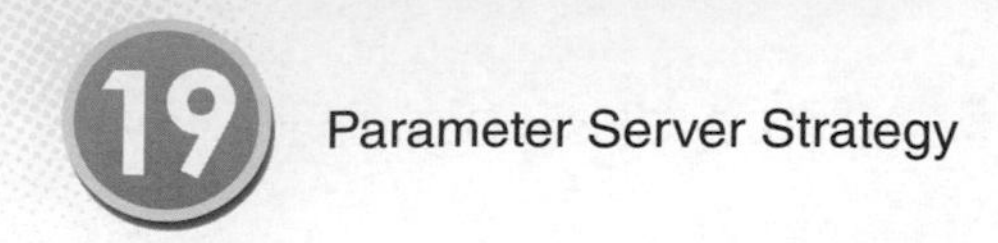

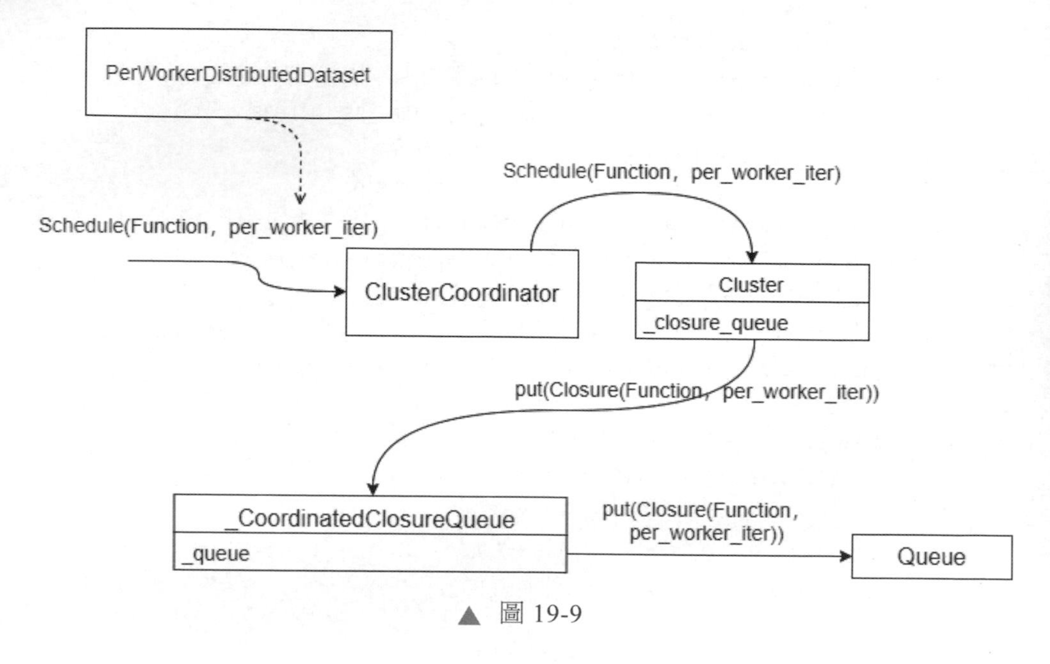

▲ 圖 19-9

我們從圖 19-10 來看，目前完成的是左邊圓圈部分。

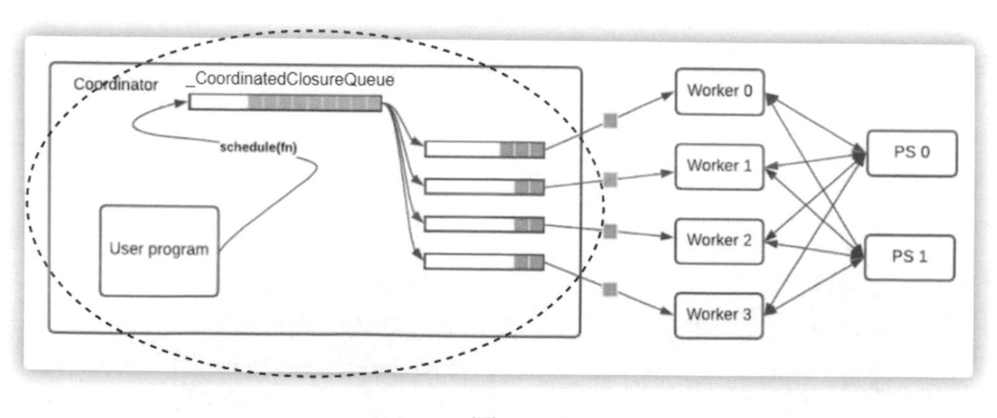

▲ 圖 19-10

19.3.5 Closure

Closure 的主要作用是把任務封裝起來，也提供了其他功能。如圖 19-11 所示，橙色框內部就是 Closure 的佇列。

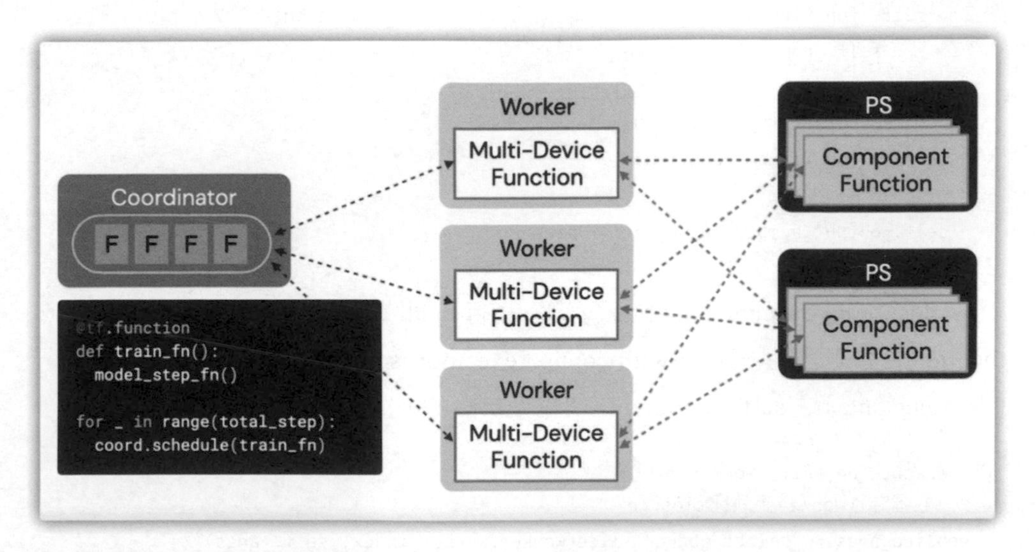

▲ 圖 19-11

Closure 部分程式如下。

```
class Closure(object):
  def __init__(self, function, cancellation_mgr, args=None, kwargs=None):
    self._args = args or ()
    self._kwargs = kwargs or {}

    if isinstance(function, def_function.Function):
      replica_args = _select_worker_slice(0, self._args)
      replica_kwargs = _select_worker_slice(0, self._kwargs)

      with metric_utils.monitored_timer(
          "function_tracing", state_tracker=function._get_tracing_count):
        self._concrete_function = function.get_concrete_function(
            *nest.map_structure(_maybe_as_type_spec, replica_args),
            **nest.map_structure(_maybe_as_type_spec, replica_kwargs))
    elif isinstance(function, tf_function.ConcreteFunction):
```

```
    self._concrete_function = function

  if hasattr(self, "_concrete_function"):
    self._output_type_spec = func_graph.convert_structure_to_signature(
        self._concrete_function.structured_outputs)
    self._function = cancellation_mgr.get_cancelable_function(
        self._concrete_function)
  else:
    self._output_type_spec = None
    self._function = function

  self._output_remote_value_ref = None
```

Closure 的 execute_on() 函式負責執行，即在指定的裝置上執行 self._function。在下面程式中，with context.executor_scope(worker.executor) 使用了 DispatchContext，self._function 是使用者自訂的 tf.function。

```
def execute_on(self, worker):
  """ 在指定的 Worker 上執行 closure"""
  replica_args = _select_worker_slice(worker.worker_index, self._args)
  replica_kwargs = _select_worker_slice(worker.worker_index, self._kwargs)

  e = (
      _maybe_rebuild_remote_values(worker, replica_args) or
      _maybe_rebuild_remote_values(worker, replica_kwargs))

  with ops.device(worker.device_name): # 在指定裝置上執行
    with context.executor_scope(worker.executor): # 透過上下文設定作用域
      with coordinator_context.with_dispatch_context(worker):
        with metric_utils.monitored_timer("closure_execution"):
          output_values = self._function( # 執行使用者的自訂函式
              *nest.map_structure(_maybe_get_remote_value, replica_args),
              **nest.map_structure(_maybe_get_remote_value, replica_kwargs))
  self.maybe_call_with_output_remote_value(
      lambda r: r._set_values(output_values))
```

ResourceClosure 是衍生類別，作用是把 Closure 用 RemoteValue 包裝起來。實際執行中使用的都是 ResourceClosure。

```
class ResourceClosure(Closure):
  def build_output_remote_value(self):
    if self._output_remote_value_ref is None:
      # 需要把 Closure 物件記錄在 RemoteValue
      ret = RemoteValueImpl(self, self._output_type_spec)
      self._output_remote_value_ref = weakref.ref(ret)
      return ret
    else:
      return self._output_remote_value_ref()
```

19.3.6 佇列

_CoordinatedClosureQueue 是任務所在的佇列，一些關鍵方法如下。

- put() 和 get() 方法分別負責插入和取出 Closure。
- put_back() 方法負責把 Closure 重新放回佇列。
- 方法 wait() 會等待所有 Closure 結束。
- mark_failed() 和 done() 是處理結束和異常的一套組合。
- stop() 和 _cancel_all_closures() 負責暫停 Closure。

19.3.7 Worker 類別

Worker 類別是函式的執行者，是分散式環境下遠端 Worker 在 Cluster Coordinator 處的代言人。Worker 類別啟動了一個背景執行緒以把佇列之中的 function 分發給遠端 Worker。

```
class Worker(object):
  def __init__(self, worker_index, device_name, cluster):
    self.worker_index = worker_index
    self.device_name = device_name
    # 此處會有一個 executor
    self.executor = executor.new_executor(enable_async=False)
```

```
    self.failure_handler = cluster.failure_handler
    self._cluster = cluster
    self._resource_remote_value_refs = []
    self._should_worker_thread_run = True
    threading.Thread(target=self._process_queue,
                     name="WorkerClosureProcessingLoop-%d" % self.worker_index,
daemon=True).start()
```

new_executor() 會呼叫 TFE_NewExecutor() 函式。TFE_NewExecutor() 函式生成了 TFE_Executor。TFE_Executor 是階段執行器的抽象，在 TensorFlow 2 之中，也有 EagerExecutor。

_process_queue() 函式是執行緒的主迴圈，會從佇列之中取出 Closure，然後執行任務，具體邏輯如下。

- 首先呼叫 _maybe_delay() 等待環境變數設定。
- 接著呼叫 _process_closure() 來執行 Closure。

_process_closure() 程式如下，該函式呼叫了 Closure.execute_on() 完成對使用者函式的執行。

```
def _process_closure(self, closure):
  try:
    with self._cluster.failure_handler.wait_on_failure(
        on_failure_fn=lambda: self._cluster.closure_queue.put_back(closure),
        on_transient_failure_fn=lambda: self._cluster.closure_queue.put_back(
            closure),
        on_recovery_fn=self._set_resources_aborted,
        worker_device_name=self.device_name):
      closure.execute_on(self)
      with metric_utils.monitored_timer("remote_value_fetch"):
        closure.maybe_call_with_output_remote_value(lambda r: r.get())
      self._cluster.closure_queue.mark_finished()
  except Exception as e:
    closure.maybe_call_with_output_remote_value(lambda r: r._set_error(e))
    self._cluster.closure_queue.mark_failed(e)
```

我們接下來分析如何把資料讀取放到 Worker 上執行。_create_per_worker_resources() 會呼叫 create_resource() 為每一個 Worker 建立自己的資源。

```
def create_resource(self, function, args=None, kwargs=None):
  """ 同步建立一個每 Worker（Per-Worker）的資源，該資源由一個 RemoteValue 表示 """
  closure = ResourceClosure(
      function,
      self._cluster.closure_queue._cancellation_mgr,
      args=args, kwargs=kwargs)
  resource_remote_value = closure.build_output_remote_value()
  self._register_resource(resource_remote_value)
  return resource_remote_value

def _create_per_worker_resources(self, fn, args=None, kwargs=None):
  results = []
  for w in self._cluster.workers:
    results.append(w.create_resource(fn, args=args, kwargs=kwargs))
  return PerWorkerValues(tuple(results))
```

_register_resource() 則會把每個 Worker 的資源註冊到 Worker 之上。

```
def _register_resource(self, resource_remote_value):
  self._resource_remote_value_refs.append(weakref.ref(resource_remote_value))
```

邏輯如圖 19-12 所示，虛線表示資料流程。使用者透過 put() 方法向佇列之中放入 Closure，Worker 透過 get() 方法從佇列獲取 Closure 執行。

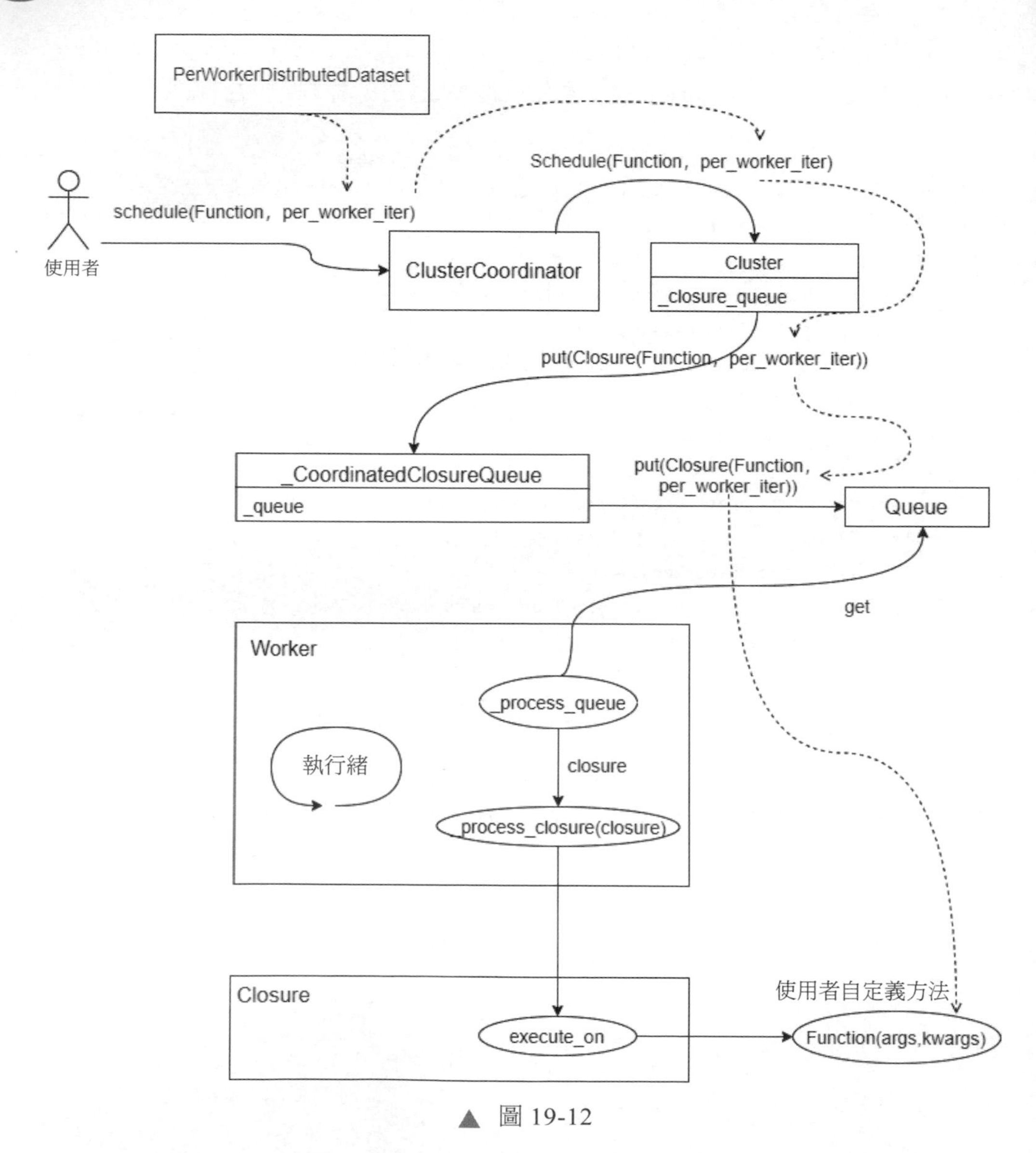

▲ 圖 19-12

至此，我們其實還沒有正式和策略聯繫起來，下面用一個例子進行分析。此處傳遞給 Coordinator 的方法會呼叫 strategy.run(replica_fn, args= (next(iterator),))，這樣就和策略聯繫起來了，具體策略負責把工作分發到遠端 Worker 之上。官網文件上也寫得很清楚：「Also, make sure to call Strategy.run inside worker_fn to take full advantage of GPUs allocated to workers」。關於如何分發到遠端 Worker，可以結合 18.2.6 小節 DistributedFunctionLibraryRuntime 相關部分來看。

```
strategy = ...
coordinator = tf.distribute.experimental.coordinator.ClusterCoordinator(strategy)

def dataset_fn():
  return tf.data.Dataset.from_tensor_slices([1, 1, 1])

with strategy.scope():
  v = tf.Variable(initial_value=0)

@tf.function
def worker_fn(iterator):
  def replica_fn(x):
    v.assign_add(x)
    return v.read_value()
  return strategy.run(replica_fn, args=(next(iterator),)) # 和策略聯繫起來

distributed_dataset = coordinator.create_per_worker_dataset(dataset_fn)
distributed_iterator = iter(distributed_dataset)
result = coordinator.schedule(worker_fn, args=(distributed_iterator,))
```

19.3.8 Failover

應對失敗的整體策略大致如下。

- 如果發現一個 Worker 失敗了，則 Coordinator 先把使用者定義的操作再次放入佇列，然後發給另一個 Worker 執行，同時啟動一個背景執行緒等待恢復，如果恢復了，則用資源來重建此 Worker，繼續分配工作。
- 因此，一些 Worker 的失敗並不妨礙叢集繼續工作，這使得叢集之中的實例可以偶爾不可用（例如可先佔或 spot 實例）。但是 Coordinator 和參數伺服器必須始終可用，這樣叢集才能取得訓練進展。

如圖 19-13 所示就舉出了一個 Worker 失敗的例子。

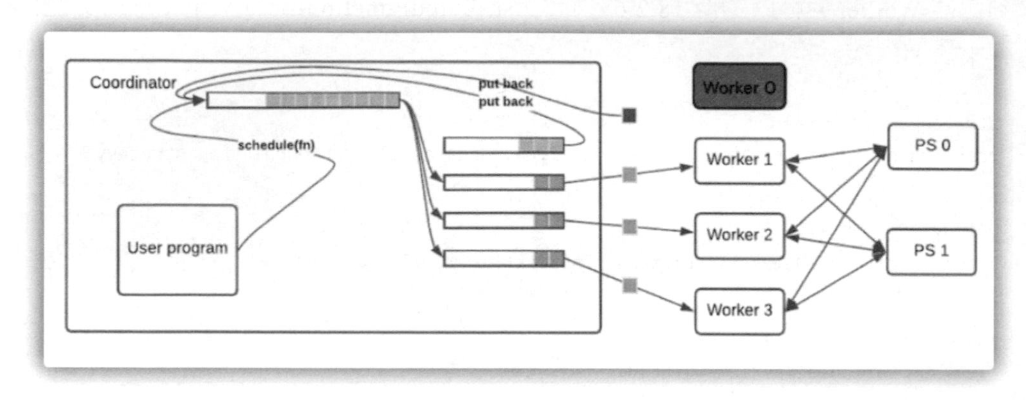

▲ 圖 19-13

1. Worker 失敗

當發生 Worker 失敗時，具體應對邏輯如下。

- 當 ClusterCoordinator 類別與 ParameterServerStrategy 一起使用時，具有內建的 Worker 故障容錯功能。也就是說，當一些 Worker 由於任何原因，導致 Coordinator 無法聯繫上它們時，這些 Worker 的訓練進度將繼續由其餘 Worker 完成。
- 在 Worker 恢復時，之前提供的資料集函式（對於自訂訓練迴圈，可以是 ClusterCoordinator.create_per_worker_dataset()，或者是 tf.keras.utils.experimental. DatasetCreator）將被呼叫到恢復的 Worker 身上以重新建立資料集。
- 當一個失敗的 Worker 恢復之後，透過 create_per_worker_dataset() 建立的資料被重新建立，此 Worker 將被重新啟用，執行函式。

2. 參數伺服器或者 Coordinator 故障

當參數伺服器失敗時，schedule()、join() 或 done() 會引發 tf.errors.Unavailable Error。在這種情況下，除重置失敗的參數伺服器外，使用者還應該重新啟動 Coordinator，使 Coordinator 重新連接到 Worker 和參數伺服器，重新建立變數，並載入檢查點。如果 Coordinator 發生故障，則在使用者把它重置回來之後，程式會自動連接到 Worker 和參數伺服器，並從檢查點繼續前進。因為 Coordinator 本身也可能變得不可用，所以建議使用某些工具以便不遺失訓練進度。

3. 傳回 RemoteValue

如果一個函式被成功執行，則可以成功獲取到 RemoteValue。這是因為目前在執行完一個函式後，傳回值會立即被複製到 Coordinator。如果在複製過程中出現任何 Worker 故障，則該函式將在另一個可用的 Worker 上重試。因此，如果使用者想最佳化性能，則可以排程執行一個沒有傳回值的函式。

4. 錯誤報告

一旦 Coordinator 發現一個錯誤，如來自參數伺服器的 UnavailableError 或其他應用錯誤，則它將在引發錯誤之前取消所有暫停（Pending）和排隊（Queued）的函式。在引發錯誤後，Coordinator 將不會引發相同的錯誤或任何一個來自已經取消函式的錯誤。ClusterCoordinator 假設所有的函式錯誤都是致命的，基於此，ClusterCoordinator 的錯誤報告邏輯是：

- schedule() 和 join() 都可以引發一個不可重試的錯誤，這是 Coordinator 從任何先前安排的函式中看到的第一個錯誤。
- 當一個錯誤被拋出時，沒有被執行的功能將被丟棄並標記為取消。
- 在一個錯誤被拋出後，錯誤的內部狀態將被清除。

19.3.9 總結

依據前面的程式，我們總結出問題點如下。

- 如何具體執行使用者指定的函式？答案是：本章的 Worker 類別是遠端 Worker 角色在 ClusterCoordinator 處的代言人。在 Worker 類別執行 Closure 時，會指定 Closure 要執行在本 Worker 類別對應的裝置上。當 Closure 執行時期，會執行使用者自訂函式 self._function。self._function 可以使用 strategy.run() 把訓練方法分發到遠端 Worker 進行訓練。

- 如何獲取資料？答案是：為每個 Worker 類別建立一個 PerWorker Values，PerWorkerValues 是一個值串列，每個 Worker 類別從對應 Per WorkerValues 之中獲取資料。